TURING

图灵教育

站在巨人的肩上

Standing on the Shoulders of Giants

程序员面试金典

（第6版）

[美] 盖尔·拉克曼·麦克道尔 ◎ 著　　刘博楠 赵鹏飞 李琳骁 漆犇 ◎ 译

CRACKING THE
CODING
INTERVIEW
6th Edition

人民邮电出版社

北京

图书在版编目（CIP）数据

程序员面试金典：第6版 / （美）盖尔·拉克曼·麦
克道尔著；刘博楠等译. -- 2版. -- 北京：人民邮电
出版社，2019.9（2022.1重印）
ISBN 978-7-115-51719-7

Ⅰ. ①程… Ⅱ. ①盖… ②刘… Ⅲ. ①程序设计－资
格考试－自学参考资料 Ⅳ. ①TP311.1

中国版本图书馆CIP数据核字(2019)第155639号

内 容 提 要

　　本书是原谷歌资深面试官的经验之作，层层紧扣程序员面试的每一个环节，全面而详尽地介绍了程序员应当如何应对面试，才能在面试中脱颖而出。内容主要涉及面试流程解析，面试官的幕后决策及可能提出的问题，面试前的准备工作，对面试结果的处理，以及出自微软、苹果、谷歌等多家知名公司的189 道编程面试题及详细解决方案。第 6 版修订了上一版中一些题目的解法，为各章新增了介绍性内容，加入了更多的算法策略，并增添了对所有题目的提示信息。

　　本书适合程序开发和设计人员阅读。

◆ 著　　　　[美] 盖尔·拉克曼·麦克道尔
　　译　　　　刘博楠　赵鹏飞　李琳骁　漆　犇
　　责任编辑　张海艳
　　责任印制　周昇亮
◆ 人民邮电出版社出版发行　　北京市丰台区成寿寺路11号
　　邮编　100164　电子邮件　315@ptpress.com.cn
　　网址　https://www.ptpress.com.cn
　　北京捷迅佳彩印刷有限公司印刷
◆ 开本：787×1092　1/16
　　印张：38　　　　　　　　2019年9月第 2 版
　　字数：991千字　　　　　2022年 1 月北京第 6 次印刷
　　著作权合同登记号　图字：01-2015-8298号

定价：149.00元
读者服务热线：(010)84084456-6009　印装质量热线：(010)81055316
反盗版热线：(010)81055315
广告经营许可证：京东市监广登字 20170147 号

版 权 声 明

感谢 Davis 和 Tobin，以及生活中使我们赏心悦目的一切事物。

中文版推荐序一

拉勾招聘是中国优秀的互联网招聘平台之一。如今，有 50 多万互联网公司以及 2000 多万互联网人才在使用拉勾招聘找工作。拉勾招聘对互联网人才，尤其是程序员这个群体非常了解。人才是一家公司最重要的资产，优秀的程序员永远稀缺！面试时，公司看重的不仅仅是候选人的经验，对于其文化契合度、基础算法，以及未来潜力的考察也越来越细致和深入。对求职者来说，找到一份称心如意的工作极其不易，需要精心准备，这也是和公司缘分匹配的一个过程。

我本人也经历过找工作的艰辛，所以对此深有体会。不管是经验丰富的"老司机""老鸟"，还是初入职场的"小白""菜鸟"，面试准备都是必不可少的。求职者可以登录招聘网站（比如拉勾招聘）了解一家公司的发展历程、公司人数，体验其现有产品，掌握其他候选人对这家公司的面试评价，从而更加全面立体地了解面试公司。当然，求职者也会关心公司都有哪些福利，办公环境是否舒适，是否有健身房，是否有下午茶，等等。

绝大多数互联网公司面试程序员时都会考查算法和数据结构，对于每一个程序员来说，提升算法和数据结构等方面的技能至关重要。算法题目形式多样，通过这些题目，能考查求职者的基础知识是否扎实，是否有分析问题和解决问题的能力。《程序员面试金典》是一本经典求职面试书，书中涉及数量众多、质量上乘的算法和数据结构面试题，不仅有解题思路和原理的讲解，还有实例演示和不同难度题的多种解法，是程序员求职的好帮手，闲暇之余翻阅一下也会有助于日常编码能力的提升。

在此，祝每一位程序员都能找到自己满意的工作，斩获心仪的 Offer！

——马建春，拉勾招聘 CTO

中文版推荐序二

《程序员面试金典》是一本硅谷互联网公司技术面试经典图书。作者盖尔·拉克曼·麦克道尔结合自身丰富的面试经历，以及多年对互联网招聘行业形势的整理归纳，帮助许多想要加入Facebook、亚马逊、微软、苹果等互联网企业的求职者获得了心仪的工作机会。

算法和数据结构在现今技术面试环节中极为重要。通过力扣（LeetCode）相关数据我们发现，不论是国内一线互联网大厂还是创业公司，对程序员算法和数据结构的掌握程度越来越重视，甚至在技术面试中要求手写代码。面试过程中除了会出现一些常用的数据结构，比如树、栈、队列等问题，也会出现一些高级的数据结构，比如图、优先队列等问题。对于算法，从最基础的排序、搜索到动态规划，都是企业非常看重的考核点。技术栈每天在不断变化，越来越多的互联网企业看中的不再只是面试者的技术广度，掌握多门计算机语言、了解多种技术栈已经不是考核程序员最为重要的因素，更为重要的是其能适应这个行业的变化并不断成长。这背后，最为核心的要素便是计算机科学思维、算法思维以及逻辑思维能力。

对于程序员读者，当你仔细阅读后，会发现本书除了能给你带来算法和数据结构等相关知识以及互联网企业招聘模式，还能帮你掌握如何将知识转化为职业成长的技能，有效应对互联网企业人才招聘模式的转变，从而将日常解决技术问题的能力提升一个层面。如果你缺乏相关工作经验，那么本书能帮你在专业技能上查缺补漏。通过阅读，你将能够整理出一个成系统的学习方向，掌握互联网企业面试流程、考点，以及一些很难了解到的注意事项，做到提前避"坑"。

对于面试官读者，判断求职者的上手速度以及未来成长空间格外重要，但更需要考察其将思路快速转化为代码的能力。借鉴硅谷成熟的模式，适当地为白板面试做些准备，能够帮助你寻找到支撑业务长久发展并有巨大成长空间的优秀工程师。

职业技能提升非一日之功，静下心来仔细阅读，你将收获巨大。Have fun coding!

张云浩，力扣（LeetCode）CEO

序

亲爱的读者：

我先做个自我介绍。

我不是招聘人员，而是软件工程师。正因如此，我深知要在面试现场迅速想出精妙算法并在白板上写下完美代码的感受。之所以能感同身受，是因为我与你有过同样的经历：我参加过谷歌、微软、苹果、亚马逊以及其他诸多公司的面试。

我也当过面试官，让求职者做过同样的事情。我还筛选过成千上万份简历，在其中"上下求索"，希望挑出那些或许能在面试中脱颖而出的工程师。当求职者解出或者试图解出那些具有挑战性的题目时，我评估着他们的表现。在谷歌时，就某位求职者是否达到了录用要求，我曾与招聘委员会的同事有过激烈争辩。因为我反复地经历过整个流程，所以对招聘的各个环节了如指掌。

亲爱的读者，你也许要在明天、下周或明年去迎接面试挑战。我撰写本书，旨在帮助你加深对计算机科学基础知识的理解，并在此之后学会该如何运用这些基础知识，成功闯过技术面试这一关。

第 6 版在第 5 版的基础上增加了 70% 的内容：添补了更多的面试题，修订了部分原有题目的解法，为各章新增了介绍性内容，加入了更多的算法策略，增添了对所有题目的提示信息，等等。欢迎访问我们的网站（http://www.CrackingTheCodingInterview.com），你可以跟其他求职者互通有无，发现新天地。

与此同时，我也感到无比兴奋，你一定能从本书中学到新的技能。充分的准备将会使你拥有各种技术技能和沟通技巧。不管最终结果如何，只要拼尽全力，便无怨无悔！

请务必用心研读本书前面的介绍性章节，其中的要点和启示也许可以决定你的面试结果，"录用"与"拒绝"就在一线之间。

此外，切记：**面试非易事**！根据我在谷歌多年面试的经历，我留意到有些面试官会问一些"简单"的问题，有些则会专挑难题来问。但是你知道吗？面试中碰到简单的问题，不见得就能轻松过关。完美解决问题（只有极少数求职者才能做到）不是公司录用你的关键，只有把题答得比其他求职者更出色才能让你脱颖而出。所以，碰到棘手的难题不要惊慌，或许其他人一样觉得很难。解答得不够完美是没有问题的。

请努力学习，不断实践。祝你好运！

盖尔·拉克曼·麦克道尔
CareerCup.com 创始人兼 CEO

前　　言

招聘中的问题

讨论完招聘事宜，我们又一次沮丧地走出会议室。那天，我们重新审查了 10 位"过关"的求职者，但是全都不堪录用。我们很纳闷，是自己太过苛刻了吗？

我尤为失望，因为由我推荐的一名求职者也被拒了。他是我以前的学生，以高达 3.73 的 GPA 毕业于华盛顿大学，这可是世界上最棒的计算机专业院校之一。此外，他还完成了大量的开源项目工作。他精力充沛、富于创新、头脑敏锐、踏实能干。无论从哪方面来看，他都堪称真正的极客。

但是，我不得不同意其他招聘人员的看法：他还是不够格。就算我的强力推荐可以让他侥幸过关，但他在后续的招聘环节可能还是会失利，因为他的硬伤太多了。

他尽管十分聪明，但答起题来总是磕磕巴巴的。大多数成功的求职者都能轻松搞定第一道题（这一题广为人知，我们只是略作调整而已），可他却没能想出合适的算法。虽然他后来给出了一种解法，但没有提出针对其他情形进行优化的解法。最后，开始写代码时，他草草地采用了最初的思路，可这个解法漏洞百出，最终还是没能搞定。他算不上表现最差的求职者，但与我们的"录用底线"相去甚远，结果只能铩羽而归。

几个星期后，他给我打电话，询问面试结果。我很纠结，不知该怎么跟他说。他需要变得更聪明些吗？不，他其实智力超群。做个更好的程序员？不，他的编程技能和我见过的一些最出色的程序员不相上下。

与许多积极上进的求职者一样，他准备得非常充分。他研读过 Brian W. Kernighan 和 Dennis M. Ritchie 合著的《C 程序设计语言》，也学习过麻省理工学院出版的《算法导论》等经典著作。他可以细数很多平衡树的方法，也能用 C 语言写出各种花哨的程序。

我不得不遗憾地告诉他：光是看这些书还远远不够。这些经典学院派著作能够教会你错综复杂的研究理论，帮助你成为出类拔萃的软件工程师，但是对程序员的面试助益不多。为什么呢？容我稍稍提醒你一下：即使从学生时代起，**你的面试官**其实都没怎么接触过所谓的红黑树算法。

要顺利通过面试，就得**"真枪实弹"**地做准备。你必须演练**真正的**面试题，并掌握它们的解题模式。你必须学会开发新的算法，而不是死记硬背见过的题目。

本书就是我根据自己在顶尖公司积累的第一手面试经验和随后在辅导求职者面试过程中提炼而成的精华。我曾经与数百名求职者有过"交锋"，本书可以说是我面试过几百位求职者后的结晶。同时，我还从成千上万求职者与面试官提供的问题中精挑细选了一部分。这些面试题出自许多知名的高科技公司。可以说，本书囊括了 189 道世界上最好的程序员面试题，它们都是从数以千计的好问题中挑选出来的。

我的写作方法

本书重点关注算法、编程和设计问题。为什么呢？尽管面试中也会有行为面试题，但是答案会随个人的经历而千变万化。同样，尽管许多公司也会考问细节（例如，"什么是虚函数"），但通过演练这些问题而取得的经验非常有限，更多的是涉及非常具体的知识点。本书只会述及其中一些问题，以便你了解它们"长"什么样。当然，对于那些可以拓展技术技能的问题，我会给出更详细的解释。

我的教学热情

我特别热爱教学。我喜欢帮助人们理解新概念，并提供一些学习工具，从而充分激发他们的学习热情。

我第一次正式的教学经历是在美国宾夕法尼亚大学就读期间，那时我才读大二，同时担任本科计算机科学课程的助教。我后来还在其他一些课程中担任过助教，并最终在宾夕法尼亚大学推出了自己的计算机科学课程。该课程专注于教授一些实际的"动手"技能。

在谷歌担任工程师时，培训和指导新的工程师是我最喜欢的工作之一。后来，我还利用"20%时间"①在华盛顿大学教授两门计算机科学课程。

多年之后，我仍然继续在教授计算机科学的相关课程，但是这次我的目标是帮助创业公司的工程师准备收购面试。我看到他们犯了不少错误，经历了很多困难，而我正好拥有帮助他们解决这些问题的技巧和策略。

《程序员面试金典》《产品经理面试宝典》《金领简历：敲开苹果、微软、谷歌的大门》和CareerCup 都能充分体现我的教学热情。即便是现在，你也会发现我经常出现在 CareerCup.com上为用户答疑解惑。

请加入我们的行列吧！

电子书

扫描如下二维码，即可购买本书电子版。

---

① 在谷歌，"20%时间"是指公司允许工程师每个星期花一天时间做与工作无关的项目，详见谷歌官方博客。

——译者注

目　　录

第 1 章

面试流程

在大多数顶尖科技公司和许多其他公司的面试中，算法和编程问题占最大一部分。这些问题可以归类为问题解决型题目（problem-solving question）。面试官希望测试你解答未见过的算法题目的能力。

很多时候，你或许只能够在一场面试中完成一道题。45 分钟并不长，在这样短的时间内很难解决几个不同的问题。

整个解题过程中，你应该尽可能地大声讲解你的思考过程。有时面试官或许会中途打断你，想给你一些提示。没关系，这十分常见，而且这并不意味着你表现得很糟糕（当然不需要提示则会更好）。

面试结束后，面试官会对你的表现有一个基本的印象。或许，他会为你的表现打一个分数，但是，分值实际上并不代表一个定量的评价。从来没有一个表格能列出不同的表现应该获得多少分，面试成绩并不是这样得出的。

其实，面试官一般会根据以下几个方面对你的表现做出评价。

☐ 分析能力：你在解决问题的过程中是否需要很多帮助？你的解决方案优化到了什么程度？你用多长时间得出了解决方案？如果不得不设计或者架构一个新的解决方案，你是否能够很好地组织问题，并且全面考虑不同决策的取舍？

☐ 编程能力：你是否能够成功地将算法转化为合理的代码？代码是否整洁且结构清晰？你是否思考过潜在的错误？你是否有良好的编程风格？

☐ 技术知识、计算机科学基础知识：你是否有扎实的计算机科学以及相关技术的基础知识？

☐ 经验：你在过去是否做出过良好的技术决策？你是否构建过有趣且具有挑战性的项目？你是否展现出魄力、主动性或者其他的重要品质？

☐ 文化契合度、沟通能力：你的个人品质和价值观是否与公司和团队相契合？你和面试官是否沟通顺畅？

这些方面的权重会根据不同的题目、面试官、职位、团队和公司有所变化。对于一个标准的算法题目，面试的表现基本上完全取决于前三个方面。

1.1 为什么

这是求职者在开始准备面试时最常见的问题之一。面试流程为什么是这样的？现实中可能存在以下情况。

(1) 许多出色的候选人在这些面试中表现不佳。

(2) 如果真的遇到这样的问题，你可以查找答案。

(3) 在现实世界中，你很少会使用诸如二叉搜索树之类的数据结构。如果你确实需要，肯定可以学习。

(4) 白板编程是模拟的环境。显然，在现实世界中，你永远不会在白板上编写代码。

这些抱怨并不是没有依据的。事实上，我至少在一定程度上赞同这些说法。

同时，对于一些职位（并不是所有职位），有理由以这种方式进行面试。你是否同意这样的逻辑并不重要，但是你最好能够了解在面试中为什么会问及这些问题，这有助于你理解面试官的想法。

1.1.1　错过了优秀人才是可以的

虽然令人难过（也令求职者沮丧），但这是真的。

对公司而言，优秀的求职者被拒实际上是可以接受的。公司的目的是组建强大的员工队伍，因此可以接受错过优秀求职者这一事实。当然，公司并不希望出现这样的情况，因为这样会增加招聘的成本。尽管如此，只要仍然可以拥有足够多的优秀员工，这是一个可以接受的折中方法。

公司更担心的是"错误肯定"：一些人在面试中表现得很好，但实际上并不是非常优秀。

1.1.2　解决问题的技能很宝贵

你如果能够独自或在一些提示下解决几个难题，那么你很可能擅长于开发最优算法。你是个聪明人。

聪明的人往往能够出色地完成工作，这对公司来说是很有价值的。当然，这不是唯一重要的事情，但是这是个非常重要的亮点。

1.1.3　基础数据结构和算法知识很有用

许多面试官认为，计算机科学的基础知识实际上非常有用。树、图、链表、排序等经常会在工作当中出现，所以应该掌握这些知识。

你可以根据需要学习这些知识吗？当然可以。但是，如果你不知道二叉搜索树的存在，就很难知道何时应该使用它。而如果你知道它的存在，那么也就基本上掌握了它的基础概念。

另外一些面试官认为，依靠数据结构和算法来判断求职者的表现是一种很好的"替代"手段。即使这些知识学起来并不是很难，但是他们认为，是否掌握这些技能和能否成为优秀的开发人员有很强的相关性。掌握这些知识往往意味着你已经完成了计算机科学专业的学历教育（在这个过程中，你已经学到并掌握了相当广泛的技术知识）或者自学了这些知识。无论哪一种情况，这都是一个好的信号。

数据结构和算法知识出现在面试中的另一个原因是：很难问一个不涉及这些知识的问题解决型题目。事实证明，绝大多数问题解决型题目都涉及一些相关的基础知识。当有足够多的求职者掌握这些基础知识时，考查有关数据结构和算法的问题则很容易形成一种模式。

1.1.4　白板让你专注于重要的事情

要在白板上编写完美的代码，确实十分困难。不过面试官并不期望你能够做到完美。绝大多数人的代码中会出现一些 bug 或小的语法错误。

白板的好处在于，你可以在某种程度上专注于整体结构。你并没有编译器，所以不需要使代码能够通过编译。你也不需要写出整个类的定义和样板代码。你应该专注于代码中有趣、关键的部分，即题目所要求的核心功能。

1

这并不是说你应该只写一些伪代码，也不是说代码的正确性无关紧要。大多数面试官并不接受伪代码，而且代码中的错误越少越好。

另外，使用白板会鼓励求职者多交流、多解释他们的思考过程。而如果给求职者一台计算机，则会大大减少与他们的交流。

1.1.5　但这并不适用于每个人、每家公司和每种场合

上述内容旨在帮助你了解公司的想法。

我个人怎么看？在适当的场合，当这样的面试流程有效时，可以对求职者的问题解决能力进行合理的判断，因为表现出色的人往往比较聪明。

然而，这样的面试流程并不总是奏效的。你或许会遇到不称职的面试官，或者面试官会问及不合适的题目。

另外，这样的方法也并不适合所有的公司。一些公司会更重视以前的经验，或者需要求职者具有特定的技术能力。而这些数据结构和算法问题并没有考虑到这些方面。

这样的过程也不会衡量求职者的职业道德或者专注力。然而，几乎没有任何一种面试流程可以评估这方面的能力。

该面试流程并不是完美的，但是又有什么样的面试流程是完美的呢？所有的方法都有缺点。我的结论是：现实既然如此，只需尽力而为，做到最好。

1.2　面试问题的来源

求职者经常会问某个公司最近使用的面试问题是什么。会这样问，表示求职者对于面试问题的来源存在着根本性误解。

在大部分公司，并不存在面试问题的清单。实际上，每个面试官会挑选自己的面试问题。

因为使用哪些问题在某种程度上是完全自由的，所以并不会有一道面试题成为"谷歌最新面试题"——这只不过是因为就职于谷歌的一位面试官恰巧最近问了这道题目罢了。

今年谷歌使用的面试题和三年前使用的面试题其实并没有什么区别。实际上，谷歌和类似的公司（亚马逊、Facebook 等）所使用的面试题一般说来也没有什么不同。

不同公司的面试风格存在着一些差异。一些公司专注于算法（有时会涉及一些系统设计的内容），另一些公司则喜欢基础知识题目。但是在同一类别的题目中，很少会出现一道题属于一家公司而不属于另一家公司的现象。一道谷歌算法面试题和一道 Facebook 算法面试题基本上是一样的。

1.3　一切都是相对的

如果没有评分体系，如何评估你？一位面试官怎样才能确定对你应该有怎样的期望？

问得好。搞清楚这个问题的答案，实际上很有意义。

同一位面试官会使用同一道面试题来比较你和其他的求职者，这是一个对比的过程。

例如，假设你想出了一个很不错的脑筋急转弯或者是数学题。你问好朋友 Alex 这道题目，他花了 30 分钟求解出了答案。你问 Bella 这道题目，她用了 50 分钟。Chris 一直都没有解出这道题。虽然 Dexter 只用了 15 分钟，但是你不得不给他一些关键的提示信息，否则他花费的时间要远多于此。Ellie 花了 10 分钟，并且她提出了一个你从没有想到过的解题方法。Fred 花了 35 分钟。

这之后你会说："哇，Ellie 真得太棒了！我相信她数学一定不错。"（当然，她或许只是十分幸运，或许 Chris 运气有些差。你可以再多问一些题目以确保这样的结果并不是因为运气。）

面试题也是一样的。通过比较你和其他求职者，你的面试官会对你的表现有一个印象。比较的对象，并不是这位面试官**一周之内**面试的所有求职者，而是她**曾经**问过同一道题目的所有人。

正因如此，遇到一道很难的题目并不是一件坏事。一道题目对你来说比较难，那么它对于所有人都会很难。你仍然可以有出色的表现。

1.4　常见问题

1.4.1　面试结束后没有立即收到回复，我是被拒了吗

不是的。有很多原因会使得公司的决定出现一些延误。一个简单的解释是，你的其中一位面试官还没有提供面试反馈。不回复而直接拒绝求职者的公司微乎其微。

如果你在面试后 3 至 5 个工作日仍没有收到公司的回复，请礼貌地联系你的招聘人员。

1.4.2　被拒之后我还能重新申请吗

当然可以，不过通常需要等上一段时间（6 个月至 1 年）。上一次面试中的糟糕表现一般不会对你新的面试有很大影响。很多人都被谷歌或微软拒绝过，但他们后来还是拿到了这些公司的录用通知书。

第 2 章

面试揭秘

大多数公司的面试方式都类似。本章概述了求职人员如何进行面试以及招聘公司在面试中的关注点。在准备面试、参加面试以及后续跟进的过程中，你可以以此为指南。

如果被通知面试，通常会先进行一次初选，一般是通过电话。在顶尖高校就读的学生，或许有机会以面对面的方式参加这类面试。

不要被面试的名称所迷惑："初选"通常会涉及编程和算法问题，其通过的门槛是和现场面试一样高的。如果不确定你的面试是否是一场技术面试，你可以向招聘流程的协调人员询问面试官的职务或者面试可能会涉及的内容。一般说来，工程师会对你进行一场技术类面试。

很多公司已经开始使用在线同步编辑软件，但是也有一些公司会让你在纸上写出代码并通过电话读出来。一些面试官甚至会给你布置一些"家庭作业"，让你在挂断电话后解决，或者要求你通过邮件把写好的代码发送给他们。

一般 1 至 2 轮初选后会通知参加现场面试。

现场面试一般会有 3 至 6 轮，面对面进行，其中一轮通常是共进午餐。午餐面试一般不是技术面试，面试官有时甚至不会提交任何反馈。你可以利用这个机会和面试官讨论你的兴趣所在以及公司的企业文化。其他几轮面试则会以技术方面为主，涉及编程、算法、设计、架构、行为和工作经验问题。

根据公司和团队的不同，面试问题在以上这些领域的分布有所不同，这是因为不同公司的优先次序和规模不同，也可能纯粹是随机的。面试官在面试问题的选择上往往有很大自由度。

面试之后，面试官会以某种形式提交反馈。在一些公司，你的所有面试官会一起开会讨论你的表现并做出录用决定。而在另外一些公司，面试官会提出录用意见，以便于招聘经理或招聘委员会做出最终的录用决定。还有一些公司，面试官甚至不做任何决定，他们的反馈会送至招聘委员会，由委员会做出录用决定。

大多数公司大概会在一周之后与求职者联系，并告知其下一步该怎么做（录用、拒绝录用、进一步面试或最新进展）。某些公司的回复很快（有时在面试当天就回复），某些公司则要慢一些。

你如果等了一周以上还未收到回复，那么你应该联系一下招聘人员。如果你的招聘人员不回复，这**并不**意味着你被拒了（至少大型科技公司是这样的，其实绝大多数公司这样）。让我再重复一遍：没有回复并不意味着什么。招聘公司的意愿是：在做出最终决定后，所有招聘人员都应该通知求职者面试结果。

延误时有发生。如果你的录用结果出现了延误，请与招聘人员联系。联系时务必态度恭敬。招聘人员和你一样，也十分忙碌，也会丢三落四。

2.1 微软面试

微软喜欢招聪明人，尤其青睐极客。求职者必须对技术满怀热情。微软的面试官不大会问你一些 C++ API 的个中细节，而是直接让你在白板上写代码。

参加面试时，求职者最好在早上约定时间之前赶到微软。先填表，接着你会和招聘助理碰面，他会给你一个面试样题。招聘助理主要是帮你热热身，不大会问技术问题。就算真的问了几个简单的技术问题，也是想让你放松心情，等到面试真正开始时，你就不会那么紧张了。

对招聘助理一定要以礼相待。说不定他们会帮上大忙，在你首轮面试表现欠佳时，他们有可能帮你争取到重新面试的机会。毫不夸张地说，他们甚至还能左右你的应聘结果。

面试当天你会接受 4 至 5 轮面试，面试官一般来自两个团队。许多公司会把面试安排在会议室，微软却把面试安排在面试官的办公室。你正好可以借机四处看看，感受一下他们的团队文化。

一轮面试过后，不同的团队做法不一样，面试官可能会根据个人习惯决定是否将你的表现反馈给后续的面试官。

完成所有面试后，你可能会见到招聘经理（通常会被称为"合适"）。假如真是这样的话，那可是个好兆头，意味着你通过了某个团队的基本考查。接下来，就要看招聘经理要不要录用你了。

快的话，面试当天你就会知道结果；慢的话，则可能要等上一周。要是等了一周还没收到人事部的通知，不妨发封邮件，客气地问一下进展。

如果你没有马上收到回复，有可能是因为招聘助理太忙了，这并不代表你就没戏。

2.1.1 必备项

"你为什么想要加入微软？"

提这个问题，微软是想了解你是否对技术满怀热情。一个比较好的答案是："自打接触计算机以来，我就一直在用微软的软件，贵公司开发的软件产品令人赞不绝口。比如，我最近一直在 Visual Studio 开发环境中学习游戏编程，它的 API 实在是太好用了。"注意，回答一定要展示出你对技术满怀热情。

2.1.2 独特之处

如果到了招聘经理这一关，说明你面试表现得不错。这可是个好兆头！

另外，微软趋向于让每个团队拥有更多自主的权利，产品的组合也非常丰富。因为不同的团队寻求不同的目标，所以在微软每个团队的体验会有很大不同。

2.2 亚马逊面试

亚马逊的招聘流程一般会从一轮电话面试开始，其间求职者会接受某个团队的面试。偶尔也会出现面试两轮甚至更多轮的情况，这可能是因为第一轮的面试官对你的评价不高，或是别的团队对你感兴趣。此外，还有其他特殊情况，比如，求职者就住在亚马逊总部所在地西雅图，或者以前面试过其他职位。对于这样的面试者，也许一次电话面试就够了。

在电话面试中，面试你的工程师通常会要求你通过共享文档工具写些简单的代码。他们问的技术问题可谓五花八门，意在了解你究竟熟悉哪些领域。

接下来，如有一两个团队根据你的简历和在电话面试中的表现相中你，你就要飞到西雅图或者你面试职位所在的分部接受 4 至 5 轮面试。在白板上写代码是少不了的，有些面试官还会着重考查你的其他技能。每一轮面试官都会侧重不同的领域，所以他们的提问会大相径庭。在提交自己的评价报告之前，他们看不到其他面试官对你的评价，而且公司也不鼓励面试官在面试过程中互相交流，一切讨论都得等到几轮面试全部结束后才能进行。

顾名思义，"调杆员"[①]主要负责把控面试质量。他们受过专门训练，并且是从其他团队抽调来的，以便减少面试中的主观倾向。这位面试官不仅面试经验丰富，而且跟招聘经理一样，拥有生杀大权。不过，切记：这一轮面试表现磕磕绊绊，并不等于你的整体表现就很差。面试官会比照其他求职者来评价你的水平，而不是只看你答对多少问题。

等到所有面试官提交评价报告后，他们会在一起讨论你的表现，并决定是否录用你。

一般来说，亚马逊的招聘团队都会很快给出录用结果，很少有耽搁。要是一周内都没等到结果，建议你发封措辞得当的邮件询问进展。

2.2.1　必备项

亚马逊关注扩展性问题，请做好相应的准备。当然，回答这些问题，并不要求你具备分布式系统方面的知识。具体建议可参看 9.9 节。

此外，亚马逊还会问很多面向对象设计的问题。请参看 9.7 节，里面有一些样题和建议。

2.2.2　独特之处

"调杆员"来自其他团队，旨在提高面试标准。他和招聘经理一样重要，请尽量表现得出色一些。

与其他公司相比，亚马逊更倾向于试验新的面试流程，所以上文所述不一定适用于所有人，这只是最常见的面试流程。

2.3　谷歌面试

业界有很多关于谷歌面试的可怕谣传，但多数也只是谣传。谷歌的面试与微软或亚马逊的面试并无太大区别。

谷歌的面试也从电话面试开始，来面试你的人是技术工程师，因此，免不了会问些技术难题，求职者切不可掉以轻心。这些问题也可能涉及编程，有时你还要通过共享文档工具写些代码。电话面试的问题和现场面试类似，要求也一样。

现场面试一般有 4 至 6 轮，其中一轮为午餐面试。面试官之间不能交流评价报告，因此，每一轮面试你都可以从零开始。午餐面试不会有评价报告，你可以借机问些其他环节不方便问的问题。

谷歌不会要求面试官侧重不同的领域，也没有所谓的标准流程或结构。每个面试官可以自

[①] "调杆员"（bar raiser）的概念来自亚马逊美国总部。这个词原指在跳高比赛中一次次将杆调高的工作人员。亚马逊的调杆员则是一群在招聘过程中负责从企业文化以及行为准则的角度考查应聘者，从而维护招聘质量的人。在招聘中，调杆员会用很苛刻的眼光考查应聘者是否在至少一点上高过亚马逊的平均水准，如果是，那么雇用这样的人实际上就等于在提升公司的能力，这就起到了"抬杆"的作用。——译者注

行决定问哪些问题。

面试过后，评价报告会以书面形式提交给由工程师和经理组成的招聘委员会，由他们做出录用结论。面试评价报告由分析能力、编程水平、工作经验和沟通能力 4 部分组成，最后你会得到总的评分：在 1.0 到 4.0 之间。招聘委员会里一般不会有你的面试官。就算有，那也纯属巧合。

通常，在决定录用与否时，招聘委员会更看重那种有面试官给你打高分的情况，打个比方，如果你的得分是 3.6、3.1、3.1 和 2.6，效果要好过拿 4 个 3.1。

这也就是说，每轮面试不一定都要有上佳表现。此外，你在电话面试中的表现一般起不了决定性作用。

如果招聘委员会给出的意见是"聘用"，你的材料就会转给薪酬委员会以及执行管理委员会。最终结果可能要等上几周，因为还有不少流程要走，要等待多个委员会审批。

2.3.1　必备项

作为一家互联网公司，谷歌非常看重如何设计可扩展的系统。因此，务必掌握 9.9 节的问题。

无论你有怎样的经验，谷歌都十分注重分析技能（算法）。即使你认为以前的经验已经足以证明这方面的技能，也需要对这类问题做好充分的准备。

2.3.2　独特之处

面试官不是决策者。他们只提交评价意见供招聘委员会参考。招聘委员会给出录用与否的决定，当然，该决定偶尔也会被谷歌高管否决。

2.4　苹果面试

苹果的面试流程与公司本身的风格非常相符，是最没官僚味儿的。苹果的面试官很看重技术功底，但求职者对应聘职位和公司的热情也非常重要。虽然成为 Mac 用户并不是应聘苹果的先决条件，但你至少要对该系统有一定了解。

在苹果的面试中，招聘助理会先给你打电话了解一些基本情况，接下来团队成员会对你进行一连串的技术电话面试。

当你受邀去参加现场面试时，招聘助理会出面接待你，并介绍面试的大致流程。然后，你要接受来自招聘团队成员 6 至 8 轮的面试，其间这个团队的重要人物也会来面试你。

苹果的面试形式是"一对一"或"二对一"。请做好在白板上写代码的准备，交流的时候一定要把自己的思路表达清楚。你可能会跟未来的上司共进午餐，这看似随意，但其实也是一次面试。每个面试官都会侧重不同的领域，面试官之间一般不会过问彼此的面试情况，除非他们想让后续面试官就求职者某一方面多挖掘点内容。

当天所有面试结束后，面试官们会在一起商议你的表现。如果大家都认为你表现不错，接下来会由你所应聘部门的主管或副总来面试你。能见到主管也不见得你一定会被录用，不过总归是个好兆头。让不让你见主管的决定对你是不公开的，如果你落选了，他们只是默默送你离开公司，也不会透露你为什么落选了。

如果你得以进入主管或副总面试环节，面过你的面试官们会聚到会议室正式表决录用意见。副总通常不会列席，但如果你没能打动他们，他们照样可以直接否决。招聘人员通常会在几天后联系你，要是等不及的话，你也可以主动联系。

2.4.1　必备项

如果你知道哪个团队会来面试你，那么务必先熟悉他们的产品。你喜欢该产品的哪些方面？你觉得有哪些可以改进的地方？给出独到见解可以有力展示你对这份工作的激情。

2.4.2　独特之处

在苹果的面试中，"二对一"的形式司空见惯，不过也不用太紧张，这跟"一对一"面试并无分别。

此外，苹果的员工都是超级果粉，在面试中，你最好也能展现出同样的热情。

2.5　Facebook 面试

一旦被 Facebook 挑中，求职者一般要接受 1 至 2 轮电话面试。电话面试主要涉及技术问题，求职者通常要用共享文档工具写些代码。

电话面试后，有可能要求你完成一道涉及编程和算法的面试题目。请注意编程风格。如果你从来没有经历过完整的代码审查流程，那么最好请有过相关经验的工程师帮忙审查一下代码。

现场面试时，主要由其他软件工程师来面试你，不过，招聘经理有空的话也会参与。所有面试官都受过专业面试培训，他们只提供意见，对你的应聘结果不做决断。

现场面试的每个面试官都有着不同的"角色"，以确保大家不会重复提问，并全面考查求职者的能力水平。面试官通常会扮演以下角色。

- ❑ 行为问题（"绝地武士"）。这类面试用于测试你在 Facebook 的环境中的生存能力。你与公司文化以及价值观的契合度如何？你的兴奋点是什么？你如何面对挑战？还要准备好阐述你对 Facebook 的兴趣所在。Facebook 需要有热情的人。在这场面试中，也可能问你一些编程问题。
- ❑ 编程和算法问题（"忍者"）。这些是标准的编程和算法问题，你在本书中就可以找到类似的问题。面试官有意识地把这些问题设计得极具挑战性。你可以使用任何你想使用的编程语言。
- ❑ 设计、架构问题（"海盗"）。对于后端软件工程师来说，你或许会遇到系统设计问题。前端软件工程师和其他职业求职者会要求回答和他们的领域相关的设计问题。你应该全面地讨论不同的解决方案和这些解决方案之间的取舍。

一般说来，你会接受两轮"忍者"面试和一轮"绝地武士"面试。有工作经验的求职者通常会加一轮"海盗"面试。

面试过后，在交流你的表现之前，见过你的面试官会先提交书面评价报告。这么做是为了确保各位面试官能对你的表现做出相对独立的评价。

一旦收到所有的评价报告，面试小组和招聘经理便会商讨你的面试结果。他们会先达成统一意见，然后提交给招聘委员会。

2.5.1　必备项

作为网络科技的新贵以及"当红炸子鸡"，Facebook 也更青睐那些富有创业精神的开发人员。在面试过程中，你要展现出自己热衷于快速创造新事物的激情。

他们期望看到你可以使用任何语言快速构建优雅、可扩展的解决方案。懂 PHP 并不会显得特别突出，因为 Facebook 也有很多后台工作要用到 C++、Python、Erlang 和其他语言。

2.5.2　独特之处

Facebook 由公司统一招聘员工，而不是专门针对某个团队。面试成功并入职后，你会先参加为期 6 周的"新兵训练营"，以便快速适应大规模的代码库。资深工程师会担任你的导师，辅导你掌握最佳实践和必备技能，最终让你可以游刃有余地加入自己喜欢的项目组。

2.6　Palantir 面试

和一些使用"统一面试"（公司作为一个整体进行面试，而不是由特定的团队进行面试）的公司不同，Palantir 的面试分团队进行。当有更合适你的团队时，你的申请偶尔也会转至另外一个团队。

通常来说，Palantir 的面试流程从两轮电话面试开始。这两轮面试大约用时 30 至 45 分钟，主要会集中于技术问题。面试中会谈论一点儿你以前的工作经历，但是主要关注算法问题。

你也可能会收到来自于 HackerRank 的编程测验，该测验旨在评估你编写优化算法和正确代码的能力。工作经验较少的求职者（比如大学生）极有可能收到类似的测验。

在这之后，通过的求职者会受邀前往公司园区参加多达 5 轮面试。现场面试会涉及你以前的工作经验、相关领域的知识、数据结构和算法以及设计问题。

你也有可能会看到 Palantir 产品的现场演示。你可以通过问一些精心准备的问题来证明你对公司的热情。

面试之后，所有面试官会与招聘经理开会来讨论你的表现。

2.6.1　必备项

Palantir 要求工程师要聪明。很多求职者说 Palantir 的面试问题要比谷歌和其他顶尖公司的面试问题更难。这并不一定意味着拿到录用通知书会更难（尽管被录取可能会很难），而只是说明面试官更喜欢使用具有挑战性的面试问题。你如果即将参加 Palantir 的面试，应先把核心的数据结构与算法知识背得滚瓜烂熟，之后再专心准备最难的算法面试题。

如果面试一个后端岗位，你同样需要复习系统设计。这是面试流程当中的重要一环。

2.6.2　独特之处

编程测验是 Palantir 面试的常规流程。尽管可以使用自己的计算机并且可以随意浏览各类材料，但是不要不做准备就进行编程测验。测验题目极具挑战性，而且测验会评估你所写算法的效率。充足的面试准备对此大有裨益。你也可以在 HackerRank.com 网站上进行编程题目的练习。

第 3 章

特殊情况

本书读者背景各异：有些工作经验较丰富但是从没有参加过类似的面试，有些是测试工程师或者项目经理，有些使用本书是为了学习如何更好地面试他人。本章旨在介绍所有这些特殊的情况。

3.1 有工作经验的求职者

一些读者会认为，本书所列的算法面试题只是为毕业不久的学生准备的。这并不完全正确。工作经验较丰富的工程师可能会发现，面试中算法问题的比重会略有减少——但仅仅是略有减少而已。

如果一家公司问及没有工作经验的求职者算法问题，那么对有工作经验的求职者他们也会这样做。无论对错，他们一致认为，通过此类面试题所展现的技能，对于所有的程序员来说都是必不可少的。

一些面试官对于有工作经验的求职者会降低一些标准。毕竟，对于这些求职者来说，上算法课已经是很多年前的事情了。他们疏于练习很久了。

另外一些面试官则对有工作经验的求职者有着更高的标准，因为多年的工作经历会让求职者遇到更多类型的问题。

总体来看，两者相抵。

所以，如果你是有工作经验的求职者，碰到的问题和面试标准基本上与新手相差无几。不同之处在于系统设计和架构方面以及与你简历相关的问题。一般来说，学生在系统架构方面没有什么积累，这类经验只有通过实践才能获得。因此，面试官会根据你的经验水平来评估你在这些问题上的表现。当然，在校生和应届毕业生也会被问及这方面的问题。总之，无论是否有经验，都要竭尽全力做好准备。

此外，对于"说说你碰到过的最棘手的 bug"之类的问题，面试官往往期待有工作经验者给出更加深入、让人印象深刻的答案。你拥有更丰富的经验，回答自当不同凡响。

3.2 测试人员和软件开发测试工程师

软件开发测试工程师（SDET）编写代码是为了测试新特性，而不是为了开发新特性。因此，SDET 需要同时擅长编程和测试。两手准备工作都要做。

如果你在申请 SDET 的职位，请按照下面的步骤着手准备。

❑ **准备核心测试问题。**例如，怎么测试一只灯泡、一支笔、一台收银机抑或微软的 Word 软件？9.11 节会给出更多解决这些问题的答案。

❑ **练习编程问题。**应聘 SDET 被拒的最大原因就是编程能力不足。尽管这个职位对编程能力的要求比软件开发工程师（SDE）略低，但面试官还是期待 SDET 具备很强的编程能力和算法功底。准备过程中，不妨拿针对普通开发人员的编程和算法题来练手。

❏ **练习测试编码问题。** 对 SDET 来说，这类问题的常见问法是"写代码实现 X 功能"，紧接着就是，"好，请测试你写的代码"。就算面试官没有提这个要求，你也应该问问自己："我该如何测试这段代码？"切记：SDET 可能碰到任何问题。

对测试人员来说，具备良好的沟通能力也非常重要，因为这个岗位要求你跟各种各样的人打交道。因此，不要对行为面试题掉以轻心，可参见第 5 章。

职业生涯建议

最后，提几点职业生涯建议。如果你跟许多求职者一样，认为应聘 SDET 的职位是进入一家公司的"捷径"，那就必须想清楚，从 SDET 转开发岗位可不轻松。假如你有此意图，那么务必加强自己的编程能力和算法功底，并尽可能在一两年内转岗。否则，"温水煮青蛙"，拖得越久，你的目标就越难以实现。

总之，常写代码，以防手生。

3.3　产品经理（项目经理）

不同公司的产品经理（PM）职位大相径庭，甚至在同一家公司都可能大不相同。例如，微软有些 PM 职位其实相当于"口碑传道者"，职责是面向客户推广公司产品，有点接近市场营销。然而，微软内部的其他 PM 则可能每天要花大量时间写代码。后一种 PM 在面试中很可能会被问及编码问题，因为这是其工作职责的重要部分。

大体上，求职者应聘 PM 职位时，面试官主要考查以下几个方面。

❏ **处理含糊情况。** 虽然它不是面试中最重要的考查面，但你要明白面试官的确很看重此技能。他们希望看到你面对含糊情况时不会手忙脚乱，不知所措；希望看到你迎难而上，比如寻找新的信息，优先考虑最重要的模块，并且有条不紊地解决问题。面试官一般不会直接考查你这方面的能力（但也不排除这种可能性），不过他们可能会根据你在处理问题时的表现对你进行评估。

❏ **以客户为中心（态度层面）。** 面试官希望看到你能做到以客户为中心。你是会照搬自己的经验主观臆测客户使用产品的方式，还是会站在客户的立场来了解他们希望如何使用产品？诸如"为盲人设计一款闹钟"的面试题考查的正是这个方面。当你听到这类面试题时，务必多提问题以了解产品主要面向**哪些**客户，以及他们会**如何**使用该产品。9.11节有很多相关内容可供参考。

❏ **以客户为中心（技术层面）。** 有些团队做的产品功能非常复杂，要求 PM 求职者必须充分掌握相关产品，因为等到工作时再上手是来不及的。欲在安卓或者 Windows 手机团队中谋得 PM 一职，你并不一定要精通移动开发知识（尽管相关的知识会更好），从事 Windows Security 工作则可能要求你具备扎实的计算机安全功底。因此，除非掌握了必备技能，否则在面试之前你还是三思而后行吧！

❏ **多层次交流能力。** PM 需要跟公司内各个级别、跨部门、跨职能人士打交道。所以，面试官会希望你具备多层次交流能力。这方面的考查非常直接，比如，面试官会抛出类似"向你的祖母解释什么叫 TCP/IP"的问题。当然，从你如何描述此前的项目经历，他们也能看出你的沟通能力。

> ❑ **对技术的热情**。快乐工作的员工往往是高产员工，所以公司要确保你喜欢并享受这份工作。在你的回答中，应该处处展示自己对技术的热情，同时，要是能对公司或团队充满热情就更好了。面试官可能会直接问你："为什么想来微软工作？"此外，他们也乐于见到你充满激情地描述自己此前的工作经历和遇到过的挑战。面试官喜欢那些不惧挑战并迎难而上的求职者。
>
> ❑ **团队合作、领导能力**。这大概是 PM 面试中最重要的方面，无疑也是这份工作本身的关键所在。所有面试官都会评估你能否与其他人合作无间。他们常会提出这类问题："说说你怎么处理团队成员没能按进度完成工作的情况。"此外，面试官也想了解你能否妥善处理冲突，是否积极主动，是否了解你身边的人以及人们喜不喜欢与你共事。你在"行为面试题"上所做的准备在这里就显得尤为重要。

以上这些方面都是 PM 的必备技能，因此也是面试的重点。各个方面的权重大致取决于你应聘的 PM 职位以及该职位具体看重哪些方面。

3.4 开发主管与部门经理

基本上，技术主管职位都要求具备很强的编程技能，部门经理职位往往也不例外。如果这份工作需要编写代码，那你就必须具备很强的编程技能和算法功底——要求不比普通开发人员低。特别是谷歌，在编程技能上，对部门经理的要求很高。

此外，你还要做好以下准备。

> ❑ **团队合作、领导能力**。任何担任管理类角色的人都必须懂得团队合作，并能领导员工。面试官会或明或暗地考查你是否具备这些能力。一方面，他们会直接询问你在此前工作中是如何处理冲突的，比如你与主管意见相左的时候；另一方面，面试官也会暗中观察你是怎么与他们互动的。如果你的态度过于傲慢或太顺从，那他们就会认为你不太适合当管理人员。
>
> ❑ **把握轻重缓急**。管理人员经常要面对层出不穷的状况，比如，怎样才能确保团队在即将到来的截止期前完成工作。你需要充分展示你在一个项目中分得清轻重缓急，砍掉无足轻重的部分。把握轻重缓急意味着要通过正确的提问来掌握哪些方面至关重要，以及合理预估出都能实现哪些方面。
>
> ❑ **沟通能力**。管理人员不仅需要与上下级沟通，而且可能还会与客户或其他不太懂技术的人进行交流。面试官希望看到你具备与各种人打交道的能力，跟他们沟通起来游刃有余。实际上，面试官也是在拐弯抹角地评估你的个性。
>
> ❑ **"把事情做好"的能力**。经理与主管最重要的职责也许就是"把事情做好"。这意味着你要在项目准备和具体实施之间达成适当的平衡。你需要掌握如何组织项目，以及如何激励员工，从而达成团队目标。

归根结底，这些方面大都会跟你的过往经验和个性关联起来。务必利用"面试准备清单"做好充分准备。

3.5 创业公司

创业公司的职位申请和面试流程千差万别。我们没办法述及每一家创业公司的情况，好在还能列举一些共通之处。不过，也请理解，实际情况可能会有所不同。

3.5.1　职位申请

很多创业公司都会在网上发布招聘启事，但对于那些最热门的创业公司，最好的申请方式是通过内部推荐。这个推荐人不必非得是你的密友或同事。你可以四处撒网，向认识的人表达自己的意向，然后也许有人会拿起你的简历看看你是不是合适人选。

3.5.2　签证与工作许可

很遗憾，美国大多数小型创业公司都没有能力为你申请工作签证。他们跟你一样痛恨劳工部教条的制度，可还是无能为力。如果你没有合法身份，同时又想到创业公司工作，也许最好的选择就是找一家为创业公司输送人才的专业人力资源代理机构，并了解哪些创业公司可以申请工作签证。你也可以盯着那些规模较大的初创公司。

3.5.3　简历筛选因素

创业公司需要的工程师不仅要聪明过人，会写代码，还要能在创业环境中卖力工作。你的简历应该展示这些特质。你已经开始做哪些类型的项目了？

此外，你还必须充满干劲，积极做到最好，这些创业公司急需立马能上手干活的员工。

3.5.4　面试流程

与大公司注重你在软件开发上的整体职业素养相比，创业公司更注重你的个性契合度、技术技能和此前的工作经验。

- □ **个性契合度**。面试官会通过你与他们的互动来评估你的个性契合度。请注意，与面试官交流时要友善、专注，这会给人留下好印象，从而获得更多工作机会。
- □ **技术技能**。创业公司需要立马能上手干活的人，因此非常看重你在特定编程语言上的能力。如果你恰好掌握该公司使用的编程语言，那么请务必好好准备与此相关的各种细节问题。
- □ **工作经验**。创业公司会问你很多工作经验有关的问题，请特别关注第 5 章。

除此之外，你还会碰到本书中提及的很多编程及算法问题。

3.6　收购与"人才收购"

在进行收购案的尽责调查程序时，收购方通常会面试创业公司的全部或大部分员工。这项程序是谷歌、雅虎、Facebook 以及许多其他科技公司的标准流程。

3.6.1　哪些创业公司需要进行并购面试，为什么

部分原因是因为被收购公司的员工需要通过这项程序被收购方录用。收购方不想让收购案成为进入收购公司的一条"捷径"。同时，因为收购目标团队是一项关键因素，所以收购方认为评估对方团队的技能是合理的。

当然并不是所有的收购案都是如此。那些著名的数十亿美元级别的收购案通常不会有此程序。毕竟那些收购案的主要目的是用户群而不是员工，甚至不是技术。评估对方团队的技能没有那么重要。

但是，事情并非像"'人才收购'[1]需要面试，传统并购不需要面试"这样简单。人才收购和产品收购之间有一些灰色区域，很多创业公司被收购是由于团队以及技术背后的点子。收购方或许会停止原来的产品，而让其团队做一些非常相似的项目。

如果你的创业公司正要进行此程序，一般来说，你和你的团队会和一般的求职者一样，经历若干场面试。因此，面试经历也会和本书所述相似。

3.6.2 这些面试有多重要

这些面试极其重要，它们的重要性体现在以下几个方面。

- □ 达成或终止收购。这些面试通常影响到一个公司最终是否会被收购。
- □ 决定哪些员工会被收购方录用。
- □ 影响收购的价格（面试后加入收购方员工的总数不同所致）。

这些面试绝不仅仅是简单的筛选而已。

3.6.3 哪些员工需要面试

对于技术类创业公司来说，通常所有的工程师都要进行面试，因为他们是收购的核心目的之一。

另外，销售人员、客户支持人员、产品经理和其他职位的成员都有可能要经历面试流程。

首席执行官通常会按照产品经理或者软件开发经理的职位进行面试，因为这两个职位与首席执行官当前的职责最为匹配。但是，这也不是绝对的，它还取决于首席执行官的实际情况和兴趣所在。根据我的一些客户的情况所知，一些首席执行官选择不参加面试并在收购案完成后离开了公司。

3.6.4 如果面试表现不好会怎么样

面试表现不好的员工通常不会被收购方录用（如果许多员工表现不好，那么收购案很有可能不能达成）。

有些情况下，面试表现较差的员工会得到一些"合同制"的职位以便于交接工作。这些职位都是临时性职位，尽管有时这些职位的员工会被留下，但是通常他们会在合同期满后（通常6个月）离开公司。

另外一些情况下，员工面试表现较差是因为他们被错误地归类。这通常由以下两种常见情况所致。

- □ 有时，创业公司会把非传统意义上的软件工程师归类为软件工程师。这种情况经常发生在数据科学家或数据库工程师身上。他们在软件工程师的面试当中通常会表现较差，因为他们的职位实际上需要的是其他技能。
- □ 另一种情况是，首席执行官会把初级工程师宣传为富有经验的工程师。这些工程师面试表现较差是因为面试使用了更高的评判标准。

对于以上这两种情况，有时这些员工会重新参加更加合适的职位的面试，而有时他们就没有这么幸运了。

---

① 原文为 acquihire，该词来源于 acquisition 和 hiring。作者此处用于指代一类特殊的收购案：收购方的主要目的在于创业公司的团队和人才。——译者注

对于某个特别优秀但是面试表现不好的员工，首席执行官只有在极少数情况下才可以推翻面试的决定。

3.6.5　最优秀和最差的员工或许会令你吃惊

顶级科技公司的问题解决型面试和算法会评估一些特定的技能，而这些技能和经理评估员工的技能并不完全一致。

我遇到过很多公司，它们惊讶于那些最优秀和最差的员工在面试中的表现。那些仍然需要学习很多专业知识的初级工程师或许在面试中能出色地解决问题。

在与面试官使用相同的方法评估员工之前，不要认为谁会是或者不是最好的员工。

3.6.6　被收购方的员工与一般求职者的标准一样吗

虽然会有一些灵活性，但基本上一样。

大公司招聘时往往会规避风险。如果某个求职者处于录用的临界线，大公司通常倾向于不予录用。

在收购时，如果团队内其他成员表现优秀，那么处于临界线的也会被录用。

3.6.7　被收购员工对于收购、人才收购会如何反应

创业公司的首席执行官和创始人很关心这个问题。员工们会对收购过程忐忑不安吗？如果他们抱有希望但是收购案最终没有达成该怎么办？

从我的客户经验来看，管理层对于此问题不必如此关心。

当然，一些员工会对收购过程忐忑不安。出于某些原因，他们对于加入一家大型公司并不感到兴奋。

然而，大多数员工对于收购过程持乐观而谨慎的态度。他们希望收购案能够达成，但是他们也明白此类面试会造成收购案的失败。

3.6.8　收购后的团队会经历什么

在不同情况下，答案会有所不同。但是，我的大多数客户仍然保持着原有的团队结构，或者与已经存在的团队进行整合。

3.6.9　怎样为你的团队准备收购面试

对于收购面试的准备和收购公司的常规面试准备基本一致。不同的是，你的公司是以团队的形式参加面试，每位员工并不是根据表现单独参加。

3.6.9.1　你们是一起参加面试的
我协助过的一些创业公司会暂停"真正"的工作，花费 2 到 3 个星期准备面试。

很显然，并不是每一个公司都能这样做，但是，从期望收购案达成的角度看，这样做确实能够大大改善面试的结果。

你的团队可以独立学习，或者 2 至 3 人为一组，或者互相进行模拟面试。如果可能的话，将以上 3 种方法全部操练一遍。

3.6.9.2　部分员工会比其他人准备得差一些

很多创业公司的程序员或许只是模糊地听说过大 O 时间、二叉搜索树、宽度优先搜索以及其他一些重要的概念。这些都需要程序员花费更多的时间来准备。

没有计算机科学学历的员工或者很久之前取得学位的员工，应首先专心学习本书中讨论的核心问题，特别是大 O 时间（该部分是最重要的内容之一）。从头开始实现所有的核心数据结构和算法，这可以作为入手练习。

如果收购对于你的公司很重要，那么请给这些员工时间来准备。他们确实需要准备。

3.6.9.3　不要等到最后一刻

作为一家创业公司，你或许已经习惯于兵来将挡，水来土掩，而不进行事先计划。如果以这样的方式应对收购面试，创业公司可能难以达成收购案。

收购面试通常会突然开始。公司的首席执行官和一家或多家收购方交涉时，对话就有可能突然变得严肃起来。收购方会提及将来进行收购面试的可能性。之后，突然间就会出现"本周结束之前进行面试"的消息。

如果你一直等到面试敲定了日期才着手准备，那么留给你的时间可能最多只有几天。这对于需要学习核心的计算机科学概念并练习面试问题的工程师来说，或许远远不够。

3.7　面试官

完成本书上一版后，我了解到许多面试官在使用本书来学习如何面试。这并不是本书写作的初衷，但是或许我也可以为面试官提供一些指导。

3.7.1　不要问与本书完全相同的题目

首先，本书选择这些题目是因为它们对面试准备大有裨益。一些问题虽然有助于面试准备，但是并非优秀的面试问题。例如，本书有一些脑筋急转弯，那是因为有时面试官会问到这类题目。尽管我个人认为它们是很糟糕的面试题目，但是如果某家公司喜欢问及此类问题，其求职者大可花时间做练习。

其次，你的求职者也在阅读此书。你也不想问到求职者做过的一些题目。

你可以问**类似的**题目，但是不要从此书的题目中直接挑选。你的目的是测试求职者的问题解决能力，而非记忆能力。

3.7.2　问中等难题或者高难度题

问及这些题目的目的是评估一个人的问题解决能力。如果你问过于简单的问题，求职者的表现会非常相似。小的错误就会极大地影响此人的总体表现，而这类小错误并不是可靠的评判指标。

3.7.3　使用多重障碍的题目

一些题目会有求职者顿悟的情况，解决这类题目需要求职者悟性非凡。如果求职者没有发现题目的奥秘所在，面试表现就会很差；反之，他们则会立刻表现得比其他求职者更为出色。

即使悟性代表着某种技能，也仅仅是一种指标而已。理想情况下，你所使用的题目应极具挑战性，富有见地并且是最佳化的。多个数据点要强于单一的数据点。

你可以这样测试你的面试问题：如果通过你的一个提示或者建议，同一个面试者的表现就天壤之别，那么你所选择的题目或许并不是一个好的面试题目。

3.7.4 使用高难度题目，而不是艰深的基础知识

有一些面试官为了增加题目难度，会在不经意间考查艰深的**基础知识**。当然，表现优秀的求职者少一些，统计数据会看上去更合理，但是，这不太能展现出求职者的诸多技能。

你需要考查的是，求职者是否具备基础数据结构和算法知识。对于计算机科学专业的毕业生来说，考查他们是否掌握大 O 和树的基础知识是合理的。但是，大多数人并不会记住 Dijkstra 算法[①]或者 AVL 树[②]是如何工作的。

如果你的面试题目需要晦涩的相关知识，那么问问你自己，这类能力真的那么重要吗？重要到需要你要么减少录用者的数目，要么减少对于求职者问题解决能力或者其他能力的关注度了吗？

你评估的每一项技能或特性都会缩减最后的录用人数，除非你能以相同程度放宽对不同技能的招聘要求。当然，如果求职者其他所有能力都一样，那些把大部头的算法教科书背得滚瓜烂熟的求职者可能更受青睐。但是，求职者的其他能力并不是完全一样的。

3.7.5 避免"吓人"的问题

一些题目会令求职者望而生畏，因为这些题目似乎涉及一些专业知识（尽管并非如此）。通常包括以下问题。

- ❑ 数学或者概率问题。
- ❑ 底层知识（内存分配等）。
- ❑ 系统设计或可扩展性问题。
- ❑ 专有系统问题（谷歌地图等）。

例如，我有时会问到的一个题目是：找出所有满足 $a^3+b^3=c^3+d^3$ 的小于 1000 的正整数解。

许多求职者会首先想到做一些巧妙的因式分解，或者使用高等数学进行计算。然而并不需要这些，求职者仅仅需要了解指数、和以及方程即可。

当我问这个题目时，我会明确地说："我知道这道题看上去像是数学问题。别担心，它并不是数学问题，只是一道算法题目。"如果他们试图进行因式分解，我会制止他们，同时提醒他们这不是一道数学题目。

另外一些题目会涉及一点儿概率论。或许，对于这类题目（比如 5 选 1，即从 1 至 5 中任选一个数），求职者早已背得滚瓜烂熟了。但是仅涉及概率论这一点，就足以令求职者望而生畏。

问一些听起来吓人的题目时，请务必谨慎。记住，对于求职者来说，面试已经够令人战战兢兢的了，如果再问些吓人的题目，那么或许只会让求职者更加慌张从而表现糟糕。

如果你打算问一个"吓人"的题目，那么一定要向求职者表明这并不需要专业知识。

---

① Dijkstra Algorithm 算法是有向图中最短路径的经典算法，由荷兰计算机科学家 Dijkstra 于 1959 年提出。——译者注
② AVL Tree 是最先发明的自平衡二叉搜索树，由计算机科学家 G. M. Adelson-Velsky 和 E. M. Landis 于 1962 年提出，得名于发明者名字的缩写。——译者注

3.7.6　提供正面鼓励

一些面试官过于关注题目是否合适以至于忘记了考虑自己的言行。

很多求职者会害怕面试，会试图解读面试官说过的每一句话，无论它们是正面的还是负面的。他们会认为"祝你好运"意有所指，尽管无论求职者表现如何，你通常都会对他们这样讲。

你应该希望求职者对面试过程、对面试官、对自己的表现都感觉良好，同时希望他们能感觉舒适。紧张状态下的求职者会表现得很糟糕，但这并不意味着他们不优秀。另外，如果一个优秀的求职者对你或者公司有负面的印象，那他就不太可能接受录用，甚至会劝阻他的朋友来参加面试或接受录用。

请试着对求职者保持热情友好的态度。这样做的难度因人而异，但是请你竭尽全力。

即使不是热情体贴的性格，你仍然可以在面试过程中一直给面试者正面评价。

- "完全正确。"
- "好主意!"
- "干得好!"
- "是的，那个方法很有趣。"
- "完美!"

不管求职者表现得多么糟糕，总有做的对的地方。想办法在面试中加入一些正面的评价吧。

3.7.7　深究行为面试题

许多求职者不善于清晰地讲述某些具体的成就。

你出了一道面试题，要求求职者描述具有挑战性的经历，他们会向你讲述他们的团队面临的一个挑战。你会认为求职者并没有做什么。

不要这么武断。求职者没有集中突出自己的贡献，或许因为他们一直以来所受的培训就是注重突出团队成就而非吹嘘自己。在管理岗位应聘者和女性求职者中，这种情况尤为常见。

请不要因为你难以理解求职者做了什么，就认为他们什么都没有做。请礼貌地向求职者指出这一点，并请他们具体讲述一下在职期间都做了什么。

如果求职者解决的问题听起来并不复杂，那么请再深入一些。请求职者详述他们如何思考问题、如何解决问题以及为何以此方式解决问题。不能描述解决问题的细节只能说明他们不是完美的**求职者**，但并不能说明他们不是优秀的员工。

在面试过程中，一个优秀的求职者需要独特的技巧（毕竟，这也是本书存在的原因之一），而这种技巧或许并不是你想要评估的重点。

3.7.8　辅导求职者

请通读本书中关于求职者如何开发好算法的内容，你可以利用其中诸多提示来帮助表现得磕磕绊绊的求职者。这样做，并不是"应试教育"，只是把面试技巧和工作技能区别开来。

- 许多求职者解决面试题目时不使用例题，或者没有使用好例题，这会大大增加解题的难度。但是，这并不意味着求职者不善于解决问题。如果求职者没有列出例题，或者不合适地使用了一个特殊情况作为例题，那么请给予一些指导。
- 一些求职者花很长时间寻找 bug，因为他们使用的例题过于庞大。这并不意味着他们会是很糟糕的测试工程师或者开发工程师，而只说明他们没有意识到先从概念上分析代码效率更高，抑或因为他们只是没有发现小型例题几乎可以起到相同的作用。请给予他们一些指导。

❑ 如果求职者在找到最佳解决方案之前就开始研究代码，那么请阻止他们，让他们专注算法部分（如果你最想看他们的算法）。如果因为求职者没有时间思考或实现最佳解决方案，就判定他们找不到最佳解决方案，这是不公平的。

❑ 如果求职者十分紧张，对于解题停滞不前，那么请建议他们先使用蛮力法，之后再查找可优化之处。

❑ 如果求职者仍然没有进展，而题目所使用的蛮力法显而易见，那么请提醒他们可以从蛮力法入手。他们的第一份解决方案并不一定要完美无缺。

即使你认为一位求职者在这些方面展现出的技能是一项重要指标，也请记住那只是众多指标之一。你可以帮助求职者解出题目，而同时可以决定不让他通过面试。

尽管本书旨在辅导求职者通过面试，但是作为面试官，你的目的之一是消除因没有准备面试而带来的影响。毕竟对于求职者来说，是否为面试做过准备因人而异。但是，作为工程师，是否准备过面试并不能代表他们的技能高低。

请使用本书中的提示指导求职者（当然仅限于合理范围内，帮助太多就无法评估出求职者的问题解决能力）。

但是务请谨慎。如果辅导过程会使求职者慌张，那么情况会更糟糕。告诉求职者他们总是用糟糕的例题把事情搞砸，告诉他们没有正确地排定测试的优先次序，类似行为都会使求职者慌张。

3.7.9　如果求职者想保持安静，请满足

求职者遇到的最常见的一个问题就是，当面试官不断地说话，而求职者需要安静片刻以便思考时，他们应该怎么办。

如果你的求职者需要安静一会儿，那么请给他们一些时间。学着分辨"我卡住了不知道应该怎么办"和"我需要安静地思考"两种情况。

引导求职者或许对你大有裨益，这或许能帮到许多求职者，但是并不一定能帮到所有求职者。一些求职者需要思考片刻，请给他们一些时间，并且在评估他们的表现时，请考虑到他们比别的求职者获得的提示更少。

3.7.10　了解你的模式：完整性测试、质量测试、专业知识和代理知识

概括说来，总共有 4 种模式的题目。

❑ **完整性测试**。这类题目通常是简单的问题解决型题目或设计题目，旨在测试最基本的问题解决能力。这类题目不能区别"表现良好"和"表现优异"的求职者，所以请不要将此类题目用于该目的。你可以在面试流程的早期使用这类题目以排除最差的求职者，或者只在需要测试最基本的能力时使用它们。

❑ **质量测试**。这类题目更具有挑战性，通常是问题解决型题目或者设计题目。它们被设计得难度较大，通常求职者需要进行深入地思考。请在算法、问题解决能力十分重要时再使用这类题目。事实上，面试官在问及此类题目时犯的最大错误是使用了糟糕的问题解决型题目。

- **专业知识题目**。这类题目测试专业领域（比如 Java 或者机器学习）的知识，其通常用于测试一些优秀工程师在工作中无法快速学到的技能。这类题目需要适用于真正的专业领域知识。不幸的是，我见到过一些情况，招聘公司会使用关于 Java 细节的题目去考查只完成了 10 周编程集训的求职者。这说明什么？如果求职者可以回答上来并且仅仅是近期刚刚学到此知识，那么这类知识应该易于习得。如果易于习得，那么就没有理由因为这类知识而雇用该求职者了。

- **代理知识**。这类知识是指那些没有达到专业知识的水平（事实上你或许并不需要这类知识），但是你认为求职者应该具备的知识。例如，求职者会使用 CSS 还是 HTML 对你来说并不重要，如果求职者使用过这些技术却不能说明 HTML 代码中 table 标签的优劣，这表示求职者并没有学会工作中的关键技能。

如果没有注意到下面的错误做法，招聘公司通常会出现麻烦。

- 用专业人员问题面试非专业人员。
- 招聘专业人员岗位，而并不需要专业人员。
- 需要专业人员，但是只测试最基本的技能。
- 使用了完整性测试题目，却误以为使用了质量测试题目。招聘公司会因此得出"表现良好"和"表现优异"的结论，尽管表现的差异可能源于极其细微的细节。

事实上，在与很多不同规模的科技公司就面试流程合作过之后，我发现大多数公司都犯过其中一些错误。

第 4 章

面试之前

如果想在面试中有好的表现，面试之前就应该开始准备，事实上，面试开始数年前就应该开始准备。下面的时间表列出了你应该在什么时间准备什么内容的大纲。

如果你晚于下面列出的流程才开始准备面试，请不要担心，只需尽你所能追上下面的时间表，并且集中精力准备面试即可。祝你好运！

4.1 积累相关经验

如果没有一份优秀的简历，就不会有面试的机会；而如果没有丰富的相关经验，就不会有出色的简历。因此，获得面试机会的第一步即获取相关经验。越早地意识到这一点越好。

对于在校学生来说，获取相关经验则意味着你应做好以下准备。

- **选择有大型课程设计的课程。** 你选择的课程应该有配套的需进行大量编码的课程设计，这是在有正式工作经验之前进行实践的绝好机会。课程设计与现实生活联系越紧密越好。
- **申请实习。** 入学之后，尽量早些寻求实习机会。在毕业之前，最初的这些实习可以成为你寻找更好实习机会的敲门砖。很多顶尖的科技公司专门为大一和大二的学生设计了实习项目。你还可以看看创业企业，它们也许会提供一些更灵活的机会。
- **着手编程。** 在闲暇时间，你可以开发一个项目，参加黑客马拉松[①]，抑或对开源项目做出贡献。做什么事情并没有那么重要，重要的是你要着手编程。这样做不仅会提高技术水平，丰富实践经验，更重要的是你表现出的主动性会令公司印象深刻。

而另一方面，专业人士可能早已累积好相应资本，准备跳槽进入他们梦寐以求的公司。比如，谷歌的开发人员可能已经拥有足够的经验，有机会跳槽到 Facebook。不过，如果你想从不知名的小公司跳到科技巨头，或者从测试岗位转为开发人员，请参考以下这些建议。

- **多承担一些编程工作。** 在不透露跳槽意向的前提下，你可以向经理表达自己想在编程上接受更大挑战的意思。尽可能地参与一些重大项目，并多多使用对自己以后有利的技术，将来它们会成为简历上的亮点。另外，简历上也要尽量多列举这些与编程相关的项目。
- **善用晚上和周末的闲暇时光。** 如果有空闲时间，可以试着开发一些手机应用、网页应用或者桌面软件。这样，你就有机会接触到时下流行的新技术，从而更契合科技公司的需求。这些项目经验都可以写到简历上，没有什么比"为兴趣而工作"更能打动招聘人员的了。

总而言之，公司最青睐的人才必须具备两大特性：一是天资聪颖，二是编程功底扎实。要是你能在简历上充分展示这两点，面试机会就唾手可得了。

---

① hackathon，黑客马拉松，又译"编程马拉松"或"黑客松"。该概念 1999 年起源于美国 Sun 公司，在该活动当中，软件工程师以及其他与软件开发相关人员相聚在一起，以紧密合作的形式去进行某项软件项目。——译者注

此外，你应当提前规划好职业发展路径。如果打算转型成为管理者，哪怕当下应聘的仍是开发岗位，也需要现在就想方设法地培养自己的领导才能。

4.2 写好简历

简历筛选标准与面试标准并无太大差别，同样考核的是求职者是否聪明，能否开发程序。

这意味着你在准备简历时应该突出这两点。提到自己喜欢打网球、旅游或玩魔法牌可没什么用。在罗列这类无关紧要的爱好之前，务请三思，宝贵的篇幅应该用来展示自己的技术才能。

4.2.1 简历篇幅长度适中

在美国，人们会建议工作经验不足 10 年的求职者将简历压缩成 1 页；超过 10 年的，可以使用 1.5 至 2 页篇幅。

如果你打算使用长篇幅的简历，还望三思。篇幅较短的简历通常会令人印象更为深刻。

- ❑ 招聘人员浏览一份简历一般只会用 10 秒钟左右。要是你的简历言简意赅，恰到好处，招聘人员一眼就能看到。废话连篇只会模糊重点，扰乱招聘人员的注意力。
- ❑ 有些人遇上冗长的简历甚至不会阅读。你真的想冒此风险，让别人直接扔掉你的简历吗？

如果看到这里你还在想，我工作经验太丰富了，1 至 2 页篇幅根本放不下，怎么办？相信我，你可以的。其实，简历写得洋洋洒洒并不代表你经验丰富，反而只会显得你完全抓不住重点。

4.2.2 工作经历

简历不是也不应该是工作经历的编年史。你应该只列举那些相关的工作经验——那些会给别人留下深刻印象的工作经验。

列举要点

在描述工作经历时，请尽量采用这样的格式："使用 Y 实现了 X，从而达到了 Z 效果。"比如下面这个例子：

- ❑ "通过实施分布式缓存功能减少了 75% 的对象渲染时间，从而使得用户登录速度加快了 10%。"

下面还有一个例子，描述略有不同：

- ❑ "实现了一种新的基于 windiff 的比较算法，系统平均匹配精度由 1.2 提升至 1.5。"

尽管不是所有经历都能套用此句型，但原则无非是描述做过什么，如何完成，结果如何。理想的做法是尽可能地量化结果。

4.2.3 项目经历

在简历中列出"项目经历"这一部分会让你看起来很专业。对于大学生和毕业不久的新人尤其如此。

简历上应该只列举 2 到 4 个最重要的项目。描述项目要简明扼要，比如使用哪些语言或技术。你也可以加上一些细节，比如该项目是个人独立开发还是团队合作的成果，是某一门课程的一部分还是独立开发的。当然，除非能让简历更出彩，否则这些细节不一定放到简历上。独立项目一般说来比课程设计会更加出彩，因为这些项目会展现出你的主动性。

项目也不要列太多。很多求职者都犯过这样的错误，在简历上一股脑儿列出先前做过的 13 个项目，鱼龙混杂，效果反而不佳。

那么，应该列出哪些项目呢？说实在的，其实这并没有那么重要。有一些公司非常喜欢开源项目（参与这些项目说明具备了大型代码库开发的经验），另一些公司则更喜欢独立项目（了解你在这些项目中的贡献会更加容易）。你的项目可以是一款移动应用、网络应用或者任何东西。最重要的是，你确实参与了开发。

4.2.4　软件和编程语言

4.2.4.1　软件

对于列出何种软件应该保守一些，并且你需要了解对于目标求职公司来说，列出哪些软件是合适的。几乎在所有情况下，微软 Office 之类的软件不应列在简历中。类似于 Visual Studio 和 Eclipse 之类的技术软件相对有用一些，但是很多顶尖科技公司对这些软件并不关心。毕竟学习 Visual Studio 不是很难。

当然，列出这些软件也并没有坏处。这样做只是占用了简历上宝贵的空间。你要权衡这其中的利弊。

4.2.4.2　编程语言

你是否需要列出所有你使用过的语言？还是只列出你顺手的那些？

列出所有你使用过的语言有危险。很多面试官在面试中会认为你对简历上所列出的任何内容都相对熟悉。

另外一种策略是列出你用过的主要语言，后面加上熟练程度，比如像下面这样的。

❑ 编程语言：Java（非常熟练），C++（熟练），JavaScript（有过使用经验）。

你可以使用任何可以有效描述你的技能的形容词，比如"非常熟练""使用流畅"等。

也有一些求职者会列出使用某种特定语言的年限，但是这会令人困惑。如果你 10 年前学习了 Java 并在随后的几年偶尔使用它，那么你对于 Java 的使用年限是多少年呢？

正因如此，在简历中，年限并不是一个很好的表述方式。更好的方法是使用简单的文字表达你的意思。

4.2.5　给母语为非英语的人及国际人士的建议

一些公司可能会因为小小的笔误就扔掉你的简历，所以请至少找一位以英语为母语的人来帮你审校简历。

此外，申请美国的工作时，简历中**不要**包含年龄、婚姻状况或国籍等。公司并不想看到这些个人信息，因为怕惹上不必要的麻烦。

4.2.6　提防（潜在的）污名

一些编程语言存在污名。有时这些污名源于编程语言本身，但是更多情况下是由该编程语言使用的场景所致。我并不是在为这些污名辩护，我只是想让你意识到这些污名的存在。

你应该注意的污名有以下几点。

- **企业级编程语言。**一些编程语言存在污名，主要是因为它们用于企业级开发。Visual Basic 就是一个很好的例子。如果你表现出对于 VB 非常熟练，那别人就会认为你没有什么技术实力。很多人都认可 VB.NET 确实可以用于开发非常复杂的应用程序，但是它所开发的应用程序并不是十分复杂。没有哪个知名的硅谷公司使用 VB。

事实上，整个 .NET 平台都面临着同样的问题（虽然没有那么严重）。你如果主要专注于 .NET 但是并不是申请 .NET 的职位，那么与有着不同背景的求职者相比，你需要更努力地展示你技术方面的实力。

- **过于专注于编程语言。**当顶尖科技公司的招聘人员看到简历中列出了所有 Java 语言的版本时，他们会对求职者的能力有负面印象。很多不同圈子的人都相信最好的软件工程师并不把自己禁锢在一种特定的编程语言上。因此，当招聘人员看到某个求职者似乎在炫耀知道一种编程语言的某个特定版本时，他们通常会认为这位求职者"不是我们需要的那类人"。

请注意，这并不是说你必须要把标榜编程语言的内容都从简历中移除。你需要理解招聘公司看重什么。一些公司确实非常注重这些技能。

- **资质证书。**对于软件工程师来说，资质证书可以带来正面影响、中性影响或是负面影响。这和过于专注于编程语言是一样的道理。如果一个公司对于列出大量技术的求职者有偏见，那么它对于列出大量资质证书的行为也很可能存在偏见。这意味着，在一些情况下，简历中不要出现资质证书。

- **只会 1 至 2 种编程语言。**编程时间越多，开发的项目越多，用的编程语言就越多。当招聘人员看到简历中只列出一种编程语言时，他们就会认为你没有很多解决问题的经验。他们也会担心只学过 1 至 2 种编程语言的求职者会在学习新技术时遇到困难，（为什么这位求职者没有学习更多的技术？）或者他们会认为求职者过于依赖于某种特定的技术（有可能并没有使用最适合当前任务的编程语言）。

这条建议并不是要帮助你修改简历，而是要帮助你获取有用的经验。如果你的专长是 C#.NET，那么试着使用 Python 或者 JavaScript 开发一些项目。如果你只会使用 1 至 2 种编程语言，那么请用其他语言开发一些应用程序。

尽可能让自己的经验多样化。Python、Ruby 和 JavaScript 这 3 种语言就显得过于相似，最好可以学习一些更加差异化的编程语言，比如 Python、C++和 Java。

4.3 准备流程图

下面的流程图很好地解释了如何准备面试。重要的是，面试准备并不仅仅是准备面试问题。做项目和写代码同样重要！

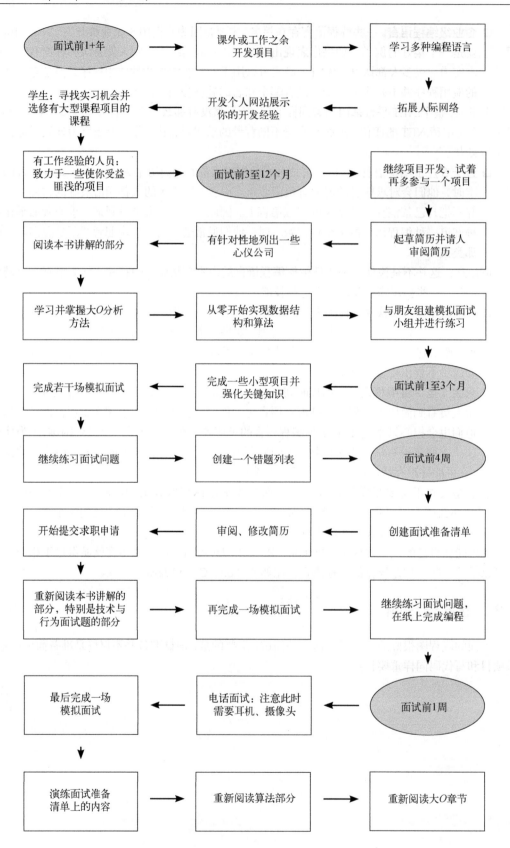

（续）

再次演练面试准备清单的内容	←	面试前1天	←	继续练习面试问题

继续练习面试问题，复习错题列表	→	为电话面试进行准备，复习并打印2的幂值表。	→	面试当天

声音洪亮，要有自己的想法	←	保持自信（不要自负）	←	提前起床，吃一顿丰盛的早餐，准时参加面试

别忘了：面试过程很艰难也是很正常的	→	面试之后	→	向招聘人员发送感谢信

被录用了？恭喜你！你的所有努力终于有所回报！	←	如果没有被录用，询问何时可以再次申请。请不要就此放弃。	←	一周后如果没有收到消息，与招聘人员联系

4

第 5 章

行为面试题

面试官通过行为面试题来看看你的个性，更深入地了解你的履历，同时缓和面试的紧张气氛。这类面试题很重要，只有事先准备，才能真正做到有的放矢。

5.1 面试准备清单

逐字逐句检查简历，确保回答每个部分或项目时都能对答如流。填写下面的表格，它会助你一臂之力。

常见问题	项目 1	项目 2	项目 3
遇到过的挑战			
遭遇过的滑铁卢			
最享受什么			
如何体现领导力			
如何处理冲突			
有哪些可改进之处			

可以在表头中列出在简历中提到的主要事项，比如项目、职位或活动。然后在每一行写清楚常见问题。

在面试前温习这个表格。为了方便掌握和记忆，可以把每个故事提炼为几个关键词。这样，就可以在面试时胸有成竹、从容不迫了。

另外，确保你有 1 至 3 个项目可以拿得出手，并能就其细节侃侃而谈。你应该是这些项目的主力，并且有能力同面试官深入探讨相关的技术细节。

5.1.1 你有哪些缺点

在问及自己有哪些缺点时，要说出具体缺点！像"我最大的缺点就是工作太努力了"这样的回答，反而会显得你傲慢自大，并且不愿正视自己的不足。因此，你应该提到真实、合乎情理的缺点，然后话锋一转，强调自己是如何克服这个缺点的。

举例如下。

"有时候，我对细节不够重视。好的一面是我反应迅速，执行力强，但不免会因为粗心大意而犯错。有鉴于此，我总是会找其他同事帮忙检查自己的工作，确保不出问题。"

5.1.2 你应该问面试官哪些问题

大多数面试官都会给你提问的机会。有意无意间，提问的质量会成为面试官的一个评估因素。所以，请事先准备好问题。

可以从以下 3 个方面来着手。

5.1.2.1　真实的问题

真实的问题就是你真的想知道答案的问题。下面是对多数求职者有用的一些问题点。

(1)"整个团队中，测试人员、开发人员和项目经理的比例是多少？他们是如何互动的？团队怎么做项目规划？"

(2)"你为什么来这个公司？你遇到过的最大的挑战是什么？"

这些问题有助于你了解公司的日常工作情况。

5.1.2.2　有见地的问题

有见地的问题可以充分反映出你的知识水平和技术功底。

(1)"我注意到你们使用了 X 技术，请问你们是如何处理 Y 问题的？"

(2)"为什么你们的产品选择使用 X 协议而不是 Y 协议？据我所知，虽然 X 有 A、B、C 等几大好处，但因为存在 D 问题，很多公司并未采用该协议。"

只有事先对该公司做过充分调研，才问得出这类有深度的问题。

5.1.2.3　富有激情的问题

富有激情的问题旨在展示你对技术的热忱。要让面试官知道你热衷学习，将来能为公司的发展做出巨大贡献。

(1)"我对可扩展性很感兴趣，想要了解更多。有哪些机会可以学习这方面的知识？"

(2)"我对 X 技术不是太熟悉，不过听上去是个不错的解决方案。您能给我多讲讲它的工作原理吗？"

5.2　掌握项目所用的技术

你应该主攻两三个项目，熟练掌握其中涉及的技术，使之成为你的王牌。理想的项目符合如下标准。

- ❏ 有挑战性（不仅仅让你学到很多）。
- ❏ 你是主力（最好负责具有挑战性的部分）。
- ❏ 你能畅谈技术部分。

你应当能够畅谈在王牌项目及其余项目中遇到的挑战、犯的错误、做出的技术决策、技术选型中的取舍以及本可以做得更好的地方。

你也可以想想后续的问题，例如如何扩展应用。

5.3　如何应对

行为面试题可以让面试官更加深入地了解你和你的职业生涯。回答这类问题时，切记以下建议。

5.3.1　力求具体，切忌自大

骄傲自大是面试大忌。可是，你又想给面试官留下深刻的印象。那么，怎样才能很好地秀出自己的实力而又不显得自大呢？那就是回答问题要具体！

具体也就是只陈述事实，剩下的留给面试官自己去解读。例如，相比于干巴巴地说"我做了所有最难的工作"，不如就其具体工作展开描述。

5.3.2　省略细枝末节

当求职者就某个问题喋喋不休时，不熟悉该主题或项目的面试官往往听得一头雾水。

所以，请省略细枝末节，只谈重点。尽可能地解释它，至少也要说明效果。这样，你总能给面试官留下深入探讨问题的机会。

> "在研究最常见的用户行为并应用 Rabin-Karp 算法后，我设计了一种新算法，可以在 90% 的情况下将搜索操作的时间复杂度由 $O(n)$ 降至 $O(\log n)$。您要是感兴趣的话，我可以详细说明。"

该回答言简意赅，重点突出，要是面试官对实现细节感兴趣，他会主动询问。

5.3.3　多谈自己

面试本质上是对个人的评估。但很多求职者（尤其是应聘领导岗位的求职者）在面试时，把"我们""团队"挂在嘴边。面试结束时，面试官甚至不知道求职者实际的工作贡献，这会给面试官留下"此人过去工作贡献太少"的印象。

留心自己的回答，看看你常挂在嘴边的是"我们"还是"我"。你可以认为每个问题都是针对你个人的，说出你做的事就好。

5.3.4　回答条理清晰

回答行为面试题有两种常见的组织方式：主题先行法与 S.A.R.法。你可以分别或组合使用这两种技巧。

5.3.4.1　主题先行法

主题先行法即开门见山，直奔主题，回答简洁明了。

以下是一个例子。

- ❑ 面试官："给我举个例子，讲一讲你如何说服一群人做出重大改变。"
- ❑ 求职者："好的，我在学校提出过一个让本科生授课的想法，并成功说服学校采纳该建议。起初，学校规定……"

主题先行法可以快速抓住面试官的注意力，让他了解事情梗概。这也有助于你不偏离主题，因为你早已开门见山地点明主旨。

5.3.4.2　S.A.R.法

S.A.R.法是指先描述情景（situation），然后解释你采取的行动（action），最后陈述结果（result）。

示例："说说你如何与'刺头'队友相处。"

- ❑ **情景。**在某个操作系统项目中，安排我与其他三个人合作。其中两人都很卖力，但另外一个人做得不多。他在开会时总是沉默寡言，也极少参与邮件讨论，只是很吃力地完成分配给他的模块。这是一个很棘手的问题，因为我们不仅要承担更多的工作，而且不知道能否指望他。

❑ **行动**。因为不想一开始就完全否定他，所以我试着打破僵局。为此，我做了以下三件事。首先，我想弄清楚他为什么会那样。是天性懒惰吗？是因为忙于别的事吗？我和他聊了聊他对项目的看法。令人惊讶的是，他冷不丁地说想要做书面记录模块，要知道那是整个项目中最耗时的部分之一。这让我意识到我错怪他了，他不是懒惰，而是因为他觉得自己的编程水平还不够好。

弄清楚原因以后，我努力让他明白一件事：他不应该害怕搞砸项目。我告诉他我曾犯过一些更大的错误，还提到其实我对项目的很多部分也不甚了解。

最后，我请他帮我解决这个项目的某个部分。我们坐下来，一起为一个大的组件设计了详尽的规范，细节之多远超以往。一旦他能看到项目所有的细节，就会知道这个项目不像他想的那样可怕。

❑ **结果**。随着信心增强，他主动承担了一系列较小的编程任务，最终参与开发了项目的最大模块。他按时完成了分配给他的所有任务，参加讨论也更积极。后来在另一个项目中，我和他合作得非常愉快。

切记：描述情景与结果务必言简意赅。面试官一般不需要太多细节就知道来龙去脉。实际上，细节过多反而会令面试官摸不着头脑。

采用 S.A.R.法简明扼要地描述情景、行动和结果，可以让面试官快速了解你在项目中的作用和重要性。

试着根据自己的故事把主题、情景、行动、结果和彰显的品质填入下表。

	主 题	情 景	行 动	结 果	彰显的品质
故事 1			1.…… 2.…… 3.……		
故事 2					

5.3.5 行动是关键

一般情况下，"行动"部分是故事的重点。遗憾的是，太多人在描述情景时口若悬河，对自己的行动却一带而过。

你应该重点谈行动，并且尽量分成几步阐述，例如："我做了三件事。首先，我……"这样的描述更清晰。

5.3.6 故事的意义

重读 5.3.4.2 节中的故事。它彰显了面试者什么样的品质？

❑ **主动性、领导才能**：求职者直面困境，尽力去解决它。

❑ **同理心**：求职者尝试理解队友，与缺乏安全感的队友产生共鸣，懂得队友需要什么。

❑ **同情心**：虽然队友的举动不利于团队，但求职者富有同情心，不仅不怪他，反而同情队友。

❑ **谦虚**：求职者勇于承认错误（不管是在团队中还是在面试中）。

❑ **团队合作、乐于助人**：求职者与队友一起分担工作。

应该从以上角度想想你自己的故事，分析你的应对方式以及你的行为体现了哪些品质。

很多时候，答案是"一个都没有"。这说明你得换种更能突出你品质的方式来描述这个故事。当然不能直说"我做了 X 这件事，因为我有同理心"，但你可以间接表达出来，举例如下。

- ❑ **委婉一些**："我打电话告诉客户发生了什么事。"
- ❑ **更直接地表达**（同理心和勇气）："我亲自给客户打了电话，因为我知道他直接从我这里听到会很开心。"

如果始终无法通过描述表现出自己的某些品质，也许你该换个故事讲讲。

5.4 自我介绍

许多面试官在面试开始时会先让你做个自我介绍，或者过一遍你的简历。这本质上是自我推介机会，是面试官对你的第一印象。因此，务必好好利用这个机会。

5.4.1 结构

按照时间顺序来组织自我介绍的内容，这种结构适合很多人：开头描述目前所从事的工作，结尾处提及工作之余培养的兴趣爱好（若有的话）。

(1) **目前的工作**（一句就够了）。"我是 Microworks 的软件工程师，在那儿带领安卓团队已经 5 年了。"

(2) **大学时期**。我是计算机科学专业出身，在加州大学伯克利分校读的本科，暑假期间除了在几家创业公司工作以外，还曾尝试创办自己的公司。

(3) **毕业之后**。我想接触一些大公司，毕业以后就去了亚马逊做开发。那段经历令我受益匪浅：我学到了许多有关大型系统设计的知识，并且推动了 AWS 关键组件的研发。这实际上表明，我渴望加入一个更具创业精神的团队。

(4) **目前的工作**（详细描述）。之前在亚马逊工作的上司把我招入了她的创业团队，也就是后来的 Microworks。在这里，我负责了初始系统架构，它具有较好的可扩展性，能够跟得上公司的快速发展步伐。之后，我借机来领导安卓团队。尽管只管理 3 个人，但我的主要职责是提供技术领导，包括架构、编程等。

(5) **工作之余**。业余时间，我一直在参与一些黑客马拉松。在那里，我主要做 iOS 开发，以便更深入地了解它。此外，我也以版主身份活跃在安卓开发者在线论坛上。

(6) **总结**。我正在寻找新的工作机会，而贵公司吸引了我的目光。我始终热爱与用户打交道，并且我打心眼里想回到小公司工作。

以上结构适用于 95% 左右的求职者。但对于经验丰富的求职者来说，可能需要精简一些。10 年后，求职者最初的介绍可能会变成："从加州大学伯克利分校获得计算机科学学位后，我在亚马逊工作了几年，然后加入了一家创业公司并领导安卓团队。"

5.4.2 兴趣爱好

仔细想想你的兴趣爱好。是否谈论这些取决于你。

通常，这是为了缓和气氛。如果你的爱好只是常见的活动，比如滑雪或逗狗，你可以选择不谈这个话题。

但有时，谈论兴趣爱好大有裨益，比如以下情况。

- ❑ **爱好独特**（例如喷火）。这能制造话题，使面试在更轻松的氛围中进行。

❑ 爱好技术。这在提升你实践技能的同时，也能展现出你对技术的酷爱。

❑ 爱好积极向上。像"亲手改造房子"这样的爱好表明你乐于学习新事物，敢于冒险，善于实践。

提及兴趣爱好很少有坏处，犹豫不定时，不妨一试。

不过，要想想如何介绍你的兴趣爱好。你是否有可以展示的成就或具体的成果（比如赢得一个戏剧角色）？这个兴趣爱好是否表现出你的性格特点？

5.4.3 展示成功的点点滴滴

在上面的例子中，求职者在不经意间谈到了他背景中的一些亮点。

❑ 他特意提到之前的上司把他招进了 Microworks，这说明他在亚马逊很成功。

❑ 他还说渴望加入一个小公司，这契合公司文化（假设他应聘的是一家创业公司）。

❑ 他提到自己取得的一些成果，比如研发 AWS 的关键组件，搭建了具有良好可扩展性的系统。

❑ 他提到的兴趣爱好无一不表明他乐于学习。

当组织自我介绍内容时，想想特有的经历给你带来了哪些优势。你能随口说出自己的亮点吗（获得的奖项、晋升、受到老同事器重、创业，等等）？你想表现出什么？

5

第 6 章

大　　*O*

这个概念很重要，所以我们将花整整一章来学习。

表示时间的大 *O* 符号，是用来描述算法效率的语言和度量单位。不彻底理解这个概念，开发算法就格外艰难。它不仅会影响你做出清晰的判断，还会让你无法评价算法的优劣。

请务必掌握这个概念。

6.1　打个比方

想象以下场景：你想把硬盘上的文件发送给你的朋友，但是他远在异国他乡。你想尽快把文件送到，该怎么办？

绝大多数人第一个想到的就是 email、FTP 或者其他电子传输方式。这听起来很合理，但并不完全正确。

对于稍小的文件来说，这么做没问题。因为如果把它送到机场，飞一个航班再送到你朋友的手上，可能要花上 5 到 10 个小时。

但如果文件超大会怎样呢？通过飞机这样的物理运输可能会更快吗？

的确如此。通过网络传输 1 TB 的文件，一天都传不完。通过飞机运送可能更快些。如果你很着急（不计代价），很可能会那样做。

假如没有航班，不得不驾车去送，会怎样呢？对于一个超大的文件，即使开车去也比网络传输快。

6.2　时间复杂度

时间复杂度也就是渐进运行时间或者大 *O* 时间。数据传输时间在算法上的表示如下。

❑ 电子传输：$O(s)$，s 是文件的大小。它表示传输文件的时间与文件的大小成线性增长（这是比较简明的说法，便于理解）。

❑ 飞机传输：$O(1)$ 是相对文件大小而言。尽管文件变大，但它把文件送到你朋友那儿所用的时间不变。传输时间是个常量。

不管常量多大，线性增长的起点有多低，线性增长最终肯定会超过常量的值。

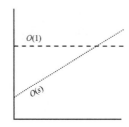

还有很多表示运行时间的算法，最常见的有 $O(\log N)$、$O(N \log N)$、$O(N)$、$O(N^2)$ 和 $O(2^N)$。但运行时间并不是固定的，远不止这些。

运行时间可以有很多变量。例如，粉刷一个宽 w 米、高 h 米的篱笆的时间可以表示为 $O(wh)$。假如刷了 p 层，就是 $O(whp)$。

6.2.1 大 O、大 θ 和大 Ω

如果上学时你没接触过大 O，可以选择跳过这小节。它可能会让你更困惑。下面的参考是为了统一读者对大 O 的理解，消除歧义，尤其是对学过大 O 的人。

学术界用大 O、大 θ（theta）和大 Ω（omega）来描述运行时间。

- **O（big O）**：学术界用大 O 描述时间的上界。一个打印数组所有值的算法，可以描述为 $O(N)$，但也可以描述为 $O(N^2)$、$O(N^3)$、$O(2^N)$ 或者其他大 O 时间。这个算法运行时间至少和上述任意大 O 一样快。因为上面的那些大 O 是它运行时间的上界。这有点像小于等于的关系。比如，Bob 年龄为 X（假设没有人能活到 130 岁以上），就可以说 $X \leqslant 130$。但是说 $X \leqslant 1000$，或者 $X \leqslant 1\,000\,000$ 也是正确的。从逻辑上讲它是对的（尽管没什么用）。同样地，像打印数组所有值这样简单的算法可以是 $O(N)$、$O(N^3)$ 或任何大于 $O(N)$ 的运行时间。
- **Ω（big omega）**：在学术界，Ω 描述时间的下界。上述简单算法可以描述为 $\Omega(N)$、$\Omega(\log N)$ 和 $\Omega(1)$。毕竟，没有比上述运行时间**更快**的算法了。
- **θ（big theta）**：学术界用 θ 同时表示 O 和 Ω，即如果一个算法同时是 $O(N)$ 和 $\Omega(N)$，它才是 $\theta(N)$，θ 代表的是确界。

在工业界和面试中，人们似乎已经把 θ 和 O 融合了。工业界中大 O 更像是学术界的 θ，从这个意义上讲，把上述简单算法描述为 $O(N^2)$ 就不对了。在工业界，更精确的描述应为 $O(N)$。

在本书中，将按照工业界的方式使用大 O，即总是提供关于运行时间最精确的描述。

6.2.2 最优、最坏和期望情况

实际上，有三种不同方式描述运行时间。

以快排为例分别看看三种情况。快排随机选择一个中点，通过数组值交换把小于中点的元素放到大于中点的元素前面（这个过程是一个不完全排序）。然后使用相似的流程递归地排序中点左右两边的部分。

- **最优情况**。如果所有元素相等，快排平均仅扫一次数组，也就是 $O(N)$（其实这取决于具体实现，但不管哪种实现，在排序数组上都很快）。
- **最坏情况**。如果运气差，找到的中点总是数据最大的元素，会怎么样？（实际上，这很可能发生。如果中点是子数组第一个元素，并且该数组倒序排列，就会遇到这种情况。）这种情况下，递归不会把数组分为两半再继续递归下去。它每次仅把子数组缩小一个元素，快排时间复杂度也就退化成了 $O(N^2)$。
- **期望情况**。最优情况与最差情况通常不会发生。当然，有时中点可能会很低或很高，但不会一直如此。所以，可以认为时间复杂度是 $O(N \log N)$。

我们很少讨论最优情况的时间复杂度，因为它没什么用。毕竟，基本上可以把任何算法给特定的输入，然后就可以得出 $O(1)$ 的最优时间。

许多甚至绝大多数算法的最坏情况和期望情况相同。但是毕竟还有例外，所以需要分别描述这两种运行时间。

最优、最坏、期望情况与大 O、大 θ、大 Ω 有什么关系

求职者很容易混淆这些概念（可能因为每种里面都有高、低、准确的含义），但其实这两种概念没有特别的关系。

最优、最坏和期望情况是用来描述给定输入或场景中的大 O（或者学术界的大 θ）时间。

大 O、大 Ω 和大 θ 分别描述了运行时间的上界、下界和确界。

6.3   空间复杂度

时间并不是算法唯一要关心的东西，还得关心内存数量或空间大小。

空间复杂度和时间复杂度在概念上有些相像。如果要创建大小为 n 的数组，需要的空间为 $O(n)$。若是创建 $n \times n$ 的二维数组，需要的空间为 $O(n^2)$。

在递归中，栈空间也要算在内。比如，下面的代码运行时间为 $O(n)$，空间也为 $O(n)$。

```
1   int sum(int n) { /* Ex 1.*/
2     if (n <= 0) {
3       return 0;
4     }
5     return n + sum(n-1);
6   }
```

每次调用都会增加调用栈。

```
1   sum(4)
2    -> sum(3)
3      -> sum(2)
4        -> sum(1)
5          -> sum(0)
```

这些调用中的每一个都会被添加到调用栈中并占用实际的内存。

然而，并不是调用 n 次就意味着需要 $O(n)$ 的空间。思考下面的函数，它把 0 到 n 之间相邻的每对数相加。

```
1   int pairSumSequence(int n) { /* Ex 2.*/
2     int sum = 0;
3     for (int i = 0; i < n; i++) {
4       sum += pairSum(i, i + 1);
5     }
6     return sum;
7   }
8
9   int pairSum(int a, int b) {
10    return a + b;
11  }
```

pairSum 方法大概调用 n 次。但调用不是同时发生，所以仅需 $O(1)$ 的空间。

6.4   删除常量

特定输入中，$O(N)$ 很有可能会比 $O(1)$ 代码还要快。大 O 仅仅描述了增长的趋势。

因此，常量不算在运行时间中。例如某个 $O(2N)$ 的算法实际上是 $O(N)$。

许多人反对这样做。他们看到代码中有两个非嵌套 for 循环就认为它是 $O(2N)$，以为那样更精确。其实不然。

思考以下代码：

```
Min and Max 1
1    int min = Integer.MAX_VALUE;
2    int max = Integer.MIN_VALUE;
3    for (int x : array) {
4      if (x < min) min = x;
5      if (x > max) max = x;
6    }
```

```
Min and Max 2
1    int min = Integer.MAX_VALUE;
2    int max = Integer.MIN_VALUE;
3    for (int x : array) {
4      if (x < min) min = x;
5    }
6    for (int x : array) {
7      if (x > max) max = x;
8    }
```

上面代码哪一个更快？第一个有一个 for 循环，而第二个有两个。但是，第一个的 for 循环里有两行代码，比第二个多了一行。

如果你打算数指令的个数，就得从汇编层考虑，并把乘法比加法需要更多指令考虑进去，另外还要考虑编译器会如何优化某些地方和各种其他的细节。

这会变得错综复杂，最好避开这条路。大 O 更多地表现了运行时间的规模。我们只需知道这一点：$O(N)$ 并不总是比 $O(N^2)$ 快。

6.5 丢弃不重要的项

像 $O(N^2 + N)$ 这样的表达式你会怎么处理？尽管第二个 N 不完全是常量，但是它无关紧要。

上文我们提过会舍弃常量，因此，$O(N^2 + N^2)$ 会变成 $O(N^2)$。毕竟假如不在乎 N^2 的话，又为什么要在乎被替换的 N 呢？

应该舍弃无关紧要的项。

❑ $O(N^2 + N)$ 变成 $O(N^2)$。

❑ $O(N + \log N)$ 变成 $O(N)$。

❑ $O(5 \times 2^N + 1000N^{100})$ 变成 $O(2^N)$。

尽管如此，有时还是需要用和的形式表示运行时间。例如，$O(B^2) + A$ 就是最简化的形式了（除去 A、B 特殊的几个值）。下面这幅图描述了几个常见大 O 的增长速率。

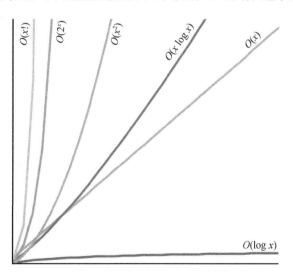

可以看到，$O(x^2)$ 比 $O(x)$ 糟糕很多，但它比 $O(2^x)$ 或者 $O(x!)$ 强太多了。还有很多比 $O(x!)$ 更糟糕的，比如 $O(x^x)$ 或者 $O(2^x x!)$。

6.6 多项式算法：加与乘

假设你的算法有两步，如何区分加与乘呢？

这是求职者常见的一个疑惑点。

Add the Runtimes: O(A + B)

```
1   for (int a : arrA) {
2     print(a);
3   }
4
5   for (int b : arrB) {
6     print(b);
7   }
```

Multiply the Runtimes: O(A*B)

```
1   for (int a : arrA) {
2     for (int b : arrB) {
3       print(a + "," + b);
4     }
5   }
```

左边的例子中，先遍历 A 数组然后遍历 B 数组，所以总数量为 $O(A + B)$。

右边的例子中，每个 A 数组中的元素都遍历 B 数组，因此总数量为 $O(A \times B)$。

换言之：

❑ 如果你的算法是"做这个，结束之后做那个"的形式，就是加；

❑ 如果你的算法是"对这个的每个元素做那个"的形式，就是乘。

经常有人因为这个搞砸面试，要格外小心。

6.7 分摊时间

`ArrayList` 或者动态数组，会允许你灵活改变大小。`ArrayList` 不会溢出，因为它会随着你的插入而扩容[①]。

`ArrayList` 底层使用数组实现。当元素个数达到数组容量限制时，`ArrayList` 会创建一个双倍容量的数组，然后把元素复制到新数组里。

那么如何描述插入的运行时间呢？这个问题有点棘手。

数组可能满了，如果数组包含 N 个元素，插入一个新元素的运行时间为 $O(N)$。因此，不得不创建一个 $2N$ 容量的数组，并把旧值复制过去。这时插入的运行时间为 $O(N)$。

然而，也可以认为上述情况不会经常发生。绝大多数的插入就是 $O(1)$。

需要一个兼顾两者的概念，也就是分摊时间。是的，它描述了最坏情况会偶尔出现。一旦最坏情况发生了，就会有很长一段时间不再发生，也就是所说的时间成本的"分摊"。

既然如此，分摊时间怎么计算呢？

假设数组大小为 2 的幂数，当插入一个元素时数组会扩容两倍。所以，当元素是 X 时，以 1, 2, 4, 8, 16, $\cdots$, X 的数组大小成倍扩容。每次加倍操作需要复制 1, 2, 4, 8, 16, $\cdots$, X 个元素。

$1 + 2 + 4 + 8 + 16 + \cdots + X$ 的和是多少呢？如果从左往右算，就是从 1 开始一直乘以 2，直到等于 X；如果从右往左算，就是从 X 一直除以 2，直到等于 1。

那么，$X + X/2 + X/4 + X/8 + \cdots + 1$ 的和等于多少呢？约等于 $2X$。

因此，X 次插入需要 $O(2X)$ 的时间，即每次插入的分摊时间为 $O(1)$。

[①] 这里只是说自动扩容，不代表永远不会溢出。——译者注

6.8 Log N 运行时间

一种很常见的运行时间是 $O(\log N)$。它是从哪儿冒出来的？

让我们以二分查找为例。假设一个排序数组长度为 N，目标值为 x。首先比较 x 与中值，如果 x 等于中值直接返回。如果 x 小于中值，搜索数组的左边。如果 x 大于中值，搜索数组的右边。

```
search 9 within {1, 5, 8, 9, 11, 13, 15, 19, 21}
    compare 9 to 11 -> smaller.
    search 9 within {1, 5, 8, 9}
        compare 9 to 8 -> bigger
        search 9 within {9}
            compare 9 to 9
            return
```

开始时有 N 个元素的排序数组需要搜索。经过一次搜索之后，还剩下 $N/2$ 个元素。再一次，只剩下 $N/4$ 个元素。直到找到目标值或者待搜索的元素个数为 1 时才停止搜索。

总的运行时间是从 N（N 每次减半）到 1 一共搜索了多少次。

```
N = 16
N = 8      /* 除以 2 */
N = 4      /* 除以 2 */
N = 2      /* 除以 2 */
N = 1      /* 除以 2 */
```

可以倒着看（从 16 到 1 变成从 1 到 16）。从 1 开始每次乘以 2，多少次能得到 N？

```
N = 1
N = 2      /* 乘以 2 */
N = 4      /* 乘以 2 */
N = 8      /* 乘以 2 */
N = 16     /* 乘以 2 */
```

也就是 $2^k = N$ 中的 k，它的值是多少？它恰好符合 log 的语义。

$$2^4 = 16 \to \log_2 16 = 4$$

$$\log_2 N = k \to 2^k = N$$

这是一个很好的推导方法。下次你看到一个类似的问题，元素个数也是每次减半，它的运行时很可能是 $O(\log N)$。

同理，在平衡二叉搜索树中查找一个元素也是 $O(\log N)$。每次比较，非左即右。每边都有一半的节点，也就是说每次都把问题规模缩小一半。

> log 是什么？这是一个好问题，简单来说，它和理解大 O 概念无关，11.1.3 节会有详细介绍。

6.9 递归的运行时间

这个问题向来棘手。下面代码的运行时间是多少？

```
1   int f(int n) {
2     if (n <= 1) {
3       return 1;
4     }
5     return f(n - 1) + f(n - 1);
6   }
```

不知何故，很多人一看到两次调用，就不假思索地认为运行时间为 $O(N^2)$。其实一点都不对。

相比于臆想，不如通过模拟代码执行来推断出它的运行时间。假设调用 $f(4)$，它调用 $f(3)$ 两次，每个 $f(3)$ 都会调用 $f(2)$ 两次，以此类推直到 $f(1)$。

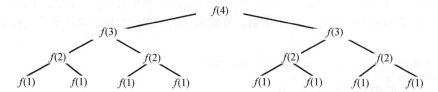

总共调用次数是多少呢？（不要数！）

如上图所示，树的高度为 N，每个节点有两个子节点。因此每一层节点数都是上一层节点数的两倍。下表展示了每层的节点数。

层	节点数	公式化表示	简单表示
0	1		2^0
1	2	$2 \times$ 上一层节点数 $= 2$	2^1
2	4	$2 \times$ 上一层节点数 $= 2 \times 2^1 = 2^2$	2^2
3	8	$2 \times$ 上一层节点数 $= 2 \times 2^2 = 2^3$	2^3
4	16	$2 \times$ 上一层节点数 $= 2 \times 2^3 = 2^4$	2^4

因此，节点数为 $2^0 + 2^1 + 2^2 + 2^3 + 2^4 + \cdots + 2^N = 2^{N+1}$（详情可见 11.1.2 节）。

尽量记住这个模式。当一个多次调用自己的递归函数出现时，它的运行时间往往是（偶尔不是）$O(\text{分支数}^{\text{数的深度}})$，分支数是每次调用自己的次数。所以，上面例子中运行时间是 $O(2^N)$。

你可能还记得，log 的底数对大 O 来说并不重要，因为底数不同只代表常量系数不同。然而，这并不适用于指数。指数的基数很重要。比较 2^n 和 8^n，如果你展开 8^n，得到 2^{3n} 等于 $2^{2n} \times 2^n$。正如你所见，8^n 比 2^n 多了一个因子 2^{2n}。这并不是一个常量系数。

这个例子的空间复杂度为 $O(N)$。尽管树节点总数为 $O(2^N)$，但同一时刻只有 $O(N)$ 个节点存在。简而言之，只需要占用 $O(N)$ 的内存就可以了。

6.10 示例和习题

大 O 一开始可能很难理解，然而，一旦理解了，它就变得相当容易了。因为它会以同样的模式反复出现，掌握这个模式以后，剩下的你可以轻易推导出来。

我们的练习会先易后难，循序渐进。

例题 1

下面代码的运行时间是多少？

```
1   void foo(int[] array) {
2     int sum = 0;
3     int product = 1;
4     for (int i = 0; i < array.length; i++) {
5       sum += array[i];
6     }
7     for (int i = 0; i < array.length; i++) {
8       product *= array[i];
```

```
9      }
10     System.out.println(sum + ", " + product);
11  }
```

它的运行时间是 $O(N)$。事实上遍历两次数组对 $O(N)$ 来说无关紧要。

例题 2

下面代码的运行时间是多少？

```
1   void printPairs(int[] array) {
2     for (int i = 0; i < array.length; i++) {
3       for (int j = 0; j < array.length; j++) {
4         System.out.println(array[i] + "," + array[j]);
5       }
6     }
7   }
```

内部 for 循环迭代 $O(N)$ 次，它被调用了 N 次。因此，运行时间为 $O(N^2)$。

另一种方法是检查代码的"意义"是什么。它想打印数组所有的对（双元素序列）。共有 $O(N^2)$ 对，运行时间为 $O(N^2)$。

例题 3

这与上面的例子非常相似，但现在内部 for 循环变成从 i+1 开始。

```
1   void printUnorderedPairs(int[] array) {
2     for (int i = 0; i < array.length; i++) {
3       for (int j = i + 1; j < array.length; j++) {
4         System.out.println(array[i] + "," + array[j]);
5       }
6     }
7   }
```

可以通过几种方式推导运行时间。

> for 循环是非常经典的模式。了解并深入理解它的运行时间非常必要。不能只是记住常见的运行时间，更重要的是要深入理解它们。

6.10.3.1 迭代次数

第一次通过 j 时走了 $N-1$ 步，第二次走了 $N-2$ 步，然后走了 $N-3$ 步，以此类推。因此，总步数为：$(N-1)+(N-2)+(N-3)+\cdots+2+1 = 1+2+3+\cdots+N-1 = 1$ 到 $N-1$ 的和。它的值是 $N(N+1)/2$（参考第 13 章），因此运行时间为 $O(N^2)$。

6.10.3.2 代码意义

或者，可以通过思考代码的"意义"来计算运行时间。它迭代了每一对 (i, j)，并且 j 比 i 大。共 N^2 对。可以粗略地认为其中一半 $i<j$，另一半 $i>j$。代码遍历对，因此它相当于 $O(N^2)$。

6.10.3.3 想象它

下面是 $N=8$ 时迭代 (i, j) 的对：

```
(0, 1) (0, 2) (0, 3) (0, 4) (0, 5) (0, 6) (0, 7)
       (1, 2) (1, 3) (1, 4) (1, 5) (1, 6) (1, 7)
              (2, 3) (2, 4) (2, 5) (2, 6) (2, 7)
                     (3, 4) (3, 5) (3, 6) (3, 7)
                            (4, 5) (4, 6) (4, 7)
                                   (5, 6) (5, 7)
                                          (6, 7)
```

看起来有点像 $N \times N$ 矩阵的一半，大小粗略估计为 $N^2/2$。运行时间也就是 $O(N^2)$。

6.10.3.4 平均工作时间

知道外圈循环是 N 次。那内部循环做了多少工作？它在不同迭代中有所不同，但可以考虑平均值。

1, 2, 3, 4, 5, 6, 7, 8, 9, 10 的平均值是多少？按理说，平均值应该在中间，所以**大约是 5**（当然可以给出一个更精确的值，但对计算大 O 无益）。

那么 1, 2, 3, $\cdots$, N 的平均值呢？这个序列的平均值是 $N/2$。

内部循环平均值是 $N/2$，运行次数是 N，所以总的工作时间是 $O(N^2)$。

例题 4

这个例子和上面的很像，但这次是两个不同的数组。

```
1    void printUnorderedPairs(int[] arrayA, int[] arrayB) {
2      for (int i = 0; i < arrayA.length; i++) {
3        for (int j = 0; j < arrayB.length; j++) {
4          if (arrayA[i] < arrayB[j]) {
5            System.out.println(arrayA[i] + "," + arrayB[j]);
6          }
7        }
8      }
9    }
```

可以分开看。内部 for 循环中的 if 语句是一系列常量时间的语句，因此它的运行时间是 $O(1)$。

由此得到：

```
1    void printUnorderedPairs(int[] arrayA, int[] arrayB) {
2      for (int i = 0; i < arrayA.length; i++) {
3        for (int j = 0; j < arrayB.length; j++) {
4          /* O(1) 工作 */
5        }
6      }
7    }
```

对于数组 A 中的每一个元素，内部 for 循环都要遍历 b 次，b = 数组 B 的长度。如果 a = 数组 A 的长度，那么运行时间是 $O(ab)$。

也许你会说 $O(N^2)$，一会儿就会发现自己弄错了。并不是 $O(N^2)$，因为有两种不同的输入，与两个变量都相关。这是极其常见的一个错误。

例题 5

下面这段有点奇怪的代码如何呢？

```
1    void printUnorderedPairs(int[] arrayA, int[] arrayB) {
2      for (int i = 0; i < arrayA.length; i++) {
3        for (int j = 0; j < arrayB.length; j++) {
4          for (int k = 0; k < 100000; k++) {
5            System.out.println(arrayA[i] + "," + arrayB[j]);
6          }
7        }
8      }
9    }
```

和上例没实质变化，100 000 的系数虽然很大，却仍然是一个常量，所以运行时间为 $O(ab)$。

例题 6

下面是一段反转数组的代码，它的运行时间是多少？

```
1   void reverse(int[] array) {
2     for (int i = 0; i < array.length / 2; i++) {
3       int other = array.length - i - 1;
4       int temp = array[i];
5       array[i] = array[other];
6       array[other] = temp;
7     }
8   }
```

这个算法运行时间是 $O(N)$。事实上，仅仅遍历数组的一半对大 O 时间没有任何影响。

例题 7

以下哪个等于 $O(N)$？为什么？

❏ $O(N + P)$，其中 $P < N/2$。

❏ $O(2N)$。

❏ $O(N + \log N)$。

❏ $O(N + M)$。

让我们逐个过一遍。

❏ 如果 $P < N/2$，可知 N 占主要部分，所以可以丢弃 $O(P)$。

❏ $O(2N)$ 等于 $O(N)$，因为要舍弃常量。

❏ $O(N)$ 大于 $O(\log N)$，所以可以丢弃 $O(\log N)$。

❏ N 和 M 没有建立关系，所以保留两个变量。

因此，除最后一个以外，其他都等于 $O(N)$。

例题 8

假设有个算法，它遍历字符串数组，取出每个字符串并对其排序，最后排序整个数组。那么运行时间是多少呢？

很多求职者会这样推理：排序一个字符串需要 $O(N \log N)$，得排序 N 个，所以是 $O(NN \log N)$。此外，还得排序整个数组，需要另外的 $O(N \log N)$。因此，总的运行时间是 $O(N^2 \log N + N + \log N)$，也就是 $O(N^2 \log N)$。

非常遗憾，一点儿都不对。你知道错在哪儿了吗？

问题出在在两种不同的情况下都使用了 N。在第一种情况下，N 是字符串的长度。在另一种情况下，它又被当作了数组的长度。

在你的面试中，你可以避免这个错误，要么不使用变量 N，要么只在没有歧义的情况下使用它。

事实上，这里甚至不用 a、b，也不用 m、n。因为很容易忘记哪个是哪个，弄混它们。而且，$O(a^2)$ 和 $O(a \times b)$ 完全不同。

让我们定义新的术语，使用更加合乎逻辑的名称。

假设 s 代表字符串的最大长度。

假设 a 代表数组的长度。

现在可以逐步地解决这个问题。

❏ 排序每个字符串是 $O(s \log s)$。

❏ 要排序每一个字符串（一共 a 个字符串），所以是 $O(a \times s \log s)$。

❑ 现在对所有的字符串排序。因为一共有 a 个字符串，所以你可能会说这需要 $O(a \log a)$ 的时间。这正是大多数求职者所说的。但你还应该考虑到需要比较字符串。每个字符串比较需要 $O(s)$。有 $O(a \log a)$ 次比较，因此，这将占用 $O(a \times s \log a)$ 的时间。

如果你把这两部分加起来，就得到了 $O(a \times s(\log a + \log s))$。

这就是最精简的表达式了。

例题 9

下面这段简单的代码把平衡二叉搜索树上所有节点的值相加。它的运行时间是多少呢？

```
1   int sum(Node node) {
2     if (node == null) {
3       return 0;
4     }
5     return sum(node.left) + node.value + sum(node.right);
6   }
```

仅仅是二叉搜索树并不意味着是 log 的时间。

可以从以下两方面来看。

6.10.9.1 它的意义

最简单明了的方式是思考它的意义。代码访问树中的每个节点仅一次，并且每次"访问"（不包括递归调用）都做了常量时间的工作。

因此，运行时间与节点数呈线性关系。如果有 N 个节点，那么运行时间就是 $O(N)$。

6.10.9.2 递归模式

在 6.9 节，讨论了递归函数有多个分支时如何计算运行时间。让我们在这里试试这种方法。

我们说过，带有多个分支的递归函数的运行时间通常是 $O(\text{branches}^{\text{depth}})$。每个调用有两个分支，因此，称之为 $O(2^{\text{深度}})$。

在这一点上，很多人可能会认为事情不太对。因为这是一个指数级的算法。要么是逻辑上有些缺陷，要么是无意中创造了一个指数级的算法。

第二种说法是正确的。确实有一个指数级的算法。但它并不像人们想的那样糟糕。考虑一下它的指数对应何种变量。

深度是多少呢？这是一个平衡二叉搜索树。因此，如果总节点是 N，那么深度大概是 $\log N$。由上面的公式，得到 $O(2^{\log N})$。

回想下 $\log_2$ 的含义：

$$2^P = Q \; \text{->} \; \log_2 Q = P$$

$2^{\log N}$ 是多少呢？涉及 2 和 log 之间的关系，应该可以简化一下。

让 $P = 2^{\log N}$。由 $\log_2$ 的定义，可以把它写成 $\log_2 P = \log_2 N$，也就是说 $P = N$。

$$\text{让 } P = 2^{\log N}$$
$$\text{-> } \log_2 P = \log_2 N$$
$$\text{-> } P = N$$
$$\text{-> } 2^{\log N} = N$$

因此，代码的运行时间是 $O(N)$，N 是节点的个数。

例题 10

下面的方法通过检查一个数能否被小于它的数整除，来判断它是否是一个素数[①]。只需要算到 n 的平方根就可以，因为如果 n 可以被大于它的平方根的数整除，那么它也可以被小于它的平方根的数整除。

例如，33 能被 11 整除（它比 33 的平方根大），11 对应的是 3（$3 \times 11 = 33$）。素数 33 已经被 3 淘汰了。

下列函数的时间复杂度是多少？

```
1    boolean isPrime(int n) {
2      for (int x = 2; x * x <= n; x++) {
3        if (n % x == 0) {
4          return false;
5        }
6      }
7      return true;
8    }
```

很多人把这个问题弄错了。如果你细心一些，其实很容易。

for 循环里面的工作是常量。因此，只需知道 for 循环在最坏情况下经历了多少次迭代。

for 循环从 2 开始，当 $x \times x = n$ 时终止。或者换种说法，当 $x = \sqrt{n}$（当 x 等于 n 的平方根）时停止。

这个 for 循环实际上是以下这样的：

```
1    boolean isPrime(int n) {
2      for (int x = 2; x <= sqrt(n); x++) {
3        if (n % x == 0) {
4          return false;
5        }
6      }
7      return true;
8    }
```

它运行了 $O(\sqrt{n})$ 的时间。

例题 11

下面的代码计算 $n!$（n 的阶乘）。它的时间复杂度是多少？

```
1    int factorial(int n) {
2      if (n < 0) {
3        return -1;
4      } else if (n == 0) {
5        return 1;
6      } else {
7        return n * factorial(n - 1);
8      }
9    }
```

这就是一个从 n 到 $n-1$ 到 $n-2$ 一直到 1 的直接递归。它的运行时间是 $O(n)$。

例题 12

下面的代码计算字符串的所有排列。

```
1    void permutation(String str) {
2      permutation(str, "");
```

```
3    }
4
5    void permutation(String str, String prefix) {
6      if (str.length() == 0) {
7        System.out.println(prefix);
8      } else {
9        for (int i = 0; i < str.length(); i++) {
10         String rem = str.substring(0, i) + str.substring(i + 1);
11         permutation(rem, prefix + str.charAt(i));
12       }
13     }
14   }
```

这是一个非常棘手的问题。可以考虑从 permutation 函数调用的次数和调用的时间着手。我们的目标是尽可能地达到上界。

6.10.12.1　permutation 函数的基线条件被调用了多少次

如果要生成一个排列，就需要为每个"槽"选择字符。假设有 7 个字符的字符串。在第一个槽，有 7 种选择。一旦选择某个字符，下一个槽就剩 6 种选择（注意这是**前面 7 种选择**中的 6 种选择）。然后是下一个槽的 5 种选择，等等。

因此，可选的总数是 $7 \times 6 \times 5 \times 4 \times 3 \times 2 \times 1$，也可以表示为 7!（7 的阶乘）。

这告诉我们有 $n!$ 种排列。因此，满足基线条件的 permutation 被调用了 $n!$ 次（当前缀是完全排列时）。

6.10.12.2　permutation 函数在基线条件之前被调用了多少次

但还需要考虑第 9~12 行被调用了多少次。在脑海中想象一个代表着所有调用的巨大调用树。如上可知，它有 $n!$ 个叶节点。每个叶节点连接在长度为 n 的路径上。因此，知道这棵树最多有 $n \times n!$ 个节点（函数调用）。

6.10.12.3　每个函数调用需要多长时间

执行第 7 行需要 $O(n)$ 的时间，因为需要打印每个字符。

由于字符串拼接，第 10 行和第 11 行共需要 $O(n)$ 的时间。观察 rem、prefix、str.charAt(i) 的长度之和，可以发现始终是 n。

调用树中每个节点对应 $O(n)$ 的工作。

6.10.12.4　总的运行时间是多少

因为调用 permutation $O(n \times n!)$ 次（取上界），每次时间是 $O(n)$，所以总运行时间不会超过 $O(n^2 \times n!)$。

通过更复杂的数学运算，可以得出更精确的运行时间方程（虽然不一定是个很好的封闭型表达式）。但这已经超出了正常面试的范畴。

例题 13

下面的代码计算斐波那契数列第 n 个值。

```
1    int fib(int n) {
2      if (n <= 0) return 0;
3      else if (n == 1) return 1;
4      return fib(n - 1) + fib(n - 2);
5    }
```

可以使用之前为递归创建的模式：$O(\text{branches}^{\text{depth}})$。

每个调用有两个分支，深度是 N，因此运行时间是 $O(2^N)$。

通过一些非常复杂的数学计算，实际上可以得到一个更加精确的运行时间。时间的确是指数级的，但它实际上更接近 $O(1.6^N)$。它不是正好等于 $O(2^N)$ 的原因在于，每个调用栈的底部有时只有一个调用。事实上，很多节点都在底部（很多树都是如此），因此，单次调用和双次调用实际上差别巨大。然而，说出 $O(2^N)$ 已经足以满足面试的要求（你如果阅读了 6.2.1 节关于大 θ 的注解，会发现它从技术上来讲也是正确的）。如果能发现它实际上小于 $O(2^N)$，你将会获得额外加分。

通俗地讲，你如果看到一个算法有多个递归调用，就可以认为它的运行时间是指数级的。

例题 14

下面的代码打印了所有从 0 到 n 的斐波那契数列。时间复杂度是多少？

```
1   void allFib(int n) {
2     for (int i = 0; i < n; i++) {
3       System.out.println(i + ": " + fib(i));
4     }
5   }
6
7   int fib(int n) {
8     if (n <= 0) return 0;
9     else if (n == 1) return 1;
10    return fib(n - 1) + fib(n - 2);
11  }
```

很多人一看到 fib(n) 被调用了 n 次，并且 fib(n) 运行需要 $O(2^N)$，就认为它是 $O(n2^N)$。现在下结论还为时过早。你能找出逻辑上的错误吗？

错在 n 是可变的。fib(n) 确实会花费 $O(2^N)$ 的时间，但重要的是 n 的值是多少。

相反地，让我们逐个过一遍每个调用。

fib(1) -> 2^1 steps
fib(2) -> 2^2 steps
fib(3) -> 2^3 steps
fib(4) -> 2^4 steps
...
fib(n) -> 2^n steps

因此，总工作量是：

$$2^1 + 2^2 + 2^3 + 2^4 + ... + 2^n$$

正如 6.8 节所示，这是 2^{n+1}。因此，计算前 n 个斐波那契数列（使用这个糟糕的算法）的运行时间仍然是 $O(2^n)$。

例题 15

下面的代码打印了所有从 0 到 n 的斐波那契数列。不同的是，这次把之前计算的值（比如缓存）存在一个整数数组里。如果已经被计算过，就返回这个缓存。这样的运行时间是多少？

```
1   void allFib(int n) {
2     int[] memo = new int[n + 1];
3     for (int i = 0; i < n; i++) {
4       System.out.println(i + ": " + fib(i, memo));
5     }
6   }
7
8   int fib(int n, int[] memo) {
9     if (n <= 0) return 0;
10    else if (n == 1) return 1;
```

```
11     else if (memo[n] > 0) return memo[n];
12
13     memo[n] = fib(n - 1, memo) + fib(n - 2, memo);
14     return memo[n];
15   }
```

让我们看看这个算法做了什么。

```
fib(0) -> return 0
fib(1) -> return 1
fib(2)
    fib(1) -> return 1
    fib(0) -> return 0
    store 1 at memo[2]
fib(3)
    fib(2) -> lookup memo[2] -> return 1
    fib(1) -> return 1
    store 2 at memo[3]
fib(4)
    fib(3) -> lookup memo[3] -> return 2
    fib(2) -> lookup memo[2] -> return 1
    store 3 at memo[4]
fib(5)
    fib(4) -> lookup memo[4] -> return 3
    fib(3) -> lookup memo[3] -> return 2
    store 5 at memo[5]
...
```

在每次对 fib(i) 的调用中，已经计算并存储过 fib(i-1) 和 fib(i-2) 的值。只需要查找这些值，计算它们的和，存储新的结果，然后返回。这个过程需要常数时间。

做了 N 次常数时间的工作，因而运行时间是 $O(n)$。

这种称为制表的技术，常用于指数级的递归算法的优化。

例题 16

下面的函数递归地打印了从 1 到 *n* 中 2 的幂数。例如，如果 *n* 等于 4，它将打印 1、2、4。它的运行时间是多少？

```
1    int powersOf2(int n) {
2      if (n < 1) {
3        return 0;
4      } else if (n == 1) {
5        System.out.println(1);
6        return 1;
7      } else {
8        int prev = powersOf2(n / 2);
9        int curr = prev * 2;
10       System.out.println(curr);
11       return curr;
12     }
13   }
```

有好几种方法可以计算运行时间。

6.10.16.1 做了什么

让我们过一遍 powersOf2(50)。

```
powersOf2(50)
    -> powersOf2(25)
        -> powersOf2(12)
            -> powersOf2(6)
```

```
            -> powersOf2(3)
                -> powersOf2(1)
                    -> print & return 1
                print & return 2
            print & return 4
        print & return 8
    print & return 16
  print & return 32
```

很显然运行时间就是 50（或者 n）除以 2 的次数，一直除到开始处理基线条件（1）。正如 6.8 节所述，从 n 到 1 的次数是 $O(\log n)$。

6.10.16.2 它的意义

我们也可以通过思考代码应做什么来探讨运行时间。它应该是计算从 1 到 n 中 2 的幂数。

每次调用 powersOf2 的结果是输出一个确定的数字并返回（排除递归调用的情况）。所以算法最后输出 13 个值，那么 powersOf2 就被调用了 13 次。

在本例中，知道它打印 1 到 n 中所有 2 的幂数。因此，函数被调用的次数（相当于它的运行时间）应当等于 1 到 n 中 2 的幂数的个数。

1 到 n 中有 $\log N$ 个 2 的幂数，因此，运行时间是 $O(\log n)$。

6.10.16.3 增长率

处理运行时间最终的方式是思考 n 变大时运行时间的变化。这也正是大 O 的意义所在。

如果 N 从 P 增加到 $P+1$，调用 powersOf2 的次数可能根本不会变。什么时候调用 powersOf2 的次数会增加？n 每增加一倍，它就会增加一次。

所以，每次 n 加倍，调用 powersOf2 的次数就增加 1。因此，调动 powersOf2 的次数等于你把 1 加倍到 n 的次数，也就是 x，x 满足 $2^x = n$。

x 是多少？它的值是 $\log n$。这正是 $x = \log n$ 的意义所在。

因此，运行时间是 $O(\log n)$。

附加问题

(1) 下面的代码计算 a 和 b 的乘积。运行时间是多少？

```
int product(int a, int b) {
    int sum = 0;
    for (int i = 0; i < b; i++) {
        sum += a;
    }
    return sum;
}
```

(2) 下面的代码计算 a^b。运行时间是多少？

```
int power(int a, int b) {
    if (b < 0) {
        return 0; // 错误
    } else if (b == 0) {
        return 1;
    } else {
        return a * power(a, b - 1);
    }
}
```

(3)　下面的代码计算 $a\%b$。运行时间是多少？

```
int mod(int a, int b) {
    if (b <= 0) {
        return -1;
    }
    int div = a / b;
    return a - div * b;
}
```

(4)　下面的代码计算整数除法。运行时间是多少（假设 a 和 b 都是正数）？

```
int div(int a, int b) {
    int count = 0;
    int sum = b;
    while (sum <= a) {
        sum += b;
        count++;
    }
    return count;
}
```

(5)　下面的代码计算一个数字的整数平方根。如果不是一个完美平方根（没有整数平方根），就会返回–1。它是通过反复猜测得到整数平方根的。比如，如果 n 是 100，它第一次猜 50。高了？就尝试低一点的——1 到 50 的一半。它的运行时间是多少？

```
int sqrt(int n) {
    return sqrt_helper(n, 1, n);
}

int sqrt_helper(int n, int min, int max) {
    if (max < min) return -1; // 没有平方根

    int guess = (min + max) / 2;
    if (guess * guess == n) { // 找到它了!
        return guess;
    } else if (guess * guess < n) { //太低了
        return sqrt_helper(n, guess + 1, max); // 试试大的数
    } else { // 太高了
        return sqrt_helper(n, min, guess - 1); // 试试小的数
    }
}
```

(6)　下面的代码计算一个数字的整数平方根。如果不是一个完美的平方根（没有整数平方根），就会返回–1。它尝试越来越大的数字直到找到正确的值（除非太高）。它的运行时间是多少？

```
int sqrt(int n) {
    for (int guess = 1; guess * guess <= n; guess++) {
        if (guess * guess == n) {
            return guess;
        }
    }
    return -1;
}
```

(7)　如果一棵二叉搜索树不平衡，它寻找一个节点（在最坏情况下）需要多长时间？

(8)　如果你在一棵二叉树中查找某个值，但它不是一棵二叉搜索树。它的时间复杂度是多少？

(9) appendToNew 方法通过创建一个更长的新数组并返回它来向数组添加一个值。你使用 appendToNew 方法创建了一个 copyArray 函数，它反复地调用 appendToNew。此时复制数组需要多长时间？

```
int[] copyArray(int[] array) {
    int[] copy = new int[0];
    for (int value : array) {
        copy = appendToNew(copy, value);
    }
    return copy;
}

int[] appendToNew(int[] array, int value) {
    // 复制所有元素到一个新数组
    int[] bigger = new int[array.length + 1];
    for (int i = 0; i < array.length; i++) {
        bigger[i] = array[i];
    }

    // 添加新元素
    bigger[bigger.length - 1] = value;
    return bigger;
}
```

(10) 下面的代码把一个数字中每位数字相加。它的大 O 时间是多少？

```
int sumDigits(int n) {
    int sum = 0;
    while (n > 0) {
        sum += n % 10;
        n /= 10;
    }
    return sum;
}
```

(11) 下面的代码打印所有长度为 k 的字符串，要求字符有序。它先生成所有长度为 k 的字符串，然后检查它是否有序。它的运行时间是多少？

```
int numChars = 26;

void printSortedStrings(int remaining) {
    printSortedStrings(remaining, "");
}

void printSortedStrings(int remaining, String prefix) {
    if (remaining == 0) {
        if (isInOrder(prefix)) {
            System.out.println(prefix);
        }
    } else {
        for (int i = 0; i < numChars; i++) {
            char c = ithLetter(i);
            printSortedStrings(remaining - 1, prefix + c);
        }
    }
}

boolean isInOrder(String s) {
    for (int i = 1; i < s.length(); i++) {
        int prev = ithLetter(s.charAt(i - 1));
        int curr = ithLetter(s.charAt(i));
```

```
        if (prev > curr) {
            return false;
        }
    }
    return true;
}

char ithLetter(int i) {
    return (char) (((int) 'a') + i);
}
```

(12)　以下代码计算两个数组的交集（相同元素的个数）。假设两个数组没有重复。它先排序一
　　　个数组（数组 b），接着通过迭代检查（通过二分查找）另一个数组的值是否在 b 中来计
　　　算交集。它的运行时间是多少？

```
int intersection(int[] a, int[] b) {
    mergesort(b);
    int intersect = 0;

    for (int x : a) {
        if (binarySearch(b, x) >= 0) {
            intersect++;
        }
    }

    return intersect;
}
```

答案

---

(1)　$O(b)$。 for 循环仅仅是遍历 b。

(2)　$O(b)$。递归代码迭代 b 次，因为它在每一级减去一个。

(3)　$O(1)$。它做的工作是常数时间。

(4)　$O(a/b)$。变量 count 最终会等于 a/b。while 循环遍历了 count 次。因此，它遍历了 a/b 次。

(5)　$O(\log n)$。这个算法本质上通过一个二分查找去寻找平方根。因此，运行时间是 $O(\log n)$。

(6)　$O(\mathrm{sqrt}(n))$。这就是个简单的循环，当 $\mathrm{guess} \times \mathrm{guess} > n$（或者换个说法，当 $\mathrm{guess} > \mathrm{sqrt}(n)$）时停止。

(7)　$O(n)$，n 是树的节点数。寻找一个元素的最大时间取决于树的深度。这个树可能是笔直向下的一列，深度为 n。

(8)　$O(n)$。节点上没有任何排序的属性，只好搜索完全部节点。

(9)　$O(n^2)$，n 是数组中元素的个数。第一次调用 appendToNew 复制 1 次。第二次调用复制 2 次。第三次调用复制 3 次。以此类推。总时间是 1 到 n 的和，即 $O(n^2)$。

(10)　$O(\log n)$。运行时间是数字的位数。一个有 d 位的数字，值最大为 10^d。如果 $n = 10^d$，那么 $d = \log n$。因此，运行时间是 $O(\log n)$。

(11)　$O(kc^k)$，k 是字符串的长度，c 是字母表中字母的个数。生成每个字符串需要 $O(c^k)$ 的时间。然后，需要检查它们每一个是否都排序了，这需要 $O(k)$ 的时间。

(12)　$O(b \log b + a \log b)$。首先，排序数组 b，这将花 $O(b \log b)$ 的时间。接着，对 a 的每个元素用 $O(\log b)$ 的时间做二分查找。第二部分会花 $O(a \log b)$ 的时间。

第 7 章

技术面试题

技术面试题是许多顶尖科技公司面试的主要内容,其中一些难题会令许多面试者望而却步,但其实这些题是有合理的解决方法的。

7.1 准备事项

多数求职者只是通读一遍问题和解法,囫囵吞枣。这好比试图单凭看问题和解法就想学会微积分。你得动手练习如何解题,单靠死记硬背效果不彰。

就本书的面试题以及你可能遇到的其他题目,请参照以下几个步骤。

(1) **尽量独立解题**。本书后面有一些提示可供参考,但请尽量不要依赖提示解决问题。许多题目确实难乎其难,但是没关系,不要怕!此外,解题时还要考虑空间和时间效率。

(2) **在纸上写代码**。在电脑上编程可以享受到语法高亮、代码完整、调试快速等种种好处,在纸上写代码则不然。通过在纸上多多实践来适应这种情况,并对在纸上编写、编辑代码之缓慢习以为常。

(3) **在纸上测试代码**。就是要在纸上写下一般用例、基本用例和错误用例等。面试中就得这么做,因此最好提前做好准备。

(4) **将代码照原样输入计算机**。你也许会犯一大堆错误。请整理一份清单,罗列自己犯过的所有错误,这样在真正面试时才能牢记在心。

此外,尽量多做模拟面试。你和朋友可以轮流给对方做模拟面试。虽然你的朋友不见得受过什么专业训练,但至少能带你过一遍代码或者算法面试题。你也会在当面试官的体验中,受益良多。

7.2 必备的基础知识

许多公司关注数据结构和算法面试题,并不是要测试面试者的基础知识。然而,这些公司却默认面试者已具备相关的基础知识。

7.2.1 核心数据结构、算法及概念

大多数面试官都不会问你二叉树平衡的具体算法或其他复杂算法。老实说,离开学校这么多年,恐怕他们自己也记不清这些算法了。

一般来说,你只要掌握基本知识即可。下面这份清单列出了必须掌握的知识。

数据结构	算　法	概　念
链表	广度优先搜索	位操作
树、单词查找树、图	深度优先搜索	内存（堆和栈）
栈和队列	二分查找	递归
堆	归并排序	动态规划
向量/数组列表	快排	大 O 时间及空间
散列表		

对于上述各项题目，务必掌握它们的具体用法、实现方法、应用场景以及空间和时间复杂度。

一种不错的方法就是练习如何实现数据结构和算法（先在纸上，然后在电脑上）。你会在这个过程中学到数据结构内部是如何工作的，这对很多面试而言都是不可或缺的。

你错过上面那段了吗？千万不要错过，这非常重要。如果对上面列出的某个数据结构和算法感觉不能运用自如，就从头开始练习吧。

其中，散列表是必不可少的一个题目。对这个数据结构，务必要胸有成竹。

7.2.2　2 的幂表

下面这张表会在很多涉及可扩展性或者内存排序限制等问题上助你一臂之力。尽管不强求你记下来，可是记住总会有用。你至少应该轻车熟路。

2 的幂	准确值（X）	近　似　值	X 字节转换成 MB、GB 等
7	128		
8	256		
10	1024	一千	1 K
16	65 536		64 K
20	1 048 576	一百万	1 MB
30	1 073 741 824	十亿	1 GB
32	4 294 967 296		4 GB
40	1 099 511 627 776	一万亿	1 TB

这张表可以拿来做速算。例如，一个将每个 32 位整数映射成布尔值的向量表可以在一台普通计算机内存中放下。那样的整数有 2^{32} 个。因为每个整数只占位向量表中的一位，共需要 2^{32} 位（或者 2^{29} 字节）来存储该映射表，大约是千兆字节的一半，普通机器很容易满足。

在接受互联网公司的电话面试时，不妨把表放在眼前，也许能派上用场。

7.3　解题步骤

下面的流程图将教你如何逐步解决一个问题。要学以致用。你可以从 CrackingTheCoding-Interview.com 下载这个提纲及更多内容。

问题解决流程图

 听 - - - - - - - - ▶ 2 举例

仔细聆听问题描述。每一个细节都可能在优化算法时派上用场。

例子一般要袖珍一些或特殊一点儿。**仔细调试**，想一想还有其他特殊情况吗？例子能覆盖所有情况吗？

BUD优化

B：瓶颈（bottleneck）

U：无用功（unnecessary work）

D：重复性工作（duplicated work）

3 蛮力法 ◀ - - - - - - - -

先尽快想出一个蛮力法来解决问题。在此之前，不要试图开发出一个高效的算法。给出一个朴素的算法和其运行时间，然后在此基础上优化该算法。当然了，现在不要写代码！

7 测试

请按以下顺序测试。

(1) 概念测试。像代码复查一样，仔细审查一遍代码。

(2) 异常或不标准的代码。

(3) 热点代码，比如计算节点和空节点。

(4) 小测试用例，比大的快且同样有效。

(5) 特殊或边缘情况。

当发现错误时，**请小心修复**。

4 优化

用**BUD**法优化你的朴素算法，也可以尝试以下方法。

▶ 寻找未利用的信息。一般你需要一个问题中的所有信息。

▶ 手动解决一个例题，然后逆向思考。你是怎么解决的？

▶ 给出不正确的解法，思考为什么失败。你能修复这类问题吗？

▶ 权衡时间与空间。这时散列表至关重要。

6 实现

你的目标是写出一手漂亮的代码。从一开始就追求模块化，并且通过重构清理掉不漂亮的代码。

持续交流。你的面试官乐于了解你是如何解决问题的。

5 梳理 ◀ - - - -

有了一个最优算法后，详细地回顾一遍你的算法，以确保写代码之前理顺每个细节。

接下来我会详述该流程图。

面试期待

面试本就困难。如果你无法立刻得出答案，那也没有关系，这很正常，并不代表什么。

注意听面试官的提示。面试官有时热情洋溢，有时却意兴阑珊。面试官参与程度取决于你的表现、问题的难度以及该面试官的期待和个性。

当你被问到一个问题或者当你在练习时，按下面的步骤完成解题。

7.3.1.1 认真听

也许你以前听过这个常规性建议：确保听清楚题。但我给你的建议不止这一点。

当然了，你首先要保证听清题，其次弄清楚模棱两可的地方。

但是我要说的不止如此。

举个例子，假设一个问题以下列其中一个话题作为开头，那么可以合理地认为它给出的所有信息都并非平白无故的。

"有两个排序的数组，找到……"

你很可能需要注意到数据是有序的。数据是否有序会导致最优算法大相径庭。

"设计一个在服务器上经常运行的算法……"

在服务器上/重复运行不同于只运行一次的算法。也许这意味你可以缓存数据，或者意味着你可以顺理成章地对数据集进行预处理。

如果信息对算法没影响，那么面试官不大可能（尽管也不无可能）把它给你。

很多求职者都能准确听清问题。但是开发算法的时间只有短短的十来分钟，以至于解决问题的一些关键细节被忽略了。这样一来无论怎样都无法优化问题了。

你的第一版算法确实不需要这些信息。但是如果你陷入瓶颈或者想寻找更优方案，就回头看看有没有错过什么。

即使把相关信息写在白板上也会对你大有裨益。

7.3.1.2 画个例图

画个例图能显著提高你的解题能力，尽管如此，还有如此多的求职者只是试图在脑海中解决问题。

当你听到一道题时，离开椅子去白板上画个例图。

不过画例图是有技巧的。首先你需要一个好例子。

通常情况下，以一棵二叉搜索树为例，求职者可能会画如下例图。

这是个很糟糕的例子。第一，太小，不容易寻找模式。第二，不够具体，二叉搜索树有值。如果那些数字可以帮助你处理这个问题怎么办？第三，这实际上是个特殊情况。它不仅是个平衡树，也是个漂亮、完美的树，其每个非叶节点都有两个子节点。特殊情况极具欺骗性，对解题无益。

实际上，你需要设计一个这样的例子。

❑ 具体。应使用真实的数字或字符串（如果适用的话）。

❑ 足够大。一般的例子都太小了，要加大 0.5 倍。

❑ 具有普适性。请务必谨慎，很容易不经意间就画成特殊的情况。如果你的例子有任何特殊情况（尽管你觉得它可能不是什么大事），也应该解决这一问题。

尽力做出最好的例子。如果后面发现你的例子不那么正确，你应该修复它。

7.3.1.3 给出一个蛮力法

一旦完成了例子（其实，你也可以在某些问题中调换 7.3.1.2 步和 7.3.1.3 步的顺序），就给出一个蛮力法。你的初始算法不怎么好也没有关系，这很正常。

一些求职者不想给出蛮力法，是因为他们认为此方法不仅显而易见而且糟糕透顶。但是事实是：即使对你来说轻而易举，也未必对所有求职者来说都这样。你不会想让面试官认为，即使解出这一简单算法对你来说也得绞尽脑汁。

初始解法很糟糕，这很正常，不必介怀。先说明该解法的空间和时间复杂度，再开始优化。

7.3.1.4 优化

你一旦有了蛮力法，就应该努力优化该方法。以下技巧就有了用武之地。

(1) 寻找未使用的信息。你的面试官告诉过你数组是有序的吗？你如何利用这些信息？

(2) 换个新例子。很多时候，换个不同的例子会让你思路畅通，看到问题模式所在。

(3) 尝试错误解法。低效的例子能帮你看清优化的方法，一个错误的解法可能会帮助你找到正确的方法。比方说，如果让你从一个所有值可能都相等的集合中生成一个随机值。一个错误的方法可能是直接返回半随机值。可以返回任何值，但是可能某些值概率更大，进而思考为什么解决方案不是完美随机值。你能调整概率吗？

(4) 权衡时间、空间。有时存储额外的问题相关数据可能对优化运行时间有益。

(5) 预处理信息。有办法重新组织数据（排序等）或者预先计算一些有助于节省时间的值吗？

(6) 使用散列表。散列表在面试题中用途广泛，你应该第一个想到它。

(7) 考虑可想象的极限运行时间（详见 7.9 节）。

在蛮力法基础上试试这些技巧，寻找 BUD 的优化点。

7.3.1.5 梳理

明确了最佳算法后，不要急于写代码。花点时间巩固对该算法的理解。

白板编程很慢，慢得超乎想象。测试、修复亦如此。因此，要尽可能地在一开始就确保思路近乎完美。

梳理你的算法，以了解它需要什么样的结构，有什么变量，何时发生改变。

> 伪代码是什么？如果你更愿意写伪代码，没有问题。但是写的时候要当心。基本的步骤（(1) 访问数组。(2) 找最大值。(3) 堆插入。）或者简明的逻辑（if p < q, move p. else move q.）值得一试。但是如果你用简单的词语代表 for 循环，基本上这段代码就烂透了，除了代码写得快之外一无是处。

你如果没有彻底理解要写什么，就会在编程时举步维艰，这会导致你用更长的时间才能完成，并且更容易犯大错。

7.3.1.6 实现

这下你已经有了一个最优算法并且对所有细节都了如指掌，接下来就是实现算法了。

写代码时要从白板的左上角（要省着点空间）开始。代码尽量沿水平方向写（不要写成一条斜线），否则会乱作一团，并且像 Python 那样对空格敏感的语言来说，读起来会云里雾里，令人困惑。

切记：你只能写一小段代码来证明自己是个优秀的开发人员。因此，每行代码都至关重要，一定要写得漂亮。

写出漂亮代码意味着你要做到以下几点。

❑ 模块化的代码。这展现了良好的代码风格，也会使你解题更为顺畅。如果你的算法需要使用一个初始化的矩阵，例如{{1, 2, 3}, {4, 5, 6}, ...}，不要浪费时间去写初始化的代码。可以假装自己有个函数 initIncrementalMatrix(int size)，稍后需要时再回头写完它。

7

- □ 错误检查。有些面试官很看重这个，但有些对此并不"感冒"。一个好办法是在这里加上 todo，这样只需解释清楚你想测试什么就可以了。
- □ 使用恰到好处的类、结构体。如果需要在函数中返回一个始末点的列表，可以通过二维数组来实现。当然，更好的办法是把 StartEndPair（或者 Range）对象当作 list 返回。你不需要去把这个类写完，大可假设有这样一个类，后面如果有富裕时间再补充细节即可。
- □ 好的变量名。到处使用单字母变量的代码不易读取。这并不是说在恰当场合（比如一个遍历数组的普通 for 循环）使用 i 和 j 就不对。但是，使用 i 和 j 时要多加小心。如果写了类似于 int i = startOfChild(array)的变量名称，可能还可以使用更好的名称，比如 startChild。

然而，长的变量名写起来也会比较慢。你可以除第一次以外都用缩写，多数面试官都能同意。比方说你第一次可以使用 startChild，然后告诉面试官后面你会将其缩写为 sc。

评价代码好坏的标准因面试官、求职者、题目的不同而有所变化。所以只要专心写出一手漂亮的代码即可，尽人事、知天命。

如果发现某些地方需要稍后重构，就和面试官商量一下，看是否值得花时间重构。通常都会得到肯定答复，偶尔不是。

如果觉得一头雾水（这很常见），就再回头过一遍。

7.3.1.7 测试

在现实中，不经过测试就不会签入代码；在面试中，未经过测试同样不要"提交"。

测试代码有两种办法：一种聪明的，一种不那么聪明的。

许多求职者会用最开始的例子来测试代码。那样做可能会发现一些 bug，但同样会花很长时间。手动测试很慢。如果设计算法时真的使用了一个大而好的例子，那么测试时间就会很长，但最后可能只在代码末尾发现一些小问题。

你应该尝试以下方法。

(1) 从概念测试着手。概念测试就是阅读和分析代码的每一行。像代码评审那样思考，在心中解释每一行代码的含义。

(2) 跳着看代码。重点检查类似 x = length-2 的行。对于 for 循环，要尤为注意初始化的地方，比如 i = 1。当你真的去检查时，就很容易发现小错误。

(3) 热点代码。如果你编程经验足够丰富的话，就会知道哪些地方可能出错。递归中的基线条件、整数除法、二叉树中的空节点、链表迭代中的开始和结束，这些要反复检查才行。

(4) 短小精悍的用例。接下来开始尝试测试代码，使用真实、具体的用例。不要使用大而全的例子，比如前面用来开发算法的 8 元素数组，只需要使用 3 到 4 个元素的数组就够了。这样也可以发现相同的 bug，但比大的快多了。

(5) 特殊用例。用空值、单个元素、极端情况和其他特殊情况检测代码。

发现了 bug（很可能会）就要修复。但注意不要贸然修改。仔细斟酌，找出问题所在，找到最佳的修改方案，只有这样才能动手。

7.4 优化和解题技巧 1：寻找 BUD

这也许是我找到的优化问题最有效的方法了。BUD 是以下词语的首字母缩写：

- □ 瓶颈（bottleneck）；
- □ 无用功（unnecessary work）；

❑ 重复性工作（duplicated work）。

以上是最常见的 3 个问题，而面试者在优化算法时往往会浪费时间于此。你可以在蛮力法中找找它们的影子。发现一个后，就可以集中精力来解决。

如果这样仍没有得到最佳算法，也可以在当前最好的算法中找找这 3 类优化点。

7.4.1　瓶颈

瓶颈就是算法中拖慢整体运行时间的某部分。通常会以两种方式出现。

一次性的工作会拖累整个算法。例如，假设你的算法分为两步，第一步是排序整个数组，第二步是根据属性找到特定元素。第一步是 $O(N \log N)$，第二步是 $O(N)$。尽管可以把第二步时间优化到 $O(\log N)$ 甚至 $O(1)$，但那又有什么用呢？聊胜于无而已。它不是当务之急，因为 $O(N \log N)$ 才是瓶颈。除非优化第一步，否则你的算法整体上一直是 $O(N \log N)$。

你有一块工作不断重复，比如搜索。也许你可以把它从 $O(N)$ 降到 $O(\log N)$ 甚至 $O(1)$。这样就大大加快了整体运行时间。

优化瓶颈，对整体运行时间的影响是立竿见影的。

举个例子：有一个值都不相同的整数数组，计算两个数差值为 k 的对数。例如，数组 {1, 7, 5, 9, 2, 12, 3}，差值 k 为 2，差值为 2 的一共有 4 对：$(1, 3)$、$(3, 5)$、$(5, 7)$、$(7, 9)$。

用蛮力法就是遍历数组，从第一个元素开始搜索剩下的元素（即一对中的另一个）。对于每一对，计算差值。如果差值等于 k，计数加一。

该算法的瓶颈在于重复搜索对数中的另一个。因此，这是接下来优化的重点。

怎么才能更快地找到正确的另一个？已知 $(x, ?)$ 的另一个，即 $x + k$ 或 $x - k$。如果把数组排序，就可以用二分查找来找到另一个，N 个元素的话查找的时间就是 $O(\log N)$。

现在，将算法分为两步，每一步都用时 $O(N \log N)$。接下来，排序构成新的瓶颈。优化第二步于事无补，因为第一步已经拖慢了整体运行时间。

必须完全丢弃第一步排序数组，只使用未排序的数组。那如何在未排序的数组中快速查找呢？借助散列表吧。

把数组中所有元素都放到散列表中。然后判断 $x + k$ 或者 $x - k$ 是否存在。只是过一遍散列表，用时为 $O(N)$。

7.4.2　无用功

举个例子：打印满足 $a^3 + b^3 = c^3 + d^3$ 的所有正整数解，其中 a、b、c、d 是 1 至 1000 间的整数。

用蛮力法来解会有四重 for 循环，如下：

```
1  n = 1000
2  for a from 1 to n
3    for b from 1 to n
4      for c from 1 to n
5        for d from 1 to n
6          if a³ + b³ == c³ + d³
7            print a, b, c, d
```

用上面算法迭代 a、b、c、d 所有可能，然后检测是否满足上述表达式。

在找到一个可行解后，就不用继续检查 d 的其他值了。因为 d 的一次循环中只有一个值能满足。所以一旦找到可行解至少应该跳出循环。

```
1   n = 1000
2   for a from 1 to n
3     for b from 1 to n
4       for c from 1 to n
5         for d from 1 to n
6           if a³ + b³ = c³ + d³
7             print a, b, c, d
8             break // 跳出 d 循环
```

虽然该优化对运行时间并无改变，运行时间仍是 $O(N^4)$，但仍值得一试。

还有其他无用功吗？答案是肯定的，对于每个 (a, b, c)，都可以通过 $d = \sqrt[3]{a^3 + b^3 - c^3}$ 这个简单公式得到 d。

```
1   n = 1000
2   for a from 1 to n
3     for b from 1 to n
4       for c from 1 to n
5         d = pow(a³ + b³ - c³, 1/3) // 取整成 int
6         if a³ + b³ == c³ + d³ && 0 <= d && d <= n // 验证结果
7           print a, b, c, d
```

第 6 行的 if 语句至关重要，因为第 5 行每次都会找到一个 d 的值，但是需要检查是否是正确的整数值。

这样一来，运行时间就从 $O(N^4)$ 降到了 $O(N^3)$。

7.4.3　重复性工作

沿用上述问题及蛮力法，这次来找一找有哪些重复性工作。

这个算法本质上遍历所有 (a, b) 对的可能性，然后寻找所有 (c, d) 对的可能性，找到和 (a, b) 对匹配的对。

为什么对于每一对 (a, b) 都要计算所有 (c, d) 对的可能性？只需一次性创建一个 (c, d) 对列表，然后对于每个 (a, b) 对，都去 (c, d) 列表中寻找匹配。想要快速定位 (c, d) 对，对 (c, d) 列表中每个元素，都可以把 (c, d) 对的和当作键，(c, d) 当作值（或者满足那个和的对列表）插入到散列表。

```
1    n = 1000
2    for c from 1 to n
3      for d from 1 to n
4        result = c³ + d³
5        append (c, d) to list at value map[result]
6    for a from 1 to n
7      for b from 1 to n
8        result = a³ + b³
9        list = map.get(result)
10       for each pair in list
11         print a, b, pair
```

实际上，已经有了所有 (c, d) 对的散列表，大可直接使用。不需要再去生成 (a, b) 对。每个 (a, b) 都已在散列表中。

```
1    n = 1000
2    for c from 1 to n
3      for d from 1 to n
4        result = c³ + d³
```

```
5        append (c, d) to list at value map[result]
6
7   for each result, list in map
8     for each pair1 in list
9       for each pair2 in list
10        print pair1, pair2
```

它的运行时间是 $O(N^2)$。

7.5　优化和解题技巧 2：亲力亲为

第一次遇到如何在排序的数组中寻找某个元素（习得二分查找之前），你可能不会一下子想到："啊哈！我们可以比较中间值和目标值，然后在剩下的一半中递归这个过程。"

然而，如果让一些没有计算机科学背景的人在一堆按字母表排序的论文中寻找指定论文，他们可能会用到类似于二分查找的方式。他们估计会说："天哪，Peter Smith？可能在这堆论文的下面。"然后随机选择一个中间的（例如 i，s，h 开头的）论文，与 Peter Smith 做比较，接着在剩余的论文中继续用这个方法查找。尽管他们不知道二分查找，但可以凭直觉"做出来"。

我们的大脑很有趣。干巴巴地抛出像"设计一个算法"这样的题目，人们经常会搞得乱七八糟。但是如果给出一个实例，无论是数据（例如数组）还是现实生活中其他的类似物（例如一堆论文），他们就会凭直觉开发出一个很好的算法。

我已经无数次地看到这样的事发生在求职者身上。他们在计算机上完成的算法奇慢无比，但一旦被要求人工解决同样问题，立马干净利落地完成。

因此，当你遇到一个问题时，一个好办法是尝试在直观的真实例子上凭直觉解决它。通常越大的例子越容易。

举个例子：给定较小字符串 s 和较大字符串 b，设计一个算法，寻找在较大字符串中较小字符串的所有排列，打印每个排列的位置。

考虑一下你要怎么解决这道题。注意排列是字符串的重组，因此 s 中的字符能以任何顺序出现在 b 中，但是它们必须是连续的（不被其他字符隔开）。

像大多数求职者一样，你可能会这么想：先生成 s 的全排列，然后看它们是否在 b 中。全排列有 $S!$ 种，因此运行时间是 $O(S! \times B)$，其中 S 是 s 的长度，B 是 b 的长度。

这样是可行的，但实在慢得太离谱了。实际上该算法比指数级的算法还要**糟糕透顶**。如果 s 有 14 个字符，那么会有超过 870 亿个全排列。s 每增加一个字符，全排列就会增加 15 倍。天哪！

换种不同的方式，就可以轻而易举地开发出一个还不错的算法。参考如下例子：

s：abbc
b：cbabadcbbabbcbabaabccbabc

b 中 s 的全排列在哪儿？不要管如何做，找到它们就行。很简单的，12 岁的小孩子都能做到！（真的，赶紧去找，我等你。）

我已经在每个全排列下面画了线。

s: abbc
b: cbabadcbbabbcbabaabccbabc
   ‾‾‾‾   ‾‾‾ ‾‾‾   ‾‾‾‾
       ‾‾‾

你找到了吗？怎么做的？

很少有人——即使之前提出 $O(S! \times B)$ 算法的人——真的去生成 abbc 的全排列，再去 b 中逐个寻找。几乎所有人都采用了如下两种方式（非常相似）之一。

(1) 遍历 b，查看 4 个字符（因为 s 中只有 4 个字符）的滑动窗口。逐一检查窗口是否是 s 的一个全排列。

(2) 遍历 b。每次发现一个字符在 s 中时，就去检查它往后的 4 个（包括它）字符是否属于 s 的全排列。

取决于"是否是一个全排列"的具体实现方式，你得到的运行时可能是 $O(B \times S)$、$O(B \times S \log S)$ 或者 $O(B \times S^2)$。尽管这些都不是最优算法（包含 $O(B)$ 算法），但已经比我们之前的好太多。

解题时，试试这个方法。使用一个大而好的例子，直观地手动解决这个特定例子。然后复盘，思考你是如何解决它的。反向设计算法。

重点留意你凭直觉或不经意间做的任何"优化"。例如，解题时你可能会跳过以 d 开头的窗口，因为 d 不在 abbc 中。这是你靠大脑做出的一个优化，在设计算法时也应该留意到。

7.6　优化和解题技巧 3：化繁为简

我们通过简化来实现一个由多步骤构成的方法。首先，可以简化或者调整约束，比如数据类型。这样一来，就可以解决简化后的问题了。最后，调整这个算法，让它适应更为复杂的情况。

　　举个例子：可以通过从杂志上剪下词语拼凑成句来完成一封邀请函。如何分辨一封邀请函（以字符串表示）是否可以从给定杂志（字符串）中获取呢？

为了简化问题，可以把从杂志上剪下词语改为剪下**字符**。

通过创建一个数组并计数字符串，可以解决邀请函的字符串简化版问题，其中数组中的每一位对应一个字母。首先计算每个字符在邀请函中出现的次数，然后遍历杂志查看是否能满足。

推导出这个算法，意味着我们做了类似的工作。不同的是，这次不是创建一个字符数组来计数，而是创建一个单词映射频率的散列表。

7.7　优化和解题技巧 4：由浅入深

我们可以由浅入深，首先解决一个基本情况（例如，$n=1$），然后尝试从这里开始构建。遇到更复杂或者有趣的情况（通常是 $n=3$ 或者 $n=4$）时，尝试使用之前的方法解决。

　　举个例子：设计一个算法打印出字符串的所有排列组合。简单起见，假设所有字符均不相同。

思考一个测试字符串 abcdefg。

```
用例 "a" --> {"a"}
用例 "ab" --> {"ab", "ba"}
用例 "abc" --> ?
```

这是第一个"有趣"的情况。如果已经有了 P("ab") 的答案，如何得到 P("abc") 的答案呢？已知可选的字母是 c，因此可以在每种可能中插入 c，即如下模式。

```
P("abc") = 把"c"插入到 P("ab")中的所有字符串的所有位置
P("abc") = 把"c"插入到{"ab","ba"}中的所有字符串的所有位置
P("abc") = 合并({"cab", "acb", "abc"}, {"cba", "bca", bac"})
P("abc") = {"cab", "acb", "abc", "cba", "bca", "bac"}
```

理解了这个模式后，就可以写个差不多的递归算法了。通过"截断末尾字符"的方式，可以生成 $s_1...s_n$ 字符串的所有组合。做法很简单，首先生成字符串 $s_1...s_{n-1}$ 的所有组合，然后遍历所有组合，每个字符串的每个位置都插入 s_n 得到新的字符串。

这种由基础例子逐渐推导的方法通常会得到一个递归算法。

7.8　优化和解题技巧 5：数据结构头脑风暴法

这种方法很取巧但奏效。我们可以简单过一遍所有的数据结构，一个个地试。这种方法之所以有效在于，一旦数据结构（比方说树）选对了，解题可能就简单了，手到擒来。

> 举个例子：随机产生数字并放入（动态）数组。你怎么记录它每一步的中间值？

应用数据结构头脑风暴法的过程可能如下所示。

❑ 链表？可能不行。链表一般不擅长随机访问和排序数字。

❑ 数组？也许可以，但已经有一个数组了。你能设法保持元素的有序吗？这样可能代价巨大。可以先放一放，如果后面需要了再考虑一试。

❑ 二叉树？貌似可以，因为二叉树的看家本领就是排序。实际上，如果这棵二叉搜索树是完全平衡二叉搜索树的话，顶节点可能就是中间值。但要注意的是，如果数字个数是偶数，中值实际上是中间两个数的平均值，毕竟这两个数不能都在顶节点上。该算法可行，但可稍后再考虑。

❑ 堆？堆对于基本排序和保存最大值、最小值手到擒来。如果你有两个堆，事情就有意思了。你可以分别保存元素中大的一半和小的一半。更大的一半数据保存在最小堆，因此这较大的一半中最小的元素在根节点。而更小的一半数据保存在最大堆，所以这较小的一半中最大的元素也在根节点。有了这些数据结构，就得到了所有可能的中值元素。如果两个堆的大小不一致，则可以通过从一个堆弹出元素插入到另一个堆实现快速"平衡"。

总的来说，你解决过的问题越多，就越擅于选择出合适的数据结构。不仅如此，你的直觉还会变得更加敏锐，能判断出哪种方法最为行之有效。

7.9　可想象的极限运行时间

考虑到可想象的极限运行时间（BCR），可能对解决某些问题大有裨益。

可想象的极限运行时间，按字面意思理解就是，关于某个问题的解决，你可以**想象出**的运行时间的**极限**。你可以轻而易举地证明，BCR 是无法超越的。

比方说，假设你想计算两个数组（长度分别为 A、B）共有元素的个数，会立马想到用时不可能超过 $O(A + B)$，因为必须要访问每个数组中的所有元素，所以 $O(A + B)$ 就是可想象的极限运行时间。

或者，假设你想打印数组中所有成对值。你当然明白用时不可能超过 $O(N^2)$，因为有 N^2 对需要打印。

不过还要注意。假设面试官要求你在一个数组中（假定所有元素均不同）找到所有和为 k 的对。一些对可想象的极限运行时间概念一知半解的求职者可能会说 BCR 是 $O(N^2)$，理由是不得不访问 N^2 对。

这种说法大错特错。仅仅因为你想要所有和为特定值的对，并不意味着必须访问**所有**对。事实上根本不需要。

可想象的极限运行时间与最佳运行时间（best case runtime）有什么关系呢？毫不相干！可想象的极限运行时间是针对**一个问题**而言，在很大程度上是一个输入输出的函数，和特定的算法并无关系。事实上，如果计算可想象的极限运行时间时还要考虑具体用到哪个算法，那就很可能做错了。最佳运行时间是针对具体算法（通常是一个毫无意义的值）的。

注意，可想象的极限运行时间不一定可以实现。它的意义在于告诉你用时不会超过该时间。

举例说明 BCR 的用法

问题：找到两个排序数组中相同元素的个数，这两个数组长度相同，且每个数组中元素都不同。

从如下这个经典例子着手，在共同元素下标注下划线。

A: 13　27　<u>35</u>　<u>40</u>　49　<u>55</u>　59
B: 17　<u>35</u>　39　<u>40</u>　<u>55</u>　58　60

解出这道题使用的是蛮力法，即对于 A 中的每个元素都去 B 中搜索。这需要花费 $O(N^2)$ 的时间，因为对于 A 中的每个元素（共 N 个）都需要在 B 中做 $O(N)$ 的搜索。

BCR 为 $O(N)$，因为我们知道每个元素至少访问一次，一共 2N 个元素。如果跳过一个元素，那么这个元素是否有相同的值会影响最后的结果。例如，如果从没有访问过 B 中的最后一个元素，那么把 60 改成 59，结果就不对了。

回到正题。现在有一个 $O(N^2)$ 的算法，我们想要更好地优化该算法，但不一定要像 $O(N)$ 那样快。

```
Brute Force:         O(N²)
Optimal Algorithm:  ?
BCR:                 O(N)
```

$O(N^2)$ 与 $O(N)$ 之间的最优算法是什么？有许多，准确地讲，有无穷无尽。理论上可以有个算法是 $O(N \log(\log(\log(\log(N)))))$。然而，无论是在面试还是现实中，运行时间都不太可能是这样。

请记住这个问题，因为它在面试中淘汰了很多人。运行时间不是一个多选题。虽然常见的运行时间有 $O(\log N)$、$O(N)$、$O(N \log N)$、$O(N^2)$ 或者 $O(2^N)$，但你不该直接假设某个问题的运行时间是多少而不考虑推导的过程。事实上，当你对运行时间是多少百思不解时，不妨猜一猜。这时你最有可能遇到一个不太明显、不太常见的运行时间。也许是 $O(N^2 K)$，N 是数组的大小，k 是数值对的个数。合理推导，不要只靠猜。

最有可能的是，我们正努力推导出 $O(N)$ 或者 $O(N \log N)$ 算法。这说明什么呢？

如果当前算法的运行时间是 $O(N \times N)$，那么想得到 $O(N)$ 或者 $O(N \times \log N)$ 可能意味着要把第二个 $O(N)$ 优化成 $O(1)$ 或者 $O(\log N)$。

这是 BCR 的一大益处，我们可以通过运行时间得到关于优化方向的启示。

第二个 $O(N)$ 来自于搜索。已知数组是排序的，可以用快于 $O(N)$ 的时间在排序的数组中搜索吗？当然可以了，用二分查找在一个排序的数组中寻找一个元素的运行时间是 $O(\log N)$。

现在我们把算法优化为 $O(N \log N)$。

```
Brute Force:          O(N²)
Improved Algorithm:  O(N log N)
Optimal Algorithm:   ?
BCR:                  O(N)
```

还能继续优化吗？继续优化意味着把 $O(\log N)$ 缩短为 $O(1)$。

通常情况下，二分查找在排序数组中的最快运行时间是 $O(\log N)$。但这次**不是**正常情况，我们一直在重复搜索。

BCR 告诉我们，解出这个算法的最快运行时间为 $O(N)$。因此，我们所做的任何 $O(N)$ 的工作都是"免费的"，不会影响到运行时间。

重读 7.3.1 节关于优化的技巧，是否有一些可以派上用场呢？

一个技巧是预计算或者预处理。任何 $O(N)$ 时间内的预处理都是"免费的"。这不会影响运行时间。

> 这又是 BCR 的一大益处。任何你所做的不超过或者等于 BCR 的工作都是"免费的"，从这个意义上来说，对运行时间并无影响。你可能最终会将此剔除，但是目前不是当务之急。

重中之重仍在于将搜索由 $O(\log N)$ 减少为 $O(1)$。任何 $O(N)$ 或者不超过 $O(N)$ 时间内的预计算都是"免费的"。

因此，可以把 B 中所有数据都放入散列表，它的运行时间是 $O(N)$，然后只需要遍历 A，查看每个元素是否在散列表中。查找（搜索）时间是 $O(1)$，所以总的运行时间是 $O(N)$。

假设面试官问了一个让我们坐立不安的问题：还能继续优化吗？

答案是不可以，这里指运行时间。我们已经实现了最快的运行时间，因此没办法继续优化大 O 时间，倒可以尝试优化空间复杂度。

> 这是 BCR 的另一大益处。它告诉我们运行时间优化的极限，我们到这儿就该调转枪头，开始优化空间复杂度了。

事实上，就算面试官不主动要求，我们也应该对算法抱有疑问。就算不存储数据，也可以精确地获得相同的运行时间。那么为什么面试官给出了排序的数组？并非不寻常，只是有些奇怪罢了。

回到我们的例子：

```
A: 13  27  35  40  49  55  59
B: 17  35  39  40  55  58  60
```

要找有如下特征的算法。

❑ 占用空间为 $O(1)$（或许是 ）。现在已经有了空间为 $O(N)$、时间最优的算法。如果想使用更少的其他空间，这可能意味着没有其他空间。因此，得丢弃散列表。

❑ 占用时间为 $O(N)$（或许是 ）。我们期望最少也要和当前的一样，该时间是最优时间，不可超越。

❑ 使用给定的条件，数组有序。

不使用其他空间的最佳算法是二分查找。想一想怎么优化它。试着过一遍整个算法。

(1) 用二分查找在 B 中找 A[0] = 13。没找到。

(2) 用二分查找在 B 中找 A[1] = 27。没找到。

(3) 用二分查找在 B 中找 A[2] = 35。在 B[1]中找到。

(4) 用二分查找在 B 中找 A[3] = 40。在 B[5]中找到。

(5) 用二分查找在 B 中找 A[4] = 49。没找到。

(6) ……

想想 BUD。搜索是瓶颈。整个过程有多余或者重复性工作吗?

搜索 A[3] = 40 不需要搜索整个 B。在 B[1] 中已找到 35,所以 40 不可能在 35 前面。

每次二分查找都应该从上次终止点的左边开始。

实际上,根本不需要二分查找,大可直接借助线性搜索。只要在 B 中的线性搜索每次都从上次终止的左边出发,就知道将要用线性时间进行搜索。

(1) 在 B 中线性搜索 A[0] = 13,开始于 B[0] = 17,结束于 B[0] = 17。未找到。

(2) 在 B 中线性搜索 A[1] = 27,开始于 B[0] = 17,结束于 B[1] = 35。未找到。

(3) 在 B 中线性搜索 A[2] = 35,开始于 B[1] = 35,结束于 B[1] = 35。找到。

(4) 在 B 中线性搜索 A[3] = 40,开始于 B[2] = 39,结束于 B[3] = 40。找到。

(5) 在 B 中线性搜索 A[4] = 49,开始于 B[3] = 40,结束于 B[4] = 55。找到。

(6) ……

以上算法与合并排序数组如出一辙。该算法的运行时间为 $O(N)$,空间为 $O(1)$。

现在同时达到了 BCR 和最小的空间占用,这已经是极限了。

> 这是另一个使用 BCR 的方式。如果达到了 BCR 并且其他空间为 $O(1)$,那么不论是大 O 时间还是空间都已经无法优化。

BCR 不是一个真正的算法概念,也无法在算法教材中找到其身影。但我个人觉得其大有用处,不管是在我自己解题时,还是在指导别人解题时。

如果很难掌握它,先确保你已经理解了大 O 时间的概念。你要做到运用自如。一旦你掌握了,弄懂 BCR 不过是小菜一碟。

7.10　处理错误答案

流传最广、危害最大的谣言就是,求职者必须答对每个问题。这种说法并不全对。

首先,面试的回答不应该简单分为"对"或"不对"。当我评价一个人在面试中的表现时,从不会想:"他答对了多少题?"评价不是非黑即白。相反地,评价应该基于最终解法有多理想,解题花了多长时间,需要多少提示,代码有多干净。这些才是关键。

其次,评价面试表现时,要和**其他的**候选人做对比。例如,如果你优化一个问题需要 15 分钟,别人解决一个更容易的问题只需要 5 分钟,那么他就比你表现好吗?也许是,也许不是。如果给你一个显而易见的问题,面试官可能会希望你干净利落地给出最优解法。但是如果是难题,那么犯些错也是在意料之中的。

最后,许多或者绝大多数的问题都不简单,就算一个出类拔萃的求职者也很难立刻给出最优算法。通常来说,对于我提出的一些问题,厉害的求职者也要 20 到 30 分钟才能解出。

我在谷歌评估过成千上万份求职者的信息,也只看到过一个求职者完美无缺地通过了面试。其他人,包括收到录用通知的人,都或多或少犯过错。

7.11　做过的面试题

如果你曾见过某个面试题,要提前说明。面试官问你这些问题是为了评估你解决问题的能力。如果你已经知道某个题的答案了,他们就无法准确无误地评估你的水平了。

此外,如果你对自己见过这道题讳莫如深,面试官还可能会发现你为人不诚实。反过来说,如果你坦白了这一点,就会给面试官留下诚实的好印象。

7.12　面试的"完美"语言

在很多顶级公司，面试官并不在乎你用什么语言。相比之下，他们更在乎你解决问题的能力。不过，也有些公司比较关注某种语言，乐于看到你是如何得心应手地使用该语言编写代码的。

如果你可以任意选择语言的话，就选最为得心应手的。

话虽如此，如果你擅长几种语言，就将以下几点牢记于心。

7.12.1　流行度

这一点不强求。但是若面试官知道你所使用的语言，可能是最为理想的。从这点上讲，更流行的语言可能更为合适。

7.12.2　语言可读性

即使面试官不知道你所用的语言，他们也希望能对该语言有个大致了解。一些语言的可读性天生就优于其他语言，因为它们与其他语言有相似之处。

举个例子，Java 很容易理解，即使没有用过它的人也能看懂。绝大多数人都用过与 Java 语法类似的语言，比如 C 和 C++。

然而，像 Scala 和 Objective C 这样的语言，其语法就大不相同了。

7.12.3　潜在问题

使用某些语言会带来潜在的问题。例如，使用 C++就意味着除了代码中常见的 bug，还存在内存管理和指针的问题。

7.12.4　冗长

有些语言更为冗长烦琐。Java 就是一个例子，与 Python 相比，该语言极为烦琐。通过比较以下代码就一目了然了。

Python:

```
1    dict = {"left": 1, "right": 2, "top": 3, "bottom": 4};
```

Java:

```
1    HashMap<String, Integer> dict = new HashMap<String, Integer>().
2    dict.put("left", 1);
3    dict.put("right", 2);
4    dict.put("top", 3);
5    dict.put("bottom", 4);
```

可以通过缩写使 Java 更为简洁。比如一个求职者可以在白板上这样写:

```
1    HM<S, I> dict = new HM<S, I>().
2    dict.put("left", 1);
3    ...       "right", 2
4    ...       "top", 3
5    ...       "bottom", 4
```

你需要解释这些缩写，但绝大多数面试官并不在意。

7.12.5　易用性

有些语言使用起来更为容易。例如，使用 Python 可以轻而易举地让一个函数返回多个值。但是如果使用 Java，就还需要一个新的类。语言的易用性可能对解决某些问题大有裨益。

与上述类似，可以通过缩写或者实际上不存在的假设方法让语言更易使用。例如，如果一种语言提供了矩阵转置的方法而另一种语言未提供，也并不一定要选第一种语言（如果面试题需要那个函数的话），可以假设另一种语言也有类似的方法。

7.13　好代码的标准

到目前为止，你可能知道雇主想看到你写出一手"漂亮的、干净的"代码。但具体的标准是什么呢？在面试中又如何体现呢？

一般来讲，好代码应符合以下标准。

- ❑ **正确**：对于预期输入和非预期输入都能正确运行。
- ❑ **高效**：代码在时间与空间上应尽可能高效，"高效"不单单指渐近线（大 O）的高效，还指实际、现实生活中的高效，也就是说，计算大 O 时会放弃的常量，在现实生活中可能至关重要。
- ❑ **简洁**：能用 10 行代码解决的问题就不要用 100 行，开发者应竭尽全力干净利落地编写代码。
- ❑ **可读性**：其他开发者要能看懂你的代码，能理解代码的功能以及实现方法。易读的代码在必要时有注释，但其实现方法一目了然。这意味着，你写出的花哨代码，比如包含一组复杂的比特位移动，不一定就是**好代码**。
- ❑ **可维护性**：代码应能合理适应产品在生命周期中的变化，对初始和后来开发者而言，都应易于维护。

追求这些需要掌握好平衡。比如，有时牺牲一定的效率来提高可维护性就是明智之举，反之亦然。

在面试中写代码时应该考虑到这些。以下内容更为具体地阐述了好代码的标准。

7.13.1　多多使用数据结构

假设让你写一个函数，把两个单独的数学表达式相加，形如 $Ax^a + Bx^b + \cdots$（其中系数和指数可以为任意正实数或负实数），即该表达式是由一系列项组成，每个项都是一个常数乘以一个指数。面试官还补充说，不希望你解析字符串，但你可以使用任何数据结构。

这有几种不同的实现方式。

7.13.1.1　糟糕透顶的实现方式

一个糟糕透顶的实现方式是把表达式放在一个 double 的数组中，第 k 个元素对应表达式中 x^k 项的系数。这个数据结构的问题在于，不支持指数为负数或非整数的表达式，还要求 1000 个元素大小的数组来存储表达式 x^{1000}。

```
1    int[] sum(double[] expr1, double[] expr2) {
2        ...
3    }
```

7.13.1.2 勉强凑合的实现方式

稍差的方案是用两个数组分别保存系数和指数。用这种方法，表达式的每一项都有序保存，但能"匹配"。第 i 项就表示为 oefficients[i]*x$^{exponents[i]}$。

对于这种实现方式，如果 coefficients[p] = k 并且 exponents[p] = m，那么第 p 项就是 kx^m。虽然这样没有了上一种方式的限制，但仍然显得杂乱无章。一个表达式却需要使用两个数组。如果两个数组长度不同，表达式可能有"未定义"的值。不仅如此，返回也让人不胜其烦，因为要返回两个数组。

```
1    ??? sum(double[] coeffs1, double[] expon1, double[] coeffs2, double[] expon2) {
2      ...
3    }
```

7.13.1.3 优美的实现方式

一个好的实现方式就是为这个问题中的表达式设计数据结构。

```
1    class ExprTerm {
2      double coefficient;
3      double exponent;
4    }
5
6    ExprTerm[] sum(ExprTerm[] expr1, ExprTerm[] expr2) {
7      ...
8    }
```

有些人可能认为甚至声称，这是"过度优化"。不管是不是，也不管你有没有觉得这是过度优化，关键在于上面的代码体现了你在思考如何设计代码，而不是以最快速度将一些数据东拼西凑。

7.13.2 适当代码复用

假设让你写一个函数来检查是否一个二进制的值（以字符串表示）等于用字符串表示的一个十六进制数。

解决该问题的一种简单方法就是复用代码。

```
1    boolean compareBinToHex(String binary, String hex) {
2      int n1 = convertFromBase(binary, 2);
3      int n2 = convertFromBase(hex, 16);
4      if (n1 < 0 || n2 < 0) {
5        return false;
6      }
7      return n1 == n2;
8    }
9
10   int convertFromBase(String number, int base) {
11     if (base < 2 || (base > 10 && base != 16)) return -1;
12     int value = 0;
13     for (int i = number.length() - 1; i >= 0; i--) {
14       int digit = digitToValue(number.charAt(i));
15       if (digit < 0 || digit >= base) {
16         return -1;
17       }
18       int exp = number.length() - 1 - i;
19       value += digit * Math.pow(base, exp);
20     }
21     return value;
```

```
22    }
23
24    int digitToValue(char c) { ... }
```

可以单独实现二进制转换和十六进制转换的代码，但这只会让代码难写且难以维护。不如
写一个 convertFromBase 方法和 digitToValue 方法，然后复用代码。

7.13.3　模块化

编写模块化的代码时要把独立代码块放到各自的方法中。这有助于提高代码的可维护性、
可读性和可测试性。

想象你正在写一个交换数组中最小数和最大数的代码，可以用如下方法完成。

```
1    void swapMinMax(int[] array) {
2      int minIndex = 0;
3      for (int i = 1; i < array.length; i++) {
4        if (array[i] < array[minIndex]) {
5          minIndex = i;
6        }
7      }
8
9      int maxIndex = 0;
10     for (int i = 1; i < array.length; i++) {
11       if (array[i] > array[maxIndex]) {
12         maxIndex = i;
13       }
14     }
15
16     int temp = array[minIndex];
17     array[minIndex] = array[maxIndex];
18     array[maxIndex] = temp;
19   }
```

或者你也可以把相对独立的代码块封装成方法，这样写出的代码更为模块化。

```
1    void swapMinMaxBetter(int[] array) {
2      int minIndex = getMinIndex(array);
3      int maxIndex = getMaxIndex(array);
4      swap(array, minIndex, maxIndex);
5    }
6
7    int getMinIndex(int[] array) { ... }
8    int getMaxIndex(int[] array) { ... }
9    void swap(int[] array, int m, int n) { ... }
```

虽然非模块化的代码也不算糟糕透顶，但是模块化的好处是易于测试，因为每个组件都可
以单独测试。随着代码越来越复杂，代码的模块化也愈加重要，这将使代码更易维护和阅读。
面试官想在面试中看到你能展示这些技能。

7.13.4　灵活性和通用性

你的面试官要求你写代码来检查一个典型的井字棋是否有个赢家，并不意味着你**必须**要假
定是一个 3×3 的棋盘。为什么不把代码写得更为通用一些，实现成 $N \times N$ 的棋盘呢？

把代码写得灵活、通用，也许意味着可以通过用变量替换硬编码值或者使用模板、泛型来
解决问题。如果可以的话，应该把代码写得更为通用。

　　当然，凡事无绝对。如果一个解决方案对于一般情况而言显得太过复杂，并且不合时宜，那么实现简单预期的情况可能更好。

7.13.5　错误检查

　　一个谨慎的程序员是不会对输入做任何假设的，而是会通过 ASSERT 和 if 语句验证输入。一个例子就是之前把数字从 i 进制（比如二进制或十六进制）表示转换成一个整数。

```
1   int convertFromBase(String number, int base) {
2     if (base < 2 || (base > 10 && base != 16)) return -1;
3     int value = 0;
4     for (int i = number.length() - 1; i >= 0; i--) {
5       int digit = digitToValue(number.charAt(i));
6       if (digit < 0 || digit >= base) {
7         return -1;
8       }
9       int exp = number.length() - 1 - i;
10      value += digit * Math.pow(base, exp);
11    }
12    return value;
13  }
```

　　在第 2 行，检查进制数是否有效（假设进制大于 10 时，除了 16 以外，没有标准的字符串表示）。在第 6 行，又做了另一个错误检查以确保每个数字都在允许范围内。

　　像这样的检查在生产代码中至关重要，也就是说，面试中同样重要。

　　不过，写这样的错误检查会很枯燥无味，还会浪费宝贵的面试时间。关键是，要向面试官指出你会写错误检查。如果错误检查不是一个简单的 if 语句能解决的，最好给错误检查留有空间，告诉面试官等完成其余代码后还会返回来写错误检查。

7.14　不要轻言放弃

　　面试题有时会让人不得要领，但这只是面试官的测试手段。直面挑战还是知难而退？不畏艰险，奋勇向前，这一点至关重要。总而言之，切记面试不是一蹴而就的。遇到拦路虎本就在意料之中。

　　还有一个加分项：表现出解决难题的满腔热情。

7

第 8 章
录用通知及其他注意事项

面试结束后，刚觉得可以松口气了，你可能又会陷入"面试后综合征"：要接受这家公司的录用吗？它是理想之选吗？如何拒绝录用通知？怎么处置回复期限？我们先来探讨这些问题，接下来几节会细说如何评估录用待遇以及该怎样讨价还价。

8.1　如何处理录用与被拒的情况

不管是接受录用、婉拒还是直接拒绝，如何做至关重要。

8.1.1　回复期限与延长期限

录用通知大都附有回复期限，一般为 1 到 4 周。不过，要是还在苦等其他公司的回音，你可以请求发出录用通知的公司延长回复期限。条件允许的话，大部分公司会通情达理，予以配合。

8.1.2　如何拒绝录用通知

即使你现在对该公司不感兴趣，没准几年后又感兴趣了。又或者，该公司与你打过交道的联系人跳到另一家更令人心动的公司。因此，你最好还是礼貌得体地拒绝录用通知，并与该公司做好沟通。

拒绝录用通知时，请给出一个合乎情理且不容置疑的理由。比如，若要舍大公司而选创业公司，你可以阐明自认为创业公司是当下最佳选择的理由。这两种公司截然不同，大公司也不可能突然变成创业公司，所以大公司对此也无可厚非。

8.1.3　如何处理被拒

面试被拒太倒霉了，但并不代表你不是一个杰出的软件工程师。有很多伟大的软件工程师面试表现都不好，要么是因为他们不太适合那种类型的面试官，要么是因为他们状态不佳。

万幸的是，很多公司明白很多面试未必完美，有很多优秀的工程师被拒了。为此，企业往往渴望重新面试之前被拒的求职者。有些公司甚至会因为求职者先前的表现主动联系求职者或者加快申请流程。

当你接到拒电时，把它视为一次重新申请的机会吧。礼貌地感谢招聘人员为此付出的时间和精力，表达自己的遗憾之情和对他们决定的理解，并询问何时可以重新申请。

你也可以让招聘人员给你面试反馈。通常情况下，大型科技公司不会给予面试反馈，但是一些公司会有。提出诸如"您有什么建议我下次改进的吗"之类的问题也无伤大雅。

8.2 如何评估录用待遇

恭喜你！拿到录用通知了！幸运的话，你可能手握不止一个录用通知。现在，招聘人员的工作就是尽其所能说服你签约。那么，又该怎么判断这家公司是否适合自己呢？下面我们将逐一探讨评估录用待遇的若干注意事项。

8.2.1 薪酬待遇的考量

在评估录用通知时，求职者可能会犯的最大错误也许就是过于看重薪水。如此一叶障目导致有些求职者最后反而接受了一个**更差**的录用通知。薪水只是薪酬待遇的一部分，还应考虑以下几点。

- **签约奖金、搬家费及其他一次性津贴**。很多公司都会提供签约奖金，有的还会给搬家费。在比较待遇时，最好将这些一次性津贴除以 3（或者你预期服务的年限）。
- **各地生活成本差异**。税收和其他生活成本的差异会对你实得的工资产生很大影响。比如，硅谷比西雅图的生活成本高出 30% 还多。
- **年终奖**。科技公司的年终奖在各地大不相同，大约在 3% 到 30% 之间浮动。招聘人员可能会告知你年终奖的平均数，若没有的话，不妨找公司里的朋友打听一下。
- **股票期权与补助金**。这部分收入也可能是全年收入的另一大块。就像签约奖金一样，你也可以将这部分收入除以 3，然后把该数目计入年薪。

当然，切记一点：能学到的知识及公司对你职业生涯的影响远比薪水来得重要。务请慎重考虑当下薪资对你到底有多重要。

8.2.2 职业发展

尽管收到录用通知会令人欣喜若狂，甚至有时候这种幸福感还能持续上几年，但同时你应该开始考虑未来的职业发展方向。因此，现在就思考这份工作会对你的职业发展有怎样的影响至关重要，也就是要关注下列问题。

- 该公司名号能否增加自身履历的分量？
- 我能学到多少知识？我会学到相关领域的技术吗？
- 该职位有无升迁可能？开发人员的职业路径是什么样的？
- 想转到管理岗位的话，该公司是否提供了切实可行的通道？
- 该公司或团队是否处于上升期？
- 想要跳槽的话，该公司所在地是否有很多其他机会？我需要搬家吗？

最后一点尤为重要，但也很容易被人忽视。如果你的城市只有很少的几家公司可供选择，你的职业选择将会受到更大的限制。更少的选择意味着你不太可能发现真正的好机会。

8.2.3 公司稳定性

其他方面都一样，稳定的公司当然更好一些。毕竟没人愿意被解雇或者下岗。

但事实上，其他方面不可能完全一样。更为稳定的公司通常发展也更为缓慢。

对稳定性的重视程度取决于你和你的价值观。对有些求职者来说，稳定性不是至关重要的。你能很快找到一份新工作吗？如果可以，去发展较快的公司更好一点，虽然它不太稳定。但如果你有工作签证限制，或者以你的能力，你对自己找到一份新工作没多大把握，那么公司稳定性可能更为重要。

8

8.2.4　幸福指数

当然，幸福指数也是一个重要的考量指标。以下因素都会影响你工作的幸福感。

- **产品**。很多人都非常看重自己做的产品，当然这也是一个重要方面。然而，对大多数工程师来说，还有比这更重要的因素，比如，与哪些人一起共事。
- **经理与队友**。当人们提及自己热爱或痛恨自己的工作时，通常是他们的队友与经理占了主因。你有没有跟未来的经理、队友碰过面？你喜欢和他们交流吗？
- **企业文化**。企业文化涉及方方面面，从如何做决策到整体氛围及公司的组织架构。不妨问问未来的同事，看看他们会如何描述公司的企业文化。
- **工作时长**。问一问未来的队友，他们一般工作多长时间，确定是否契合自己的生活节奏。不过，值得注意的是，临近产品发布时，加班在所难免。

此外，你还要看看是否有机会在不同的团队轮岗（比如在谷歌就很宽松），万一不喜欢，你还有机会找到更合适的团队和部门。

8.3　录用谈判

多年前，我报了一个谈判训练班。第一天，培训师让我们设想一个购车的场景。经销商 A 报的是一口价，2 万美元。而经销商 B 允许议价。那么，要讲下多少钱你才愿意去经销商 B 那里买车呢？快点儿！迅速报出你的答案！

最后，全班给出的平均数目是便宜 750 美元。换言之，学员们都愿意付 750 美元，免除一小时的讨价还价。这也没什么奇怪的，在对全班学员进行的民调中，大部分人都表示自己接受工作录用时也不会讨价还价。公司给多少就是多少。

我们中的许多人可能会支持这个观点。大多数人并不喜欢谈判。但是为了薪酬福利，谈判是值得做的。

拜托，请理直气壮地还还价吧。下面是几点可供参考的建议。

(1) **要理直气壮**。是的，迈出第一步很难，没什么人喜欢谈判。但讨价还价还是很有必要的。招聘人员不会因为你有异议就撤回录用通知，所以你也不会有什么损失。当录用来自大公司时，尤其如此。而且很可能和你谈判的人不是你未来的队友。

(2) **最好手头有其他选择**。从根本上来说，招聘人员愿意与你谈判是因为他们希望你能加入其公司。如果你手头有其他选择，他们就会更担心你有可能拒绝他们的录用邀约。

(3) 提出具体的"**要价**"。给一个具体的数目，比如要求年薪增加 7000 美元会比泛泛地要求涨薪效果更佳。毕竟，如果只是要求涨薪，招聘人员可以不痛不痒地加个 1000 美元来打发你。

(4) **开出比预期稍高的价码**。在谈判中，人们一般不会全盘接受你的要求，总是要讨价还价一番。因此，你开的价码可以比自己预期的高一些，这样公司再往下降一降，最后皆大欢喜。

(5) **不要只盯着薪水**。公司更愿意就薪水之外的条件做出让步，因为给你大幅涨薪可能会造成团队内部同工不同酬的情况。你可以稍作变通，要求更多的期权或签约奖金。同样，还可以要求公司将搬家费直接折算成现金。这对应届毕业生来说更划算，因为他们生活物品少，搬家也花不了多少钱。

(6) **使用最合适的方法**。很多人会建议你通过电话进行谈判。在一定程度上，他们是对的。当然，要是不喜欢在电话中讨价还价，可以使用电子邮件。最重要的是你本人有谈判的想法，效果比形式更重要。

此外，与大公司谈判，你要了解这些公司都有某种职位级别制度，一定的级别对应一定的薪资范围。微软对此就有明确的规定。你可以在对应范围内讨价还价，但要价太高就会超出这个范围。如果你觉得自己可以拿到更高级别的薪资，那就得向招聘人员和未来的团队证明你有这个实力。谈判过程会比较难，但也不是没有可能。

8.4　入职须知

入职不是终点，而是你职业生涯的新起点。一旦正式加入一家公司，你就得开始做好职业规划。你想达到什么样的目标，如何才能实现？

8.4.1　制定时间表

故事通常是这样的：你怀着激动的心情加入新公司，开始了美好的新生活。可五年之后，你还停留在原地不动，到那时才意识到自己虚度了过去三年的时光，技术没什么长进，履历也乏善可陈。当初为什么不待上两年就走呢？

志得意满之际反而是最危险的时候，会让你"温水煮青蛙"而忘记了百尺竿头更进一步。这也正是工作伊始就要做好职业规划的原因。好好想一想，十年后想干什么？该如何一步步达成目标？此外，每年都要总结一下过去一年自己在职业与技能上取得了哪些进步，明年又有什么样的规划？

提前做好规划并定期对照检查，这样就能避免自己陷入"温水煮青蛙"的困境。

8.4.2　打造坚实的人际网络

在找新工作时，人际网络的作用很大。毕竟，在线申请工作有很多不确定因素，有人推荐的话就会好很多，而这取决于你的关系网有多强大。

所以，在工作中要与经理、同事建立良好的关系。就算有人离职，你们也可以继续保持联系。比如，在他们离职几周后，写封简短的邮件问候一下，这不仅可以拉近你们的距离，还可以将原本的同事关系升华为朋友关系。

这些小技巧同样适用于你的个人生活。你的朋友、朋友的朋友都是你的宝贵资源。我为人人，人人为我。

8.4.3　向经理寻求帮助

有些经理很愿意提携下属，帮助其开拓职业道路，但也有些人会不闻不问。所以，这都要看你自己是否有心开拓进取，寻求更好的职业发展。

请开诚布公地向你的主管表明心迹。如欲从事更多后端编程项目，不妨直言相告。如要想往管理层发展，你可以与经理探讨自己需要做哪些准备。

记得时时为自己打气，这样才能逐步实现既定目标。

8.4.4　保持面试状态

每年至少设定一个面试目标，即便你不是真想换工作。这有助于提高你的面试技能，并让你胜任各种工作岗位，获得与自身能力相匹配的薪水。

即使你不想接受一家公司的录用，仍然要与该公司保持联系，万一未来你又想加入该公司呢？

第 9 章

面试题目

请登录我们的网站（http://www.CrackingTheCodingInterview.com），下载完整的题目答案，贡献或查看用其他语言编写的解决方案，与其他读者一起讨论书中的面试题目，提交问题，报告错误，查看本书勘误表，或者寻求其他建议。

9.1 数组与字符串

想必本书读者都很熟悉什么是数组和字符串，因此这里不再赘述细节。我们会把重心放在与这些数据结构相关的一些常见技巧和问题上。

请注意，数组问题与字符串问题往往是相通的。换句话说，书中提到的数组问题也可能以字符串的形式出现，反之亦然。

9.1.1 散列表

散列表是一种通过将键（key）映射为值（value）从而实现快速查找的数据结构。实现散列表的方法有很多种。本章将介绍一种简单、常见的实现方式。

我们使用一个链表构成的数组与一个散列函数来实现散列表。当插入键（字符串或几乎其他所有数据类型）和值时，我们按照如下方法操作。

(1) 首先，计算键的散列值。键的散列值通常为 int 或者 long 型。请注意，不同的两个键可以有相同的散列值，因为键的数量是无穷的，而 int 型的总数是有限的。

(2) 之后，将散列值映射为数组的索引。可以使用类似于 hash(key) % array_length 的方式完成这一步骤，不同的两个散列值则会被映射到相同的数组索引。

(3) 此数组索引处存储的元素是一系列由键和值为元素组成的链表。请将映射到此索引的键和值存储在这里。由于存在冲突，我们必须使用链表：有可能对于相同的散列值有不同的键，也有可能不同的散列值被映射到了同一个索引。

通过键来获取值则需重复此过程。首先通过键计算散列值，再通过散列值计算索引。之后，查找链表来获取该键所对应的值。

如果冲突发生很多次，最坏情况下的时间复杂度是 $O(N)$，其中 N 是键的数量。但是，我们通常假设一个不错的实现方式会将冲突数量保持在最低水平，在此情况下，时间复杂度是 $O(1)$。

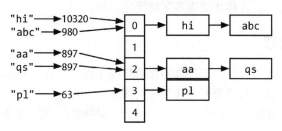

另一种方法是通过平衡二叉搜索树来实现散列表。该方法的查找时间是 $O(\log N)$。该方法的好处是用到的空间可能更少，因为我们不再需要分配一个大数组。还可以按照键的顺序进行迭代访问，在某些时候这样做很有用。

9.1.2 ArrayList 与可变长度数组

在一部分语言中，数组（这种情况下通常会被称作链表）可以自动改变长度。数组或者链表会随着新加入元素而增加长度。而在另一部分语言中，比如 Java，数组的长度是固定的。创建数组时，长度即被确定了。

当你需要类似于数组、同时提供动态长度的数据结构时，经常会用到 ArrayList。ArrayList 是一种按需动态调整大小的数组，数据访问时间为 $O(1)$。一种典型的实现方法是在数组存满时将其扩容两倍。每次扩容用时 $O(n)$，不过这种操作频次极少，因此均摊下来访问时间仍为 $O(1)$。

```
1   ArrayList<String> merge(String[] words, String[] more) {
2     ArrayList<String> sentence = new ArrayList<String>();
3     for (String w : words) sentence.add(w);
4     for (String w : more) sentence.add(w);
5     return sentence;
6   }
```

这是面试中的一个基础数据结构。无论使用何种编程语言，都要确保能够熟练运用动态数组（链表）。请注意，数据结构的名称和长度调整系数（Java 当中为 2）在不同语言当中会有所不同。

为什么均摊访问时间是 $O(1)$

假设你有一个长度为 N 的数组，可以倒推一下在扩容时需要复制多少元素。请注意观察当我们将数组元素个数增加到 K 时，数组之前的大小为其一半。所以需要复制 $K/2$ 个元素。

最终扩容：复制 $n/2$ 个元素
之前的扩容：复制 $n/4$ 个元素
之前的扩容：复制 $n/8$ 个元素
之前的扩容：复制 $n/16$ 个元素
......
第二次扩容：复制 2 个元素
第一次扩容：复制 1 个元素

因此，插入 N 个元素总共大约需要复制 $N/2+N/4+N/8+\cdots+2+1$ 次，总计刚好小于 N 次。

> 如果你不了解级数求和，请设想：假如距离商店 1 千米，你先走 0.5 千米，再走 0.25 千米，然后再走 0.125 千米，以此类推。你走的路永远不会超过 1 千米（尽管会非常接近）。

因此，插入 N 个元素总计用时为 $O(N)$。平均下来每次插入操作用时为 $O(1)$，尽管某些插入操作在最坏情况下需要 $O(N)$ 的时间。

9.1.3 StringBuilder

假设你要将一组字符串拼接起来，如下所示。这段代码会运行多长时间？为简单起见，假设所有字符串等长（皆为 x），一共有 n 个字符串。

9

```
1    String joinWords(String[] words) {
2      String sentence = "";
3      for (String w : words) {
4        sentence = sentence + w;
5      }
6      return sentence;
7    }
```

每次拼接都会新建一个字符串，包含原有两个字符串的全部字符。第一次迭代要复制 x 个字符，第二次迭代要复制 $2x$ 个字符，第三次要复制 $3x$ 个，以此类推。综上所述，这段代码的用时为 $O(x + 2x + \cdots + nx)$，可简化为 $O(xn^2)$。

为什么是 $O(xn^2)$？因为 $1 + 2 + \cdots + n$ 等于 $n(n+1)/2$，即 $O(n^2)$。

StringBuilder 可以避免上面的问题。它会直接创建一个足以容纳所有字符串的可变长度数组，等到拼接完成才将这些字符串转成一个字符串。

```
1    String joinWords(String[] words) {
2      StringBuilder sentence = new StringBuilder();
3      for (String w : words) {
4        sentence.append(w);
5      }
6      return sentence.toString();
7    }
```

不妨试着自己实现一下 StringBuilder、HashTable 和 ArrayList，这对你掌握字符串、数组和常见数据结构将大有裨益。

补充阅读：散列表冲突解决方案（11.4 节），拉宾–卡普（Rabin-Karp）子串查找（11.5 节）

面试题目

1.1   **判定字符是否唯一**。实现一个算法，确定一个字符串的所有字符是否全都不同。假使不允许使用额外的数据结构，又该如何处理？（提示：#44，#117，#132）

1.2   **判定是否互为字符重排**。给定两个字符串，请编写程序，确定其中一个字符串的字符重新排列后，能否变成另一个字符串。（提示：#1，#84，#122，#131）

1.3   **URL 化**。编写一种方法，将字符串中的空格全部替换为 %20。假定该字符串尾部有足够的空间存放新增字符，并且知道字符串的"真实"长度。（注：用 Java 实现的话，请使用字符数组实现，以便直接在数组上操作。）

示例：

　　输入："Mr John Smith   "，13

　　输出："Mr%20John%20Smith"

（提示：#53，#118）

1.4   **回文排列**。给定一个字符串，编写一个函数判定其是否为某个回文串的排列之一。回文串是指正反两个方向都一样的单词或短语。排列是指字母的重新排列。回文串不一定是字典当中的单词。

示例：

　　输入：Tact Coa

　　输出：True（排列有"taco cat"、"atco cta"，等等）

（提示：#106，#121，#134，#136）

1.5　**一次编辑。**字符串有三种编辑操作：插入一个字符、删除一个字符或者替换一个字符。给定两个字符串，编写一个函数判定它们是否只需要一次（或者零次）编辑。

示例：

```
pale, ple  -> true
pales, pale -> true
pale, bale -> true
pale, bake -> false
```

（提示：#23，#97，#130）

1.6　**字符串压缩。**利用字符重复出现的次数，编写一种方法，实现基本的字符串压缩功能。比如，字符串 aabcccccaaa 会变为 a2b1c5a3。若"压缩"后的字符串没有变短，则返回原先的字符串。你可以假设字符串中只包含大小写英文字母（a 至 z）。（提示：#92，#110）

1.7　**旋转矩阵。**给定一幅由 $N \times N$ 矩阵表示的图像，其中每个像素的大小为 4 字节，编写一种方法，将图像旋转 90 度。不占用额外内存空间能否做到？（提示：#51，#100）

1.8　**零矩阵。**编写一种算法，若 $M \times N$ 矩阵中某个元素为 0，则将其所在的行与列清零。（提示：#17，#74，#102）

1.9　**字符串轮转。**假定有一种 isSubstring 方法，可检查一个单词是否为其他字符串的子串。给定两个字符串 s1 和 s2，请编写代码检查 s2 是否为 s1 旋转而成，要求只能调用一次 isSubstring（比如，waterbottle 是 erbottlewat 旋转后的字符串）。（提示：#34，#88，#104）

参考题目：面向对象设计（7.12）；递归（8.3）；排序与查找（10.9）；C++（12.11）；中等难题（16.8，16.17，16.22）；高难度题（17.4，17.7，17.13，17.22，17.26）。

提示始于附录 B。

9.2　链表

链表是一种用于表示一系列节点的数据结构。在单向链表中，每个节点指向链表中的下一个节点。而在双向链表中，每个节点同时具备指向前一个节点和后一个节点的指针。

下图描述了一个双向链表。

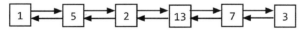

与数组不同的是，无法在常数时间复杂度内访问链表的一个特定索引。这意味着如果要访问链表中的第 K 个元素，需要迭代访问 K 个元素。

链表的好处在于你可以在常数时间复杂度内加入和删除元素。这对于某些特定的程序大有用处。

9.2.1　创建链表

下面的代码实现了一个非常基本的单向链表。

```
1   class Node {
2     Node next = null;
3     int data;
4
```

```
5      public Node(int d) {
6        data = d;
7      }
8
9      void appendToTail(int d) {
10       Node end = new Node(d);
11       Node n = this;
12       while (n.next != null) {
13         n = n.next;
14       }
15       n.next = end;
16     }
17   }
```

此实现中没有 LinkedList 数据结构，而是通过链表头节点 Node 的引用来访问链表。当你用这种方法实现链表时，需要小心。如果多个对象需要引用链表，而链表头节点变了，该怎么办？一些对象或许仍然指向旧的头节点。

可以选择实现一个 LinkedList 类来封装 Node 类。该类只包括一个成员变量：头节点 Node。这样做可以在很大程度上解决上述问题。

切记：在面试中遇到链表题时，务必弄清楚它到底是单向链表还是双向链表。

9.2.2　删除单向链表中的节点

删除单向链表中的节点非常简单。给定一个节点 n，先找到其前趋节点 prev，并将 prev.next 设置为 n.next。如果这是双向链表，还要更新 n.next，将 n.next.prev 置为 n.prev。当然，必须注意以下两点：(1) 检查空指针；(2) 必要时更新表头（head）或表尾（tail）指针。

此外，如果采用 C、C++或其他要求开发人员自行管理内存的语言，还应考虑要不要释放删除节点的内存。

```
1    Node deleteNode(Node head, int d) {
2      Node n = head;
3
4      if (n.data == d) {
5        return head.next; /* 移动头指针 */
6      }
7
8      while (n.next != null) {
9        if (n.next.data == d) {
10         n.next = n.next.next;
11         return head; /* 头指针未改变 */
12       }
13       n = n.next;
14     }
15     return head;
16   }
```

9.2.3　"快行指针"技巧

在处理链表问题时，"快行指针"（或称第二个指针）是一种很常见的技巧。"快行指针"指的是同时用两个指针来迭代访问链表，只不过其中一个比另一个超前一些。"快"指针往往先行几步，或与"慢"指针相差固定的步数。

举个例子，假定有一个链表 a_1->a_2->...->a_n->b_1->b_2->...->b_n，你想将其重新排列成 a_1->b_1->a_2->b_2->...->a_n->b_n。另外，你不知道该链表的长度（但确定其长度为偶数）。

你可以用两个指针,其中 p1(快指针)每次都向前移动两步,而同时 p2 只移动一步。当 p1 到达链表末尾时,p2 刚好位于链表中间位置。然后,再让 p1 与 p2 一步步从尾向头反向移动,并将 p2 指向的节点插入到 p1 所指节点后面。

9.2.4 递归问题

许多链表问题都要用到递归。解决链表问题碰壁时,不妨试试递归法能否奏效。这里暂时不会深入探讨递归,后面会有专门章节予以讲解。

当然,还需注意递归算法至少要占用 $O(n)$ 的空间,其中 n 为递归调用的层数。实际上,所有递归算法都**可以**转换成迭代法,只是后者实现起来可能要复杂得多。

面试题目

2.1 **移除重复节点。**编写代码,移除未排序链表中的重复节点。

进阶:如果不得使用临时缓冲区,该怎么解决?

(提示:#9,#40)

2.2 **返回倒数第 k 个节点。**实现一种算法,找出单向链表中倒数第 k 个节点。(提示:#8,#25,#41,#67,#126)

2.3 **删除中间节点。**实现一种算法,删除单向链表中间的某个节点(除了第一个和最后一个节点,不一定是中间节点),假定你只能访问该节点。

示例:

输入:单向链表 a->b->c->d->e->f 中的节点 c

结果:不返回任何数据,但该链表变为 a->b->d->e->f

(提示:#72)

2.4 **分割链表。**编写程序以 x 为基准分割链表,使得所有小于 x 的节点排在大于或等于 x 的节点之前。如果链表中包含 x,x 只需出现在小于 x 的元素之前(如下所示)。分割元素 x 只需处于"右半部分"即可,其不需要被置于左右两部分之间。

示例:

输入:3 -> 5 -> 8-> 5 -> 10 -> 2 -> 1 [分节点为5]

输出:3 -> 1 -> 2 -> 10 -> 5-> 5 -> 8

(提示:#3,#24)

2.5 **链表求和。**给定两个用链表表示的整数,每个节点包含一个数位。这些数位是**反向存放**的,也就是个位排在链表首部。编写函数对这两个整数求和,并用链表形式返回结果。

示例:

输入:(7-> 1 -> 6) + (5 -> 9 -> 2),即 617 + 295

输出:2 -> 1 -> 9,即 912

进阶:假设这些数位是正向存放的,请再做一遍。

示例:

输入:(6 -> 1 -> 7) + (2 -> 9 -> 5),即 617 + 295

输出:9 -> 1 -> 2,即 912

(提示:#7,#30,#71,#95,#109)

2.6 **回文链表。**编写一个函数,检查链表是否为回文。(提示:#5,#13,#29,#61,#101)

2.7 **链表相交。** 给定两个（单向）链表，判定它们是否相交并返回交点。请注意相交的定义基于节点的引用，而不是基于节点的值。换句话说，如果一个链表的第 k 个节点与另一个链表的第 j 个节点是同一节点（引用完全相同），则这两个链表相交。（提示：#20，#45，#55，#65，#76，#93，#111，#120，#129）

2.8 **环路检测。** 给定一个有环链表，实现一个算法返回环路的开头节点。

有环链表的定义：在链表中某个节点的 next 元素指向在它前面出现过的节点，则表明该链表存在环路。

示例：

输入：A -> B -> C -> D -> E -> C（C 节点出现了两次）

输出：C

（提示：#50，#69，#83，#90）

参考题目：树与图（4.3），面向对象设计（7.12），系统设计与扩展性（9.5），中等难题（16.25），高难度题（17.12）。

提示始于附录 B。

9.3　栈与队列

熟练掌握数据结构的基本原理，栈与队列问题处理起来要容易得多。当然，有些问题也可能相当棘手。部分问题不过是对基本数据结构略作调整，其他问题则要难得多。

9.3.1　实现一个栈

栈这种数据结构正如其名：存放数据之处。在某些特定的问题中，栈比数组更加合适。栈采用后进先出（LIFO）的顺序。换言之，像一堆盘子那样，最后入栈的元素最先出栈。栈有如下基本操作。

❏ pop()：移除栈顶元素。

❏ push(item)：在栈顶加入一个元素。

❏ peek()：返回栈顶元素。

❏ isEmpty()：当且仅当栈为空时返回 true。

与数组不同的是，栈无法在常数时间复杂度内访问第 i 个元素。但是，因为栈不需要在添加和删除操作时移动元素，所以可以在常数时间复杂度内完成此类操作。

下面给出了栈的简单实现代码。注意，如果只从链表的一端添加和删除元素，栈也可以用链表实现。

```
1    public class MyStack<T> {
2      private static class StackNode<T> {
3        private T data;
4        private StackNode<T> next;
5
6        public StackNode(T data) {
7          this.data = data;
8        }
9      }
10
11     private StackNode<T> top;
```

```
12
13    public T pop() {
14      if (top == null) throw new EmptyStackException();
15      T item = top.data;
16      top = top.next;
17      return item;
18    }
19
20    public void push(T item) {
21      StackNode<T> t = new StackNode<T>(item);
22      t.next = top;
23      top = t;
24    }
25
26    public T peek() {
27      if (top == null) throw new EmptyStackException();
28      return top.data;
29    }
30
31    public boolean isEmpty() {
32      return top == null;
33    }
34  }
```

对于某些递归算法，栈通常大有用处。有时，你需要在递归时把临时数据加入到栈中，在回溯时（例如，在递归判断失败时）再删除该数据。栈是实现这类算法的一种直观方法。

当使用迭代法实现递归算法时，栈也可派上用场。（这是一个很好的练习项目。选择一个简单的递归算法并用迭代法实现该算法。）

9.3.2　实现一个队列

队列采用先进先出（FIFO）的顺序。就像一支排队购票的队伍那样，最早入列的元素也是最先出列的。

队列有如下基本操作。

❑ add()：在队列尾部加入一个元素。

❑ remove()：移除队列第一个元素。

❑ peek()：返回队列顶部元素。

❑ isEmpty()：当且仅当队列为空时返回 true。

队列也可以用链表实现。事实上，只要元素是从链表的相反的两端添加和删除的，链表和队列本质上就是一样的。

```
1   public class MyQueue<T> {
2     private static class QueueNode<T> {
3       private T data;
4       private QueueNode<T> next;
5
6       public QueueNode(T data) {
7         this.data = data;
8       }
9     }
10
11    private QueueNode<T> first;
12    private QueueNode<T> last;
13
14    public void add(T item) {
```

```
15        QueueNode<T> t = new QueueNode<T>(item);
16        if (last != null) {
17          last.next = t;
18        }
19        last = t;
20        if (first == null) {
21          first = last;
22        }
23      }
24
25      public T remove() {
26        if (first == null) throw new NoSuchElementException();
27        T data = first.data;
28        first = first.next;
29        if (first == null) {
30          last = null;
31        }
32        return data;
33      }
34
35      public T peek() {
36        if (first == null) throw new NoSuchElementException();
37        return first.data;
38      }
39
40      public boolean isEmpty() {
41        return first == null;
42      }
43    }
```

更新队列当中第一个和最后一个节点很容易出错，请务必再三确认。

队列常用于广度优先搜索或缓存的实现中。

例如，在广度优先搜索中，我们使用队列来存储需要被处理的节点。每处理一个节点时，就把其相邻节点加入到队列的尾端。这使得我们可以按照发现节点的顺序处理各个节点。

面试题目

3.1   **三合一**。描述如何只用一个数组来实现三个栈。（提示：#2，#12，#38，#58）

3.2   **栈的最小值**。请设计一个栈，除了 pop 与 push 函数，还支持 min 函数，其可返回栈元素中的最小值。执行 push、pop 和 min 操作的时间复杂度必须为 $O(1)$。（提示：#27，#59，#78）

3.3   **堆盘子**。设想有一堆盘子，堆太高可能会倒下来。因此，在现实生活中，盘子堆到一定高度时，我们就会另外堆一堆盘子。请实现数据结构 SetOfStacks，模拟这种行为。SetOfStacks 应该由多个栈组成，并且在前一个栈填满时新建一个栈。此外，SetOfStacks.push()和 SetOfStacks.pop()应该与普通栈的操作方法相同（也就是说，pop()返回的值，应该跟只有一个栈时的情况一样）。
进阶：实现一个 popAt(int index)方法，根据指定的子栈，执行 pop 操作。
（提示：#64，#81）

3.4   **化栈为队**。实现一个 MyQueue 类，该类用两个栈来实现一个队列。（提示：#98，#114）

3.5   **栈排序**。编写程序，对栈进行排序使最大元素位于栈顶。最多只能使用一个其他的临时栈存放数据，但不得将元素复制到别的数据结构（如数组）中。该栈支持如下操作：push、pop、peek 和 isEmpty。（提示：#15，#32，#43）

3.6　**动物收容所。**有家动物收容所只收容狗与猫,且严格遵守"先进先出"的原则。在收养该收容所的动物时,收养人只能收养所有动物中"最老"(由其进入收容所的时间长短而定)的动物,或者可以挑选猫或狗(同时必须收养此类动物中"最老"的)。换言之,收养人不能自由挑选想收养的对象。请创建适用于这个系统的数据结构,实现各种操作方法,比如 enqueue、dequeueAny、dequeueDog 和 dequeueCat。允许使用 Java 内置的 LinkedList 数据结构。(提示:#22,#56,#63)

参考题目:链表(2.6),中等难题(16.26),高难度题(17.9)。

提示始于附录 B。

9.4　树与图

许多求职者会觉得树与图的问题是最难对付的。检索这两种数据结构比数组或链表等线性数据结构要复杂得多。此外,在最坏情况和平均情况下,检索用时可能千差万别,对于任意算法,都要从这两方面进行评估。能够游刃有余地从无到有实现树或图,这是求职者必不可少的一种技能。

由于大部分人相较于图更熟悉树(树也简单一点),我们会先讨论树。因为树实际上是图的一种,所以这在某种程度上打乱了顺序。

> 注意:本节中使用的部分术语与其他教科书和材料相比稍有不同。如果你习惯于不同的定义也没有关系,只要确保你和面试官之间没有歧义就好。

9.4.1　树的类型

通过递归描述来理解树是一个不错的方法。树是由节点构成的数据结构。
- 每棵树都有一个根节点。(事实上,在图论中这并不必要,但是在编程中,特别是在编程面试中,我们通常这么做。)
- 根节点有 0 个或多个子节点。
- 每个子节点有 0 个或多个子节点,以此类推。

树不应包括环路。节点可以有序或无序排列,可以包含任何类型的值,同时也可以包括或不包括指向父节点的指针。

节点 Node 的一个简单实现如下:

```
1  class Node {
2    public String name;
3    public Node[] children;
4  }
```

你也可以使用一个名为 Tree 的类来封装该节点。在面试中,我们通常不使用 Tree 类。如果这会让你的代码更为简单或更为完善,可以使用该 Tree 类,尽管其很少能起到这样的作用。

```
1  class Tree {
2    public Node root;
3  }
```

树与图的问题充斥着模糊的细节和错误的假设。请务必注意以下的问题,并在必要时对此了然于胸。

9

9.4.1.1   树与二叉树

二叉树是指每个节点至多只有两个子节点的树。并不是所有的树都是二叉树。例如，下图所示就不是一棵二叉树，你可称其为三叉树。

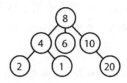

有时候你可能会得到一棵不是二叉树的树。例如，假设使用树来表示一些电话号码。在这种情况下，你可以使用一个 10 叉树，其中每个树节点至多有 10 个子节点（每个节点代表一位数字）。

没有子节点的节点称为"叶节点"。

9.4.1.2   二叉树与二叉搜索树

二叉搜索树是二叉树的一种，该树的所有节点均需满足如下属性：全部左子孙节点 ≤ n < 全部右子孙节点。

> 二叉搜索树对于"相等"的定义可能会略有不同。根据一些定义，该类树不能有重复的值。在其他方面，重复的值将在右侧或者可以在任一侧。所有这些都是有效的定义，但你应该向面试官澄清该问题。

请注意：对于所有节点的子孙节点而言，该不等式都必须成立，其不仅仅局限于直接子节点。如图所示，左图为二叉搜索树，右图为非二叉搜索树，因为 12 在 8 的左边。

碰到二叉树问题时，许多求职者会假定面试官问的是二叉搜索树。此时务必问清楚二叉树是否为二叉搜索树。二叉搜索树应满足如下条件：对于任意节点，其左子孙节点小于或等于当前节点，而后者又小于所有右子孙节点。

9.4.1.3   平衡与不平衡

许多树是平衡的，但并非全都如此。树是否平衡要找面试官确认。请注意：平衡一棵树并不表示左子树和右子树的大小完全相同（如 9.4.1.6 节中的完美二叉树所示）。

思考此类问题的一个方法是，"平衡"树实际上多半意味着"不是非常不平衡"的树。它的平衡性足以确保执行 insert 和 find 操作可以在 $O(\log n)$ 的时间复杂度内完成，但其并不一定是严格意义上的平衡树。

平衡树的两种常见类型是红黑树（11.7 节）和 AVL 树（11.6 节），我们会在第 11 章中深入探讨。

9.4.1.4   完整二叉树

完整二叉树是二叉树的一种，其中除了最后一层外，树的每层都被完全填充。而树的最后一层，其节点是从左到右填充的。

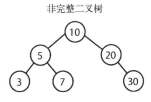
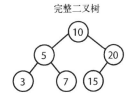

9.4.1.5 满二叉树

满二叉树是二叉树的一种，其中每个节点都有零个或两个子节点，也就是说，不存在只有一个子节点的节点。

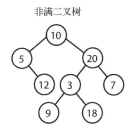
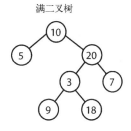

9.4.1.6 完美二叉树

完美二叉树既是完整二叉树，又是满二叉树。所有叶节点都处于同一层，而此层包含最大的节点数。

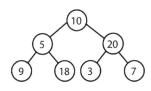

请注意：完美树在面试和现实生活中都极为罕见，因为一棵树必须正好有 2^k-1 个节点才能满足这个条件（其中 k 是树的层数）。在面试中，不要事先假定一棵二叉树是完美的。

9.4.2 二叉树的遍历

面试之前，对实现中序、后序和前序遍历，你要做到轻车熟路，其中在面试中最常见的是中序遍历。

9.4.2.1 中序遍历

中序遍历是指先访问（通常也会打印）左子树，然后访问当前节点，最后访问右子树。

```
1   void inOrderTraversal(TreeNode node) {
2     if (node != null) {
3       inOrderTraversal(node.left);
4       visit(node);
5       inOrderTraversal(node.right);
6     }
7   }
```

当在二叉搜索树上执行遍历时，它以升序访问节点。因此命名为"中序遍历"。

9.4.2.2 前序遍历

前序遍历先访问当前节点，再访问其子节点。因此命名为"前序遍历"。

```
1   void preOrderTraversal(TreeNode node) {
2     if (node != null) {
3       visit(node);
4       preOrderTraversal(node.left);
5       preOrderTraversal(node.right);
6     }
7   }
```

前序遍历中，根节点永远第一个被访问。

9.4.2.3　后序遍历

后序遍历于访问子节点之后访问当前节点。因此命名为"后序遍历"。

```
1   void postOrderTraversal(TreeNode node) {
2     if (node != null) {
3       postOrderTraversal(node.left);
4       postOrderTraversal(node.right);
5       visit(node);
6     }
7   }
```

后序遍历中，根节点永远最后一个被访问。

9.4.3　二叉堆（小顶堆与大顶堆）

本书只讨论小顶堆。大顶堆实际上是一样的，只是其元素是以降序排列而不是升序排列的。

一个小顶堆是一棵**完整**二叉树（也就是说，除了底层最右边的元素，树的每层都被填满了），其中每个节点都小于其子节点。因此，根是树中的最小元素。

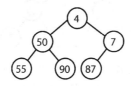

在最小堆中有两个关键操作：insert 和 extract_min。

9.4.3.1　插入操作

当我们向一个最小堆插入元素时，总是从底部开始。从最右边的节点开始插入操作以保持树的完整性。

然后，通过与其祖先节点进行交换来"修复"树，直到找到新元素的适当位置。我们基本上是在向上传递最小的元素。

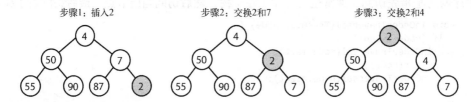

此操作时间复杂度为 $O(\log n)$，其中 n 是堆中节点的个数。

9.4.3.2　提取最小元素

找到小顶堆的最小元素是小菜一碟：它总是在顶部。颇为棘手的是如何删除该元素（其实也不是那么棘手）。

首先，删除最小元素并将其与堆中的最后一个元素（位于最底层、最右边的元素）进行交换。然后，向下传递这个元素，不断使其与自身子节点之一进行交换，直到小顶堆的属性得以恢复。

是和左边的孩子节点还是右边的孩子节点进行交换取决于它们的值。左右元素之间没有固定的顺序，但是为了保持小顶堆的元素有序，你需要选择两者中较小的元素。

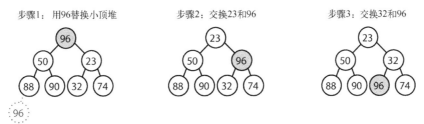

步骤1：用96替换小顶堆　　步骤2：交换23和96　　步骤3：交换32和96

该算法的时间复杂度同样为 $O(\log n)$。

9.4.4 单词查找树（前序树）

单词查找树（有时被称为前序树）是一种有趣的数据结构。该数据结构多次出现在面试题目中，却在算法教科书中鲜有涉及。

单词查找树是 n 叉树的一种变体，其中每个节点都存储字符。整棵树的每条路径自上而下表示一个单词。

*节点（有时被称为"空节点"）时常被用于指代完整的单词。

例如，如果*节点出现在 MANY 单词之下，那么 MANY 则为一个完整的单词。MA 路径的出现表示有部分单词是以 MA 开头的。

*节点在实际实现当中通常被表示为一种特殊的子节点（比如 TerminatingTrieNode 节点，它继承于 TrieNode 节点）。或者我们也可以在父节点中使用一个布尔变量 terminates 来表示单词结束。

单词查找树的节点可以有 1 至 ALPHABET_SIZE + 1 个子节点（如果使用布尔变量而不是*节点，则可能有 0 至 ALPHABET_SIZE 个子节点）。

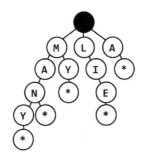

通常情况下，单词查找树用于存储整个（英文）语言以便于快速前缀查找。虽然散列表可以快速查找字符串是否是有效的单词，但是它不能识别字符串是否是任何有效单词的前缀。单词查找树则可以很快做到这一点。

9

到底有多快呢？单词查找树可以在 $O(K)$的时间复杂度内检查一个字符串是否是有效前缀，其中 K是该字符串的长度。这实际上是与散列表有着相同的运行时间复杂度。虽然我们经常认为散列表查询的时间复杂度为 $O(1)$，但这并不完全正确。散列表必须读取输入中的所有字符，在单词查找的情况下，其需要 $O(K)$的时间。

许多涉及一组有效单词的问题都可以使用单词查找树进行优化。在通过树进行重复性前缀搜索的情况下（例如，查找 M，然后 MA，然后 MAN，然后 MANY），我们可以通过传递树中当前节点的引用加以实现。只需检查 Y 是否是 MAN 的子节点，而不需要每次都从根节点开始。

9.4.5　图

树实际上是图的一种，但并不是所有的图都是树。简单地说，树是没有环路的连通图。
简单说来，图是节点与节点之间边的集合。

❑ 图可以分为有向图（如下图）或无向图。有向图的边可以类比为单行道，而无向图的边可以类比为双向车道。

❑ 图可以包括多个相互隔离的子图。如果任意一对节点都存在一条路径，那么该图被称为连通图。

❑ 图也可以包括（或不包括）环路。无环图（acyclic graph）是指没有环路的图。
你可以将图直观地画成如下样子。

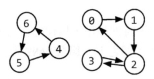

在编程的过程中，有两种常见方法表示图。

9.4.5.1　邻接链表法

这是表示图的最常见的方法。每个顶点（或节点）存储一列相邻的顶点。在无向图中，边 (a, b)会被存储两遍：在 a的邻接顶点中存储一遍，在 b的邻接顶点中存储一遍。

图的节点类的实现方法和树的节点类基本一致。

```
1   class Graph {
2     public Node[] nodes;
3   }
4
5   class Node {
6     public String name;
7     public Node[] children;
8   }
```

不同于树，我们需要使用图类 Graph，这是因为我们不一定能够从某一单一节点到达图中所有节点。

使用其他的类来表示图并非必需。由链表（或数组，动态数组）组成的数组（或散列表）也可以存储邻接链表。上图可以表示为：

```
0: 1
1: 2
2: 0, 3
3: 2
4: 6
```

```
5: 4
6: 5
```

这样的表示方式要更紧凑，但是不够整洁。除非别无他法，我们更倾向于使用节点类。

9.4.5.2 邻接矩阵法

邻接矩阵是 $N \times N$ 的布尔型矩阵（N 是节点的数量），其中 matrix[i][j] 的值为 true，表示从节点 i 到节点 j 存在一条边。（你同样可以使用整数矩阵，同时使用 0 和 1 表示边是否存在。）

在无向图中，邻接矩阵是对称的。在有向图中，邻接矩阵并不一定对称。

	0	1	2	3
0	0	1	0	0
1	0	0	1	0
2	1	0	0	0
3	0	0	1	0

可以使用于邻接链表的算法（广度搜索等）同样可以应用于邻接矩阵，但是其效率会有所降低。在邻接链表表示法中，你可以方便地迭代一个节点的相邻节点。在邻接矩阵表示法中，你需要迭代所有节点以便于找出某个节点的所有相邻节点。

9.4.6 图的搜索

两种常见的图搜索算法分别是深度优先搜索（depth-first search，DFS）和广度优先搜索（breadth-first search，BFS）。

在深度优先搜索中，我们以根节点（或者任意节点）为起始点，完整地搜索一个分支后，再搜索另一个分支，也就是说，我们先向深度方向搜索（因此命名为**深度优先搜索**），再向广度方向搜索。

在广度优先搜索中，我们以根节点（或者任意节点）为起始点，先搜索其相邻节点再搜索相邻节点的子节点，也就是说，我们先向广度方向搜索（因此命名为**广度优先搜索**），再向深度方向搜索。

请参见下图关于图的深度优先搜索与广度优先搜索的描述（假设相邻节点按照数字顺序进行迭代）。

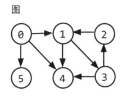

深度优先搜索	广度优先搜索
1　Node 0	1　Node 0
2　　Node 1	2　Node 1
3　　　Node 3	3　Node 4
4　　　　Node 2	4　Node 5
5　　　　　Node 4	5　Node 3
6　Node 5	6　Node 2

值得注意的是，BFS 和 DFS 通常用于不同的场景。如要访问图中所有节点，或者访问最少的节点直至找到想找的节点，DFS 一般最为简单。

但是，如果我们想找到两个节点中的最短路径（或任意路径），BFS 一般说来更加适宜。想象如下场景：将整个世界的朋友关系用图表示，并找出 Ash 和 Vanessa 之间的一条路径。

在深度优先搜索中，可以选择如下路径：Ash -> Brian -> Carleton -> Davis -> Eric -> Farah -> Gayle -> Harry -> Isabella -> John -> Kari...此路径与所求路径相差甚远。我们可能搜索了世界上大部分的朋友关系，但是都没有意识到，Vanessa 实际上是 Ash 的朋友。

我们最终会找到该路径，但是或许会耗时许久。此方法也无法找出最短路径。

在广度优先搜索中，可以尽可能地离 Ash 近一些。我们或许需要迭代很多 Ash 的朋友，但是除非必须，我们不会搜索距离 Ash 更远的朋友。如果 Vanessa 是 Ash 的朋友，或者是他朋友的朋友，我们会相对快速地发现这个事实。

9.4.6.1 深度优先搜索

在 DFS 中，我们会先访问节点 a，然后遍历访问 a 的每个相邻节点。在访问 a 的相邻节点 b 时，我们会在继续访问 a 的其他相邻节点之前先访问 b 的所有相邻节点，也就是说，在继续搜索 a 的其他子节点之前，我们会先穷尽搜索 b 的子节点。

注意，前序和树遍历的其他形式都是一种 DFS。主要区别在于，对图实现该算法时，我们必须先检查该节点是否已访问。如果不这么做，就可能陷入无限循环。

下面是实现 DFS 的伪代码。

```
1   void search(Node root) {
2     if (root == null) return;
3     visit(root);
4     root.visited = true;
5     for each (Node n in root.adjacent) {
6       if (n.visited == false) {
7         search(n);
8       }
9     }
10  }
```

9.4.6.2 广度优先搜索

BFS 相对不太直观，除非之前熟悉其实现方式，否则大部分求职者在实现该方法时会觉得无从下手。他们面临的主要障碍在于（错误地）认为 BFS 是通过递归实现的。其实不然，它是通过队列实现的。

在 BFS 中，我们会在搜索 a 的相邻节点之前先访问节点 a 的所有相邻节点。你可以将其想象为从 a 开始按层搜索。用到队列的迭代法往往最为有效。

```
1   void search(Node root) {
2     Queue queue = new Queue();
3     root.marked = true;
4     queue.enqueue(root); // 加入队尾
5
6     while (!queue.isEmpty()) {
7       Node r = queue.dequeue(); // 从队列头部删除
8       visit(r);
9       foreach (Node n in r.adjacent) {
10        if (n.marked == false) {
11          n.marked = true;
12          queue.enqueue(n);
13        }
14      }
15    }
16  }
```

当面试官要求你实现 BFS 时，关键在于谨记队列的使用。用了队列，这个算法的其余部分自然也就成型了。

9.4.6.3 双向搜索

双向搜索用于查找起始节点和目的节点间的最短路径。它本质上是从起始节点和目的节点同时开始的两个广度优先搜索。当两个搜索相遇时，我们即找到了一条路径。

广度优先搜索
从s开始单向搜索直到四层后
与t相遇。

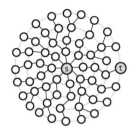

双向搜索
一种搜索从s开始，另一种搜
索从t开始，直到各自搜索两
层后相遇。

为了了解为什么这样更快，可以想象这样一个图：其中每个节点最多有 k 个相邻节点，且从节点 s 到节点 t 的最短路径长度为 d。

- ❑ 在传统的广度优先搜索中，在搜索的第一层我们需要搜索至多 k 个节点。在第二层，对于第一层 k 个节点中的每个节点，我们需要搜索至多 k 个节点。所以，至此为止我们需要总计搜索 k^2 个节点。我们需要进行 d 次该操作，所以会搜索 $O(k^d)$ 个节点。
- ❑ 在双向搜索中，我们会有两个相遇于约 $d/2$ 层处（最短路径的中点）的搜索。从 s 点和 t 点开始的搜索分别访问了大约 $k^{d/2}$ 个节点。总计大约 $2k^{d/2}$ 或 $O(k^{d/2})$ 个节点。

两者似乎差别不大，然而并非如此，实际上差别巨大。请回想一下如下公式：$(k^{d/2}) \times (k^{d/2}) = k^d$。双向搜索事实上快了 $k^{d/2}$ 倍。

换句话说：如果我们的系统只支持在广度优先搜索中查找"朋友的朋友"这样的路径，现在则可以支持"朋友的朋友的朋友的朋友"这样的路径。我们可以支持长度为原来两倍的路径。

补充阅读：拓扑排序（11.2 节），Dijkstra 算法（11.3 节），AVL 树（11.6 节），红黑树（11.7 节）

面试题目

4.1　**节点间通路**。给定有向图，设计一个算法，找出两个节点之间是否存在一条路径。（提示：#127）

4.2　**最小高度树**。给定一个有序整数数组，元素各不相同且按升序排列，编写一个算法，创建一棵高度最小的二叉搜索树。（提示：#19，#73，#116）

4.3　**特定深度节点链表**。给定一棵二叉树，设计一个算法，创建含有某一深度上所有节点的链表（比如，若一棵树的深度为 D，则会创建出 D 个链表）。（提示：#107，#123，#135）

4.4　**检查平衡性**。实现一个函数，检查二叉树是否平衡。在这个问题中，平衡树的定义如下：任意一个节点，其两棵子树的高度差不超过 1。（提示：#21，#33，#49，#105，#124）

4.5　**合法二叉搜索树**。实现一个函数，检查一棵二叉树是否为二叉搜索树。（提示：#35，#57，#86，#113，#128）

4.6　**后继者**。设计一个算法，找出二叉搜索树中指定节点的"下一个"节点（也即中序后继）。可以假定每个节点都含有指向父节点的连接。（提示：#79，#91）

4.7　**编译顺序**。给你一系列项目（projects）和一系列依赖关系（依赖关系 dependencies 为一个链表，其中每个元素为两个项目的编组，且第二个项目依赖于第一个项目）。所有项目的依赖项必须在该项目被编译前编译。请找出可以使得所有项目顺利编译的顺序。

9

如果没有合法的编译顺序，返回错误。

示例：

　　输入：

　　projects: a, b, c, d, e, f

　　dependencies: (a, d), (f, b), (b, d), (f, a), (d, c)

　　输出: f, e, a, b, d, c

（提示：#26, #47, #60, #85, #125, #133）

4.8　**首个共同祖先。** 设计并实现一个算法，找出二叉树中某两个节点的第一个共同祖先。不得将其他的节点存储在另外的数据结构中。注意：这不一定是二叉搜索树。（提示：#10, #16, #28, #36, #46, #70, #80, #96）

4.9　**二叉搜索树序列。** 从左向右遍历一个数组，通过不断将其中的元素插入树中可以逐步地生成一棵二叉搜索树。给定一个由不同节点组成的二叉树，输出所有可能生成此树的数组。

示例：

　　输入：

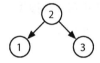

　　输出：{2, 1, 3}, {2, 3, 1}

（提示：#39, #48, #66, #82）

4.10　**检查子树。** 你有两棵非常大的二叉树：T1，有几百万个节点；T2，有几百个节点。设计一个算法，判断 T2 是否为 T1 的子树。

如果 T1 有这么一个节点 n，其子树与 T2 一模一样，则 T2 为 T1 的子树，也就是说，从节点 n 处把树砍断，得到的树与 T2 完全相同。

（提示：#4, #11, #18, #31, #37）

4.11　**随机节点。** 你现在要从头开始实现一个二叉树类，该类除了插入（insert）、查找（find）和删除（delete）方法外，需要实现 getRandomNode() 方法用于返回树中的任意节点。该方法应该以相同的概率选择任意的节点。设计并实现 getRandomNode 方法并解释如何实现其他方法。（提示：#42, #54, #62, #75, #89, #99, #112, #119）

4.12　**求和路径。** 给定一棵二叉树，其中每个节点都含有一个整数数值（该值或正或负）。设计一个算法，打印节点数值总和等于某个给定值的所有路径。注意，路径不一定非得从二叉树的根节点或叶节点开始或结束，但是其方向必须向下（只能从父节点指向子节点方向）。（提示：#6, #14, #52, #68, #77, #87, #94, #103, #108, #115）

参考题目：递归（8.10）；系统设计与扩展性（9.2, 9.3）；排序与搜索（10.10）；高难度题（17.7, 17.12, 17.13, 17.14, 17.17, 17.20, 17.22, 17.25）。

提示始于附录 B。

9.5　位操作

位操作可用于解决各种各样的问题。有时候，有的问题会明确要求用位操作来解决，而在其他情况下，位操作也是优化代码的实用技巧。写代码要熟悉位操作，同时也要熟练掌握位操作的手工运算。处理位操作问题时，务必小心翼翼，不经意间就会犯下各种小错。

9.5.1 手工位操作

如果你对位操作感到生疏，请尝试下列练习。第三列中的运算可以手动求解，也可以用"技巧"解决（如下所述）。为了简单起见，假设所有数都是 4 位数。

如果你感到困惑不解，请先按照十进制数进行运算。之后，你可以将相同的方法运用在二进制数上。请记住，^表示异或操作（XOR），~表示取反操作或否定操作（NOT）。

0110 + 0010	0011 * 0101	0110 + 0110
0011 + 0010	0011 * 0011	0100 * 0011
0110 - 0011	1101 >> 2	1101 ^ (~1101)
1000 - 0110	1101 ^ 0101	1011 & (~0 << 2)

答案：第 1 行（1000, 1111, 1100）；第 2 行（0101, 1001, 1100）；第 3 行（0011, 0011, 1111）；第 4 行（0010, 1000, 1000）。

第三列问题的解决技巧如下。

(1) 0110 + 0110 相当于 0110 × 2，也就是将 0110 左移 1 位。

(2) 0100 等于 4，一个数与 4 相乘，相当于将这个数左移 2 位。于是，将 0011 左移 2 位得到 1100。

(3) 逐个比特分解这一操作。一个比特与对它取反的值做异或操作，结果总是 1。因此，a^(~a) 的结果是一串 1。

(4) ~0 的值就是一串 1，所以~0 << 2 的结果为一串 1 后面跟 2 个 0。将这个值与另外一个值进行"位与"操作，相当于将该值的最后 2 位清零。

如果你没能立刻领会这些技巧，请按照逻辑关系进行思考。

9.5.2 位操作原理与技巧

下列表达式在位操作中很实用。不要一味死记硬背，而应思考这些等式何以成立。在下面的示例中，"1s"和"0s"分别表示一串 1 和一串 0。

x ^ 0s = x	x & 0s = 0	x | 0s = x
x ^ 1s = ~x	x & 1s = x	x | 1s = 1s
x ^ x = 0	x & x = x	x | x = x

要理解这些表达式的含义，你必须记住所有操作是按位进行的，某一位的运算结果不会影响其余位，也就是说，只要上述语句对某一位成立，则同样适用于一串位。

9.5.3 二进制补码与负数

计算机通常以二进制补码的表示形式存储整数。正数表示为自身，而负数表示为其绝对值的二进制补码（其符号位为 1，表示负值）。N 位数（N 是数字的位数，**不包括**符号位）的二进制补码是相对于 2^N 的数字的补码。

以 4 位整数–3 为例。如果它是一个 4 位数，我们使用 1 个数位表示符号，3 个数位表示值。我们需要相对于 2^3（即 8）的补码。在相对于 8 的情况下，3（–3 的绝对值）的补码是 5。5 用二进制表示为 101。因此，二进制中的–3 表示为 4 位数则为 1101，其中第一位是符号位。

9

换句话说，–K（K 的负值）作为 N 位数的二进制表达式为 concat(1, 2***N-1*** - K)。

另一种处理这种情况的方法是，可以反转正数表达中的每个数位，然后再加 1。3 表示为二进制数是 011。翻转所有数位得到 100，加 1 后得到 101，然后加上符号位（1）可以得到 1101。

在 4 位整数中，该过程可以表示如下。

正　　值		负　　值	
7	0 111	-1	1 111
6	0 110	-2	1 110
5	0 101	-3	1 101
4	0 100	-4	1 100
3	0 011	-5	1 011
2	0 010	-6	1 010
1	0 001	-7	1 001
0	0 000		

请注意，左侧与右侧整数的绝对值相加总等于 2^3。同时，除了符号位以外，左侧与右侧的二进制值总是相等。为什么是这样呢？

9.5.4　算术右移与逻辑右移

有两种类型的右移操作符。算术右移基本上等同于将数除以 2。逻辑右移则和我们亲眼看到的移动数位的操作一致。最好可以通过负数进行描述。

在逻辑右移中，我们移动数位，并将 0 置于最高有效位。该操作用 >>> 操作符表示。在 8 位整数（符号位是最高有效位）的情况下，该过程如下图所示，其中，符号位用灰色背景表示。

在算术右移中，我们将值移动到右边，并使用符号位值填充新的数位。这（大致）相当于将数除以 2。该操作用 >> 操作符表示。

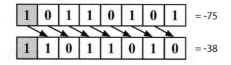

对于参数 x = -93 242 以及 count= 40?，你认为下面的函数该如何操作？

```
1    int repeatedArithmeticShift(int x, int count) {
2      for (int i = 0; i < count; i++) {
3        x >>= 1; // 算数位移 1 位
4      }
5      return x;
6    }
7
8    int repeatedLogicalShift(int x, int count) {
9      for (int i = 0; i < count; i++) {
10       x >>>= 1; // 逻辑位移 1 位
11     }
```

```
12    return x;
13  }
```

通过逻辑移位，我们最终会得到 0，因为我们不断地将数位 0 移入最高位。

通过算术移位，我们最终会得到-1，因为我们不断地将数位 1 移入最高位。一串 1 构成的（有符号）整数表示-1。

9.5.5 常见位操作：获取与设置数位

了解以下操作至关重要，但不要一味死记硬背，死记硬背会导致犯一些无法修复的错误。相反地，只需理解**如何**实现这些方法即可，从而确保在实现的过程中只是犯一些小错误。

9.5.5.1 获取数位

该方法将 1 左移 i 位，得到形如 00 010 000 的值。接着，对这个值与 num 执行"位与"操作（AND），从而将 i 位之外的所有位清零。最后，检查该结果是否为 0。不为 0 说明 i 位为 1，否则，i 位为 0。

```
1  boolean getBit(int num, int i) {
2    return ((num & (1 << i)) != 0);
3  }
```

9.5.5.2 设置数位

setBit 先将 1 左移 i 位，得到形如 00 010 000 的值。接着，对这个值和 num 执行"位或"操作（OR），这样只会改变 i 位的数值。该掩码 i 位除外的位均为 0，故而不会影响 num 的其余位。

```
1  int setBit(int num, int i) {
2    return num | (1 << i);
3  }
```

9.5.5.3 清零数位

该方法与 setBit 刚好相反。首先，将数字 00 010 000 取反进而得到类似于 11 101 111 的数字。接着，对该数字和 num 执行"位与"操作（AND）。这样只会清零 num 的第 i 位，其余位则保持不变。

```
1  int clearBit(int num, int i) {
2    int mask = ~(1 << i);
3    return num & mask;
4  }
```

如果要清零最高位至第 i 位所有的数位（包括最高位和第 i 位），需要创建一个第 i 位为 1（$1<<i$）的掩码。然后，将其减 1 并得到一串第一部分全为 0，第二部分全为 1 的数字。之后我们将目标数字与该掩码执行"位与"操作（AND），即得到只保留了最后 i 位的数字。

```
1  int clearBitsMSBthroughI(int num, int i) {
2    int mask = (1 << i) - 1;
3    return num & mask;
4  }
```

如果要清零第 i 位至第 0 位的所有的数位（包括第 i 位和第 0 位），使用一串 1 构成的数字（即-1）并将其左移 $i+1$ 位，如此便得到一串第一部分全为 1，第二部分全为 0 的数字。

```
1  int clearBitsIthrough0(int num, int i) {
2    int mask = (-1 << (i + 1));
3    return num & mask;
4  }
```

9.5.5.4   更新数位

将第 i 位的值设置为 v，首先，用诸如 11 101 111 的掩码将 num 的第 i 位清零。然后，将待写入值 v 左移 i 位，得到一个 i 位为 v 但其余位都为 0 的数。最后，对之前取得的两个结果执行"位或"操作，v 为 1 则将 num 的 i 位更新为 1，否则该位仍为 0。

```
1    int updateBit(int num, int i, boolean bitIs1) {
2        int value = bitIs1 ? 1 : 0;
3        int mask = ~(1 << i);
4        return (num & mask) | (value << i);
5    }
```

面试题目

5.1   **插入。**给定两个 32 位的整数 N 与 M，以及表示比特位置的 i 与 j。编写一种方法，将 M 插入 N，使得 M 从 N 的第 j 位开始，到第 i 位结束。假定从 j 位到 i 位足以容纳 M，也即若 $M = 10\ 011$，那么 j 和 i 之间至少可容纳 5 个位。例如，不可能出现 $j = 3$ 和 $i = 2$ 的情况，因为第 3 位和第 2 位之间放不下 M。

示例：

> 输入：N = 10000000000, M = 10011, i = 2, j = 6
>
> 输出：N = 10001001100

（提示：#137，#169，#215）

5.2   **二进制数转字符串。**给定一个介于 0 和 1 之间的实数（如 0.72），类型为 double，打印它的二进制表达式。如果该数字无法精确地用 32 位以内的二进制表示，则打印 "ERROR"。

（提示：#143，#167，#173，#269，#297）

5.3   **翻转数位。**给定一个整数，你可以将一个数位从 0 变为 1。请编写一个程序，找出你能够获得的最长的一串 1 的长度。

示例：

> 输入：1775（或者：11011101111）
>
> 输出：8

（提示：#159，#226，#314，#352）

5.4   **下一个数。**给定一个正整数，找出与其二进制表达式中 1 的个数相同且大小最接近的那两个数（一个略大，一个略小）。（提示：#147，#175，#242，#312，#339，#358，#375，#390）

5.5   **调试。**解释代码((n & (n-1)) == 0)的具体含义。（提示：#151，#202，#261，#302，#346，#372，#383，#398）

5.6   **整数转换。**编写一个函数，确定需要改变几个位才能将整数 A 转成整数 B。

示例：

> 输入：29（或者：11101），15（或者：01111）
>
> 输出：2

（提示：#336，#369）

5.7   **配对交换。**编写程序，交换某个整数的奇数位和偶数位，尽量使用较少的指令（也就是说，位 0 与位 1 交换，位 2 与位 3 交换，以此类推）。（提示：#145，#248，#328，#355）

5.8　**绘制直线。**有个单色屏幕存储在一个一维字节数组中，使得 8 个连续像素可以存放在一个字节里。屏幕宽度为 w，且 w 可被 8 整除（即一个字节不会分布在两行上），屏幕高度可由数组长度及屏幕宽度推算得出。请实现一个函数，绘制从点 $(x1, y)$ 到点 $(x2, y)$ 的水平线。该方法的签名应形似于 drawLine(byte[] screen, int width, int x1, int x2, int y)。（提示：#366，#381，#384，#391）

参考题目：数组与字符串（1.1，1.4，1.8）；数学与逻辑题（6.10）；递归（8.4，8.14）；排序与查找（10.7，10.8）；C++（12.10）；中等难题（16.1，16.7）；高难度题（17.1）。

提示始于附录 B。

9.6　数学与逻辑题

所谓的逻辑题（或智力题）当属最有争议的面试题之列，很多公司甚至明文规定面试中不得出现智力题。尽管如此，你还是会时不时地碰到此类题。为什么会这样呢？因为人们对于智力题尚无明确的定义。

不过，好在哪怕你碰到了这类问题，一般来说它们也不会太难。你不需要做脑筋急转弯，并且几乎总有办法通过逻辑推理得出答案。很多智力题还涉及数学或计算机科学的基础知识，同时几乎所有题目的解决方案都可以通过逻辑推理得出。

下面，我们会列举一些应对智力题的常见方法和基础知识。

9.6.1　素数

大家应该都知道，每一个正整数都可以分解成素数的乘积。例如：

$$84 = 2^2 \times 3^1 \times 5^0 \times 7^1 \times 11^0 \times 13^0 \times 17^0 \times \cdots$$

注意其中不少素数的指数为 0。

9.6.1.1　整除

上面的素数定理指出，要想以 x 整除 y（写作 $x \backslash y$，或 $\mathrm{mod}(y, x) = 0$），x 的素因子分解式的所有素数必须出现在 y 的素因子分解式中。具体如下：

令 $x = 2^{j0} \times 3^{j1} \times 5^{j2} \times 7^{j3} \times 11^{j4} \times \cdots$

令 $y = 2^{k0} \times 3^{k1} \times 5^{k2} \times 7^{k3} \times 11^{k4} \times \cdots$

若 $x \backslash y$，则 $ji \le ki$ 对所有 i 都成立。

实际上，x 和 y 的最大公约数为：

$$\gcd(x, y) = 2^{\min(j0, k0)} \times 3^{\min(j1, k1)} \times 5^{\min(j2, k2)} \times \cdots$$

x 和 y 的最小公倍数为：

$$\mathrm{lcm}(x, y) = 2^{\max(j0, k0)} \times 3^{\max(j1, k1)} \times 5^{\max(j2, k2)} \times \cdots$$

下面先做一个趣味练习，想一想将 gcd 与 lcm 相乘，其结果是什么？

$$\begin{aligned}
\gcd \times \mathrm{lcm} &= 2^{\min(j0, k0)} \times 2^{\max(j0, k0)} \times 3^{\min(j1, k1)} \times 3^{\max(j1, k1)} \times \cdots \\
&= 2^{\min(j0, k0) + \max(j0, k0)} \times 3^{\min(j1, k1) + \max(j1, k1)} \times \cdots \\
&= 2^{j0 + k0} \times 3^{j1 + k1} \times \cdots \\
&= 2^{j0} \times 2^{k0} \times 3^{j1} \times 3^{k1} \times \cdots \\
&= xy
\end{aligned}$$

9

9.6.1.2   素性检查

这个问题很常见，有必要特别说明一下。最原始的做法是从 2 到 $n-1$ 进行迭代，每次迭代都检查能否整除。

```
1   boolean primeNaive(int n) {
2     if (n < 2) {
3       return false;
4     }
5     for (int i = 2; i < n; i++) {
6       if (n % i == 0) {
7         return false;
8       }
9     }
10    return true;
11  }
```

下面有一处很小但重要的改动：只需迭代至 n 的平方根即可。

```
1   boolean primeSlightlyBetter(int n) {
2     if (n < 2) {
3       return false;
4     }
5     int sqrt = (int) Math.sqrt(n);
6     for (int i = 2; i <= sqrt; i++) {
7       if (n % i == 0) return false;
8     }
9     return true;
10  }
```

使用 $\sqrt{n}$ 在此处键入公式就够了，因为每个可以整除 n 的数 a，都有个补数 b，且 $a \times b = n$。若 $a > \sqrt{n}$，则 $b < \sqrt{n}$（因为 $(\sqrt{n})^2 = n$）。因此，就不需要用 a 去检查 n 的素性了，因为已经用 b 检查过了。

当然，在现实中，我们**真正要做**的只是检查 n 能否被素数整除。这时埃拉托斯特尼筛法（sieve of eratosthenes）就派上用场了。

9.6.1.3   生成素数序列：埃拉托斯特尼筛法

埃拉托斯特尼筛法能够非常高效地生成素数序列，其原理是剔除所有可被素数整除的非素数。

一开始列出到 max 为止的所有数字。首先，划掉所有可被 2 整除的数（2 保留），然后，找到下一个素数（也即下一个不会被划掉的数），并划掉所有可被它整除的数，划掉所有可被 2、3、5、7、11 等素数整除的数，最终可得到 2 到 max 之间的素数序列。

下面是埃拉托斯特尼筛法的实现代码。

```
1   boolean[] sieveOfEratosthenes(int max) {
2     boolean[] flags = new boolean[max + 1];
3     int count = 0;
4
5     init(flags); // 除了 0 和 1 外，所有标识都设置为 true
6     int prime = 2;
7
8     while (prime <= Math.sqrt(max)) {
9       /* 删除剩余的 prime 的倍数 */
10      crossOff(flags, prime);
11
12      /* 找到下一个标识为 true 的数 */
13      prime = getNextPrime(flags, prime);
14    }
15
```

```
16    return flags;
17  }
18
19  void crossOff(boolean[] flags, int prime) {
20    /* 删除剩余的 prime 的倍数。我们可以从 prime*prime 开始，
21     * 这是因为如果存在一个数 k*prime（其中 k < prime），
22     * 那么该数应该已经在前面的迭代中被删除 */
23    for (int i = prime * prime; i < flags.length; i += prime) {
24      flags[i] = false;
25    }
26  }
27
28  int getNextPrime(boolean[] flags, int prime) {
29    int next = prime + 1;
30    while (next < flags.length && !flags[next]) {
31      next++;
32    }
33    return next;
34  }
```

当然，在上面的代码中，还有一些地方可以优化，比如，可以只将奇数放进数组，所需空间即可减半。

9.6.2　概率

概率会很复杂，还好其是基于若干基本定理，而这些定理可以逻辑推导得出。

下面用韦恩图来表示两个事件 A 和事件 B。两个圆圈的区域分别代表事件发生的概率，重叠区域代表事件 A 与事件 B 都发生的概率（{A 与 B 都发生}）。

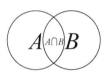

9.6.2.1　A 与 B 都发生的概率

假设你朝上面的韦恩图扔飞镖，命中 A 和 B 重叠区域的概率有多大？如果你知道命中 A 的概率，还知道 A 区域那一块也在 B 区域中的百分比（即命中 A 的同时也在 B 区域中的概率），即可用下面的算式计算命中概率：

$$P(A 与 B 都发生) = P(在 A 发生的情况下，B 发生) \times P(A 发生)$$

举个例子，假设要在 1 到 10（含 1 和 10）之间挑选一个数，挑中一个偶数且这个数在 1 到 5 之间的概率有多大？挑中的数在 1 到 5 之间的概率为 50%，而在 1 到 5 之间的数为偶数的概率为 40%。因此，两者同时发生的概率为：

$$P(x 为偶数且 x \leqslant 5)$$
$$= P(x 为偶数，在 x \leqslant 5 的情况下) \times P(x \leqslant 5)$$
$$= (2/5) \times (1/2)$$
$$= 1/5$$

请注意，由于 $P(A 与 B 都发生) = P(在 A 发生的情况下，B 发生) \times P(A 发生) = P(在 B 发生的情况下，A 发生) \times P(B 发生)$，你可以反过来这样表示在 B 发生的情况下，A 发生的概率：

$$P(在 B 发生的情况下，A 发生) = P(在 A 发生的情况下，B 发生) \times P(A 发生) / P(B 发生)$$

此公式称为贝叶斯定理。

9.6.2.2　A 或 B 发生的概率

现在，我们又想知道飞镖命中 A 或 B 的概率有多大。如果知道单独命中 A 或 B 的概率，以及命中两者重叠区域的概率，那么可以用下面的算式表示命中概率：

$$P(A 或 B 发生) = P(A 发生) + P(B 发生) - P(A 与 B 都发生)$$

这也合乎逻辑。只是简单地把两个区域加起来，重叠区域就会被计入两次。要减掉一次重叠区域，再次用韦恩图表示如下。

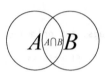

举个例子，假定我们要在 1 到 10（含 1 和 10）之间挑选一个数，挑中的数为偶数或这个数在 1 到 5 之间的概率有多大？显然，挑中一个偶数的概率为 50%，挑中的数在 1 到 5 之间的概率为 50%。两者同时发生的概率为 20%，因此前面提到的概率为：

$$P(x 为偶数或 x \leqslant 5)$$
$$= P(x 为偶数) + P(x \leqslant 5) - P(x 为偶数且 x \leqslant 5)$$
$$= (1/2) + (1/2) - (1/5)$$
$$= 4/5$$

掌握上述原理后，理解独立事件和互斥事件的特殊规则就要容易多了。

9.6.2.3　独立

若 A 与 B 相互独立（即一个事件的发生推不出另一个事件的发生），那么 P(A 与 B 都发生) = P(A) P(B)。这条规则直接推导自 P(在 A 发生的情况下，B 发生) = P(B)，因为 A 跟 B 没关系。

9.6.2.4　互斥

若 A 与 B 互斥（即若一个事件发生，则另一个事件就不可能发生），则 P(A 或 B 发生) = P(A) + P(B)。这是因为 P(A 与 B 都发生) = 0，所以删除了之前 P(A 或 B 发生)算式中的 P(A 与 B 都发生)的一项。

奇怪的是，许多人会混淆独立和互斥的概念。其实两者**完全**不同。实际上，两个事件不可能同时是独立的又是互斥的（只要两者概率都大于 0）。为什么呢？因为互斥意味着一个事件发生了，另一个事件就不可能发生。而独立是指一个事件的发生跟另一个事件的发生**毫无关系**。因此，只要两个事件发生的概率不为 0，就不可能既互斥又独立。

若一个或两个事件的概率为 0（也就是不可能发生），那么这两个事件同时既独立又互斥。这很容易直接应用独立和互斥的定义（等式）证明出来。

9.6.3　大声说出你的思路

遇到智力题时，切忌惊慌。就像算法题一样，面试官只不过想看看你会如何处理难题，其实并不期待你立即给出正确答案。只管大声说出解题思路，让面试官了解你的应对之道。

9.6.4　总结规律和模式

很多情况下，你会发现，把解题过程中发现的"规律"或"模式"写下来大有裨益。并且，你确实应该这么做，这有助于加深记忆。下面会举例说明这种方法。

给定两根绳子，每根绳子燃烧殆尽正好要用 1 小时。怎样用这两根绳子准确计量 15 分钟？注意这些绳子密度不均匀，因此烧掉半截绳子不一定正好要用 30 分钟。

> 技巧：先别急着往下看，不妨试着自己解决此问题。一定要看下面的提示信息的话，也请一段一段慢慢看。后续段落会逐步揭晓答案。

从题目可知，计量 1 小时不成问题。当然也可以计量 2 小时，先点燃一根绳子，等它燃烧殆尽，再点燃第二根。由此我们总结出第一条规律。

规律 1：给定两根绳子，燃烧殆尽各需 x 分钟和 y 分钟，我们可以计时 x + y 分钟。

那么还有其他烧绳子的花样吗？当然有啦，我们可能会认为从中间（或绳子两头以外的任意位置）点燃绳子没什么用。火苗会向绳子两头蔓延，多久才会燃烧殆尽，我们对此一无所知。

话说回来，我们可以同时点燃绳子两头，30 分钟后火焰便会在绳子某个位置汇合。

规律 2：给定一根需要 x 分钟烧完的绳子，我们可以计时 x/2 分钟。

由此可知，用一根绳子可以计时 30 分钟。这就意味着我们可以在燃烧第二根绳子时减去这 30 分钟，也就是点燃第一根绳子两头的同时，只点燃第二根绳子的一头。

规律 3：烧完绳子 1 用时 x 分钟，烧完绳子 2 用时 y 分钟，则可以用第二根绳子计时(y − x)分钟或(y − x/2)分钟。

综合以上规律，不难得出：既然可以用绳子 2 计时 30 分钟，再适时点燃绳子 2 的另一头（见规律 2），则 15 分钟后绳子 2 便会燃烧殆尽。

将上面的做法从头至尾整理如下。

(1) 点燃绳子 1 两头的同时，点燃绳子 2 的一头。

(2) 当绳子 1 从两头烧至中间某个位置时，正好过去 30 分钟。而绳子 2 还可以再烧 30 分钟。

(3) 此时，点燃绳子 2 的另一头。

(4) 15 分钟后，绳子 2 将全部烧完。

从中可以看出，只要一步步归纳规律，并在此基础上进行总结，智力题便可迎刃而解。

9.6.5 略作变通

许多智力题往往涉及将最坏情况减至最低限度的问题，措辞上要么要求尽可能减少步骤，要么要求限定具体的试验次数。一种实用的技巧是尝试“平衡”最坏情况，也就是说，如果早先的解决方案效果不太理想，我们可以针对最坏情况略作变通。用一个例子来解释会更为清晰。

“九球称重”是一个经典面试题。给定 9 个球，其中 8 个球的重量相同，只有一个较重。然后给定一个天平，可以称出左右两边哪边更重。最多用两次天平，找出这个重球。

第一种做法是将球分成 2 组，4 个一组，第 9 个球暂时搁在一边。如果有一组球较重，则重球必在其中；但如果两组球重量相同，则第 9 个球为重球。按此思路将包含重球的这一组球再分成两组，在最坏情况下我们需要称量 3 次，多了 1 次！

因此，这是一种“失衡”的解法：如果第 9 个球是重球，我们只需称量一次；但如果不是，则需称量 3 次。如果我们略作调整，将更多的球与第 9 个球配在一起，就不会出现“失衡”的状况。这就是所谓“最坏情况下的平衡”。

现在，将这些球均分成 3 个一组共 3 组，称量一次就能知道哪一组球更重。我们甚至可以总结出一条规律：给定 N 个球，其中 N 能被 3 整除，称量一次便能找到包含重球的那一组球。

找到这一组 3 个球之后，只需简单地重复此前的模式：先把一个球放到一边，称量剩下的两个球，从中挑出那个重球；或者如果这两个球重量相同，那第 3 个球便是重球。

9.6.6 触类旁通

要是卡壳了，不妨考虑运用算法题的 5 种解法（详见 7.4 至 7.8 节）。抛开技术层面的考量，智力题不外乎就是些算法题，其中简单构造法（base case）和自己动手法（DIY）大为有用。

补充阅读： 实用数学知识（见 11.1 节）

面试题目

6.1 **较重的药丸。** 有 20 瓶药丸，其中 19 瓶装有 1.0 克的药丸，余下 1 瓶装有 1.1 克的药丸。给你一台称重精准的天平，怎么找出比较重的那瓶药丸？天平只能用一次。（提示：#186，#252，#319，#387）

6.2 **篮球问题。** 有个篮球框，下面两种玩法可任选一种。

玩法 1：一次出手机会，投篮命中得分。

玩法 2：三次出手机会，必须投中两次。

如果 p 是某次投篮命中的概率，则 p 的值为多少时才会选择玩法 1 或玩法 2？

（提示：#181，#239，#284，#323）

6.3 **多米诺骨牌。** 有个 8×8 棋盘，其中对角的角落上，两个方格被切掉了。给定 31 块多米诺骨牌，一块骨牌恰好可以覆盖两个方格。用这 31 块骨牌能否盖住整个棋盘？请证明你的答案（提供范例或证明为什么不能）。（提示：#367，#397）

6.4 **三角形上的蚂蚁。** 三角形的三个顶点上各有一只蚂蚁。如果蚂蚁开始沿着三角形的边爬行，两只或三只蚂蚁撞在一起的概率有多大？假定每只蚂蚁会随机选一个方向，每个方向被选到的概率相等，而且三只蚂蚁的爬行速度相同。

类似问题：在 n 个顶点的多边形上有 n 只蚂蚁，求出这些蚂蚁发生碰撞的概率。（提示：#157，#195，#296）

6.5 **水壶问题。** 有两个水壶，容量分别为 3 夸脱①和 5 夸脱，若水的供应不限量（但没有量杯），怎么用这两个水壶得到刚好的水？注意，这两个水壶呈不规则状，无法精准地装满"半壶"水。（提示：#149，#379，#400）

6.6 **蓝眼岛。** 有个岛上住着一群人，有一天来了个游客，定了一条奇怪的规矩：所有蓝眼睛的人都必须尽快离开这个岛。每晚 8 点会有一个航班离岛。每个人都看得见别人眼睛的颜色，但不知道自己的（别人也不可以告知）。此外，他们不知道岛上到底有多少人有蓝眼睛，只知道至少有一个人的眼睛是蓝色的。所有蓝眼睛的人要花几天才能离开这个岛？

（提示：#218，#282，#341，#370）

6.7 **大灾难。** 在大灾难后的新世界，世界女王非常关心出生率。因此，她规定所有家庭都必须有一个女孩，否则将面临巨额罚款。如果所有的家庭都遵守这个政策——所有家庭在得到一个女孩之前不断生育，生了女孩之后立即停止生育——那么新一代的性别比例是多少（假设每次怀孕后生男生女的概率是相等的）？通过逻辑推理解决这个问题，然后使用计算机进行模拟。（提示：#154，#160，#171，#188，#201）

---

① 夸脱为体积单位。1 美制（液体）夸脱约为 946.353 毫升，1 英制（液体）夸脱约为 1136.523 毫升。——译者注

6.8 **扔鸡蛋问题。** 有栋建筑物高 100 层，若从第 N 层或更高的楼层扔下来，鸡蛋就会破碎；若从第 N 层以下的楼层扔下来则不会破碎。给你两个鸡蛋，请找出 N，并要求最差情况下扔鸡蛋的次数为最少。（提示：#156，#233，#294，#333，#357，#374，#395）

6.9 **100 个储物柜。** 走廊上有 100 个关上的储物柜。有个人先是将 100 个柜子全都打开。接着，每数两个柜子关上一个。然后，在第三轮时，再每隔两个就切换第三个柜子的开关状态（也就是将关上的柜子打开，将打开的关上）。照此规律反复操作 100 次，在第 i 轮，这个人会每数 i 个就切换第 i 个柜子的状态。当第 100 轮经过走廊时，只切换第 100 个柜子的开关状态，此时有几个柜子是开着的？（提示：#139，#172，#264，#306）

6.10 **有毒的苏打水。** 你有 1000 瓶苏打水，其中有一瓶有毒。你有 10 条可用于检测毒物的试纸。一滴毒药会使试纸永久变黄。你可以一次性地将任意数量的液滴置于试纸上，你也可以多次重复使用试纸（只要结果是阴性的即可）。但是，每天只能进行一次测试，用时 7 天才可得到测试结果。你如何用尽量少的时间找出哪瓶苏打水有毒？

进阶：编写程序模拟你的方法。

（提示：#146，#163，#183，#191，#205，#221，#230，#241，#249）

参考题目：中等难题（16.5），高难度题（17.19）。

提示始于附录 B。

9.7 面向对象设计

面向对象设计问题要求求职者设计出类和方法，以实现技术问题或描述真实生活中的对象。这类问题会让或者至少会让面试官了解你的编程风格。

这些问题并不那么着重于设计模式，而是意在考查你是否懂得如何打造优雅、容易维护的面向对象代码。若在这类问题上表现不佳，面试可能会亮起红灯。

9.7.1 如何解答

对于面向对象设计问题，其要设计的对象多种多样：可能是真实世界的东西，也可能是某个技术任务。不论对象如何，都能以类似的途径解决。以下解题思路对解决很多问题大有裨益。

9.7.1.1 步骤 1：处理不明确的地方

面向对象设计（OOD）问题往往会故意放些烟幕弹，意在检验你是武断臆测，还是提出问题以厘清问题。毕竟，开发人员要是没弄清楚自己要开发什么，就直接挽起袖子开始编码，只会浪费公司的财力物力，还可能造成更严重的后果。

碰到面向对象设计问题时，你应该先问清楚**谁**是使用者以及他们将**如何**使用。对某些问题，你甚至还要问清楚"6W"，即谁（who）、什么（what）、哪里（where）、何时（when）、为什么（why）、如何（how）。

举个例子，假设面试官让你描述咖啡机的面向对象设计。这个问题看似简单明了，其实不然。

这台咖啡机可能是一款工业型机器，设计用来放在大餐厅里，每小时要服务几百位顾客，还要能制作 10 种不同口味的咖啡。或者可能是给老年人设计的简易咖啡机，只要能制作简单的黑咖啡就行。这些用例将大大影响你的设计。

9.7.1.2　步骤 2：定义核心对象

了解我们要设计的东西后，接下来就该思考系统的"核心对象"了。比如，假设要为一家餐馆进行面向对象设计。那么，核心对象可能包括餐桌（Table）、顾客（Guest）、宴席（Party）、订单（Order）、餐点（Meal）、员工（Employee）、服务员（Server）和领班（Host）。

9.7.1.3　步骤 3：分析对象关系

定义出核心对象之后，接下来要分析这些对象之间的关系。其中，哪些对象是其他对象的数据成员？哪个对象继承自别的对象？对象之间是多对多的关系，还是一对多的关系？

比如，在处理餐馆问题时，我们可能会想到以下设计。

❑ 宴席有很多顾客。

❑ 服务员和领班都继承自员工。

❑ 每一张餐桌对应一个宴席，但每个宴席可能拥有多张餐桌。

❑ 每家餐馆有一个领班。

分析对象关系务必谨慎，因为我们经常会做出错误假设。比如，哪怕是一张餐桌也可能涉及多个宴席（在热门餐馆里，"拼桌"很常见）。进行设计时，你应该跟面试官探讨一下如何让你的设计做到一物多用。

9.7.1.4　步骤 4：研究对象的动作

到这一步，你的面向对象设计应该初具雏形了。接下来，该想想对象可执行的关键动作以及对象之间的关系。你可能会发现自己遗漏了某些对象，这时就需要补全并更新设计。

例如，一个宴席对象（由一群顾客组成）走进了餐馆，一位顾客找领班要求一张餐桌。领班开始查看预订（Reservation），若找到记录，便将宴席对象领到餐桌前。否则，宴席对象就要排在列表末尾。等到其他宴席对象离开后，有餐桌空出来，就可以分配给列表中的宴席对象。

9.7.2　设计模式

面试官想要考查的是你的能力而非知识，因此，大部分面试都不会考设计模式。不过，单例设计（singleton）和工厂方法（factory method）设计模式常见于面试，所以，接下来我们会作简单介绍。

设计模式数不胜数，限于篇幅，没办法在本书中一一探讨。你可以挑本专门讨论这个主题的书来研读，这对提高你的软件工程技能会大有裨益。

请不要误入歧途——总想着找到某一问题的"正确"设计模式。你需要创建适合于该问题的设计。有时，这样的设计或许是已经存在的模式，但很多情况下并不是。

9.7.2.1　单例设计模式

单例设计模式确保一个类只有一个实例，并且只能通过类内部方法访问此实例。当你有个"全局"对象，并且只会有一个这种实例时，该模式可大展拳脚。比如，在实现餐馆时，我们可能想让它只有一个餐馆实例。

```
1   public class Restaurant {
2     private static Restaurant _instance = null;
3     protected Restaurant() { ... }
4     public static Restaurant getInstance() {
5       if (_instance == null) {
6         _instance = new Restaurant();
7       }
8       return _instance;
```

```
9     }
10  }
```

需要说明的是，很多人不喜欢使用单例设计模式，甚至称其为"反模式"。原因之一是该模式会干扰单元测试。

9.7.2.2　工厂方法设计模式

工厂方法提供接口以创建某个类的实例，由子类决定实例化哪个类。实现时，你可以将创建器（creator）类设计为抽象类型，不给工厂方法提供具体实现方法；或者创建器类为实体类，为工厂方法提供具体实现方法。在这种情况下，工厂方法需要传入参数，代表该实例化哪个类。

```
1   public class CardGame {
2     public static CardGame createCardGame(GameType type) {
3       if (type == GameType.Poker) {
4         return new PokerGame();
5       } else if (type == GameType.BlackJack) {
6         return new BlackJackGame();
7       }
8       return null;
9     }
10  }
```

面试题目

7.1 **扑克牌**。请设计用于通用扑克牌的数据结构，并说明你会如何创建该数据结构的子类，实现"二十一点"游戏。（提示：#153，#275）

7.2 **呼叫中心**。设想你有个呼叫中心，员工分 3 级：接线员、主管和经理。客户来电会先分配给有空的接线员。若接线员处理不了，就必须将来电往上转给主管。若主管没空或是无法处理，则将来电往上转给经理。请设计这个问题的类和数据结构，并实现一种 dispatchCall()方法，将客户来电分配给第一个有空的员工。（提示：#363）

7.3 **音乐点唱机**。运用面向对象原则，设计一款音乐点唱机。（提示：#198）

7.4 **停车场**。运用面向对象原则，设计一个停车场。（提示：#258）

7.5 **在线图书阅读器**。请设计在线图书阅读器系统的数据结构。（提示：#344）

7.6 **拼图**。实现一个 $N \times N$ 的拼图程序。设计相关数据结构并提供一种拼图算法。假设你有一种 fitsWith 方法，传入两块拼图，若两块拼图能拼在一起，则返回 true。（提示：#192，#238，#283）

7.7 **聊天服务器**。请描述该如何设计一个聊天服务器。要求给出各种后台组件、类和方法的细节，并说明其中最难解决的问题会是什么。（提示：#213，#245，#271）

7.8 **黑白棋**。"奥赛罗棋"（黑白棋）的玩法如下：每一枚棋子的一面为白，一面为黑。游戏双方各执黑、白棋子对决，当一枚棋子的左右或上下同时被对方棋子夹住，这枚棋子就算是被吃掉了，随即翻面为对方棋子的颜色。轮到你落子时，必须至少吃掉对方一枚棋子。任意一方无子可落时，游戏即告结束。最后，棋盘上棋子较多的一方获胜。请运用面向对象设计方法，实现"奥赛罗棋"。（提示：#179，#228）

7.9 **环状数组**。实现一个 CircularArray 类。该类需要支持类似于数组的数据结构且该数组可以被高效地轮转。如果可以的话，该类应该使用泛型类型（也被称作模板），同时可以通过标准循环语句 for (Obj o : circularArray)进行迭代。（提示：#389）

9

7.10   **扫雷。** 设计和实现一个基于文字的扫雷游戏。扫雷游戏是经典的单人电脑游戏，其中在 $N \times N$ 的网格上隐藏了 B 个矿产资源（或炸弹）。网格中的单元格后面或者是空白的，或者存在一个数字。数字反映了周围 8 个单元格中的炸弹数量。游戏开始之后，用户点开一个单元格。如果是一个炸弹，玩家即失败。如果是一个数字，数字就会显示出来。如果它是空白单元格，则该单元格和所有相邻的空白单元格（直到遇到数字单元格，数字单元格也会显示出来）会显示出来。当所有非炸弹单元格显示时，玩家即获胜。玩家也可以将某些地方标记为潜在的炸弹。这不会影响游戏进行，只是会防止用户意外点击那些认为有炸弹的单元格。（读者提示：如果你不熟悉此游戏，请先在网上玩几轮。）

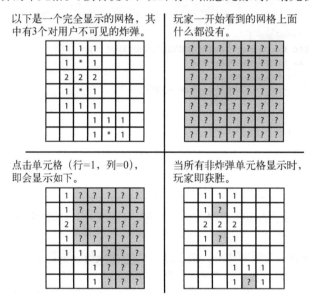

以下是一个完全显示的网格，其中有3个对用户不可见的炸弹。

玩家一开始看到的网格上面什么都没有。

点击单元格（行=1，列=0），即会显示如下。

当所有非炸弹单元格显示时，玩家即获胜。

（提示：#351，#361，#377，#386，#399）

7.11   **文件系统。** 设计一种内存文件系统（in-memory file system）的数据结构和算法，并说明其具体做法。如若可行，请用代码举例说明。（提示：#141，#216）

7.12   **散列表。** 设计并实现一个散列表，使用链接（即链表）处理碰撞冲突。（提示：#287，#307）

参考题目：线程与锁（16.3）。

提示始于附录 B。

9.8   递归与动态规划

尽管递归问题花样繁多，但题型大都类似。问题属不属于递归问题，就看它是否能分解为子问题。

当你听到问题的开头是这样的："设计一个算法计算第 n 个……""列出前 n 个……""实现一个方法，计算所有……"等，那么这基本上就是递归问题。

> 小贴士：在我的教学生涯中，求职者对递归问题的直觉精准度通常只有 50%。所以我们可以凭直觉判断出一半的递归问题。但是不要单凭直觉，即使你觉得它是递归问题，也不妨从另一个角度看看这个问题。毕竟有一半可能你是错的。

熟能生巧！练习得越多，就越容易辨认出递归问题。

9.8.1　解题思路

根据递归的定义，递归的解就是基于子问题的解构建的。通常只要在 $f(n-1)$ 的解中加入、移除某些东西或者稍作修改就能算出 $f(n)$。而在其他情况下，你可能要分别计算每部分的解，然后合并成最后结果。

将问题分解为子问题的方式多种多样。其中最常用的三种就是自底向上、自上而下和数据分割。

9.8.1.1　自底向上的递归

自底向上的递归往往最为直观。我们从解决问题的简单情况开始，比如，列表中只有一个元素时。然后再解决有 2 个元素、3 个元素的情况，以此类推。关键在于，如何**基于**上一种情况的答案（或者前面所有情况）得出后一种情况的解。

9.8.1.2　自上而下的递归

自上而下的递归比较抽象，可能会较为复杂。但有时这是思考某些问题的最佳方式。

遇到这类问题时，试着把变量为 N 的情况分解成子问题的解。

但要注意：分解的子问题间是否有重叠。

9.8.1.3　数据分割的递归

除了自底向上和自上而下，有时还需要将数据集分成两半。

例如，用数据分割的递归法实现二分查找。在一个排序的数组中寻找某个元素时，我们首先弄清数组的哪一半包含该元素，然后在这一半中递归寻找该元素。

归并排序也是一个"数据分割"的递归。我们排序数组的每一半，之后将其合并。

9.8.2　递归与迭代

递归算法极其耗空间。每次递归调用都会增加一层新的方法入栈，简而言之，如果递归深度为 n，那么最少占用 $O(n)$ 的空间。

鉴于此，用迭代实现递归算法往往更好。**所有的**递归都可以用迭代实现，只不过有时会让代码超级复杂。所以有了递归算法之后，不要急于实现。先问问自己用迭代实现难不难，也可以和面试官讨论该如何权衡。

9.8.3　动态规划及记忆法

人们对于动态规划问题的恐惧有些小题大做了，根本没必要对此提心吊胆。实际上，一旦掌握了其中窍门，那些问题对你而言不过是小菜一碟。

通常来说，动态规划就是使用递归算法发现重叠子问题（也就是重复的调用）。然后你可以缓存结果以备不时之需。

除此之外，你还可以研究递归调用的模式，实现其中重复的部分。这里仍然可以"缓存"中间结果。

> 术语提示：有些人把自上而下的动态规划称为"记忆模式"，他们认为只有自底向上的才可称为"动态规划"。本书不作这样的区分，两者都可称为动态规划。

动态规划的一个简单例子就是计算第 n 项斐波那契数列。一种处理这类问题好方法就是实现一个常规的递归解法，并增加缓存。

斐波那契数列

让我们遍历一种解法，计算第 n 项斐波那契数列。

● 递归

我们先用递归实现。感觉很容易，对吧？

```
1    int fibonacci(int i) {
2      if (i == 0) return 0;
3      if (i == 1) return 1;
4      return fibonacci(i - 1) + fibonacci(i - 2);
5    }
```

上述代码的运行时间是多少？仔细想一想。

如果你想说 $O(n)$ 或者 $O(n^2)$（这么想的大有人在），再好好想一想。深入思考下代码执行路径是什么样子。对于此问题及很多其他递归问题而言，把代码执行路径画成一棵树（也叫递归树）会让人更易理解。

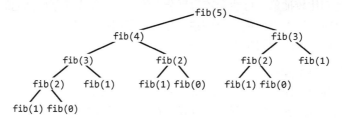

可以观察到，叶节点全都是 `fib(1)` 和 `fib(0)`，也就是动态规划中的基线条件。

树中节点的总数代表运行时间，因为每个节点在递归调用之外的工作只占用 $O(1)$ 的时间。因此，运行时间也等于调用的次数。

> 记住这个技巧，总会派上用场的。画递归调用树可以很好地用来计算递归算法运行时间。

这棵树有多少节点？在到基线条件（叶节点）之前，每个节点分叉 2 次，即有 2 个孩子节点。

从根节点开始，每个节点都有 2 个孩子节点，每个孩子节点又有 2 个孩子节点（所以在第 3 层有 4 个节点），以此类推。如果树的深度为 n，那么大概有 $O(2^n)$ 个节点，也就是说运行时间大约为 $O(2^n)$。

> 实际上，要比 $O(2^n)$ 略好一些。仔细观察就能发现，右子树总是比左子树小（除了叶节点和其父节点）。如果左右子树大小相同，运行时间就是 $O(2^n)$。但显然不是，真实的运行时间接近 $O(1.6^n)$。不过说其运行时间是 $O(2^n)$ 严格来讲也不算错，因为 $O(2^n)$ 描述了运行时间的上界（见 6.2.1 节）。无论如何，运行时间仍是指数级的。

如果在一台计算机上实现该算法，随着 n 的增大，运行秒数会呈指数级增长。如下图所示。

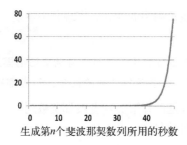

生成第 n 个斐波那契数列所用的秒数

我们应该找到一种优化方法。

● **自上而下的动态规划（记忆法）**

回头看看这棵递归树。你看到重复节点了吗？

重复节点非常多。其中 `fib(3)` 就出现了 2 次，`fib(2)` 甚至出现了 3 次。为什么每次计算都要重新开始呢？

实际上调用 `fib(n)` 时，调用次数不该超过 $O(n)$。原因很简单，在调用 `fib` 时所有可能的值一共也就 $O(n)$ 个。我们只需缓存每次计算 `fib(i)` 的结果，以备后续使用。

这也是称其为记忆法的原因所在。

只要对上面的函数稍作修改，就可以将时间复杂度优化为 $O(n)$。具体做法就是将每次调用 `fibonacci(i)` 的结果"缓存"起来。

```
1   int fibonacci(int n) {
2     return fibonacci(n, new int[n + 1]);
3   }
4
5   int fibonacci(int i, int[] memo) {
6     if (i == 0 || i == 1) return i;
7
8     if (memo[i] == 0) {
9       memo[i] = fibonacci(i - 1, memo) + fibonacci(i - 2, memo);
10    }
11    return memo[i];
12  }
```

在一般电脑上，之前的递归函数生成第 50 项斐波那契数列用时可能超过 1 分钟，而使用动态规划方法生成第 10 000 项斐波那契数列用时甚至不到几毫秒。当然，若用上面这段代码，int 变量不久就会溢出。

现在这棵递归树应该长下面这样（黑框代表调用时立即就能返回）。

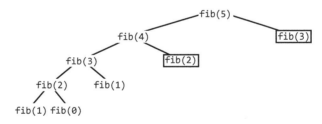

现在树上有多少节点？可以观察到树中节点是笔直朝下延伸的，直到深度大约为 n。这条线上的节点都只有一个另外的孩子节点，树的总节点大约为 $2n$。运行时间就是 $O(n)$。

通常可以把这棵树想象成下面这样。

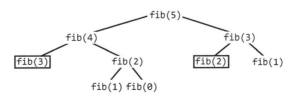

虽然递归实际调用链不长这样，但是扩展下一个节点得到一棵更宽的树比向下扩展得到更深的树更重要（这就像广度优先先于深度优先）。这样可以更容易地计算出树的节点数。你唯一要做的就是把延伸的节点和缓存结果的节点做相应的改变。如果你在计算动态规划的运行时间的问题上束手无策时，不妨试试该方法。

- 自底向上的动态规划

我们也可以采用自底向上的动态规划来实现。还是用递归记忆法来做，只不过这次顺序相反。

首先可以从已知的基线条件中得知 fib(1) 和 fib(0) 的值，然后利用它们计算 fib(2) 的值，接着可以根据已知值计算 fib(3)、fib(4) 的值，以此类推。

```
1    int fibonacci(int n) {
2      if (n == 0) return 0;
3      else if (n == 1) return 1;
4
5      int[] memo = new int[n];
6      memo[0] = 0;
7      memo[1] = 1;
8      for (int i = 2; i < n; i++) {
9        memo[i] = memo[i - 1] + memo[i - 2];
10     }
11     return memo[n - 1] + memo[n - 2];
12   }
```

如果你仔细思考就会发现，memo[i] 只在计算 memo[i+1] 和 memo[i+2] 时才用到。因此，我们可以用几个变量来替换 memo 这个数组。

```
1    int fibonacci(int n) {
2      if (n == 0) return 0;
3      int a = 0;
4      int b = 1;
5      for (int i = 2; i < n; i++) {
6        int c = a + b;
7        a = b;
8        b = c;
9      }
10     return a + b;
11   }
```

这本质上是将来自于最后两个斐波那契数列值的结果存储进 a 和 b。每次迭代，计算下个值(c = a + b)，之后将(b, c = a + b)移动到(a, b)。

对于这样一个简单的问题，解释这么多看似有些多余，但真正理解这个过程会产生一法通，百法通的效果，解决复杂困难的问题也会变得轻而易举了。去完成本章后面的面试题，其中很多动态规划的问题可以帮你温故知新。

补充阅读：归纳证明（见 11.1.6 节）

面试题目

8.1 **三步问题。**有个小孩正在上楼梯，楼梯有 n 阶台阶，小孩一次可以上 1 阶、2 阶或 3 阶。实现一种方法，计算小孩有多少种上楼梯的方式。（提示：#152，#178，#217，#237，#262，#359）

8.2 **迷路的机器人。**设想有个机器人坐在一个网格的左上角，网格 r 行 c 列。机器人只能向下或向右移动，但不能走到一些被禁止的网格。设计一种算法，寻找机器人从左上角移动到右下角的路径。（提示：#331，#360，#388）

8.3 **魔术索引。**在数组 A[0...n-1] 中，有所谓的魔术索引，满足条件 A[i] = i。给定一个有序整数数组，元素值各不相同，编写一种方法找出魔术索引，若有的话，在数组 A 中找出一个魔术索引。

进阶: 如果数组元素有重复值, 又该如何处理呢?

(提示: #170, #204, #240, #286, #340)

8.4 **幂集**。编写一种方法, 返回某集合的所有子集。(提示: #273, #290, #338, #354, #373)

8.5 **递归乘法**。写一个递归函数, 不使用 * 运算符, 实现两个正整数的相乘。可以使用加号、减号、位移, 但要吝啬一些。(提示: #166, #203, #227, #234, #246, #280)

8.6 **汉诺塔问题**。在经典汉诺塔问题中, 有 3 根柱子及 N 个不同大小的穿孔圆盘, 盘子可以滑入任意一根柱子。一开始, 所有盘子自上而下按升序依次套在第一根柱子上 (即每一个盘子只能放在更大的盘子上面)。移动圆盘时受到以下限制:

(1) 每次只能移动一个盘子;

(2) 盘子只能从柱子顶端滑出移到下一根柱子;

(3) 盘子只能叠在比它大的盘子上。

请编写程序, 用栈将所有盘子从第一根柱子移到最后一根柱子。(提示: #144, #224, #250, #272, #318)

8.7 **无重复字符串的排列组合**。编写一种方法, 计算某字符串的所有排列组合, 字符串每个字符均不相同。(提示: #150, #185, #200, #267, #278, #309, #335, #356)

8.8 **重复字符串的排列组合**。编写一种方法, 计算字符串所有的排列组合, 字符串中可能有字符相同, 但结果不能有重复组合。(提示: #161, #190, #222, #255)

8.9 **括号**。设计一种算法, 打印 n 对括号的所有合法的 (例如, 开闭一一对应) 组合。

示例:

    输入: 3

    输出: ((())), (()()), (())(), ()(()), ()()()

(提示: #138, #174, #187, #209, #243, #265, #295)

8.10 **颜色填充**。编写函数, 实现许多图片编辑软件都支持的 "颜色填充" 功能。给定一个屏幕 (以二维数组表示, 元素为颜色值)、一个点和一个新的颜色值, 将新颜色值填入这个点的周围区域, 直到原来的颜色值全都改变。(提示: #364, #382)

8.11 **硬币**。给定数量不限的硬币, 币值为 25 分、10 分、5 分和 1 分, 编写代码计算 n 分有几种表示法。(提示: #300, #324, #343, #380, #394)

8.12 **八皇后**。设计一种算法, 打印八皇后在 8×8 棋盘上的各种摆法, 其中每个皇后都不同行、不同列, 也不在对角线上。这里的 "对角线" 指的是所有的对角线, 不只是平分整个棋盘的那两条对角线。(提示: #308, #350, #371)

8.13 **堆箱子**。给你一堆 n 个箱子, 箱子宽 w_i、高 h_i、深 d_i。箱子不能翻转, 将箱子堆起来时, 下面箱子的宽度、高度和深度必须大于上面的箱子。实现一种方法, 搭出最高的一堆箱子。箱堆的高度为每个箱子高度的总和。(提示: #155, #194, #214, #260, #322, #368, #378)

8.14 **布尔运算**。给定一个布尔表达式和一个期望的布尔结果 result, 布尔表达式由 0、1、& 、| 和 ^ 符号组成。实现一个函数, 算出有几种可使该表达式得出 result 值的括号方法。该表达式要用全括号 (如 (0)^(1)) 表示, 而不能包含半括号 (如 (((0))^(1)))。

示例:

```
countEval("1^0|0|1", false) -> 2
countEval("0&0&0&1^1|0", true) -> 10
```

(提示: #148, #168, #197, #305, #327)

参考题目：链表（2.2，2.5，2.6）；栈与队列（3.3）；树与图（4.2，4.3，4.4，4.5，4.8，4.10，4.11，4.12）；数学与概率（6.6）；排序与查找（10.5，10.9，10.10）；C++（12.8）；中等难题（16.11）；高难度题（17.4，17.6，17.12，17.13，17.15，17.16，17.24，17.25）。

提示始于附录 B。

9.9　系统设计与可扩展性

扩展性面试题看似吓人，其实这类问题算得上是最简单的。它们不会暗藏什么"陷阱"，不会要什么花招，也不需要花哨或者不常见的算法。之所以能唬住很多面试者是因为他们认为解决某些题需要一些不为人知的技巧。

其实不然，设计此类题目只是为了了解你的实践能力。如果上级要求你设计某个系统，你会怎么做呢？

这也是我们要像下面这样做的原因。像在工作时那样去做，问明问题，与面试官讨论，权衡利弊。

下面我们将会讲解一些关键概念，但切记不要死记硬背。虽然理解一些系统设计的组件对你来说大有裨益，但你参与的过程则更为重要。请牢记：解决方案虽有好坏之分，却没有绝对完美的。

9.9.1　处理问题

- **交流**。提出系统设计题的一个重要目的是评估你的沟通能力。所以要和面试官保持沟通，疑惑时多多请教。另外，不要拘泥于原有思路，保持开放心态。
- **大处着眼**。不要直接跳到开发算法或者过于关注某一环节。
- **使用白板**。使用白板可以帮助面试官跟上你的设计思路。从面试一开始就使用白板，并在它上面画上设想图。
- **正视面试官的疑惑点**。在面试中，面试官很可能直接跳到使其困惑的点上。不要不予理睬，认真考虑面试官提出的疑虑，并验证是否如此。若果真如此，坦然承认的同时，迅速给出解决办法。
- **慎重假设**。不正确的假设会导致系统大相径庭。比如，如果你的系统是对数据进行分析和统计，那么最关键的问题就是数据处理是否实时。
- **清晰表明假设**。如果你做了一些假设，最好和面试官说清楚。这样做不仅可以在假设错误时得到面试官的告诫，还能展示出你对这些假设有着清晰的认知。
- **必要时可以估计**。有时你可能缺少一些数据。比如，你正在设计网络爬虫，可能需要预估存储所有链接需要多少空间，这时可以从已知数据着手。
- **主导**。在面试中，你作为求职者应该起到主导作用。当然，这不是让你忽略面试官，相反地，要与面试官保持沟通。然而，你应主导问题：提出问题，讨论利弊，深入沟通，做出优化。

从某种意义上来说，过程远比结果更重要。

9.9.2　循环渐进的设计

如果你的上司让你设计一个短域名系统，你会说"好"，然后把自己锁在办公室就开始设计吗？当然不是，在此之前你可能需要弄清楚一大堆问题，做到心中有数后再着手设计。在面试中，你也应该这样做。

9.9.2.1　步骤 1：审题

你无法设计一个你不知道是干什么的系统。审题至关重要，不仅在于确保你设计的系统正中面试官下怀，还在于这可能是面试官考查的重中之重。

如果问到的是类似于"设计短域名"之类的题目，你需要弄清楚到底要实现什么。用户是否可以自定义短域名？或者短域名是自动生成的？你需要追踪每次点击的信息吗？短域名需要一直保存，还是有失效时间？

以上问题在设计之前必须了然于胸。

最好列出主要特性或用例。例如，对于短域名，可表示如下。

- ❑ 把一个链接缩小成短链接。
- ❑ 分析链接。
- ❑ 检索短链接对应的原始链接。
- ❑ 用户账户及链接管理。

9.9.2.2　步骤 2：作合理假设

必要时可作些假设，但要确保其合情合理。比如，假设系统每天只需处理 100 个用户的请求或者假设可用内存无限大，这些显然都是不合理的。

不过假设每天新增链接不超过一百万个就比较合理。作出此假设能帮助你计算系统需要存储多少数据。

作出某些假设可能需要你具有"产品意识"（这不是什么坏事）。例如，数据最多延迟 10 分钟可以接受吗？这得视情况而定。如果输入链接到投入使用用时 10 分钟，这就涉及交易阻断的问题。人们通常想让这些链接立刻投入使用，数据统计晚 10 分钟却无关紧要。要多和你的面试官谈谈此类假设。

9.9.2.3　步骤 3：画出主要组件

离开椅子，走向白板，直接在白板上画出主要组件的结构图。你可能有一个前端服务器（或者一组服务器）从后台的数据存储中提取数据，还可能有另一组服务器从网上爬取数据，再有一组服务器负责处理和分析数据。只要把你心中的系统画出来就好。

从头到尾过一遍你的系统。一个用户生成了一个新的链接，然后会发生什么呢？

这个过程会让你忽略重要的可扩展性问题，而使你专注于简易明了的解题方法。不要担心，重要的问题会在步骤 4 着手解决。

9.9.2.4　步骤 4：确定主要问题

有了基础设计以后，就该把目光投向关键问题了。这个系统的瓶颈或者主要挑战是什么？

例如，如果你正在设计一个短域名系统，可能需要考虑到，一些链接很少被访问而另一些访问量却突然达到峰值的情况。在链接被贴在新闻网站或者一些流行论坛时，可能会发生这种情况。你不必每次都去访问数据库。

面试官可能会给你一些相关指导。如果有，尽管用到系统设计中去吧。

9.9.2.5　步骤 5：针对主要问题重新设计

一旦确定了系统的关键问题，就可以有针对性地开始调整系统设计了。这种调整有大有小：或者需要重新设计，或者只需要稍作调整（比如使用缓存）。

9

随着设计的变化，记得白板上的系统图也需要随之更新。

直视你所设计的系统的局限性。面试官可能会意识到这一点，所以向面试官表明你也意识到了这一点至关重要。

9.9.3　逐步构建的方法：循序渐进

大多数情况下，不会要求你设计一个完整的系统，只会要求你设计一种特性或一个算法，并要考虑其可扩展性，或者也可能要求你为一个较为广泛的设计问题所包含的核心部分设计算法。

这时可以尝试下面这个方法。

9.9.3.1　步骤 1：提出问题

和前面的方法一样，把问题问清楚，做到了然于胸。面试官可能会有意或无意地遗漏一些细节。况且，如果你连问题本身都一知半解的话，何谈解决问题呢？

9.9.3.2　步骤 2：大胆假设

假设一台计算机就能装下全部数据，且存储上没有任何限制，你会如何解决问题呢？由此得出的答案，可以为你最终解决问题提供基本思路。

9.9.3.3　步骤 3：切合实际

现在，让我们回到问题本身。一台计算机究竟能装下多少数据？拆分这些数据会产生什么问题？通常，我们要考虑的是，如何合理拆分数据以及一台计算机该如何识别去哪里查找不同的数据片段。

9.9.3.4　步骤 4：解决问题

最后，想一想该如何处理步骤 3 发现的问题。请记住，这些解决方案应能彻底消除这些问题，或至少能改善一下状况。通常情况下，你可以继续使用（经过一定修改后）步骤 2 描述的方法，但偶尔也需要改弦易张，从根本上改变该解决方案。

请注意，迭代法通常大有用处，也就是说，等你解决好步骤 3 发现的问题后，可能又会冒出新问题，这时你就要着手处理这些新问题了。

你的目的不是重新设计公司耗资数百万美元搭建的复杂系统，而是证明你有分析和解决问题的能力。检验自己的解法，四处挑错并予以修正，是个向面试官展现实力的不错方法。

9.9.4　关键概念

尽管系统设计题的真实目的不是测试你知识的多少，但了解其中一些关键概念仍然对你有所助益。

本书只给出关于这些概念的简单概述。这些概念复杂而又深奥，如果你想继续深入，推荐你去网上找找资源。

9.9.4.1　水平扩展与垂直扩展

通常有以下两种系统扩展方式。

- ❏ 垂直扩展通常意味着增加特定节点的资源。例如，为了提高负载，你可能需要增加服务器的内存。
- ❏ 水平扩展通常意味着增加节点数。例如，额外增加一台机器也就减少了每台机器的负载。

垂直扩展比水平扩展来得容易些，但限制很大。毕竟，内存和硬盘不可以无限制地增加。

9.9.4.2　负载均衡

一个可扩展的网站通常把前端请求发送到后端负载均衡服务器上。这样一来，系统就可以均衡分发请求，避免单个服务因负载过高挂掉，也可以避免因单个服务宕机导致整个系统瘫痪。当然了，前提是你得把这些服务器放在同一网络下，部署相同的代码，访问相同的数据。

9.9.4.3　数据库反规范化和非关系型数据库

随着系统日益庞杂，数据库连接（join，不区分内外）也会变得越来越慢。因此，你通常会选择避开它。

数据库反规范化就是一个很好的办法。反规范化意味着通过存储重复信息来加速阅读。例如，想象一个用来存储项目和任务的数据库（一个项目有多个任务）。如果你想获取项目名称和任务信息，与其连接这些表，不如把项目名称存储在任务表里（项目表里也有一份）。

或者你可以切换到非关系型数据库。非关系型数据库不支持连接，可能存储的数据的组织形式也有所不同。通常，其可扩展性要好一些。

9.9.4.4　数据库分区（分片）

数据分片就是把数据切分，存储在多个机器中，但你有办法知道哪个数据存储在哪台机器上。

几种常用分区方式如下。

- ❑ **垂直分区**。这是按照特性分区的。举个例子，如果你想建个社交网络，其中与个人简介相关的表在一个区，信息相关的表在另一个区，等等。其缺点在于，如果其中某个表过大，你可能需要重新分区（比如使用一个新的分区方案）。
- ❑ **基于键值（或散列）的分区**。其使用数据的某些部分（比如 ID）进行分区。一种最简单的实现方式是，分配 N 个服务器并把数据放入 key 对 n 取模后的那台服务器。这样做的问题在于，服务器的数量实际上是固定的，并且每添加一台服务器都要把所有数据重新分配一遍，成本过高了。
- ❑ **基于目录的分区**。这种模式下，你需要维护一个查找表，用于检索数据所在的位置。这样一来增加其他机器就变得相对容易些，但两大弊端也随之而来：一是查找表可能单点故障；二是持续访问查找表会影响性能。

实际上，许多架构在演进的过程中都不止用了一种分区方案。

9.9.4.5　缓存

基于内存的缓存访问速度极快。它本质上是个键值对，通常处于应用程序与数据访问层中间。当有请求进来时，应用首先访问缓存。如果缓存没命中，才会去数据访问层寻找数据（这里说的数据，也有可能不存储在数据访问层）。

除了直接缓存查询及对应的结果以外，你还可以缓存特定的对象（比如渲染过的网站的一部分或者最近访问的博客文章列表）。

9.9.4.6　异步处理与队列

慢操作最好用异步处理，否则，用户可能会束手无策，一直等到处理结束。

有时，我们可以提前处理（即预处理）。例如，我们有一个工作队列，其任务是更新网站的某些部分。如果我们正在运行着一个论坛，它可能有个任务是重新渲染页面，列出最受欢迎的帖子及评论数。新的列表可能会稍有延迟，不过还好。使用工作队列异步处理，总比只是因为有人添加了新的评论导致页面缓存失效，就要用户等待网站重新加载，要好得多。

还有一些情况下，我们会告诉用户等待一会儿，待处理完再通知用户。你以前可能在有些网站上遇到过此类情况。或许你启用了网站的某些功能，网站会提示你等待几分钟再来导入数据，待处理完后会通知你。

9.9.4.7 网络指标

下面是一些关于网络的重要指标。

- □ **带宽**。带宽是单位时间内传输的最大数据量，通常表示为字节每秒(或者千兆字节每秒)。
- □ **吞吐量**。带宽描述的是单位时间内可传输的最大数据量，而吞吐量则是实际传输的数据量。
- □ **延迟**。网络延迟表示数据从一端到另一端需要的时间，也就是从发送方发送信息(即使信息非常小)到接收方接收信息之间的延迟。

假设你有一个传送带，可以在工厂内传输物品，那么延迟就是把物品从一边传到另一边所需的时间，吞吐量则指传送带每秒送达物品的数量。

- □ 加宽传送带不会改变延迟，但会改变吞吐量和带宽。你可以一次从传送带上得到更多的物品，因此，单位时间内可以传输更多。
- □ 缩短传送带会减少延迟，因为物品运输时间变少了；但不会改变带宽或者吞吐量，因为单位时间内传送物品数目不变。
- □ 传送带提速会同时改变三者，不仅能缩短物品穿越工厂的时间，也能在单位时间内传送更多物品。
- □ 带宽是在最佳情况下单位时间内能运送物品的最大数量，而吞吐量是在机器可能运转不畅时实际传输物品的时间。

延迟经常为人所忽视，但在某些场合不容小觑。假如你在玩某些在线游戏，延迟将是一大拦路虎。如果不能对对手的动作做出快速应对，一般的在线体育游戏怎么玩？再者说，不像吞吐量那样可以通过压缩数据来提速，你通常对延迟无能为力。

9.9.4.8 MapReduce

一提到 MapReduce，人们常挂在嘴边的就是谷歌，事实上，MapReduce 的使用范围更为广泛，其主要用于处理大量数据。

顾名思义，使用 MapReduce 需要写一个映射(map)步骤和一个归约(reduce)步骤，除此之外的工作，系统会帮你处理。

- □ 映射操作会处理数据，得出键值对(key-value)。
- □ 归约是用一个 key 和对应的若干个 value 按某种特征"归约"，产生一个新的键值对。这步的结果还可反馈到归约程序中作进一步减化。

MapReduce 让我们可以并行进行大量数据处理，并在处理大量数据的同时确保可扩展性良好。

详情请参考 11.8 节。

9.9.5 系统设计要考虑的因素

除了要学习前面的概念以外，在设计系统时还要考虑以下问题。

- □ **故障**。从理论上讲，系统的任何部分都有可能出现故障。你要未雨绸缪，为大多数故障甚至所有故障提出解决方案。
- □ **可用性与可靠性**。可用性是系统正常运行时间百分比的函数，而可靠性是系统在一定时间内正常运行概率的函数。

❑ **读多写少与写多读少。**一个应用是读多还是写多会使设计截然不同。如果是写多读少，可以考虑排队写入（但要考虑到可能出现的故障）。如果是读多写少，可能需要缓存，此外，也可能因此改变其他的设计决策。

❑ **安全性。**当然，安全隐患对一个系统来说会是致命的。想一想一个系统可能会遇到的安全隐患类型，提前想好应对之策，做到未雨绸缪。

这里只是让你简单了解下系统潜在的问题。记住在面试中阐明设计的利弊。

9.9.6　人无完人，系统亦然

不管是短域名、谷歌地图还是其他什么系统，没有哪个系统是完美无缺的（尽管绝大多数情况都能运作良好）。系统总是利弊权衡的产物。基于不同的假设，两个人给出的系统设计可能会是同样精彩绝伦但又截然不同的。

鉴于此，你的目标应该是，理解用例，仔细审题，作出合理的假设，根据假设给出一个可靠的设计，然后阐明设计的利弊。不要心存幻想，一味追求完美的系统。

9.9.7　实例演示

给定数百万份文件，如何找出所有包含某一组词的文件？这些词出现的顺序不定，但必须是完整的单词，也就是说，book 与 bookkeeper 不能混为一谈。

在着手解决问题之前，我们需要考虑 findWords 程序是只用一次，还是要反复调用。假设需要多次调用 findWords 程序来扫描这些文件，那么，我们能不厌其烦地作预处理。

9.9.7.1　步骤 1

第一步是先忘记我们有数以百万计的文件，假装只有几十个文件。在这种情况下，如何实现 findWords 呢？（提示：不要急着看答案，先试着自己解解看。）

一种方法是预处理每个文件，并创建一个散列表的索引。这个散列表会将词映射到含有这个词的一组文件。

```
"books" -> {doc2, doc3, doc6, doc8}
"many" -> {doc1, doc3, doc7, doc8, doc9}
```

若要查找"many books"，只需对"books"和"many"的值进行交集运算，于是得到结果{doc3, doc8}。

9.9.7.2　步骤 2

现在，回到最初的问题。若有数百万份文件，会有什么问题？首先，我们可能需要将文件分散到多台机器上。此外，我们还要考虑很多因素，比如要查找的单词数量，在文件中重复出现的次数等，一台机器可能放不下完整的散列表。假设我们就要按这些限制因素进行设计。

文件分散到多台机器上会引出以下几个很关键的问题。

(1) 如何划分该散列表？我们可以按关键字划分，例如，某台机器上存放包含某个单词的全部文件，或者可以按文件来划分，这样一台机器上只会存放对应某个关键字的部分文件而非全部。

(2) 一旦决定了如何划分数据，我们可能需要在一台机器上对文件进行处理，并将结果推送到其他机器上。这个过程会是什么样呢？（注意：若按文件划分散列表，可能就不需要这一步。）

(3) 我们需要找到一种方法获知哪台机器拥有哪些数据。这个查找表会是什么样？又该存储在什么地方？

这只是三个主要问题，可能还会有很多其他问题。

9

9.9.7.3　步骤 3

在步骤 3 中，我们会找出这些问题的解决方案，其中一种解法是按字母顺序划分不同的关键字，这样一来，每台机器便可以处理一串词。例如，从 "after" 直到 "apple"。

我们可以实现一种简单的算法，按字母顺序遍历所有关键字，并尽可能多地将数据存储在一台机器上。当这台机器的空间被占满之后，便转到下一台机器。

这种方法的优点是查找表会比较小而且简单（因为它只需包含一系列指定的值），每台机器可存储一份查找表的副本。然而，不足之处在于，新增文件或单词时，我们可能需要不计代价地来改变关键字的位置。

为了找到匹配某一组字符串的所有文件，我们会先对这一组字符串进行排序，然后给每一台机器发送与字符对应的查找请求。例如，若待查字符串为 "after builds boat amaze banana"，1 号机器就会接收到查找{"after", "amaze"}的请求。

1 号机器开始查找包含 "after" 与 "amaze" 的文件，并对这些文件执行交集运算。3 号机器则处理{"banana", "boat", "builds"}这几个关键字，同样也会对文件进行交集运算。

最后，发送请求的机器再对 1 号机器及 3 号机器返回的结果取交集。下图描述了整个过程。

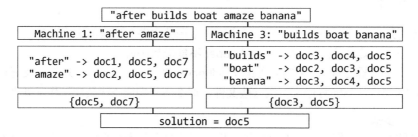

面试题目

这些问题旨在反映真实的面试，所以它们的定义并不总是那么明确。解题时，考虑一下你要问面试官什么问题，并作出合理假设。你也可以作出与本书不同的假设，那样会使你得到一个截然不同的设计。这完全没问题。

9.1　**股票数据**。假设你正在搭建某种服务，有多达 1000 个客户端软件会调用该服务，取得每天盘后股票价格信息（开盘价、收盘价、最高价与最低价）。假设你手里已有这些数据，存储格式可自行定义。你会如何设计这套面向客户端的服务从而向客户端软件提供信息？你将负责该服务的研发、部署、持续监控和维护。描述你想到的各种实现方案，以及为何推荐采用你的方案。该服务的实现技术可任选，此外，可以选用任何机制向客户端分发信息。（提示：#385，#396）

9.2　**社交网络**。你会如何设计诸如 Facebook 或 LinkedIn 的超大型社交网站的数据结构？请设计一种算法，展示两人之间最短的社交路径（比如，我 → 鲍勃 → 苏珊 → 杰森 → 你）。（提示：#270，#285，#304，#321）

9.3　**网络爬虫**。如果要设计一个网络爬虫，该怎样避免陷入死循环呢？（提示：#334，#353，#365）

9.4　**重复网址**。给定 100 亿个网址（URL），如何检测出重复的文件？这里所谓的"重复"是指两个 URL 完全相同。（提示：#326，#347）

9.5 **缓存**。想象有个 Web 服务器，实现简化版搜索引擎。这套系统有 100 台机器来响应搜索查询，可能会对另外的机器集群调用 processSearch(string query) 以得到真正的结果。响应查询请求的机器是随机挑选的，因此两个同样的请求不一定由同一台机器响应。processSearch 方法过于昂贵，请设计一种缓存机制，缓存最近几次查询的结果。当数据发生变化时，请解释说明该如何更新缓存。（提示：#259，#274，#293，#311）

9.6 **销售排名**。一家大型电子商务公司希望列出所有类别及每个类别最畅销的产品，例如，在所有类别中，一款产品可能是第 1056 个畅销产品，但在"运动器械"类排名第 13，在"安全"类排名第 24。简述你要如何设计这个系统。（提示：#142，#158，#176，#189，#208，#223，#236，#244）

9.7 **个人理财管理**。要你设计款个人理财管理系统（类似 Mint.com），简述你的设计思路。系统的功能可以连接到你的银行账户，分析你的消费习惯，并给出建议。（提示：#162，#180，#199，#212，#247，#276）

9.8 **文本分享**。设计一个类似于 Pastebin[①]的系统，用户输入一段文本，就可以得到一个随机生成的 URL 来访问该系统。（提示：#165，#184，#206，#232）

参考题目：面对对象设计（7.7）。

提示始于附录 B。

9.10 排序与查找

掌握常见的排序与查找算法大有裨益，因为很多排序与查找问题实际上只是将大家熟悉的算法稍作修改而已。因此，处理这类问题的诀窍在于，逐一考虑各种不同的排序算法，看看哪一种较为合适。

举个例子，假设你被问到如下问题：给定一个含有 Person 对象且超大型数组，请按年龄的升序对数组元素进行排序。

根据题目，有以下两点值得注意：

(1) 数组很大，所以效率至关重要；

(2) 根据年龄排序，所以这些数值的范围较小。

检查各种排序算法，可能会注意到"桶排序"（或称基数排序）尤其适用于这个问题。事实上，我们所用的桶数目并不多（一个年龄对应一个），最终执行时间为 $O(n)$。

9.10.1 常见的排序算法

学习（或复习）常见的排序算法可以很好地提升自身水平。下面介绍的 5 种算法中，归并排序（merge sort）、快速排序（quick sort）和桶排序（bucket sort）是面试中最常用的 3 种类型。

9.10.1.1 冒泡排序|执行时间：平均情况与最差情况为 $O(n^2)$，存储空间：$O(1)$

冒泡排序（bubble sort）是先从数组第一个元素开始，依次比较相邻两个数，若前者比后者大，就将两者交换位置，然后处理下一对，以此类推，不断扫描数组，直到完成排序。这个过程中，最小的元素像气泡一样升到列表最前面，冒泡排序因此而得名。

---

① Pastebin 是用来分享和展示代码、文本的一个软件。——译者注

9.10.1.2　选择排序|执行时间：平均情况与最差情况为 $O(n^2)$，存储空间：$O(1)$

选择排序（selection sort）有点"小儿科"：简单而低效。我们会线性逐一扫描数组元素，从中挑出最小的元素，将它移到最前面（也就是与最前面的元素交换）。然后，再次线性扫描数组，找到第二个最小的元素，并移到前面。如此反复，直到全部元素各归其位。

9.10.1.3　归并排序|执行时间：平均情况与最差情况为 $O(n \log (n))$，存储空间：看情况

归并排序是将数组分成两半，这两半分别排序后，再归并在一起。排序某一半时，继续沿用同样的排序算法，最终，你将归并两个只含一个元素的数组。这个算法的重点在于"归并"。

在下面的代码中，merge 方法会将目标数组的所有元素复制到临时数组 helper 中，并记下数组左、右两半的起始位置（helperLeft 和 helperRight）。然后，迭代访问 helper 数组，将左右两半中较小的元素复制到目标数组中。最后，再将余下所有元素复制到目标数组。

```
1   void mergesort(int[] array) {
2     int[] helper = new int[array.length];
3     mergesort(array, helper, 0, array.length - 1);
4   }
5
6   void mergesort(int[] array, int[] helper, int low, int high) {
7     if (low < high) {
8       int middle = (low + high) / 2;
9       mergesort(array, helper, low, middle); // 排序左半部分
10      mergesort(array, helper, middle + 1, high); // 排序右半部分
11      merge(array, helper, low, middle, high); // 归并
12    }
13  }
14
15  void merge(int[] array, int[] helper, int low, int middle, int high) {
16    /* 将数组左右两半复制到 helper 数组中 */
17    for (int i = low; i <= high; i++) {
18      helper[i] = array[i];
19    }
20
21    int helperLeft = low;
22    int helperRight = middle + 1;
23    int current = low;
24
25    /* 迭代访问 helper 数组。比较左、右两半的元素，
26     * 并将较小的元素复制到原先的数组中 */
27    while (helperLeft <= middle && helperRight <= high) {
28      if (helper[helperLeft] <= helper[helperRight]) {
29        array[current] = helper[helperLeft];
30        helperLeft++;
31      } else { // 如果右边元素小于左边元素
32        array[current] = helper[helperRight];
33        helperRight++;
34      }
35      current++;
36    }
37
38    /* 将数组左半部分剩余元素复制到目标数组中*/
39    int remaining = middle - helperLeft;
40    for (int i = 0; i <= remaining; i++) {
41      array[current + i] = helper[helperLeft + i];
42    }
43  }
```

你可能会发现，上述代码只是将 helper 数组左半部分剩余元素复制到目标数组中。为什

么不复制右半部分的呢？那是因为这部分元素**早已**在目标数组中，无须复制。

下面以数组[1, 4, 5 || 2, 8, 9]（符号"||"表示分界点）为例进行说明。在合并左右两部分的元素之前，helper 数组与目标数组末尾都是[8, 9]。将 4 个元素（1、4、5 和 2）复制到目标数组时，[8, 9]仍在原处。所以，也就不需要复制这两个元素了。

归并排序的空间复杂度是 $O(n)$，因为归并时用到了辅助数组。

9.10.1.4　快速排序|执行时间：平均情况为 $O(n \log(n))$，最差情况为 $O(n^2)$，存储空间：$O(\log(n))$

快速排序指随机挑选一个元素，对数组进行分割，以将所有比它小的元素排在比它大的元素前面。这里的分割经由一系列元素交换的动作完成（见下文）。

如果我们根据某元素再对数组（及其子数组）进行分割，并反复执行，最后数组就会变得有序。然而，因为无法确保分割元素就是数组的中位数（或接近中位数），快速排序效率可能极低，这也解释了为什么最差情况下时间复杂度为 $O(n^2)$。

```
1   void quickSort(int[] arr, int left, int right) {
2     int index = partition(arr, left, right);
3     if (left < index - 1) { // 排序左半部分
4       quickSort(arr, left, index - 1);
5     }
6     if (index < right) { // 排序右半部分
7       quickSort(arr, index, right);
8     }
9   }
10
11  int partition(int[] arr, int left, int right) {
12    int pivot = arr[(left + right) / 2]; // 挑出一个基准点
13    while (left <= right) {
14      // 找出左边中应被放到右边的元素
15      while (arr[left] < pivot) left++;
16
17      // 找出右边中应被放到左边的元素
18      while (arr[right] > pivot) right--;
19
20      // 交换元素，同时调整左右索引值
21      if (left <= right) {
22        swap(arr, left, right); // 交换元素
23        left++;
24        right--;
25      }
26    }
27    return left;
28  }
```

9.10.1.5　基数排序|执行时间：$O(kn)$（见下文）

基数排序是一种对整数（或其他一些数据类型）进行排序的算法，其充分利用了整数的位数有限这一事实。使用基数排序时，我们会迭代访问数字的每一位，按各个位对这些数字分组。比如说，假设有一个整数数组，我们可以先按个位对这些数字进行分组，于是，个位为 0 的数字就会分在同一组。然后，再按十位进行分组，如此反复执行同样的过程，逐级按更高位进行排序，直到最后整个数组变为有序数组。

其他比较算法在平均情况下执行时间不会优于 $O(n \log(n))$，相比之下，基数排序的执行时间为 $O(kn)$，其中 n 为元素个数，k 为数字的位数。

9.10.2　查找算法

一提到查找算法，我们一般都会想到二分查找。这个算法确实至关重要，值得研习。

在二分查找中，要在有序数组里查找元素 x，我们会先取数组中间元素与 x 作比较。若 x 小于中间元素，则搜索数组的左半部分。若 x 大于中间元素，则搜索数组的右半部分。然后，重复这个过程，将左半部分和右半部分视作子数组继续搜索。我们再次取这个子数组的中间元素与 x 作比较，然后搜索其左半部分或右半部分。我们会重复这一过程，直至找到 x 或子数组大小为 0。

从概念上看似乎通俗易懂，但要做到运用自如比你想象的要困难得多。研读以下代码时，请注意哪里要加 1 哪里要减 1。

```
1   int binarySearch(int[] a, int x) {
2     int low = 0;
3     int high = a.length - 1;
4     int mid;
5
6     while (low <= high) {
7       mid = (low + high) / 2;
8       if (a[mid] < x) {
9         low = mid + 1;
10      } else if (a[mid] > x) {
11        high = mid - 1;
12      } else {
13        return mid;
14      }
15    }
16    return -1; // 错误
17  }
18
19  int binarySearchRecursive(int[] a, int x, int low, int high) {
20    if (low > high) return -1; // 错误
21
22    int mid = (low + high) / 2;
23    if (a[mid] < x) {
24      return binarySearchRecursive(a, x, mid + 1, high);
25    } else if (a[mid] > x) {
26      return binarySearchRecursive(a, x, low, mid - 1);
27    } else {
28      return mid;
29    }
30  }
```

除了二分查找，还有很多种查找数据结构的方法，总之，我们不要拘泥于二分查找。比如说，你可以利用二叉树或使用散列表来查找某节点。尽情开拓思路吧！

面试题目

10.1　**合并排序的数组**。给定两个排序后的数组 A 和 B，其中 A 的末端有足够的缓冲空间容纳 B。编写一个方法，将 B 合并入 A 并排序。（提示：#332）

10.2　**变位词组**。编写一种方法，对字符串数组进行排序，将所有变位词排在相邻的位置。（提示：#177，#182，#263，#342）

10.3　**搜索旋转数组**。给定一个排序后的数组，包含 n 个整数，但这个数组已被旋转过很多次了，次数不详。请编写代码找出数组中的某个元素，假设数组元素原先是按升序排列的。

示例：

　　输入：在数组{15, 16, 19, 20, 25, 1, 3, 4, 5, 7, 10, 14}中找出 5

　　输出：8（元素 5 在该数组中的索引）

（提示：#298，#310）

10.4 **排序集合的查找**。给定一个类似数组的长度可变的数据结构 Listy，它有个 elementAt(i) 方法，可以在 $O(1)$ 的时间内返回下标为 i 的值，但越界会返回 -1。因此，该数据结构只支持正整数。给定一个排好序的正整数 Listy，找到值为 x 的下标。如果 x 多次出现，任选一个返回。（提示：#320，#337#，#348）

10.5 **稀疏数组搜索**。有个排好序的字符串数组，其中散布着一些空字符串，编写一种方法，找出给定字符串的位置。

示例：

　　输入：在字符串数组{"at", "", "", "", "ball", "", "", "car", "", "", "dad", "", ""}中查找"ball"

　　输出：4

（提示：#256）

10.6 **大文件排序**。设想你有个 20 GB 的文件，每行有一个字符串，请阐述一下将如何对这个文件进行排序。（提示：#207）

10.7 **失踪的整数**。给定一个输入文件，包含 40 亿个非负整数，请设计一种算法，生成一个不包含在该文件中的整数，假定你有 1 GB 内存来完成这项任务。

进阶：如果只有 10 MB 内存可用，该怎么办？假设所有值均不同，且有不超过 10 亿个非负整数。

（提示：#235，#254，#281）

10.8 **寻找重复数**。给定一个数组，包含 1 到 N 的整数，N 最大为 32 000，数组可能含有重复的值，且 N 的取值不定。若只有 4 KB 内存可用，该如何打印数组中所有重复的元素。

（提示：#289，#315）

10.9 **排序矩阵查找**。给定 $M \times N$ 矩阵，每一行、每一列都按升序排列，请编写代码找出某元素。

（提示：#193，#211，#229，#251，#266，#279，#288，#291，#303，#317，#330）

10.10 **数字流的秩**。假设你正在读取一串整数。每隔一段时间，你希望能找出数字 x 的秩（小于或等于 x 的值的个数）。请实现数据结构和算法来支持这些操作，也就是说，实现 track(int x) 方法，每读入一个数字都会调用该方法；实现 getRankOfNumber(int x) 方法，返回小于或等于 x（x 除外）的值的个数。

示例：

　　数据流为（按出现的先后顺序）：5, 1, 4, 4, 5, 9, 7, 13, 3

　　getRankOfNumber(1) = 0

　　getRankOfNumber(3) = 1

　　getRankOfNumber(4) = 3

（提示：#301，#376，#392）

10.11 **峰与谷**。在一个整数数组中，"峰"是大于或等于相邻整数的元素，相应地，"谷"是小于或等于相邻整数的元素。例如，在数组{5, 8, 6, 2, 3, 4, 6}中，{8, 6}是峰，{5, 2}是谷。现在给定一个整数数组，将该数组按峰与谷的交替顺序排序。

9

示例：

　　输入：[5, 3, 1, 2, 3]

　　输出：[5, 1, 3, 2, 3]

（提示：#196，#219，#231，#253，#277，#292，#316）

参考题目：数组与字符串（1.2）；递归（8.3）；中等难题（16.10，16.16，16.24）；高难度题（17.11，17.26）。

提示始于附录 B。

9.11　测试

在念叨着"我又不是测试员"准备跳过本章之前，请三思。对于软件工程师来说，测试是项很重要的工作，因此，在面试中你很可能会碰到测试问题。当然，如果你刚好要应聘测试职位（或软件测试工程师），那就更应该好好研读这部分内容了。

测试问题一般分为以下 4 类：(1) 测试现实生活中的事物（比如一支笔）；(2) 测试一套软件；(3) 编写代码测试一个函数；(4) 调试解决已知问题。针对每一类题型，我们都会给出相应的解法。

请记住：处理这 4 类问题时，切勿假设使用者会做到运用自如，而是做好应对用户误用乱用软件的准备。

9.11.1　面试官想考查什么

表面上看，测试问题主要考查你能否想到周全完备的测试用例。这在一定程度上也是对的，求职者确实需要想出一系列合理的测试用例。

但除此之外，面试官还想考查以下几个方面。

- □ **全局观**。你是否真的了解软件是怎么回事？你能否正确区分测试用例的优先顺序？比如说，假设问你该如何测试像亚马逊这样的电子商务系统。若能确保产品图片显示位置正确，当然也不错，但最重要的是，支付流程做到万无一失，货品能顺利地进入发货流程，顾客绝对不能被重复扣款。

- □ **懂整合**。你是否了解软件的工作原理？该如何将它们整合成更大的软件生态系统？假设要测试谷歌电子表格（spreadsheet），你自然会想到测试文档的打开、存储及编辑功能。但实际上，谷歌电子表格也是大型软件生态系统的一个重要组成部分。所以，你还需将它与 Gmail、各种插件和其他模块整合在一起进行测试。

- □ **会组织**。你在处理问题时是有条不紊，还是毫无章法？一些求职者在要求给出照相机的测试用例时，只会一股脑儿地说出一些杂乱无章的想法，优秀的求职者却能将测试功能分为几类，比如拍照、照片管理、设置，等等。在创建测试用例时，这种结构化处理方法还有助于你将工作做得更周全。

- □ **可操作**。你制定的测试计划是否合理并行之有效？比如，如果用户反馈软件会在打开某张图片时崩溃，你却只是要求他们重新安装软件，这显然太不实际了。你的测试计划必须切实可行，便于公司操作落实。

倘若能在面试中充分展现以上能力，那么你无疑就是所有测试团队梦寐以求的那个人。

9.11.2 测试现实生活中的事物

当问到该如何测试一支笔时,有些求职者会感到莫名其妙。毕竟,要测试的不应该是软件吗?没错,但这些关于"现实生活"的问题其实屡见不鲜。我们先来看看下面这个例子吧!

比如有这么一个问题:如何测试一枚回形针?

9.11.2.1 步骤 1:使用者是哪些人?做什么用

你需要跟面试官讨论一下谁会使用这个产品以及做什么用。答案可能出乎你的意料,比如,回答案可能是"老师,把纸张夹在一起"或"艺术家,为了弯成动物的造型",又或者两者皆要考虑。这个问题的答案将决定你如何处理后续问题。

9.11.2.2 步骤 2:有哪些用例

列出回形针的一系列用例,这将对解决问题大有裨益。在这个例子中,用例可能是将纸张固定在一起且不得破坏纸张。

若是其他问题可能会涉及多个用例。比如,某产品要能够发送和接收内容或有擦写和删除功能,等等。

9.11.2.3 步骤 3:有哪些使用限制

使用限制可能是,回形针一次可以夹最多 30 张纸时不会造成永久性损害(比如弯掉),夹 30 到 50 张纸时则会发生轻微变形。

同时,使用限制也要考虑环境因素。比如,回形针可否在酷热(约 32 到 43 摄氏度)环境下使用?在极寒环境下呢?

9.11.2.4 步骤 4:压力条件与失效条件是什么

没有一件产品是万无一失的,所以,在测试中,还必须分析失效条件。跟面试官探讨时,最好问一下在什么情况下产品失效是可接受的(甚至是必要的)以及什么样才算是失效。

举个例子,要你测试一台洗衣机,你可能会认为洗衣机至少要能洗 30 件 T 恤衫或裤子。一次放进 30 到 45 件衣服可能会导致轻微失效,因为衣物洗得不够干净。若超过 45 件衣物,出现极端失效或许可以接受。不过,这里所谓的极端失效应该是指洗衣机根本不该进水,**绝对不应该让水溢出来或引发火灾**。

9.11.2.5 步骤 5:如何执行测试

有些情况下,讨论执行测试的个中细节可能必不可少。比如,若要确保一把椅子能正常使用 5 年,你恐怕不会把它放在家里等上 5 年再来看结果。相反地,你需要定义何谓"正常"使用情况,比如,每年会在椅子上坐多少次?扶手怎么样?然后,除了做一些手动测试,你可能还会想到找台机器自动执行某些功能测试。

9.11.3 测试一套软件

测试软件与测试现实生活的事物大同小异。主要差别在于软件测试往往更强调执行测试的细节。

请注意,软件测试主要涉及如下两个方面。

❑ **手动测试与自动化测试**。理想情况下,我们当然希望能够自动化所有的测试工作,不过这不太现实。有些东西还是手动测试来的更好,因为某些功能对计算机而言过于定性化以至于很难有效检查(比如,内容带有淫秽色情成分)。此外,计算机只能机械地识别明确告知过的情况，而人类就不一样了，通过观察就可能发现亟待验证的新问题。因此，在测试过程中，无论是人工还是计算机，两者都不可或缺。

- ❑ **黑盒测试与白盒测试。**两者的区别反映了我们对软件内部机制的掌控程度。在黑盒测试中，我们只关心软件的表象，并且仅测试其功能。而在白盒测试中，我们会了解程序的内部机制，还可以分别对每一个函数进行测试。我们也可以自动执行部分黑盒测试，只不过难度要大得多。

下面介绍一种测试方法，并从头到尾细述一遍。

9.11.3.1　步骤 1：要做黑盒测试还是白盒测试

尽管我们通常会拖到测试后期才会考虑这个问题，但我喜欢早点作出选择。不妨跟面试官确认一下，要做黑盒测试还是白盒测试或是两者都要。

9.11.3.2　步骤 2：使用者是哪些人？做什么用

一般来说，软件都会有一个或多个目标用户，因此，设计各个功能时都会考虑用户需求。比如，若要你测试一款家长用来监控网页浏览器的软件，那么你的目标用户既包括家长（实施监控过滤哪些网站）又包括孩子（有些网站被过滤了）。用户也可能包括"访客"（也就是既不实施也不受监控的使用者）。

9.11.3.3　步骤 3：有哪些用例

在监控过滤软件中，家长的用例包括安装软件，更新过滤网站清单，移除过滤网站以及供他们自己使用的不受限制的网络。对孩子而言，用例包括访问合法内容及"非法"内容。

切记：不可凭空想象来决定各种用例，而要与面试官交流讨论后再确定。

9.11.3.4　步骤 4：有哪些使用限制

大致定义好用例后，我们还需弄清其确切的意思。"网络被过滤屏蔽"具体指什么？只过滤屏蔽"非法"网页还是屏蔽整个网站？是否要求该软件具备"学习"能力从而识别不良内容抑或只是根据白名单或黑名单进行过滤？若要求具备学习能力并自动识别不良内容，允许多大的误报漏报率？

9.11.3.5　步骤 5：压力条件和失效条件为何

软件的失效是不可避免的，那么软件失效应该是什么样的？显然，就算软件失效了也不能导致计算机宕机。在本例中，失效可能是软件未能屏蔽本该屏蔽的网站或是屏蔽本来允许访问的网站。对于后一种情况，你或许应该与面试官讨论一下，是不是要让家长输入密码，允许访问该网站。

9.11.3.6　步骤 6：有哪些测试用例？如何执行测试

这时，手动测试和自动测试以及黑盒测试和白盒测试的不同之处就该派上用场了。

在步骤 3 和步骤 4 中，我们初步拟定了软件的用例，这里会进一步加以定义，并讨论该如何执行测试。具体需要测试哪些情况？其中哪些步骤可以自动化？哪些又需要人工介入？

请记住：在有些测试中，虽然自动化可以助你一臂之力，但也存在重大缺陷。一般来说，在测试过程中，手动测试还是必不可少的。

对着上面的清单一步步解决问题时，请不要一想到什么就脱口而出。这会显得毫无章法，必然会让你遗漏某些重要环节。相反地，请在组织自己的解题思路时做到有条有理：先将测试工作分割为几个主要模块，然后逐一展开分析。这样，不仅可以给出一份更完整的测试用例清单，而且也能证明你做事有条不紊。

9.11.4 测试一个函数

基本上，测试函数是一种最简单的测试，与面试官的交流相对也会比较简短、清晰，因为测试一个函数通常不外乎就是验证输入与输出。

话说回来，千万不要小觑与面试官的交流。对于任意假设，特别是关系到如何处理特殊情况，你都应深究到底。

假设要你编写代码，测试对整数数组排序的函数 sort(int[] array)，可参考下面的解决步骤。

9.11.4.1 步骤 1：定义测试用例

一般来说，你应该想到以下几种测试用例。

❑ **正常情况**。输入正常数组时，该函数是否能生成正确的输出？务必想一想其中可能存在的问题。比如，排序通常涉及某种分割处理，因此，要想到数组元素个数为奇数时，由于无法均分数组，算法可能无法处理。所以，测试用例必须涵盖元素个数为偶数与奇数的两种数组。

❑ **极端情况**。传入空数组会出现什么问题？或传入一个很小的数组（只有一个元素）？此外，传入大型数组又会如何呢？

❑ **空指针和"非法"输入**。值得花时间好好考虑一番，若函数接收到非法输入该怎么处理？比如，你在测试生成第 n 项斐波那契数的函数，那么，在测试用例中，自然要考虑到 n 为负数的情况。

❑ **奇怪的输入**。第四种有可能出现的情况是奇怪的输入。传入一个有序数组会怎么样？或者传入一个反向排序的数组呢？

只有充分了解函数功能，才能想到这些测试用例。如果你对各种限制条件一知半解的话，最好先向面试官问个清楚。

9.11.4.2 步骤 2：定义预期结果

通常，预期结果显而易见，即正确的输出。然而，在某些情况下，你可能还要验证其他情况。比如，如果 sort 函数返回的是一个已排序的新数组，那么你可能还要验证一下原先的数组是否保持原样。

9.11.4.3 步骤 3：编写测试代码

有了测试用例并定义好预期结果后，编写代码实现这些测试用例也就水到渠成了。代码大致如下：

```
1   void testAddThreeSorted() {
2       MyList list = new MyList();
3       list.addThreeSorted(3, 1, 2); // 按顺序添加 3 个元素
4       assertEquals(list.getElement(0), 1);
5       assertEquals(list.getElement(1), 2);
6       assertEquals(list.getElement(2), 3);
7   }
```

9.11.5 调试与故障排除

测试问题的最后一种是，阐述下你会如何调试或排除已知故障。碰到这种问题，很多求职者都会支支吾吾，处理不当，给出诸如"重装软件"等不切实际的答案。其实，就像其他问题一样，还是有章可循的，也可以有条不紊地处理。

下面通过一个例子加以说明，假设你是谷歌 Chrome 浏览器团队的一员，收到一份关于 Chrome 启动时会崩溃的 bug 报告。你会怎么处理？

重新安装浏览器或许就能解决该用户的问题，但是，若其他用户碰到同样问题该怎么办？你的目的是搞清楚**究竟**出了什么问题，以便开发人员修复缺陷。

9.11.5.1　步骤 1：理清状况

首先，你应该多提问题，尽量了解当时的情况。

- ❑ 用户碰到这个问题有多久了？
- ❑ 该浏览器的版本号？在什么操作系统下运行？
- ❑ 该问题经常发生吗？出问题的频率有多高？什么时候会发生？
- ❑ 有无提交错误报告？

9.11.5.2　步骤 2：分解问题

了解了问题发生时的具体状况，接下来，着手将问题分解为可测模块。在这个例子中，可以设想出以下操作步骤。

(1) 转到 Windows 的"开始"菜单。

(2) 点击 Chrome 图标。

(3) 浏览器启动。

(4) 浏览器载入参数设置。

(5) 浏览器发送 HTTP 请求载入首页。

(6) 浏览器收到 HTTP 回应。

(7) 浏览器解析网页。

(8) 浏览器显示网页内容。

在上述过程中的某一点有地方出错致使浏览器崩溃。优秀的测试人员会逐一排查每个步骤，诊断定位问题所在。

9.11.5.3　步骤 3：创建特定的、可控的测试

以上各个测试模块都应该有实际的指令动作，也就是你要求用户执行的或是你自己可以做的操作步骤（从而在你自己的机器上予以重现）。在真实世界中，你面对的是一般客户，不可能给他们做不到或不愿做的操作指令。

面试题目

11.1　**找错。** 找出以下代码中的错误（可能不止一处）。

```
unsigned int i;
for (i = 100; i >= 0; --i)
  printf("%d\n", i);
```

（提示：#257，#299，#362）

11.2　**随机崩溃。** 有个应用程序一运行就崩溃，现在你拿到了源码。在调试器中运行 10 次之后，你发现该应用每次崩溃的位置都不一样。这个应用只有一个线程，并且只调用 C 标准库函数。究竟是什么样的编程错误导致程序崩溃？该如何逐一测试每种错误？（提示：#325）

11.3　**测试国际象棋。** 有个国际象棋游戏程序使用了 boolean canMoveTo(int x, int y) 方法，这个方法是 Piece 类的一部分，可以判断某个棋子能否移动到位置(x, y)。请阐述你会如何测试该方法。（提示：#329，#401）

11.4 无工具测试。不借助任何测试工具，该如何对网页进行负载测试？（提示：#313，#345）

11.5 测试一支笔。如何测试一支笔？（提示：#140，#164，#220）

11.6 测试 ATM。在一个分布式银行系统中，该如何测试一台自动柜员机（ATM）？（提示：#210，#225，#268，#349，#393）

提示始于附录 B。

9.12 C 和 C++

好的面试官不会要求你用自己不懂的语言来编写代码。一般来说，如果面试官要求你用 C++ 写代码，那么应该是你在简历上提到了 C++。要是没能记住所有 API 也不用担心，大部分面试官（虽不是全部）并不会那么在意这一点。不过，我们仍建议你学会基本的 C++ 语法，这样才能轻松应对这些问题。

9.12.1 类和继承

虽然 C++ 的类与其他语言的类有些特征相似，不过，还是有必要回顾一下相关部分语法。下面的代码演示了怎样利用继承实现一个基本的类。

```cpp
1   #include <iostream>
2   using namespace std;
3
4   #define NAME_SIZE 50 // 定义一个宏
5
6   class Person {
7     int id; // 所有成员默认为私有 (private)
8     char name[NAME_SIZE];
9
10  public:
11    void aboutMe() {
12      cout << "I am a person.";
13    }
14  };
15
16  class Student : public Person {
17    public:
18      void aboutMe() {
19        cout << "I am a student.";
20      }
21  };
22
23  int main() {
24    Student * p = new Student();
25    p->aboutMe(); // 打印 "I am a student."
26    delete p; // 注意！务必释放之前分配的内存
27    return 0;
28  }
```

在 C++ 中，所有数据成员和方法均默认为私有（private），可用关键字 public 修改其属性。

9.12.2 构造函数和析构函数

对象创建时，会自动调用类的构造函数。如果没有定义构造函数，编译器会自动生成一个默认构造函数（default constructor）。另外，我们也可以定义自己的构造函数。

一种初始化基元类型的简单方法如下：

```
1  Person(int a) {
2    id = a;
3  }
```

这个类的数据成员也可以这样初始化：

```
1  Person(int a) : id(a) {
2    ...
3  }
```

在真正的对象创建之前且在构造函数余下部分代码调用前，数据成员 id 就会被赋值。在常量数据成员赋值（只能赋一次值）时，这种写法就能派上用场了。

析构函数会在对象删除时执行清理工作。对象销毁时，会自动调用析构函数。我们不会显式调用析构函数，因此它不能带参数。

```
1  ~Person() {
2    delete obj; // 释放之前这个类里分配的内存
3  }
```

9.12.3 虚函数

在前面的例子中，我们将 p 定义为 Student 类型指针变量：

```
1  Student * p = new Student();
2  p->aboutMe();
```

像下面这样，把 p 定义为 Person * 又会怎么样？

```
1  Person * p = new Student();
2  p->aboutMe();
```

这么改的话，执行时会打印"I am a person"。这是因为函数 aboutMe 是在编译期决定的，也即所谓的**静态绑定**（static binding）机制。

若要确保调用的是 Student 的 aboutMe 函数实现，可以将 Person 类的 aboutMe 定义为 virtual：

```
1  class Person {
2    ...
3    virtual void aboutMe() {
4      cout << "I am a person.";
5    }
6  };
7
8  class Student : public Person {
9    public:
10     void aboutMe() {
11       cout << "I am a student.";
12     }
13  };
```

当我们无法（或不想）实现父类的某个方法时，虚函数也许能派上用场。例如，设想一下，我们想让 Student 和 Teacher 继承自 Person，以便实现一个共同的方法，如 addCourse(string s)。不过，对 Person 调用 addCourse 方法无关紧要，因为要看对象到底是 Student 还是 Teacher，才能确定该调用哪个方法的具体实现。

在这种情况下，我们可能想将 Person 类的 addCourse 定义为虚函数，至于函数实现则留给子类。

```
1   class Person {
2     int id; // 所有成员默认为私有
3     char name[NAME_SIZE];
4     public:
5     virtual void aboutMe() {
6       cout << "I am a person." << endl;
7     }
8     virtual bool addCourse(string s) = 0;
9   };
10
11  class Student : public Person {
12    public:
13    void aboutMe() {
14      cout << "I am a student. " << endl;
15    }
16
17    bool addCourse(string s) {
18      cout << "Added course " << s << " to student." << endl;
19      return true;
20    }
21  };
22
23  int main() {
24    Person * p = new Student();
25    p->aboutMe(); // 打印"I am a student. "
26    p->addCourse("History");
27    delete p;
28  }
```

注意，将 addCourse 定义为纯虚函数，Person 就成了一个抽象类，不能实例化。

9.12.4　虚析构函数

有了虚函数，自然就会引出"虚析构函数"这一概念。假设我们想要实现 Person 和 Student 的析构函数，可能会不假思索地写出类似如下的代码：

```
1   class Person {
2     public:
3       ~Person() {
4         cout << "Deleting a person." << endl;
5       }
6   };
7
8   class Student : public Person {
9     public:
10      ~Student() {
11        cout << "Deleting a student." << endl;
12      }
13  };
14
15  int main() {
16    Person * p = new Student();
17    delete p; // 打印"Deleting a person."
18  }
```

跟之前的例子一样，由于指针 p 指向 Person，对象销毁时自然会调用 Person 类的析构函数。这样就会有问题，因为 Student 对象的内存可能得不到释放。

要解决这个问题，只需将 Person 的析构函数定义为虚析构函数。

```
1   class Person {
2     public:
```

```
3      virtual ~Person() {
4        cout << "Deleting a person." << endl;
5      }
6    };
7
8    class Student : public Person {
9      public:
10       ~Student() {
11         cout << "Deleting a student." << endl;
12       }
13   };
14
15   int main() {
16     Person * p = new Student();
17     delete p;
18   }
```

编译执行上面的代码，打印输出如下：

```
Deleting a student.
Deleting a person.
```

9.12.5　默认值

如下所示，函数可以指定默认值。注意，所有默认参数必须放在函数声明的右边，因为没有其他途径来指定参数是怎么排列的。

```
1    int func(int a, int b = 3) {
2      x = a;
3      y = b;
4      return a + b;
5    }
6
7    w = func(4);
8    z = func(4, 5);
```

9.12.6　操作符重载

有了操作符重载（operator overloading），原本不支持+等操作符的对象，就可以用上这些操作符了。举个例子，要想把两个书架并作一个，我们可以这样重载+操作符：

```
1    BookShelf BookShelf::operator+(BookShelf &other) { ... }
```

9.12.7　指针和引用

指针存有变量的地址，可直接作用于变量的所有操作，都可以作用在指针上，比如访问和修改变量。

两个指针可以彼此相等，修改其中一个指针指向的值，另一个指针指向的值也会随之改变。实际上，这两个指针指向同一地址。

```
1    int * p = new int;
2    *p = 7;
3    int * q = p;
4    *p = 8;
5    cout << *q; // 打印8
```

注意，指针的大小随计算机操作系统的不同而变化：在 32 位计算机上为 32 位，在 64 位计算机上则为 64 位。请谨记这一区别，面试官常常会要求求职者准确地回答某个数据结构到底要占用多少空间。

9.12.7.1 引用

引用是既有对象的另一个名字（别名），引用本身并不占用内存。例如：

```
1  int a = 5;
2  int & b = a;
3  b = 7;
4  cout << a; // 打印 7
```

在上面第 2 行代码中，b 是 a 的引用，修改 b，a 也随之改变。

创建引用时，必须指定引用指向的内存位置。当然，也可以创建一个独立的引用，如下所示：

```
1  /* 分配内存，存储 12，b 作为引用
2   * 声明指向这块内存 */
3  const int & b = 12;
```

跟指针不同，引用不能为空，也不能重新赋值，指向另一块内存。

9.12.7.2 指针算术运算

我们经常会看到开发人员对指针执行加法操作，示例如下：

```
1  int * p = new int[2];
2  p[0] = 0;
3  p[1] = 1;
4  p++;
5  cout << *p; // 输出 1
```

执行 p++ 会跳过 sizeof(int) 个字节，因此，上面的代码会输出 1。如果 p 换作其他类型，p++ 就会跳过一定数目（等于该数据结构的大小）的字节。

9.12.8 模板

模板是一种代码重用方式，不同的数据类型可以套用同一个类的代码。比如说，我们可能有列表类的数据结构，希望可以放进不同类型的数据。下面的代码通过 ShiftedList 类实现这一需求。

```
1  template <class T>class ShiftedList {
2    T* array;
3    int offset, size;
4  public:
5    ShiftedList(int sz) : offset(0), size(sz) {
6      array = new T[size];
7    }
8
9    ~ShiftedList() {
10     delete [] array;
11   }
12
13   void shiftBy(int n) {
14     offset = (offset + n) % size;
15   }
16
17   T getAt(int i) {
18     return array[convertIndex(i)];
19   }
20
```

```
21    void setAt(T item, int i) {
22      array[convertIndex(i)] = item;
23    }
24
25  private:
26    int convertIndex(int i) {
27      int index = (i - offset) % size;
28      while (index < 0) index += size;
29      return index;
30    }
31  };
```

面试题目

12.1   **最后 *K* 行**。用 C++ 写个方法，打印输入文件的最后 *K* 行。（提示：#449，#459）

12.2   **反转字符串**。用 C 或 C++ 实现一个名为 reverse(char* str) 的函数，它可以反转一个 null 结尾的字符串。（提示：#410，#452）

12.3   **散列表与 STL map**。比较并对比散列表和 STL map。散列表是怎么实现的？如果输入的数据量不大，可以选用哪些数据结构替代散列表？（提示：#423）

12.4   **虚函数原理**。C++ 虚函数的工作原理是什么？（提示：#463）

12.5   **浅复制与深复制**。浅复制和深复制之间有何区别？请阐述两者的不同用法。（提示：#445）

12.6   **volatile 关键字**。C 语言的关键字 volatile 有何作用？（提示：#456）

12.7   **虚基类**。基类的析构函数为何要声明为 virtual？（提示：#421，#460）

12.8   **复制节点**。编写一种方法，传入参数为指向 Node 结构的指针，返回传入数据结构的完整副本，其中，Node 数据结构含有两个指向其他 Node 的指针。（提示：#427，#462）

12.9   **智能指针**。编写一个智能指针类。智能指针是一种数据类型，一般用模板实现，模拟指针行为的同时还提供自动垃圾回收机制。它会自动记录 SmartPointer<T*> 对象的引用计数，一旦 T 类型对象的引用计数为 0，就会释放该对象。（提示：#402，#438，#453）

12.10   **分配内存**。编写支持对齐分配的 malloc 和 free 函数，分配内存时，malloc 函数返回的地址必须能被 2 的 *n* 次方整除。

示例：align_malloc(1000,128) 返回的内存地址可被 128 整除，并指向一块 1000 字节大小的内存。aligned_free() 会释放 align_malloc 分配的内存。

（提示：#413，#432，#440）

12.11   **二维数组分配**。用 C 编写一个 my2DAlloc 函数，可分配二维数组。将 malloc 函数的调用次数降到最少，并确保可通过 arr[i][j] 访问该内存。（提示：#406，#418，#426）

参考题目：链表（2.6）；测试（11.1）；Java（13.4）；线程与锁（15.3）。

提示始于附录 B。

9.13 Java

虽然与 Java 相关的问题在本书随处可见，但本节探讨的是 Java 及其语法方面的问题。这类问题通常不会出现在大公司的面试里，因为这些公司偏重于测试求职者的资质而非知识，也有时间和资源就特定语言对求职者进行培训。不过，若在其他公司的面试中，这类棘手的问题就极为常见。

9.13.1　如何处理

既然这些问题考查的是你掌握知识的多少，讨论这类问题的解法似乎有点儿可笑。毕竟，所谓的解法不就是要知道正确答案吗？

既是，也不是。当然，掌握这些问题最好能对 Java 了若指掌。不过，若在处理问题时仍一筹莫展，不妨试试下面的方法。

(1) 根据情况创建实例，问问自己该如何推演。

(2) 问问自己，换作其他语言，该怎么处理这种情况。

(3) 如果你是语言设计者，该怎么设计？各种设计选择都会造成什么影响？

相比不假思索地答出问题，如果你能推导出答案，同样会给面试官留下深刻的印象。不要试图蒙混过关。你可以直接告诉面试官："我不确定能否想起答案，不过让我试试能不能搞定。假设我们拿到这段代码……"

9.13.2　重载与重写

重载（overloading）是指两种方法的名称相同，但参数类型或个数不同。

```
1   public double computeArea(Circle c) { ... }
2   public double computeArea(Square s) { ... }
```

重写（overriding）是指某种方法与父类的方法拥有相同的名称和函数签名。

```
1   public abstract class Shape {
2     public void printMe() {
3       System.out.println("I am a shape.");
4     }
5     public abstract double computeArea();
6   }
7
8   public class Circle extends Shape {
9     private double rad = 5;
10    public void printMe() {
11      System.out.println("I am a circle.");
12    }
13
14    public double computeArea() {
15      return rad * rad * 3.15;
16    }
17  }
18
19  public class Ambiguous extends Shape {
20    private double area = 10;
21    public double computeArea() {
22      return area;
23    }
24  }
25
26  public class IntroductionOverriding {
27    public static void main(String[] args) {
28      Shape[] shapes = new Shape[2];
29      Circle circle = new Circle();
30      Ambiguous ambiguous = new Ambiguous();
31
32      shapes[0] = circle;
33      shapes[1] = ambiguous;
34
```

```
35      for (Shape s : shapes) {
36        s.printMe();
37        System.out.println(s.computeArea());
38      }
39    }
40  }
```

这段代码的输出如下：

```
1   I am a circle.
2   78.75
3   I am a shape.
4   10.0
```

由此可见，Circle 重写了 printMe()，但 Ambiguous 并未重写该方法。

9.13.3　集合框架

Java 的集合框架（collection framework）至关重要，本书许多章节都有所涉及。下面介绍几个最常用的。

ArrayList：ArrayList 是一种可动态调整大小的数组，随着元素的插入，数组会适时扩容。

```
1   ArrayList<String> myArr = new ArrayList<String>();
2   myArr.add("one");
3   myArr.add("two");
4   System.out.println(myArr.get(0)); /* 打印<one> */
```

Vector：Vector 与 ArrayList 非常类似，只不过前者是同步的（synchronized）。两者语法也相差无几。

```
1   Vector<String> myVect = new Vector<String>();
2   myVect.add("one");
3   myVect.add("two");
4   System.out.println(myVect.get(0));
```

LinkedList：这里说的 LinkedList 当然是 Java 内建的 LinkedList 类。LinkedList 在面试中很少出现，不过值得学习研究，因为使用时会引出一些迭代器的语法。

```
1   LinkedList<String> myLinkedList = new LinkedList<String>();
2   myLinkedList.add("two");
3   myLinkedList.addFirst("one");
4   Iterator<String> iter = myLinkedList.iterator();
5   while (iter.hasNext()) {
6     System.out.println(iter.next());
7   }
```

HashMap：HashMap 集合广泛用于各种场合，不论是在面试中，还是在实际开发中。下面展示了 HashMap 的部分语法。

```
1   HashMap<String, String> map = new HashMap<String, String>();
2   map.put("one", "uno");
3   map.put("two", "dos");
4   System.out.println(map.get("one"));
```

面试之前，确保自己对上述语法了如指掌，就能在关键时刻派上用场。

面试题目

请注意，本书几乎所有问题的解决方法都采用 Java 实现，因此，这里只列了几个问题。而且，这些问题主要涉及 Java 语言的细枝末节，毕竟本书其余章节中有很多 Java 有关的编程问题。

13.1　**私有构造函数**。从继承的角度看，把构造函数声明为私有会有何作用？（提示：#404）

13.2　**异常处理中的返回**。在 Java 中，若在 `try-catch-finally` 的 `try` 语句块中插入 `return` 语句，`finally` 语句块是否还会执行？（提示：#409）

13.3　**final 们**。`final`、`finally` 和 `finalize` 之间有何差异？（提示：#412）

13.4　**泛型与模板**。C++模板和 Java 泛型之间有何不同？（提示：#416，#425）

13.5　**TreeMap、HashMap、LinkedHashMap**。解释一下 `TreeMap`、`HashMap`、`LinkedHashMap` 三者的不同之处。举例说明各自最适合的情况。（提示：#420，#424，#430，#454）

13.6　**反射**。解释下 Java 中对象反射是什么，有什么用处。（提示：#435）

13.7　**lambda 表达式**。有一个名为 Country 的类，它有两种方法，一种是 `getContinent()` 返回该国家所在大洲，另一种是 `getPopulation()` 返回本国人口。实现一种名为 `getPopulation (List<Country> counties,String continent)` 的方法，返回值类型为 `int`。它能根据指定的大洲名和国家列表计算出该大洲的人口总数。（提示：#448，#461，#464）

13.8　**lambda 随机数**。使用 lambda 表达式写一种名为 `getRandomSubset(List<Integer> list)` 的方法，返回值类型为 `List<Integer>`，返回一个任意大小的随机子集，所有子集（包括空子集）选中的概率都一样。（提示：#443，#450，#457）

参考题目：数组与字符串（1.3）；面向对象设计（7.12）；线程与锁（15.3）。

提示始于附录 B。

9.14　数据库

如果你提到了解数据库，面试官可能会问些这方面的问题。本章将回顾一些关键概念，并简述如何解决这些问题。阅读本节时，对于语法上的细微差异，不必大惊小怪。SQL 的版本和变体很多，下面这些 SQL 与你之前接触过的可能稍有不同。本书的 SQL 示例已在微软 SQL Server 经过测试。

9.14.1　SQL 语法及各类变体

显式连接（explicit join）和隐式连接（implicit join）的语法显示如下。这两条语句的作用一样，至于选用哪条全看个人喜好。为保持前后一致，我们将一直使用显式连接。

显式连接	隐式连接
1　SELECT CourseName, TeacherName	1　SELECT CourseName, TeacherName
2　FROM Courses INNER JOIN Teachers	2　FROM　Courses, Teachers
3　ON Courses.TeacherID = Teachers.TeacherID	3　WHERE　Courses.TeacherID = Teachers.TeacherID

9.14.2　规范化数据库和反规范化数据库

规范化数据库的设计目标是将冗余降到最低，反规范化数据库则是为了优化读取时间。

在传统的规范化数据库中，若有诸如 Courses 和 Teachers 的数据，Courses 可能含有 TeacherID 列，这是指向 Teacher 的外键（foreign key）。这么做的好处之一是，关于教师的信息（姓名、住址等）在数据库中只有一份。而缺点是，大量常用的查询需要执行连接操作，代价巨大。

反之，我们可以存储冗余数据，使数据库反规范化。例如，若能预计到这类查询会频繁执行，可以将教师姓名存到 Courses 表中。反规范化通常用于构建高扩展性系统。

9.14.3 SQL 语句

下面以前面提到的数据库为例，复习一下基本的 SQL 语法。这个数据库的简单结构如下，其中*表示主键。

```
Courses: CourseID*, CourseName, TeacherID
Teachers: TeacherID*, TeacherName
Students: StudentID*, StudentName
StudentCourses: CourseID*, StudentID*
```

根据上面这些信息，实现下列查询。

9.14.3.1 查询 1：学生选课情况

实现一个查询，列出所有学生以及每个学生选修了几门课程。

首先，我们或许可以试着这么写：

```
1   /* 错误的代码 */
2   SELECT Students.StudentName, count(*)
3   FROM Students INNER JOIN StudentCourses
4   ON Students.StudentID = StudentCourses.StudentID
5   GROUP BY Students.StudentID
```

上述查询存在以下 3 个问题。

(1) 排除一门课都没选的学生，因为 StudentCourses 只包括已经选课的学生。将 INNER JOIN 改为 LEFT JOIN（左连接）。

(2) 即使改为 LEFT JOIN，上面的查询还是不大对。执行 count(*)操作将会返回 StudentID 组里的几项。一门课都没选的学生在对应的组仍有一项。这里需要将 count(*)改为计数每个组里 CourseID 的数量，即 count(StudentCourses.CourseID)。

(3) 上面的查询已按 Students.StudentID 分组，但每个组仍有多个 StudentNames。数据库该怎么判断应返回哪个 StudentName？当然，它们的值可能都一样，但数据库并不知道这点。这里需要运用**聚合**（aggregate）函数，比如 first(Students.StudentName)。

修正上述问题后，得到如下查询：

```
1   /* 解法 1：用另一个查询包裹起来 */
2   SELECT StudentName, Students.StudentID, Cnt
3   FROM (
4     SELECT  Students.StudentID, count(StudentCourses.CourseID) as [Cnt]
5     FROM Students LEFT JOIN StudentCourses
6     ON Students.StudentID = StudentCourses.StudentID
7     GROUP BY Students.StudentID
8   ) T INNER JOIN Students on T.studentID = Students.StudentID
```

看到这段代码，有人可能会问，为什么不直接在第 3 行里选出学生姓名，这样就不需要第 3 行到第 6 行的另一个查询了。这么做的话，就会得到如下（错误的）解法：

```
1   /* 错误的代码 */
2   SELECT StudentName, Students.StudentID, count(StudentCourses.CourseID) as [Cnt]
3   FROM Students LEFT JOIN StudentCourses
4   ON Students.StudentID = StudentCourses.StudentID
5   GROUP BY Students.StudentID
```

答案是不能这么改，至少是不能一成不变地照上面那样改，只能选择聚合函数或 GROUP BY

子句里的值。

另外，可以使用下面的任意一条语句解决上述问题。

```
1    /* 解法 2：在 GROUP BY 子句中加入 StudentName */
2    SELECT StudentName, Students.StudentID, count(StudentCourses.CourseID) as [Cnt]
3    FROM Students LEFT JOIN StudentCourses
4    ON Students.StudentID = StudentCourses.StudentID
5    GROUP BY Students.StudentID, Students.StudentName
```

或

```
1    /* 解法 3：使用聚合函数 */
2    SELECT  max(StudentName) as [StudentName], Students.StudentID,
3            count(StudentCourses.CourseID) as [Count]
4    FROM Students LEFT JOIN StudentCourses
5    ON Students.StudentID = StudentCourses.StudentID
6    GROUP BY Students.StudentID
```

9.14.3.2 查询 2：教师班级规模

实现一个查询，取得一份包含所有教师的列表以及每位教师教授学生的人数。如果一位教师给某个学生教授两门课程，那么，这个学生就要计入两次。根据教师教授的学生人数，将结果列表按降序进行排序。

下面逐步构造这个查询。首先，取得一份 TeacherID 列表，以及与各个 TeacherID 相关联的学生数量。这跟前一个查询大同小异。

```
1    SELECT TeacherID, count(StudentCourses.CourseID) AS [Number]
2    FROM Courses INNER JOIN StudentCourses
3    ON Courses.CourseID = StudentCourses.CourseID
4    GROUP BY Courses.TeacherID
```

请注意，这里的 INNER JOIN 不会选取那些不教课的教师。我们会在下面的查询中进行处理，将之与包含所有教师的列表相连接。

```
1    SELECT TeacherName, isnull(StudentSize.Number, 0)
2    FROM Teachers LEFT JOIN
3        (SELECT TeacherID, count(StudentCourses.CourseID) AS [Number]
4         FROM Courses INNER JOIN StudentCourses
5         ON Courses.CourseID = StudentCourses.CourseID
6         GROUP BY Courses.TeacherID) StudentSize
7    ON Teachers.TeacherID = StudentSize.TeacherID
8    ORDER BY StudentSize.Number DESC
```

请注意，上面的查询是如何在 SELECT 语句中处理 NULL 值的，即将 NULL 值转换为 0。

9.14.4 小型数据库设计

另外，面试官或许会让你设计一个数据库。下面会逐步剖析一种设计方法。你可能会发现该方法与面向对象设计方法存在相似之处。

9.14.4.1 步骤 1：处理不明确之处

不管是有意还是无意，面试官提出的数据库问题往往存在不明确之处。开始设计之前，务必对自己要设计什么了然于胸。

设想一下，要求你设计一套系统，供公寓租赁中介使用。你需要弄清楚这家中介有多栋楼还是只有一栋，而且还应该跟面试官讨论系统的通用性要做到什么程度。比如，某人租用同一栋楼里的两套公寓的情况极为少见，但这是否意味着你用不着处理这种情况？不管是不是，有

9

些非常罕见的情况最好做变通处理（比如，在数据库中，重复存储承租人的联系信息）。

9.14.4.2　步骤 2：定义核心对象

接下来，就需要关注系统的核心对象了。一般来说，每个核心对象都可呈现在一张表上。在这个例子中，核心对象可能包括财产（`Property`）、大楼（`Building`）、公寓（`Apartment`）、承租人（`Tenant`）和管理员（`Manager`）。

9.14.4.3　步骤 3：分析表之间的关系

勾勒出核心对象后，这些表的大体轮廓也就显而易见了。这些表之间有何关联呢？它们的关系是多对多，还是一对多？

若 `Buildings` 和 `Apartments` 有一对多的关系（一幢 `Building` 会有很多 `Apartments`），那么，也许可以表示如下。

Apartments	
ApartmentID	int
ApartmentAddress	varchar(100)
BuildingID	int

Buildings	
BuildingID	int
BuildingName	varchar(100)
BuildingAddress	varchar(500)

注意，`Apartments` 表通过 `BuildingID` 列链接回 `Buildings`。

若允许承租人租用多套公寓，那么，可能就要实现多对多关系，如下所示。

TenantApartments	
TenantID	int
ApartmentID	int

Apartments	
ApartmentID	int
ApartmentAddress	varchar(500)
BuildingID	int

Tenants	
TenantID	int
TenantName	varchar(100)
TenantAddress	varchar(500)

`TenantApartments` 表存储 `Tenants` 和 `Apartments` 之间的关系。

9.14.4.4　步骤 4：研究该有什么操作动作

最后，要填充细节。想想常见的操作动作，弄清楚如何存入和取回相关数据，还需处理租赁条款、腾空房间、租金付款等。每个动作都需要新的表和列。

9.14.5　大型数据库设计

设计一个大型且可扩展的数据库时，连接（在以上例子也用到了）通常较为缓慢。因此，你必须**反规范化**数据。好好想一想该如何使用数据，可能需要在多个表中复制数据。

面试题目

问题 14.1 至 14.3 用到的数据库模式详见本节的结尾处。注意，每套公寓可能有多位承租人，而每位承租人可能租住多套公寓。每套公寓隶属于一栋大楼，而每栋大楼属于一个综合体。

14.1　**多套公寓。** 编写 SQL 查询，列出租住不止一套公寓的承租人。（提示：#408）

14.2　**"open" 的申请数量。** 编写 SQL 查询，列出所有建筑物，并取得状态为 "Open" 的申请数量（`Requests` 表中 `Status` 为 "Open" 的条目）。（提示：#411）

14.3　**关闭所有请求。** 11 号建筑物正在进行大翻修。编写 SQL 查询，关闭这栋建筑物里所有公寓的入住申请。（提示：#431）

14.4 **连接。**连接有哪些不同类型？请说明这些类型之间的差异，以及为何在某些情形下，某种连接会比较好。（提示：#451）

14.5 **反规范化。**什么是反规范化？请说明其优缺点。（提示：#444，#455）

14.6 **画一个实体关系图。**有个数据库，里面有公司（companies）、人（people）和在职专业人员（professional），请绘制实体关系图。（提示：#436）

14.7 **设计分级数据库。**给定一个存储学生成绩的简单数据库。设计这个数据库的大体框架，并编写 SQL 查询，返回以平均分排序的优等生名单（排名前 10%）。（提示：#428，#442）

参考题目：面对对象设计（7.7），系统设计与可扩展性（9.6）。

提示始于附录 B。

Apartments	
AptID	int
UnitNumber	varchar(10)
BuildingID	int

Buildings	
BuildingID	int
ComplexID	int
BuildingName	varchar(100)
Address	varchar(500)

Requests	
RequestID	int
Status	varchar(100)
AptID	int
Description	varchar(500)

Complexes	
ComplexID	int
ComplexName	varchar(100)

AptTenants	
TenantID	int
AptID	int

Tenants	
TenantID	int
TenantName	varchar(100)

9.15 线程与锁

在微软、谷歌或亚马逊等公司的面试中，很少会让求职者以线程实现算法（除非你打算加入的团队特别看重这方面的技能）。不过，不管是什么公司，面试官常常会考查你对线程特别是对死锁的了解程度。

本节将简要介绍这个主题。

9.15.1 Java 线程

在 Java 中，每个线程的创建和控制都是由 java.lang.Thread 类的独特对象实现的。一个独立的应用运行时，会自动创建一个用户线程，执行 main() 方法。这个线程叫作主线程。

在 Java 中，实现线程有以下两种方式：

❑ 通过实现 java.lang.Runnable 接口；
❑ 通过扩展 java.lang.Thread 类。

下面将分别介绍这两种方式。

9.15.1.1 实现 Runnable 接口
Runnable 接口的结构非常简单。

```
1   public interface Runnable {
2     void run();
3   }
```

要用这个接口创建和使用线程，步骤如下。

(1) 创建一个实现 Runnable 接口的类，该类的对象是一个 Runnable 对象。

(2) 创建一个 Thread 类型的对象，并将 Runnable 对象作为参数传入 Thread 构造函数。于是，这个 Thread 对象包含一个实现 run() 方法的 Runnable 对象。

(3) 调用上一步创建的 Thread 对象的 start() 方法。

示例如下。

```
1    public class RunnableThreadExample implements Runnable {
2      public int count = 0;
3
4      public void run() {
5        System.out.println("RunnableThread starting.");
6        try {
7          while (count < 5) {
8            Thread.sleep(500);
9            count++;
10          }
11        } catch (InterruptedException exc) {
12          System.out.println("RunnableThread interrupted.");
13        }
14        System.out.println("RunnableThread terminating.");
15      }
16    }
17
18    public static void main(String[] args) {
19      RunnableThreadExample instance = new RunnableThreadExample();
20      Thread thread = new Thread(instance);
21      thread.start();
22
23      /* 等到上面的线程数到 5（时间有点长）  */
24      while (instance.count != 5) {
25        try {
26          Thread.sleep(250);
27        } catch (InterruptedException exc) {
28          exc.printStackTrace();
29        }
30      }
31    }
```

从上面的代码可以看出，我们真正需要做的是让类实现 run() 方法（第 4 行）。然后，另一种方法就是，将这个类的实例传入 new Thread(obj)（第 19 ~ 20 行），并调用那个线程的 start()（第 21 行）。

9.15.1.2   扩展 Thread 类

创建线程还有一种方式，就是通过扩展 Thread 类实现。使用这种方式，基本上就意味着要重写 run() 方法，并且在子类的构造函数里，还需要显式调用这个线程的构造函数。

下面是使用这种方式的示例代码。

```
1    public class ThreadExample extends Thread {
2      int count = 0;
3
4      public void run() {
5        System.out.println("Thread starting.");
6        try {
7          while (count < 5) {
8            Thread.sleep(500);
9            System.out.println("In Thread, count is " + count);
10            count++;
11          }
```

```
12      } catch (InterruptedException exc) {
13        System.out.println("Thread interrupted.");
14      }
15      System.out.println("Thread terminating.");
16    }
17  }
18
19  public class ExampleB {
20    public static void main(String args[]) {
21      ThreadExample instance = new ThreadExample();
22      instance.start();
23
24      while (instance.count != 5) {
25        try {
26          Thread.sleep(250);
27        } catch (InterruptedException exc) {
28          exc.printStackTrace();
29        }
30      }
31    }
32  }
```

这段代码跟之前的做法非常相似。两者的区别在于，既然是扩展 Thread 类而非只是实现一个接口，因此可以在这个类的实例中调用 start()。

9.15.1.3　扩展 Thread 类与实现 Runnable 接口

在创建线程时，相比扩展 Thread 类，实现 Runnable 接口可能更优，理由如下。

❑ Java 不支持多重继承。因此，扩展 Thread 类也就代表这个子类不能扩展其他类，而实现 Runnable 接口的类还能扩展另一个类。

❑ 类可能只要求可执行即可，因此，继承整个 Thread 类，代价过大。

9.15.2　同步和锁

给定一个进程内的所有线程，都共享同一存储空间，这样有好有坏。这些线程就可以共享数据，这将大有助益。不过，在两个线程同时修改某一资源时，这也会造成一些问题。Java 提供了同步机制，以控制对共享资源的访问。

关键字 synchronized 和 lock 是实现代码同步的基础。

9.15.2.1　同步方法

最常见的做法是，使用关键字 synchronized 对共享资源的访问加以限制。该关键字可以用在方法和代码块上，限制多个线程，使之不能同时执行**同一个对象**的代码。

要搞清楚最后一点，请看以下代码。

```
1   public class MyClass extends Thread  {
2     private String name;
3     private MyObject myObj;
4
5     public MyClass(MyObject obj, String n) {
6       name = n;
7       myObj = obj;
8     }
9
10    public void run() {
11      myObj.foo(name);
12    }
```

9

```
13    }
14
15    public class MyObject {
16      public synchronized void foo(String name) {
17        try {
18          System.out.println("Thread " + name + ".foo(): starting");
19          Thread.sleep(3000);
20          System.out.println("Thread " + name + ".foo(): ending");
21        } catch (InterruptedException exc) {
22          System.out.println("Thread " + name + ": interrupted.");
23        }
24      }
25    }
```

若有两个 MyClass 实例，能否同时调用 foo？这要看情况，若它们共用一个 MyObject 实例，则答案是不可以。但是，若两个实例持有不同的引用，那么就可以。

```
1    /* 不同的引用——两个线程都能调用 MyObject.foo() */
2    MyObject obj1 = new MyObject();
3    MyObject obj2 = new MyObject();
4    MyClass thread1 = new MyClass(obj1, "1");
5    MyClass thread2 = new MyClass(obj2, "2");
6    thread1.start();
7    thread2.start()
8
9    /* 相同的 obj 引用。只有一个线程可以调用 foo，另一个线程必须等待 */
10   MyObject obj = new MyObject();
11   MyClass thread1 = new MyClass(obj, "1");
12   MyClass thread2 = new MyClass(obj, "2");
13   thread1.start()
14   thread2.start()
```

静态方法会以类锁（class lock）进行同步。上面两个线程无法同时执行同一个类的同步静态方法，即使其中一个线程调用 foo 而另一个线程调用 bar 也不行。

```
1    public class MyClass extends Thread  {
2      ...
3      public void run() {
4        if (name.equals("1")) MyObject.foo(name);
5        else if (name.equals("2")) MyObject.bar(name);
6      }
7    }
8
9    public class MyObject {
10     public static synchronized void foo(String name) { /* 同之前的 foo 实现 */ }
11     public static synchronized void bar(String name) { /* 同上面的 foo 方法 */ }
12   }
```

执行这段代码，打印输出如下：

```
Thread 1.foo(): starting
Thread 1.foo(): ending
Thread 2.bar(): starting
Thread 2.bar(): ending
```

9.15.2.2 同步块

同样，也可以同步代码块，其操作与同步方法大同小异。

```
1    public class MyClass extends Thread  {
2      ...
3      public void run() {
```

```
4      myObj.foo(name);
5    }
6  }
7  public class MyObject {
8    public void foo(String name) {
9      synchronized(this) {
10       ...
11     }
12   }
13 }
```

和同步方法一样，每个 `MyObject` 实例只有一个线程可以执行同步块中的代码。这就意味着，若 **thread1** 和 **thread2** 持有同一个 **MyObject** 实例，那么，每次只有一个线程允许执行那个代码块。

9.15.2.3　锁

若要实现更细粒度的控制，可以使用锁（lock）。锁（或监视器）用于对共享资源的同步访问，方法是将锁与共享资源关联在一起。线程必须先取得与资源关联的锁，才能访问共享资源。在任意时间点，最多只有一个线程能拿到锁，因此，只有一个线程可以访问共享资源。

锁的常见用法是，从多个地方访问同一资源时，**同一时刻**只有一个线程才能访问，示例如下。

```
1  public class LockedATM {
2    private Lock lock;
3    private int balance = 100;
4
5    public LockedATM() {
6      lock = new ReentrantLock();
7    }
8
9    public int withdraw(int value) {
10     lock.lock();
11     int temp = balance;
12     try {
13       Thread.sleep(100);
14       temp = temp - value;
15       Thread.sleep(100);
16       balance = temp;
17     } catch (InterruptedException e) {     }
18     lock.unlock();
19     return temp;
20   }
21
22   public int deposit(int value) {
23     lock.lock();
24     int temp = balance;
25     try {
26       Thread.sleep(100);
27       temp = temp + value;
28       Thread.sleep(300);
29       balance = temp;
30     } catch (InterruptedException e) {     }
31     lock.unlock();
32     return temp;
33   }
34 }
```

当然，上述代码做了特别处理，有意降低了 `withdraw` 和 `deposit` 的执行速度，以便说明可能会出现的问题。在实际开发中，我们不必写这种代码，但它反映的是真实情况。使用锁有助于保护共享资源，使其免遭意外篡改。

9.15.3   死锁及死锁的预防

死锁（deadlock）是这样一种情形：第一个线程在等待第二个线程持有的某个对象锁，而第二个线程又在等待第一个线程持有的对象锁（或是由两个以上线程形成的类似情形）。由于每个线程都在等其他线程释放锁，以致每个线程都会一直这么等下去。于是，这些线程就陷入了所谓的死锁。

死锁的出现必须同时满足以下 4 个条件。

(1) **互斥**：某一时刻只有一个进程能访问某一资源。或者，更准确地说，对某一资源的访问有限制；若资源数量有限，也可能出现死锁。

(2) **持有并等待**：已持有某一资源的进程不必释放当前拥有的资源，就能要求更多的资源。

(3) **没有抢占**：一个进程不能强制另一个进程释放资源。

(4) **循环等待**：两个或两个以上的进程形成循环链，每个进程都在等待循环链中另一进程持有的资源。

若要预防死锁，只需避免上述任一条件，但这很棘手，因为其中有些条件很难满足。比如，想要避免条件(1)就很困难，因为许多资源同一时刻只能被一个进程使用（如打印机）。大部分预防死锁的算法都把重心放在避免条件(4)（即循环等待）上。

面试题目

15.1   进程与线程。进程和线程有何区别？（提示：#405）

15.2   上下文切换。如何测量上下文切换时间？（提示：#403，#407，#415，#441）

15.3   哲学家用餐。在著名的哲学家用餐问题中，一群哲学家围坐在圆桌周围，每两位哲学家之间有一根筷子。每位哲学家需要两根筷子才能用餐，并且一定会先拿起左手边的筷子，然后才会去拿右手边的筷子。如果所有哲学家在同一时间拿起左手边的筷子，就有可能造成死锁。请使用线程和锁，编写代码模拟哲学家用餐问题，避免出现死锁。（提示：#419，#437）

15.4   无死锁的类。设计一个类，只有在不可能发生死锁的情况下，才会提供锁。（提示：#422，#434）

15.5   顺序调用。给定以下代码：

```
public class Foo {
  public Foo() { ... }
  public void first() { ... }
  public void second() { ... }
  public void third() { ... }
}
```

同一个 Foo 实例会被传入 3 个不同的线程。threadA 会调用 first，threadB 会调用 second，threadC 会调用 third。设计一种机制，确保 first 会在 second 之前调用，second 会在 third 之前调用。（提示：#417，#433，#446）

15.6   同步方法。给定一个类，内含同步方法 A 和普通方法 B。在同一个程序实例中，有两个线程，能否同时执行 A？两者能否同时执行 A 和 B？（提示：#429）

15.7　FizzBuzz。在经典面试题 FizzBuzz 中，要求你从 1 到 *n* 打印数字。并且，当数字能被 3 整除时，打印 Fizz，能被 5 整除时，打印 Buzz。倘若同时能被 3 和 5 整除，就打印 FizzBuzz。但与以往不同的是，这里要求你用 4 个线程，实现一个多线程版本的 FizzBuzz，其中，一个用来检测是否被 3 整除和打印 Fizz，另一个用来检测是否被 5 整除和打印 Buzz。第三个线程检测能否被 3 和 5 整除和打印 FizzBuzz。第四个线程负责遍历数字。（提示：#414，#439，#447，#458）

提示始于附录 B。

9.16　中等难题

面试题目

16.1　**交换数字**。编写一个函数，不用临时变量，直接交换两个数。（提示：#491，#715，#736）

16.2　**单词频率**。设计一个方法，找出任意指定单词在一本书中的出现频率。如果我们多次使用此方法，应该怎么办？（提示：#488，#535）

16.3　**交点**。给定两条线段（表示为起点和终点），如果它们有交点，请计算其交点。（提示：#471，#496，#516，#526）

16.4　**井字游戏**。设计一个算法，判断玩家是否赢了井字游戏。（提示：#709，#731）

16.5　**阶乘尾数**。设计一个算法，算出 *n* 阶乘有多少个尾随零。（提示：#584，#710，#728，#732，#744）

16.6　**最小差**。给定两个整数数组，计算具有最小差（非负）的一对数值（每个数组中取一个值），并返回该对数值的差。

示例：

输入：{1, 3, 15, 11, 2}，{23, 127, 235, 19, 8}

输出：3，即数值对(11, 8)

（提示：#631，#669，#678）

16.7　**最大数值**。编写一个方法，找出两个数字中最大的那一个。不得使用 if-else 或其他比较运算符。（提示：#472，#512，#706，#727）

16.8　**整数的英语表示**。给定一个整数，打印该整数的英文描述（例如 "One Thousand, Two Hundred Thirty Four"）。（提示：#501，#587，#687）

16.9　**运算**。请实现整数数字的乘法、减法和除法运算，运算结果均为整数数字，程序中只允许使用加法运算符。（提示：#571，#599，#612，#647）

16.10　**生存人数**。给定一个列有出生年份和死亡年份的名单，实现一个方法以计算生存人数最多的年份。你可以假设所有人都出生于 1900 年至 2000 年（含 1900 和 2000）之间。如果一个人在某一年的任意时期都处于生存状态，那么他们应该被纳入那一年的统计中。例如，生于 1908 年、死于 1909 年的人应当被列入 1908 年和 1909 年的计数。（提示：#475，#489，#506，#513，#522，#531，#540，#548，#575）

16.11　**跳水板**。你正在使用一堆木板建造跳水板。有两种类型的木板，其中一种长度较短（长度记为 shorter），一种长度较长（长度记为 longer）。你必须正好使用 *K* 块木板。编写一个方法，生成跳水板所有可能的长度。（提示：#689，#699，#714，#721，#739，#746）

16.12 XML 编码。XML 极为冗长，你找到一种编码方式，可将每个标签对应为预先定义好的整数值，该编码方式的语法如下：

```
Element    --> Tag Attributes END Children END
Attribute  --> Tag Value
END        --> 0
Tag        --> 映射至某个预定义的整数值
Value      --> 字符串值
```

例如，下列 XML 会被转换压缩成下面的字符串（假定对应关系为 family -> 1、person -> 2、firstName -> 3、lastName -> 4、state -> 5）。

```
<family lastName="McDowell" state="CA">
  <person firstName="Gayle">Some Message</person>
</family>
```

变为：

```
1 4 McDowell 5 CA 0 2 3 Gayle 0 Some Message 0 0
```

编写代码，打印 XML 元素编码后的版本（传入 Element 和 Attribute 对象）。（提示：#465）

16.13 平分正方形。给定两个正方形及一个二维平面。请找出将这两个正方形分割成两半的一条直线。假设正方形顶边和底边与 x 轴平行。（提示：#467，#478，#527，#559）

16.14 最佳直线。给定一个二维平面及平面上的若干点。请找出一条直线，其通过的点的数目最多。（提示：#490，#519，#528，#562）

16.15 珠玑妙算。珠玑妙算游戏（the game of master mind）的玩法如下。

计算机有 4 个槽，每个槽放一个球，颜色可能是红色（R）、黄色（Y）、绿色（G）或蓝色（B）。例如，计算机可能有 RGGB 4 种（槽 1 为红色，槽 2、3 为绿色，槽 4 为蓝色）。作为用户，你试图猜出颜色组合。打个比方，你可能会猜 YRGB。

要是猜对某个槽的颜色，则算一次"猜中"；要是只猜对颜色但槽位猜错了，则算一次"伪猜中"。注意，"猜中"不能算入"伪猜中"。

举个例子，实际颜色组合为 RGBY，而你猜的是 GGRR，则算一次猜中，一次伪猜中。给定一个猜测和一种颜色组合，编写一个方法，返回猜中和伪猜中的次数。（提示：#638，#729）

16.16 部分排序。给定一个整数数组，编写一个函数，找出索引 m 和 n，只要将 m 和 n 之间的元素排好序，整个数组就是有序的。注意：n-m 尽量最小，也就是说，找出符合条件的最短序列。

示例：

> 输入：1, 2, 4, 7, 10, 11, 7, 12, 6, 7, 16, 18, 19
> 输出：(3, 9)

（提示：#481，#552，#666，#707，#734，#745）

16.17 连续数列。给定一个整数数组（有正数有负数），找出总和最大的连续数列，并返回总和。

示例：

> 输入：2, -8, 3, -2, 4, -10
> 输出：5（即{3, -2, 4}）

（提示：#530，#550，#566，#593，#613）

16.18 模式匹配。你有两个字符串，即 pattern 和 value。pattern 字符串由字母 a 和 b 组成，用于描述字符串中的模式。例如，字符串 catcatgocatgo 匹配模式 aabab（其中 cat 是 a，go 是 b）。该字符串也匹配像 a、ab 和 b 这样的模式。编写一个方法判断 value 字符串是否匹配 pattern 字符串。（提示：#630，#642，#652，#662，#684，#717，#726）

16.19 水域大小。你有一个用于表示一片土地的整数矩阵，该矩阵中每个点的值代表对应地点的海拔高度。若值为 0 则表示水域。由垂直、水平或对角连接的水域为池塘。池塘的大小是指相连接的水域的个数。编写一个方法来计算矩阵中所有池塘的大小。

示例：

输入：
```
0 2 1 0
0 1 0 1
1 1 0 1
0 1 0 1
```
输出：2，4，1（任意顺序）

（提示：#673，#686，#705，#722）

16.20 T9 键盘。在老式手机上，用户通过数字键盘输入，手机将提供与这些数字相匹配的单词列表。每个数字映射到 0 至 4 个字母。给定一个数字序列，实现一个算法来返回匹配单词的列表。你会得到一张含有有效单词的列表（存储你想要的任何数据结构）。映射如下图所示。

1	2 abc	3 def
4 ghi	5 jkl	6 mno
7 pqrs	8 tuv	9 wxyz
	0	

示例：

输入：8733

输出：tree, used

（提示：#470，#486，#653，#702，#725，#743）

16.21 交换和。给定两个整数数组，请交换一对数值（每个数组中取一个数值），使得两个数组所有元素的和相等。

示例：

输入：{4, 1, 2, 1, 1, 2}和{3, 6, 3, 3}

输出：{1, 3}

（提示：#544，#556，#563，#570，#582，#591，#601，#605，#634）

16.22 兰顿蚂蚁。一只蚂蚁坐在由白色和黑色方格构成的无限网格上。开始时，网格全白，蚂蚁面向右侧。每行走一步，蚂蚁执行以下操作。

(1) 如果在白色方格上，则翻转方格的颜色，向右（顺时针）转 90 度，并向前移动一个单位。

(2) 如果在黑色方格上，则翻转方格的颜色，向左（逆时针方向）转 90 度，并向前移动一个单位。

编写程序来模拟蚂蚁执行的前 K 个动作，并打印最终的网格。请注意，题目没有提供表示网格的数据结构，你需要自行设计。你编写的方法接受的唯一输入是 K，你应该打印最终的网格，不需要返回任何值。方法签名类似于 void printKMoves(int K)。（提示：#473，#480，#532，#539，#558，#569，#598，#615，#626）

16.23 Rand5 与 Rand7。 给定 rand5()，实现一个方法 rand7()，即给定一个生成 0 到 4（含 0 和 4）随机数的方法，编写一个生成 0 到 6（含 0 和 6）随机数的方法。（提示：#504，#573，#636，#667，#696，#719）

16.24 数对和。 设计一个算法，找出数组中两数之和为指定值的所有整数对。（提示：#547，#596，#643，#672）

16.25 LRU 缓存。 设计和构建一个 "最近最少使用" 缓存，该缓存会删除最近最少使用的项目。缓存应该从键映射到值（允许你插入和检索特定键对应的值），并在初始化时指定最大容量。当缓存被填满时，它应该删除最近最少使用的项目。（提示：#523，#629，#693）

16.26 计算器。 给定一个包含正整数、加（+）、减（−）、乘（×）、除（/）的算数表达式（括号除外），计算其结果。

示例：

    输入：2 * 3 + 5/6 * 3 + 15

    输出：23.5

（提示：#520，#623，#664，#697）

9.17   高难度题

面试题目

17.1 不用加号的加法。 设计一个函数把两个数字相加。不得使用 + 或者其他算术运算符。（提示：#466，#543，#600，#627，#641，#663，#691，#711，#723）

17.2 洗牌。 设计一个用来洗牌的函数。要求做到完美洗牌，也就是说，这副牌 52! 种排列组合出现的概率相同。假设给定一个完美的随机数发生器。（提示：#482，#578，#633）

17.3 随机集合。 编写一个方法，从大小为 n 的数组中随机选出 m 个整数。要求每个元素被选中的概率相同。（提示：#493，#595）

17.4 消失的数字。 数组 A 包含从 0 到 n 的所有整数，但其中缺了一个。在这个问题中，只用一次操作无法取得数组 A 里某个整数的完整内容。此外，数组 A 的元素皆以二进制表示，唯一可用的访问操作是 "从 A[i] 中取出第 j 位数据"，该操作的时间复杂度为常量。请编写代码找出那个缺失的整数。你有办法在 $O(n)$ 时间内完成吗？（提示：#609，#658，#682）

17.5 字母与数字。 给定一个放有字符和数字的数组，找到最长的子数组，且包含的字符和数字的个数相同。（提示：#484，#514，#618，#670，#712）

17.6 2 出现的次数。 编写一个方法，计算从 0 到 n（含 n）中数字 2 出现的次数。

示例：

    输入：25

    输出：9(2, 12, 20, 21, 22, 23, 24, 25)（注意 22 应该算作两次）

（提示：#572，#611，#640）

17.7 婴儿名字。 每年，政府都会公布一万个最常见的婴儿名字和它们出现的频率，也就是同名婴儿的数量。有些名字有多种拼法，例如，John 和 Jon 本质上是相同的名字，但被当成了两个名字公布出来。给定两个列表，一个是名字及对应的频率，另一个是本质相同的名字对。设计一个算法打印出每个真实名字的实际频率。注意,如果 John 和 Jon 是相同的,并且 Jon 和 Johnny 相同,则 John 与 Johnny 也相同,即它们有传递性和对称性。在结果列表中,任选一个名字做为真实名字就可以。

示例:

输入:

Names: John(15)、Jon(12)、Chris(13)、Kris(4)、Christopher(19)

Synonyms: (Jon, John)、(John, Johnny)、(Chris, Kris)、(Chris, Christopher)

输出:

John(27)、Kris(36)

(提示:#477, #492, #511, #536, #585, #604, #654, #674, #703)

17.8 马戏团人塔。 有个马戏团正在设计叠罗汉的表演节目,一个人要站在另一人的肩膀上。出于实际和美观的考虑,在上面的人要比下面的人矮一点且轻一点。已知马戏团每个人的身高和体重,请编写代码计算叠罗汉最多能叠几个人。

示例:

输入:(ht, wt): (65, 100) (70, 150) (56, 90) (75, 190) (60, 95) (68, 110)

输出:从上往下数,叠罗汉最多能叠 6 层:(56, 90) (60,95) (65,100) (68,110) (70,150) (75,190)

(提示:#637, #656, #665, #681, #698)

17.9 第 k 个数。 有些数的素因子只有 3,5,7,请设计一个算法找出第 k 个数。注意,不是必须有这些素因子,而是必须不包含其他的素因子。例如,前几个数按顺序应该是 1,3,5,7,9,15,21。(提示:#487, #507, #549, #590, #621, #659, #685)

17.10 主要元素。 如果数组中多一半的数都是同一个,则称之为主要元素。给定一个正数数组,找到它的主要元素。若没有,返回 –1。要求时间复杂度为 $O(N)$,空间复杂度为 $O(1)$。

示例:

输入:1 2 5 9 5 9 5 5 5

输出:5

(提示:#521, #565, #603, #619, #649)

17.11 单词距离。 有个内含单词的超大文本文件,给定任意两个单词,找出在这个文件中这两个单词的最短距离(相隔单词数)。如果寻找过程在这个文件中会重复多次,而每次寻找的单词不同,你能对此优化吗? (提示:#485, #500, #537, #557, #632)

17.12 BiNode。 有个名为 BiNode 的简单数据结构,包含指向另外两个节点的指针。

```
public class BiNode {
  public BiNode node1, node2;
  public int data;
}
```

BiNode 可用来表示二叉树(其中 node1 为左子节点,node2 为右子节点)或双向链表(其中 node1 为前趋节点,node2 为后继节点)。实现一个方法,把用 BiNode 实现的二叉搜索树转换为双向链表,要求值的顺序保持不变,转换操作应是原址的,也就是在原始的二叉搜索树上直接修改。(提示:#508, #607, #645, #679, #700, #718)

17.13 恢复空格。 哦,不! 你不小心把一个长篇文章中的空格、标点都删掉了,并且大写也弄成了小写。像句子 "I reset the computer. It still didn't boot!" 已经变成了

"iresetthecomputeritstilldidntboot"。在处理标点符号和大小写之前，你得先把它断成词语。当然了，你有一本厚厚的词典，用一个 string 的集合表示。不过，有些词没在词典里。假设文章用 string 表示，设计一个算法，把文章断开，要求未识别的字符最少。

示例：

输入：jesslookedjustliketimherbrother

输出：<u>jess</u> looked just like <u>tim</u> her brother（7 个未识别的字符）

（提示：#495，#622，#655，#676，#738，#748）

17.14 最小 k 个数。设计一个算法，找出数组中最小的 k 个数。（提示：#469，#529，#551，#592，#624，#646，#660，#677）

17.15 最长单词。给定一组单词，编写一个程序，找出其中的最长单词，且该单词由这组单词中的其他单词组合而成。

示例：

输入：cat, banana, dog, nana, walk, walker, dogwalker

输出：dogwalker

（提示：#474，#498，#542，#588）

17.16 按摩师。一个有名的按摩师会收到源源不断的预约请求，每个预约都可以选择接或不接。在每次预约服务之间要有 15 分钟的休息时间，因此她不能接受时间相邻的预约。给定一个预约请求序列（都是 15 分钟的倍数，没有重叠，也无法移动），替按摩师找到最优的预约集合（总预约时间最长），返回总的分钟数。

示例：

输入：{30, 15, 60, 75, 45, 15, 15, 45}

输出：180 minutes ({30, 60, 45, 45})

（提示：#494，#503，#515，#525，#541，#553，#561，#567，#577，#586，#606）

17.17 多次搜索。给定一个字符串 b 和一个包含较短字符串的数组 T，设计一个方法，根据 T 中的每一个较短字符串，对 b 进行搜索。（提示：#479，#581，#616，#742）

17.18 最短超串。假设你有两个数组，一个长一个短，短的元素均不相同。找到长数组中包含短数组所有的元素的最短子数组，其出现顺序无关紧要。

示例：

输入：{1, 5, 9} | {7, 5, 9, 0, 2, 1, 3, <u>5, 7, 9, 1</u>, 1, 5, 8, 8, 9, 7}

输出：[7, 10] (the underlined portion above)

（提示：#644，#651，#668，#680，#690，#724，#730，#740）

17.19 消失的两个数字。给定一个数组，包含从 1 到 N 所有的整数，但其中缺了一个。你能在 $O(N)$ 时间内只用 $O(1)$ 的空间找到它吗？如果是缺了两个数字呢？（提示：#502，#589，#608，#625，#648，#671，#688，#695，#701，#716）

17.20 连续中值。随机产生数字并传递给一个方法。你能否完成这个方法，在每次产生新值时，寻找当前所有值的中间值并保存。（提示：#518，#545，#574，#708）

17.21 直方图的水量。给定一个直方图（也称柱状图），假设有人从上面源源不断地倒水，最后直方图能存多少水量？直方图的宽度为 1。

示例（黑色部分是直方图，灰色部分是水）：

输入：{0, 0, 4, 0, 0, 6, 0, 0, 3, 0, 5, 0, 1, 0, 0, 0}

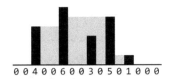

0 0 4 0 0 6 0 0 3 0 5 0 1 0 0 0

　　　输出：26

（提示：#628，#639，#650，#657，#661，#675，#692，#733，#741）

17.22 单词转换。 给定字典中的两个词，长度相等。写一个方法，把一个词转换成另一个词，但是一次只能改变一个字符。每一步得到的新词都必须能在字典中找到。

示例：

　　　输入：DAMP，LIKE

　　　输出：DAMP -> LAMP ->LIMP ->LIME ->LIKE

（提示：#505，#534，#555，#579，#597，#617，#737）

17.23 最大黑方阵。 给定一个方阵，其中每个单元（像素）非黑即白。设计一个算法，找出 4 条边皆为黑色像素的最大子方阵。（提示：#683，#694，#704，#713，#720，#735）

17.24 最大子矩阵。 给定一个正整数和负整数组成的 $N \times N$ 矩阵，编写代码找出元素总和最大的子矩阵。（提示：#468，#510，#524，#538，#564，#580，#594，#614，#620）

17.25 单词矩阵。 给定一份几百万个单词的清单，设计一个算法，创建由字母组成的最大矩形，其中每一行组成一个单词（自左向右），每一列也组成一个单词（自上而下）。不要求这些单词在清单里连续出现，但要求所有行等长，所有列等高。（提示：#476，#499，#747）

17.26 稀疏相似度。 两个（具有不同单词的）文档的交集（intersection）中元素的个数除以并集（union）中元素的个数，就是这两个文档的相似度。例如，{1, 5, 3}和{1, 7, 2, 3}的相似度是 0.4，其中，交集的元素有 2 个，并集的元素有 5 个。

给定一系列的长篇文档，每个文档元素各不相同，并与一个 ID 相关联。它们的相似度非常"稀疏"，也就是说任选 2 个文档，相似度都很接近 0。请设计一个算法返回每对文档的 ID 及其相似度。

只需输出相似度大于 0 的组合。请忽略空文档。为简单起见，可以假定每个文档由一个含有不同整数的数组表示。

示例：

　　　输入：

　　　13: {14, 15, 100, 9, 3}

　　　16: {32, 1, 9, 3, 5}

　　　19: {15, 29, 2, 6, 8, 7}

　　　24: {7, 10}

　　　输出：

　　　ID1, ID2 : SIMILARITY

　　　13, 19　 : 0.1

　　　13, 16　 : 0.25

　　　19, 24　 : 0.14285714285714285

（提示：#483，#497，#509，#517，#533，#546，#554，#560，#568，#576，#583，#602，#610，#635）

9

第 10 章

题目解法

请登录我们的网站（http://www.CrackingTheCodingInterview.com），下载完整的题目答案，贡献或查看用其他语言编写的解决方案，与其他读者一起讨论书中的面试题目，提交问题，报告错误，查看本书勘误表，或者寻求其他建议。

10.1 数组与字符串

1.1 判定字符是否唯一。实现一个算法，确定一个字符串的所有字符是否全都不同。假使不允许使用额外的数据结构，又该如何处理？

题目解法

一开始，不妨先问问面试官，上面的字符串是 ASCII 字符串还是 Unicode 字符串。问这个问题表明你关注细节，并且对计算机科学有深刻了解。为了简单起见，这里假定字符集为 ASCII。如果此假设不成立，则需扩大存储空间。

第一种解法是构建一个布尔值的数组，索引值 i 对应的标记指示该字符串是否含有字母表第 i 个字符。若这个字符第二次出现，则立即返回 false。

如果字符串的长度超过了字母表中不同字符的个数，也可以立即返回 false。毕竟，你无法通过 128 个字符的字母表构造一个包含 280 个不同字符的字符串。

> 假设共有 256 个字符也可以，扩展 ASCII 码就是这种情况。你应该向面试官阐明这一点。

下面是这个算法的实现代码。

```
1   boolean isUniqueChars(String str) {
2     if (str.length() > 128) return false;
3
4     boolean[] char_set = new boolean[128];
5     for (int i = 0; i < str.length(); i++) {
6       int val = str.charAt(i);
7       if (char_set[val]) { // 在字符串中已找到该字符
8         return false;
9       }
10      char_set[val] = true;
11    }
12    return true;
13  }
```

这段代码的时间复杂度为 $O(n)$，其中 n 为字符串长度。空间复杂度为 $O(1)$。你也可以认为时间复杂度是 $O(1)$，因为 for 循环的迭代永远不会超过 128 次。如果不想假设字符集是恒定的，也可以认为空间复杂度是 $O(c)$，时间复杂度是 $O(\min(c, n))$或者 $O(c)$，其中 c 是字符集的大小。

使用位向量（bit vector），可以将空间占用减少为原先的 1/8。下面的代码假定字符串只含有小写字母 a 到 z。这样一来只需使用一个 int 型变量。

```
1   boolean isUniqueChars(String str) {
2     int checker = 0;
3     for (int i = 0; i < str.length(); i++) {
4       int val = str.charAt(i) - 'a';
5       if ((checker & (1 << val)) > 0) {
6         return false;
7       }
8       checker |= (1 << val);
9     }
10    return true;
11  }
```

如果不能使用其他数据结构，我们可以执行以下操作。

(1) 将字符串中的每一个字符与其余字符进行比较。这种方法的时间复杂度为 $O(n^2)$，空间复杂度为 $O(1)$。

(2) 若允许修改输入字符串，可以在 $O(n \log(n))$ 的时间复杂度内对字符串进行排序，然后线性检查其中有无相邻字符完全相同的情况。不过，值得注意的是，很多排序算法会占用额外的空间。

从某些方面来看，这些算法算不上最优，不过，从问题的限制条件来看，或许还算是不错的。

1.2　判定是否互为字符重排。给定两个字符串，请编写程序，确定其中一个字符串的字符重新排列后，能否变成另一个字符串。

题目解法

跟许多其他问题一样，我们首先应该向面试官确认一些细节，弄清楚变位词（anagram）比较是否区分大小写。比如，God 是否为 dog 的变位词？此外，我们还应该问清楚是否要考虑空白字符。这里假定变位词比较区分大小写，空白也要考虑在内，也就是说，"god" 不是 "dog" 的变位词。

首先请注意不同长度的字符串不可能互为重排字符串。解决这个问题有两种简单的方法，且都采用了上述优化方法。

解法 1：排序字符串

若两个字符串互为重排字符串，那么它们拥有同一组字符，只不过顺序不同。因此，对字符串排序，组成这两个重排字符串的字符就会有相同的顺序。我们只需比较排序后的字符串。

```
1   String sort(String s) {
2     char[] content = s.toCharArray();
3     java.util.Arrays.sort(content);
4     return new String(content);
5   }
6
7   boolean permutation(String s, String t) {
8     if (s.length() != t.length()) {
9       return false;
10    }
11    return sort(s).equals(sort(t));
12  }
```

在某种程度上，这个算法算不上最优，不过换个角度看，该算法或许更可取：它清晰、简单且易懂。从实践角度来看，这可能是解决该问题的上佳之选。

不过，要是效率当头，我们可以换种做法。

10

解法 2：检查两个字符串的字符数是否相同

还可以充分利用变位词的定义——组成两个单词的字符数相同——来实现这个算法。创建一个类似于散列表的数组（从第 4 行到第 7 行），将其每个字符映射到其字符出现的次数。增加第一个字符串，然后减少第二个字符串，如果两者互为重排，则该数组最终将为 0。

若值为负值（一旦为负，则值将永为负值，不会为非 0），就提早终止。若不这样做，则数组就会为 0。原因在于，字符串长度相同，增加的次数与减少的次数也相同。若数组无负值，则不会有正值。

```
1   boolean permutation(String s, String t) {
2     if (s.length() != t.length()) return false; // 排列必须长度相同
3
4     int[] letters = new int[128]; // 假设为 ASCII 字符
5     for (int i = 0; i < s.length(); i++) {
6       letters[s.charAt(i)]++;
7     }
8
9     for (int i = 0; i < t.length(); i++) {
10      letters[t.charAt(i)]--;
11      if (letters[t.charAt(i)] < 0) {
12        return false;
13      }
14    }
15    return true; // 字母没有负值，因此也没有正值
16  }
```

注意第 4 行的假设条件。在面试中，最好跟面试官核实一下字符集的大小。这里假设字符集为 ASCII。

1.3 URL 化。 编写一种方法，将字符串中的空格全部替换为 %20。假定该字符串尾部有足够的空间存放新增字符，并且知道字符串的"真实"长度。（注：用 Java 实现的话，请使用字符数组实现，以便直接在数组上操作。）

示例：

      输入："Mr John Smith   ", 13
      输出："Mr%20John%20Smith"

题目解法

处理字符串操作问题时，常见做法是从字符串尾部开始编辑，从后往前反向操作。该做法是上佳之选，因为字符串尾部有额外的缓冲，可以直接修改，不必担心会覆写原有数据。

我们将采用上面这种做法。该算法会进行两次扫描。第一次扫描先数出字符串中有多少空格，从而算出最终的字符串长度。第二次扫描才真正开始反向编辑字符串。如果检测到空格，就将 %20 复制到下一个位置；若不是空格，就复制原先的字符。

下面是这个算法的实现代码。

```
1   void replaceSpaces(char[] str, int trueLength) {
2     int spaceCount = 0, index, i = 0;
3     for (i = 0; i < trueLength; i++) {
4       if (str[i] == ' ') {
5         spaceCount++;
6       }
7     }
8     index = trueLength + spaceCount * 2;
9     if (trueLength < str.length) str[trueLength] = '\0'; // 数组结束
```

```
10    for (i = trueLength - 1; i >= 0; i--) {
11      if (str[i] == ' ') {
12        str[index - 1] = '0';
13        str[index - 2] = '2';
14        str[index - 3] = '%';
15        index = index - 3;
16      } else {
17        str[index - 1] = str[i];
18        index--;
19      }
20    }
21  }
```

因为 Java 字符串是不可变的（immutable），所以我们选用了字符数组来解决这个问题。若直接使用字符串，返回时就要把字符串复制一份，不过，这么做的好处是只需扫描一次。

1.4　回文排列。 给定一个字符串，编写一个函数判定其是否为某个回文串的排列之一。回文串是指正反两个方向都一样的单词或短语。排列是指字母的重新排列。回文串不一定是字典当中的单词。

示例：

　　输入：Tact Coa

　　输出：True（排列有"taco cat"，"atco cta"，等等）

题目解法

这是一道帮助理解"回文串排列"定义的题目，同时该题目也在考查回文串排列应具备哪些特点。

回文串是指从正、反两个方向读都一致的字符串。因此，判断一个字符串是否为回文串排列，我们需要知道该字符串是否可以重写为一个从正反两个方向读都一致的字符串。

怎样才能给出一个正、反两个方向都一致的字符序列呢？对于大多数的字符，都必须出现偶数次，这样才能使得其中一半构成字符串的前半部分，另一半构成字符串的后半部分。至多只能有一个字符（即中间的字符）可以出现奇数次。

例如，我们知道 tactcoapapa 是一个回文排列，因为该字符串有 2 个 t、4 个 a、2 个 c、2 个 p 以及 1 个 o，其中 o 将会成为潜在的回文串的中间字符。

> 更准确地说，所有偶数长度的字符串（不包括非字母字符）所有的字符必须出现偶数次。奇数长度的字符串必须刚好有一个字符出现奇数次。当然，偶数长度的字符串不可能只包括一个出现奇数次的字符，否则其不会为偶数长度（一个出现奇数次的字符+若干个出现偶数次的字符=奇数个字符）。以此类推，奇数长度的字符串不可能所有的字符都出现偶数次（偶数的和仍然是偶数）。因此我们可以得知，一个回文串的排列不可能包含超过一个"出现奇数次的字符"。该推论同时涵盖了奇数长度和偶数长度字符串的例子。

因此，我们可以得出第一个算法。

解法 1

可以轻而易举地实现该算法。使用散列表统计每个字符出现的次数。然后，遍历散列表以便确定出现奇数次的字符不超过一个。

```
1   boolean isPermutationOfPalindrome(String phrase) {
2     int[] table = buildCharFrequencyTable(phrase);
```

```
3      return checkMaxOneOdd(table);
4    }
5
6    /* 检查最多一个字符的数目为奇数 */
7    boolean checkMaxOneOdd(int[] table) {
8      boolean foundOdd = false;
9      for (int count : table) {
10       if (count % 2 == 1) {
11         if (foundOdd) {
12           return false;
13         }
14         foundOdd = true;
15       }
16     }
17     return true;
18   }
19
20   /* 将每个字符对应为一个数字。a -> 0, b -> 1, c -> 2,等等。
21    * 不用区分大小写。非字母对应为-1 */
22   int getCharNumber(Character c) {
23     int a = Character.getNumericValue('a');
24     int z = Character.getNumericValue('z');
25     int val = Character.getNumericValue(c);
26     if (a <= val && val <= z) {
27       return val - a;
28     }
29     return -1;
30   }
31
32   /* 对字符出现的次数计数 */
33   int[] buildCharFrequencyTable(String phrase) {
34     int[] table = new int[Character.getNumericValue('z') -
35                           Character.getNumericValue('a') + 1];
36     for (char c : phrase.toCharArray()) {
37       int x = getCharNumber(c);
38       if (x != -1) {
39         table[x]++;
40       }
41     }
42     return table;
43   }
```

该算法用时为 $O(N)$，其中 N 为字符串的长度。

解法 2

任何算法都要遍历整个字符串，因此，无法对时间复杂度再进行优化，但可稍作优化。因为该题目相对简单，所以有必要对其稍作优化或调整。

可以在遍历的同时检查是否有字符只出现了奇数次，而不需要在遍历结束时再进行检查。因此，在一次遍历结束时，我们即有了答案。

```
1    boolean isPermutationOfPalindrome(String phrase) {
2      int countOdd = 0;
3      int[] table = new int[Character.getNumericValue('z') -
4                            Character.getNumericValue('a') + 1];
5      for (char c : phrase.toCharArray()) {
6        int x = getCharNumber(c);
7        if (x != -1) {
8          table[x]++;
9          if (table[x] % 2 == 1) {
```

```
10       countOdd++;
11     } else {
12       countOdd--;
13     }
14   }
15 }
16 return countOdd <= 1;
17 }
```

需要清楚说明的是，该算法并不一定更优。该算法有着相同的时间复杂度，而且可能还会稍慢一些。我们最终没有遍历散列表，但是对于单个字符加入了几行额外的代码。

你应该将该算法作为备选项而非最优解与面试官进行讨论。

解法 3

如果你能更深入地思考该问题，或许会注意到字符出现的个数无关紧要。重要的是，字符出现是偶数次还是奇数次。你可以将其想象为开灯与关灯的操作（初始状态下灯是关着的）。如果灯最后是关闭状态，并不需要知道对其进行了多少次的开关操作，只需知道操作的次数是偶数次的。

因此，可以在本题中使用一个整数数值（或者位向量）。每当看到一个字符，就将其映射到 0 与 26 之间的一个数值（假设所有字符都是英语字母），然后切换该数值对应的比特位。在遍历结束后，需要检查是否最多只有一个比特位被置为 1。

判断整数数值中没有比特位为 1 易如反掌，只需将整数数值与 0 进行比较。判断整数数值中是否刚好有一个比特位为 1，则有一个很巧妙的办法。

例如有一个整数数值 00 010 000。我们当然可以通过重复的移位操作判断是否只有一个比特位为 1。另一种方法是，如果将该数字减 1，则会得到 00 001 111。可以发现，这两个数字之间比特位没有重叠（而对于 00 101 000，将其减 1 会得到 00 100 111，比特位发生了重叠）。因此，判断一个数是否刚好有一个比特位为 1，可以通过将其减 1 的结果与该数本身进行与操作，如果其结果为 0，则比特位中 1 刚好出现一次。

```
00010000 - 1 = 00001111
00010000 & 00001111 = 0
```

从而得出最终的解法。

```
1  boolean isPermutationOfPalindrome(String phrase) {
2    int bitVector = createBitVector(phrase);
3    return bitVector == 0 || checkExactlyOneBitSet(bitVector);
4  }
5
6  /* 创建一个字符串对应的字节数组。对于每个值为 i 的字符，翻转第 i 位字节 */
7  int createBitVector(String phrase) {
8    int bitVector = 0;
9    for (char c : phrase.toCharArray()) {
10     int x = getCharNumber(c);
11     bitVector = toggle(bitVector, x);
12   }
13   return bitVector;
14 }
15
16 /* 翻转整数中第 i 位字节 */
17 int toggle(int bitVector, int index) {
18   if (index < 0) return bitVector;
19
20   int mask = 1 << index;
```

10

```
21      if ((bitVector & mask) == 0) {
22        bitVector |= mask;
23      } else {
24        bitVector &= ~mask;
25      }
26      return bitVector;
27    }
28
29    /* 检测只有 1 个比特位被设置，将整数减 1，并将其与原数值做 AND 操作 */
30    boolean checkExactlyOneBitSet(int bitVector) {
31      return (bitVector & (bitVector - 1)) == 0;
32    }
```

和其他解法一样，该解法的时间复杂度也是 $O(N)$。

需要注意的是，这里没有对另外一种解法——构造给定字符串所有的可能排列，并判断其是否是回文串——展开讨论。尽管此类算法是正确的，但是在现实世界中并不可行。构造所有的可能排列需要阶乘级的时间复杂度（比指数级时间复杂度表现更差），对于超过 10 至 15 个字符的字符串来说，这基本是行不通的。

我在此提到这个（不可行的）解法是因为许多求职者会说："为了判断 A 是否在 B 当中，必须知道 B 中的所有元素并判断其中是否有元素与 A 相等。"其实并不一定是这样的，该题目即是一个例证。你并不需要构造所有的排列并判断它们是否是回文串。

1.5 一次编辑。字符串有三种编辑操作：插入一个字符、删除一个字符或者替换一个字符。给定两个字符串，编写一个函数判定它们是否只需要一次（或者零次）编辑。

示例：

```
pale,  ple  ->  true
pales, pale ->  true
pale,  bale ->  true
pale,  bake ->  false
```

题目解法

该题目可借助蛮力法。通过移除每一个字符（并比较），替换每一个字符（并比较），插入每一个字符（并比较）等方法，得到所有可能的字符串，然后检查只需一次编辑的字符串。

该算法的运行时间过于缓慢，因此不用费尽心思来实现。

对于此类问题，思考一下每一种操作的"意义"大有裨益。两个字符串之间需要一次插入、替换或删除操作意味着什么？

- **替换**。设想一下诸如 bale 和 pale 这样的两个字符串，它们之间相差一次替换操作。这确实意味着你可以通过替换 bale 中的一个字母来获得 pale，但是更精确的说法是，这两个字符串仅在一个字符位置上有所不同。
- **插入**。字符串 apple 和 aple 之间相差一次插入操作。这意味着，如果你对比两个字符串，会发现除了在字符串上的某一位置需要整体移动一次以外，它们是完全相同的。
- **删除**。字符串 apple 和 aple 之间同样也可以表示为相差一次删除操作，因为删除操作只是"插入"的相反操作而已。

现在可以动手实现该算法了。我们会把插入和删除操作合并为一个步骤，而让替换操作成为一个单独的步骤。

请注意观察，你不需要对所有字符串的插入、删除和替换操作进行检查，字符串的长度会告诉你需要检查哪一项操作。

```
1    boolean oneEditAway(String first, String second) {
2      if (first.length() == second.length()) {
3        return oneEditReplace(first, second);
4      } else if (first.length() + 1 == second.length()) {
5        return oneEditInsert(first, second);
6      } else if (first.length() - 1 == second.length()) {
7        return oneEditInsert(second, first);
8      }
9      return false;
10   }
11
12   boolean oneEditReplace(String s1, String s2) {
13     boolean foundDifference = false;
14     for (int i = 0; i < s1.length(); i++) {
15       if (s1.charAt(i) != s2.charAt(i)) {
16         if (foundDifference) {
17           return false;
18         }
19
20         foundDifference = true;
21       }
22     }
23     return true;
24   }
25
26   /* 检测是否可以通过向 s1 插入一个字符构造 s2 */
27   boolean oneEditInsert(String s1, String s2) {
28     int index1 = 0;
29     int index2 = 0;
30     while (index2 < s2.length() && index1 < s1.length()) {
31       if (s1.charAt(index1) != s2.charAt(index2)) {
32         if (index1 != index2) {
33           return false;
34         }
35         index2++;
36       } else {
37         index1++;
38         index2++;
39       }
40     }
41     return true;
42   }
```

该算法的时间复杂度为 $O(n)$，n 是较短字符串的长度（几乎所有合理的算法都为该时间复杂度）。

> 为什么运行时间由较短的字符串决定而不是由较长的字符串决定呢？如果两个字符串长度相同（相差一个字符），那么使用较长的字符串或者较短的字符串定义时间复杂度均可。如果它们的长度大不相同，那么算法会在 $O(1)$ 的时间内结束。因此，一个非常长的字符串不会极大地增加运行时间。只有当两个字符串都很长的时候，时间复杂度才会增加。

我们或许会注意到代码 oneEditReplace 和代码 oneEditInsert 相差无几。因此，可以将二者合并为一个方法。

为了达到该目的，请注意这两种方法的解题思路大体相似，即对比每一个字符并确保两个字符串只相差一个字符。两种方法的不同之处在于如何处理不同的字符。oneEditReplace 方法除了标出不同的字符之外不做任何操作，oneEditInsert 方法则将较长字符串的指针向前移动。可以用同一种方法处理这两种情况。

10

```
1    boolean oneEditAway(String first, String second) {
2      /* 检查长度 */
3      if (Math.abs(first.length() - second.length()) > 1) {
4        return false;
5      }
6
7      /* 获取较长和较短的字符串 */
8      String s1 = first.length() < second.length() ? first : second;
9      String s2 = first.length() < second.length() ? second : first;
10
11     int index1 = 0;
12     int index2 = 0;
13     boolean foundDifference = false;
14     while (index2 < s2.length() && index1 < s1.length()) {
15       if (s1.charAt(index1) != s2.charAt(index2)) {
16         /* 确保此处为发现的第一处不同 */
17         if (foundDifference) return false;
18         foundDifference = true;
19
20         if (s1.length() == s2.length()) { // 更换后，移动较短字符串的指针
21           index1++;
22         }
23       } else {
24         index1++; // 如果相匹配，就移动较短字符串的指针
25       }
26       index2++; // 总是移动较长字符串的指针
27     }
28     return true;
29   }
```

有些人或许会认为第一种方法更好，因为它更为清晰且更易理解。另外一些人则会认为第二种方法更好，因为该方法更加紧凑且重复代码更少（有助于代码的维护）。

你并不需要站队，只需和面试官权衡利弊。

1.6 **字符串压缩。**利用字符重复出现的次数，编写一种方法，实现基本的字符串压缩功能。比如，字符串 aabcccccaaa 会变为 a2b1c5a3。若"压缩"后的字符串没有变短，则返回原先的字符串。你可以假设字符串中只包含大小写英文字母（a 至 z）。

题目解法

乍一看，编写这个方法似乎易如反掌，实则有点儿复杂。我们会迭代访问字符串，将字符复制至新字符串，并数出重复字符。在遍历过程中的每一步，只需检查当前字符与下一个字符是否一致。如果不一致，则将压缩后的版本写入到结果中。

这能有多难呢？

```
1    String compressBad(String str) {
2      String compressedString = "";
3      int countConsecutive = 0;
4      for (int i = 0; i < str.length(); i++) {
5        countConsecutive++;
6
7        /* 如果下一个字符与当前字符不同，那么将当前字符添加到结果尾部 */
8        if (i + 1 >= str.length() || str.charAt(i) != str.charAt(i + 1)) {
9          compressedString += "" + str.charAt(i) + countConsecutive;
10         countConsecutive = 0;
11       }
12     }
13     return compressedString.length() < str.length() ? compressedString : str;
14   }
```

该方法可行，但是效率如何？让我们来看一下该段代码的时间复杂度。

这段代码的执行时间为 $O(p + k^2)$，其中 p 为原始字符串长度，k 为字符序列的数量。比如，若字符串为 aabccdeeaa，则总计有 6 个字符序列。执行速度慢的原因是字符串拼接操作的时间复杂度为 $O(n^2)$（参见 9.1.3 节）。

可以使用 StringBuilder 优化部分性能。

```
1   String compress(String str) {
2     StringBuilder compressed = new StringBuilder();
3     int countConsecutive = 0;
4     for (int i = 0; i < str.length(); i++) {
5       countConsecutive++;
6
7       /* 如果下一个字符与当前字符不同，那么将当前字符添加到结果尾部 */
8       if (i + 1 >= str.length() || str.charAt(i) != str.charAt(i + 1)) {
9         compressed.append(str.charAt(i));
10        compressed.append(countConsecutive);
11        countConsecutive = 0;
12      }
13    }
14    return compressed.length() < str.length() ? compressed.toString() : str;
15  }
```

这两段代码都首先构造了压缩后的字符串，而后返回原字符串与压缩字符串中较短的一个。

与此不同的一种方法是，我们可以提前检查原字符串与压缩字符串的长度。在没有很多重复字符的情况下，该方法为上乘之选，因为其避免了构造一个最终不会被使用的字符串。而该方法的缺点在于，需要再次对所有字符进行循环，同时加了近乎重复的代码。

```
1   String compress(String str) {
2     /* 检查最终长度。如果其较长，则返回输入字符串 */
3     int finalLength = countCompression(str);
4     if (finalLength >= str.length()) return str;
5
6     StringBuilder compressed = new StringBuilder(finalLength); // 初始空间
7     int countConsecutive = 0;
8     for (int i = 0; i < str.length(); i++) {
9       countConsecutive++;
10
11      /* 如果下一个字符与当前字符不同，那么将当前字符添加到结果尾部 */
12      if (i + 1 >= str.length() || str.charAt(i) != str.charAt(i + 1)) {
13        compressed.append(str.charAt(i));
14        compressed.append(countConsecutive);
15        countConsecutive = 0;
16      }
17    }
18    return compressed.toString();
19  }
20
21  int countCompression(String str) {
22    int compressedLength = 0;
23    int countConsecutive = 0;
24    for (int i = 0; i < str.length(); i++) {
25      countConsecutive++;
26
27      /* 如果下一个字符与当前字符不同，那么增加其长度 */
28      if (i + 1 >= str.length() || str.charAt(i) != str.charAt(i + 1)) {
29        compressedLength += 1 + String.valueOf(countConsecutive).length();
30        countConsecutive = 0;
31      }
```

10

```
32     }
33     return compressedLength;
34   }
```

该方法的另一个优点在于可以提前将 StringBuilder 初始化为所需的容量。如果没有这一步骤，StringBuilder 需要在每次达到容量时将其容量翻倍（该过程隐式地完成），其最终容量有可能会达到所需容量的两倍。

1.7　旋转矩阵。给定一幅由 $N×N$ 矩阵表示的图像，其中每个像素的大小为 4 字节，编写一种方法，将图像旋转 90 度。不占用额外内存空间能否做到？

题目解法

要将矩阵旋转 90 度，最简单的做法就是一层一层进行旋转。对每一层执行环状旋转（circular rotation）：将上边移到右边，右边移到下边，下边移到左边，左边移到上边。

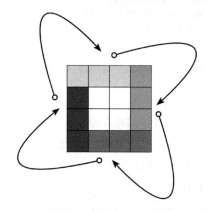

那么，该如何交换这 4 条边？一种做法是把上面复制到一个数组中，然后将左边移到上边，下边移到左边，等等。这需要占用 $O(N)$ 的内存空间，实际上没有必要。

更好的做法是按索引一个一个进行交换，具体做法如下。

```
1   for i = 0 to n
2     temp = top[i];
3     top[i] = left[i]
4     left[i] = bottom[i]
5     bottom[i] = right[i]
6     right[i] = temp
```

从最外面一层开始逐渐向里，在每一层上执行上述交换。另外，也可以从内层开始，逐层向外。

下面是该算法的实现代码。

```
1   boolean rotate(int[][] matrix) {
2     if (matrix.length == 0 || matrix.length != matrix[0].length) return false;
3     int n = matrix.length;
4     for (int layer = 0; layer < n / 2; layer++) {
5       int first = layer;
6       int last = n - 1 - layer;
7       for(int i = first; i < last; i++) {
8         int offset = i - first;
9         int top = matrix[first][i]; // 存储上边
10
11        // 左边移到上边
12        matrix[first][i] = matrix[last-offset][first];
```

```
13
14        // 下边移到左边
15        matrix[last-offset][first] = matrix[last][last - offset];
16
17        // 右边移到下边
18        matrix[last][last - offset] = matrix[i][last];
19
20        // 上边移到右边
21        matrix[i][last] = top; // 前述存储的上边移到右边
22      }
23    }
24    return true;
25  }
```

这个算法的时间复杂度为 $O(N^2)$，这已是最优解，因为任何算法都需要访问 N^2 的所有元素。

1.8　零矩阵。 编写一种算法，若 $M \times N$ 矩阵中某个元素为 0，则将其所在的行与列清零。

题目解法

乍一看，这个问题似乎显而易见，直接遍历整个矩阵，只要发现值为 0 的元素，就将其所在的行与列清零。不过这种方法存在陷阱：在读取被清零的行或列时，读到的尽是 0，于是所在行与列都得变成 0，很快，整个矩阵的所有元素都会变为 0。

避开这个陷阱的方法之一是，新建一个矩阵，标记 0 元素位置，然后，在第二次遍历矩阵时，将 0 元素所在行与列清零。这种做法的空间复杂度为 $O(MN)$。

真的需要占用 $O(MN)$ 的空间吗？不是的。既然打算将整行和整列清为 0，因此并不需要准确记录它是 cell[2][4]（行 2、列 4），只需知道行 2 有个元素为 0，列 4 有个元素为 0。不管怎样，整行和整列都要清为 0，又何必要记录 0 元素的确切位置？

下面是这个算法的实现代码。这里用两个数组分别记录包含 0 元素的所有行和列。在这之后，若所在行或列标记为 0，则将元素清为 0。

```
1  void setZeros(int[][] matrix) {
2    boolean[] row = new boolean[matrix.length];
3    boolean[] column = new boolean[matrix[0].length];
4
5    // 将值为 0 的元素的行、列索引保存
6    for (int i = 0; i < matrix.length; i++) {
7      for (int j = 0; j < matrix[0].length;j++) {
8        if (matrix[i][j] == 0) {
9          row[i] = true;
10         column[j] = true;
11       }
12     }
13   }
14
15   // 置空行
16   for (int i = 0; i < row.length; i++) {
17     if (row[i]) nullifyRow(matrix, i);
18   }
19
20   // 置空列
21   for (int j = 0; j < column.length; j++) {
22     if (column[j]) nullifyColumn(matrix, j);
23   }
24 }
25
26 void nullifyRow(int[][] matrix, int row) {
```

```
27    for (int j = 0; j < matrix[0].length; j++) {
28      matrix[row][j] = 0;
29    }
30  }
31
32  void nullifyColumn(int[][] matrix, int col) {
33    for (int i = 0; i < matrix.length; i++) {
34      matrix[i][col] = 0;
35    }
36  }
```

为了提高空间利用率，可以选用位向量替代布尔数组。存储空间的复杂度仍然为 $O(N)$。

通过使用第一行替代 row 数组，第一列替代 column 数组，可以将算法的空间复杂度降为 $O(1)$，其具体步骤如下。

(1) 检查第一行和第一列是否存在 0 元素，并根据结果设置 rowHasZero 和 columnHasZero 的值（如果需要的话，稍后会将第一行和第一列清零）。

(2) 遍历矩阵中的其余元素，如果 matrix[i][j] 为 0，则将 matrix[i][0] 和 matrix[0][j] 置为 0。

(3) 遍历矩阵中的其余元素，如果 matrix[i][0] 为 0，则将第 i 行清零。

(4) 遍历矩阵中的其余元素，如果 matrix[0][j] 为 0，则将第 j 行清零。

(5) 根据第(1)步的结果，如果需要则将第一行和第一列清零。

该方法的实现代码如下。

```
1   void setZeros(int[][] matrix) {
2     boolean rowHasZero = false;
3     boolean colHasZero = false;
4
5     // 检查第一行是否有 0
6     for (int j = 0; j < matrix[0].length; j++) {
7       if (matrix[0][j] == 0) {
8         rowHasZero = true;
9         break;
10      }
11    }
12
13    // 检查第一列是否有 0
14    for (int i = 0; i < matrix.length; i++) {
15      if (matrix[i][0] == 0) {
16        colHasZero = true;
17        break;
18      }
19    }
20
21    // 检查数组其余元素是否有 0
22    for (int i = 1; i < matrix.length; i++) {
23      for (int j = 1; j < matrix[0].length;j++) {
24        if (matrix[i][j] == 0) {
25          matrix[i][0] = 0;
26          matrix[0][j] = 0;
27        }
28      }
29    }
30
31    // 根据第一列的值置空行
32    for (int i = 1; i < matrix.length; i++) {
33      if (matrix[i][0] == 0) {
```

```
34        nullifyRow(matrix, i);
35      }
36    }
37
38    // 根据第一行的值置空列
39    for (int j = 1; j < matrix[0].length; j++) {
40      if (matrix[0][j] == 0) {
41        nullifyColumn(matrix, j);
42      }
43    }
44
45    // 置空第一行
46    if (rowHasZero) {
47      nullifyRow(matrix, 0);
48    }
49
50    // 置空第一列
51    if (colHasZero) {
52      nullifyColumn(matrix, 0);
53    }
54  }
```

该段代码中很多部分都遵循如下解题思路：先对行进行某操作，再对列做同样的操作。在面试中，你可以通过添加注释与待完成（TODO）这样的标注来简化代码，以便于解释下一段代码与先前一段代码相同，只是操作对象为行。这样会让你专注于算法中最重要的部分。

1.9　字符串轮转。 假定有一种 isSubstring 方法，可检查一个单词是否为其他字符串的子串。给定两个字符串 s1 和 s2，请编写代码检查 s2 是否为 s1 旋转而成，要求只能调用一次 isSubstring（比如，waterbottle 是 erbottlewat 旋转后的字符串）。

题目解法

假定 s2 由 s1 旋转而成，那么，我们可以找出旋转点在哪儿。例如，若以 wat 对 waterbottle 旋转，就会得到 erbottlewat。在旋转字符串时，会把 s1 切分为两部分：x 和 y，并将它们重新组合成 s2。

```
s1 = xy = waterbottle
x = wat
y = erbottle
s2 = yx = erbottlewat
```

因此，我们需要确认有没有办法将 s1 切分为 x 和 y，以满足 xy = s1 和 yx = s2。不论 x 和 y 之间的分割点在何处，我们会发现 yx 肯定是 xyxy 的子串，也即，s2 总是 s1s1 的子串。

上述分析正是这个问题的解法：直接调用 isSubstring(s1s1, s2)即可。

下面是上述算法的实现代码。

```
1   boolean isRotation(String s1, String s2) {
2     int len = s1.length();
3     /* 检查 s1 和 s2 长度相等且非空 */
4     if (len == s2.length() && len > 0) {
5       /* 在新空间中将 s1 与 s1 合并 */
6       String s1s1 = s1 + s1;
7       return isSubstring(s1s1, s2);
8     }
9     return false;
10  }
```

10

该算法的时间复杂度随 isSubstring 的时间复杂度的不同而变化。如果假设 isSubstring 的运行时间是 $O(A+B)$（对于长度分别为 A 和 B 的两个字符串），那么 isRotation 的运行时间则为 $O(N)$。

10.2　链表

2.1　移除重复节点。编写代码，移除未排序链表中的重复节点。
进阶：如果不得使用临时缓冲区，该怎么解决？

题目解法

要想移除链表中的重复节点，需要设法记录有哪些是重复的。这里只要用到一个简单的散列表。

在下面的解法中，我们会直接迭代访问整个链表，将每个节点加入散列表。若发现有重复元素，则将该节点从链表中移除，然后继续迭代。这个题目使用了链表，因此只需扫描一次就能搞定。

```
1   void deleteDups(LinkedListNode n) {
2     HashSet<Integer> set = new HashSet<Integer>();
3     LinkedListNode previous = null;
4     while (n != null) {
5       if (set.contains(n.data)) {
6         previous.next = n.next;
7       } else {
8         set.add(n.data);
9         previous = n;
10      }
11      n = n.next;
12    }
13  }
```

上述代码的时间复杂度为 $O(N)$，其中 N 为链表节点数目。

进阶：不得使用缓冲区

如不借助额外的缓冲区，可以用两个指针来迭代：current 迭代访问整个链表，runner 用于检查后续的节点是否重复。

```
1   void deleteDups(LinkedListNode head) {
2     LinkedListNode current = head;
3     while (current != null) {
4       /* 删除所有其余有相同值的节点 */
5       LinkedListNode runner = current;
6       while (runner.next != null) {
7         if (runner.next.data == current.data) {
8           runner.next = runner.next.next;
9         } else {
10          runner = runner.next;
11        }
12      }
13      current = current.next;
14    }
15  }
```

这段代码的空间复杂度为 $O(1)$，但时间复杂度为 $O(N^2)$。

2.2　返回倒数第 *k* 个节点。实现一种算法，找出单向链表中倒数第 *k* 个节点。

题目解法

　　下面会以递归和非递归的方式解决这个问题。一般来说，递归解法更简洁，但效率低下。例如，就这个问题来说，递归解法的代码量大概只有迭代解法的一半，但要占用 $O(n)$ 的空间，其中 *n* 为链表中节点个数。

　　注意，在下面的解法中，*k* 定义如下：传入 *k* = 1 将返回最后一个节点，*k* = 2 返回倒数第二个节点，以此类推。当然，也可以将 *k* 定义为 *k* = 0 返回最后一个节点。

解法 1：链表长度已知

　　若链表长度已知，那么，倒数第 *k* 个节点就是第(length - k)个节点。直接迭代访问链表就能找到这个节点。不过，这个解法太过简单了，不大可能是面试官想要的答案。

解法 2：递归

　　这个算法会递归访问整个链表，当抵达链表末端时，该方法会回传一个设置为 0 的计数器。之后的每次调用都会将这个计数器加 1。当计数器等于 *k* 时，表示我们访问的是链表倒数第 *k* 个元素。

　　实现代码简洁明了，前提是我们要有办法通过栈"回传"一个整数值。可惜，无法用一般的返回语句回传一个节点和一个计数器，那该怎么办？

● 方法 A：不返回该元素

　　一种方法是对这个问题略作调整，只打印倒数第 *k* 个节点的值。然后，直接通过返回值传回计数器值。

```
1   int printKthToLast(LinkedListNode head, int k) {
2     if (head == null) {
3       return 0;
4     }
5     int index = printKthToLast(head.next, k) + 1;
6     if (index == k) {
7       System.out.println(k + "th to last node is " + head.data);
8     }
9     return index;
10  }
```

　　当然，只有得到面试官的首肯，这个解法才算有效。

● 方法 B：使用 C++

　　另一种方法是使用 C++，并通过引用传值。这样一来，就可以返回节点值，而且也能通过传递指针更新计数器。

```
1   node* nthToLast(node* head, int k, int& i) {
2     if (head == NULL) {
3       return NULL;
4     }
5     node* nd = nthToLast(head->next, k, i);
6     i = i + 1;
7     if (i == k) {
8       return head;
9     }
10    return nd;
11  }
12
13  node* nthToLast(node* head, int k) {
```

```
14      int i = 0;
15      return nthToLast(head, k, i);
16  }
```

● 方法 C：创建包裹类

前面提到，这里的难点在于无法同时返回计数器和索引值。如果用一个简单的类（或一个单元素数组）包裹计数器值，就可以模仿如何通过引用传递。

```
1   class Index {
2     public int value = 0;
3   }
4
5   LinkedListNode kthToLast(LinkedListNode head, int k) {
6     Index idx = new Index();
7     return kthToLast(head, k, idx);
8   }
9
10  LinkedListNode kthToLast(LinkedListNode head, int k, Index idx) {
11    if (head == null) {
12      return null;
13    }
14    LinkedListNode node = kthToLast(head.next, k, idx);
15    idx.value = idx.value + 1;
16    if (idx.value == k) {
17      return head;
18    }
19    return node;
20  }
```

因为有递归调用，这些递归解法都需要占用 $O(n)$ 的空间。

还有不少其他解法这里并未提及。可以将计数器存放在静态变量中，或者可以创建一个类，存放节点和计数器，并返回这个类的实例。无论选用哪种解法，都要设法更新节点和计数器，并在每层递归调用的栈都能访问到。

解法 3：迭代法

还有一种效率更高但不太直观的解法，即迭代法。使用两个指针 p1 和 p2，并将它们指向链表中相距 k 个节点的两个节点，具体做法是，先将 p2 指向链表头节点，然后将 p1 向前移动 k 个节点。之后，以相同的速度移动这两个指针，p1 会在移动 LENGTH - k 步后抵达链表尾节点。此时，p2 会指向链表第 LENGTH - k 个节点，或者说倒数第 k 个节点。

下面的代码实现了该算法。

```
1   LinkedListNode nthToLast(LinkedListNode head, int k) {
2     LinkedListNode p1 = head;
3     LinkedListNode p2 = head;
4
5     /* 将 p1 向前移动 k 个节点 */
6     for (int i = 0; i < k; i++) {
7       if (p1 == null) return null; // 超出边界
8       p1 = p1.next;
9     }
10
11    /* 以相同的速度移动这两个指针，p1 抵达链表尾节点时，P2 会到达右边节点 */
12    while (p1 != null) {
13      p1 = p1.next;
14      p2 = p2.next;
15    }
16    return p2;
17  }
```

这个算法的时间复杂度为 $O(n)$，空间复杂度为 $O(1)$。

2.3 删除中间节点。实现一种算法，删除单向链表中间的某个节点（除了第一个和最后一个节点，不一定是中间节点），假定你只能访问该节点。

示例：

输入：单向链表 a->b->c->d->e->f 中的节点 c
结果：不返回任何数据，但该链表变为 a->b->d->e->f

题目解法

在这个问题中，你访问不到链表的首节点，只能访问那个待删除节点。解法很简单，直接将后继节点的数据复制到当前节点，然后删除这个后继节点。

下面是该算法的实现代码。

```
1   boolean deleteNode(LinkedListNode n) {
2     if (n == null || n.next == null) {
3       return false; // 失败
4     }
5     LinkedListNode next = n.next;
6     n.data = next.data;
7     n.next = next.next;
8     return true;
9   }
```

注意，若待删除节点为链表的尾节点，则这个问题无解。没关系，面试官就是想要你指出这一点，并讨论该怎么处理这种情况。例如，你可以考虑将该节点标记为假的。

2.4 分割链表。编写程序以 x 为基准分割链表，使得所有小于 x 的节点排在大于或等于 x 的节点之前。如果链表中包含 x，x 只需出现在小于 x 的元素之前（如下所示）。分割元素 x 只需处于"右半部分"即可，其不需要被置于左右两部分之间。

示例：

输入：3 -> 5 -> 8-> 5 -> 10 -> 2 -> 1 [分节点为 5]
输出：3 -> 1 -> 2 -> 10 -> 5-> 5 -> 8

题目解法

假如本题描述的是一个数组，对于如何移动元素则要非常谨慎。数组元素的移动通常开销很大。

但是，在链表当中，情况要简单得多。与数组中需要移动和交换元素不同的是，可以通过创建两个链表完成该操作，其中一个链表包含小于 x 的元素，而另一个链表包含大于或等于 x 的元素。

遍历链表，不断地将元素插入到 before 链表和 after 链表当中。当到达链表尾部并完成了分离操作后，将得到的两个链表合并。

对于保持其原有的顺序的元素，该方法大体称得上运行"稳定"，除了对分割链表进行了必要的移动。下面的代码实现了该方法。

```
1   /* 将链表头节点和其节点值传递到分割链表 */
2   LinkedListNode partition(LinkedListNode node, int x) {
3     LinkedListNode beforeStart = null;
4     LinkedListNode beforeEnd = null;
5     LinkedListNode afterStart = null;
6     LinkedListNode afterEnd = null;
```

10

```
7
8    /* 分割链表 */
9    while (node != null) {
10     LinkedListNode next = node.next;
11     node.next = null;
12     if (node.data < x) {
13       /* 将节点插入到 before 链表尾部 */
14       if (beforeStart == null) {
15         beforeStart = node;
16         beforeEnd = beforeStart;
17       } else {
18         beforeEnd.next = node;
19         beforeEnd = node;
20       }
21     } else {
22       /* 将节点插入到 after 链表尾部 */
23       if (afterStart == null) {
24         afterStart = node;
25         afterEnd = afterStart;
26       } else {
27         afterEnd.next = node;
28         afterEnd = node;
29       }
30     }
31     node = next;
32   }
33
34   if (beforeStart == null) {
35     return afterStart;
36   }
37
38   /* 合并 after 链表和 before 链表 */
39   beforeEnd.next = afterStart;
40   return beforeStart;
41 }
```

使用 4 个变量跟踪 2 个链表确实麻烦，不妨将这段代码写的简短一些。

如果不介意链表中的元素是否保持 "稳定"（因为面试官没有提到这个要求，你也不需要必须保证其 "稳定性"），可以不断地在链表头部和尾部加入元素，以便于整理链表。

在该方法中，我们创建了一个 "新" 链表（借助已有节点），将大于基准点的元素加入到链表尾部，将小于基准点的元素加入到链表头部。每当加入一个元素时，就会更新头节点或者尾节点。

```
1   LinkedListNode partition(LinkedListNode node, int x) {
2     LinkedListNode head = node;
3     LinkedListNode tail = node;
4
5     while (node != null) {
6       LinkedListNode next = node.next;
7       if (node.data < x) {
8         /* 在头部插入节点 */
9         node.next = head;
10        head = node;
11      } else {
12        /* 在尾部插入节点 */
13        tail.next = node;
14        tail = node;
15      }
16      node = next;
```

```
17      }
18      tail.next = null;
19
20      // 头部已改变，所以我们需要将其返回
21      return head;
22  }
```

同样地，该题有很多更优解。如果你提出了不同的解法，也没有关系。

2.5 链表求和。给定两个用链表表示的整数，每个节点包含一个数位。这些数位是反向存放的，也就是个位排在链表首部。编写函数对这两个整数求和，并用链表形式返回结果。

示例：

> 输入：(7-> 1 -> 6) + (5 -> 9 -> 2)，即 617 + 295
> 输出：2 -> 1 -> 9，即 912

进阶：假设这些数位是正向存放的，请再做一遍。

示例：

> 输入：(6 -> 1 -> 7) + (2 -> 9 -> 5)，即 617 + 295
> 输出：9 -> 1 -> 2，即 912

题目解法

着手解决这个问题之前，有必要回顾一下加法是怎么回事，比如：

```
  6 1 7
+ 2 9 5
```

首先，7加5得到12，其中，2为结果12的个位，1则为十位相加时的进位。然后，将1、1和9相加，得到11。十位数字为1，另一个1则成为下一步运算的进位。最后，将1、6和2相加得到9。因此，这两个整数求和的结果为912。

可以用递归法模拟这个过程，将两个节点的值逐一相加，如有进位则转入下一个节点。下面以两个链表为例进行说明。

```
  7 -> 1 -> 6
+ 5 -> 9 -> 2
```

步骤如下。

(1) 首先，将7和5相加，结果为12，于是2成为结果链表的第一个节点，并将1进位给下一次求和运算。

> 链表：2 -> ?

(2) 然后，将1、9和上面的进位相加，结果为11，于是1成为结果链表的第二个元素，另一个1则进位给下一个求和运算。

> 链表：2 -> 1 -> ?

(3) 最后，将6、2和上面的进位相加，得到9，同时也成为结果链表的最后一个元素。

> 链表：2 -> 1 -> 9

下面是该算法的实现代码。

```
1  LinkedListNode addLists(LinkedListNode l1, LinkedListNode l2, int carry) {
2      if (l1 == null && l2 == null && carry == 0) {
3          return null;
4      }
5
6      LinkedListNode result = new LinkedListNode();
```

10

```
7      int value = carry;
8      if (l1 != null) {
9        value += l1.data;
10     }
11     if (l2 != null) {
12       value += l2.data;
13     }
14
15     result.data = value % 10; /* 数字的第二个数位 */
16
17     /* 递归 */
18     if (l1 != null || l2 != null) {
19       LinkedListNode more = addLists(l1 == null ? null : l1.next,
20                                      l2 == null ? null : l2.next,
21                                      value >= 10 ? 1 : 0);
22       result.setNext(more);
23     }
24     return result;
25   }
```

在实现这段代码时，务必注意处理好一个链表比另一个链表节点少的情况，以防空指针异常。

进阶

从概念上来说，第二部分并无不同（递归，进位处理），但在实现时稍微复杂一些。

(1) 一个链表的节点可能比另一个链表的少，我们无法直接处理这种情况。例如，假设要对(1 -> 2 -> 3 -> 4)与(5 -> 6 -> 7)求和。务必注意，5 应该与 2 而不是 1 配对。对此，我们可以一开始先比较两个链表的长度并用 0 填充较短的链表。

(2) 在前一个问题中，相加的结果不断追加到链表尾部（也即向前传递）。这就意味着递归调用会**传入**进位，而且会返回结果（随后追加至链表尾部）。不过，这里的结果要加到首部（也即向后传递）。跟前一个问题一样，递归调用必须返回结果和进位。实现也不是太难，但处理起来会更难一些，可以通过创建一个 Partial Sum 包裹类来解决这一点。

下面是该算法的实现代码。

```
1    class PartialSum {
2      public LinkedListNode sum = null;
3      public int carry = 0;
4    }
5
6    LinkedListNode addLists(LinkedListNode l1, LinkedListNode l2) {
7      int len1 = length(l1);
8      int len2 = length(l2);
9
10     /* 将较短的链表填充 0。参见上述第(1)点 */
11     if (len1 < len2) {
12       l1 = padList(l1, len2 - len1);
13     } else {
14       l2 = padList(l2, len1 - len2);
15     }
16
17     /* 链表相加 */
18     PartialSum sum = addListsHelper(l1, l2);
19
20     /* 如果有进位，那么将其插入到链表首部，否则直接返回链表 */
21     if (sum.carry == 0) {
22       return sum.sum;
```

```
23    } else {
24      LinkedListNode result = insertBefore(sum.sum, sum.carry);
25      return result;
26    }
27  }
28
29  PartialSum addListsHelper(LinkedListNode l1, LinkedListNode l2) {
30    if (l1 == null && l2 == null) {
31      PartialSum sum = new PartialSum();
32      return sum;
33    }
34    /* 递归地对较小数位相加 */
35    PartialSum sum = addListsHelper(l1.next, l2.next);
36
37    /* 将进位相加 */
38    int val = sum.carry + l1.data + l2.data;
39
40    /* 加入当前数位的和 */
41    LinkedListNode full_result = insertBefore(sum.sum, val % 10);
42
43    /* 返回当前和与进位 */
44    sum.sum = full_result;
45    sum.carry = val / 10;
46    return sum;
47  }
48
49  /* 将链表填充0 */
50  LinkedListNode padList(LinkedListNode l, int padding) {
51    LinkedListNode head = l;
52    for (int i = 0; i < padding; i++) {
53      head = insertBefore(head, 0);
54    }
55    return head;
56  }
57
58  /* 在链表首部插入节点 */
59  LinkedListNode insertBefore(LinkedListNode list, int data) {
60    LinkedListNode node = new LinkedListNode(data);
61    if (list != null) {
62      node.next = list;
63    }
64    return node;
65  }
```

注意，上面的代码已将 insertBefore()、padList()和 length()（未列出）单列为独立方法。这样一来，代码更清晰且更易读，在面试时这么做是明智之举。

2.6 回文链表。编写一个函数，检查链表是否为回文。

题目解法

要解决这个问题，可以将回文（palindrome）定义为 0 -> 1 -> 2 -> 1 -> 0。显然，若链表是回文，不管正着看还是反着看，都是一样的。由此可以得出第一种解法。

解法1：反转并比较

第一种解法是反转整个链表，然后比较反转链表和原始链表。若两者相同，则该链表为回文。

注意，在比较原始链表和反转链表时，其实只需比较链表的前半部分。若原始链表和反转链表的前半部分相同，那么，两者的后半部分肯定相同。

10

```
1    boolean isPalindrome(LinkedListNode head) {
2      LinkedListNode reversed = reverseAndClone(head);
3      return isEqual(head, reversed);
4    }
5
6    LinkedListNode reverseAndClone(LinkedListNode node) {
7      LinkedListNode head = null;
8      while (node != null) {
9        LinkedListNode n = new LinkedListNode(node.data); // 复制
10       n.next = head;
11       head = n;
12       node = node.next;
13     }
14     return head;
15   }
16
17   boolean isEqual(LinkedListNode one, LinkedListNode two) {
18     while (one != null && two != null) {
19       if (one.data != two.data) {
20         return false;
21       }
22       one = one.next;
23       two = two.next;
24     }
25     return one == null && two == null;
26   }
```

请注意，我们将该段代码模块化为 reverse 函数和 isEqual 函数。

解法 2：迭代法

要想检查链表的前半部分是否为后半部分反转而成，该怎么做呢？只需将链表前半部分反转，可以利用栈来实现。

需要将前半部分节点入栈。根据链表长度已知与否，入栈有两种方式。

☐ 若链表长度已知，可以用标准 for 循环迭代访问前半部分节点，将每个节点入栈。当然，要小心处理链表长度为奇数的情况。

☐ 若链表长度未知，可以利用本章开头描述的快慢 runner 方法迭代访问链表。在迭代循环的每一步，将慢速 runner 的数据入栈。在快速 runner 抵达链表尾部时，慢速 runner 刚好位于链表中间位置。至此，栈里就存放了链表前半部分的所有节点，不过顺序是相反的。

接下来，只需迭代访问链表余下节点。每次迭代时，比较当前节点和栈顶元素，若完成迭代时比较结果完全相同，则该链表是回文序列。

```
1    boolean isPalindrome(LinkedListNode head) {
2      LinkedListNode fast = head;
3      LinkedListNode slow = head;
4
5      Stack<Integer> stack = new Stack<Integer>();
6
7      /* 将链表前半部分元素插入到栈中。当快指针（2 倍速移动）
8       * 移动到链表尾部，我们得知已经到达中点 */
9      while (fast != null && fast.next != null) {
10       stack.push(slow.data);
11       slow = slow.next;
12       fast = fast.next.next;
13     }
14
15     /* 因为有奇数个节点，所以跳过中间节点 */
```

```
16    if (fast != null) {
17      slow = slow.next;
18    }
19
20    while (slow != null) {
21      int top = stack.pop().intValue();
22
23      /* 如果值不同，则不是回文 */
24      if (top != slow.data) {
25        return false;
26      }
27      slow = slow.next;
28    }
29    return true;
30  }
```

解法 3：递归法

首先，简要介绍下面的解法用到的记号：用记号 Kx 表示节点时，变量 K 指示节点数据的值，而 x（取 f 或 b）指示该节点是值为 K 的前方节点还是后方节点。例如，在下面的链表中，节点 2b 指的是值为 2 的第二个（b → back，即后方）节点。

接下来，跟许多链表问题一样，可以用递归法解决这个问题。我们靠直觉可能就会想到要比较元素 0 和元素 $n-1$，元素 1 和元素 $n-2$，元素 2 和元素 $n-3$，以此类推，直至中间元素。

例如：

0 (1 (2 (3) 2) 1) 0

为了运用这种方法，首先必须知道什么时候到达中间元素，这也构成了递归的基线条件。每次递归调用传入 length - 2 为长度，当长度等于 0 或 1 时，表明当前已处于链表中间位置。这是因为 length 每次都会缩减 2。一旦递归进行了 $N/2$ 次，length 将会减至 0。

```
1   recurse(Node n, int length) {
2     if (length == 0 || length == 1) {
3       return [something]; // 中点
4     }
5     recurse(n.next, length - 2);
6     ...
7   }
```

至此，isPalindrome 方法便初具雏形了，该算法的实质是比较节点 i 和节点 n-i，检查链表是否为回文序列。具体该怎么做呢？

仔细分析下面的调用栈。

```
1   v1 = isPalindrome: list = 0 ( 1 ( 2 ( 3 ) 2 ) 1 ) 0. length = 7
2     v2 = isPalindrome: list = 1 ( 2 ( 3 ) 2 ) 1 ) 0. length = 5
3       v3 = isPalindrome: list = 2 ( 3 ) 2 ) 1 ) 0. length = 3
4         v4 = isPalindrome: list = 3 ) 2 ) 1 ) 0. length = 1
5         returns v3
6       returns v2
7     returns v1
8   returns ?
```

在上面的调用栈中，每次调用都会比较其头节点和链表后半部分对应节点，检查链表是否为回文序列，执行如下操作。

❑ 第 1 行需要比较节点 0f 和节点 0b；
❑ 第 2 行需要比较节点 1f 和节点 1b；

❑ 第 3 行需要比较节点 2f 和节点 2b；

❑ 第 4 行需要比较节点 3f 和节点 3b。

若将上面的栈倒过来，按如下顺序传回节点，我们只需这样做。

❑ 第 4 行发现传入节点为中间节点（因为 length = 1），传回 head.next，其中 head 为节点 3，因此 head.next 为节点 2b。

❑ 第 3 行比较头节点即节点 2f 和 returned_node（上次递归调用返回的值）即节点 2b。若两个节点的值相等，则传送节点 1b 的引用（returned_node.next）至第 2 行。

❑ 第 2 行比较头节点（节点 1f）和 returned_node（节点 1b）。若两个节点的值相等，则传送节点 0b 的引用（或 returned_node.next）至第 1 行。

❑ 第 1 行比较头节点（节点 0f）和 returned_node（节点 0b）。若两个节点的值相等，则返回 true。

总而言之，每次调用都会比较其头节点和 returned_node，然后回传 returned_node.next。最终每个节点 i 都会与节点 n-i 进行比较。只要有任意一对节点的值不相等，就立即返回 false，调用栈的上一级调用都会检查这个布尔值。

等一等，你可能会问，一会儿说要返回一个布尔值，一会儿说要返回一个节点，到底要返回什么？

两个都要返回。我们创建了一个包含布尔值和节点两个成员的简单类，调用时只需返回该类的实例。

```
1  class Result {
2    public LinkedListNode node;
3    public boolean result;
4  }
```

下面举例说明示例链表每次递归调用的参数和返回值。

```
1  isPalindrome: list = 0 ( 1 ( 2 ( 3 ( 4 ) 3 ) 2 ) 1 ) 0. len = 9
2   isPalindrome: list = 1 ( 2 ( 3 ( 4 ) 3 ) 2 ) 1 ) 0. len = 7
3    isPalindrome: list = 2 ( 3 ( 4 ) 3 ) 2 ) 1 ) 0. len = 5
4     isPalindrome: list = 3 ( 4 ) 3 ) 2 ) 1 ) 0. len = 3
5      isPalindrome: list = 4 ) 3 ) 2 ) 1 ) 0. len = 1
6       returns node 3b, true
7      returns node 2b, true
8     returns node 1b, true
9    returns node 0b, true
10  returns null, true
```

至此，实现这段代码是小菜一碟，只需填入细节即可。

```
1  boolean isPalindrome(LinkedListNode head) {
2    int length = lengthOfList(head);
3    Result p = isPalindromeRecurse(head, length);
4    return p.result;
5  }
6
7  Result isPalindromeRecurse(LinkedListNode head, int length) {
8    if (head == null || length <= 0) { // 偶数个节点
9      return new Result(head, true);
10   } else if (length == 1) { // 奇数个节点
11     return new Result(head.next, true);
12   }
13
14   /* 在子链表上递归 */
```

```
15    Result res = isPalindromeRecurse(head.next, length - 2);
16
17    /* 如果递归调用返回非回文，则向上传递失败信息 */
18    if (!res.result || res.node == null) {
19      return res;
20    }
21
22    /* 检查与另一侧的节点值是否匹配 */
23    res.result = (head.data == res.node.data);
24
25    /* 返回对应的节点 */
26    res.node = res.node.next;
27
28    return res;
29  }
30
31  int lengthOfList(LinkedListNode n) {
32    int size = 0;
33    while (n != null) {
34      size++;
35      n = n.next;
36    }
37    return size;
38  }
```

有些人可能会问，为什么要这么费心费力地专门创建一个 Result 类，有没有更好的办法？还真没有，至少用 Java 实现的话没有。

然而，若用 C 或 C++实现的话，我们可以传入一个指针的指针。

```
1    bool isPalindromeRecurse(Node head, int length, Node** next) {
2      ...
3    }
```

代码不太好看，但行之有效。

2.7　链表相交。给定两个（单向）链表，判定它们是否相交并返回交点。请注意相交的定义基于节点的引用，而不是基于节点的值。换句话说，如果一个链表的第 k 个节点与另一个链表的第 i 个节点是同一节点（引用完全相同），则这两个链表相交。

题目解法

让我们通过图示来更好地描述两个相交的链表。

下图是两个相交的链表。

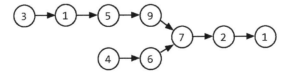

下图是两个不相交的链表。

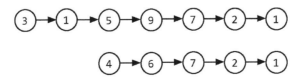

请注意，此处不要在无意中使用特殊情况作为例子，两个链表长度不一定是相等的。

首先让我们讨论一下如何判定两个链表相交。

1. 判定链表相交

如何判定两个链表是否相交？一种方法是定义一个散列表，并将所有的节点都加入到该散列表当中。需要注意的是，应该将链表中的节点的引用而不是节点的值加入到散列表当中。

其实还有一种更简单的方法。请注意观察，两个相交的链表总是拥有一个共同的尾节点。因此，只需遍历两个链表并比较两个链表的最后一个节点即可。

但是该如何找到两个链表的交点呢？

2. 寻找交点

寻找交点的一种方法是从后向前遍历两个链表。两个链表的"分离"处即为交点。当然，对于单向链表来说，你无法从后向前进行遍历。

如果两个链表的长度相等，你可以同时遍历两个链表。当两个链表的当前节点相同时，该节点即为相交节点。

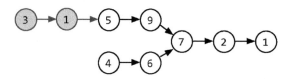

若两个链表长度不同，则只需要"移除"或忽略较长链表超出的部分（图中为灰色节点）。

该如何实现这一想法呢？如果两个链表的长度已知，那么从长度的差中，即可以得知需要移除多少节点。

可以在遍历节点到达尾部的同时得知链表的长度（用于在第一步判断两个链表是否有交点）。

3. 归纳总结

现在我们得到了一个由多个步骤组成的方案，如下所示。

(1) 遍历每个链表以获得链表的长度与尾节点。

(2) 比较尾节点。如果尾节点不同（按节点的引用比较，而不是按节点值进行比较），立刻返回。两个链表无交点。

(3) 使用两个指针分别指向两个链表的头部。

(4) 将较长链表的指针向前移动，移动的步数为两个链表长度的差值。

(5) 现在同时遍历两个链表，直到两个指针指向的节点相同。

该算法的实现如下。

```
1   LinkedListNode findIntersection(LinkedListNode list1, LinkedListNode list2) {
2     if (list1 == null || list2 == null) return null;
3
4     /* 获取尾部和尺寸 */
5     Result result1 = getTailAndSize(list1);
6     Result result2 = getTailAndSize(list2);
7
8     /* 如果尾部节点不同，则没有交点 */
9     if (result1.tail != result2.tail) {
10      return null;
11    }
12
13    /* 将指针设置到每个链表头部 */
14    LinkedListNode shorter = result1.size < result2.size ? list1 : list2;
15    LinkedListNode longer = result1.size < result2.size ? list2 : list1;
```

```
16
17    /* 将指向较长链表的指针向前移动，移动的步数为两链表的长度差 */
18    longer = getKthNode(longer, Math.abs(result1.size - result2.size));
19
20    /* 同时移动两个指针，直到遇到相同元素 */
21    while (shorter != longer) {
22      shorter = shorter.next;
23      longer = longer.next;
24    }
25
26    /* 返回二者之一即可 */
27    return longer;
28  }
29
30  class Result {
31    public LinkedListNode tail;
32    public int size;
33    public Result(LinkedListNode tail, int size) {
34      this.tail = tail;
35      this.size = size;
36    }
37  }
38
39  Result getTailAndSize(LinkedListNode list) {
40    if (list == null) return null;
41
42    int size = 1;
43    LinkedListNode current = list;
44    while (current.next != null) {
45      size++;
46      current = current.next;
47    }
48    return new Result(current, size);
49  }
50
51  LinkedListNode getKthNode(LinkedListNode head, int k) {
52    LinkedListNode current = head;
53    while (k > 0 && current != null) {
54      current = current.next;
55      k--;
56    }
57    return current;
58  }
```

该算法的运行时间为 $O(A+B)$，其中 A 和 B 是两个链表的长度。该算法额外占用 $O(1)$ 的空间。

2.8　环路检测。 给定一个有环链表，实现一个算法返回环路的开头节点。

有环链表的定义： 在链表中某个节点的 next 元素指向在它前面出现过的节点，则表明该链表存在环路。

示例：

　　　输入：A -> B -> C -> D -> E -> C（C 节点出现了两次）
　　　输出：C

题目解法

这个问题是由经典面试题——检测链表是否存在环路——演变而来。下面我们将运用模式匹配法来解决这个问题。

第 1 部分：检测链表是否存在环路

检测链表是否存在环路，有一种简单的做法叫 FastRunner/SlowRunner 法。FastRunner 一次移动两步，而 SlowRunner 一次移动一步。这就好比两辆赛车以不同的速度绕着同一条赛道前进，最终必然会碰到一起。

细心的读者可能会问：FastRunner 会不会刚好"越过"SlowRunner，而不发生碰撞呢？绝无可能。假设 FastRunner 真的越过了 SlowRunner，且 SlowRunner 处于位置 i，FastRunner 处于位置 i+1。那么，在前一步，SlowRunner 就处于位置 i-1，FastRunner 处于位置((i+1)-2)或 i-1，也就是说，两者碰在一起了。

第 2 部分：什么时候碰在一起

假定这个链表有一部分不存在环路，长度为 k。

若运用第 1 部分的算法，FastRunner 和 SlowRunner 什么时候会碰在一起呢？

已知 SlowRunner 每走 p 步，FastRunner 就会走 2p 步。因此，当 SlowRunner 走了 k 步进入环路部分时，FastRunner 已走了总共 2k 步，进入环路部分已走 2k-k 步或 k 步。由于 k 可能比环路长度大得多，实际上应该将其写作 mod(k, LOOP_SIZE)步，并用 K 表示。

对于之后的每一步，FastRunner 和 SlowRunner 之间不是走远一步就是更近一步，具体要看观察的角度，也就是说，因为两者处于圆圈中，A 以远离 B 的方向走出 q 步的同时，也是向 B 靠近了 q 步。综上所述，我们得出以下几点。

(1) SlowRunner 处于环路中的 0 步位置；

(2) FastRunner 处于环路中的 K 步位置；

(3) SlowRunner 落后于 FastRunner，相距 K 步；

(4) FastRunner 落后于 SlowRunner，相距 LOOP_SIZE - K 步；

(5) 每过一个单位时间，FastRunner 就会更接近 SlowRunner 一步。

那么，两个节点什么时候相遇？若 FastRunner 落后于 SlowRunner，相距 LOOP_SIZE - K 步，并且每经过一个单位时间，FastRunner 就走近 SlowRunner 一步，那么，两者将在 LOOP_SIZE - K 步之后相遇。此时，两者与环路起始处相距 K 步，我们将这个位置称为 CollisionSpot。

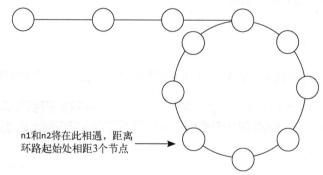

n1和n2将在此相遇，距离
环路起始处相距3个节点

第 3 部分：如何找到环路起始处

现在我们知道 CollisionSpot 与环路起始处相距 K 个节点。由于 K = mod(k, LOOP_SIZE)（或者换句话说，k = K + M * LOOP_SIZE，其中 M 为任意整数），也可以说，CollisionSpot 与环路起始处相距 k 个节点。例如，若有个环路长度为 5 个节点，有个节点 N 处于距离环路起始处 2 个节点的地方，我们也可以换个说法：这个节点处于距离环路起始处 7 个、12 个甚至 397 个节点。

至此，CollisionSpot 和 LinkedListHead 与环路起始处均相距 k 个节点。

现在，若用一个指针指向 CollisionSpot，用另一个指针指向 LinkedListHead，两者与 LoopStart 均相距 k 个节点。以同样的速度移动，这两个指针会再次碰在一起，这次是在 k 步之后，此时两个指针都指向 LoopStart，这时只需返回该节点即可。

第 4 部分：将全部整合在一起

总之，FastPointer 的移动速度是 SlowPointer 的两倍。当 SlowPointer 走了 k 个节点进入环路时，FastPointer 已进入链表环路 k 个节点，也就是说 FastPointer 和 SlowPointer 相距 LOOP_SIZE - k 个节点。

接下来，若 SlowPointer 每走一个节点，FastPointer 就走两个节点，每走一次，两者的距离就会更近一个节点。因此，在走了 LOOP_SIZE - k 步后，它们就会碰在一起。这时两者距离环路起始处有 k 个节点。

链表首部与环路起始处也相距 k 个节点。因此，若其中一个指针保持不变，另一个指针指向链表首部，则两个指针就会在环路起始处相会。

根据第 1、2、3 部分，就能直接导出下面的算法。

(1) 创建两个指针：FastPointer 和 SlowPointer。

(2) SlowPointer 每走一步，FastPointer 就走两步。

(3) 两者碰在一起时，将 SlowPointer 指向 LinkedListHead，FastPointer 则保持不变。

(4) 以相同速度移动 SlowPointer 和 FastPointer，一次一步，然后返回新的碰撞处。

下面是该算法的实现代码。

```
1   LinkedListNode FindBeginning(LinkedListNode head) {
2     LinkedListNode slow = head;
3     LinkedListNode fast = head;
4
5     /* 找到相汇处。LOOP_SIZE - k 步后会进入链表 */
6     while (fast != null && fast.next != null) {
7       slow = slow.next;
8       fast = fast.next.next;
9       if (slow == fast) { // 碰在一起
10        break;
11      }
12    }
13
14    /* 错误检查——若无相汇处，则无环路 */
15    if (fast == null || fast.next == null) {
16      return null;
17    }
18
19    /* 缓慢移动至头节点。在相汇处加速。两者均距离起始处 k 步。
20     * 若两者以相同速度移动，则必然在环路起始处相遇 */
21    slow = head;
22    while (slow != fast) {
23      slow = slow.next;
24      fast = fast.next;
25    }
26
27    /* 两者均指向环路起始处 */
28    return fast;
29  }
```

10

10.3 栈与队列

3.1 三合一。描述如何只用一个数组来实现三个栈。

题目解法

和许多问题一样，这个问题的解法基本上取决于你要对栈支持到什么程度。若每个栈分配的空间大小固定，就能满足需要，那么照做便是。不过，这么做的话，有可能其中一个栈的空间不够用了，其他的栈却几乎是空的。

另一种做法是弹性处理栈的空间分配，但这么一来，这个问题的复杂度又会大大增加。

方法 1：固定分割

将整个数组划分为三等份，并将每个栈的增长限制在各自的空间里。注意：记号[表示包含端点，(表示不包含端点。

❑ 栈 1，使用[0，n/3)。

❑ 栈 2，使用[n/3，2n/3)。

❑ 栈 3，使用[2n/3，n)。

下面是该解法的实现代码。

```
1   class FixedMultiStack {
2     private int numberOfStacks = 3;
3     private int stackCapacity;
4     private int[] values;
5     private int[] sizes;
6
7     public FixedMultiStack(int stackSize) {
8       stackCapacity = stackSize;
9       values = new int[stackSize * numberOfStacks];
10      sizes = new int[numberOfStacks];
11    }
12
13    /* 将值压栈 */
14    public void push(int stackNum, int value) throws FullStackException {
15      /* 检查有空间容纳下一个元素 */
16      if (isFull(stackNum)) {
17        throw new FullStackException();
18      }
19
20      /* 对栈顶指针加 1 并更新顶部的值 */
21      sizes[stackNum]++;
22      values[indexOfTop(stackNum)] = value;
23    }
24
25    /* 出栈 */
26    public int pop(int stackNum) {
27      if (isEmpty(stackNum)) {
28        throw new EmptyStackException();
29      }
30
31      int topIndex = indexOfTop(stackNum);
32      int value = values[topIndex]; // 获取顶部元素
33      values[topIndex] = 0; // 清零
34      sizes[stackNum]--; // 缩减大小
35      return value;
36    }
```

```
37
38      /* 返回顶部元素 */
39      public int peek(int stackNum) {
40        if (isEmpty(stackNum)) {
41          throw new EmptyStackException();
42        }
43        return values[indexOfTop(stackNum)];
44      }
45
46      /* 检查栈是否为空 */
47      public boolean isEmpty(int stackNum) {
48        return sizes[stackNum] == 0;
49      }
50
51      /* 检查栈是否已满 */
52      public boolean isFull(int stackNum) {
53        return sizes[stackNum] == stackCapacity;
54      }
55
56      /* 返回栈顶元素的索引 */
57      private int indexOfTop(int stackNum) {
58        int offset = stackNum * stackCapacity;
59        int size = sizes[stackNum];
60        return offset + size - 1;
61      }
62    }
```

如果了解更多与这些栈的使用情况相关的信息，就可以对上述算法做相应的改进。例如，若预估 Stack 1 的元素比 Stack 2 多很多，那么就可以给 Stack 1 多分配一点空间，给 Stack 2 少分配一些空间。

方法 2：弹性分割

第二种做法是允许栈块的大小灵活可变。当一个栈的元素个数超出其初始容量时，就将这个栈扩容至许可的容量，必要时还要搬移元素。

此外，我们会将数组设计成环状的，最后一个栈可能从数组末尾处开始，环绕到数组起始处。

请注意，这种解法的代码远比面试中常见的要复杂得多。你可以试着提供伪码，或是其中某几部分的代码，但要完整实现的话，难度就有点大了。

```
1     public class MultiStack {
2       /* StackInfo 是一个简单的类，容纳每个栈的数据集，并不容纳栈中的实际元素。
3        * 可用多个单一变量实现，但是那将使代码十分混乱，而且并没有什么益处 */
4       private class StackInfo {
5         public int start, size, capacity;
6         public StackInfo(int start, int capacity) {
7           this.start = start;
8           this.capacity = capacity;
9         }
10
11        /* 检查索引是否在界限内。栈可以从数组头部重新开始 */
12        public boolean isWithinStackCapacity(int index) {
13          /* 如果超出界限，则返回 false */
14          if (index < 0 || index >= values.length) {
15            return false;
16          }
17
18          /* 如果首尾相接，则调整索引 */
19          int contiguousIndex = index < start ? index + values.length : index;
20          int end = start + capacity;
```

```
21          return start <= contiguousIndex && contiguousIndex < end;
22      }
23
24      public int lastCapacityIndex() {
25          return adjustIndex(start + capacity - 1);
26      }
27
28      public int lastElementIndex() {
29          return adjustIndex(start + size - 1);
30      }
31
32      public boolean isFull() { return size == capacity; }
33      public boolean isEmpty() { return size == 0; }
34  }
35
36  private StackInfo[] info;
37  private int[] values;
38
39  public MultiStack(int numberOfStacks, int defaultSize) {
40      /* 对所有栈创建元数据 */
41      info = new StackInfo[numberOfStacks];
42      for (int i = 0; i < numberOfStacks; i++) {
43          info[i] = new StackInfo(defaultSize * i, defaultSize);
44      }
45      values = new int[numberOfStacks * defaultSize];
46  }
47
48  /* 将 value 入栈，如有必要则对栈进行移动、扩展。若所有栈均已满，则抛出异常 */
49  public void push(int stackNum, int value) throws FullStackException {
50      if (allStacksAreFull()) {
51          throw new FullStackException();
52      }
53
54      /* 如果栈已满，则进行扩展 */
55      StackInfo stack = info[stackNum];
56      if (stack.isFull()) {
57          expand(stackNum);
58      }
59
60      /* 找到数组中顶部元素的索引，对栈的指针加 1 */
61      stack.size++;
62      values[stack.lastElementIndex()] = value;
63  }
64
65  /* 从栈中移除元素 */
66  public int pop(int stackNum) throws Exception {
67      StackInfo stack = info[stackNum];
68      if (stack.isEmpty()) {
69          throw new EmptyStackException();
70      }
71
72      /* 移除最后元素 */
73      int value = values[stack.lastElementIndex()];
74      values[stack.lastElementIndex()] = 0; // 清空元素
75      stack.size--; // 缩减大小
76      return value;
77  }
78
79  /* 获取顶部元素 */
80  public int peek(int stackNum) {
81      StackInfo stack = info[stackNum];
```

```
82      return values[stack.lastElementIndex()];
83    }
84    /* 将栈中元素移动一位。如果仍有空间，那么我们会最终将栈的尺寸缩减一个元素。
85     * 如果没有空间，我们则还需要移动下一个栈 */
86    private void shift(int stackNum) {
87      System.out.println("/// Shifting " + stackNum);
88      StackInfo stack = info[stackNum];
89
90      /* 如果当前栈已满，那么我们需要移动下一个栈，此栈则可以声明被释放的索引 */
91      if (stack.size >= stack.capacity) {
92        int nextStack = (stackNum + 1) % info.length;
93        shift(nextStack);
94        stack.capacity++; // 声明下一个栈释放的索引
95      }
96
97      /* 将所有元素移动一位 */
98      int index = stack.lastCapacityIndex();
99      while (stack.isWithinStackCapacity(index)) {
100       values[index] = values[previousIndex(index)];
101       index = previousIndex(index);
102     }
103
104     /* 调整栈的数据 */
105     values[stack.start] = 0; // 清空
106     stack.start = nextIndex(stack.start); // 移动起始元素
107     stack.capacity--; // 缩减尺寸
108   }
109
110   /* 对其他栈移位以扩展栈 */
111   private void expand(int stackNum) {
112     shift((stackNum + 1) % info.length);
113     info[stackNum].capacity++;
114   }
115
116   /* 返回栈中元素的个数 */
117   public int numberOfElements() {
118     int size = 0;
119     for (StackInfo sd : info) {
120       size += sd.size;
121     }
122     return size;
123   }
124
125   /* 如果所有的栈都已满，则返回 true */
126   public boolean allStacksAreFull() {
127     return numberOfElements() == values.length;
128   }
129
130   /* 调整索引使其位于 0 至 lenght-1 之中 */
131   private int adjustIndex(int index) {
132     /* Java 的求余运算会返回负数。例如，(-11 % 5) 会返回-1，而不是 4。
133      * 我们起始此处需要 4 (因为需要使数组首尾相接) */
134     int max = values.length;
135     return ((index % max) + max) % max;
136   }
137
138   /* 获取此索引的后一个索引，调整其值使得首尾相接 */
139   private int nextIndex(int index) {
140     return adjustIndex(index + 1);
141   }
142
```

10

```
143    /* 获取此索引的前一个索引，调整其值使得首尾相接 */
144    private int previousIndex(int index) {
145      return adjustIndex(index - 1);
146    }
147  }
```

遇到类似的问题，应力求编写的代码清晰、可维护，这至关重要。你应该引入其他的类（比如这里使用了 StackInfo），并将大块代码独立为单独的方法。当然，这个建议同样适用于真正的软件开发。

3.2　栈的最小值。请设计一个栈，除了 pop 与 push 函数，还支持 min 函数，其可返回栈元素中的最小值。执行 push、pop 和 min 操作的时间复杂度必须为 $O(1)$。

题目解法

既然是最小值，就不会经常变动，只有在更小的元素加入时，才会改变。

一种解法是在 Stack 类里添加一个 int 型的 minValue。当 minValue 出栈时，我们会搜索整个栈，找出新的最小值。可惜，这不符合入栈和出栈操作时间为 $O(1)$ 的要求。

为进一步理解这个问题，下面用一个简短的例子加以说明。

```
push(5); // 栈为{5}，最小值为 5
push(6); // 栈为{6, 5}，最小值为 5
push(3); // 栈为{3, 6, 5}，最小值为 3
push(7); // 栈为{7, 3, 6, 5}，最小值为 3
pop();   // 弹出 7，栈为{3, 6, 5}，最小值为 3
pop();   // 弹出 3，栈为{6, 5}，最小值为 5
```

注意观察，当栈回到之前的状态（{6, 5}）时，最小值也回到之前的状态（5），这就导出了我们的第二种解法。

只要记下每种状态的最小值，获取最小值就是小菜一碟。实现方式很简单，每个节点记录当前最小值即可。这么一来，要找到 min，直接查看栈顶元素就能得到最小值。

当一个元素入栈时，该元素会记下当前最小值，将 min 记录在自身数据结构的 min 成员中。

```
1   public class StackWithMin extends Stack<NodeWithMin> {
2     public void push(int value) {
3       int newMin = Math.min(value, min());
4       super.push(new NodeWithMin(value, newMin));
5     }
6
7     public int min() {
8       if (this.isEmpty()) {
9         return Integer.MAX_VALUE; // 错误的值
10      } else {
11        return peek().min;
12      }
13    }
14  }
15
16  class NodeWithMin {
17    public int value;
18    public int min;
19    public NodeWithMin(int v, int min){
20      value = v;
21      this.min = min;
22    }
23  }
```

但是，这种做法有个缺点：当栈很大时，每个元素都要记录 min，就会浪费大量空间。还有没有更好的做法？

利用其他的栈来记录这些 min，我们也许可以比之前做得更好一些。

```java
1   public class StackWithMin2 extends Stack<Integer> {
2     Stack<Integer> s2;
3     public StackWithMin2() {
4       s2 = new Stack<Integer>();
5     }
6
7     public void push(int value){
8       if (value <= min()) {
9         s2.push(value);
10      }
11      super.push(value);
12    }
13
14    public Integer pop() {
15      int value = super.pop();
16      if (value == min()) {
17        s2.pop();
18      }
19      return value;
20    }
21
22    public int min() {
23      if (s2.isEmpty()) {
24        return Integer.MAX_VALUE;
25      } else {
26        return s2.peek();
27      }
28    }
29  }
```

为什么这么做可以节省空间？假设有个很大的栈，而第一个元素刚好是最小值。对于第一种解法，我们需要记录 n 个整数，其中 n 为栈的大小。不过，对于第二种解法，我们只需存储几项数据：第二个栈（只有一个元素）以及栈本身数据结构的若干成员。

3.3　堆盘子。 设想有一堆盘子，堆太高可能会倒下来。因此，在现实生活中，盘子堆到一定高度时，我们就会另外堆一堆盘子。请实现数据结构 SetOfStacks，模拟这种行为。SetOfStacks 应该由多个栈组成，并且在前一个栈填满时新建一个栈。此外，SetOfStacks.push() 和 SetOfStacks.pop() 应该与普通栈的操作方法相同（也就是说，pop() 返回的值，应该跟只有一个栈时的情况一样）。

进阶：实现一个 popAt(int index) 方法，根据指定的子栈，执行 pop 操作。

题目解法

在这个问题中，根据题意，数据结构应该类似下面这样。

```java
1   class SetOfStacks {
2     ArrayList<Stack> stacks = new ArrayList<Stack>();
3     public void push(int v) { ... }
4     public int pop() { ... }
5   }
```

push() 的行为必须跟单一栈的一样，这就意味着 push() 要对栈数组的最后一个栈调用

push()。不过，这里处理起来必须格外小心：若最后一个栈被填满，就需新建一个栈。实现代码大致如下。

```
1   void push(int v) {
2     Stack last = getLastStack();
3     if (last != null && !last.isFull()) { // 加入到 last 栈中
4       last.push(v);
5     } else { // 必须创建新栈
6       Stack stack = new Stack(capacity);
7       stack.push(v);
8       stacks.add(stack);
9     }
10  }
```

那么，pop() 该怎么做？其操作类似于 push()，也就是说，应该操作最后一个栈。若最后一个栈为空（执行出栈操作后），就必须从栈数组中移除这个栈。

```
1   int pop() {
2     Stack last = getLastStack();
3     if (last == null) throw new EmptyStackException();
4     int v = last.pop();
5     if (last.size == 0) stacks.remove(stacks.size() - 1);
6     return v;
7   }
```

进阶：实现 popAt(int index)

这个实现起来有点棘手，不过，我们可以设想一个"推入"动作。从栈 1 弹出元素时，我们需要移出栈 2 的栈底元素，并将其推到栈 1 中。随后，将栈 3 的栈底元素推入栈 2，将栈 4 的栈底元素推入栈 3，以此类推。

你可能会指出，何必执行"推入"操作，有些栈不填满也挺好的。而且，这还会改善时间复杂度（元素很多时尤其明显），但是，若之后有人假定所有的栈（最后一个栈除外）都是填满的，就可能会让我们陷于束手无策的境地。这个问题并没有"标准答案"，你应该跟面试官讨论各种做法的优劣。

```
1   public class SetOfStacks {
2     ArrayList<Stack> stacks = new ArrayList<Stack>();
3     public int capacity;
4     public SetOfStacks(int capacity) {
5       this.capacity = capacity;
6     }
7
8     public Stack getLastStack() {
9       if (stacks.size() == 0) return null;
10      return stacks.get(stacks.size() - 1);
11    }
12
13    public void push(int v) { /* 见前述代码 */ }
14    public int pop() { /* 见前述代码 */ }
15    public boolean isEmpty() {
16      Stack last = getLastStack();
17      return last == null || last.isEmpty();
18    }
19
20    public int popAt(int index) {
21      return leftShift(index, true);
22    }
23
```

```
24    public int leftShift(int index, boolean removeTop) {
25      Stack stack = stacks.get(index);
26      int removed_item;
27      if (removeTop) removed_item = stack.pop();
28      else removed_item = stack.removeBottom();
29      if (stack.isEmpty()) {
30        stacks.remove(index);
31      } else if (stacks.size() > index + 1) {
32        int v = leftShift(index + 1, false);
33        stack.push(v);
34      }
35      return removed_item;
36    }
37  }
38
39  public class Stack {
40    private int capacity;
41    public Node top, bottom;
42    public int size = 0;
43
44    public Stack(int capacity) { this.capacity = capacity; }
45    public boolean isFull() { return capacity == size; }
46
47    public void join(Node above, Node below) {
48      if (below != null) below.above = above;
49      if (above != null) above.below = below;
50    }
51
52    public boolean push(int v) {
53      if (size >= capacity) return false;
54      size++;
55      Node n = new Node(v);
56      if (size == 1) bottom = n;
57      join(n, top);
58      top = n;
59      return true;
60    }
61
62    public int pop() {
63      Node t = top;
64      top = top.below;
65      size--;
66      return t.value;
67    }
68
69    public boolean isEmpty() {
70      return size == 0;
71    }
72
73    public int removeBottom() {
74      Node b = bottom;
75      bottom = bottom.above;
76      if (bottom != null) bottom.below = null;
77      size--;
78      return b.value;
79    }
80  }
```

从概念上来看，这个问题解决起来并不难，但要完整实现需要编写大量代码。面试官一般不会要求你写出全部代码。

解决这类问题有个很好的策略，就是尽量将代码分离出来，写成独立的方法，比如 popAt 可以调用的 leftShift。这样一来，你的代码就会更加清晰，而你在处理细节之前，也有机会先铺设好代码的骨架。

3.4 化栈为队。实现一个 MyQueue 类，该类用两个栈来实现一个队列。

题目解法

队列和栈的主要区别在于元素进出顺序（先进先出和后进先出），因此，我们需要修改 peek() 和 pop()，以相反顺序执行操作。可以利用第二个栈反转元素的次序（弹出 s1 的元素，压入 s2）。在这种实现中，每当执行 peek() 和 pop() 操作时，就要将 s1 的所有元素弹出，压入 s2 中，然后执行 peek/pop 操作，再将所有元素压入 s1。

上述做法也是可行的，但若连续执行两次 pop/peek 操作，那么，所有元素都要移来移去，重复移动毫无必要。我们可以延迟元素的移动，即让元素一直留在 s2 中，只有必须反转元素次序时才移动元素。

在这种做法中，stackNewest 顶端为最新元素，而 stackOldest 顶端则为最旧元素。在将一个元素出列时，我们希望先移除最旧元素，因此先将元素从 stackOldest 中出列。若 stackOldest 为空，则将 stackNewest 中的所有元素以相反的顺序转移到 stackOldest 中。如要插入元素，就将其压入 stackNewest，因为最新元素位于它的顶端。

下面是该算法的实现代码。

```
1    public class MyQueue<T> {
2      Stack<T> stackNewest, stackOldest;
3
4      public MyQueue() {
5        stackNewest = new Stack<T>();
6        stackOldest = new Stack<T>();
7      }
8
9      public int size() {
10       return stackNewest.size() + stackOldest.size();
11     }
12
13     public void add(T value) {
14       /* 对 stackNewest 压栈，其顶部元素总是最新的 */
15       stackNewest.push(value);
16     }
17
18     /* 将 stackNewest 的元素移动到 stackOldest。
19      * 一般此操作可以让我们对 stackOldest 进行后续操作 */
20     private void shiftStacks() {
21       if (stackOldest.isEmpty()) {
22         while (!stackNewest.isEmpty()) {
23           stackOldest.push(stackNewest.pop());
24         }
25       }
26     }
27
28     public T peek() {
29       shiftStacks(); // 确保 stackOldest 有当前元素
30       return stackOldest.peek(); // 获取最久的元素
31     }
32
33     public T remove() {
34       shiftStacks(); // 确保 stackOldest 有当前元素
```

```
35      return stackOldest.pop(); // 对最久元素出栈
36    }
37  }
```

在实际的面试中，你有可能记不清具体的 API 调用。真的碰到这种情况时，也不必太紧张。你可以问一些小细节，多数面试官都不会为难你。他们更关心你能否做到通盘地理解问题。

3.5 栈排序。 编写程序，对栈进行排序使最大元素位于栈顶。最多只能使用一个其他的临时栈存放数据，但不得将元素复制到别的数据结构（如数组）中。该栈支持如下操作：push、pop、peek 和 isEmpty。

题目解法

一种做法是实现初步的排序算法。搜索整个栈，找出最小元素，之后将其压入另一个栈。然后，在剩余元素中找出最小的，并将其入栈。这种做法实际上需要三个栈：s1 为原先的栈，s2 为最终排好序的栈，s3 在搜索 s1 时用作缓冲区。要在 s1 中搜索最小值，我们需要弹出 s1 的元素，将它们压入缓冲区 s3。

可惜，这需要两个额外的栈，而我们只能使用其中一个。有没有更好的做法？有。

我们不需要反复搜索最小值，若要对 s1 排序，可以从 s1 逐一弹出元素，然后按顺序插入 s2 中。具体怎么做呢？

假设有如下两个栈，其中 s2 是"排序的"，s1 则是未排序的。

s1	s2
	12
5	8
10	3
7	1

从 s1 中弹出 5 时，我们需要在 s2 中找个合适的位置插入这个数。在这个例子中，正确位置是在 s2 元素 3 之上。怎样才能将 5 插入那个位置呢？我们可以先从 s1 中弹出 5，将其存放在临时变量中。然后，将 12 和 8 移至 s1（从 s2 中弹出这两个数，并将它们压入 s1 中），然后将 5 压入 s2。

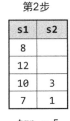

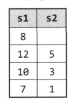

注意，8 和 12 仍在 s1 中，这没关系。对于这两个数，我们可以像处理 5 那样重复相关步骤，每次弹出 s1 栈顶元素，将其放入 s2 中的合适位置。当然，我们可以将 8 和 12 直接从 s2 移至 s1，因为这两个数都比 5 大，这些元素的"正确位置"就是放在 5 之上。我们不需要打乱 s2 的其他元素，当 tmp 为 8 或 12 时，下面代码中的第二个 while 循环不会执行。

```
1  void sort(Stack<Integer> s) {
2    Stack<Integer> r = new Stack<Integer>();
3    while(!s.isEmpty()) {
4      /* 把 s 中的每个元素有序地插入到 r 中 */
```

10

```
5         int tmp = s.pop();
6         while(!r.isEmpty() && r.peek() > tmp) {
7           s.push(r.pop());
8         }
9         r.push(tmp);
10      }
11
12      /* 将 r 中元素复制回 s */
13      while (!r.isEmpty()) {
14        s.push(r.pop());
15      }
16    }
```

这个算法的时间复杂度为 $O(N^2)$，空间复杂度为 $O(N)$。

如果允许使用的栈数量不限，我们可以实现修改版的 quicksort 或 mergesort。

对于 mergesort 解法，我们可以再创建两个栈，并将这个栈分为两部分。我们会递归排序每个栈，然后将它们归并到一起并排好序，放回原来的栈中。注意，该解法要求每层递归都创建两个额外的栈。

对于 quicksort 解法，我们会创建两个额外的栈，并根据基准元素（pivot element）将这个栈分为两个栈。这两个栈会进行递归排序，然后归并在一起，放回原来的栈中。与上一个解法一样，每层递归都会创建两个额外的栈。

3.6 动物收容所。有家动物收容所只收容狗与猫，且严格遵守“先进先出”的原则。在收养该收容所的动物时，收养人只能收养所有动物中“最老”（由其进入收容所的时间长短而定）的动物，或者可以挑选猫或狗（同时必须收养此类动物中“最老”的）。换言之，收养人不能自由挑选想收养的对象。请创建适用于这个系统的数据结构，实现各种操作方法，比如 enqueue、dequeueAny、dequeueDog 和 dequeueCat。允许使用 Java 内置的 LinkedList 数据结构。

题目解法

该问题的解法多种多样。比如，我们可以只维护一个队列。这么做的话，dequeueAny（收养任意一种动物）实现起来很简单，但 dequeueDog（收养狗）和 dequeueCat（收养猫）就要迭代访问整个队列，才能找到第一只该被收养的狗或猫。这会增加整个解法的复杂度，降低执行效率。

另一种解法既简单明了又高效，只需为狗和猫各自创建一个队列，然后将两者放进名为 AnimalQueue 的包裹类，并且存储某种形式的时间戳，以标记每只动物进入队列（即收容所）的时间。当调用 dequeueAny 时，查看狗队列和猫队列的首部，并返回“最老”的那一只。

```
1   abstract class Animal {
2     private int order;
3     protected String name;
4     public Animal(String n) { name = n; }
5     public void setOrder(int ord) { order = ord; }
6     public int getOrder() { return order; }
7
8     /* 比较动物的顺序以返回较早的项目 */
9     public boolean isOlderThan(Animal a) {
10      return this.order < a.getOrder();
11    }
12  }
13
14  class AnimalQueue {
15    LinkedList<Dog> dogs = new LinkedList<Dog>();
16    LinkedList<Cat> cats = new LinkedList<Cat>();
```

```
17    private int order = 0; // 作为时间戳使用
18
19    public void enqueue(Animal a) {
20      /* order 被作为时间戳使用, 这样一来我们可以比较一只猫和一只狗的插入顺序 */
21      a.setOrder(order);
22      order++;
23
24      if (a instanceof Dog) dogs.addLast((Dog) a);
25      else if (a instanceof Cat) cats.addLast((Cat)a);
26    }
27
28    public Animal dequeueAny() {
29      /* 查看猫和狗队列的顶部元素, 对最久的元素做出列操纵 */
30      if (dogs.size() == 0) {
31        return dequeueCats();
32      } else if (cats.size() == 0) {
33        return dequeueDogs();
34      }
35
36      Dog dog = dogs.peek();
37      Cat cat = cats.peek();
38      if (dog.isOlderThan(cat)) {
39        return dequeueDogs();
40      } else {
41        return dequeueCats();
42      }
43    }
44
45    public Dog dequeueDogs() {
46      return dogs.poll();
47    }
48
49    public Cat dequeueCats() {
50      return cats.poll();
51    }
52  }
53
54  public class Dog extends Animal {
55    public Dog(String n) { super(n); }
56  }
57
58  public class Cat extends Animal {
59    public Cat(String n) { super(n); }
60  }
```

dequeueAny()方法需要同时支持返回 Dog 对象与 Cat 对象, 因此, Dog 类与 Cat 类均继承于 Animal 类至关重要。

如果我们愿意的话, order 可以是一个有着真实日期和时间的时间戳。这样做的优势在于我们不再需要设置并维护一个数字化的顺序。如果由于某种原因最后出现了具有两个相同时间戳的动物, 那么（根据定义）当队列中没有早于它们的动物时, 我们可以返回其中任意一只。

10.4 树与图

4.1 节点间通路。 给定有向图, 设计一个算法, 找出两个节点之间是否存在一条路径。

题目解法

只需通过图的遍历, 比如深度优先搜索或广度优先搜索, 就能解决这个问题。我们从两个节点的其中一个出发, 在遍历过程中, 检查是否能找到另一个节点。在这个算法中, 访问过的节点都应标记为"已访问",以免循环和重复访问节点。

下面是广度优先搜索的迭代实现。

```
1   enum State { Unvisited, Visited, Visiting; }
2
3   boolean search(Graph g, Node start, Node end) {
4     if (start == end) return true;
5
6     // 按队列使用
7     LinkedList<Node> q = new LinkedList<Node>();
8
9     for (Node u : g.getNodes()) {
10      u.state = State.Unvisited;
11    }
12    start.state = State.Visiting;
13    q.add(start);
14    Node u;
15    while (!q.isEmpty()) {
16      u = q.removeFirst(); // 例如出列
17      if (u != null) {
18        for (Node v : u.getAdjacent()) {
19          if (v.state == State.Unvisited) {
20            if (v == end) {
21              return true;
22            } else {
23              v.state = State.Visiting;
24              q.add(v);
25            }
26          }
27        }
28        u.state = State.Visited;
29      }
30    }
31    return false;
32  }
```

碰到这类问题时,很有必要跟面试官探讨一下广度优先搜索和深度优先搜索的利弊。例如,深度优先搜索实现起来比较简单,因为只需简单的递归即可。广度优先搜索很适合用来查找最短路径,而深度优先搜索在访问邻近节点之前,可能会先深度遍历其中一个邻近节点。

4.2　最小高度树。给定一个有序整数数组,元素各不相同且按升序排列,编写一个算法,创建一棵高度最小的二叉搜索树。

题目解法

要创建一棵高度最小的树,就必须让左右子树的节点数量尽量接近,也就是说,我们要让数组中间的值成为根节点,这么一来,数组左边一半就成为左子树,右边一半成为右子树。

然后,我们继续以类似方式构造整棵树。数组每一区段的中间元素成为子树的根节点,左半部分成为左子树,右半部分成为右子树。

一种实现方式是使用简单的 root.insertNode(int v)方法,从根节点开始,以递归方式将值 v 插入树中。这么做的确能构造最小高度的树,但不太高效。每次插入操作都要遍历整棵树,用时为 $O(N \log N)$。

另一种做法是以递归方式运用 createMinimalBST 方法,从而删去部分多余的遍历操作。这个方法会传入数组的一个区段,并返回最小树的根节点。

该算法简述如下。

(1) 将数组中间位置的元素插入树中。

(2) 将数组左半边元素插入左子树。

(3) 将数组右半边元素插入右子树。

(4) 递归处理。

下面是该算法的实现代码。

```
1   TreeNode createMinimalBST(int array[]) {
2     return createMinimalBST(array, 0, array.length - 1);
3   }
4
5   TreeNode createMinimalBST(int arr[], int start, int end) {
6     if (end < start) {
7       return null;
8     }
9     int mid = (start + end) / 2;
10    TreeNode n = new TreeNode(arr[mid]);
11    n.left = createMinimalBST(arr, start, mid - 1);
12    n.right = createMinimalBST(arr, mid + 1, end);
13    return n;
14  }
```

尽管这段代码看起来不太复杂，但在编写过程中很容易犯差一（off-by-one）错误。对这部分代码，务必进行详尽测试。

4.3 特定深度节点链表。给定一棵二叉树，设计一个算法，创建含有某一深度上所有节点的链表（比如，若一棵树的深度为 D，则会创建出 D 个链表）。

题目解法

乍一看，你可能会认为这个问题需要逐一遍历，但其实并无必要。可用任意方式遍历整棵树，只需记住节点位于哪一层即可。

我们可以将前序遍历算法稍作修改，将 level + 1 传入下一个递归调用。下面是使用深度优先搜索的实现代码。

```
1   void createLevelLinkedList(TreeNode root, ArrayList<LinkedList<TreeNode>> lists,
2                             int level) {
3     if (root == null) return; // 基础情况
4
5     LinkedList<TreeNode> list = null;
6     if (lists.size() == level) { // 链表中不包含层数
7       list = new LinkedList<TreeNode>();
8       /* 每一层都按顺序遍历。如果我们第一次访问第 i 层，那么一定已经访问了第 0 至 i-1 层，
9        * 因此可以放心地将层数加入到尾部 */
10      lists.add(list);
11    } else {
12      list = lists.get(level);
13    }
14    list.add(root);
15    createLevelLinkedList(root.left, lists, level + 1);
16    createLevelLinkedList(root.right, lists, level + 1);
17  }
18
19  ArrayList<LinkedList<TreeNode>> createLevelLinkedList(TreeNode root) {
20    ArrayList<LinkedList<TreeNode>> lists = new ArrayList<LinkedList<TreeNode>>();
21    createLevelLinkedList(root, lists, 0);
22    return lists;
23  }
```

10

另一种做法是对广度优先搜索稍加修改，即从根节点开始迭代，然后第 2 层，第 3 层，以此类推。

处于第 i 层时，则表明我们已访问过第 $i-1$ 层的所有节点，也就是说，要得到 i 层的节点，只需直接查看 $i-1$ 层节点的所有子节点即可。

下面是该算法的实现代码。

```
1   ArrayList<LinkedList<TreeNode>> createLevelLinkedList(TreeNode root) {
2     ArrayList<LinkedList<TreeNode>> result = new ArrayList<LinkedList<TreeNode>>();
3     /* 访问根节点 */
4     LinkedList<TreeNode> current = new LinkedList<TreeNode>();
5     if (root != null) {
6       current.add(root);
7     }
8
9     while (current.size() > 0) {
10      result.add(current); // 加入前一层
11      LinkedList<TreeNode> parents = current; // 前往下一层
12      current = new LinkedList<TreeNode>();
13      for (TreeNode parent : parents) {
14        /* 访问子节点 */
15        if (parent.left != null) {
16          current.add(parent.left);
17        }
18        if (parent.right != null) {
19          current.add(parent.right);
20        }
21      }
22    }
23    return result;
24  }
```

你可能会问，这两种解法哪一种更高效？两者的时间复杂度皆为 $O(N)$，那么空间效率呢？乍一看，我们可能会以为第二种解法的空间效率更高。

在某种意义上，这么说也对。第一种解法会用到 $O(\log N)$ 次递归调用（在平衡树中），每次调用都会在栈里增加一级。第二种解法采用迭代遍历法，不需要这部分额外空间。

不过，两种解法都要返回 $O(N)$ 的数据，因此，递归实现所需的额外的 $O(\log N)$ 空间，跟必须传回的 $O(N)$ 数据相比，并不算多。虽然第一种解法确实使用了较多的空间，但从大 O 记法的角度来看，两者效率是一样的。

4.4　检查平衡性。实现一个函数，检查二叉树是否平衡。在这个问题中，平衡树的定义如下：任意一个节点，其两棵子树的高度差不超过 1。

题目解法

还好，此题至少明确给出了平衡树的定义：任意一个节点，其两棵子树的高度差不超过 1。根据该定义可以得到一种解法，即直接递归访问整棵树，计算每个节点两棵子树的高度。

```
1   int getHeight(TreeNode root) {
2     if (root == null) return -1; // 基本情况
3     return Math.max(getHeight(root.left), getHeight(root.right)) + 1;
4   }
5
6   boolean isBalanced(TreeNode root) {
7     if (root == null) return true; // 基本情况
8
9     int heightDiff = getHeight(root.left) - getHeight(root.right);
```

```
10      if (Math.abs(heightDiff) > 1) {
11        return false;
12      } else { // 递归
13        return isBalanced(root.left) && isBalanced(root.right);
14      }
15   }
```

此法虽然可行，但不太高效，这段代码会递归访问每个节点的整棵子树，也就是说，getHeight 会被反复调用计算同一个节点的高度。因此，由于每个节点被其上方的节点访问一次，这个算法的时间复杂度为 $O(N \log N)$。

我们可以删去部分 getHeight 调用。

仔细查看上面的方法，你或许会发现，getHeight 不仅可以检查高度，还能检查这棵树是否平衡。那么，我们发现子树不平衡时又该怎么做呢？直接返回一个错误代码即可。

改进过的算法会从根节点递归向下检查每棵子树的高度。我们会通过 checkHeight 方法，以递归方式获取每个节点左右子树的高度。若子树是平衡的，则 checkHeight 返回该子树的实际高度。若子树不平衡，则 checkHeight 返回一个错误代码。checkHeight 会立即中断执行，并返回一个错误代码。

我们应该拿什么作为错误代码呢？空树的高度一般被记作 -1，所以将 -1 作为错误代码并不是上乘之选。其实，我们可以将 Integer.MIN_VALUE 作为错误代码。

下面是该算法的实现代码。

```
1   int checkHeight(TreeNode root) {
2     if (root == null) return -1;
3
4     int leftHeight = checkHeight(root.left);
5     if (leftHeight == Integer.MIN_VALUE) return Integer.MIN_VALUE; // 向上传递错误
6
7     int rightHeight = checkHeight(root.right);
8     if (rightHeight == Integer.MIN_VALUE) return Integer.MIN_VALUE; // 向上传递错误
9
10    int heightDiff = leftHeight - rightHeight;
11    if (Math.abs(heightDiff) > 1) {
12      return Integer.MIN_VALUE; // 发现错误，把它传回来
13    } else {
14      return Math.max(leftHeight, rightHeight) + 1;
15    }
16  }
17
18  boolean isBalanced(TreeNode root) {
19    return checkHeight(root) != Integer.MIN_VALUE;
20  }
```

这段代码需要 $O(N)$ 的时间和 $O(H)$ 的空间，其中 H 为树的高度。

4.5 合法二叉搜索树。实现一个函数，检查一棵二叉树是否为二叉搜索树。

题目解法

此题有两种不同的解法：第一种是利用中序遍历，第二种则建立在 left <= current < right 这项特性之上。

解法 1：中序遍历

看到此题，首先想到的可能是中序遍历，即将所有元素复制到数组中，然后检查该数组是否有序。这种解法会占用一点儿额外的内存，但大部分情况下都奏效。

唯一的问题在于, 它无法正确处理树中的重复值。例如, 该算法无法区分下面这两棵树 (其中一棵是无效的), 因为两者的中序遍历结果相同。

有效的二叉搜索树   无效的二叉搜索树

不过, 要是假定这棵树不得包含重复值, 那么这种做法还是行之有效的。该方法的伪码大致如下。

```
1   int index = 0;
2   void copyBST(TreeNode root, int[] array) {
3     if (root == null) return;
4     copyBST(root.left, array);
5     array[index] = root.data;
6     index++;
7     copyBST(root.right, array);
8   }
9
10  boolean checkBST(TreeNode root) {
11    int[] array = new int[root.size];
12    copyBST(root, array);
13    for (int i = 1; i < array.length; i++) {
14      if (array[i] <= array[i - 1]) return false;
15    }
16    return true;
17  }
```

注意, 这里必须记录数组在逻辑上的 "尾部", 用它来分配空间以存储所有元素。

仔细检查该解法, 就会发现代码中的数组实无必要。除了用来比较某个元素和前一个元素, 别无他用。那么, 为什么不在进行比较时, 直接记下最后的元素?

下面是该算法的实现代码。

```
1   Integer last_printed = null;
2   boolean checkBST(TreeNode n) {
3     if (n == null) return true;
4
5     // 对左子树递归、检查
6     if (!checkBST(n.left)) return false;
7
8     // 检查当前节点
9     if (last_printed != null && n.data <= last_printed) {
10      return false;
11    }
12    last_printed = n.data;
13
14    // 对右子树递归、检查
15    if (!checkBST(n.right)) return false;
16
17    return true; // 完成
18  }
```

我们使用了 Integer 而非 int 从而了解 last_printed 是否已经被赋值。

要是不喜欢使用静态变量, 可以稍作修改, 使用包裹类存放这个整数值, 如下所示。

```
1   class WrapInt {
2     public int value;
3   }
```

或者若用 C++或其他支持按引用传值的语言实现，就可以这么做。

解法 2：最小与最大法

第二种解法利用的是二叉搜索树的定义。

一棵什么样的树才可称为二叉搜索树？我们知道这棵树必须满足以下条件：对于每个节点，`left.data <= current.data < right.data`，但是这样还不够。试看下面这棵小树。

尽管每个节点都比左子节点大，比右子节点小，但这显然不是一棵二叉搜索树，其中 25 的位置不对。

更准确地说，成为二叉搜索树的条件是：所有左边的节点必须小于或等于当前节点，而当前节点必须小于所有右边的节点。

利用这一点，我们可以通过自上而下传递最小和最大值来解决这个问题。在迭代遍历整个树的过程中，我们会用逐渐变窄的范围来检查各个节点。

以下面这棵树为例。

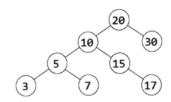

首先，从(min = NULL, max = NULL)这个范围开始，根节点显然落在其中（NULL 表示没有最小值或最大值）。然后处理左子树，检查这些节点是否落在(min = NULL, max = 20)范围内。接下来处理（值为 10 的节点）右子树，检查节点是否落在(min = 20, max = NULL)的范围内。

之后，继续以此遍历整棵树。进入左子树时，更新 max。进入右子树时，更新 min。只要有任一节点不能通过检查，则停止并返回 false。

这种解法的时间复杂度为 $O(N)$，其中 N 为整棵树的节点数。我们可以证明这已经是最优解法，因为任何算法都必须全部访问 N 个节点。

因为用了递归法，对于平衡树，空间复杂度为 $O(\log N)$。在调用栈上，共有 $O(\log N)$ 个递归调用，因为递归的深度最大会到这棵树的深度。

该解法的递归实现代码如下：

```
1   boolean checkBST(TreeNode n) {
2     return checkBST(n, null, null);
3   }
4
5   boolean checkBST(TreeNode n, Integer min, Integer max) {
6     if (n == null) {
7       return true;
8     }
9     if ((min != null && n.data <= min) || (max != null && n.data > max)) {
10      return false;
11    }
```

```
12
13    if (!checkBST(n.left, min, n.data) || !checkBST(n.right, n.data, max)) {
14      return false;
15    }
16    return true;
17  }
```

请牢记：在递归算法中，一定要确保基线条件以及节点为空的情况得到妥善处理。

4.6　后继者。 设计一个算法，找出二叉搜索树中指定节点的"下一个"节点（也即中序后继）。可以假定每个节点都含有指向父节点的连接。

题目解法

回想一下中序遍历，它会遍历左子树，然后是当前节点，接着是右子树。要解决这个问题，必须格外小心，想想具体是怎么回事。

假定我们有一个假想的节点。已知访问顺序为左子树，当前节点，然后是右子树。显然，下一个节点应该位于右边。

不过，到底是右子树的哪个节点呢？如果中序遍历右子树，那它就会是接下来第一个被访问的节点，也就是说，它应该是右子树最左边的节点。够简单的吧！

但是，若这个节点没有右子树，又该怎么办？这种情况就有点棘手了。

若节点 n 没有右子树，那就表示已遍历 n 的子树。我们必须回到 n 的父节点，记作 q。

若 n 在 q 的左边，那么，下一个我们应该访问的节点就是 q（中序遍历，left -> current -> right）。

若 n 在 q 的右边，则表示已遍历 q 的子树。我们需要从 q 往上访问，直至找到**还未**完全遍历过的节点 x。怎么才能知道还未完全遍历节点 x 呢？之前从左节点访问至其父节点时，就已碰到了这种情况。左节点已完全遍历，但其父节点尚未完全遍历。

伪代码大致如下。

```
1   Node inorderSucc(Node n) {
2     if (n has a right subtree) {
3       return leftmost child of right subtree
4     } else {
5       while (n is a right child of n.parent) {
6         n = n.parent; // 向上移动
7       }
8       return n.parent; // 父节点尚未遍历
9     }
10  }
```

且慢，如果一路往上遍访这棵树都没发现左节点呢？只有当我们遇到中序遍历的最末端时，才会出现这种情况，也就是说，如果我们已位于树的最右边，那就不会再有中序后继，此时该返回 null。

下面是该算法的实现代码（已正确处理节点为空的情况）。

```
1   TreeNode inorderSucc(TreeNode n) {
2     if (n == null) return null;
3
4     /* 找到右子树，返回右子树的最左节点 */
5     if (n.right != null) {
6       return leftMostChild(n.right);
7     } else {
8       TreeNode q = n;
9       TreeNode x = q.parent;
10      // 向上移动，直至当前位于左子树时停止
```

```
11      while (x != null && x.left != q) {
12        q = x;
13        x = x.parent;
14      }
15      return x;
16    }
17  }
18
19  TreeNode leftMostChild(TreeNode n) {
20    if (n == null) {
21      return null;
22    }
23    while (n.left != null) {
24      n = n.left;
25    }
26    return n;
27  }
```

这不是世上最复杂的算法问题，要写出完美无瑕的代码却有难度。面对这类问题，一种行之有效的做法是用伪代码勾勒大纲，仔细描绘各种不同的情况。

4.7　编译顺序。 给你一系列项目（projects）和一系列依赖关系（依赖关系 dependencies 为一个链表，其中每个元素为两个项目的编组，且第二个项目依赖于第一个项目）。所有项目的依赖项必须在该项目被编译前编译。请找出可以使得所有项目顺利编译的顺序。如果没有合法的编译顺序，返回错误。

示例:

输入:

projects: a, b, c, d, e, f
dependencies: (a, d), (f, b), (b, d), (f, a), (d, c)

输出: f, e, a, b, d, c

题目解法

一种行之有效的办法是将所有信息表示为一个图。请注意图中箭头的方向。下图中，从 d 指向 g 的箭头表示 d 必须在 g 之前进行编译。你也可以把该题的信息按照相反的方向表示，但是需要始终按照此方向画图并清除图中箭头的意义。让我们先画一个样例。

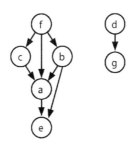

我所画的此图并非题目描述中的依赖关系。画图时，我注意了以下几个方面。

❑ 我希望能随机地标注节点。如果我没有这样做，而是将 a 放在顶部，把 b 和 c 作为 a 的子节点，之后列出 d 和 e，那么图示可能会有误导性。字母的顺序有可能会与编译顺序刚好一致。

❑ 我希望该图由多个部分或分量（component）构成，因为连通图（connected graph）只是图的一种特例。

10

- ❑ 我希望该图中存在这样两个节点，虽然它们直接相连，但是其中一个节点不能在另一个节点完成之后立刻开始。例如，f 和 a 直接相连，但是 a 无法在 f 结束之后立刻开始（因为 b 和 c 必须在 f 结束之后 a 开始之前进行）。
- ❑ 我希望该图相对较大，因为我需要找到解决问题的模式。
- ❑ 我希望该图包含具有多个依赖关系的节点。

至此，便有了一个很好的例子，让我们开始讨论相关的算法。

解法 1

应该从哪里开始呢？有可以立即进行编译的节点吗？

有。那些没有入边（incoming edge）的节点可以立即进行编译，这是因为它们不依赖于任何其他项目。让我们将所有这类节点加入到编译序列中。在前面的例子中，我们的编译序列为 f，d（或者 d，f）。

完成这一步之后，由于 d 和 f 已经被编译，因此那些依赖于 d 和 f 的节点便不再互相关联了。我们可以通过移除 d 和 f 的出边（outgoing edge）来反映新的状态。

此时编译序列为：f，d

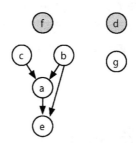

下一步，即知 c、b 和 g 可以开始编译了，这是因为这些节点不存在入边。编译这三个节点，并移除其出边。

此时编译序列为：f，d，c，b，g

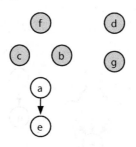

下一个可以编译的项目为 a。对 a 进行编译并移除其出边。这样之后就只剩下 e 了。我们接下来对其进行编译，并得到完整的编译序列。

此时编译序列为：f，d，c，b，g，a，e

该算法行之有效吗？抑或我们只是刚好比较幸运？来思考一下其中的逻辑。

(1) 首先加入了没有入边的节点。如果一系列项目可以被编译，那么其中必定包含一些"起始"项目，这些项目不应该有依赖项。如果一个项目没有依赖项（即入边），则可以确定首先编译该项目不会有问题。

(2) 从根节点移除了所有的出边。这是合理的步骤。当根节点编译之后，即使有别的项目依赖于根节点也无关紧要。

(3) 在这之后，找到此时没有入边的节点。使用和第一步、第二步中相同的逻辑，可以对这些节点进行编译。至此，可以重复相同的步骤：找到没有依赖项的项目，将其加入编译序列，移除这些项目的出边，再次重复该步骤。

(4) 如果存在剩余的节点且其都包含依赖项（入边），该怎么办？这说明该系统无法进行编译。应该返回错误。

算法实现和上述方案大同小异。

初始化部分如下。

(1) 创建一个图，其中每个节点为一个项目，每个节点的出边指向依赖于该节点的项目。换句话说，如果 A 有一个指向 B 的边（A->B），它表示 B 依赖于 A，因此 A 必须在 B 之前编译。每个节点同样要保存入边的数量。

(2) 初始化一个 buildOrder 数组。当确定了一个项目的编译顺序时，将该项目加入到数组中。同时不断地对数组进行循环迭代，使用 toBeProcessed 指针指向下一个要被处理的节点。

(3) 找到所有入边数目为 0 的节点并把这些节点加入到 buildOrder 数组中。将 toBeProcessed 指针指向数组的起始位置。

重复下列过程，直至 toBeProcessed 指向 buildOrder 数组的尾部。

(1) 读取 toBeProcessed 指向的节点。

❑ 如果节点为 null，则所有剩余的节点都有依赖项，即我们发现了一个循环依赖。

(2) 对于该节点的每个子节点 child：

❑ 对 child.dependencies（入边的数目）减 1；

❑ 如果 child.dependencies 为 0，则将 child 加入到 buildOrder 当中。

(3) 将 toBeProcessed 加 1。

下列代码实现了该算法。

```
1   /* 寻找正确的编译顺序 */
2   Project[] findBuildOrder(String[] projects, String[][] dependencies) {
3     Graph graph = buildGraph(projects, dependencies);
4     return orderProjects(graph.getNodes());
5   }
6
7   /* 构造图，如果 b 依赖于 a，则将边 (a, b) 加入到图中。假设编译顺序中已经列出了一组项目。
8    * dependencies 中的每个项目 (a, b)表示 b 依赖于 a 且 a 必须在 b 之前编译 */
9   Graph buildGraph(String[] projects, String[][] dependencies) {
10    Graph graph = new Graph();
11    for (String project : projects) {
12      graph.createNode(project);
13    }
14
15    for (String[] dependency : dependencies) {
16      String first = dependency[0];
17      String second = dependency[1];
18      graph.addEdge(first, second);
19    }
20
21    return graph;
22  }
23
24  /* 给出一组项目的正确编译顺序 */
25  Project[] orderProjects(ArrayList<Project> projects) {
26    Project[] order = new Project[projects.size()];
27
```

```
28    /* 将根节点首先加入到编译顺序中 */
29    int endOfList = addNonDependent(order, projects, 0);
30
31    int toBeProcessed = 0;
32    while (toBeProcessed < order.length) {
33      Project current = order[toBeProcessed];
34
35      /* 发现循环依赖，因为没有依赖项为零的项目 */
36      if (current == null) {
37        return null;
38      }
39
40      /* 将自己从依赖项中移除 */
41      ArrayList<Project> children = current.getChildren();
42      for (Project child : children) {
43        child.decrementDependencies();
44      }
45
46      /* 加入不被依赖的子节点 */
47      endOfList = addNonDependent(order, children, endOfList);
48      toBeProcessed++;
49    }
50
51    return order;
52  }
53
54  /* 该函数用于从 offset 索引处插入依赖项为 0 的项目 */
55  int addNonDependent(Project[] order, ArrayList<Project> projects, int offset) {
56    for (Project project : projects) {
57      if (project.getNumberDependencies() == 0) {
58        order[offset] = project;
59        offset++;
60      }
61    }
62    return offset;
63  }
64
65  public class Graph {
66    private ArrayList<Project> nodes = new ArrayList<Project>();
67    private HashMap<String, Project> map = new HashMap<String, Project>();
68
69    public Project getOrCreateNode(String name) {
70      if (!map.containsKey(name)) {
71        Project node = new Project(name);
72        nodes.add(node);
73        map.put(name, node);
74      }
75
76      return map.get(name);
77    }
78
79    public void addEdge(String startName, String endName) {
80      Project start = getOrCreateNode(startName);
81      Project end = getOrCreateNode(endName);
82      start.addNeighbor(end);
83    }
84
85    public ArrayList<Project> getNodes() { return nodes; }
86  }
87
88  public class Project {
```

```
89    private ArrayList<Project> children = new ArrayList<Project>();
90    private HashMap<String, Project> map = new HashMap<String, Project>();
91    private String name;
92    private int dependencies = 0;
93
94    public Project(String n) { name = n; }
95
96    public void addNeighbor(Project node) {
97      if (!map.containsKey(node.getName())) {
98        children.add(node);
99        map.put(node.getName(), node);
100       node.incrementDependencies();
101     }
102   }
103
104   public void incrementDependencies() { dependencies++; }
105   public void decrementDependencies() { dependencies--; }
106
107   public String getName() { return name; }
108   public ArrayList<Project> getChildren() { return children; }
109   public int getNumberDependencies() { return dependencies; }
110 }
```

该解法用时为 $O(P + D)$，其中 P 是项目的数量，D 是依赖关系的数量。

温馨提示：你或许会发现该解法其实是 11.2 节的拓扑排序算法。我们从零开始对该算法重新进行了推导。很多人都不知道此算法，所以如果面试官期望你能够推导出该算法也是合情合理的。

解法 2
另外，我们可以通过深度优先搜索来找出编译的路径。

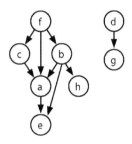

假设我们选取任意一个节点（比如 b）并从其开始进行深度优先搜索。到达一条路径终点且不能再向深入方向搜索时（比如发生在 h 和 e 处），即知这些终点即为最后需要编译的项目，且没有任何项目依赖于这些项目。

```
DFS(b)                          // 步骤 1
   DFS(h)                       // 步骤 2
      build order = ..., h      // 步骤 3
   DFS(a)                       // 步骤 4
      DFS(e)                    // 步骤 5
         build order = ..., e, h // 步骤 6
      ...                       // 步骤 7+
   ...
```

现在让我们来思考一下，当从 e 的深度优先搜索返回时，节点 a 发生了什么。已知在编译序列中，a 的子节点需要出现在 a 之后。因此，当 a 的子节点搜索返回之后（a 的子节点已经被加入到编译序列之中），需要将 a 加入到编译序列的前端。

10

一旦从 a 返回并完成 b 的其他子节点的深度优先搜索，需要出现在 b 之后的所有项目便已经被加入到编译序列当中。我们只需将 b 加入到序列前部。

```
DFS(b)                                    // 步骤 1
    DFS(h)                                // 步骤 2
        build order = ..., h              // 步骤 3
    DFS(a)                                // 步骤 4
        DFS(e)                            // 步骤 5
            build order = ..., e, h       // 步骤 6
        build order = ..., a, e, h        // 步骤 7
    DFS(e) -> return                      // 步骤 8
    build order = ..., b, a, e, h         // 步骤 9
```

让我们将这些节点也标注为已经被编译，以免其他节点也需要编译它们。

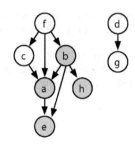

在此之后呢？可以再从任意更靠前的节点开始，对其进行深度优先搜索，并在搜索完成之后将该节点加入到编译队列的头部。

```
DFS(d)
    DFS(g)
        build order = ..., g, b, a, e, h
    build order = ..., d, g, b, a, e, h

DFS(f)
    DFS(c)
        build order = ..., c, d, g, b, a, e, h
    build order = f, c, d, g, b, a, e, h
```

在此类算法中，应该考虑到图中有环的例子。如果编译序列中存在环，则不可能进行编译。但是，我们不希望当算法无解时陷入无限循环中。

当进行深度优先搜索时，如果进入了一个相同路径，即发现了一个环。那么，我们需要一个信号用来表示"我仍然在处理该节点，如果此节点再次出现，程序则遇到了问题"。

我们所能做的是在刚开始进行深度优先搜索时，将每个节点标识为**部分处理**（"partial"）或者**正在访问**（"is visiting"）状态。如果发现一个节点的状态是 partial，那么可以推断程序遇到了问题。当完成该节点的深度优先搜索时，需要更新节点的状态。

我们同时需要另一种状态用于表示"我已经处理了该节点或我已经编译了该节点"。这样，就不会重新编译一个已经编译过的节点了。因此，节点的状态需要有三个选项：**完成**（COMPLETE）、**部分处理**（PARTIAL）和**未处理**（BLANK）。

下面的代码实现了该算法。

```
1   Stack<Project> findBuildOrder(String[] projects, String[][] dependencies) {
2       Graph graph = buildGraph(projects, dependencies);
3       return orderProjects(graph.getNodes());
4   }
5
6   Stack<Project> orderProjects(ArrayList<Project> projects) {
```

```
7     Stack<Project> stack = new Stack<Project>();
8     for (Project project : projects) {
9       if (project.getState() == Project.State.BLANK) {
10        if (!doDFS(project, stack)) {
11          return null;
12        }
13      }
14    }
15    return stack;
16  }
17
18  boolean doDFS(Project project, Stack<Project> stack) {
19    if (project.getState() == Project.State.PARTIAL) {
20      return false; // 循环
21    }
22
23    if (project.getState() == Project.State.BLANK) {
24      project.setState(Project.State.PARTIAL);
25      ArrayList<Project> children = project.getChildren();
26      for (Project child : children) {
27        if (!doDFS(child, stack)) {
28          return false;
29        }
30      }
31      project.setState(Project.State.COMPLETE);
32      stack.push(project);
33    }
34    return true;
35  }
36
37  /* 同前 */
38  Graph buildGraph(String[] projects, String[][] dependencies) {...}
39  public class Graph {}
40
41  /* 本质上与前一解法相同。加入了状态信息，移除了依赖项的计数 */
42  public class Project {
43    public enum State {COMPLETE, PARTIAL, BLANK};
44    private State state = State.BLANK;
45    public State getState() { return state; }
46    public void setState(State st) { state = st; }
47    /* 为保持简略，省略了重复的代码 */
48  }
```

和前面的算法一样，该解法用时为 $O(P + D)$，其中 P 是项目的数量，D 是依赖关系的数量。

顺便提一句，此题被称为**拓扑排序**：将一个图中的顶点进行线性排序，使得对于每一条边 (a，b)，a 都出现在 b 之前。

4.8　首个共同祖先。 设计并实现一个算法，找出二叉树中某两个节点的第一个共同祖先。不得将其他的节点存储在另外的数据结构中。注意：这不一定是二叉搜索树。

题目解法

如果是二叉搜索树，我们可以修改 `find` 操作，用来查找这两个节点，看看路径在哪里开始分叉。可惜，这不是二叉搜索树，因此必须另觅他法。

下面假定我们要找出节点 p 和 q 的共同祖先。在此先要问个问题，这棵树的节点是否包含指向父节点的连接。

解法 1：包含指向父节点的连接

如果每个节点都包含指向父节点的连接，我们就可以向上追踪 p 和 q 的路径，直至两者相交。如果这样，那么该题本质上与题目 2.7 为同一题目，即寻找两个链表的交叉点。此题中的"链表"是从每个节点至根节点的路径。（请参见 10.2 节中题目 2.7"链表相交"的解法。）

```
1   TreeNode commonAncestor(TreeNode p, TreeNode q) {
2     int delta = depth(p) - depth(q); // 获取深度的不同值
3     TreeNode first = delta > 0 ? q : p; // 获取较浅的节点
4     TreeNode second = delta > 0 ? p : q; // 获取较深的节点
5     second = goUpBy(second, Math.abs(delta)); // 将较深的节点上移
6
7     /* 寻找路径相交点 */
8     while (first != second && first != null && second != null) {
9       first = first.parent;
10      second = second.parent;
11    }
12    return first == null || second == null ? null : first;
13  }
14
15  TreeNode goUpBy(TreeNode node, int delta) {
16    while (delta > 0 && node != null) {
17      node = node.parent;
18      delta--;
19    }
20    return node;
21  }
22
23  int depth(TreeNode node) {
24    int depth = 0;
25    while (node != null) {
26      node = node.parent;
27      depth++;
28    }
29    return depth;
30  }
```

该解法用时为 $O(d)$，其中 d 是较深的节点的深度。

解法 2：包含指向父节点的连接（最坏情况下有更快的运行时间）

与前面的解法相似，可以从 p 节点开始向上跟踪其路径，并检查路径中的每一个节点是否为 q 的祖先节点。我们发现的第一个 q 的祖先节点即为共同祖先。（已知路径中的每一个节点都是 p 的祖先节点。）

请注意，并不需要检查全部子树。当从节点 x 移向其父节点 y 时，x 的所有后代节点均已经做过检查。因此，只需要检查"新出现"的节点，即 x 的兄弟节点。

例如，我们在查找节点 p = 7 和 q = 17 的首个共同祖先。当到达 p.parent，也就是编号为 5 的节点时，即发现了以节点 3 为根的子树。因此，只需要在该子树中查找节点 q。

下一步，我们移向节点 10，并发现了以 15 为根的子树。我们在该子树中查找节点 17。看，找到了！

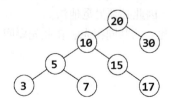

为了实现该算法，我们可以从 p 开始向上遍历，在遍历过程中保存父节点变量 parent 和兄弟节点变量 sibling（sibling 节点一定是 parent 节点的一个子节点，表示新发现的子树）。每次迭代过程中，sibling 被置为旧的 parent 节点中 sibling 的值，parent 被置为 parent.parent。

```
1    TreeNode commonAncestor(TreeNode root, TreeNode p, TreeNode q) {
2      /* 检查两个节点是否不在树中，或者是否一个节点是另一个节点的祖先 */
3      if (!covers(root, p) || !covers(root, q)) {
4        return null;
5      } else if (covers(p, q)) {
6        return p;
7      } else if (covers(q, p)) {
8        return q;
9      }
10
11     /* 向上遍历，直至找到包含 q 的节点 */
12     TreeNode sibling = getSibling(p);
13     TreeNode parent = p.parent;
14     while (!covers(sibling, q)) {
15       sibling = getSibling(parent);
16       parent = parent.parent;
17     }
18     return parent;
19   }
20
21   boolean covers(TreeNode root, TreeNode p) {
22     if (root == null) return false;
23     if (root == p) return true;
24     return covers(root.left, p) || covers(root.right, p);
25   }
26
27   TreeNode getSibling(TreeNode node) {
28     if (node == null || node.parent == null) {
29       return null;
30     }
31
32     TreeNode parent = node.parent;
33     return parent.left == node ? parent.right : parent.left;
34   }
```

该算法用时为 $O(t)$，其中 t 是首个共同祖先的子树的大小。在最坏情况下，即为 $O(n)$，其中 n 为树中全部节点的个数。之所以能够推导出该算法的复杂度，是因为我们发现子树中的每个节点都被搜索了一次。

解法 3：不包含指向父节点的连接

另一种做法是，顺着一条 p 和 q 都在同一边的链子查找，也就是说，若 p 和 q 都在某节点的左边，就到左子树中查找共同祖先，若都在右边，则在右子树中查找共同祖先。要是 p 和 q 不在同一边，那就表示已经找到第一个共同祖先。

这种做法的实现代码如下。

```
1    TreeNode commonAncestor(TreeNode root, TreeNode p, TreeNode q) {
2      /* 错误检查——一个节点不在树中 */
3      if (!covers(root, p) || !covers(root, q)) {
4        return null;
5      }
6      return ancestorHelper(root, p, q);
7    }
```

10

```
8
9   TreeNode ancestorHelper(TreeNode root, TreeNode p, TreeNode q) {
10    if (root == null || root == p || root == q) {
11      return root;
12    }
13
14    boolean pIsOnLeft = covers(root.left, p);
15    boolean qIsOnLeft = covers(root.left, q);
16    if (pIsOnLeft != qIsOnLeft) { // 两个节点位于不同的两边
17      return root;
18    }
19    TreeNode childSide = pIsOnLeft ? root.left : root.right;
20    return ancestorHelper(childSide, p, q);
21  }
22
23  boolean covers(TreeNode root, TreeNode p) {
24    if (root == null) return false;
25    if (root == p) return true;
26    return covers(root.left, p) || covers(root.right, p);
27  }
```

这个算法在平衡树上的运行时间为 $O(n)$。这是因为第一次调用时，covers 会在 $2n$ 个节点上调用（左边 n 个节点，右边 n 个节点）。接着，该算法会访问左子树或右子树，此时 covers 会在 $2n/2$ 个节点上调用，然后是 $2n/4$，以此类推。最终的运行时间为 $O(n)$。

至此，就渐近式运行时间（asymptotic runtime）来看，可以确定没有更优解了，因为必须遍访这棵树的每一个节点才行。不过，或许我们还能减小常数倍的值。

解法 4：最优化解法

尽管解法 3 在运行时间上已经做到最优，还是可以看出部分操作效率低。特别是，covers 会搜索 root 下的所有节点以查找 p 和 q，包括每棵子树中的节点（root.left 和 root.right）。然后，它会选择那些子树中的一棵，搜遍它的所有节点。每棵子树都会被反复搜索。

你可能会觉察到，只需搜索一遍整棵树，就能找到 p 和 q。然后，就可以"往上冒泡"在栈里找到先前的节点。基本逻辑与上一种解法相同。

使用函数 commonAncestor(TreeNode root, TreeNode p, TreeNode q)递归访问整棵树，其返回值如下。

❑ 返回 p，若 root 的子树含有 p（而非 q）。

❑ 返回 q，若 root 的子树含有 q（而非 p）。

❑ 返回 null，若 p 和 q 都不在 root 的子树中。

❑ 否则，返回 p 和 q 的共同祖先。

在最后一种情况下，要找到 p 和 q 的共同祖先较为简单。当 commonAncestor(n.left, p, q) 和 commonAncestor(n.right, p, q)都返回非空的值时（即 p 和 q 位于不同的子树中），则 n 即为共同祖先。

下面的代码提供了初步的解法，不过其中有个 bug，试着找找看。

```
1   /* 下方的代码有个 bug */
2   TreeNode commonAncestor(TreeNode root, TreeNode p, TreeNode q) {
3     if (root == null) return null;
4     if (root == p && root == q) return root;
5
6     TreeNode x = commonAncestor(root.left, p, q);
7     if (x != null && x != p && x != q) { // 已经找到祖先
8       return x;
```

```
9      }
10
11     TreeNode y = commonAncestor(root.right, p, q);
12     if (y != null && y != p && y != q) { // 已经找到祖先
13       return y;
14     }
15
16     if (x != null && y != null) { // 在不同子树中找到 p 和 q
17       return root; // 共同祖先
18     } else if (root == p || root == q) {
19       return root;
20     } else {
21       return x == null ? y : x; /* 返回非空的值 */
22     }
23   }
```

假如有个节点不在这棵树中，这段代码就会出问题。例如，请看下面这棵树。

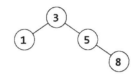

假设我们调用 commonAncestor(node 3, node 5, node 7)。当然，节点 7 并不存在，而这正是问题的源头。调用序列如下。

```
1    commonAnc(node 3, node 5, node 7)          // --> 5
2      calls commonAnc(node 1, node 5, node 7)  // --> null
3    calls commonAnc(node 5, node 5, node 7)    // --> 5
4      calls commonAnc(node 8, node 5, node 7)  // --> null
```

换句话说，对右子树调用 commonAncestor 时，前面的代码会返回节点 5，这也符合代码本意。问题在于查找 p 和 q 的共同祖先时，调用函数无法区分下面两种情况。

❑ 情况 1：p 是 q 的子节点（或相反，q 是 p 的子节点）。

❑ 情况 2：p 在这棵树中，而 q 不在这棵树中（或者相反）。

不论哪种情况，commonAncestor 都将返回 p。对于情况 1，这是正确的返回值，而对于情况 2，返回值应该为 null。

我们需要设法区分这两种情况，这也是以下代码所做的。这段代码的做法是返回两个值：节点自身以及指示这个节点是否确为共同祖先的标记。

```
1    class Result {
2      public TreeNode node;
3      public boolean isAncestor;
4      public Result(TreeNode n, boolean isAnc) {
5        node = n;
6        isAncestor = isAnc;
7      }
8    }
9
10   TreeNode commonAncestor(TreeNode root, TreeNode p, TreeNode q) {
11     Result r = commonAncestorHelper(root, p, q);
12     if (r.isAncestor) {
13       return r.node;
14     }
15     return null;
16   }
17
```

10

```
18  Result commonAncHelper(TreeNode root, TreeNode p, TreeNode q) {
19    if (root == null) return new Result(null, false);
20
21    if (root == p && root == q) {
22      return new Result(root, true);
23    }
24
25    Result rx = commonAncHelper(root.left, p, q);
26    if (rx.isAncestor) { // 找到共同祖先
27      return rx;
28    }
29
30    Result ry = commonAncHelper(root.right, p, q);
31    if (ry.isAncestor) { // 找到共同祖先
32      return ry;
33    }
34
35    if (rx.node != null && ry.node != null) {
36      return new Result(root, true); // 此节点为共同祖先
37    } else if (root == p || root == q) {
38      /* 如果我们已经位于 p 或者 q，同时发现一个节点位于子树中，
39       * 那么该节点为祖先节点且标识应为 true */
40      boolean isAncestor = rx.node != null || ry.node != null;
41      return new Result(root, isAncestor);
42    } else {
43      return new Result(rx.node!=null ? rx.node : ry.node, false);
44    }
45  }
```

当然，由于这个问题只会在 p 或 q 并不属于这棵树的情况下出现，另一种避免 bug 的做法是先搜遍整棵树，以确保两个节点都在树中。

4.9　二叉搜索树序列。 从左向右遍历一个数组，通过不断将其中的元素插入树中可以逐步地生成一棵二叉搜索树。给定一个由不同节点组成的二叉树，输出所有可能生成此树的数组。

示例：

输入：

输出：{2, 1, 3}, {2, 3, 1}

题目解法

开始解答该题之前，先列出一个例子将大有裨益。

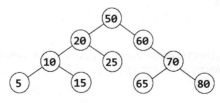

我们应该考虑到二叉搜索树中各个元素的顺序。对于一个节点，其左边的所有节点必须小于右边的所有节点。当找到没有节点的位置时，可以插入新的节点。

这也就是说，我们的数组中第一个元素必须为 50，只有这样才能构建上面的这棵树。而如

果首个元素是其他值，则根节点会变为该值。

我们还能得到什么结论？有些人可能会认为左边的所有节点都先于右边的节点被加入到树中，但是该结论是不正确的。事实上，正好相反，左边和右边节点的插入顺序无关紧要。

节点 50 被插入之后，所有小于 50 的节点都会被转至根节点的左子树，而所有大于 50 的节点都会被转至根节点右子树。节点 60 或者节点 20 都可以被先插入到树中，这无关紧要。

让我们用递归法来思考该问题。若有一个名为 arraySet20 的由数组构成的集合，其中任意数组可以用于构造上述以节点 20 为根的子树；同时有一个名为 arraySet60 的由数组构成的集合，其中任意数组可以用于构造上述以节点 60 为根的子树。如何通过这两个数组获得该题目的解呢？在 arraySet20 和 arraySet60 中各自任取一个数组，并在前端加上节点 50 即构成一个解。将两个集合中的所有数组相互"编织"在一起即可获得全部的解。

这里所说的"编织"是指以所有可能的方式将两个数组合并在一起，同时保证数组中的元素保持其在原数组中的相对位置。

```
      数组1: {1, 2}
      数组2: {3, 4}
"编织"结果: {1, 2, 3, 4}, {1, 3, 2, 4}, {1, 3, 4, 2},
          {3, 1, 2, 4}, {3, 1, 4, 2}, {3, 4, 1, 2}
```

请注意，只要原数组集合中没有重复的元素，我们就不用担心该"编织"操作会造成重复的解。

最后需要说明的是如何进行编织操作。让我们来思考一下如何递归地对{1, 2, 3}和{4, 5, 6}进行编织操作。其子问题是什么？

❏ 将 1 添加到{2, 3}和{4, 5, 6}的编织结果的前端。
❏ 将 4 添加到{1, 2, 3}和{5, 6}的编织结果的前端。

为了实现该编织算法，我们使用链表来存储待编织的每个数组，以便增加和删除元素。在递归调用时，同样将前缀（prefix）元素传递至递归函数中。当 first 和 second 为空时，我们将其余部分加入到 prefix 中并存储结果。

该算法工作方式如下。

```
weave(first, second, prefix):
    weave({1, 2}, {3, 4}, {})
        weave({2}, {3, 4}, {1})
            weave({}, {3, 4}, {1, 2})
                {1, 2, 3, 4}
            weave({2}, {4}, {1, 3})
                weave({}, {4}, {1, 3, 2})
                    {1, 3, 2, 4}
                weave({2}, {}, {1, 3, 4})
                    {1, 3, 4, 2}
        weave({1, 2}, {4}, {3})
            weave({2}, {4}, {3, 1})
                weave({}, {4}, {3, 1, 2})
                    {3, 1, 2, 4}
                weave({2}, {}, {3, 1, 4})
                    {3, 1, 4, 2}
            weave({1, 2}, {}, {3, 4})
                {3, 4, 1, 2}
```

现在让我们来思考一下如何实现移除操作，比如说从{1, 2}之中删除 1 并继续递归调用。更改链表时我们需要十分谨慎，因为后续的递归调用（例如 weave({1, 2}, {4}, {3})）当中或许仍然需要节点 1 被保存在{1, 2}中。

我们可以对链表进行复制，以便于在递归调用时只修改复制的版本。我们也可以对链表进行直接修改，但是在后续递归调用时需要对修改进行回溯。

我们选择后者来实现这一算法。由于在整个递归调用过程中一直都使用了 first、second 和 prefix 的引用，因此我们需要在保存完整结果之前，对 prefix 进行复制操作。

```
1   ArrayList<LinkedList<Integer>> allSequences(TreeNode node) {
2     ArrayList<LinkedList<Integer>> result = new ArrayList<LinkedList<Integer>>();
3
4     if (node == null) {
5       result.add(new LinkedList<Integer>());
6       return result;
7     }
8
9     LinkedList<Integer> prefix = new LinkedList<Integer>();
10    prefix.add(node.data);
11
12    /* 对左右子树递归 */
13    ArrayList<LinkedList<Integer>> leftSeq = allSequences(node.left);
14    ArrayList<LinkedList<Integer>> rightSeq = allSequences(node.right);
15
16    /* 从每个链表的左右两端交替计算 */
17    for (LinkedList<Integer> left : leftSeq) {
18      for (LinkedList<Integer> right : rightSeq) {
19        ArrayList<LinkedList<Integer>> weaved =
20          new ArrayList<LinkedList<Integer>>();
21        weaveLists(left, right, weaved, prefix);
22        result.addAll(weaved);
23      }
24    }
25    return result;
26  }
27
28  /* 以所有可能的方式对链表同时交替计算。该算法从一个链表的头部移除元素，递归，
29   * 并对另一个链表做相同的操作 */
30  void weaveLists(LinkedList<Integer> first, LinkedList<Integer> second,
31        ArrayList<LinkedList<Integer>> results, LinkedList<Integer> prefix) {
32    /* 一个链表已空。将剩余部分加入到（复制后的）prefix 中并存储结果 */
33    if (first.size() == 0 || second.size() == 0) {
34      LinkedList<Integer> result = (LinkedList<Integer>) prefix.clone();
35      result.addAll(first);
36      result.addAll(second);
37      results.add(result);
38      return;
39    }
40
41    /* 将 first 的头部加入到 prefix 后进行递归。移除头部元素会破坏 first，
42     * 因此我们需要在后续操作时将元素放回 */
43    int headFirst = first.removeFirst();
44    prefix.addLast(headFirst);
45    weaveLists(first, second, results, prefix);
46    prefix.removeLast();
47    first.addFirst(headFirst);
48
49    /* 对 second 做相同操作，破坏链表并恢复 */
50    int headSecond = second.removeFirst();
51    prefix.addLast(headSecond);
52    weaveLists(first, second, results, prefix);
53    prefix.removeLast();
54    second.addFirst(headSecond);
55  }
```

这道题目需要设计和实现两个不同的递归算法，因此，很多人解答起该题来磕磕绊绊的。这些人大多都会困惑于该如何使两种算法进行交互，而且他们还试图同时思考两种算法。

如果你也是这样的，那么可以试试这两个策略：**相信与专注**。请相信你编写的每个独立的方法会正常运作，同时在编写每个独立的方法时**专注于其逻辑**。

比如 weaveLists 方法，它有一个特定的功能，即将两个链表"编织"在一起并返回所有可能的结果。allSequences 方法和它并没有什么关系。请专注于 weaveLists 的功能并设计好它的算法。

当你实现 allSequences 方法时（无论你是先编写该方法，还是先编写 weaveLists 方法），请相信 weaveLists 方法可以正常运作。当你实现另外一个独立的方法时，请不要担心 weaveLists 方法如何运行。请专注于你正在做的事情，做到心无旁骛。

因此，如果你在白板编程中遇到困难，大可试试该方法。你应该了解一个特定的方法需要完成什么功能（例如，"该方法需要返回一个由某型元素构成的链表"），你应该验证编写好的方法和你所想的功能完全一致，但是当不再处理该方法时，应该专注于你正在编写的方法并相信其他方法都能正常运作。通常，同时在脑海中思考多个算法的实现会让你负担过重。

4.10　检查子树。你有两棵非常大的二叉树：T1，有几百万个节点；T2，有几百个节点。设计一个算法，判断 T2 是否为 T1 的子树。

如果 T1 有这么一个节点 n，其子树与 T2 一模一样，则 T2 为 T1 的子树，也就是说，从节点 n 处把树砍断，得到的树与 T2 完全相同。

题目解法

碰到类似的问题，不妨假设只有少量的数据，以此为基础解决问题。这么做大有裨益，可以借此找出可行的基本解法。

1. 简单解法

在较小、较简单的问题中，我们可以考虑对两棵树的遍历结果进行比较，该遍历结果通常用字符串表示。如果 T2 是 T1 的一棵子树，那么 T2 的遍历结果应该是 T1 的遍历结果的一个子串。那反过来一样吗？如果一样，我们应该用中序遍历还是前序遍历呢？

中序遍历当然行不通。我们可以试试两棵二叉搜索树。二叉查找树的中序遍历结果总是有序的。因此，即使两棵有着相同节点的二叉搜索树结构不同，其也总是有着相同的中序遍历结果。

前序遍历呢？看起来更可行些。至少在前序遍历中，已知一些确定的性质，比如前序遍历结果中的第一个元素总是根节点，而左子树和右子树会在根节点之后出现。

很可惜，不同结构的两棵树仍有可能有相同的前序遍历结果。

不过有一个简单的解决办法。在前序遍历的结果中，我们可以将空节点标记为一个特殊字符，比如 X（假设二叉树只包含整数节点）。左边的树的遍历结果是{3，4，X}，而右边的树的遍历结果是{3，X，4}。

请注意，只要在遍历结果中标记了空节点的存在，一棵树的前序遍历结果就是唯一的，换言之，如果两棵树有着相同的前序遍历结果，那么就可以确定这两棵树的结构和节点的值都是相同的。

为了理解该结论，让我们从前序遍历结果中重新构造一棵树（遍历结果中标记了空节点）。例如，1, 2, 4, X, X, X, 3, X, X。

该树的根节点为 1，其后的节点 2 为根节点的左子节点。节点 2 的左子节点一定为节点 4，节点 4 则一定包含两个空节点（因为遍历结果中其后为两个 X）。节点 4 已经构造完毕，所以我们可以移回其父节点，即节点 2。节点 2 的右子节点是 X（即空节点）。节点 1 的左子树至此构造完毕，我们可以开始构造 1 的右子树。将节点 3 置于节点 1 的右子树处，而该节点的子节点都为空节点。至此，该树的构造过程全部完成。

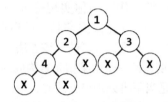

整个构造过程是确定不变的，构造其他的树也遵照此过程。前序遍历的结果总是从根节点开始，之后的构造流程完全取决于遍历的结果。因此，如果两棵树的前序遍历结果相同，那么这两棵树即为相同的树。

现在，让我们回到子树问题上来。如果 T2 的前序遍历结果是 T1 的前序遍历结果的子串，那么 T2 的根元素一定存在于 T1 之中。如果从此元素开始，对 T1 进行前序遍历，将会得到和 T2 前序遍历相同的结果。因此，T2 是 T1 的子树。

实现该算法非常简单，只需要构造并比较两棵树的前序遍历结果即可。

```
1   boolean containsTree(TreeNode t1, TreeNode t2) {
2     StringBuilder string1 = new StringBuilder();
3     StringBuilder string2 = new StringBuilder();
4
5     getOrderString(t1, string1);
6     getOrderString(t2, string2);
7
8     return string1.indexOf(string2.toString()) != -1;
9   }
10
11  void getOrderString(TreeNode node, StringBuilder sb) {
12    if (node == null) {
13      sb.append("X");                  // 加入 null 节点标识
14      return;
15    }
16    sb.append(node.data + " ");        // 加入根节点
17    getOrderString(node.left, sb);     // 加入左节点
18    getOrderString(node.right, sb);    // 加入右节点
19  }
```

该解法用时为 $O(n+m)$，占用的空间也为 $O(n+m)$。其中 n 和 m 分别是 T1 和 T2 中节点的数目。因为可能会有数以百万计的节点，我们或许希望能够降低该解法的空间复杂度。

2. 另外一种解法

另一种解法是搜遍较大的那棵树 T1。每当 T1 的某个节点与 T2 的根节点匹配时，就调用 treeMatch。treeMatch 方法会比较两棵子树，检查两者是否相同。

分析运行时间有点儿复杂，粗略一看，答案可能是 $O(nm)$，其中 n 为 T1 的节点数，m 为 T2 的节点数。虽然在技术上这个答案是正确的，但稍微再想想就能得到更靠谱的答案。

我们不必对 T2 的每个节点调用 treeMatch，而是会调用 k 次，其中 k 为 T2 根节点在 T1 中出现的次数，因此运行时间接近 $O(n + km)$。

其实，即使这样运行时间也有所夸大。即使根节点相同，一旦发现 T1 和 T2 有节点不同，我们就会退出 treeMatch。因此，每次调用 treeMatch，也不见得都会查看 m 个节点。

下面是该算法的实现代码。

```
1   boolean containsTree(TreeNode t1, TreeNode t2) {
2     if (t2 == null) return true; // 空树均为子树
3     return subTree(t1, t2);
4   }
5
6   boolean subTree(TreeNode r1, TreeNode r2) {
7     if (r1 == null) {
8       return false; // 较大的树为空树且尚未找到子树
9     } else if (r1.data == r2.data && matchTree(r1, r2)) {
10      return true;
11    }
12    return subTree(r1.left, r2) || subTree(r1.right, r2);
13  }
14
15  boolean matchTree(TreeNode r1, TreeNode r2) {
16    if (r1 == null && r2 == null) {
17      return true; // 子树无更多节点
18    } else if (r1 == null || r2 == null) {
19      return false; // 其中一个树为空树，因此不匹配
20    } else if (r1.data != r2.data) {
21      return false; // 值不匹配
22    } else {
23      return matchTree(r1.left, r2.left) && matchTree(r1.right, r2.right);
24    }
25  }
```

什么情况下用简单解法比较好，而什么时候另一种解法比较好呢？这个问题值得跟面试官好好讨论一番，下面是几点注意事项。

(1) 简单解法会占用 $O(n + m)$ 的内存，另一种解法则占用 $O(\log(n) + \log(m))$ 的内存。记住：要求可扩展性时，内存使用多寡关系重大。

(2) 简单解法的时间复杂度为 $O(n + m)$，另一种解法在最差情况下的执行时间为 $O(nm)$。话说回来，只看最差情况的时间复杂度会有误导性，我们需要进一步观察。

(3) 如前所述，比较准确的运行时间为 $O(n + km)$，其中 k 为 T2 根节点在 T1 中出现的次数。假设 T1 和 T2 的节点数据为 0 和 p 之间的随机数，则 k 值大约为 n/p，为什么？因为 T1 有 n 个节点，每个节点有 $1/p$ 的概率与 T2 根节点相同，因此，T1 中大约有 n/p 个节点等于 T2 根节点（T2.root）。举个例子，假设 $p = 1000$，$n = 1\,000\,000$ 且 $m = 100$。我们需要检查的节点数量大约为 $1\,100\,000$（$1\,100\,000 = 1\,000\,000 + 100 \times 1\,000\,000 / 1000$）。

(4) 借助更复杂的数学运算和假设，就能得到更准确的运行时间。在第(3)点中，我们假设调用 treeMatch 时将遍历 T2 的全部 m 个节点。然而，更有可能出现的情况是，我们很早就发现两棵树有不同的节点，然后提早就退出了这个函数。

总的来说，在空间使用上，另一种解法显然较好，在时间复杂度上，也可能比简单解法更优。一切都取决于你作出哪些假设，以及要不要考虑牺牲最差情况的运行时间，来减少平均情况的运行时间。这一点有必要向面试官提出并展开讨论。

10

4.11　随机节点。你现在要从头开始实现一个二叉树类，该类除了插入（insert）、查找（find）和删除（delete）方法外，需要实现 getRandomNode() 方法用于返回树中的任意节点。该方法应该以相同的概率选择任意的节点。设计并实现 getRandomNode 方法并解释如何实现其他方法。

题目解法

让我们画个图为例。

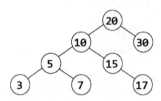

我们将会讨论多个解决方案，直到找出可以解决此题的最优解。

需要注意到此题使用了一种十分有趣的描述方式。面试官并不是简单地说：“请设计一个算法，从二叉树中返回一个随机节点。”此题要求我们从零开始实现一个类。此题如此描述并非没有根据，我们或许需要访问数据结构中的部分内部元素。

选项 1（可行但运行较慢）

一个解决方案是将树中的节点全部复制到一个数组中，并随机返回数组中的一个元素。该算法用时为 $O(N)$，占用的空间为 $O(N)$，其中 N 是树中节点的数目。

可以猜到的是，面试官或许希望我们能提供一个更为优化的方法，因为该方法有些过于简单了。同时，我们也会疑惑为什么面试官给我们一棵二叉树，而我们并不需要这个条件。

我们应该牢记的是，该题的解法或许需要访问树中的内部元素。否则，题目不会要求我们从零开始编写一个树的类。

选项 2（可行但运行较慢）

回到最初“将所有节点复制到一个数组”的解决方案，还可以得到另一个解决方案：维护一个数组，使其任意时刻都列出树中的所有节点。问题在于，当我们从树中删除一个节点时，需要将该节点从数组中同时删除。该操作花费的时间为 $O(N)$。

选项 3（可行但运行较慢）

我们可以将所有节点从 1 至 N 进行编号，编号的顺序按照二叉搜索树的顺序进行（即按照中序遍历的顺序）。在此之后，当我们调用 getRandomNode 方法时，生成一个处于 1 至 N 之间的索引。如果编号顺序是正确的，则可以通过二叉搜索树搜索到该索引。

然而，该方法和前述方法存在着相同的问题。每当插入或者删除一个节点时，所有的标号可能都需要进行更新，该过程花费的时间为 $O(N)$。

选项 4（不可行但运行较快）

如果我们知道树的深度会有什么变化？（因为我们会自己创建一个类，所以一定可以知道树的深度。很容易就可以跟踪该信息。）

我们可以首先选取一个随机的深度值。然后，随机选取左子树或右子树进行遍历，直到达到选取的深度值为止。但是，该方法并不能保证所有节点被选择的概率是相等的。

首先，对于一棵树，每层的节点数目并不一定相等。这就意味着，在拥有较少节点的一层中，每个节点被选择的可能性则更高。

其次，我们随机选择的子树并不一定能够达到目标深度。这种情况下怎么办？我们当然可以简单地返回遍历过程中能够到达的最后一个节点，但是这样一来，每个节点被返回的概率就更不相等了。

选项 5（不可行但运行较快）

我们还可以尝试一种简单的方法：对一棵树进行随机遍历。对于遍历过程中的每个节点，做如下操作。

- ❏ 在 1/3 的概率下，返回当前节点。
- ❏ 在 1/3 的概率下，对左子树继续进行遍历。
- ❏ 在 1/3 的概率下，对右子树继续进行遍历。

和很多其他方法一样，该方法并不能保证每个节点被返回的概率是相等的。根节点被选中的概率为 1/3，这相当于左子树中每个节点被选中的概率的总和。

选项 6（可行且运行较快）

与其继续思考新的方法，不如看看是否可以修正一下前述方法中的问题。为此，我们需要**深入地**剖析每种方法出现问题的根源。

让我们来分析一下选项 5。它不可行的原因在于所有节点被返回的概率是不一致的。我们可以在不改变基本算法的前提下修正该问题吗？

可以从根节点开始进行分析。根节点被返回的概率应该是多少？因为我们有 N 个节点，所以返回根节点的概率必须为 $1/N$。事实上，每个节点被返回的概率都应为 $1/N$。这是因为，我们总共有 N 个节点，而每个节点被返回的概率应该相等。概率的总和应为 1（100%），因此，每一个节点的概率应为 $1/N$。

根节点的问题解决了。那么其他节点有什么问题呢？向左遍历和向右遍历的概率分别应该是多少？这两种情况的概率并不相等。即使题目中的树是一棵平衡树，左子树和右子树的节点数目也不一定相等。如果左子树的节点多于右子树，那么我们继续遍历左子树的概率应该更高一些。

思考该问题的一个方法是：需要从左子树选取节点的概率应该等于左子树中每个节点被选中概率的和。因为每个节点被选中的概率必定为 $1/N$，所以需要从左子树选取节点的概率必定为左子树的节点数目乘以 $1/N$。这也同样是对左子树继续进行遍历的概率。

以此类推，对右子树继续进行遍历的概率为右子树的节点数目乘以 $1/N$。

这意味着每个节点需要知道其左子树的节点数目和右子树的节点数目。幸运之处在于面试官已经告诉我们需要从零开始构建一个类，因此，在插入操作和删除操作的同时保存节点的数量信息不费吹灰之力，只需在节点中保存一个 size 变量，并在插入操作时将 size 加一，在删除操作时将 size 减一。

```
1   class TreeNode {
2     private int data;
3     public TreeNode left;
4     public TreeNode right;
5     private int size = 0;
6
7     public TreeNode(int d) {
8       data = d;
9       size = 1;
10    }
11
12    public TreeNode getRandomNode() {
13      int leftSize = left == null ? 0 : left.size();
14      Random random = new Random();
```

```
15      int index = random.nextInt(size);
16      if (index < leftSize) {
17        return left.getRandomNode();
18      } else if (index == leftSize) {
19        return this;
20      } else {
21        return right.getRandomNode();
22      }
23    }
24
25    public void insertInOrder(int d) {
26      if (d <= data) {
27        if (left == null) {
28          left = new TreeNode(d);
29        } else {
30          left.insertInOrder(d);
31        }
32      } else {
33        if (right == null) {
34          right = new TreeNode(d);
35        } else {
36          right.insertInOrder(d);
37        }
38      }
39      size++;
40    }
41
42    public int size() { return size; }
43    public int data() { return data; }
44
45    public TreeNode find(int d) {
46      if (d == data) {
47        return this;
48      } else if (d <= data) {
49        return left != null ? left.find(d) : null;
50      } else if (d > data) {
51        return right != null ? right.find(d) : null;
52      }
53      return null;
54    }
55  }
```

对于一棵平衡树，该算法花费的时间为 $O(\log N)$，其中 N 是节点的数目。

选项 7（可行且运行较快）

生成随机数会是一项大工程。如果需要的话，我们可以大大减少生成随机数方法的调用次数。
设想一下我们对下面的树调用 getRandomNode 方法。在此，假设需要对左子树进行遍历。

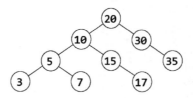

之所以对左子树进行遍历，是因为我们生成了一个 0 至 5（含 0 和 5）之间的随机数。当对
左子树进行遍历时，我们再次选取了一个 0 至 5 之间的随机数。为什么要再生成一次随机数呢？
使用第一个随机数就可以。

但是如果向右遍历怎么办？有一个 7 至 8（含 7 和 8）之间的随机数，但是我们需要的是 0
至 1（含 0 和 1）之间的数字。这很好解决，从该数字中减去（左子树的节点数目+1）即可。

另一种解决该问题的方法是，一开始选取的随机数代表了需要返回的节点为 i，在此之后则通过中序遍历的方法找出节点 i 的位置。从 i 中减去左子树的节点数目+1 即表示，对右子树进行遍历相当于我们在中序遍历的结果中跳过了左子树的节点数目+1 个节点。

```
1   class Tree {
2     TreeNode root = null;
3
4     public int size() { return root == null ? 0 : root.size(); }
5
6     public TreeNode getRandomNode() {
7       if (root == null) return null;
8
9       Random random = new Random();
10      int i = random.nextInt(size());
11      return root.getIthNode(i);
12    }
13
14    public void insertInOrder(int value) {
15      if (root == null) {
16        root = new TreeNode(value);
17      } else {
18        root.insertInOrder(value);
19      }
20    }
21  }
22
23  class TreeNode {
24    /* 构造函数和变量不变 */
25
26    public TreeNode getIthNode(int i) {
27      int leftSize = left == null ? 0 : left.size();
28      if (i < leftSize) {
29        return left.getIthNode(i);
30      } else if (i == leftSize) {
31        return this;
32      } else {
33        /* 跳过 leftSize + 1 个节点，因此此处减去该值 */
34        return right.getIthNode(i - (leftSize + 1));
35      }
36    }
37
38    public void insertInOrder(int d) { /* 同上 */ }
39    public int size() { return size; }
40    public TreeNode find(int d) { /* 同上 */ }
41  }
```

和前面的算法一样，对于一棵平衡树，该算法花费的时间为 $O(\log N)$。我们也可以将运行时间描述为 $O(D)$，其中 D 为树的最大深度。请注意，无论树是否是一棵平衡树，$O(D)$ 都是对运行时间的准确描述。

4.12 求和路径。 给定一棵二叉树，其中每个节点都含有一个整数数值（该值或正或负）。设计一个算法，打印节点数值总和等于某个给定值的所有路径。注意，路径不一定非得从二叉树的根节点或叶节点开始或结束，但是其方向必须向下（只能从父节点指向子节点方向）。

题目解法

让我们选择一个可能的和，比如 8，并依此画出下面的二叉树。我们有意使该树包含了多条能够得到此值的路径。

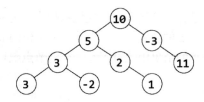

解决该题的其中一种方法是蛮力法。

解法 1：蛮力法

在蛮力法中，我们只需查看所有可能的路径。为此，遍历每个节点。对于每个节点，用递归法尝试所有向下的路径，并随着递归的进行跟踪路径的和。每当得到目标和，将发现的路径数目加一。

```
1   int countPathsWithSum(TreeNode root, int targetSum) {
2       if (root == null) return 0;
3
4       /* 对从 root 开始，符合目标和的路径进行计数 */
5       int pathsFromRoot = countPathsWithSumFromNode(root, targetSum, 0);
6
7       /* 尝试左节点和右节点 */
8       int pathsOnLeft = countPathsWithSum(root.left, targetSum);
9       int pathsOnRight = countPathsWithSum(root.right, targetSum);
10
11      return pathsFromRoot + pathsOnLeft + pathsOnRight;
12  }
13
14  /* 返回从该节点开始，符合目标和的路径的条数 */
15  int countPathsWithSumFromNode(TreeNode node, int targetSum, int currentSum) {
16      if (node == null) return 0;
17
18      currentSum += node.data;
19
20      int totalPaths = 0;
21      if (currentSum == targetSum) { // 找到一条从 root 开始的路径
22          totalPaths++;
23      }
24
25      totalPaths += countPathsWithSumFromNode(node.left, targetSum, currentSum);
26      totalPaths += countPathsWithSumFromNode(node.right, targetSum, currentSum);
27      return totalPaths;
28  }
```

该算法的时间复杂度是多少？

例如深度为 d 的节点，会被其上方的 d 个节点使用（通过 countPathsWithSumFromNode 方法）。

对于一棵平衡树，d 大约不会超过 $\log N$。因此，我们可以得知对于包含 N 个节点的树，countPathsWithSumFromNode 方法将被调用 $O(N \log N)$ 次。运行时间即为 $O(N \log N)$。

我们也可以从另一个角度分析运行时间。在根节点处，遍历其下方的 $N-1$ 个节点（通过 countPathsWithSumFromNode 方法进行遍历）。在第二层时（第二层共计两个节点），遍历其下方 $N-3$ 个节点。在第三层时（第三层共计 4 个节点，其上方有总计 3 个节点），遍历其下方 $N-7$ 个节点。按照这样的规律，大约总计需完成的计算量为：

(N - 1) + (N - 3) + (N - 7) + (N - 15) + (N - 31) + ... + (N - N)

为了简化该表达式，需要注意到每个括号内的第一项为 N，第二项为 2 的指数减一。表达式中括号项的总数为树的深度，即 $O(\log N)$。对于括号中的第二项，可以忽略其中的"减一"部分。因此，我们可以得到：

```
O(N * [括号项的总数] - [从 2¹ 至 2ᴺ 的和])
O(N log N - N)
O(N log N)
```

如果你不熟悉如何计算"从 2^1 至 2^N 的和"，可以将该表达式想象为二进制数的和：

```
  0001
+ 0010
+ 0100
+ 1000
= 1111
```

因此，对于一棵平衡树，该算法的运行时间为 $O(N \log N)$。

对于不平衡的树，运行时间会长很多。请想象一棵呈现一条直线形状的树。在根节点处，我们需要遍历 $N-1$ 个节点。在下一层（该层只有一个节点），我们需要遍历 $N-2$ 个节点。在第三层，我们需要遍历 $N-3$ 个节点。以此类推。最后的结果是，算法的时间复杂度会达到从 1 至 N 的和，即 $O(N^2)$。

解法 2：优化算法

分析上一个算法，或许会发现我们进行了很多重复计算。对于像 10 -> 5 -> 3 -> -2 这样的路径，我们对其（或者其中的一部分）进行重复遍历。我们在处于节点 10 时，需要对该路径进行遍历；在处于节点 5 时，重复了该遍历过程（遍历节点 5、3 以及–2）；在处于节点 3 时再次重复该过程；最后，在处于节点–2 时又重复了一次。理想状况下，我们希望能够对该过程进行重用。

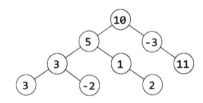

让我们将一条路径分离出来，并简单地将其表示为一个数组。比如说，我们有一个如下（假设的）路径：

```
10 -> 5 -> 1 -> 2 -> -1 -> -1 -> 7 -> 1 -> 2
```

下一步我们应该要问：该数组中，有多少连续的子序列相加等于目标和（targetSum），比如 8？换句话说，对于每一元素 y，我们试图找到符合下面描述的 x 的值（或者更准确地说，是可能的 x 的个数）。

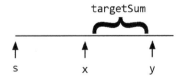

如果数组中的每个元素都知道路径的行程和（runningSum，即从 s 至该元素路径的和），那么求解该问题就容易很多。我们只需要使用如下的等式，即 $runningSum_x = runningSum_y - targetSum$。之后，我们只需要找出满足此公式的 x 的值即可。

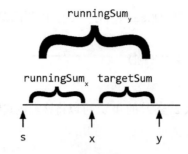

因为只需要统计路径的条数，所以可以使用散列表进行计算。在对数组进行迭代时，需要构建一个散列表，使其键为 runningSum，其值为 runningSum 出现的次数。之后，对于每一个元素 y，我们在散列表中以 runningSum$_y$ - targetSum 为键进行查找。散列表返回的值则表示为终止于元素 y，且路径总和为 targetSum 的路径的数量。

例如：

```
index:  0    1    2    3    4     5     6    7    8
value:  10 -> 5 -> 1 -> 2 -> -1 -> -1 -> 7 -> 1 -> 2
sum:    10   15   16   18   17    16    23   24   26
```

runningSum$_7$ 的值为 24。如果 targetSum 的值是 8，那么我们需要在散列表中查找键 16。该键返回的值为 2（表示从索引 2 开始和索引 5 开始的路径）。如上所示，索引 3 至索引 7 与索引 6 至索引 7 两条路径的和为 8。

至此，对于一个数组，已经有了一个完善的算法。让我们回到树的问题中。我们会使用相似的方法。

使用深度优先查找对树进行遍历。当我们访问每个节点时，执行以下操作。

(1) 跟踪 runningSum 的值。我们将使该变量成为函数的一个参数，并对其增加 node.value。

(2) 在散列表中查找 runningSum - targetSum。我们从散列表获得的值为路径的总数。将变量 totalPaths 的值设置为该值。

(3) 如果 runningSum == targetSum，则发现了另外一条从根节点开始的路径。将变量 totalPaths 加 1。

(4) 将 runningSum 加入到散列表中（如果 runningSum 已经存在，则将增加其值）。

(5) 对左子树和右子树进行递归，计算和为 targetSum 的路径的条数。

(6) 对左子树和右子树的递归调用结束后，减少散列表中 runningSum 对应的值。这是算法中进行回溯的过程，它恢复了前述步骤对散列表的修改，以便其他节点不受影响（这是因为我们已经完成了对当前节点的处理）。

尽管推导该算法的过程非常复杂，该算法的代码实现却相对简单。

```
1    int countPathsWithSum(TreeNode root, int targetSum) {
2      return countPathsWithSum(root, targetSum, 0, new HashMap<Integer, Integer>());
3    }
4
5    int countPathsWithSum(TreeNode node, int targetSum, int runningSum,
6                          HashMap<Integer, Integer> pathCount) {
7      if (node == null) return 0; // 基础情况
8
9      /* 对终止于该节点，符合目标和的路径进行计数 */
10     runningSum += node.data;
11     int sum = runningSum - targetSum;
12     int totalPaths = pathCount.getOrDefault(sum, 0);
```

```
13
14     /* 如果 runningSum 等于 targetSum，则发现一条从 root 开始的新路径。加上这条路径 */
15     if (runningSum == targetSum) {
16       totalPaths++;
17     }
18
19     /* 对 pathCount 加 1，递归，对 pathCount 减 1 */
20     incrementHashTable(pathCount, runningSum, 1); // 对 pathCount 加 1
21     totalPaths += countPathsWithSum(node.left, targetSum, runningSum, pathCount);
22     totalPaths += countPathsWithSum(node.right, targetSum, runningSum, pathCount);
23     incrementHashTable(pathCount, runningSum, -1); // 对 pathCount 减 1
24
25     return totalPaths;
26   }
27
28   void incrementHashTable(HashMap<Integer, Integer> hashTable, int key, int delta) {
29     int newCount = hashTable.getOrDefault(key, 0) + delta;
30     if (newCount == 0) { // 等值为 0 时删除此键以减少空间使用
31       hashTable.remove(key);
32     } else {
33       hashTable.put(key, newCount);
34     }
35   }
```

该算法的运行时间为 $O(N)$，其中 N 是树中节点的个数。之所以得出 $O(N)$ 的结论，是因为我们只对每个节点进行一次访问，并在每个节点处只完成 $O(1)$ 的计算工作。对于一棵平衡树，由于使用了散列表，因此空间复杂度为 $O(\log N)$。对于非平衡树，空间复杂度可以增长至 $O(N)$。

10.5 位操作

5.1 **插入**。给定两个 32 位的整数 N 与 M，以及表示比特位置的 i 与 j。编写一种方法，将 M 插入 N，使得 M 从 N 的第 j 位开始，到第 i 位结束。假定从 j 位到 i 位足以容纳 M，也即若 $M = 10\ 011$，那么 j 和 i 之间至少可容纳 5 个位。例如，不可能出现 $j = 3$ 和 $i = 2$ 的情况，因为第 3 位和第 2 位之间放不下 M。

示例：
    输入：N = 10000000000, M = 10011, i = 2, j = 6
    输出：N = 10001001100

题目解法
解决这个问题可分为三大步骤。
(1) 将 N 中从 j 到 i 之间的位清零。
(2) 对 M 执行移位操作，与 j 和 i 之间的位对齐。
(3) 合并 M 与 N。
步骤(1)最为棘手。如何将 N 中的那些位清零呢？我们可以利用掩码来清零。除 j 到 i 之间的位为 0 外，这个掩码的其余位均为 1。我们会先创建掩码的左半部分，然后是右半部分，最终得到整个掩码。

10

```
1     int updateBits(int n, int m, int i, int j) {
2       /* 将 N 中从 i 到 j 之间的位清零。例如：i=2, j=4，结果应为 11100011。
3        * 为简便起见，此例题中我们使用 8 位 */
4       int allOnes = ~0; // 与一串 1 相等
5
6       // j 之前是 1，之后是 0。left = 11100000
```

```
7      int left = allOnes << (j + 1);
8
9      // i 之后是 1。right = 00000011
10     int right = ((1 << i) - 1);
11
12     // i 和 j 之间是 0，其余是 1。mask = 11100011
13     int mask = left | right;
14
15     /* 从 j 到 i 之间的位清零，之后输入 m */
16     int n_cleared = n & mask; // 从 j 到 i 之间的位清零
17     int m_shifted = m << i; // 将 m 移入正确位置
18
19     return n_cleared | m_shifted; // 或运算。成功！
20   }
```

解决这类问题（包括许多位操作问题）时，务必切实充分地对代码进行测试。否则，一不小心就容易犯下差一错误。

5.2　二进制数转字符串。给定一个介于 0 和 1 之间的实数（如 0.72），类型为 double，打印它的二进制表达式。如果该数字无法精确地用 32 位以内的二进制表示，则打印"ERROR"。

题目解法

注意，为了清晰起见，这里分别用 x_2 和 x_{10} 来表示 x 是二进制还是十进制。

首先，我们要弄清楚非整数的数字用二进制表示是什么样的。与十进制数相仿，二进制数 0.101_2 表示如下。

$$0.101_2 = 1 \times 1/2^1 + 0 \times 1/2^2 + 1 \times 1/2^3$$

为了打印小数部分，我们可以将这个数乘以 2，检查 $2n$ 是否大于或等于 1。这实质上等同于"移动"小数部分，表示如下。

$$
\begin{aligned}
r &= 2_{10} \times n \\
  &= 2_{10} \times 0.101_2 \\
  &= 1 \times 1/2^0 + 0 \times 1/2^1 + 1 \times 1/2^2 \\
  &= 1.01_2
\end{aligned}
$$

若 $r \geqslant 1$，可知 n 的小数点后面正好有个 1。不断重复上述步骤，我们可以检查每个数位。

```
1    String printBinary(double num) {
2      if (num >= 1 || num <= 0) {
3        return "ERROR";
4      }
5
6      StringBuilder binary = new StringBuilder();
7      binary.append(".");
8      while (num > 0) {
9        /* 对长度设限：32 个字符 */
10       if (binary.length() >= 32) {
11         return "ERROR";
12       }
13
14       double r = num * 2;
15       if (r >= 1) {
16         binary.append(1);
17         num = r - 1;
18       } else {
19         binary.append(0);
```

```
20      num = r;
21    }
22  }
23  return binary.toString();
24 }
```

上面的方法是将数字乘以 2，然后与 1 进行比较，此外我们还可以将这个数与 0.5 比较，然后与 0.25 比较，以此类推。下面的代码演示了这一方法。

```
1  String printBinary2(double num) {
2    if (num >= 1 || num <= 0) {
3      return "ERROR";
4    }
5
6    StringBuilder binary = new StringBuilder();
7    double frac = 0.5;
8    binary.append(".");
9    while (num > 0) {
10     /* 对长度设限: 32 个字符 */
11     if (binary.length() > 32) {
12       return "ERROR";
13     }
14     if (num >= frac) {
15       binary.append(1);
16       num -= frac;
17     } else {
18       binary.append(0);
19     }
20     frac /= 2;
21   }
22   return binary.toString();
23 }
```

这两种方法都很不错，具体怎么做，就看你个人觉得哪种方法更得心应手了。

不论采用哪种方式，对于这类问题，一定要准备好详尽的测试用例，并在面试中切实进行测试。

5.3 翻转数位。给定一个整数，你可以将一个数位从 0 变为 1。请编写一个程序，找出你能够获得的最长的一串 1 的长度。

示例：

输入：1775（或者：11011101111）
输出：8

题目解法

我们可以认为每个整数数值都由 0 序列和 1 序列交替构成。每当发现一个 0 序列的长度为 1，我们即有可能将相邻的两个 1 序列合并。

1. 蛮力法

一种解法是将一个整数数值转化为一个数组，该数组中的元素表示其对应的 0 序列和 1 序列的长度。比如，11011101111 将会被转化为（以从右向左的顺序）$[0_0, 4_1, 1_0, 3_1, 1_0, 2_1, 2_1]$，其中的下角标表示长度对应的是 0 序列还是 1 序列，它们不需要出现在真正的算法中。该序列是一个严格的从 0 开始的交替序列。

有了如上数组之后，我们只需要对其进行遍历。对于每一个 0 序列，如果它的长度为 1，我们可以试图合并相邻的两个 1 序列。

10

```
1   int longestSequence(int n) {
2     if (n == -1) return Integer.BYTES * 8;
3     ArrayList<Integer> sequences = getAlternatingSequences(n);
4     return findLongestSequence(sequences);
5   }
6
7   /* 返回所有序列的尺寸组成的链表。序列由 0 的个数开始（或许为 0），之后是每个值的个数 */
8   ArrayList<Integer> getAlternatingSequences(int n) {
9     ArrayList<Integer> sequences = new ArrayList<Integer>();
10
11    int searchingFor = 0;
12    int counter = 0;
13
14    for (int i = 0; i < Integer.BYTES * 8; i++) {
15      if ((n & 1) != searchingFor) {
16        sequences.add(counter);
17        searchingFor = n & 1; // 将 1 翻转为 0 或者 0 翻转为 1
18        counter = 0;
19      }
20      counter++;
21      n >>>= 1;
22    }
23    sequences.add(counter);
24
25    return sequences;
26  }
27
28  /* 给定由 0 和 1 交替组成的序列的大小，找出我们可以构造的最长的序列 */
29  int findLongestSequence(ArrayList<Integer> seq) {
30    int maxSeq = 1;
31
32    for (int i = 0; i < seq.size(); i += 2) {
33      int zerosSeq = seq.get(i);
34      int onesSeqRight = i - 1 >= 0 ? seq.get(i - 1) : 0;
35      int onesSeqLeft = i + 1 < seq.size() ? seq.get(i + 1) : 0;
36
37      int thisSeq = 0;
38      if (zerosSeq == 1) { // 可以合并
39        thisSeq = onesSeqLeft + 1 + onesSeqRight;
40      } if (zerosSeq > 1) { // 将 0 加入到其中一端
41        thisSeq = 1 + Math.max(onesSeqRight, onesSeqLeft);
42      } else if (zerosSeq == 0) { // 无 0，因此尝试另一端
43        thisSeq = Math.max(onesSeqRight, onesSeqLeft);
44      }
45      maxSeq = Math.max(thisSeq, maxSeq);
46    }
47
48    return maxSeq;
49  }
```

该解法表现不错，其时间复杂度和空间复杂度均为 $O(b)$，其中 b 为序列的长度。

对于如何表示运行时间请务必谨慎。例如，如果你说运行时间是 $O(n)$，那么 n 代表什么？"该算法的时间复杂度是 O(该整数的值)"这种说法是不正确的。正确说法为"该算法的时间复杂度是 O(该整数的比特位数)"。因此，当 n 的含义有可能造成歧义时，最好的办法是不使用 n。这样一来，你和面试官都不会产生误解。你可以选择不同的变量命名。我们这里使用了 b，用于指代比特位的数量。这种情况下，只要合乎逻辑即可。

可以再有所提高吗？回顾一下最佳可能运行时间的概念。该算法的最佳可能运行时间为 $O(b)$（因为总要对序列进行一次读取），因此，无法再在时间复杂度上进行优化。然而，可以减少算法所用的内存空间。

2. 优化算法

为了减少内存空间的使用，需要注意我们并不是从始至终都要保留与序列长度相等的空间。我们需要的空间只要能够比较前后相邻的两个 1 序列的长度即可。

因此，我们可以在遍历的过程中，追踪当前 1 序列的长度和上一段 1 序列的长度。当发现一个比特位为 0 时，更新 previousLength 的值。

❑ 如果下一个比特位是 1，那么 previousLength 应被置为 currentLength 的值。

❑ 如果下一个比特位是 0，我们则不能合并这两个 1 序列。因此，将 previousLength 的值置为 0。

遍历的同时需要更新 maxLength 的值。

```
1   int flipBit(int a) {
2     /* 如果都是 1，那么这已经是最长的序列了 */
3     if (~a == 0) return Integer.BYTES * 8;
4
5     int currentLength = 0;
6     int previousLength = 0;
7     int maxLength = 1; // 我们总能找到包含至少一个 1 的序列
8     while (a != 0) {
9       if ((a & 1) == 1) { // 当前位为 1
10        currentLength++;
11      } else if ((a & 1) == 0) { // 当前位为 0
12        /* 更新为 0（若下一位是 0）或 currentLength（若下一位是 1）*/
13        previousLength = (a & 2) == 0 ? 0 : currentLength;
14        currentLength = 0;
15      }
16      maxLength = Math.max(previousLength + currentLength + 1, maxLength);
17      a >>>= 1;
18    }
19    return maxLength;
20  }
```

该算法的时间复杂度为 $O(b)$，但是我们只使用了 $O(1)$ 的额外存储空间。

5.4　下一个数。 给定一个正整数，找出与其二进制表达式中 1 的个数相同且大小最接近的那两个数（一个略大，一个略小）。

题目解法

这个问题有多种解法，包括蛮力法、位操作以及巧妙运用算术。注意，运用算术法建立在位操作的解法之上。在介绍算术方法之前，你应该先学会位操作的解法。

　　该题中使用的术语或许会造成一些误解。我们可以将 getNext 称为较大的数，将 getPrev 称为较小的数。

1. 蛮力法

简单的做法就是直接使用蛮力法，即在 n 的二进制表示中，数出 1 的个数，然后增加或减小，直至找到 1 的个数相同的数字。简单吧，但也没什么意思。还有没有更优的做法呢？当然有！

下面先从 getNext 的代码开始，然后是 getPrev。

2. 位操作法：取得后一个较大的数

要是你还在考虑后一个数应该是什么样的，不妨做如下观察。以数字 13 948 为例，二进制表示如下。

1	1	0	1	1	0	0	1	1	1	1	1	0	0
13	12	11	10	9	8	7	6	5	4	3	2	1	0

我们想让这个数大一点（但又不会太大），同时 1 的个数又要保持不变。

现在给定一个数 n 和两个位的位置 i 和 j，假设将位 i 从 1 翻转为 0，位 j 从 0 翻转成 1。你会发现，若 $i>j$，n 就会减小；若 $i<j$，n 则会变大。

继而得到以下几点。

(1) 若将某个 0 翻转成 1，就必须将某个 1 翻转为 0。

(2) 进行位翻转时，如果 0 变 1 的位处于 1 变 0 的位的左边，这个数字就会变大。

(3) 我们想让这个数变大，但又不致太大。因此，必须翻转最右边的 0，且它的右边必须还有个 1。

换句话说，我们要翻转最右边但非拖尾的 0。用上面的例子来说，拖尾 0 位于第 0 到第 1 个位置。因此，最右边但不是拖尾的 0 处在位置 7。我们把这个位置记作 p。

- 步骤(1)：翻转最右边、非拖尾的 0

1	1	0	1	1	0	1	1	1	1	1	1	0	0
13	12	11	10	9	8	7	6	5	4	3	2	1	0

将位置 7 翻转后，n 就会变大。但是，现在 n 中的 1 多了一个，0 少了一个。我们还需尽量缩小数值，同时记得满足要求。

缩小数值时，可以重新排列位 p 右方的那些位，其中，0 放到左边，1 放到右边。在重新排列的过程中，还要将其中一个 1 改为 0。

有种相对简单的做法是，数出 p 右方有几个 1，将位置 0 到位置 p 的所有位清零，然后回填 $c1-1$ 个 1。假设 $c1$ 为 p 右方 1 的个数，$c0$ 为 p 右方 0 的个数。

下面举例说明这些操作。

- 步骤(2)：将 p 右方的所有位清零，由步骤(1)可知，$c0 = 2$，$c1 = 5$，$p = 7$

1	1	0	1	1	0	1	0	0	0	0	0	0	0
13	12	11	10	9	8	7	6	5	4	3	2	1	0

为了将这些位清零，需要创建一个掩码，前面是一连串的 1，后面跟着 p 个 0，做法如下。

```
a = 1 << p;    // 除位 p 为 1 外，其余位均为 0
b = a - 1;     // 前面全为 0，后面跟 p 个 1
mask = ~b;     // 前面全为 1，后面跟 p 个 0
n = n & mask;  // 将右边 p 个位清零
```

或者可简化为：

```
n &= ~((1 << p) - 1)。
```

- 步骤(3)：回填 $c1 - 1$ 个 1

1	1	0	1	1	0	1	0	0	0	0	1	1	1
13	12	11	10	9	8	7	6	5	4	3	2	1	0

要在 p 右边插入 c1 - 1 个 1，做法如下。

```
a = 1 << (c1 - 1); // 位 c1 - 1 为 1，其余位均为 0
b = a - 1;         // 位 0 到位 c1 - 1 的位为 1，其余位均为 0
n = n | b;         // 在位 0 到位 c1 - 1 处插入 1
```

或者可简化为：

```
n |= (1 << (c1 - 1)) - 1;
```

至此，我们得到大于 n 的数字中，1 的个数与 n 的相同的最小数字。

代码实现如下所示。

```
1   int getNext(int n) {
2     /* 计算 c0 和 c1 */
3     int c = n;
4     int c0 = 0;
5     int c1 = 0;
6     while (((c & 1) == 0) && (c != 0)) {
7       c0++;
8       c >>= 1;
9     }
10
11    while ((c & 1) == 1) {
12      c1++;
13      c >>= 1;
14    }
15
16    /* 错误：如果 n == 11..1100...00，那么不存在更大的数有相同位数的 1 */
17    if (c0 + c1 == 31 || c0 + c1 == 0) {
18      return -1;
19    }
20
21    int p = c0 + c1; // 最右非拖尾 0 的位置
22
23    n |= (1 << p); // 翻转最右非拖尾 0
24    n &= ~((1 << p) - 1); // 清除所有 p 的右侧位
25    n |= (1 << (c1 - 1)) - 1; // 在右侧插入(c1-1) 个 1
26    return n;
27  }
```

3. 位操作法：获取前一个较小的数

getPrev 的实现方法与 getNext 极为相似。

(1) 计算 c0 和 c1。注意 c1 是拖尾 1 的个数，而 c0 为紧邻拖尾 1 的左方一连串 0 的个数。

(2) 将最右边、非拖尾 1 变为 0，其位置为 p = c1 + c0。

(3) 将位 p 右边的所有位清零。

(4) 在紧邻位置 p 的右方，插入 c1 + 1 个 1。

注意，步骤(2)将位 p 清零，而步骤(3)将位 0 到位 p - 1 清零，我们可以将这两步合并。
下面举例说明各个步骤。

- 步骤(1)：初始数字，p = 7，c1 = 2，c0 = 5

1	0	0	1	1	1	1	0	0	0	0	0	1	1
13	12	11	10	9	8	7	6	5	4	3	2	1	0

10

- 步骤(2)和步骤(3)：将位 0 到位 p 清零

1	0	0	1	1	1	0	0	0	0	0	0	0	0
13	12	11	10	9	8	7	6	5	4	3	2	1	0

具体做法如下所示。

```
int a = ~0;              // 所有位置 1
int b = a << (p + 1);    // 位 p 左方的所有位为 1，后跟 p+1 个 0
n &= b;                  // 将位 0 到位 p 清零
```

- 步骤(4)：在紧邻位置 p 的右方，插入 c1 + 1 个 1

1	0	0	1	1	1	0	1	1	1	0	0	0	0
13	12	11	10	9	8	7	6	5	4	3	2	1	0

注意，p = c1 + c0，因此(c1 + 1)个 1 的后面会跟(c0 - 1)个 0。

```
int a = 1 << (c1 + 1); // 位(c1 + 1)为 1，其余位均为 0
int b = a - 1;         // 前面为 0，后面跟 c1 + 1 个 1
int c = b << (c0 - 1); // c1 + 1 个 1，后面跟 c0 - 1 个 0
n |= c;
```

代码实现如下所示。

```
1    int getPrev(int n) {
2      int temp = n;
3      int c0 = 0;
4      int c1 = 0;
5      while (temp & 1 == 1) {
6        c1++;
7        temp >>= 1;
8      }
9
10     if (temp == 0) return -1;
11
12     while (((temp & 1) == 0) && (temp != 0)) {
13       c0++;
14       temp >>= 1;
15     }
16
17     int p = c0 + c1; // 最右侧非拖尾 1 的位置
18     n &= ((~0) << (p + 1)); // 从位置 p 开始清零
19
20     int mask = (1 << (c1 + 1)) - 1; // 包括 c1+1 个 1 的序列
21     n |= mask << (c0 - 1);
22
23     return n;
24   }
```

4. 算术解法：获取后一个数

如果 c0 是拖尾 0 的个数，c1 是拖尾 0 左方全为 1 的位的个数，而且 p = c0 + c1，于是我们就可以将前面的解法表述如下。

(1) 将位 p 置 1。

(2) 将位 0 到位 p 清零。

(3) 将位 0 到位 c1 - 1 置 1。

可以快速完成步骤(1)和步骤(2)，即将拖尾 0 置为 1（得到 p 个拖尾 1），然后再加 1。加 1

后，所有拖尾 1 都会翻转，最终位 p 变为 1，后面跟 p 个 0。我们可以用算术方法完成这些步骤。

```
n += 2^c0 - 1;    // 将拖尾 0 置 1，得到 p 个拖尾 1
n += 1;           // 先将 p 个 1 清零，然后位 p 改为 1
```

接着，用算术方法执行步骤(3)，如下：

```
n += 2^(c1 - 1) - 1;  // 将拖尾的 c1 - 1 个 0 置为 1
```

上面的数学运算可简化为：

$$next = n + (2^{c0} - 1) + 1 + (2^{c1 - 1} - 1)$$
$$= n + 2^{c0} + 2^{c1 - 1} - 1$$

这种解法的精妙之处在于，只需一两个位操作，代码写起来也很简单。

```
1   int getNextArith(int n) {
2     /* 跟之前一样，计算 c0 和 c1 */
3     return n + (1 << c0) + (1 << (c1 - 1)) - 1;
4   }
```

5. 算术解法：获取前一个数

如果 c_1 是拖尾 1 的个数，c_0 是拖尾 1 右方全为 0 的位的个数，则 $p = c_0 + c_1$，前面的 getPrev 可以重新表述如下。

(1) 将位 p 清零。

(2) 将位 p 右边的所有位置 1。

(3) 将位 0 到位 c_0 - 1 清零。

上述步骤用算术方法实现如下。为简化起见，这里假定 n = 10000011，故 $c_1 = 2$ 且 $c_0 = 5$。

```
n -= 2^c1 - 1;       // 清除拖尾 1，n 变为 10000000
n -= 1;              // 翻转拖尾 0，n 变为 01111111
n -= 2^(c0 - 1) - 1; // 翻转最右边(c0 - 1)个 1，n 变为 01110000
```

由此导出：

$$next = n - (2^{c1} - 1) - 1 - (2^{c0 - 1} - 1)$$
$$= n - 2^{c1} - 2^{c0 - 1} + 1$$

实现起来很简单。

```
1   int getPrevArith(int n) {
2     /* 跟之前一样，计算 c0 和 c1 */
3     return n - (1 << c1) - (1 << (c0 - 1)) + 1;
4   }
```

哟！别紧张，在面试中，在缺乏面试官大力帮助的情况下，不会让你写出上面所有解法。

5.5 调试。解释代码((n & (n-1)) == 0)的具体含义。

题目解法

我们可以由外而内来解决这个问题。

1. (A & B) == 0 的含义

(A & B) == 0 的含义是，A 和 B 二进制表示的同一位置绝不会同时为 1。因此，如果(n & (n - 1)) == 0，则 n 和 n - 1 就不会有共同的 1。

2. 相比 n，n - 1 长什么样

试着动手做一下减法（二进制或十进制），结果会怎么样？

```
        1101011000 [base 2]                  593100 [base 10]
      -            1                        -        1
      = 1101010111 [base 2]                 = 593099 [base 10]
```

当要将一个数减去 1 时，需要注意最低有效位。如果最低有效位为 1，则变为 0，完毕。如果是 0，你就必须从高位"借"1。因此，要逐一前往更高的位，将每个位从 0 改为 1，直至找到 1 为止，并将这个 1 翻转成 0，完毕。

综上所述，n-1 形似 n，只不过 n 中低位的 0 在 n-1 中变为 1，n 中最低有效位的 1 在 n-1 中变为 0，示例如下。

```
if    n = abcde1000
then n-1 = abcde0111
```

3. 那么，(n & (n-1)) == 0 究竟表示什么

n 和 n-1 不存在同一位均为 1 的情况，因为两者的二进制表示如下：

```
if    n = abcde1000
then n-1 = abcde0111
```

abcde 必定全为 0，也就是说，n 必须形如 00001000，因此，n 的值是 2 的某次方。

综上所述，这个问题的答案为：((n & (n-1)) == 0)检查 n 是否为 2 的某次方（或者检查 n 是否为 0）。

5.6　整数转换。编写一个函数，确定需要改变几个位才能将整数 *A* 转成整数 *B*。

示例：

　　输入: 29 (或者: 11101), 15 (或者: 01111)

　　输出: 2

题目解法

这个问题看似复杂，实则简单明了。要解决这个问题，就得设法找出两个数之间有哪些位不同。很简单，使用异或（XOR）操作即可。

在异或操作的结果中，每个 1 代表 *A* 和 *B* 相应位不同。因此，要找出 *A* 和 *B* 有多少个不同的位，只要数一数 *A^B* 有几个位为 1。

```
1    int bitSwapRequired(int a, int b) {
2      int count = 0;
3      for (int c = a ^ b; c != 0; c = c >>> 1) {
4        count += c & 1;
5      }
6      return count;
7    }
```

上面的代码已经很不错了，不过还可以做得更好。上面的做法是不断对 c 执行移位操作，然后检查最低有效位，但其实可以不断翻转最低有效位，计算要多少次 c 才会变成 0。操作 c = c & (c - 1)会清除 c 的最低有效位。

下面的代码运用了这个方法。

```
1    int bitSwapRequired(int a, int b) {
2      int count = 0;
3      for (int c = a ^ b; c != 0; c = c & (c-1)) {
4        count++;
5      }
6      return count;
7    }
```

这段代码涉及面试中偶尔会出现的位操作问题。如果之前从未见过，一时很难在面试现场想出来，记住这个技巧，对面试会大有裨益。

5.7 配对交换。编写程序，交换某个整数的奇数位和偶数位，尽量使用较少的指令（也就是说，位 0 与位 1 交换，位 2 与位 3 交换，以此类推）。

题目解法

跟之前几个问题一样，从不同角度考虑这个问题会有所助益。要操作一对一对的位，必定困难重重，效率也不见得会高。那么，还有其他方式来解决这个问题吗？

我们可以这么做：先操作奇数位，然后再操作偶数位。有办法将数字 *n* 的奇数位左移或右移 1 位吗？当然有。我们可以用 **10101010**（即 0xAA）作为掩码，提取奇数位，并将它们右移 1 位，移到偶数位的位置。对于偶数位，可以施以同样的操作。最后，将两次操作的结果合并成一个值。

这种做法共需 5 条指令，实现代码如下。

```
1   int swapOddEvenBits(int x) {
2     return ( ((x & 0xaaaaaaaa) >>> 1) | ((x & 0x55555555) << 1) );
3   }
```

请注意，之所以使用了逻辑右移而不是算术右移是因为我们希望符号位被 0 填充。

上述 Java 代码实现的是 32 位整数。如欲处理 64 位整数，那就需要修改掩码。不过，处理方法还是一样的。

5.8 绘制直线。有个单色屏幕存储在一个一维字节数组中，使得 8 个连续像素可以存放在一个字节里。屏幕宽度为 *w*，且 *w* 可被 8 整除（即一个字节不会分布在两行上），屏幕高度可由数组长度及屏幕宽度推算得出。请实现一个函数，绘制从点(*x1*, *y*)到点(*x2*, *y*)的水平线。

该方法的签名应形似于 drawLine(byte[] screen, int width, int x1, int x2, int y)。

题目解法

这个问题有个简单解法：用 for 循环迭代，从 *x1* 到 *x2*，一路设定每个像素。但这么做实在太没劲了（况且效率也不高）。

更好的做法是，如果 *x1* 和 *x2* 相距甚远，其间包含几个完整字节，只要使用 screen[byte_pos] = 0xFF，一次就能设定一整个字节。这条线起点和终点剩余部分的位，可用掩码设定。

```
1    void drawLine(byte[] screen, int width, int x1, int x2, int y) {
2      int start_offset = x1 % 8;
3      int first_full_byte = x1 / 8;
4      if (start_offset != 0) {
5        first_full_byte++;
6      }
7
8      int end_offset = x2 % 8;
9      int last_full_byte = x2 / 8;
10     if (end_offset != 7) {
11       last_full_byte--;
12     }
13
14     // 设置完整的字节
15     for (int b = first_full_byte; b <= last_full_byte; b++) {
16       screen[(width / 8) * y + b] = (byte) 0xFF;
17     }
18
```

```
19    // 创建开始行和结束行的掩码
20    byte start_mask = (byte) (0xFF >> start_offset);
21    byte end_mask = (byte) ~(0xFF >> (end_offset + 1));
22
23    // 设置开始与结束行
24    if ((x1 / 8) == (x2 / 8)) { // x1 和 x2 在同一字节
25      byte mask = (byte) (start_mask & end_mask);
26      screen[(width / 8) * y + (x1 / 8)] |= mask;
27    } else {
28      if (start_offset != 0) {
29        int byte_number = (width / 8) * y + first_full_byte - 1;
30        screen[byte_number] |= start_mask;
31      }
32      if (end_offset != 7) {
33        int byte_number = (width / 8) * y + last_full_byte + 1;
34        screen[byte_number] |= end_mask;
35      }
36    }
37  }
```

处理这个问题要小心，其中暗藏许多"陷阱"和特殊情况。例如，你必须考虑到 *x*1 和 *x*2 位于同一字节的情况。只有那些最细心的求职者，才能毫无纰漏地写出这段代码。

10.6 数学与逻辑题

6.1 较重的药丸。有 20 瓶药丸，其中 19 瓶装有 1.0 克的药丸，余下 1 瓶装有 1.1 克的药丸。给你一台称重精准的天平，怎么找出比较重的那瓶药丸？天平只能用一次。

题目解法

有时候，严格的限制条件反倒能提供解题的线索。在这个问题中，限制条件是天平只能用一次。

天平只能用一次，从而得出一个有趣的事实，即一次必须同时称很多药丸，其实更准确地说，是必须从 19 瓶中拿出药丸进行称重。否则，如果跳过 2 瓶或更多瓶药丸，又该如何区分没称过的那几瓶呢？别忘了，天平只能用一次。

那么，该怎么称重取自多个药瓶的药丸，并确定哪一瓶装有比较重的药丸？假设只有 2 瓶药丸，其中一瓶的药丸比较重。每瓶取出一粒药丸，称得重量为 2.1 克，但无从知晓这多出来的 0.1 克来自哪一瓶。我们必须设法区分这些药瓶。

如果从药瓶#1 取出一粒药丸，从药瓶#2 取出两粒药丸，那么，称得重量为多少呢？结果要依情况而定。如果药瓶#1 的药丸较重，则称得重量为 3.1 克。如果药瓶#2 的药丸较重，则称得重量为 3.2 克。这就是这个问题的解题窍门。

称一堆药丸时，我们会有个"预期"重量。借由预期重量和实测重量之间的差别，就能得出哪一瓶药丸比较重，前提是从每个药瓶取出不同数量的药丸。

将之前两瓶药丸的解法加以推广，就能得到完整解法，即从药瓶#1 取出一粒药丸，从药瓶#2 取出两粒，从药瓶#3 取出三粒，以此类推。如果每粒药丸均重 1 克，则称得总重量为 210 克（ $1 + 2 + \cdots + 20 = 20 \times 21 / 2 = 210$ ），"多出来的"重量必定来自每粒多 0.1 克的药丸。

药瓶的编号可由下列算式得出：

$$\frac{\text{weight} - 210\,\text{grams}}{0.1\,\text{grams}}$$

因此，若这堆药丸称得重量为 211.3 克，则药瓶#13 装有较重的药丸。

6.2 篮球问题。有个篮球框，下面两种玩法可任选一种。

玩法 1：一次出手机会，投篮命中得分。

玩法 2：三次出手机会，必须投中两次。

如果 p 是某次投篮命中的概率，则 p 的值为多少时才会选择玩法 1 或玩法 2？

题目解法

要解此题，我们可以直接运用概率论，比较赢得各种玩法的概率。

1. 赢得玩法 1 的概率

根据定义，赢得玩法 1 的概率为 p。

2. 赢得玩法 2 的概率

令 $s(k, n)$ 为 n 次投篮准确投中 k 次的概率，赢得玩法 2 的概率是三投两中或三投三中的概率，换句话说：

$$P(获胜) = s(2, 3) + s(3, 3)$$

三投三中的概率为：

$$s(3, 3) = p^3$$

三投两中的概率为：

$$P(第 1、2 次投中，第 3 次未投中)$$
$$+ P(第 1、3 次投中，第 2 次未投中)$$
$$+ P(第 1 次未投中，第 2、3 次投中)$$
$$= p \times p \times (1 - p) + p \times (1 - p) \times p + (1 - p) \times p \times p$$
$$= 3 (1 - p) p^2$$

两者概率相加，可以得到：

$$= p^3 + 3 (1 - p) p^2$$
$$= p^3 + 3p^2 - 3p^3$$
$$= 3p^2 - 2p^3$$

3. 该选择哪种玩法

若 $P（玩法 1）> P（玩法 2）$，则应该选择玩法 1。

$$p > 3p^2 - 2p^3$$
$$1 > 3p - 2p^2$$
$$2p^2 - 3p + 1 > 0$$
$$(2p - 1)(p - 1) > 0$$

左边两项必须同为正数或同为负数。显然，$p < 1$，故 $p - 1 < 0$，也即这两项必须同为负数。

$$2p - 1 < 0$$
$$2p < 1$$
$$p < 0.5$$

综上所述，若 $0 < p < 0.5$，则应该选择玩法 1。若 $0.5 < p < 1$，则应该选择玩法 2。

若 $p = 0$、0.5 或 1，则 $P（玩法 1）= P（玩法 2）$，选哪种玩法都行，因为赢得两种玩法的概率相等。

10

6.3 多米诺骨牌。有个 8 × 8 棋盘，其中对角的角落上，两个方格被切掉了。给定 31 块多米诺骨牌，一块骨牌恰好可以覆盖两个方格。用这 31 块骨牌能否盖住整个棋盘？请证明你的答案（提供范例或证明为什么不能）。

题目解法

乍一看，似乎是可以盖住的。棋盘大小为 8 × 8，共有 64 个方格，但其中两个方格已被切掉，因此只剩 62 个方格。31 块骨牌应该刚好能盖住整个棋盘，对吧？

尝试用骨牌盖住第 1 行，而第 1 行只有 7 个方格，因此有一块骨牌必须铺至第 2 行。而用骨牌盖住第 2 行时，我们又必须将一块骨牌铺至第 3 行。

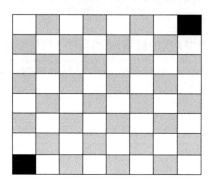

要盖住每一行，总有一块骨牌必须铺至下一行。无论尝试多少次，使用多少种方法，我们都无法成功铺下所有骨牌。

其实，可以更简洁而严谨地证明为什么不可能。棋盘原本有 32 个黑格和 32 个白格。将对角角落上的两个方格（相同颜色）切掉，棋盘只剩下 30 个同色的方格和 32 个另一种颜色的方格。为了方便论证，我们假定棋盘上剩下 30 个黑格和 32 个白格。

放在棋盘上的每块骨牌必定会盖住一个白格和一个黑格。因此，31 块骨牌正好盖住 31 个白格和 31 个黑格。然而，这个棋盘只有 30 个黑格和 32 个白格，所以，31 块骨牌盖不住整个棋盘。

6.4 三角形上的蚂蚁。三角形的三个顶点上各有一只蚂蚁。如果蚂蚁开始沿着三角形的边爬行，两只或三只蚂蚁撞在一起的概率有多大？假定每只蚂蚁会随机选一个方向，每个方向被选到的概率相等，而且三只蚂蚁的爬行速度相同。

类似问题：在 n 个顶点的多边形上有 n 只蚂蚁，求出这些蚂蚁发生碰撞的概率。

题目解法

当其中两只蚂蚁互相朝着对方而行，就会发生碰撞。因此，蚂蚁不发生碰撞的前提是，它们都朝着同一方向爬行（顺时针或逆时针）。我们可以算出这种情况的概率，然后再反推出问题的答案。

每只蚂蚁可以朝两个方向爬行，一共有三只蚂蚁，它们不发生碰撞的概率如下。

$P(顺时针) = (1/2)^3$

$P(逆时针) = (1/2)^3$

$P(同方向) = (1/2)^3 + (1/2)^3 = 1/4$

因此，发生碰撞的概率就是蚂蚁不朝着同方向爬行的概率。

$P(碰撞) = 1 - P(同方向) = 1 - 1/4 = 3/4$

若要将这个方法推广至 n 个顶点的多边形，同样地，蚂蚁也只有以顺时针或逆时针同方向爬行才不致相撞，但总共有 $2n$ 种爬行方式。综上所述，发生碰撞的概率如下。

$$P(\text{顺时针}) = (1/2)^n$$
$$P(\text{逆时针}) = (1/2)^n$$
$$P(\text{同方向}) = 2(1/2)^n = (1/2)^{n-1}$$
$$P(\text{碰撞}) = 1 - P(\text{同方向}) = 1 - (1/2)^{n-1}$$

6.5 水壶问题。 有两个水壶，容量分别为 3 夸脱和 5 夸脱，若水的供应不限量（但没有量杯），怎么用这两个水壶得到刚好的水？注意，这两个水壶呈不规则状，无法精准地装满"半壶"水。

题目解法

根据题意，我们只能使用这两个水壶，不妨随意把玩一番，把水倒来倒去，可以得到如下顺序组合。

5 夸脱水壶	3 夸脱水壶	操　　作
5	0	装满5夸脱水壶
2	3	用5夸脱水壶里的水装满3夸脱水壶
2	0	将3夸脱水壶里的水倒掉
0	2	将5夸脱水壶里的水倒入3夸脱水壶
5	2	装满5夸脱水壶
4	3	用5夸脱水壶里的水装满3夸脱水壶
4		搞定！准确量得4夸脱

许多智力题其实都涉及数学或计算机科学的知识，这个问题也不例外。只要这两个水壶的容量互质，我们就能找出一种倒水的顺序组合，量出一到两个水壶容量总和（含）之间的任意水量。

6.6 蓝眼岛。 有个岛上住着一群人，有一天来了个游客，定了一条奇怪的规矩：所有蓝眼睛的人都必须尽快离开这个岛。每晚 8 点会有一个航班离岛。每个人都看得见别人眼睛的颜色，但不知道自己的（别人也不可以告知）。此外，他们不知道岛上到底有多少人有蓝眼睛，只知道至少有一个人的眼睛是蓝色的。所有蓝眼睛的人要花几天才能离开这个岛？

题目解法

下面将采用简单构造法。假定这个岛上一共有 n 人，其中 c 人有蓝眼睛。由题目可知，$c > 0$。

1. 情况 $c = 1$：只有一人眼睛是蓝色的

假设岛上所有人都智力超群，蓝眼睛的人四处观察之后，发现没有人的眼睛是蓝色的。但他知道至少有一人眼睛是蓝色的，于是就推导出自己的眼睛一定是蓝色的。因此，他会搭乘当晚的飞机离开。

2. 情况 $c = 2$：只有两人眼睛是蓝色的

两个蓝眼睛的人看到对方，并不确定 c 是 1 还是 2，但是由上一种情况得知，如果 $c = 1$，那个蓝眼睛的人第一晚就会离岛。因此，发现另一个蓝眼睛的人仍在岛上，他一定能推断出 $c = 2$，也就意味着他自己的眼睛也是蓝色的。于是，两个蓝眼睛的人都会在第二晚离岛。

3. 情况 $c > 2$：一般情况

逐步增加 c 时，我们可以看出上述公式仍旧适用。如果 $c = 3$，那么，这三个人会立即意识到有两到三人的眼睛是蓝色的。如果有两人眼睛是蓝色的，那么这两人会在第二晚离岛。因此，如果过了第二晚另外两人还在岛上，每个蓝眼睛的人都能推断出 $c = 3$，因此这三人都有蓝眼睛。他们会在第三晚离岛。

无论 c 为何值，都可套用这个公式。所以，如果有 c 人有蓝眼睛，则所有蓝眼睛的人要用 c 晚才能离岛，且都在同一晚离开。

6.7   大灾难。 在大灾难后的新世界，世界女王非常关心出生率。因此，她规定所有家庭都必须有一个女孩，否则将面临巨额罚款。如果所有的家庭都遵守这个政策——所有家庭在得到一个女孩之前不断生育，生了女孩之后立即停止生育——那么新一代的性别比例是多少（假设每次怀孕后生男生女的概率是相等的）？通过逻辑推理解决这个问题，然后使用计算机进行模拟。

题目解法

如果每个家庭都遵守该政策，那么每个家庭都会先生育 0 至多个男孩，再生育一个女孩。换句话说，如果用 G 表示女孩，B 表示男孩，那么孩子出生的序列可由以下任意一种序列表示，即 G，BG，BBG，BBBG，以此类推。

可以通过多种方法解决该类问题。

1. 数学方法

我们可以计算出每种生育序列的概率。

❑ $P(G) = 1/2$。换句话说，50%的家庭会首先生育一个女孩，其他家庭则会生育更多的孩子。

❑ $P(BG) = 1/4$。对于那些可以生育第二个孩子的家庭（占总家庭数的 50%），其中 50%会生育一个女孩。

❑ $P(BBG) = 1/8$。对于那些可以生育第三个孩子的家庭（占总家庭数的 25%），其中 50%会生育一个女孩。

❑ 以此类推。

我们知道每个家庭都有且只有一个女孩。那么每个家庭平均生育多少个男孩？为了回答该问题，我们可以计算生育男孩数量的期望值，而该期望值可以通过计算每种生育序列的概率与序列中男孩的数量的乘积得出。

序 列	男孩数量	概 率	男孩数量×概率
G	0	1/2	0
BG	1	1/4	1/4
BBG	2	1/8	2/8
BBBG	3	1/16	3/16
BBBBG	4	1/32	4/32
BBBBBG	5	1/64	5/64
BBBBBBG	6	1/128	6/128

换句话说，期望值可以通过计算级数"i 除以 2^i"的求和公式得到，其中 i 的范围为 0 至无穷大，公式如下。

$$\sum_{i=0}^{\infty} \frac{i}{2^{i+1}}$$

或许你很难心算出该结果，但是可以对其估值。让我们将其通分为分母是 128(2^6) 的分数。

1/4 = 32/128	4/32 = 16/128
2/8 = 32/128	5/64 = 10/128
3/16 = 24/128	6/128 = 6/128

$$\frac{32+32+24+16+10+6}{128} = \frac{120}{128}$$

如上面的公式所示，结果接近于 128/128（即 1）。该估值方法大有用处，但是并不是严格意义上的数学推导。然而，其可以助下面所述的逻辑方法一臂之力。结果会是 1 吗？

2. 逻辑方法

如果上面方法得出的和为 1，那么这就意味着性别比例是平衡的。每个家庭刚好生育一个女孩，而平均生育一个男孩。因此该生育政策是无效的。你觉得这样的结论合理吗？

第一眼看上去，这似乎是一个错误的答案。该生育政策设计之初是为了生育更多的女孩，原因在于该政策确保了每个家庭都能够生育女孩。但是另一方面，每个家庭都有可能生育多个男孩。这会对冲掉"生育一个女孩"政策的影响。

思考该问题的另一个方法是，我们可以将所有家庭的生育序列表示为一个巨大的字符串。如果家庭 1 生育序列为 BG，家庭 2 生育序列为 BBG，家庭 3 生育序列为 G，我们可以将所有家庭的生育序列记作 BGBBGG。

事实上，我们不需要关心如何以家庭为单位列出字符串，这是因为我们真正关心的是总人口的性别比例。只要有一个孩子出生，我们即可将其性别 B 或者 G 加入到字符串的尾部。

下一个字符是 G 的可能性有多大？其实，如果生育男孩和女孩的可能性是一样的，那么下一个字符为 G 的可能性即为 50%。因此，大体上一半的字符串会是 G 字符，另一半会是 B 字符，也就是说性别的比例是一致的。

这样看来就合理多了。生物学并没有被改变。一半新出生的婴儿是男孩，一半新出生的婴儿是女孩。遵守任何关于"在某一时刻停止生育"的政策不会改变生物学这一事实。

因此，性别比例是 50% 的男孩和 50% 的女孩。

3. 算法模拟

此题简单的算法实现如下。

```
1   double runNFamilies(int n) {
2     int boys = 0;
3     int girls = 0;
4     for (int i = 0; i < n; i++) {
5       int[] genders = runOneFamily();
6       girls += genders[0];
7       boys += genders[1];
8     }
9     return girls / (double) (boys + girls);
10  }
11
12  int[] runOneFamily() {
13    Random random = new Random();
14    int boys = 0;
```

10

```
15    int girls = 0;
16    while (girls == 0) { // 直至女孩出现
17      if (random.nextBoolean()) { // 女孩
18        girls += 1;
19      } else { // 男孩
20        boys += 1;
21      }
22    }
23    int[] genders = {girls, boys};
24    return genders;
25  }
```

可以确定的是，当 n 很大时，运行此程序的结果会非常接近于 0.5。

6.8　扔鸡蛋问题。有栋建筑物高 100 层，若从第 *N* 层或更高的楼层扔下来，鸡蛋就会破碎；若从第 *N* 层以下的楼层扔下来则不会破碎。给你两个鸡蛋，请找出 *N*，并要求最差情况下扔鸡蛋的次数为最少。

题目解法

我们发现，无论怎么扔鸡蛋 1（Egg 1），鸡蛋 2（Egg 2）都必须在"破碎那一层"和下一个不会破碎的最高楼层之间，逐层扔下楼（从最低的到最高的）。例如，若鸡蛋 1 从第 5 层和第 10 层扔下没破碎，但从第 15 层扔下时破碎了，那么，在最差情况下，鸡蛋 2 必须尝试从第 11、第 12、第 13 和第 14 层扔下楼。

具体做法

首先，让我们试着从第 10 层开始扔鸡蛋，然后是第 20 层，以此类推。

❑ 如果鸡蛋 1 第一次扔下楼（第 10 层）就破碎了，那么，最多需要扔 10 次。

❑ 如果鸡蛋 1 最后一次扔下楼（第 100 层）才破碎，那么，最多要扔 19 次（第 10 层，第 20 层……第 90 层，第 100 层，然后是第 91 到第 99 层）。

这么做也挺不错，但只考虑了绝对最差情况。我们应该进行"负载均衡"，让这两种情况下扔鸡碎的次数更均匀。

我们的目标是设计一种扔鸡蛋的方法，使得扔鸡蛋 1 时，不论是在第一次还是最后一次扔下楼才破碎，扔鸡蛋的次数尽量一致。

(1) 完美负载均衡的方法应该是，扔鸡蛋 1 的次数加上扔鸡蛋 2 的次数，不论什么时候都一样，不管鸡蛋 1 是从哪层楼扔下时破碎的。

(2) 若有这种扔法，每次鸡蛋 1 多扔一次，鸡蛋 2 就可以少扔一次。

(3) 因此，每扔一次鸡蛋 1，就应该减少鸡蛋 2 可能需要扔下楼的次数。例如，如果鸡蛋 1 先从第 20 层扔下楼，然后从第 30 层扔下楼，此时鸡蛋 2 可能就要扔 9 次。若鸡蛋 1 再扔一次，我们必须让鸡蛋 2 扔下楼的次数降为 8 次。这也就是说，我们必须让鸡蛋 1 从第 39 层扔下楼。

(4) 由此可知，鸡蛋 1 必须从第 X 层开始往下扔，然后再往上增加 $X-1$ 层，之后增加 $X-2$ 层……直至到达第 100 层。

(5) 求解 X。

$$X + (X-1) + (X-2) + \cdots + 1 = 100$$
$$X(X+1)/2 = 100$$
$$X \approx 13.65$$

X 显然是一个整数值。我们应该向上取整还是向下取整呢？

❑ 如果向上取整为 14，那么需要按照增加 14 层、增加 13 层、增加 12 层的规律向上增加扔鸡蛋的层数。最后增加的数量为 4 层，届时将达到第 99 层。如果在此过程中鸡蛋 1 在任意一层破碎，可以确定已经对最差情况进行了平衡，扔鸡蛋 1 和鸡蛋 2 的次数之和最差为 14 次。如果鸡蛋 1 在第 99 层仍没有破碎，那么只需要再扔一次以确定鸡蛋是否会在第 100 层破碎。无论哪一种方法，扔鸡蛋的次数不会超过 14 次。

❑ 如果向下取整为 13，那么需要按照增加 13 层、增加 12 层、增加 11 层的规律向上增加扔鸡蛋的层数。最后增加的数量为 1 层，届时将达到第 91 层。在此情况下，我们已经扔了 13 次。第 92 至 100 层尚没有进行测试。我们没有办法通过扔一次鸡蛋来确定余下的这些楼层（即没有办法取得和"向上取整"相近的结果）。

因此，应该向上取整为 14，也就是说，需要先在第 14 层测试，然后是第 27 层，接着是第 39 层……最坏情况下，需要 14 次测试。

正如解决其他许多最大化/最小化的问题一样，这类问题的关键在于"平衡最差情况"。

下面的代码模拟了该方法。

```
1   int breakingPoint = ...;
2   int countDrops = 0;
3
4   boolean drop(int floor) {
5     countDrops++;
6     return floor >= breakingPoint;
7   }
8
9   int findBreakingPoint(int floors) {
10    int interval = 14;
11    int previousFloor = 0;
12    int egg1 = interval;
13
14    /* 以逐步下降的方式扔鸡蛋 1 */
15    while (!drop(egg1) && egg1 <= floors) {
16      interval -= 1;
17      previousFloor = egg1;
18      egg1 += interval;
19    }
20
21    /* 以每次增加 1 层的方式扔鸡蛋 2 */
22    int egg2 = previousFloor + 1;
23    while (egg2 < egg1 && egg2 <= floors && !drop(egg2)) {
24      egg2 += 1;
25    }
26
27    /* 如果鸡蛋没破碎就返回-1 */
28    return egg2 > floors ? -1 : egg2;
29  }
```

如果你想将代码一般化为任意层高的建筑物，那么可以通过如下算式计算 X：

$$X(X+1)/2 = 楼层数$$

该等式涉及二次方程的知识。

10

6.9　100 个储物柜。走廊上有 100 个关上的储物柜。有个人先是将 100 个柜子全都打开。接着，每数两个柜子关上一个。然后，在第三轮时，再每隔两个就切换第三个柜子的开关状态（也就是将关上的柜子打开，将打开的关上）。照此规律反复操作 100 次，在第 i 轮，这个人会

每数 i 个就切换第 i 个柜子的状态。当第 100 轮经过走廊时，只切换第 100 个柜子的开关状态，此时有几个柜子是开着的？

题目解法

要解决这个问题，必须弄清楚所谓切换储物柜开关状态是什么意思。这有助于我们推断最终哪些柜子是开着的。

1. 问题：柜子会在哪几轮切换状态（开或关）

柜子 n 会在 n 的每个因子（包括 1 和 n）对应的那一轮切换状态，也就是说，柜子 15 会在第 1、3、5 和 15 轮开或关一次。

2. 问题：柜子什么时候还是开着的

如果因子个数（记作 x）为奇数，则这个柜子是开着的。你可以把一对因子比作开和关，若还剩一个因子，则柜子就是开着的。

3. 问题：x 什么时候为奇数

若 n 为完全平方数，则 x 的值为奇数。理由如下：将 n 的两个互补因子配对。例如，如 n 为 36，则因子配对情况为：(1, 36)、(2, 18)、(3, 12)、(4, 9)、(6, 6)。注意，(6, 6)其实只有一个因子，因此 n 的因子个数为奇数。

4. 问题：有多少个完全平方数

一共有 10 个完全平方数，你可以数一数（ 1, 4, 9, 16, 25, 36, 49, 64, 81, 100 ），或者直接列出 1 到 10 的平方。

$$1 \times 1, 2 \times 2, 3 \times 3, \cdots, 10 \times 10$$

因此，最后共有 10 个柜子是开着的。

6.10　有毒的苏打水。你有 1000 瓶苏打水，其中有一瓶有毒。你有 10 条可用于检测毒物的试纸。一滴毒药会使试纸永久变黄。你可以一次性地将任意数量的液滴置于试纸上，你也可以多次重复使用试纸（只要结果是阴性的即可）。 但是，每天只能进行一次测试，用时 7 天才可得到测试结果。你如何用尽量少的时间找出哪瓶苏打水有毒？

进阶：编写程序模拟你的方法。

题目解法

请注意该题目的题干。为什么是 7 天呢？为什么不是立即返回测试的结果呢？

从开始测试到获取结果有 7 天时间很有可能意味着，我们可以在这段时间内同时做一些别的事情（比如进行其他的测试）。暂时不要纠结于这一点，让我们回归问题本身，先实现一个简单的方法。

1. 简单方案（28 天）

一个简单的方法是把苏打水平均分配给 10 条试纸，这样一来，每一组苏打水共有 100 瓶。接下来，我们等待 7 天。在得到结果之后，找到结果为阳性的试纸。可以忽略其他组别的苏打水，而对于该试纸所对应的组别，重复此过程。不断地进行该操作，直到测试对象中只有 1 瓶苏打水。

(1)将所有的苏打水平均分配给所有可用的试纸。在一组之内，取每瓶的一滴苏打水置于试纸之上。

(2) 7 天之后，检查试纸的结果。

(3) 对于测试结果呈阳性的试纸，选择该试纸对应的苏打水。如果该组的苏打水瓶数为 1，即找到了有毒的苏打水。如果该组的苏打水瓶数多于 1，则回到第(1)步。

为了模拟该过程，我们创建了 Bottle（苏打水瓶）类和 TestStrip（试纸）类来表示问题中的各项操作。

```java
1   class Bottle {
2     private boolean poisoned = false;
3     private int id;
4
5     public Bottle(int id) { this.id = id; }
6     public int getId() { return id; }
7     public void setAsPoisoned() { poisoned = true; }
8     public boolean isPoisoned() { return poisoned; }
9   }
10
11  class TestStrip {
12    public static int DAYS_FOR_RESULT = 7;
13    private ArrayList<ArrayList<Bottle>> dropsByDay =
14      new ArrayList<ArrayList<Bottle>>();
15    private int id;
16
17    public TestStrip(int id) { this.id = id; }
18    public int getId() { return id; }
19
20    /* 改变链表的尺寸使其足够大 */
21    private void sizeDropsForDay(int day) {
22      while (dropsByDay.size() <= day) {
23        dropsByDay.add(new ArrayList<Bottle>());
24      }
25    }
26
27    /* 在特定的一天加入某瓶苏打水的液体 */
28    public void addDropOnDay(int day, Bottle bottle) {
29      sizeDropsForDay(day);
30      ArrayList<Bottle> drops = dropsByDay.get(day);
31      drops.add(bottle);
32    }
33
34    /* 检查该组苏打水中是否有毒 */
35    private boolean hasPoison(ArrayList<Bottle> bottles) {
36      for (Bottle b : bottles) {
37        if (b.isPoisoned()) {
38          return true;
39        }
40      }
41      return false;
42    }
43
44    /* 获取 DAYS_FOR_RESULT 天之前使用的苏打水 */
45    public ArrayList<Bottle> getLastWeeksBottles(int day) {
46      if (day < DAYS_FOR_RESULT) {
47        return null;
48      }
49      return dropsByDay.get(day - DAYS_FOR_RESULT);
50    }
51
52    /* 检查 DAYS_FOR_RESULT 之前有毒的苏打水 */
53    public boolean isPositiveOnDay(int day) {
```

```
54      int testDay = day - DAYS_FOR_RESULT;
55      if (testDay < 0 || testDay >= dropsByDay.size()) {
56        return false;
57      }
58      for (int d = 0; d <= testDay; d++) {
59        ArrayList<Bottle> bottles = dropsByDay.get(d);
60        if (hasPoison(bottles)) {
61          return true;
62        }
63      }
64      return false;
65    }
66  }
```

这只是模拟苏打水瓶和试纸的一种方式，而每种方式都有其优缺点。

有了上述代码作为基础，现在可以完成代码来测试这一方案了。

```
1   int findPoisonedBottle(ArrayList<Bottle> bottles, ArrayList<TestStrip> strips) {
2     int today = 0;
3
4     while (bottles.size() > 1 && strips.size() > 0) {
5       /* 运行测试 */
6       runTestSet(bottles, strips, today);
7
8       /* 等待结果 */
9       today += TestStrip.DAYS_FOR_RESULT;
10
11      /* 检查结果 */
12      for (TestStrip strip : strips) {
13        if (strip.isPositiveOnDay(today)) {
14          bottles = strip.getLastWeeksBottles(today);
15          strips.remove(strip);
16          break;
17        }
18      }
19    }
20
21    if (bottles.size() == 1) {
22      return bottles.get(0).getId();
23    }
24    return -1;
25  }
26
27  /* 将瓶子平均分布在试纸上 */
28  void runTestSet(ArrayList<Bottle> bottles, ArrayList<TestStrip> strips, int day) {
29    int index = 0;
30    for (Bottle bottle : bottles) {
31      TestStrip strip = strips.get(index);
32      strip.addDropOnDay(day, bottle);
33      index = (index + 1) % strips.size();
34    }
35  }
36
37  /* 完整代码请见本书的下载附件 */
```

请注意该方案的前提假设是，每一轮测试中都有多条试纸可以使用。对于 1000 瓶苏打水瓶和 10 条试纸的情况，该假设是合理的。

如果不能作出上述假设，可以在代码中实现一个"失效保险"。如果只剩余一条试纸，则一瓶一瓶地进行测试，即测试一瓶苏打水，等一周，再测试下一瓶苏打水。该方案将最多花费 28 天的时间。

2. 优化方案（10天）

正如在题目解答一开始就提到的，我们可以一次性进行多个测试。

如果将苏打水分为10组（第0~99瓶对应试纸0，第100~199瓶对应试纸1，第200~299瓶对应试纸2，以此类推），那么第7天的结果将可以显示那瓶有毒的苏打水编号的第一位为什么数字。如果第7天第i号试纸呈现阳性结果，那么有毒的苏打水编号的第一位数字（百位数字）必然为i。

通过另外的方法进行分组，可以测试出有毒苏打水编号的第二位和第三位数字。只需要在不同的日子进行这些测试，以便于可以分清测试的是哪一位数字。

	Day 0 -> 7	Day 1 -> 8	Day 2 -> 9
Strip 0	0xx	x0x	xx0
Strip 1	1xx	x1x	xx1
Strip 2	2xx	x2x	xx2
Strip 3	3xx	x3x	xx3
Strip 4	4xx	x4x	xx4
Strip 5	5xx	x5x	xx5
Strip 6	6xx	x6x	xx6
Strip 7	7xx	x7x	xx7
Strip 8	8xx	x8x	xx8
Strip 9	9xx	x9x	xx9

例如，如果第7天4号试纸出现阳性结果，第8天3号试纸出现阳性结果，第9天8号试纸出现阳性结果，则可得出有毒苏打水的编号为#438。

该方法大多情况下都行之有效，只有一个边界情况例外，即如果有毒的苏打水编号的某位数字出现重复怎么办？例如，编号#882或#383。

其实，这两个例子并不相同。如果第8天没有新的试纸显示阳性结果，那么可以确定第二位数字与第一位数字相等。

可问题是，如果第9天没有出现新的试纸显示阳性结果，该如何判断？如果真的出现这类情况，我们知道第三位数字与第一位或第二位数字相等，但是并不知道标号应该是#383还是#388。这两个编号都有着一样的测试结果。

因此，我们需要再进行一组测试。可以在最后进行该组测试以消除不确定性，也可以在第3天进行测试以避免出现不确定的结果。我们仅仅需要做的是，将最后数字对应的试纸进行一次平移，以便获得和第2天不同的测试结果。

	Day 0 -> 7	Day 1 -> 8	Day 2 -> 9	Day 3 -> 10
Strip 0	0xx	x0x	xx0	xx9
Strip 1	1xx	x1x	xx1	xx0
Strip 2	2xx	x2x	xx2	xx1
Strip 3	3xx	x3x	xx3	xx2
Strip 4	4xx	x4x	xx4	xx3
Strip 5	5xx	x5x	xx5	xx4
Strip 6	6xx	x6x	xx6	xx5
Strip 7	7xx	x7x	xx7	xx6
Strip 8	8xx	x8x	xx8	xx7
Strip 9	9xx	x9x	xx9	xx8

10

至此，如果有毒的苏打水编号为#383，则得到的结果是：第 7 天为 3 号试纸，第 8 天为 8 号试纸，第 9 天没有新的试纸显示阳性，第 10 天为 4 号试纸。如果有毒的苏打水编号为#388，则得到的结果是：第 7 天为 3 号试纸，第 8 天为 8 号试纸，第 9 天没有新的试纸显示阳性，第 10 天为 9 号试纸。我们可以通过将第 10 天得到的结果"向反方向平移"，以便区分这两瓶苏打水中哪一瓶有毒。

问题是，如果第 10 天还是没有新的试纸显示阳性，该怎么办？可能发生这样的情况吗？

其实是有可能的。如果有毒的苏打水编号为#898，则得到的结果是：第 7 天为 8 号试纸，第 8 天为 9 号试纸，第 9 天没有新的试纸显示阳性，第 10 天没有新的试纸显示阳性。但是这无关紧要。我们只需要区分编号为#898 和#899 的苏打水即可。如果有毒的苏打水编号为#899，则得到的结果是：第 7 天为 8 号试纸，第 8 天为 9 号试纸，第 9 天没有新的试纸显示阳性，第 10 天为 0 号试纸。

在第 9 天测试结果中发生的"不确定性"，总会在第 10 天的测试结果中对应为不同的值。原因如下。

- □ 如果第 3 天进行的测试（第 10 天显示结果）有新的试纸显示阳性，"反向平移"该结果即可获得编号的第三位数字。
- □ 其他情况下，我们知道第三位数字和第一位或者第二位数字相等，同时第三位数字在平移之后仍然和第一位或第二位数字相等。因此，我们只需要知道"平移操作"是将第一位数字移向第二位数字还是移向相反的方向即可。在第一个例子中，第三位数字与第一位数字相等。在第二个例子中，第三位数字与第二位数字相等。

实现该方法要小心谨慎，以免代码中出现错误。

```
1   int findPoisonedBottle(ArrayList<Bottle> bottles, ArrayList<TestStrip> strips) {
2     if (bottles.size() > 1000 || strips.size() < 10) return -1;
3
4     int tests = 4; // 三位数字, 加额外的一位
5     int nTestStrips = strips.size();
6
7     /* 检测 */
8     for (int day = 0; day < tests; day++) {
9       runTestSet(bottles, strips, day);
10    }
11
12    /* 获取结果 */
13    HashSet<Integer> previousResults = new HashSet<Integer>();
14    int[] digits = new int[tests];
15    for (int day = 0; day < tests; day++) {
16      int resultDay = day + TestStrip.DAYS_FOR_RESULT;
17      digits[day] = getPositiveOnDay(strips, resultDay, previousResults);
18      previousResults.add(digits[day]);
19    }
20
21    /* 如果第 1 天的结果与第 0 天匹配, 则更新数字 */
22    if (digits[1] == -1) {
23      digits[1] = digits[0];
24    }
25
26    /* 如果第 2 天与第 0 天或第 1 天匹配, 则检查第 3 天。
27     * 第 3 天与第 2 天相同, 只需增加 1 */
28    if (digits[2] == -1) {
29      if (digits[3] == -1) { /*第 3 天没有新结果*/
30        /* digits[2] 与 digits[0] 或者 digits[1] 相同。但是, digits[2] 增加 1 后仍与
31         * digits[0]或者 digits[1] 匹配。这意味着, digits[0]增加 1 后与 digits[1] 匹配,
32         * 或者相反的情况成立 */
```

```
33              digits[2] = ((digits[0] + 1) % nTestStrips) == digits[1] ?
34                           digits[0] : digits[1];
35          } else {
36              digits[2] = (digits[3] - 1 + nTestStrips) % nTestStrips;
37          }
38      }
39
40      return digits[0] * 100 + digits[1] * 10 + digits[2];
41  }
42
43  /* 进行该天的所有检测 */
44  void runTestSet(ArrayList<Bottle> bottles, ArrayList<TestStrip> strips, int day) {
45      if (day > 3) return; // 只有 3 天起作用+额外的 1 天
46
47      for (Bottle bottle : bottles) {
48          int index = getTestStripIndexForDay(bottle, day, strips.size());
49          TestStrip testStrip = strips.get(index);
50          testStrip.addDropOnDay(day, bottle);
51      }
52  }
53
54  /* 获取该天该瓶苏打水应使用的试纸 */
55  int getTestStripIndexForDay(Bottle bottle, int day, int nTestStrips) {
56      int id = bottle.getId();
57      switch (day) {
58          case 0: return id /100;
59          case 1: return (id % 100) / 10;
60          case 2: return id % 10;
61          case 3: return (id % 10 + 1) % nTestStrips;
62          default: return -1;
63      }
64  }
65
66  /* 获取特定某一天的阳性结果，排除以前的检测结果 */
67  int getPositiveOnDay(ArrayList<TestStrip> testStrips, int day,
68                       HashSet<Integer> previousResults) {
69      for (TestStrip testStrip : testStrips) {
70          int id = testStrip.getId();
71          if (testStrip.isPositiveOnDay(day) && !previousResults.contains(id)) {
72              return testStrip.getId();
73          }
74      }
75      return -1;
76  }
```

最坏情况下，该方案会花费 10 天时间得出结果。

3. 最优方案（7 天）

其实我们可以将上述方案做进一步优化，7 天即可得到测试结果。当然，这是可以达到的耗费时间最少的解决方案。

请注意每条试纸都是有含义的，其可以作为一个二进制位用于表示有毒或无毒。是否可能将 1000 个键映射到 10 个二进制位上，使得对于每一个键，都有一个唯一确定的二进制表示呢？当然，这是可能的。这正是二进制数的表示方法。

我们可以将每一瓶苏打水的编号用二进制数表示。如果某一编号的第 i 位为 1，那么就取该编号对应的苏打水滴在第 i 条试纸上。请注意，2^{10} 的值为 1024，所以 10 条试纸足以满足 1024 瓶苏打水的测试需求。

我们等待 7 天之后获取结果。如果第 i 条试纸显示为阳性，那么将结果的第 i 位设置为 1。

读取所有试纸的测试结果后，可以得到有毒的苏打水的编号。

```
1   int findPoisonedBottle(ArrayList<Bottle> bottles, ArrayList<TestStrip> strips) {
2     runTests(bottles, strips);
3     ArrayList<Integer> positive = getPositiveOnDay(strips, 7);
4     return setBits(positive);
5   }
6
7   /* 将瓶中液体滴到试纸上 */
8   void runTests(ArrayList<Bottle> bottles, ArrayList<TestStrip> testStrips) {
9     for (Bottle bottle : bottles) {
10      int id = bottle.getId();
11      int bitIndex = 0;
12      while (id > 0) {
13        if ((id & 1) == 1) {
14          testStrips.get(bitIndex).addDropOnDay(0, bottle);
15        }
16        bitIndex++;
17        id >>= 1;
18      }
19    }
20  }
21
22  /* 获取该天该瓶苏打水应使用的试纸 */
23  ArrayList<Integer> getPositiveOnDay(ArrayList<TestStrip> testStrips, int day) {
24    ArrayList<Integer> positive = new ArrayList<Integer>();
25    for (TestStrip testStrip : testStrips) {
26      int id = testStrip.getId();
27      if (testStrip.isPositiveOnDay(day)) {
28        positive.add(id);
29      }
30    }
31    return positive;
32  }
33
34  /* 构造一个数字，呈现阳性结果的数位置 1 */
35  int setBits(ArrayList<Integer> positive) {
36    int id = 0;
37    for (Integer bitIndex : positive) {
38      id |= 1 << bitIndex;
39    }
40    return id;
41  }
```

只要 $2^T \geq B$，该方案即可行。其中 T 是试纸的数量，B 是苏打水的瓶数。

10.7 面向对象设计

7.1 扑克牌。请设计用于通用扑克牌的数据结构，并说明你会如何创建该数据结构的子类，实现"二十一点"游戏。

题目解法

首先，看得出来所谓的"通用"扑克牌隐含不少信息。这里的"通用"可以指能用来玩扑克牌游戏的标准扑克牌组，也可以扩展为 Uno 牌或棒球卡。面试时记得询问面试官"通用"的具体含义，这点很重要。

假设面试官说清楚了，这是一副标准纸牌，一共 52 张，就如同你在二十一点或扑克牌游戏中使用的牌组。这样一来，整个设计大致如下。

```
1   public enum Suit {
2     Club (0), Diamond (1), Heart (2), Spade (3);
3     private int value;
4     private Suit(int v) { value = v; }
5     public int getValue() { return value; }
6     public static Suit getSuitFromValue(int value) { ... }
7   }
8
9   public class Deck <T extends Card> {
10    private ArrayList<T> cards; // 所有扑克牌
11    private int dealtIndex = 0; // 标记第一张未处理的牌
12
13    public void setDeckOfCards(ArrayList<T> deckOfCards) { ... }
14
15    public void shuffle() { ... }
16    public int remainingCards() {
17      return cards.size() - dealtIndex;
18    }
19    public T[] dealHand(int number) { ... }
20    public T dealCard() { ... }
21  }
22
23  public abstract class Card {
24    private boolean available = true;
25
26    /* 牌面点数，包括数字 2~10，11 代表 J，12 代表 Q，13 代表 K，1 代表 A */
27    protected int faceValue;
28    protected Suit suit;
29
30    public Card(int c, Suit s) {
31      faceValue = c;
32      suit = s;
33    }
34
35    public abstract int value();
36    public Suit suit() { return suit; }
37
38    /* 检查该牌是否可以发给别人 */
39    public boolean isAvailable() { return available; }
40    public void markUnavailable() { available = false; }
41    public void markAvailable() { available = true; }
42  }
43
44  public class Hand <T extends Card> {
45    protected ArrayList<T> cards = new ArrayList<T>();
46
47    public int score() {
48      int score = 0;
49      for (T card : cards) {
50        score += card.value();
51      }
52      return score;
53    }
54
55    public void addCard(T card) {
56      cards.add(card);
57    }
58  }
```

在上面的代码中，我们以泛型实现了 Deck，同时把 T 的类型限定为 Card。另外，我们还将
Card 实现成抽象类，这是因为如果不知道玩的是什么游戏，诸如 value()的方法就没有太大意义

10

（你可能会据理力争，认为这些方法还是应该实现为好，以标准扑克牌规则实现默认值）。

现在，假设要构建二十一点游戏，我们需要知道这些牌的数值。人头牌 K、Q、J 等于 10，Ace 为 11（大部分情况下为 11，不过这应该交由 Hand 类负责，而不是交给下面这个类）。

```
1   public class BlackJackHand extends Hand<BlackJackCard> {
2     /* 黑杰克的手牌有多个可能的分值，因为 A 有不同的分值。
3      * 返回 21 以下最大的可能分值，或者超过 21 的最小可能分值 */
4     public int score() {
5       ArrayList<Integer> scores = possibleScores();
6       int maxUnder = Integer.MIN_VALUE;
7       int minOver = Integer.MAX_VALUE;
8       for (int score : scores) {
9         if (score > 21 && score < minOver) {
10          minOver = score;
11        } else if (score <= 21 && score > maxUnder) {
12          maxUnder = score;
13        }
14      }
15      return maxUnder == Integer.MIN_VALUE ? minOver : maxUnder;
16    }
17
18    /* 返回手牌所有可能的分值（A 的可能值包括 1 或者 11）*/
19    private ArrayList<Integer> possibleScores() { ... }
20
21    public boolean busted() { return score() > 21; }
22    public boolean is21() { return score() == 21; }
23    public boolean isBlackJack() { ... }
24  }
25
26  public class BlackJackCard extends Card {
27    public BlackJackCard(int c, Suit s) { super(c, s); }
28    public int value() {
29      if (isAce()) return 1;
30      else if (faceValue >= 11 && faceValue <= 13) return 10;
31      else return faceValue;
32    }
33
34    public int minValue() {
35      if (isAce()) return 1;
36      else return value();
37    }
38
39    public int maxValue() {
40      if (isAce()) return 11;
41      else return value();
42    }
43
44    public boolean isAce() {
45      return faceValue == 1;
46    }
47
48    public boolean isFaceCard() {
49      return faceValue >= 11 && faceValue <= 13;
50    }
51  }
```

这只是 Ace 的一种处理方式，另一种做法是创建一个继承自 BlackJackCard 的 Ace 类。
在本书所附可下载的代码中，提供了一个可自动执行的二十一点游戏程序。

7.2 呼叫中心。设想你有个呼叫中心，员工分 3 级：接线员、主管和经理。客户来电会先分配给有空的接线员。若接线员处理不了，就必须将来电往上转给主管。若主管没空或是无法处理，则将来电往上转给经理。请设计这个问题的类和数据结构，并实现一种 dispatchCall() 方法，将客户来电分配给第一个有空的员工。

题目解法

3 个员工层级各有各的职责，因此，不同层级会有专门的函数。我们应该将它们放在各自对应的类里。

有些东西是所有员工都有的，比如地址、姓名、职位和年龄等。这些东西可以放在一个类里，再由其他类扩展或继承。

最后，还应该有一个 CallHandler 类，负责将来电分派给合适的负责人。

注意，任何面向对象设计问题都会有很多不同的对象设计方式。请跟面试官讨论各种设计方案的优劣。通常，设计时应该从长远考虑，注重代码的灵活性和可维护性。

下面我们将详细说明每个类。

CallHandler 实现为一个单态类，它是程序的主体，所有来电都先由这个类进行分派。

```
1   public class CallHandler {
2     /* 3 个员工层级：接线员、主管和经理 */
3     private final int LEVELS = 3;
4
5     /* 起始设定 10 位接线员、4 位主管和 2 位经理 */
6     private final int NUM_RESPONDENTS = 10;
7     private final int NUM_MANAGERS = 4;
8     private final int NUM_DIRECTORS = 2;
9
10    /* 员工列表，以层级区分：
11     * employeeLevels[0] = 接线员
12     * employeeLevels[1] = 主管
13     * employeeLevels[2] = 经理
14     */
15    List<List<Employee>> employeeLevels;
16
17    /* 存放来电层级的队列 */
18    List<List<Call>> callQueues;
19
20    public CallHandler() { ... }
21
22    /* 找出第一个有空处理来电的员工 */
23    public Employee getHandlerForCall(Call call) { ... }
24
25    /* 将来电分配给有空的员工，若没人有空，就存放在队列中 */
26    public void dispatchCall(Caller caller) {
27      Call call = new Call(caller);
28      dispatchCall(call);
29    }
30
31    /* 将来电分派给有空的员工，若没人有空，就存放在队列中*/
32    public void dispatchCall(Call call) {
33      /* 试着将来电分派给层级最低的员工 */
34      Employee emp = getHandlerForCall(call);
35      if (emp != null) {
36        emp.receiveCall(call);
37        call.setHandler(emp);
38      } else {
39        /* 根据来电级别，将来电放到相应的队列中 */
```

```
40              call.reply("Please wait for free employee to reply");
41              callQueues.get(call.getRank().getValue()).add(call);
42        }
43      }
44
45      /* 有员工有空了，查找该员工可服务的来电。若分派了来电则返回 true，否则返回 false */
46      public boolean assignCall(Employee emp) { ... }
47  }
```

Call 代表客户来电，每次来电会有个最低层级，并且会被分派给第一个可处理该来电的员工。

```
1   public class Call {
2     /* 可处理此来电的最低层级员工 */
3     private Rank rank;
4
5     /* 拨号方 */
6     private Caller caller;
7
8     /* 处理来电的员工 */
9     private Employee handler;
10
11    public Call(Caller c) {
12      rank = Rank.Responder;
13      caller = c;
14    }
15
16    /* 设定处理来电的员工 */
17    public void setHandler(Employee e) { handler = e; }
18
19    public void reply(String message) { ... }
20    public Rank getRank() { return rank; }
21    public void setRank(Rank r) { rank = r; }
22    public Rank incrementRank() { ... }
23    public void disconnect() { ... }
24  }
```

Employee 是 Director、Manager 和 Respondent 类的父类，没有必要直接实例化 Employee
类，因此它是个抽象类。

```
1   abstract class Employee {
2     private Call currentCall = null;
3     protected Rank rank;
4
5     public Employee(CallHandler handler) { ... }
6
7     /* 开始交谈对话 */
8     public void receiveCall(Call call) { ... }
9
10    /* 问题解决了，结束来电 */
11    public void callCompleted() { ... }
12
13    /* 问题未解决，往上转给更高层级的员工，
14     * 并为该员工分派新的来电*/
15    public void escalateAndReassign() { ... }
16
17    /* 若该员工有空，就分派新的来电给他 */
18    public boolean assignNewCall() { ... }
19
20    /* 返回该员工是否有空 */
21    public boolean isFree() { return currentCall == null; }
22
23    public Rank getRank() { return rank; }
```

```
24  }
25
```

有了 Employee 类，Respondent、Director 和 Manager 只是在此基础上稍微扩展一下。

```
1   class Director extends Employee {
2     public Director() {
3       rank = Rank.Director;
4     }
5   }
6
7   class Manager extends Employee {
8     public Manager() {
9       rank = Rank.Manager;
10    }
11  }
12
13  class Respondent extends Employee {
14    public Respondent() {
15      rank = Rank.Responder;
16    }
17  }
```

上面只是此题的一种设计方式。注意，其实还有许多同样不错的其他方法。

在面试中，要写这么多代码似乎有点儿吓人，确实如此。这里给出的代码比较完整，在实际面试中，可能不需要写得这么全，有些细节可以先简略带过，等到有时间了再作补充。

7.3 音乐点唱机。运用面向对象原则，设计一款音乐点唱机。

题目解法

但凡遇到面向对象设计的问题，一开始就要向面试官问几个问题，以便厘清设计时有哪些限制条件。这台点唱机放的是 CD，是唱片，还是 MP3？它是计算机模拟软件，还是代表一台实体点唱机？播放音乐要收钱还是免费？收钱的话，要求哪国货币？可以找零吗？

遗憾的是，这里没有面试官，我们无法与之对话。因此，下面将作出一些假设。假设这台点唱机为计算机模拟软件，类似于实体点唱机，另外，假定播放音乐是免费的。

至此尘埃落定，下面将列出基本的系统组件：

❏ 点唱机（jukebox）；

❏ CD；

❏ 歌曲（song）；

❏ 艺术家（artist）；

❏ 播放列表（playlist）；

❏ 显示屏（display，在屏幕上显示详细信息）。

接下来，进一步分解上述组件，考虑可能的动作：

❏ 新建播放列表（包括新增、删除和随机播放）；

❏ CD 选择器；

❏ 歌曲选择器；

❏ 将歌曲放进播放队列；

❏ 获取播放列表中的下一首歌曲。

另外，还可引入用户：

❏ 添加；

10

□ 删除；

□ 信用信息。

每个主要系统组件大致都会转换成一个对象，每个动作则转换为一个方法。下面将介绍一种可行的设计。

Jukebox 类代表此题的主体，系统各个组件之间或系统与用户间的大量交互都是通过这个类实现的。

```
1    public class Jukebox {
2      private CDPlayer cdPlayer;
3      private User user;
4      private Set<CD> cdCollection;
5      private SongSelector ts;
6
7      public Jukebox(CDPlayer cdPlayer, User user, Set<CD> cdCollection,
8                     SongSelector ts) { ... }
9
10     public Song getCurrentSong() { return ts.getCurrentSong(); }
11     public void setUser(User u) { this.user = u; }
12   }
```

跟实际 CD 播放器一样，CDPlayer 类一次只能放一张 CD。不再播放的 CD 都存放在点唱机里。

```
1    public class CDPlayer {
2      private Playlist p;
3      private CD c;
4
5      /* 构造函数 */
6      public CDPlayer(CD c, Playlist p) { ... }
7      public CDPlayer(Playlist p) { this.p = p; }
8      public CDPlayer(CD c) { this.c = c; }
9
10     /* 播放歌曲 */
11     public void playSong(Song s) { ... }
12
13     /* getter 和 setter */
14     public Playlist getPlaylist() { return p; }
15     public void setPlaylist(Playlist p) { this.p = p; }
16
17     public CD getCD() { return c; }
18     public void setCD(CD c) { this.c = c; }
19   }
```

Playlist 类管理当前播放的歌曲和待播放的下一首歌曲。它本质上是播放队列的包裹类，还提供了一些操作起来更方便的方法。

```
1    public class Playlist {
2      private Song song;
3      private Queue<Song> queue;
4      public Playlist(Song song, Queue<Song> queue) {
5        ...
6      }
7      public Song getNextSToPlay() {
8        return queue.peek();
9      }
10     public void queueUpSong(Song s) {
11       queue.add(s);
12     }
13   }
```

CD、Song 和 User 这几个类都相当简单，主要由成员变量、getter（访问）和 setter（设置）方法组成。

```
1   public class CD { /* 识别码、艺术家、歌曲等数据 */ }
2
3   public class Song { /* 识别码、CD（可能为空）、曲名、长度等数据 */ }
4
5   public class User {
6     private String name;
7     public String getName() { return name; }
8     public void setName(String name) {  this.name = name; }
9     public long getID() { return ID; }
10    public void setID(long iD) { ID = iD; }
11    private long ID;
12    public User(String name, long iD) { ... }
13    public User getUser() { return this; }
14    public static User addUser(String name, long iD) { ... }
15  }
```

这当然绝非唯一"正确"的实现方法。跟其他限制条件一样，对于一开始我们提出的问题，面试官给出的答案也会影响点唱机里各种类的设计。

7.4　停车场。运用面向对象原则，设计一个停车场。

题目解法

这个问题的表述有些含糊，在实际的面试中也会出现这种情况。这就要求你与面试官交流，问清楚允许哪些车辆进入停车场，停车场是不是多层的，等等。

为便于描述，我们先作出如下假设条件。这些特定的假设条件会让问题变得更复杂，但又不致过于复杂。如果你想作出其他假设，那也完全不成问题。

❑ 停车场是多层的。每一层有好几排停车位。
❑ 停车场可停放摩托车、轿车和大巴。
❑ 停车场有摩托车车位、小车位和大车位。
❑ 摩托车可停在任意车位上。
❑ 轿车可停在单个小车位或大车位上。
❑ 大巴可停在同一排五个连续的大车位上，但不能停在小车位上。

在下面的实现中，我们创建了抽象类 Vehicle，Car、Bus 和 Motorcycle 都继承自这个类。为处理不同大小的车位，我们用了一个 ParkingSpot 类，并以它的成员变量表示车位大小。

```
1   public enum VehicleSize { Motorcycle, Compact, Large }
2
3   public abstract class Vehicle {
4     protected ArrayList<ParkingSpot> parkingSpots = new ArrayList<ParkingSpot>();
5     protected String licensePlate;
6     protected int spotsNeeded;
7     protected VehicleSize size;
8
9     public int getSpotsNeeded() { return spotsNeeded; }
10    public VehicleSize getSize() { return size; }
11
12    /* 将车辆停在这个车位里（也可能包含其他车位）*/
13    public void parkInSpot(ParkingSpot s) { parkingSpots.add(s); }
14
15    /* 从车位移除车辆，并通知车位车辆已离开 */
16    public void clearSpots() { ... }
```

10

```
17
18      /* 检查车位是否够大以停放该车辆（且车位是空的），
19       * 这只会检查车位大小，并不检查是否有足够多的车位 */
20      public abstract boolean canFitInSpot(ParkingSpot spot);
21   }
22
23   public class Bus extends Vehicle {
24      public Bus() {
25         spotsNeeded = 5;
26         size = VehicleSize.Large;
27      }
28
29      /* 检查车位是否为大车位，不会检查车位的数目 */
30      public boolean canFitInSpot(ParkingSpot spot) { ... }
31   }
32
33   public class Car extends Vehicle {
34      public Car() {
35         spotsNeeded = 1;
36         size = VehicleSize.Compact;
37      }
38
39      /* 检查车位是小车位还是大车位 */
40      public boolean canFitInSpot(ParkingSpot spot) { ... }
41   }
42
43   public class Motorcycle extends Vehicle {
44      public Motorcycle() {
45         spotsNeeded = 1;
46         size = VehicleSize.Motorcycle;
47      }
48
49      public boolean canFitInSpot(ParkingSpot spot) { ... }
50   }
```

ParkingLot 类本质上就是 Level 数组的包裹类。以这种方式实现，我们就能将真正寻找空车位和泊车的处理逻辑从 ParkingLot 里更为广泛的动作中抽取出来。要是不这么做，就需要将车位放在某种双数组中或将车位位于所在楼层的编号对应到车位列表的散列表。将 ParkingLot 与 Level 分离开来，整个设计更显清晰。

```
1    public class ParkingLot {
2       private Level[] levels;
3       private final int NUM_LEVELS = 5;
4
5       public ParkingLot() { ... }
6
7       /* 将该车辆停在一个车位或多个车位，失败则返回 false */
8       public boolean parkVehicle(Vehicle vehicle) { ... }
9    }
10
11   /* 代表停车场里的一层 */
12   public class Level {
13      private int floor;
14      private ParkingSpot[] spots;
15      private int availableSpots = 0; // 空闲车位的数量
16      private static final int SPOTS_PER_ROW = 10;
17
18      public Level(int flr, int numberSpots) { ... }
19
20      public int availableSpots() { return availableSpots; }
```

```
21
22    /* 找地方停这辆车，失败则返回 false */
23    public boolean parkVehicle(Vehicle vehicle) { ... }
24
25    /* 停放该车辆，从车位编号 spotNumber 开始，直到 vehicle.spotsNeeded */
26    private boolean parkStartingAtSpot(int num, Vehicle v) { ... }
27
28    /* 寻找车位停放这辆车。返回车位索引号，失败则返回-1 */
29    private int findAvailableSpots(Vehicle vehicle) { ... }
30
31    /* 当有车辆从车位移除时，增加可用车位数 availableSpots */
32    public void spotFreed() { availableSpots++; }
33  }
```

ParkingSpot 类只用一个变量表示车位的大小。我们也可以从 ParkingSpot 继承并创建 LargeSpot、CompactSpot 和 MotorcycleSpot 等几个类来实现，但这么做未免有些小题大做。除了大小不一，这些车位并没有不一样的行为。

```
1   public class ParkingSpot {
2     private Vehicle vehicle;
3     private VehicleSize spotSize;
4     private int row;
5     private int spotNumber;
6     private Level level;
7
8     public ParkingSpot(Level lvl, int r, int n, VehicleSize s) {...}
9
10    public boolean isAvailable() { return vehicle == null; }
11
12    /* 检查车位是否够大、可用 */
13    public boolean canFitVehicle(Vehicle vehicle) { ... }
14
15    /* 将车辆停在该车位 */
16    public boolean park(Vehicle v) { ... }
17
18    public int getRow() { return row; }
19    public int getSpotNumber() { return spotNumber; }
20
21    /* 从车位移除车辆，并通知楼层，有新的车位可用 */
22    public void removeVehicle() { ... }
23  }
```

在本书可下载的源码包中，可以找到上述代码的完整实现，包括可执行的测试代码。

7.5　在线图书阅读器。请设计在线图书阅读器系统的数据结构。

题目解法

此题对系统功能的说明着墨不多，因此，就让我们假设要设计一个基本的在线图书阅读系统，提供如下功能。

❑ 用户成员资格的建立和延长期限。

❑ 搜索图书数据库。

❑ 阅读书籍。

❑ 同一时间只能有一个活跃用户。

❑ 该用户一次只能看一本书。

要实现这些操作，可能还需提供许多其他函数，比如 get、set、update 等。该系统的对象可能包括 User、Book 和 Library。

OnlineReaderSystem 类为程序的主体，可以这么实现，即存放所有图书的信息，管理用户，刷新显示画面，但是这么一来，整个类就会变得臃肿不堪。因此，我们转而选择将这些组件拆分成 Library、UserManager 和 Display 等几个类。

```
1   public class OnlineReaderSystem {
2     private Library library;
3     private UserManager userManager;
4     private Display display;
5
6     private Book activeBook;
7     private User activeUser;
8
9     public OnlineReaderSystem() {
10      userManager = new UserManager();
11      library = new Library();
12      display = new Display();
13    }
14
15    public Library getLibrary() { return library; }
16    public UserManager getUserManager() { return userManager; }
17    public Display getDisplay() { return display; }
18
19    public Book getActiveBook() { return activeBook; }
20    public void setActiveBook(Book book) {
21      activeBook = book;
22      display.displayBook(book);
23    }
24
25    public User getActiveUser() { return activeUser; }
26    public void setActiveUser(User user) {
27      activeUser = user;
28      display.displayUser(user);
29    }
30  }
```

随后，我们实现这几个类，以处理用户管理器、图书库和显示组件。

```
1   public class Library {
2     private HashMap<Integer, Book> books;
3
4     public Book addBook(int id, String details) {
5       if (books.containsKey(id)) {
6         return null;
7       }
8       Book book = new Book(id, details);
9       books.put(id, book);
10      return book;
11    }
12
13    public boolean remove(Book b) { return remove(b.getID()); }
14    public boolean remove(int id) {
15      if (!books.containsKey(id)) {
16        return false;
17      }
18      books.remove(id);
19      return true;
20    }
21
22    public Book find(int id) {
23      return books.get(id);
24    }
25  }
```

```
26
27   public class UserManager {
28     private HashMap<Integer, User> users;
29
30     public User addUser(int id, String details, int accountType) {
31       if (users.containsKey(id)) {
32         return null;
33       }
34       User user = new User(id, details, accountType);
35       users.put(id, user);
36       return user;
37     }
38
39     public User find(int id) { return users.get(id); }
40     public boolean remove(User u) { return remove(u.getID()); }
41     public boolean remove(int id) {
42       if (!users.containsKey(id)) {
43         return false;
44       }
45       users.remove(id);
46       return true;
47     }
48   }
49
50   public class Display {
51     private Book activeBook;
52     private User activeUser;
53     private int pageNumber = 0;
54
55     public void displayUser(User user) {
56       activeUser = user;
57       refreshUsername();
58     }
59
60     public void displayBook(Book book) {
61       pageNumber = 0;
62       activeBook = book;
63
64       refreshTitle();
65       refreshDetails();
66       refreshPage();
67     }
68
69     public void turnPageForward() {
70       pageNumber++;
71       refreshPage();
72     }
73
74     public void turnPageBackward() {
75       pageNumber--;
76       refreshPage();
77     }
78
79     public void refreshUsername() { /* 更新显示的用户名 */ }
80     public void refreshTitle() { /* 更新显示的书名 */ }
81     public void refreshDetails() { /* 更新显示的详细信息 */ }
82     public void refreshPage() { /* 更新显示的页数 */ }
83   }
```

10

User 和 Book 类只是存放数据，并没有什么真正的功能。

```
1    public class Book {
2      private int bookId;
3      private String details;
4
5      public Book(int id, String det) {
6        bookId = id;
7        details = det;
8      }
9
10     public int getID() { return bookId; }
11     public void setID(int id) { bookId = id; }
12     public String getDetails() { return details; }
13     public void setDetails(String d) { details = d; }
14   }
15
16   public class User {
17     private int userId;
18     private String details;
19     private int accountType;
20
21     public void renewMembership() { }
22
23     public User(int id, String details, int accountType) {
24       userId = id;
25       this.details = details;
26       this.accountType = accountType;
27     }
28
29     /* Getter 和 setter 方法 */
30     public int getID() { return userId; }
31     public void setID(int id) { userId = id; }
32     public String getDetails() {
33       return details;
34     }
35
36     public void setDetails(String details) {
37       this.details = details;
38     }
39     public int getAccountType() { return accountType; }
40     public void setAccountType(int t) { accountType = t; }
41   }
```

用户管理、图书库和显示功能等功能本可以通通放进 OnlineReaderSystem 类中，这里却将它们拆分至不同的类中，这么做挺有意思的，值得探讨一番。如果一个系统很小，这么做可能会使系统变得过于复杂。然而，随着系统的扩展，OnlineReaderSystem 会加入越来越多的功能，将各个功能拆分开来，可以避免这个主类变得臃肿不堪。

7.6   拼图。实现一个 *N×N* 的拼图程序。设计相关数据结构并提供一种拼图算法。假设你有一种 fitsWith 方法，传入两块拼图，若两块拼图能拼在一起，则返回 true。

题目解法

假设有一套传统的拼图游戏，按行和列划分为网格，每块拼图都落在某一行和某一列中，有 4 条边，每条边分为 3 种：内凹、外凸和平直。例如，角落的拼图块有两条边是平直的，另外两条边可能是内凹或外凸。

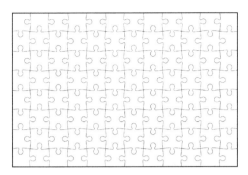

在玩拼图游戏（手动或借助算法）时，我们需要存储每块拼图的位置，位置可以是绝对的或相对的。

- 绝对位置："这块拼图的位置是(12, 23)。"
- 相对位置："我不知道这块拼图的实际位置，但知道它与另一块拼图相邻。"

我们的解法只使用绝对位置。

我们需要一些表示 Puzzle、Piece 和 Edge 的类。另外，我们需要表示不同形状（inner、outer、flat）的 4 条边（left、top、right、bottom）的枚举类型。

开始时，Puzzle 类应包含一个链表，链表的元素为 Piece。当拼图游戏结束时，我们会得到一个由 Piece 组成的 $N \times N$ 的矩阵。

Piece 类应包含一个散列表，该散列表以边的方向为键，边为值。请注意，某些时候我们需要旋转一块拼图，这种情况下散列表的值也会发生变化。边的方向在开始时会被赋予一个任意值。

Edge 类只包含形状和其所属拼图的指针，其本身不保存边的方向。

下面是一种可能的面向对象设计。

```
1   public enum Orientation {
2     LEFT, TOP, RIGHT, BOTTOM; // 保持有序
3
4     public Orientation getOpposite() {
5       switch (this) {
6         case LEFT: return RIGHT;
7         case RIGHT: return LEFT;
8         case TOP: return BOTTOM;
9         case BOTTOM: return TOP;
10        default: return null;
11      }
12    }
13  }
14
15  public enum Shape {
16    INNER, OUTER, FLAT;
17
18    public Shape getOpposite() {
19      switch (this) {
20        case INNER: return OUTER;
21        case OUTER: return INNER;
22        default: return null;
23      }
24    }
25  }
26
27  public class Puzzle {
```

```
28    private LinkedList<Piece> pieces; /* 剩余拼图 */
29    private Piece[][] solution;
30    private int size;
31
32    public Puzzle(int size, LinkedList<Piece> pieces) { ... }
33
34
35    /* 将拼图放入解决方案中，进行恰当的旋转并从链表中移除 */
36    private void setEdgeInSolution(LinkedList<Piece> pieces, Edge edge, int row,
37                                   int column, Orientation orientation) {
38      Piece piece = edge.getParentPiece();
39      piece.setEdgeAsOrientation(edge, orientation);
40      pieces.remove(piece);
41      solution[row][column] = piece;
42    }
43
44    /* 在 piecesToSearch 中找到匹配的拼图并插入到当前列和行的位置 */
45    private boolean fitNextEdge(LinkedList<Piece> piecesToSearch, int row, int col);
46
47    /* 解决拼图问题 */
48    public boolean solve() { ... }
49  }
50
51  public class Piece {
52    private HashMap<Orientation, Edge> edges = new HashMap<Orientation, Edge>();
53
54    public Piece(Edge[] edgeList) { ... }
55
56    /* 按照 numberRotations 旋转拼图的边 */
57    public void rotateEdgesBy(int numberRotations) { ... }
58
59    public boolean isCorner() { ... }
60    public boolean isBorder() { ... }
61  }
62
63  public class Edge {
64    private Shape shape;
65    private Piece parentPiece;
66    public Edge(Shape shape) { ... }
67    public boolean fitsWith(Edge edge) { ... }
68  }
```

拼拼图的算法

像小孩子玩拼图游戏一样，我们首先将所有拼图分成 4 个角落的拼图、4 边的拼图和内部的拼图。

分类结束之后，我们任意选择一块角落的拼图将其置于左上角。然后，我们按顺序遍历所有的拼图，一块接一地将拼图摆放在合适的位置上。在每一个拼图所处的位置，我们在对应的拼图类别中搜索合适的拼图。当我们将一块拼图放入图中后，将其旋转至合适的方向。

下面的代码勾勒出了该算法。

```
1   /* 在 piecesToSearch 中找到匹配的拼图并插入到当前列和行的位置 */
2   boolean fitNextEdge(LinkedList<Piece> piecesToSearch, int row, int column) {
3     if (row == 0 && column == 0) { // 在左上角直接放置一块拼图
4       Piece p = piecesToSearch.remove();
5       orientTopLeftCorner(p);
6       solution[0][0] = p;
7     } else {
8       /* 获取右侧以及匹配的链表 */
```

```
9      Piece pieceToMatch = column == 0 ? solution[row - 1][0] :
10                                        solution[row][column - 1];
11      Orientation orientationToMatch = column == 0 ? Orientation.BOTTOM :
12                                                     Orientation.RIGHT;
13      Edge edgeToMatch = pieceToMatch.getEdgeWithOrientation(orientationToMatch);
14
15      /* 获取匹配的边 */
16      Edge edge = getMatchingEdge(edgeToMatch, piecesToSearch);
17      if (edge == null) return false; // 无法解决
18
19      /* 插入边和拼图 */
20      Orientation orientation = orientationToMatch.getOpposite();
21      setEdgeInSolution(piecesToSearch, edge, row, column, orientation);
22    }
23    return true;
24  }
25
26  boolean solve() {
27    /* 将拼图分组 */
28    LinkedList<Piece> cornerPieces = new LinkedList<Piece>();
29    LinkedList<Piece> borderPieces = new LinkedList<Piece>();
30    LinkedList<Piece> insidePieces = new LinkedList<Piece>();
31    groupPieces(cornerPieces, borderPieces, insidePieces);
32
33    /* 遍历所有拼图，找到和前一个拼图匹配的拼图 */
34    solution = new Piece[size][size];
35    for (int row = 0; row < size; row++) {
36      for (int column = 0; column < size; column++) {
37        LinkedList<Piece> piecesToSearch = getPieceListToSearch(cornerPieces,
38          borderPieces, insidePieces, row, column);
39        if (!fitNextEdge(piecesToSearch, row, column)) {
40          return false;
41        }
42      }
43    }
44
45    return true;
46  }
```

该题的全部代码可以在下载的代码附件中查看。

7.7 聊天服务器。请描述该如何设计一个聊天服务器。要求给出各种后台组件、类和方法的细节，并说明其中最难解决的问题会是什么。

题目解法

设计聊天服务器是项大工程，绝非一次面试就能完成。毕竟，就算一整个团队，也要花费数月乃至好几年才能打造出一个聊天服务器。作为求职者，你的工作是专心解决该问题的某个方面，涉及范围要够广，又要够集中，这样才能在一轮面试中搞定。它不一定要与真实情况一模一样，但也应该忠实反映出实际的实现。

这里我们会把注意力放在用户管理和对话等核心功能：添加用户、创建对话、更新状态，等等。考虑到时间和空间有限，我们不会探讨这个问题的联网部分，也不描述数据是怎么真正推送到客户端的。

另外，我们假设"好友关系"是双向的，如果你是我的联系人之一，那就表示我也是你的联系人之一。我们的聊天系统将支持群组聊天和一对一（私密）聊天，但并不考虑语音聊天、视频聊天或文件传输。

1. 需要支持哪些特定动作

这也有待你跟面试官探讨，下面列出几点想法。

❑ 显示在线和离线状态。

❑ 添加请求（发送、接受、拒绝）。

❑ 更新状态信息。

❑ 发起私聊和群聊。

❑ 在私聊和群聊中添加新信息。

这只是一部分列表，如果时间有富余，还可以多加一些动作。

2. 从这些需求可了解到什么

我们必须掌握用户、添加请求的状态、在线状态和消息等概念。

3. 系统有哪些核心组件

这个系统可能由一个数据库、一组客户端和一组服务器组成。我们的面向对象设计不会包含这些部分，不过可以讨论一下系统的整体概览。

数据库将用来存放更持久的数据，比如用户列表或聊天对话的备份。SQL 数据库应该是不错的选择，或者如果可扩展性要求更高，可以选用 BigTable 或其他类似的系统。

对于客户端和服务器之间的通信，使用 XML 应该也不错。尽管这种格式不是最紧凑的（你也应该向面试官指出这一点），它仍是很不错的选择，因为不管是计算机还是人类都容易辨识。使用 XML 可以让程序调试起来更轻松，这一点至关重要。

服务器由一组机器组成，数据会分散到各台机器上，这样一来，我们可能就必须从一台机器跳到另一台机器。如果可能的话，我们会尽量在所有机器上复制部分数据，以减少查询操作的次数。在此，设计上有个重要的限制条件，就是必须防止出现单点故障。例如，如果一台机器控制所有用户的登录，那么，只要这一台机器断网，就会造成数以百万计的用户无法登录。

4. 有哪些关键的对象和方法

系统的关键对象包括用户、对话和状态消息等，我们已经实现了 UserManagement 类。要是更关注这个问题的联网方面或其他组件，我们就可能转而深入探究那些对象。

```
1    /* UserManager 用作核心用户动作的控制中心 */
2    public class UserManager {
3      private static UserManager instance;
4      /* 从用户识别码映射到用户 */
5      private HashMap<Integer, User> usersById;
6
7      /* 从账户名映射到用户 */
8      private HashMap<String, User> usersByAccountName;
9
10     /* 从用户识别码映射到在线用户 */
11     private HashMap<Integer, User> onlineUsers;
12
13     public static UserManager getInstance() {
14       if (instance == null) instance = new UserManager();
15       return instance;
16     }
17
18     public void addUser(User fromUser, String toAccountName) { ... }
19     public void approveAddRequest(AddRequest req) { ... }
20     public void rejectAddRequest(AddRequest req) { ... }
21     public void userSignedOn(String accountName) { ... }
22     public void userSignedOff(String accountName) { ... }
23   }
```

在 User 类中，receivedAddRequest 方法会通知用户 B（User B），用户 A（User A）请求加他为好友。用户 B 会通过 UserManager.approveAddRequest 或 rejectAddRequest 接受或拒绝该请求，UserManager 则负责将用户互相添加到对方的通讯录中。

当 UserManager 要将 AddRequest 加入用户 A 的请求列表时，会调用 User 类的 sentAddRequest 方法。综上所述，整个流程如下。

(1) 用户 A 点击客户端软件上的"添加用户"，发送给服务器。

(2) 用户 A 调用 requestAddUser(User B)。

(3) 步骤(2)的方法会调用 UserManager.addUser。

(4) UserManager 会调用 User A.sentAddRequest 和 User B.receivedAddRequest。

重申一下，这只是设计这些交互的**其中一种**方式。但这不是唯一的方式，甚至也不是唯一"好"的做法。

```java
1   public class User {
2       private int id;
3       private UserStatus status = null;
4
5       /* 将其他参与的用户识别码映射到对话 */
6       private HashMap<Integer, PrivateChat> privateChats;
7
8       /* 将群聊识别码映射到群聊 */
9       private ArrayList<GroupChat> groupChats;
10
11      /* 将其他人的用户识别码映射到加入请求 */
12      private HashMap<Integer, AddRequest> receivedAddRequests;
13
14      /* 将其他人的用户识别码映射到加入请求 */
15      private HashMap<Integer, AddRequest> sentAddRequests;
16
17      /* 将用户识别码映射到加入请求 */
18      private HashMap<Integer, User> contacts;
19
20      private String accountName;
21      private String fullName;
22
23      public User(int id, String accountName, String fullName) { ... }
24      public boolean sendMessageToUser(User to, String content){ ... }
25      public boolean sendMessageToGroupChat(int id, String cnt){...}
26      public void setStatus(UserStatus status) { ... }
27      public UserStatus getStatus() { ... }
28      public boolean addContact(User user) { ... }
29      public void receivedAddRequest(AddRequest req) { ... }
30      public void sentAddRequest(AddRequest req) { ... }
31      public void removeAddRequest(AddRequest req) { ... }
32      public void requestAddUser(String accountName) { ... }
33      public void addConversation(PrivateChat conversation) { ... }
34      public void addConversation(GroupChat conversation) { ... }
35      public int getId() { ... }
36      public String getAccountName() { ... }
37      public String getFullName() { ... }
38  }
```

Conversation 类实现为一个抽象类，因为所有 Conversation 不是 GroupChat 就是 PrivateChat，同时每个类各有自己的功能。

```java
1   public abstract class Conversation {
2       protected ArrayList<User> participants;
```

10

```
3      protected int id;
4      protected ArrayList<Message> messages;
5
6      public ArrayList<Message> getMessages() { ... }
7      public boolean addMessage(Message m) { ... }
8      public int getId() { ... }
9    }
10
11   public class GroupChat extends Conversation {
12     public void removeParticipant(User user) { ... }
13     public void addParticipant(User user) { ... }
14   }
15
16   public class PrivateChat extends Conversation {
17     public PrivateChat(User user1, User user2) { ...
18     public User getOtherParticipant(User primary) { ... }
19   }
20
21   public class Message {
22     private String content;
23     private Date date;
24     public Message(String content, Date date) { ... }
25     public String getContent() { ... }
26     public Date getDate() { ... }
27   }
```

AddRequest 和 UserStatus 两个类比较简单，功能不多，主要用来将数据聚合在一起，方便其他类使用。

```
1    public class AddRequest {
2      private User fromUser;
3      private User toUser;
4      private Date date;
5      RequestStatus status;
6
7      public AddRequest(User from, User to, Date date) { ... }
8      public RequestStatus getStatus() { ... }
9      public User getFromUser() { ... }
10     public User getToUser() { ... }
11     public Date getDate() { ... }
12   }
13
14   public class UserStatus {
15     private String message;
16     private UserStatusType type;
17     public UserStatus(UserStatusType type, String message) { ... }
18     public UserStatusType getStatusType() { ... }
19     public String getMessage() { ... }
20   }
21
22   public enum UserStatusType {
23     Offline, Away, Idle, Available, Busy
24   }
25
26   public enum RequestStatus {
27     Unread, Read, Accepted, Rejected
28   }
```

在本书可下载的完整源码中，可以查看这些方法的更多细节，包括上述方法的具体实现。

5. 最难解决或最有意思的问题是什么
下面的这些问题可能有点儿意思，不妨与面试官深入探讨一番。

● 问题 1：如何确切知道某人在线

虽然希望用户在退出时通知我们，但即便如此也无法确切知道其状态。例如，用户的网络连接可能断开了。为了确定用户何时退出，或许可以试着定期询问客户端，以确保其仍然在线。

● 问题 2：如何处理冲突的信息

部分信息存储在计算机内存中，部分则存储在数据库里。如果两者不同步或有冲突，那会出什么问题？哪一部分是"正确的"？

● 问题 3：如何才能让服务器在任何负载下都能应付自如

前面我们设计聊天服务器时并没怎么考虑可扩展性，但在实际场景中必须予以关注。我们需要将数据分散到多台服务器上，而这又要求我们更关注数据的不同步。

● 问题 4：如何预防拒绝服务攻击

客户端可以向我们推送数据，若它们试图向服务器发起拒绝服务（DOS）攻击，怎么办？该如何预防？

7.8 黑白棋。"奥赛罗棋"（黑白棋）的玩法如下：每一枚棋子的一面为白，一面为黑。游戏双方各执黑、白棋子对决，当一枚棋子的左右或上下同时被对方棋子夹住，这枚棋子就算是被吃掉了，随即翻面为对方棋子的颜色。轮到你落子时，必须至少吃掉对方一枚棋子。任意一方无子可落时，游戏即告结束。最后，棋盘上棋子较多的一方获胜。请运用面向对象设计方法，实现"奥赛罗棋"。

题目解法

我们先来举个例子。假设在一盘奥赛罗棋中，有如下棋步。

(1) 初始化棋盘，在中心位置布下两枚黑子和两枚白子。两枚黑子分别落在中心点的左上方和右下方。

(2) 在 6 行 4 列处落黑子，则 5 行 4 列的白子翻面变为黑子。

(3) 在 4 行 3 列处落白子，则 4 行 4 列的黑子翻面变为白子。

经过上面的棋步，棋盘布局如下。

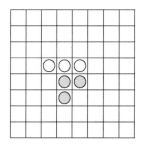

在奥赛罗棋中，核心对象大致有游戏（game）、棋盘（board）、棋子（piece，黑子或白子）和玩家（player）。该如何用面向对象设计优雅地表示这些对象？

1. 该不该创建 BlackPiece 和 WhitePiece 类

起先，我们可能认为自己需要从 Piece 抽象类派生出 BlackPiece 类和 WhitePiece 类。然而，这么做不见得好。每颗棋子都可以来回翻面，黑变白，白变黑，这么来看，连续不断地销毁和创建完全相同的对象并不明智。因此，更好的做法可能是只创建 Piece 类，并用标记指示棋子当前的颜色。

10

2. 需要 Board 和 Game 两个独立的类吗

严格来说，可能没有必要既创建 Game 对象又引入 Board 对象。不过，分别创建这两个对象可以从逻辑上划分棋盘（只含涉及落子的逻辑处理）和游戏（含计时、游戏流程等）。但是这么做也有弊端，我们的程序会多加几层处理，变得更复杂。有个函数可能会调用 Game 的方法，却只是为了让它去调用 Board 里的方法。下面我们决定将 Game 和 Board 分开创建，不过面试时最好跟面试官讨论一下。

3. 谁来记录分数

很显然，我们需要某种记分方式来记录黑子和白子的数目。但该由程序的哪部分来负责维护这些信息？不管是由 Game 抑或 Board 甚至由 Piece（在静态方法中）维护这些信息，各有各的理由。我们选择交由 Board 保存这部分信息，分数在逻辑上可以算是棋盘的一部分，由 Piece 或 Board 调用 Board 类的 colorChanged 和 colorAdded 方法进行更新。

4. Game 该不该实现成单态类

将 Game 实现为单态类，优点在于 Game 的方法调用起来很容易，不用将 Game 对象的引用传来传去。

不过，将 Game 实现成单态类也意味着它只能实例化一次，这个假设条件成立吗？在面试时，最好与面试官交流一下。

下面是奥赛罗棋的一种可能设计。

```
1   public enum Direction {
2      left, right, up, down
3   }
4
5   public enum Color {
6      White, Black
7   }
8
9   public class Game {
10     private Player[] players;
11     private static Game instance;
12     private Board board;
13     private final int ROWS = 10;
14     private final int COLUMNS = 10;
15
16     private Game() {
17        board = new Board(ROWS, COLUMNS);
18        players = new Player[2];
19        players[0] = new Player(Color.Black);
20        players[1] = new Player(Color.White);
21     }
22
23     public static Game getInstance() {
24        if (instance == null) instance = new Game();
25        return instance;
26     }
27
28     public Board getBoard() {
29        return board;
30     }
31   }
```

Board 类负责管理棋子本身，但并不处理游戏玩法的部分，而是交由 Game 类处理。

```
1   public class Board {
2     private int blackCount = 0;
3     private int whiteCount = 0;
4     private Piece[][] board;
5
6     public Board(int rows, int columns) {
7       board = new Piece[rows][columns];
8     }
9
10    public void initialize() {
11      /* 初始化棋盘中心的白子和黑子 */
12    }
13
14    /* 试着将颜色为 color 的棋子放在(row, column)位置，成功则返回 true */
15    public boolean placeColor(int row, int column, Color color) {
16      ...
17    }
18
19    /* 从(row, column)开始，顺着方向 d，将棋子翻面 */
20    private int flipSection(int row, int column, Color color, Direction d) { ... }
21
22    public int getScoreForColor(Color c) {
23      if (c == Color.Black) return blackCount;
24      else return whiteCount;
25    }
26
27    /* 更新棋盘，有 newPieces 个棋子变为 newColor 颜色，减少另一种颜色的分数*/
28    public void updateScore(Color newColor, int newPieces) { ... }
29  }
```

如前所述，我们会用 Piece 类实现黑白棋子，该类有个简单的 Color 变量，表示棋子是黑子还是白子。

```
1   public class Piece {
2     private Color color;
3     public Piece(Color c) { color = c; }
4
5     public void flip() {
6       if (color == Color.Black) color = Color.White;
7       else color = Color.Black;
8     }
9
10    public Color getColor() { return color; }
11  }
```

Player 存放的信息非常有限，甚至不会保存自己的分数，但有个方法可用来获取分数。Player.getScore()会调用 GameManager 取得分数。

```
1   public class Player {
2     private Color color;
3     public Player(Color c) { color = c; }
4
5     public int getScore() { ... }
6
7     public boolean playPiece(int r, int c) {
8       return Game.getInstance().getBoard().placeColor(r, c, color);
9     }
10
11    public Color getColor() { return color; }
12  }
```

10

本书可下载的源码包提供了完整可运行的版本。

记住，在处理很多问题时，相比你做了些什么，你为**什么**这么做反而更显重要。面试官也许不会在意你是否选择将 Game 类实现为单态类，但她可能真的在乎你有没有花时间思考，有没有跟她讨论各种做法的优劣。

7.9 环状数组。实现一个 CircularArray 类。该类需要支持类似于数组的数据结构且该数组可以被高效地轮转。如果可以的话，该类应该使用泛型类型（也被称作模板），同时可以通过标准循环语句 for (Obj o : circularArray)进行迭代。

题目解法

该题目其实涉及两个部分。首先，我们需要实现 CircularArray 类。其次，我们需要支持迭代功能。我们将分开处理这两个部分。

1. 实现 CircularArray 类

实现 CircularArray 的一个办法是在每次调用 rotate(int shiftRight)方法时，将数组元素进行移动。当然，这样做并不高效。

另一种方法是，我们可以创建一个成员变量 head，并使其指向环状数组逻辑上的起始位置。与不断移动数组元素的方法不同的是，我们只需要将 head 的值增加 shiftRight 即可。

下面的代码实现了该方法。

```
1    public class CircularArray<T> {
2      private T[] items;
3      private int head = 0;
4
5      public CircularArray(int size) {
6        items = (T[]) new Object[size];
7      }
8
9      private int convert(int index) {
10       if (index < 0) {
11         index += items.length;
12       }
13       return (head + index) % items.length;
14     }
15
16     public void rotate(int shiftRight) {
17       head = convert(shiftRight);
18     }
19
20     public T get(int i) {
21       if (i < 0 || i >= items.length) {
22         throw new java.lang.IndexOutOfBoundsException("...");
23       }
24       return items[convert(i)];
25     }
26
27     public void set(int i, T item) {
28       items[convert(i)] = item;
29     }
30   }
```

有很多地方都极易出现错误，如下所示。

❑ Java 语言中，我们无法创建泛型数组。取而代之的方法是对数组进行强制类型转换或者将 items 的类型定义为 List<T>。简便起见，我们选择前者作为解决方案。

❑ %运算符在计算（负数%正数）时会返回一个负值。例如，`-8 % 3` 的结果是–2。这和数学当中关于求余函数的定义并不相同。我们必须将 `items.length` 的值与一个负值索引相加，以便得到正确的结果。

❑ 我们需要始终使用同一种方法将原始的索引值转换为轮换后的索引值。鉴于该原因，我们实现了一个 convert 函数以供其他函数调用。即使是 rotate 函数也同样应该调用 convert 函数。这是代码重用的一个典型例子。

至此，我们有了 `CircularArray` 类的基本代码，接下来可以专心实现该类的迭代器（iterator）了。

2. 实现 Iterator 接口

该题目的第二部分要求我们实现的 `CircularArray` 类可以进行如下的应用。

```
1   CircularArray<String> array = ...
2   for (String s : array) { ... }
```

若想实现该功能，我们需要实现 Iterator 接口。这里实现的具体方法适用于 Java 语言，对于其他语言则有类似的实现方法。

实现 `Iterator` 结构，我们需要做如下操作。

❑ 更改 `CircularArray<T>`的定义，并加入 `implements Iterable<T>`语句。我们同时需要在 `CircularArray<T>`类中加入 `iterator()`方法。

❑ 创建 `CircularArrayIterator<T>`类并使其实现 `Iterator<T>`接口。我们同时需要在 `CircularArrayIterator<T>`类中加入 `hasNext()`、`next()`和 `remove()`方法。

在完成上述步骤后，for 循环语句就可以大展拳脚了。

下面的代码中，我们省略了 `CircularArray` 类中和前述实现相同的部分。

```
1   public class CircularArray<T> implements Iterable<T> {
2     ...
3     public Iterator<T> iterator() {
4       return new CircularArrayIterator();
5     }
6
7     private class CircularArrayIterator implements Iterator<T> {
8       private int _current = -1;
9
10      public CircularArrayIterator() { }
11
12      @Override
13      public boolean hasNext() {
14        return _current < items.length - 1;
15      }
16
17      @Override
18      public TI next() {
19        _current++;
20        return (T) items[convert(_current)];
21      }
22
23      @Override
24      public void remove() {
25        throw new UnsupportedOperationException("Remove is not supported");
26      }
27    }
28  }
```

在上面的代码中，请注意循环中的第一次迭代会先后调用 hasNext()方法和 next()方法。

10

请确保你的代码实现可以返回正确的值。

你如果在面试中碰到类似于本题的题目，很有可能不能准确回忆起需要调用的接口和方法。如果出现这样的情况，请务必竭尽全力完成。即使你只能大致给出需要哪些方法，也可以在一定程度上让你表现得出类拔萃。

7.10   扫雷。 设计和实现一个基于文字的扫雷游戏。扫雷游戏是经典的单人电脑游戏，其中在 $N \times N$ 的网格上隐藏了 B 个矿产资源（或炸弹）。网格中的单元格后面或者是空白的，或者存在一个数字。数字反映了周围 8 个单元格中的炸弹数量。游戏开始之后，用户点开一个单元格。如果是一个炸弹，玩家即失败。如果是一个数字，数字就会显示出来。如果它是空白单元格，则该单元格和所有相邻的空白单元格（直到遇到数字单元格，数字单元格也会显示出来）会显示出来。当所有非炸弹单元格显示时，玩家即获胜。玩家也可以将某些地方标记为潜在的炸弹。这不会影响游戏进行，只是会防止用户意外点击那些认为有炸弹的单元格。（读者提示：如果你不熟悉此游戏，请先在网上玩几轮。）

以下是一个完全显示的网格，其中有 3 个对用户不可见的炸弹。

1	1	1
1	*	1
2	2	2
1	*	1
1	1	1

	1	1	1
	1	*	1

玩家一开始看到的网格上面什么都没有。

?	?	?	?	?	?	?
?	?	?	?	?	?	?
?	?	?	?	?	?	?
?	?	?	?	?	?	?
?	?	?	?	?	?	?
?	?	?	?	?	?	?
?	?	?	?	?	?	?

点击单元格（行=1，列=0），即会显示如下。

1	?	?	?	?	?
1	?	?	?	?	?
2	?	?	?	?	?
1	?	?	?	?	?
1	1	1	?	?	?
		1	?	?	?
		1	?	?	?

当所有非炸弹单元格显示时，玩家即获胜。

	1	1	1		
	1	?	1		
	2	2	2		
	1	?	1		
	1	1	1		
			1	1	1
			1	?	1

题目解法

编写一个游戏（即使是基于字符的游戏）所需的时间，要远远超出一场面试的时间。不过，我并不是指在面试中使用该题目是不公平的。我的意思是，面试官并不期望你能在面试中真的编写完整个游戏，而是期望你能在面试中给出该游戏的关键部分和整体结构。

我们从该题所需要的类入手。肯定需要 Cell 类和 Board 类，可能还需要 Game 类。

我们或许可以将 Board 类和 Game 类合并在一起，但是最好可以将其分开。编写更具结构性的代码总不会有错。Board 类可以包含一列 Cell 对象，同时可以完成翻开单元格的基本操作。Game 类可以包含游戏状态并处理用户的输入。

1. Cell 类的设计

Cell 类需要标明其自身是炸弹、数字还是空白单元格。我们可以通过子类来表示该数据，但是我认为这样并不会让我们有所受益。

我们也可以通过定义一个 TYPE {BOMB, NUMBER, BLANK}枚举类来描述单元格的类型。但是我们之所以不这样设计是因为 BLANK 实际上是 NUMBER 的一种，其可以表示为数值为 0 的单元格。我们只需要定义一个 isBomb 变量即可。

在设计单元格时，可以有不同的选择，不需要局限于上面列出的选项。可以和面试官讨论你的取舍以及各选项的利弊。

我们还需要记录单元格的状态，以标明单元格的值是否已经被显示。定义 Cell 类的两个子类（ExposedCell 类与 UnexposedCell 类）并不是上乘之选。这是因为 Board 类保存了指向单元格的引用，定义两个子类会致使我们不得不在翻开一个单元格时改变存储的引用值。更何况，如果其他的对象页保存了指向单元格的引用，该怎么办？

最好是保存一个 isExposed 变量。同理，我们还需要一个 isGuess 变量。

```
1   public class Cell {
2     private int row;
3     private int column;
4     private boolean isBomb;
5     private int number;
6     private boolean isExposed = false;
7     private boolean isGuess = false;
8
9     public Cell(int r, int c) { ... }
10
11    /* 以上变量的 getter 和 setter */
12    ...
13
14    public boolean flip() {
15      isExposed = true;
16      return !isBomb;
17    }
18
19    public boolean toggleGuess() {
20      if (!isExposed) {
21        isGuess = !isGuess;
22      }
23      return isGuess;
24    }
25
26    /* 完整代码请见本书下载附件 */
27  }
```

2. Board 类的设计

Board 类需要使用一个数组保存 Cell 对象。此处使用一个二维数组即可。

我们可能会需要使用 Board 类来保存仍有多少个单元格尚未被翻开。我们需要在程序运行过程中记录该值，这样的话就不需要对未显示的单元格进行反复计数了。

Board 类也会处理一些基本的算法逻辑。

❑ 初始化棋盘并放置炸弹。
❑ 翻开单元格。
❑ 拓展空白区域。

Board 类需要从 Game 对象中获取游戏的每一步操作并进行处理。之后，该类还需要返回每一步操作对应的结果。可能的结果有：点击到了炸弹游戏失败，点击超出了棋盘边界，点击了已经显示的区域，点击了空白区域并继续游戏，点击了空白区域并胜利，点击了一个数字并胜利。事实上，有两项不同的内容需要被返回，即操作是否成功（玩家的某一步操作是否成功）以及游戏状态（胜利、失败、继续游戏）。我们将使用另外的一个 GamePlayResult 类来返回这两项内容。

我们还将定义 GamePlay 类来表示玩家的移步操作。该类需要包含一个变量存储行信息，一个变量存储列信息，以及另一个变量存储该步操作是翻开单元格还是将单元格标记为"可以炸弹"。

该类的基本框架大概类似于下面这样。

```
1  public class Board {
2    private int nRows;
3    private int nColumns;
4    private int nBombs = 0;
5    private Cell[][] cells;
6    private Cell[] bombs;
7    private int numUnexposedRemaining;
8
9    public Board(int r, int c, int b) { ... }
10
11   private void initializeBoard() { ... }
12   private boolean flipCell(Cell cell) { ... }
13   public void expandBlank(Cell cell) { ... }
14   public UserPlayResult playFlip(UserPlay play) { ... }
15   public int getNumRemaining() { return numUnexposedRemaining; }
16 }
17
18 public class UserPlay {
19   private int row;
20   private int column;
21   private boolean isGuess;
22   /* 构造函数、getter 和 setter */
23 }
24
25 public class UserPlayResult {
26   private boolean successful;
27   private Game.GameState resultingState;
28   /* 构造函数、getter 和 setter */
29 }
```

3. Game 类的设计
Game 类将存储棋盘对象的引用和游戏的状态。该类同时接收用户输入，并将其发送至 Board 类。

```
1  public class Game {
2    public enum GameState { WON, LOST, RUNNING }
3
4    private Board board;
5    private int rows;
6    private int columns;
7    private int bombs;
8    private GameState state;
9
10   public Game(int r, int c, int b) { ... }
11
```

```
12    public boolean initialize() { ... }
13    public boolean start() { ... }
14    private boolean playGame() { ... } // 不断循环直至游戏结束
15  }
```

4. 算法

上述代码是该题面向对象的设计部分。面试官也可能会要求你实现游戏中最有趣的一些算法。

对于本题来说，一共有三部分有趣的算法：初始化棋盘（随机布置炸弹）、设置单元格的数值以及扩展空白区域。

● 布置炸弹

我们可以随机选择一个单元格，如果其尚未被初始化，则放置一枚炸弹，否则就随机选取另外一个单元格。使用该方法的问题在于，如果我们需要放置许多枚炸弹，那么该算法会非常慢。最终的结果可能是，我们需要重复随机选取已经放置了炸弹的单元格。

为了避免这种情况，我们可以使用与洗牌算法（见 9.17 节的 17.2 洗牌算法题）相似的方法。将 K 个炸弹放置于前 K 个单元格中，之后随机打乱单元格的位置。

对一个数组执行乱序操作可以通过如下方法实现：对数组从 i 至 N–1 进行迭代，对于每个元素 i，将其与第 i 至 N–1 个元素中的其中一个进行随机交换。

而对于一个网格进行乱序操作，我们可以使用非常相似的方法，只需将数组的索引转化为由行和列确定的一个网格位置即可。

```
1   void shuffleBoard() {
2     int nCells = nRows * nColumns;
3     Random random = new Random();
4     for (int index1 = 0; index1 < nCells; index1++) {
5       int index2 = index1 + random.nextInt(nCells - index1);
6       if (index1 != index2) {
7         /* 获取 index1 处的单元格 */
8         int row1 = index1 / nColumns;
9         int column1 = (index1 - row1 * nColumns) % nColumns;
10        Cell cell1 = cells[row1][column1];
11
12        /* 获取 index2 处的单元格 */
13        int row2 = index2 / nColumns;
14        int column2 = (index2 - row2 * nColumns) % nColumns;
15        Cell cell2 = cells[row2][column2];
16
17        /* 交换 */
18        cells[row1][column1] = cell2;
19        cell2.setRowAndColumn(row1, column1);
20        cells[row2][column2] = cell1;
21        cell1.setRowAndColumn(row2, column2);
22      }
23    }
24  }
```

● 设置单元格的数值

布置炸弹之后，我们需要对单元格的数值进行设定。依次访问每个单元格并检查其周围有多少枚炸弹。该方法虽然可行，但是可以更快一些。

其实，我们可以依次访问每一个放置了炸弹的单元格并将其周围单元格的值加一。例如，对于周围有 3 枚炸弹的单元格来说，incrementNumber 方法会被调用 3 次。最终该单元格的值会被设置为 3。

```
1    /* 设置炸弹周围的单元格数值。尽管炸弹已经被重新排布，
2     * 但是 bombs 数组中的引用仍指向相同的对象 */
3    void setNumberedCells() {
4      int[][] deltas = { // 8 个临近单元格的位移
5          {-1, -1}, {-1, 0}, {-1, 1},
6          { 0, -1},          { 0, 1},
7          { 1, -1}, { 1, 0}, { 1, 1}
8      };
9      for (Cell bomb : bombs) {
10       int row = bomb.getRow();
11       int col = bomb.getColumn();
12       for (int[] delta : deltas) {
13         int r = row + delta[0];
14         int c = col + delta[1];
15         if (inBounds(r, c)) {
16           cells[r][c].incrementNumber();
17         }
18       }
19     }
20   }
```

● 扩展空白区域

扩展空白区域可以通过递归或者迭代的方法实现。这里我们通过迭代的方法实现。

你可以这样想象该算法，每个空白单元格都会被空白单元格或者数字单元格（不可能是炸弹）包围。这两种单元格都需要被翻开。但是，如果你翻开了空白单元格，那么还需要将空白单元格加入到一个队列中。对于队列中的元素，需要将其相邻单元格也翻开。

```
1    void expandBlank(Cell cell) {
2      int[][] deltas = {
3          {-1, -1}, {-1, 0}, {-1, 1},
4          { 0, -1},          { 0, 1},
5          { 1, -1}, { 1, 0}, { 1, 1}
6      };
7
8      Queue<Cell> toExplore = new LinkedList<Cell>();
9      toExplore.add(cell);
10
11     while (!toExplore.isEmpty()) {
12       Cell current = toExplore.remove();
13
14       for (int[] delta : deltas) {
15         int r = current.getRow() + delta[0];
16         int c = current.getColumn() + delta[1];
17
18         if (inBounds(r, c)) {
19           Cell neighbor = cells[r][c];
20           if (flipCell(neighbor) && neighbor.isBlank()) {
21             toExplore.add(neighbor);
22           }
23         }
24       }
25     }
26   }
```

你也可以通过递归的方法实现该算法。在递归实现中，你应该将入队操作更换为递归调用。由于对类的设计可能不同，你的实现方法也可能与上述算法截然不同。

7.11　文件系统。设计一种内存文件系统（in-memory file system）的数据结构和算法，并说明其具体做法。如若可行，请用代码举例说明。

题目解法

许多求职者一看到这个问题，可能会惊慌失措。文件系统也太低级了吧！

其实，没必要大惊小怪。只要把文件系统的组件考虑周全，就能像解决其他面向对象设计问题那样搞定此题。

一个最简单的文件系统由 File（文件）和 Directory（目录）组成。每个 Directory 包含一组 File 和 Directory。File 和 Directory 特征相似，因此我们创建了 Entry 类，前面两个类则继承自这个类。

```java
1   public abstract class Entry {
2     protected Directory parent;
3     protected long created;
4     protected long lastUpdated;
5     protected long lastAccessed;
6     protected String name;
7
8     public Entry(String n, Directory p) {
9       name = n;
10      parent = p;
11      created = System.currentTimeMillis();
12      lastUpdated = System.currentTimeMillis();
13      lastAccessed = System.currentTimeMillis();
14    }
15
16    public boolean delete() {
17      if (parent == null) return false;
18      return parent.deleteEntry(this);
19    }
20
21    public abstract int size();
22
23    public String getFullPath() {
24      if (parent == null) return name;
25      else return parent.getFullPath() + "/" + name;
26    }
27
28    /* getter 和 setter */
29    public long getCreationTime() { return created; }
30    public long getLastUpdatedTime() { return lastUpdated; }
31    public long getLastAccessedTime() { return lastAccessed; }
32    public void changeName(String n) { name = n; }
33    public String getName() { return name; }
34  }
35
36  public class File extends Entry {
37    private String content;
38    private int size;
39
40    public File(String n, Directory p, int sz) {
41      super(n, p);
42      size = sz;
43    }
44
45    public int size() { return size; }
46    public String getContents() { return content; }
47    public void setContents(String c) { content = c; }
```

```
48   }
49
50   public class Directory extends Entry {
51     protected ArrayList<Entry> contents;
52
53     public Directory(String n, Directory p) {
54       super(n, p);
55       contents = new ArrayList<Entry>();
56     }
57
58     public int size() {
59       int size = 0;
60       for (Entry e : contents) {
61         size += e.size();
62       }
63       return size;
64     }
65
66     public int numberOfFiles() {
67       int count = 0;
68       for (Entry e : contents) {
69         if (e instanceof Directory) {
70           count++; // 目录也算作文件
71           Directory d = (Directory) e;
72           count += d.numberOfFiles();
73         } else if (e instanceof File) {
74           count++;
75         }
76       }
77       return count;
78     }
79
80     public boolean deleteEntry(Entry entry) {
81       return contents.remove(entry);
82     }
83
84     public void addEntry(Entry entry) {
85       contents.add(entry);
86     }
87
88     protected ArrayList<Entry> getContents() { return contents; }
89   }
```

另外，我们还可以这样实现 Directory：为文件和子目录创建不同的链表。如此一来，numberOfFiles()方法就不需要再用 instanceof 运算符了，所以更为简洁，不过，我们就无法轻易按日期或名称对文件和目录进行排序了。

7.12　散列表。 设计并实现一个散列表，使用链接（即链表）处理碰撞冲突。

题目解法

假设我们要实现类似于 Hash<K，V>的散列表，即该散列表将类型 K 的对象映射为类型 V 的对象。

首先，我们或许会想到数据结构应该大致如下。

```
1   class Hash<K, V> {
2     LinkedList<V>[] items;
3     public void put(K key, V value) { ... }
4     public V get(K key) { ... }
5   }
```

注意，items 是个链表的数组，其中 items[i] 是个链表，包含所有键映射成索引 i 的对象（也即在 i 处碰撞冲突的所有对象）。

这么做看似可行，不过要下定论还得进一步考虑到碰撞冲突这一情况。

假设我们有个使用字符串长度的简单散列函数。

```
1   int hashCodeOfKey(K key) {
2     return key.toString().length() % items.length;
3   }
```

jim 和 bob 键都会对应到数组的同一索引，尽管这两个键并不一样。我们必须搜索整个链表，找出这些键对应的真正对象。但是该怎么办呢？我们在链表里存储的只有值，并不包括原先的键。

这就是要把值和原先的键一并存储起来的原因。

一种做法是引入一个 Cell 对象，存储键值对。在这种实现中，链表元素的类型为 Cell。下面是该实现的代码。

```
1   public class Hasher<K, V> {
2     /* 链表节点类，仅限散列表中使用。其余各处均不应使用此类。
3      * 此处以双向链表方式实现 */
4     private static class LinkedListNode<K, V> {
5       public LinkedListNode<K, V> next;
6       public LinkedListNode<K, V> prev;
7       public K key;
8       public V value;
9       public LinkedListNode(K k, V v) {
10        key = k;
11        value = v;
12      }
13    }
14
15    private ArrayList<LinkedListNode<K, V>> arr;
16    public Hasher(int capacity) {
17      /* 以特定大小创建一组链表。链表赋值为 null，因为这是确保链表大小的唯一方法 */
18      arr = new ArrayList<LinkedListNode<K, V>>();
19      arr.ensureCapacity(capacity); // 可选的优化
20      for (int i = 0; i < capacity; i++) {
21        arr.add(null);
22      }
23    }
24
25    /* 向散列表中插入键和值 */
26    public void put(K key, V value) {
27      LinkedListNode<K, V> node = getNodeForKey(key);
28      if (node != null) {
29        V oldValue = node.value;
30        node.value = value; // 只更新值
31        return oldValue;
32      }
33
34      node = new LinkedListNode<K, V>(key, value);
35      int index = getIndexForKey(key);
36      if (arr.get(index) != null) {
37        node.next = arr.get(index);
38        node.next.prev = node;
39      }
40      arr.set(index, node);
41      return null;
42    }
43
```

```
44    /* 删除键所对应的节点并返回值 */
45    public V remove(K key) {
46      LinkedListNode<K, V> node = getNodeForKey(key);
47      if (node == null) {
48        return null;
49      }
50
51      if (node.prev != null) {
52        node.prev.next = node.next;
53      } else {
54        /* 删除头部并更新 */
55        int hashKey = getIndexForKey(key);
56        arr.set(hashKey, node.next);
57      }
58
59      if (node.next != null) {
60        node.next.prev = node.prev;
61      }
62      return node.value;
63    }
64
65    /* 获取键对应的值 */
66    public V get(K key) {
67      if (key == null) return null;
68      LinkedListNode<K, V> node = getNodeForKey(key);
69      return node == null ? null : node.value;
70    }
71
72    /* 获取键对应的链表 */
73    private LinkedListNode<K, V> getNodeForKey(K key) {
74      int index = getIndexForKey(key);
75      LinkedListNode<K, V> current = arr.get(index);
76      while (current != null) {
77        if (current.key == key) {
78          return current;
79        }
80        current = current.next;
81      }
82      return null;
83    }
84
85    /* 非常简易的从键到值的映射函数 */
86    public int getIndexForKey(K key) {
87      return Math.abs(key.hashCode() % arr.size());
88    }
89  }
```

实现散列表的另一种常见做法是使用二叉搜索树作为底层数据结构（以便实现通过“键”搜索“值”的功能）。检索元素的时间复杂度不再是 $O(1)$（不过，从技术上来说，复杂度不会是 $O(1)$，因为可能有很多碰撞冲突），但是这种做法不需要创建一个无谓的大数组用以存储项目。

10.8 递归与动态规划

8.1　三步问题。有个小孩正在上楼梯，楼梯有 n 阶台阶，小孩一次可以上1阶、2阶或3阶。实现一种方法，计算小孩有多少种上楼梯的方式。

题目解法

思考一下这个问题：最后一次小孩迈了几步？

小孩上楼梯的最后一步，就是抵达第 n 阶的那一步，迈过的台阶数可以是 3、2 或者 1。

那么小孩有多少种方法走到第 n 阶台阶呢？目前还不知道，但我们可以把它与一些子问题联系起来。

到第 n 阶台阶的所有路径，可以建立在前面 3 步路径的基础之上。我们可以通过以下任意方式走到第 n 阶台阶。

❑ 在第 n−1 处往上迈 1 步。

❑ 在第 n−2 处往上迈 2 步。

❑ 在第 n−3 处往上迈 3 步。

因此，我们只需把这 3 种方式的路径数相加即可。

这里要非常小心，有很多人会把它们相乘。相乘应该是走完一个再走另一个，显然和以上情况不符。

1. 蛮力法

用递归法可以很容易就实现这个算法，只需要遵循如下思路，即 countWays(n-1) + countWays(n-2) + countWays(n-3)。

唯一有些棘手的是定义基线条件。如果要走 0 步（即我们已经站在台阶上），那是算作 0 条路径还是 1 条路径呢？

countWays(0)的值是 1 还是 0？

1 和 0 都可以，并没有标准答案。

话虽如此，但算作 1 会更简单些。如果把它算作 0，那么你需要一些其他的基线条件，否则得到的结果只是一堆 0 相加。

下面是该算法的简单实现。

```
1   int countWays(int n) {
2     if (n < 0) {
3       return 0;
4     } else if (n == 0) {
5       return 1;
6     } else {
7       return countWays(n-1) + countWays(n-2) + countWays(n-3);
8     }
9   }
```

跟斐波那契数列问题一样，这个算法的运行时间呈指数级增长（准确地说是 $O(3^N)$），因为每次调用都会分支出 3 次调用。

2. 制表法

前一个算法，对同一数值，countWays 会调用多次，而这显然是无用功。我们可以利用制表法加以修正。

具体做法是，如果计算过 n 的值，再次遇到 n 就返回缓存值。每次计算一个新值，就把它添加到缓存中。

通常我们使用 HashMap<Integer,Integer>来缓存结果。但在这个问题中，键的值刚好是从 1 到 n。因此，这里用整数数组更为贴切。

```
1   int countWays(int n) {
2     int[] memo = new int[n + 1];
3     Arrays.fill(memo, -1);
4     return countWays(n, memo);
5   }
6
7   int countWays(int n, int[] memo) {
```

10

```
8    if (n < 0) {
9      return 0;
10   } else if (n == 0) {
11     return 1;
12   } else if (memo[n] > -1) {
13     return memo[n];
14   } else {
15     memo[n] = countWays(n - 1, memo) + countWays(n - 2, memo) +
16             countWays(n - 3, memo);
17     return memo[n];
18   }
19 }
```

无论是否使用制表法，注意上楼梯的方式总数很快就会突破整数（int 型）的上限而溢出。当 n = 37 时，结果就会溢出。使用 long 可以撑久一点儿，但也不能从根本上解决问题。

最好就此问题和你的面试官进行沟通。因为他可能毫不在意你是否能解决这个问题（虽然你用 BigInteger 类就可以解决），但表明你知道此问题会给综合表现加分。

8.2 迷路的机器人。设想有个机器人坐在一个网格的左上角，网格 r 行 c 列。机器人只能向下或向右移动，但不能走到一些被禁止的网格。设计一种算法，寻找机器人从左上角移动到右下角的路径。

题目解法

如果把网格画出来，你会发现移动到位置(r, c)的唯一方式，就是先移动到它的相邻点，即$(r-1, c)$或$(r, c-1)$。因此，我们需要找到一条移至$(r-1, c)$或$(r, c-1)$的路径。

怎么才能找出前往这些位置的路径呢？要找出前往$(r-1, c)$或$(r, c-1)$的路径，我们需要先移至其中一个相邻点。因此，要找到一条路径移动到$(r-1, c)$的相邻点，坐标为$(r-2, c)$和$(r-1, c-1)$或$(r, c-1)$的相邻点，其坐标为$(r-1, c-1)$和$(r, c-2)$。注意，坐标$(r-1, c-1)$一共出现了两次，稍候再作讨论。

> 小技巧：很多人处理二维数组时喜欢用 x 和 y 当作下标值。但有时 bug 就是因此而来。人们通常认为 x 是矩阵中的第一维，y 是第二维（比如 matrix[x][y]）。但事实上并不对。第一维通常作为列，也就是 y 的值（它是垂直的）。你应该写成 matrix[y][x]。或者更轻松一点，直接使用 r（row）和 c（column）代替。

因此，要找到一条从原点出发的路径，我们只需像上面那样从终点往回走。从最后一点开始，试着找出一条到其相邻点的路径。下面是该算法的递归实现代码。

```
1  ArrayList<Point> getPath(boolean[][] maze) {
2    if (maze == null || maze.length == 0) return null;
3    ArrayList<Point> path = new ArrayList<Point>();
4    if (getPath(maze, maze.length - 1, maze[0].length - 1, path)) {
5      return path;
6    }
7    return null;
8  }
9
10 boolean getPath(boolean[][] maze, int row, int col, ArrayList<Point> path) {
11   /* 如果越界或无效，则直接返回 */
12   if (col < 0 || row < 0 || !maze[row][col]) {
13     return false;
14   }
15
16   boolean isAtOrigin = (row == 0) && (col == 0);
17
```

```
18        /* 如果有一条路径从起点通向这里，把它添加到我的位置 */
19        if (isAtOrigin || getPath(maze, row, col - 1, path) ||
20            getPath(maze, row - 1, col, path)) {
21          Point p = new Point(row, col);
22          path.add(p);
23          return true;
24        }
25
26      return false;
27    }
```

这个解法的时间复杂度是 $O(2^{r+c})$，因为每个路径都有 $r+c$ 步，每步都有两种选择。我们应该找到一个更快的方式。

优化指数级算法可通过寻找重复性工作来实现。上面算法都有哪些重复工作？

完整过一遍算法就会发现，我们多次访问方格。事实上，每一个方格都门庭若市，被访问了一遍又一遍。毕竟格子才 rc 个，我们的算法却要访问 $O(2^{r+c})$ 次。假如能做到每个格子都只访问一次，算法的时间复杂度可能接近 $O(rc)$，除非每次访问时还有大量其他工作。

那么目前的算法是如何工作的？为了找到一条到 (r, c) 的路径，算法先去找到通往相邻点的路径，即 $(r-1, c)$ 或 $(r, c-1)$。在这个过程中，会忽略禁止访问的点。接下来寻找这两个点的邻居节点，即 $(r-2, c)$、$(r-1, c-1)$、$(r-1, c-1)$ 和 $(r, c-2)$，其中 $(r-1, c-1)$ 出现了两次，也就是我们想要寻找的重复性工作。理想情况下，我们应该能记住访问过 $(r-1, c-1)$ 节点以节省时间。

下面的动态规划算法正是这样做的。

```
1   ArrayList<Point> getPath(boolean[][] maze) {
2     if (maze == null || maze.length == 0) return null;
3     ArrayList<Point> path = new ArrayList<Point>();
4     HashSet<Point> failedPoints = new HashSet<Point>();
5     if (getPath(maze, maze.length - 1, maze[0].length - 1, path, failedPoints)) {
6       return path;
7     }
8     return null;
9   }
10
11  boolean getPath(boolean[][] maze, int row, int col, ArrayList<Point> path,
12                  HashSet<Point> failedPoints) {
13    /* 如果越界或无效，则直接返回 */
14    if (col < 0 || row < 0 || !maze[row][col]) {
15      return false;
16    }
17
18    Point p = new Point(row, col);
19
20    /* 如果已经访问过该点，则返回 */
21    if (failedPoints.contains(p)) {
22      return false;
23    }
24
25    boolean isAtOrigin = (row == 0) && (col == 0);
26
27    /* 如果找到一条路径从起点通往当前位置，把它放到结果里 */
28    if (isAtOrigin || getPath(maze, row, col - 1, path, failedPoints) ||
29        getPath(maze, row - 1, col, path, failedPoints)) {
30      path.add(p);
31      return true;
32    }
33
34    failedPoints.add(p); // 缓存结果
35    return false;
36  }
```

10

改变虽小，却大大提升了算法执行速度。现在这个算法运行时间是 $O(XY)$，因为每个格子仅访问一次。

8.3 魔术索引。 在数组 A[0...n-1]中，有所谓的魔术索引，满足条件 A[i] = i。给定一个有序整数数组，元素值各不相同，编写一种方法找出魔术索引，若有的话，在数组 A 中找出一个魔术索引。

进阶： 如果数组元素有重复值，又该如何处理呢？

题目解法

看到这个问题，第一个想到的应该是蛮力法，提到它并不丢人。蛮力法只需迭代访问整个数组，找出符合条件的元素即可。

```
1   int magicSlow(int[] array) {
2     for (int i = 0; i < array.length; i++) {
3       if (array[i] == i) {
4         return i;
5       }
6     }
7     return -1;
8   }
```

不过，既然给定数组是有序的，我们理应充分利用这个条件。

你可能会发现这个问题与经典的二分查找问题大同小异。充分运用模式匹配法，就能找出适当的算法，我们又该怎么运用二分查找法呢？

在二分查找中，要找出元素 k，我们会先拿它跟数组中间的元素 x 比较，确定 k 位于 x 的左边还是右边。

以此为基础，是否通过检查中间元素就能确定魔术索引的位置？下面来看一个样例数组。

-40	-20	-1	1	2	3	5	7	9	12	13
0	1	2	3	4	5	6	7	8	9	10

看到中间元素 A[5] = 3，我们可以断定魔术索引一定在数组右侧，因为 A[mid] < mid。

为何魔术索引不会在数组左侧呢？注意，从元素 i 移至 $i-1$ 时，此索引对应的值至少要减 1，也可能更多（因为数组是有序的，且所有元素各不相同）。因此，如果中间元素因过小而不是魔术索引，那么往左侧移动时，索引减 k，值至少也减 k，所有余下的元素也会过小。

继续运用这个递归算法，就会写出与二分查找极为相似的代码。

```
1    int magicFast(int[] array) {
2      return magicFast(array, 0, array.length - 1);
3    }
4
5    int magicFast(int[] array, int start, int end) {
6      if (end < start) {
7        return -1;
8      }
9      int mid = (start + end) / 2;
10     if (array[mid] == mid) {
11       return mid;
12     } else if (array[mid] > mid){
13       return magicFast(array, start, mid - 1);
14     } else {
15       return magicFast(array, mid + 1, end);
16     }
17   }
```

进阶：如果数组元素有重复值，又该如何处理

如果数组元素有重复值，前面的算法就会失效。以下面的数组为例。

-10	-5	2	2	2	<u>3</u>	4	7	9	12	13
0	1	2	3	4	<u>5</u>	6	7	8	9	10

看到 A[mid] < mid，我们无法断定魔术索引位于数组哪一边。它可能在数组右侧，跟前面一样。或者，也可能在左侧（在本例中的确在左侧）。

它有没有可能在左侧的**任意位置**？未必。由 A[5] = 3 可知，A[4]不可能是魔术索引。A[4]必须等于 4，其索引才能成为魔术索引，但数组是有序的，故 A[4]必定小于 A[5]。

其实，看到 A[5] = 3 时，按照前面的做法，我们需要递归搜索右半部分。不过，若搜索左半部分，我们可以跳过一些元素，只递归搜索 A[0]到 A[3]的元素。A[3]是第一个可能成为魔术索引的元素。

综上所述，我们得到一般模式：先比较 midIndex 和 midValue 是否相同。然后，若两者不同，则按如下方式递归搜索左半部分和右半部分。

❑ 左半部分：搜索索引从 start 到 Math.min(midIndex - 1, midValue)的元素。

❑ 右半部分：搜索索引从 Math.max(midIndex + 1, midValue)到 end 的元素。

下面是该算法的实现代码。

```
1   int magicFast(int[] array) {
2     return magicFast(array, 0, array.length - 1);
3   }
4
5   int magicFast(int[] array, int start, int end) {
6     if (end < start) return -1;
7
8     int midIndex = (start + end) / 2;
9     int midValue = array[midIndex];
10    if (midValue == midIndex) {
11      return midIndex;
12    }
13
14    /* 搜索左半部分 */
15    int leftIndex = Math.min(midIndex - 1, midValue);
16    int left = magicFast(array, start, leftIndex);
17    if (left >= 0) {
18      return left;
19    }
20
21    /* 搜索右半部分 */
22    int rightIndex = Math.max(midIndex + 1, midValue);
23    int right = magicFast(array, rightIndex, end);
24
25    return right;
26  }
```

注意，在上面的代码中，如果数组元素各不相同，这个方法的执行动作与第一个解法几近相同。

8.4 幂集。编写一种方法，返回某集合的所有子集。

题目解法

着手解决这个问题之前，我们先要对时间和空间复杂度有个合理的评估。

10

一个集合会有多少子集？生成一个子集时，每个元素都可以"选择"在或不在这个子集中，也就是说，第一个元素有两个选择：要么在集合中，要么不在集合中。同样，第二个元素也有两个选择，以此类推，2 相乘 n 次，$\{2 \times 2 \times ...\}$ 等于 2^n 个子集。

如果返回结果用一个子集列表表示，那么最佳的运行时间实际上就是所有子集中元素的总数。一共有 2^n 个子集并且 n 个元素中的每一个都只在这些子集中的一半出现，即 2^{n-1} 个子集。因此，这些子集中元素的总个数是 $n \times 2^{n-1}$。

因此，在时间或空间复杂度上，我们不可能做得比 $O(n2^n)$ 更好。集合 $\{a_1, a_2, ..., a_n\}$ 的所有子集组成的集合也称为幂集（powerset），用符号表示为 $P(\{a_1, a_2, ..., a_n\})$ 或 $P(n)$。

解法 1：递归

采用简单构造法是解决此题的上乘之选。假设我们正尝试找出集合 $S = \{a_1, a_2, ..., a_n\}$ 的所有子集，可从基线条件开始。

- 基线条件：$n = 0$
  空集合只有 1 个子集：$\{\}$。

- 条件：$n = 1$
  集合 $\{a_1\}$ 有 2 个子集：$\{\}$、$\{a_1\}$。

- 条件：$n = 2$
  集合 $\{a_1, a_2\}$ 有 4 个子集：$\{\}$、$\{a_1\}$、$\{a_2\}$、$\{a_1, a_2\}$。

- 条件：$n = 3$

至此，事情开始变得有点儿意思了。我们想找出一种方法，可以根据之前的解法推导出 $n = 3$ 时的答案。

$n = 3$ 时的答案和 $n = 2$ 时的答案有何不同？下面让我们深入分析一下两者差异。

P(2) = {}, {a₁}, {a₂}, {a₁, a₂}
P(3) = {}, {a₁}, {a₂}, {a₃}, {a₁, a₂}, {a₁, a₃}, {a₂, a₃}, {a₁, a₂, a₃}

两者之间的不同之处在于，所有含有 a_3 的子集，P(2) 都没有。

P(3) - P(2) = {a₃}, {a₁, a₃}, {a₂, a₃}, {a₁, a₂, a₃}

那么，我们该如何利用 P(2) 构造 P(3)？很简单，只需复制 P(2) 里的子集，并在这些子集中添加 a_3。

P(2)   = {}, {a₁}, {a₂}, {a₁, a₂}
P(2) + a₃ = {a₃}, {a₁, a₃}, {a₂, a₃}, {a₁, a₂, a₃}

两者合并在一起，即可产生 P(3)。

- 条件：$n > 0$

只要将上述步骤稍作一般化处理，就能产生一般情况的 P(n)，先计算 P(n-1)，复制一份结果，然后在每个复制后的集合中加入 a_n。

下面是该算法的实现代码。

```
1   ArrayList<ArrayList<Integer>> getSubsets(ArrayList<Integer> set, int index) {
2       ArrayList<ArrayList<Integer>> allsubsets;
3       if (set.size() == index) { // 基本情况，加入空集合
4           allsubsets = new ArrayList<ArrayList<Integer>>();
5           allsubsets.add(new ArrayList<Integer>()); // 空集合
6       } else {
7           allsubsets = getSubsets(set, index + 1);
```

```
8         int item = set.get(index);
9         ArrayList<ArrayList<Integer>> moresubsets =
10          new ArrayList<ArrayList<Integer>>();
11        for (ArrayList<Integer> subset : allsubsets) {
12          ArrayList<Integer> newsubset = new ArrayList<Integer>();
13          newsubset.addAll(subset); //
14          newsubset.add(item);
15          moresubsets.add(newsubset);
16        }
17        allsubsets.addAll(moresubsets);
18      }
19      return allsubsets;
20    }
```

这个解法的时间和空间复杂度为 $O(2n)$，已是最优解。非要锦上添花的话，还可以用迭代法实现这个算法。

解法 2：组合数学（combinatorics）

尽管上面的解法没什么地方不对，不过还是可以另觅他法，解决这个问题。

回想一下，在构造一个集合时，每个元素有两个选择：(1) 该元素在这个集合中（yes 状态），或者 (2) 该元素不在这个集合中（no 状态）。这就意味着每个子集都是一串 yes 和 no，比如 yes, yes, no, no, yes, no。

因此，总共可能会有 2^n 个子集。怎样才能迭代遍历所有元素的所有 yes/no 序列？如果将每个 yes 视作 1，每个 no 视作 0，那么，每个子集就可以表示为一个二进制串。

接着，构造所有子集就等同于构造所有的二进制数（也即所有整数）。我们会迭代访问 1 到 2^n 的所有数字，再将这些数字的二进制表示转换成集合。小事一桩！

```
1   ArrayList<ArrayList<Integer>> getSubsets2(ArrayList<Integer> set) {
2     ArrayList<ArrayList<Integer>> allsubsets = new ArrayList<ArrayList<Integer>>();
3     int max = 1 << set.size(); /* 计算 2^n */
4     for (int k = 0; k < max; k++) {
5       ArrayList<Integer> subset = convertIntToSet(k, set);
6       allsubsets.add(subset);
7     }
8     return allsubsets;
9   }
10
11  ArrayList<Integer> convertIntToSet(int x, ArrayList<Integer> set) {
12    ArrayList<Integer> subset = new ArrayList<Integer>();
13    int index = 0;
14    for (int k = x; k > 0; k >>= 1) {
15      if ((k & 1) == 1) {
16        subset.add(set.get(index));
17      }
18      index++;
19    }
20    return subset;
21  }
```

相比前一种解法，这种解法不存在实质的差异，并无上下之分。

8.5　递归乘法。写一个递归函数，不使用 * 运算符，实现两个正整数的相乘。可以使用加号、减号、位移，但要吝啬一些。

题目解法

做题之前先思考下乘法的意义。

对于很多面试题来说，这种方式都会有所助益。不管是否显而易见，认真思索问题的真正含义都不失为一个好办法。

比如我们可以认为 8×7 是 $8 + 8 + 8 + 8 + 8 + 8 + 8$，即 8 相加 7 次。还可以把它想象成 8×7 表格中格子的数量。

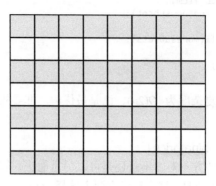

解法 1

假如我们认为它是表格，那么如何计算格子的数量呢？简单的方法就是遍历每个格子，不过会很慢。

或者我们可以数到一半时停止，然后把它与自己相加。数一半的格子仍然得用遍历。

当然，"加倍"的方式只适用于结果是偶数的情况。不是偶数时，我们还得从头数起。

```
1    int minProduct(int a, int b) {
2      int bigger = a < b ? b : a;
3      int smaller = a < b ? a : b;
4      return minProductHelper(smaller, bigger);
5    }
6
7    int minProductHelper(int smaller, int bigger) {
8      if (smaller == 0) { // 0 x bigger = 0
9        return 0;
10     } else if (smaller == 1) { // 1 x bigger = bigger
11       return bigger;
12     }
13
14     /* 数到一半，如果是偶数就加倍，否则就继续数另一半 */
15     int s = smaller >> 1; // 除以 2
16     int side1 = minProductHelper(s, bigger);
17     int side2 = side1;
18     if (smaller % 2 == 1) {
19       side2 = minProductHelper(smaller - s, bigger);
20     }
21
22     return side1 + side2;
23   }
```

我们还能更近一步，请看解法 2。

解法 2

如果仔细观察上述算法的递归操作，不难发现其中有很多重复性的工作，看以下例子。

```
minProduct(17, 23)
    minProduct(8, 23)
        minProduct(4, 23) * 2
            ...
```

```
   + minProduct(9, 23)
       minProduct(4, 23)
           ...
     + minProduct(5, 23)
           ...
```

第二次的 minProduct(4，23)调用无法利用之前的相同调用，就只能重复之前的工作。因此我们应该把结果缓存起来。

```
1   int minProduct(int a, int b) {
2     int bigger = a < b ? b : a;
3     int smaller = a < b ? a : b;
4
5     int memo[] = new int[smaller + 1];
6     return minProduct(smaller, bigger, memo);
7   }
8
9   int minProduct(int smaller, int bigger, int[] memo) {
10    if (smaller == 0) {
11      return 0;
12    } else if (smaller == 1) {
13      return bigger;
14    } else if (memo[smaller] > 0) {
15      return memo[smaller];
16    }
17
18    /* 数到一半，如果是偶数就加倍，否则就继续数另一半 */
19    int s = smaller >> 1; // 除以 2
20    int side1 = minProduct(s, bigger, memo); // 数到一半
21    int side2 = side1;
22    if (smaller % 2 == 1) {
23      side2 = minProduct(smaller - s, bigger, memo);
24    }
25
26    /* 缓存与和 */
27    memo[smaller] = side1 + side2;
28    return memo[smaller];
29  }
```

我们还能继续优化。

解法 3

在解法 2 中可以看到调用 minProduct 时偶数比奇数更快。举例来说，如果调用 minProduct(30,35)，我们只需要调用一次 minProduct(15,35)，然后把结果加倍就行。但是对于 minProduct(31,35)，我们就需要 minProduct(15,35) 和 minProduct(16,35) 两次调用。

其实不必这么麻烦。相反我们可以这样：minProduct(31, 35) = 2 * minProduct(15, 35) + 35。$31 = 2 \times 15 + 1$，那么 $31 \times 35 = 2 \times 15 \times 35 + 35$。

最后的解法如下所示，当 smaller 是偶数时，只需要除以 2 再把递归调用的结果加倍。当 smaller 是奇数时，依然那么做，但要把 bigger 加到结果上。

这样做以后，会有意外的收获。随着调用数日益减少，minProduct 函数只需递归向下。因此，不会再出现重复调用，也就意味着我们不需要再缓存任何信息。

```
1   int minProduct(int a, int b) {
2     int bigger = a < b ? b : a;
3     int smaller = a < b ? a : b;
4     return minProductHelper(smaller, bigger);
5   }
6
```

10

```
7    int minProductHelper(int smaller, int bigger) {
8      if (smaller == 0) return 0;
9      else if (smaller == 1) return bigger;
10
11     int s = smaller >> 1; // 除以 2
12     int halfProd = minProductHelper(s, bigger);
13
14     if (smaller % 2 == 0) {
15       return halfProd + halfProd;
16     } else {
17       return halfProd + halfProd + bigger;
18     }
19   }
```

这个算法的运行时间是 $O(\log s)$，其中 s 是两个数中最小的那个。

8.6 汉诺塔问题。 在经典汉诺塔问题中，有 3 根柱子及 N 个不同大小的穿孔圆盘，盘子可以滑入任意一根柱子。一开始，所有盘子自上而下按升序依次套在第一根柱子上（即每一个盘子只能放在更大的盘子上面）。移动圆盘时受到以下限制：

(1) 每次只能移动一个盘子；

(2) 盘子只能从柱子顶端滑出移到下一根柱子；

(3) 盘子只能叠在比它大的盘子上。

请编写程序，用栈将所有盘子从第一根柱子移到最后一根柱子。

题目解法

简单构建法似乎是解决该问题的不二之选。

我们先从最简单的例子 $n = 1$ 开始。

当 $n = 1$ 时，能否将盘子 1 从柱 1 移至柱 3？可以。

直接将盘子 1 从柱 1 移至柱 3。

当 $n = 2$ 时，能否将盘子 1 和盘子 2 从柱 1 移至柱 3？可以。

(1) 将盘子 1 从柱 1 移至柱 2。

(2) 将盘子 2 从柱 1 移至柱 3。

(3) 将盘子 1 从柱 2 移至柱 3。

注意，上述步骤将柱 2 用作缓冲区，在我们将其他盘子移至柱 3 时，柱 2 会暂存一个盘子。

当 $n = 3$ 时，能否将盘子 1、2、3 从柱 1 移至柱 3？可以。

(1) 从上面可知，我们可以将上面的两个盘子从一根柱子移至另一根柱子，因此假定已经这么做了，只不过，这里是将这两个盘子移至柱 2。

(2) 将盘子 3 移至柱 3。

(3) 将盘子 1、2 移至柱 3。重复步骤(1)即可。

当 $n = 4$ 时，能否将盘子 1、2、3、4 从柱 1 移至柱 3？可以。

(1) 将盘子 1、2、3 移至柱 2。具体做法参见前面的例子。

(2) 将盘子 4 移至柱 3。

(3) 将盘子 1、2、3 移至柱 3。

注意，柱 2 和柱 3 之间并无多大区别，只是叫法不一样，实则是等价的。把柱 2 作为缓冲将盘子移至柱 3，与把柱 3 用作缓冲将盘子移至柱 2，两者并无区别。

根据上述做法，很自然地就可以导出递归算法。在每一部分，我们都会执行以下步骤，用伪码简述如下。

```
1   moveDisks(int n, Tower origin, Tower destination, Tower buffer) {
2     /* 基线条件 */
3     if (n <= 0) return;
4
5     /* 将顶端 n - 1 个盘子从 origin 移至 buffer，将 destination 用作缓冲区 */
6     moveDisks(n - 1, origin, buffer, destination);
7
8     /* 将 origin 顶端的盘子移至 destination */
9     moveTop(origin, destination);
10
11    /* 将顶部 n - 1 个盘子从 buffer 移至 destination，将 origin 用作缓冲区 */
12    moveDisks(n - 1, buffer, destination, origin);
13  }
```

下面的代码比较详细地给出了这个算法的实现方式，其中还用到了面向对象设计这一概念。

```
1   void main(String[] args)
2     int n = 3;
3     Tower[] towers = new Tower[n];
4     for (int i = 0; i < 3; i++) {
5       towers[i] = new Tower(i);
6     }
7
8     for (int i = n - 1; i >= 0; i--) {
9       towers[0].add(i);
10    }
11    towers[0].moveDisks(n, towers[2], towers[1]);
12  }
13
14  class Tower {
15    private Stack<Integer> disks;
16    private int index;
17    public Tower(int i) {
18      disks = new Stack<Integer>();
19      index = i;
20    }
21
22    public int index() {
23      return index;
24    }
25
26    public void add(int d) {
27      if (!disks.isEmpty() && disks.peek() <= d) {
28        System.out.println("Error placing disk " + d);
29      } else {
30        disks.push(d);
31      }
32    }
33
34    public void moveTopTo(Tower t) {
35      int top = disks.pop();
36      t.add(top);
37    }
```

```
38
39   public void moveDisks(int n, Tower destination, Tower buffer) {
40     if (n > 0) {
41       moveDisks(n - 1, buffer, destination);
42       moveTopTo(destination);
43       buffer.moveDisks(n - 1, destination, this);
44     }
45   }
46 }
```

严格来说，并不一定要将柱子实现为独立的对象，不过，在某种程度上，这么做可使代码更清晰易读。

8.7 无重复字符串的排列组合。 编写一种方法，计算某字符串的所有排列组合，字符串每个字符均不相同。

题目解法

跟许多递归问题一样，简单构造法在这里是不二之选。假设有个字符串 S，以字符序列 $a_1 a_2 \ldots a_n$ 表示。

方法 1：从第 $n-1$ 个字符的排列组合开始构造

● 基线条件：$S = a_1$

  只有一种排列组合，即 $P(a_1) = a_1$。

● 条件：$S = a_1 a_2$

  $P(a_1 a_2) = a_1 a_2$ 和 $a_2 a_1$。

● 条件：$S = a_1 a_2 a_3$

  $P(a_1 a_2 a_3) = a_1 a_2 a_3$，$a_1 a_3 a_2$，$a_2 a_1 a_3$，$a_2 a_3 a_1$，$a_3 a_1 a_2$，$a_3 a_2 a_1$。

● 条件：$S = a_1 a_2 a_3 a_4$。

这是第一个比较有意思的情况。根据 $a_1\, a_2\, a_3$ 的排列组合，如何生成 $a_1\, a_2\, a_3\, a_4$ 的所有排列组合呢？$a_1 a_2 a_3 a_4$ 的每种排列组合都可以对应到一种 $a_1 a_2 a_3$ 的排列组合的顺序。例如，$a_2 a_4 a_1 a_3$ 对应 $a_2 a_1 a_3$。因此，如果我们把 a_4 放到 $a_1 a_2 a_3$ 的所有排列组合中任意位置，也就得到了 $a_1 a_2 a_3 a_4$ 的排列组合。

```
a₁ a₂ a₃ ->   a₄ a₁ a₂ a₃,   a₁ a₄ a₂ a₃,   a₁ a₂ a₄ a₃,   a₁ a₂ a₃ a₄
a₁ a₃ a₂ ->   a₄ a₁ a₃ a₂,   a₁ a₄ a₃ a₂,   a₁ a₃ a₄ a₂,   a₁ a₃ a₂ a₄
a₃ a₁ a₂ ->   a₄ a₃ a₁ a₂,   a₃ a₄ a₁ a₂,   a₃ a₁ a₄ a₂,   a₃ a₁ a₂ a₄
a₂ a₁ a₃ ->   a₄ a₂ a₁ a₃,   a₂ a₄ a₁ a₃,   a₂ a₁ a₄ a₃,   a₂ a₁ a₃ a₄
a₂ a₃ a₁ ->   a₄ a₂ a₃ a₁,   a₂ a₄ a₃ a₁,   a₂ a₃ a₄ a₁,   a₂ a₃ a₁ a₄
a₃ a₂ a₁ ->   a₄ a₃ a₂ a₁,   a₃ a₄ a₂ a₁,   a₃ a₂ a₄ a₁,   a₃ a₂ a₁ a₄
```

这个算法的递归实现如下。

```
1    ArrayList<String> getPerms(String str) {
2      if (str == null) return null;
3
4      ArrayList<String> permutations = new ArrayList<String>();
5      if (str.length() == 0) { // 基线条件
6        permutations.add("");
7        return permutations;
8      }
9
10     char first = str.charAt(0); // 获取第一个字符
```

```
11     String remainder = str.substring(1); // 移除第一个字符
12     ArrayList<String> words = getPerms(remainder);
13     for (String word : words) {
14       for (int j = 0; j <= word.length(); j++) {
15         String s = insertCharAt(word, first, j);
16         permutations.add(s);
17       }
18     }
19     return permutations;
20   }
21
22   /* 在 word 的 i 位置插入字符 c */
23   String insertCharAt(String word, char c, int i) {
24     String start = word.substring(0, i);
25     String end = word.substring(i);
26     return start + c + end;
27   }
```

方法 2：从 $n-1$ 个字符的所有子序列的排列组合开始构建

- 基线条件：单个字符

  只有一种排列组合，即 $P(a_1) = a_1$。

- 条件：2 个字符

  $P(a_1a_2) = a_1a_2$ 和 a_2a_1。

  $P(a_2a_3) = a_2a_3$ 和 a_3a_2。

  $P(a_1a_3) = a_1a_3$ 和 a_3a_1。

- 条件：3 个字符

  $P(a_1a_2a_3) = a_1a_2a_3,\ a_1a_3a_2,\ a_2a_1a_3,\ a_2a_3a_1,\ a_3a_1a_2,\ a_3a_2a_1$。

至此，情况变得越来越有意思了。根据 2 个字符的所有排列组合，如何生成 3 个字符的所有排列组合呢？

其实我们只需要在组合的开头"尝试"每个字符，然后加入到每个排列组合中去。

$$P(a_1a_2a_3) = \{a_1 + P(a_2\ a_3)\} + \{a_2 + P(a_1a_3)\} + \{a_3 + P(a_1a_2)\}$$
$$\{a_1 + P(a_2a_3)\}\ ->\ a_1a_2a_3,\ a_1a_3a_2$$
$$\{a_2 + P(a_1a_3)\}\ ->\ a_2a_1a_3,\ a_2a_3a_1$$
$$\{a_3 + P(a_1a_2)\}\ ->\ a_3a_1a_2,\ a_3a_2a_1$$

用这种方式我们能得到 3 个字符的所有排列组合，同样地，根据得到的结果我们还能生成 4 个字符的排列组合。

$$P(a_1a_2a_3a_4) = \{a_1 + P(a_2a_3a_4)\} + \{a_2 + P(a_1a_3a_4)\} + \{a_3 + P(a_1a_2a_4)\} + \{a_4 + P(a_1a_2a_3)\}$$

如下所示，这个算法很好实现。

```
1   ArrayList<String> getPerms(String remainder) {
2     int len = remainder.length();
3     ArrayList<String> result = new ArrayList<String>();
4
5     /* 基线条件 */
6     if (len == 0) {
7       result.add(""); // 要返回空字符串
8       return result;
9     }
10
11
```

```
12      for (int i = 0; i < len; i++) {
13        /* 移除字符 i, 继续寻找剩下字符的排列组合 */
14        String before = remainder.substring(0, i);
15        String after = remainder.substring(i + 1, len);
16        ArrayList<String> partials = getPerms(before + after);
17
18        /* 将字符 i 添加到每个组合 */
19        for (String s : partials) {
20          result.add(remainder.charAt(i) + s);
21        }
22      }
23
24      return result;
25   }
```

除此以外，还可以把前缀通过调用栈来传递，这样不用每次都把排列组合返回。当递归走到基线条件时，前缀就已经是一个全排列了。

```
1    ArrayList<String> getPerms(String str) {
2      ArrayList<String> result = new ArrayList<String>();
3      getPerms("", str, result);
4      return result;
5    }
6
7    void getPerms(String prefix, String remainder, ArrayList<String> result) {
8      if (remainder.length() == 0) result.add(prefix);
9
10     int len = remainder.length();
11     for (int i = 0; i < len; i++) {
12       String before = remainder.substring(0, i);
13       String after = remainder.substring(i + 1, len);
14       char c = remainder.charAt(i);
15       getPerms(prefix + c, before + after, result);
16     }
17   }
```

关于该算法运行时间的介绍，详见 6.10 节的例题 12。

8.8　重复字符串的排列组合。编写一种方法，计算字符串所有的排列组合，字符串中可能有字符相同，但结果不能有重复组合。

题目解法

这个问题类似于上一题，唯一的区别就在于字符串中可能有重复的字符。

一种简单的做法是参考上一题。但是如果一个排列组合已经被创建过，就不放入列表中。反之，就放入列表。用一个普通的散列表就能做到。这个算法最差的运行时间是 $O(n!)$（几乎所有情况都是最坏情形）。

虽然我们根本无法改善最差情况的运行时间，但可以设计一个算法改善多数情况下的运行时间。考虑像 aaaaaaaaaaaaaaa 这样的重复串。计算它的不同排列组合耗时较长，因为 13 个字符的字符串排列组合有超过 60 亿种，但其实它的不重复排列只有一个。

理想的做法是，仅创建不同的排列组合，而不是每次创建后再删除重复部分。

因此，我们可以先计算字符串中每个字符出现的次数，使用一个散列表就可以实现。对于 aabbbbc 来说，就像这样：

```
a -> 2 | b -> 4 | c -> 1
```

有了这个散列表以后，我们可以模拟生成该字符串（现在是散列表）的一个排列组合的过程。我们面临的第一个选择就是用 a、b、c 中哪一个作为第一个字符。然后，原问题就变成了一个子问题，寻找剩下字符串的所有排列组合，并把"前缀"加入其中。

```
P(a->2 | b->4 | c->1) = {a + P(a->1 | b->4 | c->1)} +
                        {b + P(a->2 | b->3 | c->1)} +
                        {c + P(a->2 | b->4 | c->0)}
  P(a->1 | b->4 | c->1) = {a + P(a->0 | b->4 | c->1)} +
                          {b + P(a->1 | b->3 | c->1)} +
                          {c + P(a->1 | b->4 | c->0)}
  P(a->2 | b->3 | c->1) = {a + P(a->1 | b->3 | c->1)} +
                          {b + P(a->2 | b->2 | c->1)} +
                          {c + P(a->2 | b->3 | c->0)}
  P(a->2 | b->4 | c->0) = {a + P(a->1 | b->4 | c->0)} +
                          {b + P(a->2 | b->3 | c->0)}
```

一直重复这个过程，直到用尽所有字符。

该算法的代码实现如下。

```
1   ArrayList<String> printPerms(String s) {
2     ArrayList<String> result = new ArrayList<String>();
3     HashMap<Character, Integer> map = buildFreqTable(s);
4     printPerms(map, "", s.length(), result);
5     return result;
6   }
7
8   HashMap<Character, Integer> buildFreqTable(String s) {
9     HashMap<Character, Integer> map = new HashMap<Character, Integer>();
10    for (char c : s.toCharArray()) {
11      if (!map.containsKey(c)) {
12        map.put(c, 0);
13      }
14      map.put(c, map.get(c) + 1);
15    }
16    return map;
17  }
18
19  void printPerms(HashMap<Character, Integer> map, String prefix, int remaining,
20                  ArrayList<String> result) {
21    /* 基线条件。已经生成完所有排列组合 */
22    if (remaining == 0) {
23      result.add(prefix);
24      return;
25    }
26
27    /* 用剩余的字符生成其余的排列组合 */
28    for (Character c : map.keySet()) {
29      int count = map.get(c);
30      if (count > 0) {
31        map.put(c, count - 1);
32        printPerms(map, prefix + c, remaining - 1, result);
33        map.put(c, count);
34      }
35    }
36  }
```

当字符串有很多重复字符时，这个解法会比之前的解法更高效。

10

8.9　括号。设计一种算法，打印 n 对括号的所有合法的（例如，开闭一一对应）组合。

示例：

　　输入：3

　　输出：((())), (()()), (())(), ()(()), ()()()

题目解法

看到这个题，可能我们的第一反应是用递归法，在 f(n-1) 答案的基础上加一对括号，从而得到 f(n) 的解答。从直觉上看，这个方法不错。

下面来看看 $n = 3$ 时的答案：

(()())　　　(((())　　　()(())　　　(())()　　　()()()

如何以 $n = 2$ 时的答案为基础构建上面的结果呢？

(())　　　()()

我们可以在字符串最前面以及原有的每对括号里面插入一对括号。至于插入其他任意位置，比如字符串的末尾，都会跟之前的情况重复。

综上所述，可得到以下结果。

```
(()) -> (()()) /* 在第 1 个左括号之后插入一对括号 */
     -> (((())) /* 在第 2 个左括号之后插入一对括号 */
     -> ()(()) /* 在字符串开头插入一对括号 */
()() -> (())() /* 在第 1 个左括号之后插入一对括号 */
     -> ()(()) /* 在第 2 个左括号之后插入一对括号 */
     -> ()()() /* 在字符串开头插入一对括号 */
```

且慢，上面有重复的括号对组合，()(()) 出现了两次。

如果准备采用这种做法，那么，将字符串放进结果列表之前，必须先检查有无重复值。

```
1   Set<String> generateParens(int remaining) {
2     Set<String> set = new HashSet<String>();
3     if (remaining == 0) {
4       set.add("");
5     } else {
6       Set<String> prev = generateParens(remaining - 1);
7       for (String str : prev) {
8         for (int i = 0; i < str.length(); i++) {
9           if (str.charAt(i) == '(') {
10            String s = insertInside(str, i);
11            /* 如果 s 未出现过就将它放入列表。
12             * 注意：HashSet 在放入之前自动检查重复，所以没必要再检查 */
13            set.add(s);
14          }
15        }
16        set.add("()" + str);
17      }
18    }
19    return set;
20  }
21
22  String insertInside(String str, int leftIndex) {
23    String left = str.substring(0, leftIndex + 1);
24    String right = str.substring(leftIndex + 1, str.length());
25    return left + "()" + right;
26  }
```

这种做法可行，但不太高效，在排查重复字符串上耗时过长。

另一种解法是从头开始构造字符串，从而避免出现重复字符串。在这个解法中，逐一加入左括号和右括号，只要字符串仍然有效（合乎题意）。

每次递归调用，都会有个索引值对应字符串的某个字符。我们需要选择左括号或右括号，那么，何时可以用左括号，何时可以用右括号呢？

(1) **左括号**：只要左括号还没有用完，就可以插入左括号。

(2) **右括号**：只要不造成语法错误，就可以插入右括号。何时会出现语法错误？如果右括号比左括号还多，就会出现语法错误。

因此，我们只需记录允许插入的左右括号数目。如果还有左括号可用，就插入一个左括号，然后递归。如果右括号比左括号还多（也就是使用中的左括号比右括号还多），就插入一个右括号，然后递归。

```
1   void addParen(ArrayList<String> list, int leftRem, int rightRem, char[] str,
2                 int index) {
3     if (leftRem < 0 || rightRem < leftRem) return; // 无效状态
4
5     if (leftRem == 0 && rightRem == 0) { /* 没有左右括号了 */
6       list.add(String.copyValueOf(str));
7     } else {
8       str[index] = '('; // 插入左括号并递归
9       addParen(list, leftRem - 1, rightRem, str, index + 1);
10
11      str[index] = ')'; // 插入右括号并递归
12      addParen(list, leftRem, rightRem - 1, str, index + 1);
13    }
14  }
15
16  ArrayList<String> generateParens(int count) {
17    char[] str = new char[count*2];
18    ArrayList<String> list = new ArrayList<String>();
19    addParen(list, count, count, str, 0);
20    return list;
21  }
```

我们是在字符串的每一个索引对应位置插入左括号和右括号，而且绝不会重复索引，因此，可以保证每个字符串都是独一无二的。

8.10 颜色填充。编写函数，实现许多图片编辑软件都支持的"颜色填充"功能。给定一个屏幕（以二维数组表示，元素为颜色值）、一个点和一个新的颜色值，将新颜色值填入这个点的周围区域，直到原来的颜色值全都改变。

题目解法

首先，想象一下这个方法是怎么回事。假设要对一个像素（比如绿色）调用 paintFill（也即点击图片编辑软件的填充颜色），我们希望颜色向四周"渗出"。我们会对周围的像素逐一调用 paintFill，向外扩张，一旦碰到非绿色的像素就停止填充。

```
1   enum Color { Black, White, Red, Yellow, Green }
2
3   boolean PaintFill(Color[][] screen, int r, int c, Color ncolor) {
4     if (screen[r][c] == ncolor) return false;
5     return PaintFill(screen, r, c, screen[r][c], ncolor);
6   }
7
8   boolean PaintFill(Color[][] screen, int r, int c, Color ocolor, Color ncolor) {
9     if (r < 0 || r >= screen.length || c < 0 || c >= screen[0].length) {
10      return false;
11    }
```

```
12
13    if (screen[r][c] == ocolor) {
14      screen[r][c] = ncolor;
15      PaintFill(screen, r - 1, c, ocolor, ncolor); // 上
16      PaintFill(screen, r + 1, c, ocolor, ncolor); // 下
17      PaintFill(screen, r, c - 1, ocolor, ncolor); // 左
18      PaintFill(screen, r, c + 1, ocolor, ncolor); // 右
19    }
20    return true;
21  }
```

如果你用变量 x 和 y 来表示，要特别注意 screen[y][x] 中 x 和 y 的顺序，碰到图像问题时切记这一点。因为 x 表示**水平轴**（即自左向右），实际上对应列数而非行数。y 的值等于行数。在面试以及平时写代码时，这个地方也很容易犯错。通常使用"行"和"列"来代替会更加清晰。

你有没有觉得这个算法似曾相识？肯定见过，因为它本质上是图的深度优先遍历。对于每个格子，我们都向外搜索环绕着它的格子，直到这个颜色的格子周围的每个格子都被遍历过才终止。

当然，这个问题也可以用广度优先遍历来做。

8.11　硬币。给定数量不限的硬币，币值为 25 分、10 分、5 分和 1 分，编写代码计算 *n* 分有几种表示法。

题目解法

这是个递归问题，我们要找出如何利用较早的答案（也就是子问题的答案）计算出 makeChange(n)。假设 *n* = 100，我们想要算出 100 分有几种换零方式。这个问题与其子问题之间有何关系呢？已知 100 分换零后会包含 0、1、2、3 或 4 个 25 分硬币（quarter），由此得出如下算法。

```
makeChange(100) = makeChange(100, 使用 0 个 25 分硬币) +
                  makeChange(100, 使用 1 个 25 分硬币) +
                  makeChange(100, 使用 2 个 25 分硬币) +
                  makeChange(100, 使用 3 个 25 分硬币) +
                  makeChange(100, 使用 4 个 25 分硬币)
```

仔细观察一番，可以看出其中有些问题简化了。举个例子，makeChange(100, 使用 1 个 25 分硬币)与 makeChange(75, 使用 0 个 25 分硬币)等价。这是因为，如果给 100 分换零时只准用 1 个 25 分硬币，那么，我们就只能选择给余下的 75 分换零。

同样地，这也适用于 makeChange(100, 使用 2 个 25 分硬币)、makeChange(100, 使用 3 个 25 分硬币)和 makeChange(100, 使用 4 个 25 分硬币)。综上所述，前面的算式可简化如下。

```
makeChange(100) = makeChange(100, 使用 0 个 25 分硬币) +
                  makeChange(75, 使用 0 个 25 分硬币) +
                  makeChange(50, 使用 0 个 25 分硬币) +
                  makeChange(25, 使用 0 个 25 分硬币) +
                  1
```

注意最后一行，makeChange(100, 使用 4 个 25 分硬币)等于 1。我们把这叫作"完全简化"。

接下来呢？我们已经用完了 25 分硬币，现在可以开始使用下一个币值最大的硬币：10 分硬币（dime）。

前面使用 25 分硬币的做法同样可以套用在 10 分硬币上，但需要套用在上面算式 5 部分中的 4 个部分上，且每一部分都要套用。第一部分的套用结果如下。

```
makeChange(100, 使用 0 个 25 分硬币) = makeChange(100, 使用 0 个 25 分硬币、0 个 10 分硬币) +
                                        makeChange(100, 使用 0 个 25 分硬币、1 个 10 分硬币) +
                                        makeChange(100, 使用 0 个 25 分硬币、2 个 10 分硬币) +
                                        ...
                                        makeChange(100, 使用 0 个 25 分硬币、10 个 10 分硬币)

makeChange(75, 使用 0 个 25 分硬币) = makeChange(75, 使用 0 个 25 分硬币、0 个 10 分硬币) +
                                      makeChange(75, 使用 0 个 25 分硬币、1 个 10 分硬币) +
                                      makeChange(75, 使用 0 个 25 分硬币、2 个 10 分硬币) +
                                      ...
                                      makeChange(75, 使用 0 个 25 分硬币、7 个 10 分硬币)

makeChange(50, 使用 0 个 25 分硬币) = makeChange(50, 使用 0 个 25 分硬币、0 个 10 分硬币) +
                                      makeChange(50, 使用 0 个 25 分硬币、1 个 10 分硬币) +
                                      makeChange(50, 使用 0 个 25 分硬币、2 个 10 分硬币) +
                                      ...
                                      makeChange(50, 使用 0 个 25 分硬币、5 个 10 分硬币)

makeChange(25, 使用 0 个 25 分硬币) = makeChange(25, 使用 0 个 25 分硬币、0 个 10 分硬币) +
                                      makeChange(25, 使用 0 个 25 分硬币、1 个 10 分硬币) +
                                      makeChange(25, 使用 0 个 25 分硬币、2 个 10 分硬币)
```

开始使用 5 分镍币（nickel）时，上面算式的每一部分都要逐一展开，最终会得到一个树状递归结构，其中每次调用都会展开为 4 个或更多调用。

递归的基线条件就是完全简化的算式。举个例子，makeChange(50, 使用 0 个 25 分硬币、5 个 10 分硬币)会被完全简化为 1，因为 5 个 10 分硬币就等于 50 分。

综上所述，可导出类似下面这样的递归算法。

```
1   int makeChange(int amount, int[] denoms, int index) {
2     if (index >= denoms.length - 1) return 1; // 最后一种币值
3     int denomAmount = denoms[index];
4     int ways = 0;
5     for (int i = 0; i * denomAmount <= amount; i++) {
6       int amountRemaining = amount - i * denomAmount;
7       ways += makeChange(amountRemaining, denoms, index + 1);
8     }
9     return ways;
10  }
11
12  int makeChange(int n) {
13    int[] denoms = {25, 10, 5, 1};
14    return makeChange(n, denoms, 0);
15  }
```

这样的解法虽然正确，却不怎么高效。问题就在于会递归地多次调用 makeChange 方法，即使对于相同的 amount 和 index。

解决这个问题也很简单，只要把计算过的值存起来就可以了。我们需要存储的是每一对 (amout, index) 和对应结果的映射。

```
1   int makeChange(int n) {
2     int[] denoms = {25, 10, 5, 1};
3     int[][] map = new int[n + 1][denoms.length]; // 预处理值
4     return makeChange(n, denoms, 0, map);
5   }
6
7   int makeChange(int amount, int[] denoms, int index, int[][] map) {
8     if (map[amount][index] > 0) { // 检索对应值
9       return map[amount][index];
```

```
10     }
11     if (index >= denoms.length - 1) return 1; // 还剩一个面值
12     int denomAmount = denoms[index];
13     int ways = 0;
14     for (int i = 0; i * denomAmount <= amount; i++) {
15       // 继续求下一个面值，假设面值为 denomAmount 的硬币有 i 个
16       int amountRemaining = amount - i * denomAmount;
17       ways += makeChange(amountRemaining, denoms, index + 1, map);
18     }
19     map[amount][index] = ways;
20     return ways;
21   }
```

请注意，我们使用了一个二维的整数数组来存储计算过的值。这样简单一些，但也占用了额外空间。或者也可以用真正的散列表，其把币值映射成一个新的散列表，新散列表是面值（denom）到预计算值的映射。当然，也可以选用其他的数据结构。

8.12　八皇后。设计一种算法，打印八皇后在 8 × 8 棋盘上的各种摆法，其中每个皇后都不同行、不同列，也不在对角线上。这里的"对角线"指的是所有的对角线，不只是平分整个棋盘的那两条对角线。

题目解法

我们必须在 8×8 棋盘上排好 8 个皇后，每个皇后都位于不同行、不同列，且不在同一对角线上。由此可知，每一行、每一列以及对角线只能使用一次。

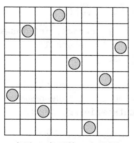

解决八皇后的一个棋局

想象一下最后放到棋盘上的那个皇后，这里假设是在第 8 行（这么假设没有问题，因为这些皇后怎么摆放都无关紧要）。这个皇后要摆在第 8 行的哪一格呢？一共有 8 种选择，每一列代表一种可能。

因此，欲知八皇后在 8 × 8 棋盘上的所有可能摆法，具体算法如下。

```
八皇后在 8 × 8 棋盘上的摆法 =
    八皇后在 8 × 8 棋盘上的摆法，且其中一个皇后位于(7, 0) +
    八皇后在 8 × 8 棋盘上的摆法，且其中一个皇后位于(7, 1) +
    八皇后在 8 × 8 棋盘上的摆法，且其中一个皇后位于(7, 2) +
    八皇后在 8 × 8 棋盘上的摆法，且其中一个皇后位于(7, 3) +
    八皇后在 8 × 8 棋盘上的摆法，且其中一个皇后位于(7, 4) +
    八皇后在 8 × 8 棋盘上的摆法，且其中一个皇后位于(7, 5) +
    八皇后在 8 × 8 棋盘上的摆法，且其中一个皇后位于(7, 6) +
    八皇后在 8 × 8 棋盘上的摆法，且其中一个皇后位于(7, 7)
```

接着，运用相似的方法计算其中的每一项。

```
八皇后在 8 × 8 棋盘上的摆法，且其中一个皇后位于(7, 3) =
    八皇后在……的摆法，且其中两个皇后位于(7, 3)和(6, 0) +
    八皇后在……的摆法，且其中两个皇后位于(7, 3)和(6, 1) +
```

八皇后在……的摆法，且其中两个皇后位于(7, 3)和(6, 2) +
八皇后在……的摆法，且其中两个皇后位于(7, 3)和(6, 4) +
八皇后在……的摆法，且其中两个皇后位于(7, 3)和(6, 5) +
八皇后在……的摆法，且其中两个皇后位于(7, 3)和(6, 6) +
八皇后在……的摆法，且其中两个皇后位于(7, 3)和(6, 7)

注意，我们不必考虑皇后位于格子(7, 3)和(6, 3)的组合情况，因为这与所有皇后不同行、不同列且不在对角线上的要求不符。

```java
1   int GRID_SIZE = 8;
2
3   void placeQueens(int row, Integer[] columns, ArrayList<Integer[]> results) {
4     if (row == GRID_SIZE) { // 找到有效摆法
5       results.add(columns.clone());
6     } else {
7       for (int col = 0; col < GRID_SIZE; col++) {
8         if (checkValid(columns, row, col)) {
9           columns[row] = col; // 摆放皇后
10          placeQueens(row + 1, columns, results);
11        }
12      }
13    }
14  }
15
16  /* 检查(row1, column1)可否摆放皇后，做法是检查
17   * 有无其他皇后位于同一列或对角线。不必检查是否
18   * 在同一行上，因为调用 placeQueen 时，一次只会
19   * 摆放一个皇后。由此可知，这一行是空的 */
20  boolean checkValid(Integer[] columns, int row1, int column1) {
21    for (int row2 = 0; row2 < row1; row2++) {
22      int column2 = columns[row2];
23      /* 检查摆放在(row2, column2)是否会
24       * 让(row1, column1)变成无效 */
25
26      /* 检查同一列是否有其他皇后 */
27      if (column1 == column2) {
28        return false;
29      }
30
31      /* 检查对角线：若两列的距离等于两行的
32       * 距离，就表示两个皇后在同一对角线上 */
33      int columnDistance = Math.abs(column2 - column1);
34
35      /* row1 > row2, 不用取绝对值 */
36      int rowDistance = row1 - row2;
37      if (columnDistance == rowDistance) {
38        return false;
39      }
40    }
41    return true;
42  }
```

注意，每一行只能摆放一个皇后，因此不需要将棋盘存储为完整的 8×8 矩阵，只需一维数组，其中 columns[r] = c 表示有个皇后位于行 r 列 c。

8.13 堆箱子。给你一堆 n 个箱子，箱子宽 w、高 h、深 d。箱子不能翻转，将箱子堆起来时，下面箱子的宽度、高度和深度必须大于上面的箱子。实现一种方法，搭出最高的一堆箱子。箱堆的高度为每个箱子高度的总和。

题目解法

要解决此题，我们需要找到不同子问题之间的关系。

解法 1

假设我们有以下这些箱子：b_1, b_2, …, b_n。能够堆出的最高箱堆的高度等于 max（底部为 b_1 的最高箱堆，底部为 b_2 的最高箱堆，……，底部为 b_n 的最高箱堆），也就是说，只要试着用每个箱子作为箱堆底部并搭出可能的最高高度，就能找出箱堆的最高高度。

但是，该怎么找出以某个箱子为底的最高箱堆呢？具体做法与之前的完全相同。我们会试着在第二层以不同的箱子为底继续堆箱子，如此反复。

当然，我们只需尝试有效的箱子，也就是说，若 b_5 大于 b_1，那就不必尝试这么堆箱子：{b_1, b_5, …}，因为 b_1 不能放在 b_5 下面。

这里我们可以稍作优化。这个问题已经明确规定了下面的箱子在三维上必须严格大于上面的箱子。因此，我们完全可以在某一维度（任意维度）上降序排列箱子，这样就不必往列表后面寻找。比方说，b_1 不可能在 b_5 的上面，因为它的高度（或者其他排序的任意维度）比 b_5 高。

下面代码是该算法的递归版本。

```
1   int createStack(ArrayList<Box> boxes) {
2     /* 基于高度降序排序 */
3     Collections.sort(boxes, new BoxComparator());
4     int maxHeight = 0;
5     for (int i = 0; i < boxes.size(); i++) {
6       int height = createStack(boxes, i);
7       maxHeight = Math.max(maxHeight, height);
8     }
9     return maxHeight;
10  }
11
12  int createStack(ArrayList<Box> boxes, int bottomIndex) {
13    Box bottom = boxes.get(bottomIndex);
14    int maxHeight = 0;
15    for (int i = bottomIndex + 1; i < boxes.size(); i++) {
16      if (boxes.get(i).canBeAbove(bottom)) {
17        int height = createStack(boxes, i);
18        maxHeight = Math.max(height, maxHeight);
19      }
20    }
21    maxHeight += bottom.height;
22    return maxHeight;
23  }
24
25  class BoxComparator implements Comparator<Box> {
26    @Override
27    public int compare(Box x, Box y){
28      return y.height - x.height;
29    }
30  }
```

上述代码的问题是效率太低，我们可能已经找出以 b_4 为底的最优解，但还是尝试找到类似 {b_3, b_4, …} 的最佳解决方案。我们不必像之前那样从零开始构造这些答案，完全可以运用制表法，缓存这些结果。

```
1   int createStack(ArrayList<Box> boxes) {
2     Collections.sort(boxes, new BoxComparator());
3     int maxHeight = 0;
```

```
4     int[] stackMap = new int[boxes.size()];
5     for (int i = 0; i < boxes.size(); i++) {
6       int height = createStack(boxes, i, stackMap);
7       maxHeight = Math.max(maxHeight, height);
8     }
9     return maxHeight;
10  }
11
12  int createStack(ArrayList<Box> boxes, int bottomIndex, int[] stackMap) {
13    if (bottomIndex < boxes.size() && stackMap[bottomIndex] > 0) {
14      return stackMap[bottomIndex];
15    }
16
17    Box bottom = boxes.get(bottomIndex);
18    int maxHeight = 0;
19    for (int i = bottomIndex + 1; i < boxes.size(); i++) {
20      if (boxes.get(i).canBeAbove(bottom)) {
21        int height = createStack(boxes, i, stackMap);
22        maxHeight = Math.max(height, maxHeight);
23      }
24    }
25    maxHeight += bottom.height;
26    stackMap[bottomIndex] = maxHeight;
27    return maxHeight;
28  }
```

因为我们仅仅是把索引映射到高度，所以可以用一个整数数组来充当"散列表"。

此外，要格外注意散列表中每个位置所代表的意义。在上面的代码中，stackMap[i]代表以箱子 i 为底的最大箱子堆高度。所以在从散列表中取值之前，你得保证箱子 i 可以放在当前底部箱子的上面。

这可以帮助我们保持回调链是线性的，从散列表中取出和往其中插入保持对称。例如，在本例中，我们在该方法的起始处回调散列表的 bottomIndex，在方法的结尾处插入 bottomIndex 位置的值。

解法 2

我们也可以考虑用递归算法做抉择，在每一步选择是否把箱子放在堆上。这次依旧要从某一维把箱子降序排序。

我们面临的第一个问题就是是否把 0 位置上的箱子放到堆里。这样就划分了两条递归路径，一个以箱子 0 为底，一个不以箱子 0 为底。然后直接返回这两种选择中较好的那个。

接着，我们选择是否把 1 位置上的箱子放入堆里。同上一个箱子一样，选择是否放入箱子 1。然后返回两条递归路径中高度的最大值。同样，我们再次使用制表法缓存以每个箱子为底的箱子堆最大高度。

```
1   int createStack(ArrayList<Box> boxes) {
2     Collections.sort(boxes, new BoxComparator());
3     int[] stackMap = new int[boxes.size()];
4     return createStack(boxes, null, 0, stackMap);
5   }
6
7   int createStack(ArrayList<Box> boxes, Box bottom, int offset, int[] stackMap) {
8     if (offset >= boxes.size()) return 0; // 基本情况
9
10    /* 以这个箱子为底的高度 */
11    Box newBottom = boxes.get(offset);
12    int heightWithBottom = 0;
13    if (bottom == null || newBottom.canBeAbove(bottom)) {
```

```
14        if (stackMap[offset] == 0) {
15          stackMap[offset] = createStack(boxes, newBottom, offset + 1, stackMap);
16          stackMap[offset] += newBottom.height;
17        }
18        heightWithBottom = stackMap[offset];
19      }
20
21      /* 不以这个箱子为底 */
22      int heightWithoutBottom = createStack(boxes, bottom, offset + 1, stackMap);
23
24      /* 返回最佳选择 */
25      return Math.max(heightWithBottom, heightWithoutBottom);
26    }
```

还要再提一下，要格外注意回调及往散列表中插入值的时机。如第 15 行和第 16~18 行那般对称通常就是最佳的。

8.14   布尔运算。给定一个布尔表达式和一个期望的布尔结果 result，布尔表达式由 0、1、&、|和^符号组成。实现一个函数，算出有几种可使该表达式得出 result 值的括号方法。该表达式要用全括号（如(0)^(1)）表示，而不能包含半括号（如(((0))^(1))）。

示例：

```
countEval("1^0|0|1", false) -> 2
countEval("0&0&0&1^1|0", true) -> 10
```

题目解法

跟其他递归问题一样，解出此题的关键在于找出问题与子问题之间的关系。

1. 蛮力法

给定0^0&0^1|1的表达式，它的结果是 true（真）。那么我们如何把countEval(0^0&0^1|1, true)分解为更小的子问题呢？

我们可以直接遍历每个位置，在合适的地方放上括号。

```
countEval(0^0&0^1|1, true) =
  countEval(0^0&0^1|1 在位置为 1 的字符两边放上括号, true)
+ countEval(0^0&0^1|1 在位置为 3 的字符两边放上括号, true)
+ countEval(0^0&0^1|1 在位置为 5 的字符两边放上括号, true)
+ countEval(0^0&0^1|1 在位置为 7 的字符两边放上括号, true)
```

现在怎么办？先看其中的一个表达式，就以在字符 3 两边放上括号的表达式为例，也就是(0^0)&(0^1|1)。

为了使这个表达式为真，左右两边都要为真，由此得出：

```
left = "0^0"
right = "0^1|1"
countEval(left & right, true) = countEval(left, true) * countEval(right, true)
```

把左右两边的结果相乘的原因是，左右两边的每种结果都可以与另一边的任一结果构成独特的组合。

这样一来，可以把这两个表达式划分成更小的子问题，并用一种相似的办法计算结果。

当操作符是"|"（或）或者"^"（异或）时会怎样？

如果是"或"，那么左右两边至少一边为真，或者同时为真。

```
countEval(left | right, true) = countEval(left, true) * countEval(right, false)
                              + countEval(left, false) * countEval(right, true)
                              + countEval(left, true) * countEval(right, true)
```

如果是"异或"，左右两边只能有一个为真，不能同时为真。

```
countEval(left ^ right, true) = countEval(left, true) * countEval(right, false)
                              + countEval(left, false) * countEval(right, true)
```

如果我们尝试使结果是假的呢？我们可以根据上面的问题转换下思路。

```
countEval(left & right, false) = countEval(left, true) * countEval(right, false)
                               + countEval(left, false) * countEval(right, true)
                               + countEval(left, false) * countEval(right, false)
countEval(left | right, false) = countEval(left, false) * countEval(right, false)
countEval(left ^ right, false) = countEval(left, false) * countEval(right, false)
                               + countEval(left, true) * countEval(right, true)
```

或者我们可以使用与上面相同的思路，将其从计算表达式的总数中减去。

```
totalEval(left) = countEval(left, true) + countEval(left, false)
totalEval(right) = countEval(right, true) + countEval(right, false)
totalEval(expression) = totalEval(left) * totalEval(right)
countEval(expression, false) = totalEval(expression) - countEval(expression, true)
```

这样代码更干净一些。

```java
1    int countEval(String s, boolean result) {
2      if (s.length() == 0) return 0;
3      if (s.length() == 1) return stringToBool(s) == result ? 1 : 0;
4
5      int ways = 0;
6      for (int i = 1; i < s.length(); i += 2) {
7        char c = s.charAt(i);
8        String left = s.substring(0, i);
9        String right = s.substring(i + 1, s.length());
10
11       /* 分别计算每一边的每种结果 */
12       int leftTrue = countEval(left, true);
13       int leftFalse = countEval(left, false);
14       int rightTrue = countEval(right, true);
15       int rightFalse = countEval(right, false);
16       int total = (leftTrue + leftFalse) * (rightTrue + rightFalse);
17
18       int totalTrue = 0;
19       if (c == '^') { // 需要一个真和一个假
20         totalTrue = leftTrue * rightFalse + leftFalse * rightTrue;
21       } else if (c == '&') { // 需要同时为真
22         totalTrue = leftTrue * rightTrue;
23       } else if (c == '|') { // 需要不同时为假
24         totalTrue = leftTrue * rightTrue + leftFalse * rightTrue +
25                     leftTrue * rightFalse;
26       }
27
28       int subWays = result ? totalTrue : total - totalTrue;
29       ways += subWays;
30     }
31
32     return ways;
33   }
34
35   boolean stringToBool(String c) {
36     return c.equals("1") ? true : false;
37   }
```

请谨慎权衡从结果为真中计算自己为假，以及提前计算左真、右真、左假、右假，在某些情况下这属于额外工作。

10

例如，如果我们正在寻找使 &（且）为真的方式，那么我们永远也用不到左假、右假的结果。同样地，如果我们在寻求使 |（或）为假的方式，我们也不会涉及左真、右真的结果。

代码并不关心我们需要做什么、不需要做什么，而只是计算所有的值。有必要在白板面试中权衡利弊，这样做会使代码更简洁，编写起来不那么烦琐。无论你用了哪种方式，都应该告诉面试官你所做的权衡。

这也就是说，我们可以做更多重要优化。

2. 优化的解法

如果我们循着递归路径看，会发现最终把相同的计算重复了很多遍。

思考表达式 0^0&0^1|1 和这些递归路径。

□ 在第 1 个字符周围增加括号。(0)^((0&0^1|1))

　■ 在第 3 个字符周围增加括号。(0)^((0)&(0^1|1))

□ 在第 3 个字符周围添加括号。(0^0)&(0^1|1)

　■ 在第 1 个字符周围添加括号。((0)^(0))&(0^1|1)

虽然这两个表达式不同，但有其相同的部分：(0^1|1)。我们应该重用之前为此所做的工作。

我们可以通过使用制表法或者散列表来做到这一点。只需要存储每个 countEval (expression, result)的结果。如果看到之前计算的表达式，直接从缓存中返回。

```
1   int countEval(String s, boolean result, HashMap<String, Integer> memo) {
2     if (s.length() == 0) return 0;
3     if (s.length() == 1) return stringToBool(s) == result ? 1 : 0;
4     if (memo.containsKey(result + s)) return memo.get(result + s);
5
6     int ways = 0;
7
8     for (int i = 1; i < s.length(); i += 2) {
9       char c = s.charAt(i);
10      String left = s.substring(0, i);
11      String right = s.substring(i + 1, s.length());
12      int leftTrue = countEval(left, true, memo);
13      int leftFalse = countEval(left, false, memo);
14      int rightTrue = countEval(right, true, memo);
15      int rightFalse = countEval(right, false, memo);
16      int total = (leftTrue + leftFalse) * (rightTrue + rightFalse);
17
18      int totalTrue = 0;
19      if (c == '^') {
20        totalTrue = leftTrue * rightFalse + leftFalse * rightTrue;
21      } else if (c == '&') {
22        totalTrue = leftTrue * rightTrue;
23      } else if (c == '|') {
24        totalTrue = leftTrue * rightTrue + leftFalse * rightTrue +
25                    leftTrue * rightFalse;
26      }
27
28      int subWays = result ? totalTrue : total - totalTrue;
29      ways += subWays;
30    }
31
32    memo.put(result + s, ways);
33    return ways;
34  }
```

这样做的另一益处是，我们实际上可以在表达式的多个部分中使用相同的子表达式。例如，像 0^1^0&0^1^0 这样的一个表达式有两个实例 0^1^0。通过将子表达式的结果缓存到记忆表中，我们可以在计算完左表达式后，在计算右表达式时重用左表达式的结果。

我们还可以进一步优化，但这远远超出了面试的范围。对于一个表达式有几种括号的放法，的确有个公式解，只是你可能不知道罢了。这个解可由卡塔兰数导出，其中 n 为运算符的数目。

$$C_n = \frac{(2n)!}{(n+1)!n!}$$

该公式可用于计算共有多少种方法来计算表达式。然后，我们不需要计算左真与左假，只需计算其中一个，再用卡塔兰数导出另一个的值。计算右表达式也可以用同样的方法。

10.9 系统设计与可扩展性

9.1 **股票数据**。假设你正在搭建某种服务，有多达 1000 个客户端软件会调用该服务，取得每天盘后股票价格信息（开盘价、收盘价、最高价与最低价）。假设你手里已有这些数据，存储格式可自行定义。你会如何设计这套面向客户端的服务从而向客户端软件提供信息？你将负责该服务的研发、部署、持续监控和维护。描述你想到的各种实现方案，以及为何推荐采用你的方案。该服务的实现技术可任选，此外，可以选用任何机制向客户端分发信息。

题目解法

从此题描述来看，我们要关注的是如何真正地将信息分发给客户端。在此假定有一些脚本可以神奇地把信息收集起来。

首先，让我们想一想合乎要求的方案应该具备哪几方面。

- ❑ **客户端软件易用性**。我们希望这套服务对客户端实现起来又容易又好用。
- ❑ **让我们自己实现起来也轻松**。这套服务应尽量易于实现，不要自讨苦吃，把不必要的工作强加到自己头上。我们需要考虑的不仅有研发成本，还有维护成本。
- ❑ **灵活应对未来需求**。此题的问法是"在现实世界中你会怎么做"，因此，我们应该从解决实际问题的角度来思考。理想情况下，我们不想受到实现的过多限制，以致无法灵活应对条件或需求变更。
- ❑ **扩展性和效率**。关注实现方案的效率，才不会让服务负担过重。

有了这些注意事项，我们就可以考虑各种方案了。

方案 1

一种选择是，将数据直接保存在纯文本文件中，让客户端通过某种 FTP 服务器下载。从某种角度来说，这么做容易维护，因为这些文件易于查看且易于备份，但需要更复杂的文件解析才能实现各种查询。此外，若这些文件有新增数据，可能会打乱客户端的解析机制。

方案 2

我们可以使用标准的 SQL 数据库，让客户端直接接入。这么做有如下优点。

- ❑ 如需支持新功能，这种做法提供了一种让客户端查询和处理数据的简单方式。例如，我们可以轻松、高效地执行这类查询：返回开盘价高于 N 且收盘价低于 M 的所有股票。
- ❑ 利用标准的数据库功能就能提供数据回滚、数据备份和各种安全保障。我们不必做无谓的重复性劳动，因此实现起来非常轻松。
- ❑ 客户端可以很容易地整合现有应用。在各种软件开发环境中，SQL 整合是标准功能。

那么，使用 SQL 数据库有哪些缺点呢？

❑ 相比我们真正需要的，它所造成的负担过重。为了提供一些信息，我们并不一定需要 SQL 后端的所有复杂功能。

❑ 对用户来说，数据库基本不可读，因此需要多一层实现，以查看和维护数据。而这会增加实现成本。

❑ 安全性：尽管 SQL 数据库提供了非常明确的安全等级，我们还是要谨慎行事，不让客户端存取它们不该访问的数据。此外，即使客户端不会有"恶意"的动作，它们也可能执行昂贵且低效的查询，而我们的服务器将会承担这些开销。

列出这些缺点并不表示我们不该使用 SQL。相反，列出它们是为了让我们对此做到心中有数。

方案 3

就分发信息而言，XML 也是一种不错的选择。采用 XML 时，数据有固定的格式和大小：company name（公司名）、open（开盘价）、high（最高价）、low（最低价）、closingPrice（收盘价），下面是一个 XML 格式的数据样例。

```
1   <root>
2     <date value="2008-10-12">
3       <company name="foo">
4         <open>126.23</open>
5         <high>130.27</high>
6         <low>122.83</low>
7         <closingPrice>127.30</closingPrice>
8       </company>
9       <company name="bar">
10        <open>52.73</open>
11        <high>60.27</high>
12        <low>50.29</low>
13        <closingPrice>54.91</closingPrice>
14      </company>
15    </date>
16    <date value="2008-10-11"> . . . </date>
17  </root>
```

这种做法有如下优点。

❑ 容易分发，也容易为机器和人类所识别。这也是 XML 成为分享和分发数据的标准数据模型的原因之一。

❑ 大多数语言都有执行 XML 解析的库，因此客户端实现起来也很容易。

❑ 在 XML 文件中增加新节点就可以添加新数据。这不会打乱客户端解析器（只要以正确的方式实现解析器）。

❑ 数据以 XML 文件格式存储，因此我们可以利用现有工具备份数据，不必自己重新做一套。

这么做可能有以下缺点。

❑ 这种做法会向客户端发送所有信息，即使他们只需要其中一部分。这么做效率很低。

❑ 进行数据查询时，必须解析整个文件。

无论采用哪种数据存储方案，我们都可以提供 Web 服务（比如 SOAP）供客户端存取数据。这会在工作中多加一层，但它能够增加安全保障，甚至还可能使客户更易整合系统。

话说回来，这有利也有弊，客户端将只能按我们预设或希望其采用的方式获取数据。相比之下，在纯 SQL 实现中，即使我们没有预料到客户端需要查询最高股价，它们还是可以进行查询的。

那么，该采用哪种方案呢？这里并没有明确的答案。纯文本文件方案或许是一个糟糕的选择，不过，对于 SQL 或 XML 方案，不管用不用 Web 服务，你都可以摆出令人信服的理由。这类问题的目的不是看你能否得出"正确"答案（并没有唯一正确的答案），而是看你如何设计一个系统，怎么权衡利弊并做出选择。

9.2　社交网络。你会如何设计诸如 Facebook 或 LinkedIn 的超大型社交网站的数据结构？请设计一种算法，展示两人之间最短的社交路径（比如，我 → 鲍勃 → 苏珊 → 杰森 → 你）。

题目解法

这个问题有个不错的解法，就是先移除一些限制条件，解决该问题的简化版本。

步骤 1：简化问题——先忘记有几百万用户

首先，让我们忘掉要应对几百万的用户，针对简单情况设计算法。

我们可以构造一个图，把每个人看作一个节点，两个节点之间若有连线，则表示这两个用户为朋友。

要找到两个人之间的连接，可以从其中一人开始，直接进行广度优先搜索。

为什么深度优先搜索效果不彰呢？首先它只能找到一条连接，还不一定是最短的。其次，即使任一连接都可以，它效率也很低，两个用户可能只有一度之隔，却可能要在他们的"子树"中搜索几百万个节点后，才能找到这条非常简单而直接的连接。

或者我们可以做所谓的双向广度优先搜索，也就是说要做两个广度优先搜索，一个是来源，另一个是目的地。当搜索相遇时，我们就找到了一条连接。

在实现的过程中，使用两个类可助我们一臂之力。BFSData 保存我们需要进行广度优先搜索的数据，比如 isVisited 散列表和 toVisit 队列。PathNode 代表着我们正在搜索的连接，存储每个 Person 和我们在这个连接中访问的 previousNode。

```
1   LinkedList<Person> findPathBiBFS(HashMap<Integer, Person> people, int source,
2                                     int destination) {
3     BFSData sourceData = new BFSData(people.get(source));
4     BFSData destData = new BFSData(people.get(destination));
5
6     while (!sourceData.isFinished() && !destData.isFinished()) {
7       /* 从出发点开始搜索 */
8       Person collision = searchLevel(people, sourceData, destData);
9       if (collision != null) {
10        return mergePaths(sourceData, destData, collision.getID());
11      }
12
13      /* 从目的地开始搜索 */
14      collision = searchLevel(people, destData, sourceData);
15      if (collision != null) {
16        return mergePaths(sourceData, destData, collision.getID());
17      }
18    }
19    return null;
20  }
21
22  /* 搜索一层，若有碰撞则返回 */
23  Person searchLevel(HashMap<Integer, Person> people, BFSData primary,
24                     BFSData secondary) {
25    /* 我们每次只想搜索一个级别。计算当前主节点中有多少个节点，只搜索那么多，
26     * 随后将这些节点加到末尾 */
27    int count = primary.toVisit.size();
28    for (int i = 0; i < count; i++) {
29      /* 取出第一个节点 */
```

```
30       PathNode pathNode = primary.toVisit.poll();
31       int personId = pathNode.getPerson().getID();
32
33       /* 检查是否已经访问过 */
34       if (secondary.visited.containsKey(personId)) {
35         return pathNode.getPerson();
36       }
37
38       /* 把朋友添加到队列中 */
39       Person person = pathNode.getPerson();
40       ArrayList<Integer> friends = person.getFriends();
41       for (int friendId : friends) {
42         if (!primary.visited.containsKey(friendId)) {
43           Person friend = people.get(friendId);
44           PathNode next = new PathNode(friend, pathNode);
45           primary.visited.put(friendId, next);
46           primary.toVisit.add(next);
47         }
48       }
49     }
50   return null;
51 }
52
53 /* 在搜索碰撞地方合并连接 */
54 LinkedList<Person> mergePaths(BFSData bfs1, BFSData bfs2, int connection) {
55   PathNode end1 = bfs1.visited.get(connection); // end1 -> 起点
56   PathNode end2 = bfs2.visited.get(connection); // end2 -> 目的地
57   LinkedList<Person> pathOne = end1.collapse(false);
58   LinkedList<Person> pathTwo = end2.collapse(true); // 反转
59   pathTwo.removeFirst(); // 移除连接
60   pathOne.addAll(pathTwo); // 添加第二个连接
61   return pathOne;
62 }
63
64 class PathNode {
65   private Person person = null;
66   private PathNode previousNode = null;
67   public PathNode(Person p, PathNode previous) {
68     person = p;
69     previousNode = previous;
70   }
71
72   public Person getPerson() { return person; }
73
74   public LinkedList<Person> collapse(boolean startsWithRoot) {
75     LinkedList<Person> path = new LinkedList<Person>();
76     PathNode node = this;
77     while (node != null) {
78       if (startsWithRoot) {
79         path.addLast(node.person);
80       } else {
81         path.addFirst(node.person);
82       }
83       node = node.previousNode;
84     }
85     return path;
86   }
87 }
88
89 class BFSData {
90   public Queue<PathNode> toVisit = new LinkedList<PathNode>();
91   public HashMap<Integer, PathNode> visited =
```

```
92       new HashMap<Integer, PathNode>();
93
94    public BFSData(Person root) {
95       PathNode sourcePath = new PathNode(root, null);
96       toVisit.add(sourcePath);
97       visited.put(root.getID(), sourcePath);
98    }
99
100   public boolean isFinished() {
101      return toVisit.isEmpty();
102   }
103 }
```

很多人会惊讶于为何这种方式更快。有些便捷的数学证明可以解释这一点。

假设每个人有 k 个朋友，节点 S 和 D 有一个共同的朋友 C。

❑ 从 S 到 D 的传统的广度优先搜索：我们大概会经过 $k + k \times k$ 个节点，分别来自 S 的 k 个朋友以及他们各自的 k 个朋友。

❑ 双向的广度优先搜索：只需要经过 $2k$ 个节点，即 S 的 k 个朋友和 D 的 k 个朋友。

$2k$ 和 $k + k \times k$ 相比，显而易见，$2k$ 更小些。

把它推广到一个长度为 q 的路径，可以由此得出下面两种情况。

❑ 广度优先搜索：$O(k^q)$。

❑ 双向广度优先搜索：$O(k^{q/2} + k^{q/2})$，即 $O(k^{q/2})$。

想象一个像 A -> B -> C -> D -> E 这样的路径，每个人有 100 个朋友，两者的表现就会截然不同。BFS 需要查看 1 亿（100^4）个节点，而双向 BFS 只需要查看 2 万个节点（100^2）。双向 BFS 一般会比传统的 BFS 更快。但它除了访问源节点外还需要访问目标节点，这个要求并非总能满足。

步骤 2：处理数百万的用户

处理 LinkedIn 或 Facebook 这种规模的服务时，不可能将所有数据存放在一台机器上。这就意味着前面定义的简单数据结构 Person 并不管用，朋友的资料和我们的资料不一定在同一台机器上。我们要换种做法，将朋友列表改为他们 ID 的列表，并按如下方式追踪。

(1) 针对每个朋友 ID，找出所在机器的位置：int machine_index = getMachineIDForUser (personID)。

(2) 转到编号为#machine_index 的机器。

(3) 在那台机器上，执行：Person friend = getPersonWithID(person_id)。

下面的代码描绘了这一过程。我们定义了一个 Server 类，包含一份所有机器的列表，还有一个 Machine 类，代表一台单独的机器。这两个类都用了散列表，从而有效地查找数据。

```
1  class Server {
2    HashMap<Integer, Machine> machines = new HashMap<Integer, Machine>();
3    HashMap<Integer, Integer> personToMachineMap = new HashMap<Integer, Integer>();
4
5    public Machine getMachineWithId(int machineID) {
6      return machines.get(machineID);
7    }
8
9    public int getMachineIDForUser(int personID) {
10     Integer machineID = personToMachineMap.get(personID);
11     return machineID == null ? -1 : machineID;
12   }
13
14   public Person getPersonWithID(int personID) {
```

10

```
15      Integer machineID = personToMachineMap.get(personID);
16      if (machineID == null) return null;
17
18      Machine machine = getMachineWithId(machineID);
19      if (machine == null) return null;
20
21      return machine.getPersonWithID(personID);
22    }
23 }
24
25 class Person {
26   private ArrayList<Integer> friends = new ArrayList<Integer>();
27   private int personID;
28   private String info;
29
30   public Person(int id) { this.personID = id; }
31   public String getInfo() { return info; }
32   public void setInfo(String info) { this.info = info; }
33   public ArrayList<Integer> getFriends() { return friends; }
34   public int getID() { return personID; }
35   public void addFriend(int id) { friends.add(id); }
36 }
```

其实还有更多的优化和后续问题有待讨论，下面是其中的一些想法。

优化：减少机器间跳转的次数

从一台机器跳转到另一台机器的花费过高。不要为了找到某个朋友就在机器之间任意跳转，而是试着批处理这些跳转动作。举例来说，如果有 5 个朋友都在同一台机器上，那就应该一次性找出来。

优化：智能划分用户和机器

人们跟生活在同一国家的人成为朋友的可能性较大。因此，不要随意将用户划分到不同机器上，而应该尽量按国家、城市、州等进行划分。这样一来，就可以减少跳转的次数。

问题：广度优先搜索通常要求"标记"访问过的节点。在这种情况下，你会怎么做

在广度优先搜索中，通常我们会设定节点类的 visited 标志，以标记访问过的节点。但对这道题来说，我们那么做不太好。因为同一时间可能会执行很多搜索操作，因此直接编辑数据的做法并不妥当。

反之，我们可以利用散列表模仿节点的标记动作，以查询节点 id，看它是否访问过。

其他扩展问题

❏ 在真实世界中，服务器会出故障。这会对你造成什么影响？

❏ 你会如何利用缓存？

❏ 你会一直搜索，直到图的终点（无限）吗？该如何判断何时放弃？

❏ 在现实生活中，有些人比其他人拥有更多朋友的朋友，因此更容易在你和其他人之间构建一条路径。该如何利用该数据选择从哪里开始遍历？

这些只是你或者面试官可能会提出的一部分扩展问题，其实还有许多其他问题可以深入讨论。

9.3 网络爬虫。如果要设计一个网络爬虫，该怎样避免陷入死循环呢？

题目解法

拿到这道题，第一个要问自己的是：什么情况下才会出现无限循环？最直接的答案是，如果将整个网络想象成一个链接的图，图中有环就会出现无限循环。

　　为了避免无限循环，我们只需检测有没有环。一种做法是创建一个散列表，访问过页面 v 后，将 hash[v]设为真（true）。

　　这种解法意味着我们可以使用广度优先搜索的方式抓取网站。每访问一个页面，我们就会收集它的所有链接，并将它们插入队列末尾。若发现某个页面已访问，就将其忽略。

　　这个方法不错，不过访问页面 v 意味着什么？页面 v 是基于它的内容还是 URL 来定义的？

　　如果页面是根据其 URL 定义的，我们必须认识到 URL 参数可能代表完全不同的页面。例如，页面 www.careercup.com/page?pid=microsoft-interview-questions 与页面 www.careercup.com/page? pid=google-interview-questions 是截然不同的。不过，只要 URL 参数不是 Web 应用识别和处理的，就可以将它附加到任意 URL 之后，而不会真的改变页面，比如，页面 www.careercup.com?foobar =hello 与 www.careercup.com 是一样的。

　　"好吧，"你或许会说，"那我们就以内容定义页面。"乍一听，似乎还不错，但这并不切实可行。假设 careercup.com 首页的部分内容是随机生成的。每次访问首页时，它都是不同的页面吗？不见得。

　　事实上，目前还没有完美的方式来定义"不同的"页面，这就是此题棘手的地方。

　　一种解决方法是评估相似程度。根据内容和 URL，若某个页面与其他页面具有一定的相似度，则降低抓取其子页面的优先级。对于每个页面，我们都会根据内容片段和页面的 URL，算出某种特征码。

　　下面来看看这是如何实现的。

　　我们有一个数据库，存储了待抓取的一系列条目。每一次循环，我们都会选择最高优先级的页面进行抓取，接着执行以下步骤。

　　(1) 打开该页面，根据页面的特定片段及其 URL，创建该页面的特征码。

　　(2) 查询数据库，看看最近是否已抓取拥有该特征码的页面。

　　(3) 若有此特征码的页面最近已被抓取过，则将该页面插回数据库，并调低优先级。

　　(4) 若未抓取，则抓取该页面，并将它的链接插入数据库。

　　根据上面的实现，我们怎么也"完不成"整个 Web 的抓取，但可以避免陷入页面循环的境地。若想最终"完成"整个 Web 的抓取（显然，只有当这个"Web"是诸如企业内部网那种较小的系统时才可行），那么，可以设定一个保证页面一定会被抓取的最低优先级。

　　这只是一个简化的解法，实际上还有许多其他同样有效的解法。这类问题更像是你跟面试官之间的对话，可能引发出各种各样的讨论。事实上，针对此题的讨论很有可能引出下一题。

9.4　重复网址。 给定 100 亿个网址（URL），如何检测出重复的文件？这里所谓的"重复"是指两个 URL 完全相同。

题目解法

　　100 亿个网址（URL）要占用多少空间呢？如果每个网址平均长度为 100 个字符，每个字符占 4 B，则这份 100 亿个网址的列表将占用约 4 TB。在内存中可能放不下那么多数据。

　　不过，不妨假设一下，这些数据真的奇迹般地放进了内存，毕竟先求解简化版的题目是明智之举。对于此题的简化版，只要创建一个散列表，若在网址列表中找到某个 URL，就映射为 true。另一种做法是对列表进行排序，找出重复项，这需要额外耗费一些时间，但几无优点可言。

　　至此，我们得到了此题简化版的解法，那么，假设我们手上有 4000 GB 的数据，而且无法全部放进内存，该怎么办？倒也好办，我们可以将部分数据存储至磁盘，或者将数据分拆到多台机器上。

10

解法 1：存储至磁盘

若将所有数据存储在一台机器上，可以对数据进行两次扫描。第一次扫描是将网址列表拆分为 4000 组，每组 1 GB。简单的做法是将每个网址 u 存放在名为.txt 的文件中，其中 x = hash(u) % 4000，也就是说，我们会根据网址的散列值（除以分组数量取余数）分割这些网址。这样一来，所有散列值相同的网址都会位于同一文件。

第二次扫描时，我们其实是在实现前面简化版问题的解法：将每个文件载入内存，创建网址的散列表，找出重复的。

解法 2：多台机器

另一种解法的基本流程是一样的，只不过要使用多台机器。在这种解法中，我们会将网址发送到机器 x 上，而不是存储至文件.txt。

使用多台机器有利也有弊。主要优点是可以并行执行这些操作，同时处理 4000 个分组。对于海量数据，这么做就能迅速有效地解决问题。缺点是现在必须依靠 4000 台不同的机器，同时要做到操作无误。这可能不太现实（特别是对于数据量更大、机器更多的情况），我们需要开始考虑如何处理机器故障。此外，涉及这么多机器，无疑大幅增加了系统的复杂性。

话说回来，这两种解法都不错，都值得与面试官讨论一番。

9.5　缓存。 想象有个 Web 服务器，实现简化版搜索引擎。这套系统有 100 台机器来响应搜索查询，可能会对另外的机器集群调用 processSearch(string query)以得到真正的结果。响应查询请求的机器是随机挑选的，因此两个同样的请求不一定由同一台机器响应。processSearch 方法过于昂贵，请设计一种缓存机制，缓存最近几次查询的结果。当数据发生变化时，请解释说明该如何更新缓存。

题目解法

在开始设计系统之前，必须先理解此题的真正含义。正如我们所预料的那样，这类题目有很多细节都比较模糊。为了提供一个解法，我们将作出一些合理的假设，不过，你应该与面试官深入讨论这些细节。

假设

下面是针对这个解法作出的几个假设条件。基于系统设计和解题的方法，你可能还会作出其他假设条件。记住，虽然某些方法会比其他的好一些，但并没有唯一"正确"的方法。

- 除了必要时往外调用 processSearch，所有查询处理都在最初被调用的那台机器上完成。
- 我们希望缓存的搜索查询数量庞大（几百万）。
- 机器之间的调用速度相对较快。
- 给定查询的结果是一个有序的网址列表，每个网址关联 50 个字符的标题和 200 个字符的摘要。
- 最常见的查询非常热门，以至于它们总是会存在缓存中。

重申一次，这些不是唯一的有效假设，仅是其中几个合理的而已。

系统需求

设计缓存机制时，显然我们需要支持两个主要功能。

- 给定某个键，快速有效地查找出来。
- 旧的数据会过期，从而让它可被新的数据取代。

此外，当某次查询的结果改变时，我们还必须处理缓存的更新或清除。因为有些查询非常常见，有可能长驻在缓存中，我们不能干等着该数据过期。

步骤1：设计单系统的缓存

此题有个好解法：先针对单台机器设计缓存。那么，又该创建什么样的数据结构，使我们得以轻易清除旧数据，还能高效地根据键查找出相对应的值？

❑ 使用链表可以轻易清除旧数据，只需将"新鲜"项移到链表前方。当链表超过一定大小时，我们可以删除链表末尾的元素。

❑ 散列表可以高效查找数据，但通常无法轻易清除数据。

怎样才能做到两全其美呢？将这两种数据结构融合在一起即可，下面是具体做法。

❑ 跟之前一样创建一个链表，每次访问节点后，该节点就会移至链表首部。这样一来，链表尾部将总是包含最陈旧的信息。

❑ 此外，还需要一个散列表，将查询映射为链表中相应的节点。这样不仅可以有效返回缓存的结果，还能将适合的节点移至链表首部，从而更新其"新鲜度"。

为了说明这种方法，下面给出了缩略版的缓存实现代码。本书网站提供了这些代码的完整版本。注意，在面试中，一般不会要求你为此写出完整的代码，也不会要求你设计更大的系统。

```
1   public class Cache {
2     public static int MAX_SIZE = 10;
3     public Node head, tail;
4     public HashMap<String, Node> map;
5     public int size = 0;
6
7     public Cache() {
8       map = new HashMap<String, Node>();
9     }
10
11    /* 将节点移至链表前方 */
12    public void moveToFront(Node node) { ... }
13    public void moveToFront(String query) { ... }
14
15    /* 从链表中移除节点 */
16    public void removeFromLinkedList(Node node) { ... }
17
18    /* 从缓存中获取结果，并更新链表 */
19    public String[] getResults(String query) {
20      if (!map.containsKey(query)) return null;
21
22      Node node = map.get(query);
23      moveToFront(node); // 更新新鲜度
24      return node.results;
25    }
26
27    /* 将结果插入链表，并散列 */
28    public void insertResults(String query, String[] results) {
29      if (map.containsKey(query)) { // 更新值
30        Node node = map.get(query);
31        node.results = results;
32        moveToFront(node); // 更新新鲜度
33        return;
34      }
35
36      Node node = new Node(query, results);
37      moveToFront(node);
38      map.put(query, node);
39
40      if (size > MAX_SIZE) {
```

```
41              map.remove(tail.query);
42              removeFromLinkedList(tail);
43          }
44      }
45  }
```

步骤 2：扩展到多台机器

现在，我们了解了如何设计单台机器的缓存，接下来还需了解，当查询被发送至许多不同的机器时，如何设计缓存。回想一下问题描述：不能保证某个查询一定会发送给同一台机器。

首先，我们需要决定缓存跨机器共享到什么程度。有以下几种选项可供参考。

● 选项 1：每台机器都有自己的缓存

一种简单的做法是让每台机器都有自己的缓存，也就是说，如果“foo”在短时间内被发送给机器 1 两次，在第二次，结果会从缓存中返回。但是，如果“foo”先发送给机器 1 然后发送至机器 2，则两次都会被视作全新的查询。

这么做的优点是相对快速，因为不涉及机器之间的调用。可惜，由于许多重复查询都会被视作全新查询，作为优化工具的缓存并不是那么有效。

● 选项 2：每台机器都有一个缓存的副本

另一个极端做法是给每台机器一个缓存的完整副本。当新的条目添加至缓存时，它们会被发送给所有机器，包括链接和散列表在内的整个数据结构都会被复制。

这种设计意味着常见的查询几乎总是会在缓存里，因为所有机器的缓存都是相同的。但是，其主要缺点是更新缓存意味着要将数据发送给 N 台机器，其中 N 是响应集群的规模。此外，每个条目占用的空间是上一种做法的 N 倍，因此缓存所能存放的数据要少得多。

● 选项 3：每台机器存储一部分缓存

第三种做法是将缓存分割开，每台机器存放缓存的不同部分。然后，当机器 i 需要查找某次查询的结果时，它会算出哪一台机器持有这个值，接着请求这台机器（机器 j）在它的缓存里查找该查询。

但是，机器 i 怎么知道哪一台机器持有这部分散列表？

一种做法是根据算式 hash(query) % N 指定查询的结果。然后，机器 i 只需利用这个算式即可得出存储结果的机器 j。

因此，当新的查询进入机器 i 时，这台机器会应用上面的算式从而调用机器 j。随后，机器 j 会从它的缓存中返回待查询的值，或者调用 processSearch(query) 得到结果。机器 j 会更新其缓存，并将结果返回给机器 i。

或者你也可以这样设计系统：机器 j 在其当前缓存中找不到查询的结果，则直接返回 null。这就要求机器 i 调用 processSearch，然后将结果转发给机器 j 存储。这个实现实际上会增加机器与机器间的调用数量，没什么优势可言。

步骤 3：内容改变时更新结果

回想一下，有些查询可能非常热门，以致缓存足够大的话，它们可能会永久存在缓存中。当某些内容改变时，我们需要通过某种机制来定期或“按需”刷新缓存的结果。

要回答这个问题，我们需要考虑结果何时才会改变（最好跟面试官讨论一下）。结果改变的主要时机如下。

(1) 网址对应的内容变了或网址对应的页面被移除。

(2) 为反映页面排名变化，搜索结果的排序也变了。

(3) 特定查询出现了新页面。

为了处理情况(1)和情况(2)，可以另外创建一个散列表，指示哪个缓存查询与特定网址关联。这些缓存可以完全独立于其他缓存进行处理，并放在不同的机器上。不过，这种解法可能需要大量的数据。

另外，如果数据不要求即时刷新（一般来说不需要），我们可以定期遍历每台机器上存储的缓存，将与更新过的网址相关联的结果清除掉。

情况(3)很难处理。我们可以通过解析新网址对应的内容并从缓存中清除这些单一词的查询，来更新单一词查询。不过，这仅能处理单一词的查询。

针对情况(3)或者我们要处理的其他类似情况有个不错的处理方式，就是实现缓存的"自动逾期"，也就是说，我们会强加一个超时，任何一个查询，不管它有多热门，都无法在缓存中存放超过 x 分钟。这将确保所有的数据都会定期刷新。

步骤 4：继续改进

根据你作出的假设和想要优化的情况，这个设计还有不少可改进和优化之处，其中有个可优化之处是更好地支持有些查询非常热门的情况。例如，假设（举个极端的例子）所有查询中，有 1% 都含有某个字符串。那么，机器 i 不必每次都将这个搜索请求转给机器 j，应该只向 j 转发一次，然后机器 i 就可以直接将结果存储在自己的缓存中。

或者我们还可以重新架构整个系统，根据查询的散列值而不是随机将查询分配给某台机器，由此也得到缓存的位置。不过，这么做也有利有弊。

另一个可优化之处是针对"自动过期"机制的。按照前面的描述，这个机制会在 X 分钟后清除任意数据。然而，相比其他数据（如历史股价），我们希望某些数据（如时事新闻）的更新更频繁，可以根据主题或网址实现不同的自动逾期机制。对于后一种情况，根据页面以往的更新频度，每个网址会设置不同的超时值。该搜索查询的超时值是每个网址超时值的最小值。

这只是一部分可以改进的地方。记住，这类题型并没有唯一正确的解法，其用意是让你与面试官讨论设计准则，展示你的思考方式和解题方法。

9.6 销售排名。 一家大型电子商务公司希望列出所有类别及每个类别最畅销的产品，例如，在所有类别中，一款产品可能是第 1056 个畅销产品，但在"运动器械"类排名第 13，在"安全"类排名第 24。简述你要如何设计这个系统。

题目解法

首先我们要作一些假设来使这个问题更明确。

步骤 1：确定问题范围

首先，要定义我们到底要构建什么。

- 假设我们只要求设计与此问题相关的组件，而不是整个电子商务系统。在这种情况下，只有当前端和购买组件对销售排名有些影响时，我们才可能会稍稍触及它的设计。
- 我们还应该精确销售排名的含义。是所有时间的总销售额吗？还是上个月抑或上周的销售额？或者是一些更复杂的功能？例如涉及销售数据的某种指数衰减的功能。这些都是需要和面试官讨论的问题。这里我们假设它仅表示过去一周的总销售额。
- 我们假设每个产品可以有多个类别，并且没有"子类别"的概念。

基于上述部分，我们对问题是什么或功能的范围就了然于胸了。

步骤 2：作出合理的假设

这些本该是你和面试官讨论的事情。但此刻我们面前找不到面试官，只好作些假设。

❑ 我们将假设统计信息不会实时更新。对于某些最受欢迎的类别，排名会有 1 小时的延迟。例如，每个种类中的前 100 名。对于不太受关注的类型，会有 1 天的延迟。更确切地说，很少有人会注意到销量排行中排在第 132 名的#2809，实际应该是#2789，应被排为第 158 名。

❑ 对于最受欢迎的类别来说，精度很重要。但是对于不那么受欢迎的类别来说，有些误差也是可以接受的。

❑ 我们将假定对于最受欢迎的类别数据应该每小时更新一次，但这些数据的时间范围不必精确为最后 7 天（168 小时），150 小时也可以。

❑ 我们将认为这些分类是严格基于交易的来源，比如卖家名称，而不是价格或日期。

重要的不是你在每个可能的问题上作出了什么假设，而是你是否想到了这些。你应该在开始时尽量多提出假设。除此以外，在后面解题过程中你可能还需要作一些假设。

步骤 3：画出主要组件

我们应该设计一个基本而简单的系统，用来描述主要组件。然后再去白板上把它画出来。

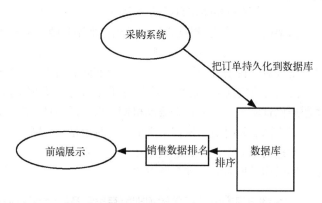

在这个简单的设计中，一有订单数据我们就立刻持久化到数据库。大约每隔 1 小时，我们便会按类别从数据库中获取销售数据，计算总销售额，然后对其进行排序，同时将结果存储到某种销售排名的缓存中（可能是放到内存中）。前端只是从缓存中拉取销售排名数据，而不会直接访问数据库，之后再进行分析。

步骤 4：找准核心问题

● 分析成本过高

在上述的简单系统中，我们会定期查询数据库中每个产品上周的销量。这个操作成本过高，因为它是对所有时间的所有销售进行查询。

我们的数据库其实只需要记录销售总额。就像前面说的，我们可以作一个假设，即系统的其他组件已经存储了购买的历史。这样就可以把主要精力放在数据分析上了。

我们不需要在数据库中列出每次的购买记录，相反，只需存储上周的总销售额。每笔交易都会更新每周的总销售额。

关于如何记录总销售额需要思考一下。如果只是用一列记录上周的总销售额，那我们就需要每天重新计算本周销售额，因为每天的销售额都会变。那样做不是很划算。

相反，我们可以用一个类似于下面的表记录销售额。

产品 ID	销售总额	星期日	星期一	星期二	星期三	星期四	星期五	星期六

这有点儿像一个环形队列。每一天，我们都会清除一周中的相应日期。在每次购买时，我们会更新该产品在一周中的该日的销售额以及本周总销售额。

我们还需要一个单独的表来存储产品 ID 和类别的关联关系。

产品 ID	类别 ID

这样，要获得每种类别的销售排名，只需要连接这些表。

● 数据库写入频繁

即使像上述那样记录销售额，我们仍然会非常频繁地访问数据库。随着每秒交易量的增加，我们可能希望批量写入数据库。

我们可以将购买记录存储在某种内存缓存中，也可以作为备份的日志文件，而不是立即将每次交易提交给数据库。我们会定期处理日志/缓存数据，计算总销售额并更新数据库。

　　我们应该快速考虑下把它放在缓存里是否可行。如果系统中有 1000 万个产品，我们可以把每个产品和它的销售额都存到散列表中吗？当然可以，如果每个产品 ID 是 4 B，销售额也是 4 B，那么这样的散列表大约仅有 40 MB 大小，而 4 B 已经可以容纳 40 亿个唯一 ID 了，对销售额更是绰绰有余。即使有些额外的内存开销和爆发式的系统增长，我们仍旧可以放入内存中。

更新数据库后，我们可以重算销售排名。

不过需要注意一点，如果我们在另一个产品之前处理一个产品的日志，并在这期间重算销售排名的统计信息，可能会有些偏差（因为我们处理的产品比"竞争"产品的时间更长）。

可以用如下方式解决这一问题：确保销售排名的统计程序在所有需要存储的数据得到处理之前不会运行（随着购买量越来越大，变得很难做到），或者通过将内存中的缓存划分一段时间。如果我们到某个特定时刻才会更新所有需要存储的数据，这样就保证了数据库没有偏差。

● join 操作过于烦琐

我们有数以万计的产品类别。对于每个类别，我们都需要先通过烦琐的 join 操作拉取数据，然后对其进行排序。

或者我们可以只进行一次产品和类别的 join 操作，这样每个产品都将按类别列出一次。接着，如果按类别和产品 ID 先后排序，我们遍历就可以获得每个类别的销售排名。

产品 ID	类　　别	销售总额	星期日	星期一	星期二	星期三	星期四	星期五	星期六
1423	体育器材	13	4	1	4	19	322	32	232
1423	安全设备	13	4	1	4	19	322	32	232

我们应该先按类别进行排序，然后对销售量进行排序，而不是跑数千个查询，每个类别一个查询。这样，遍历结果，我们就会获得每个类别的销售排名。除此以外，为了获得总体销售排名，还需要对所有产品的总销售额整体排序。

当然了，如果从一开始就将这些数据保存在上述的表格中，就无须 join 操作。但这样每个

10

产品需要更新多行。

● 数据库查询可能依然很耗时

如果查询和写入费时费力，我们可以考虑完全放弃数据库转而使用日志文件。在这种情况下，诸如 MapReduce 之类的便能派上用场了。

在这个系统下，我们会把一次购买和产品 ID、时间戳一起写入简单的 text 文件。每个类别都有自己的目录，并且每个购买都会被写入所有与该产品相关的类别的文件中。

我们会不断地通过产品 ID 和时间范围合并文件，以便把给定的 1 天或 1 小时内的所有购买都放在一起。

```
/ 体育器材
    1423,Dec 13 08:23-Dec 13 08:23,1
    4221,Dec 13 15:22-Dec 15 15:45,5
    ...
/ 安全设备
    1423,Dec 13 08:23-Dec 13 08:23,1
    5221,Dec 12 03:19-Dec 12 03:28,19
    ...
```

只需要对每个目录进行排序，就能得到每个类别中最畅销的产品。那么，如何获得总体排名呢？有以下两个办法。

❑ 我们可以将通用类别视为另一个目录，并将每笔购买都写入该目录。这样该目录中会有大量文件。

❑ 或者，由于我们已经按照每个类别的销量订单对产品进行了排序，因此也可以进行多路归并来获得总体排名。

另外，我们可以利用数据不需要实时更新的假设，将最流行的类别列为最新的。

我们可以以成对的方式合并来自每个类别的最受欢迎的物品。所以，两个类别配对在一起，我们合并最热门的类别（第一个 100 左右）。当有 100 件已经排序的商品后，停止合并这对商品，并移至下一对商品进行重复操作。

获得所有产品的排名后，我们可以偷点懒，每天只运行一次这项工作。

其一大优点是可伸缩性很好。我们可以很轻松地在多台服务器之间划分文件，因为彼此间互不依赖。

更深入的讨论

面试官可能会在任何方向对系统设计提出疑问。

❑ 你认为会在哪里遇到下一个瓶颈？你会怎么做？

❑ 如果还有子类别呢？有的类别可以列在"运动"和"运动器材"下，甚至以"体育" > "运动器材" > "网球" > "球拍"这种形式排序吗？

❑ 如果数据需要更准确，该怎么办？如果所有产品需要在 30 分钟内确保准确无误，该怎么办？

仔细思考和权衡你给出的设计，甚至还需要就该产品的某一具体方面作进一步详细介绍。

9.7 个人理财管理。要你设计款个人理财管理系统（类似 Mint.com），简述你的设计思路。系统的功能可以连接到你的银行账户，分析你的消费习惯，并给出建议。

题目解法

拿到此题，我们首先要做的就是准确地定义问题。

步骤 1: 确定问题范畴

通常来讲，你需要向面试官阐述清楚整个系统。这里我们把问题定义如下。

☐ 你可以创建一个账户并添加银行账户。你可以添加多个银行账户，并且可以选择稍后再添加。

☐ 该账户可以同步你所有的财务历史或者只同步银行允许的财务记录。

☐ 财务记录包括支出（购物或缴费）、收入（工资和其他收入）和当前的账户余额（银行账户和投资中的总金额）。

☐ 每笔交易都有一种类别（食品、旅行、服装等）。

☐ 提供某种数据源，可以较为稳妥地将交易关联到相应的类别。在某些分配不当的情况下，用户能够覆盖该类别（例如，在商场的咖啡厅用餐应该属于"食物"而不是"衣服"）。

☐ 使用该系统，用户可以得到有关支出的建议。这些建议综合了典型的支出策略，比如，"人们通常不应该将超过 $X\%$ 的收入花在服装上"，但用户可以自主定制预算。目前这还不是要关注的焦点。

☐ 我们现在姑且认为它只是一个网站，但也可以认为它会涉及一点儿移动应用。

☐ 我们可能需要定期发送电子邮件通知，或者在某些情况下（超过特定阈值，达到预算最大值等）发送电子邮件通知用户。

☐ 我们将假设没有这样的功能：按用户指定的规则判断交易的类别。

基于上述定义，我们在构建系统时，就可以做到有的放矢。

步骤 2: 合理假设

明确了系统设计的基本目标后，我们着手就系统的特性作进一步假设。

☐ 增加或移除银行账户是比较特殊的。

☐ 系统压力主要在写入。通常一个用户每天可以进行几次交易，但是很少有用户在一周内多次访问网站。事实上，更多的用户可能只看电子邮件的提醒。

☐ 一旦将一个交易指定类别，只有用户要求时，交易的类别才能被更改。即使规则改变，系统也不会悄无声息地改变旧交易的类别，也就是说，如果每个交易日期之间的规则发生变化，那么两个相同的交易可以被分配到不同的类别。我们这样做是为了避免让用户陷入如下疑惑，即没有任何交易，他们每个类别的支出却变化了。

银行可能不会把数据推到我们的系统中。相反，我们需要从银行拉取数据。

对超出预算的用户的警告可能不需要立即发送。这不太现实，因为我们不会立刻得到交易数据。对于他们来说，延迟 24 小时才是安全的做法。

这里还可以作出不同的假设，但有必要向面试官直接说明这一点。

步骤 3: 画出主要组件

最简单的系统就是，在每次登录时拉取数据，然后把数据分类，再分析用户的预算。但这样有点无法满足需求，毕竟我们想在某些特定事件发生时给用户发邮件通知。

我们还可以做得更好。

10

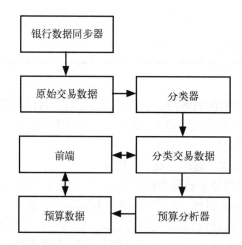

如上图所示的基本架构，系统按周期（每小时或每天）拉取银行数据。这个频率可能取决于用户的行为。不太活跃的用户检查账户也不太频繁。

一旦新数据到达，它就被存储在一些未处理的交易列表中。然后数据会被推到分类器，它会将交易分类，并持久化到另一个数据库中。

预算分析器同步拉取分类后的交易数据，更新每个用户的每个类别的预算，并持久化。

前端拉取分类后的交易数据和用户的预算数据。此外，用户还可以通过前端交互改变预算和分类规则。

步骤 4：找准核心问题

我们现在应该考虑一下系统面临的主要问题所在。

这肯定会是一个非常繁重的系统。可是我们想让它反应快速而灵敏，因此，要尽量多做异步处理。

我们肯定会希望至少有一个任务队列，通过它可以把待完成的任务排好队，其中将包括诸如提取新的银行数据、重新分析预算和分类新的银行数据等任务。除此之外，它还包括重新尝试失败的任务。

这些任务可能会有相应的优先级，因为有些任务要比其他任务执行的频繁些。我们希望构建一个任务队列系统，其可以给某些任务类型更高的优先权，同时确保所有任务最终能被执行，也就是说，我们不希望低优先级的任务不被执行，因为总是有更高优先级的任务存在。

我们尚未解决系统的一个重要组成部分，也就是电子邮件系统。我们可以使用一个任务定期抓取用户的数据，以检查是否超出了预算，但这意味着每天要检查每个用户的数据。另一种方案是，每当发生交易，可能超过预算时，我们会重排任务。我们可以存储每个类别的预算总额，以便判断一个交易是否超过预算。

我们还应该考虑这样的情况或假设，即一个系统可能会有大量的非活跃用户：注册过一次后但从未使用过该系统。我们或许希望从系统中完全删除这些用户信息或者不主动分析这样的账户，还希望某个系统能够跟踪他们的账户活动并给每个账户设置相应的优先级。

系统面临的最大的瓶颈可能是大量的数据需要提取和分析。我们要能够异步拉取银行数据并在多台服务器上运行这些任务，还要深入了解分类器和预算分析器的工作方式。

● 分类器和预算分析器

有一点需要注意的是交易互不依赖。只要我们获得某个用户的一次交易，就可以对其进行分类并整合这些数据。这样做可能不太高效，但分析结果不会出现误差。

　　我们应该使用标准数据库吗？由于大量的交易同时进入，这可能不太高效。我们当然不想做一堆 join 操作。

　　将交易存储到一组纯文本文件可能会好一些。我们之前假设这些分类仅基于卖家的姓名。如果假设有很多用户，那么卖家会有很多重复。如果按照卖方的名称对交易文件进行分组，则可以利用这些副本。

　　分类器可以执行如下操作。

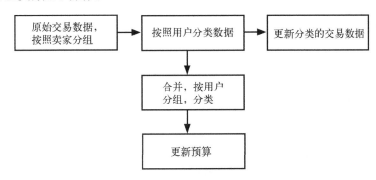

　　首先获取按照卖家分组后的原始交易数据。然后为卖家选择适当的类别，最常见卖家的对应关系可能存储在缓存中，接着将该类别应用于该卖家的所有交易。

　　应用该类别后，它将按用户重新分组所有交易。然后，每个用户的交易都会被持久化到数据库。

分类之前	分类之后
amazon/ 　　user121,$5.43,Aug 13 　　user922,$15.39,Aug 27 　　... comcast/ 　　user922,$9.29,Aug 24 　　user248,$40.13,Aug 18 　　...	user121/ 　　amazon,shopping,$5.43,Aug 13 　　... user922/ 　　amazon,shopping,$15.39,Aug 27 　　comcast,utilities,$9.29,Aug 24 　　... user248/ 　　comcast,utilities,$40.13,Aug 18 　　...

　　然后，预算分析器就派上用场了。它将按用户分组的数据合并到不同类别中，然后更新预算。因此，此时间段内这个用户的所有购物任务都将合并。

　　这些任务中的大多数会在纯日志文件中处理。只有最终数据（分类交易数据和预算分析数据）才会存储在数据库中。这最大限度地减少了数据库的写入和读取。

● 用户更改类别

　　用户可以选择覆盖特定的交易从而将它们分配给不同的类别。在这种情况下，我们将更新分类交易的数据存储。这也意味着快速重算预算，在旧类别中减少数额，在新类别中增加数额。

　　我们也可以从头开始重新计算预算。预算分析器相当快，因为它只需要查看单个用户在过去几周的交易情况。

更深入的讨论

❏ 如果你还需要支持移动应用程序，那么系统需要什么改变？

10

　　❑ 你如何设计将预算分配给每个类别的组件？

　　❑ 你将如何设计推荐预算的功能？

　　❑ 如果用户可以制定规则来对特定卖方的所有交易进行分类，而不是默认分类，那么你要如何做？

9.8　文本分享。 设计一个类似于 Pastebin 的系统，用户输入一段文本，就可以得到一个随机生成的 URL 来访问该系统。

题目解法

我们可以从明确这个系统的具体细节着手。

步骤 1：确定问题的范围

　　❑ 系统不支持用户账户或编辑文档。

　　❑ 系统可以跟踪分析每个页面访问次数。

　　❑ 旧文档在长时间不被访问后会被删除。

　　❑ 虽然在访问文档时没有真实的身份验证，但用户不应该轻松猜到文档的 URL。

　　❑ 该系统有前端和 API 接口。

　　❑ 每个 URL 的分析可以通过对应页面上的"统计"链接访问。但是，默认情况下不显示。

步骤 2：作出合理的假设

　　❑ 系统流量大，包含数百万个文档。

　　❑ 文档的访问量不是均匀分布的。一些文档更会被多次访问。

步骤 3：绘制主要组件

我们可以先勾勒出一个简单的设计。我们需要跟踪 URL 和与之对应的文件，以及关于文件访问频率的分析。

应该如何存储文件？有如下两种选择：可以将它们存储在数据库中，也可以将它们存储在文件中。由于文件可能很大，而且我们不太可能需要搜索功能，因此将它们存储在文件中可能更好。

下图这样一个简单的设计可能就合适。

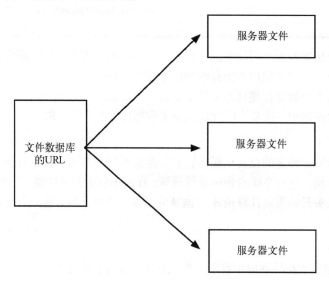

在这里我们有一个简单的数据库，用于查找每个文件的位置，即服务器和路径。当我们请求一个 URL 时，先在数据存储中查找 URL 的位置，然后访问文件。

另外，我们需要一个跟踪分析的数据库。一个简单的数据存储就可以做到这一点，它将每次访问的时间戳、IP 地址和位置作为一行添加到数据库中。当需要访问这些统计信息时，便从该数据库中拉取相关数据。

步骤 4：确定关键问题

第一个会想到的问题就是，一些文档比其他文档更会被频繁地访问。与从内存中读取数据相比，从文件系统读取数据相对较慢。因此，我们或许希望使用缓存来存储最近访问的文档。这会确保那些频繁或最近被访问的文件访问速度较快。由于文件不能编辑，我们不需要担心缓存失效。

我们也应该考虑分解数据库。我们可以依据 URL 的映射来分割它，比如用 URL 的散列码（hash code）以某个整数为模，这将使我们能够快速定位包含该文件的数据库。

其实，我们甚至可以作进一步优化。我们完全可以跳过数据库，只是让 URL 的散列值表示哪个服务器包含文档。URL 本身可以代表文档的位置。由此可能产生的问题是，如果我们需要添加服务器，则可能很难重新分配文档。

● 生成 URL

我们还没有讨论如何实际生成 URL。我们可不希望它是个单调递增的整数值，因为这样用户很容易就猜到规律。我们希望用户难以猜到链接。

一条简单的路径是生成一个随机 GUID，例如，5d50e8ac-57cb-4a0d-8661-bcdee2548979。这是一个 128 位的值，尽管不能保证是唯一的，但它具有足够低的碰撞概率，我们可以将其视为独一无二的。该方案的缺点是这样的 URL 对用户来说并不是很"漂亮"。我们可以将它散列到一个更小的值，但那会增加碰撞的概率。

不过，我们同样可以这样做：生成一个 10 个字符的字母和数字序列，这给我们提供了 36^{10} 个可能的字符串。即使有 10 亿个 URL，任何特定 URL 的碰撞概率都很低。

> 这并不是说整个系统的碰撞概率很低，并不尽然。任何一个特定的 URL 都不太可能发生冲突。但是，存储了 10 亿个 URL 后，碰撞很可能会在某个时候发生。

假设我们不满于虽不常见但时有发生的数据丢失，则需要处理这些冲突。我们可以检查数据存储库以查看 URL 是否存在，或者如果 URL 映射到特定服务器，则只需检测目标位置是否存在文件。

发生碰撞时，我们可以生成一个新的 URL。因为有 36^{10} 个可能的 URL，而碰撞又不常见，所以检测碰撞和重试这样省事的方法就足以应对了。

● 分析

最后要讨论的部分是分析。我们可能想要显示访问次数，并按时间或位置划分。

这里我们面临如下两种选择。

❏ 存储每行的原始数据。

❏ 只存储需要用到的数据，比如访问次数。

你可以与面试官讨论这个问题，但是存储原始数据可能是明智之举。我们永远不知道将在分析中添加哪些功能。原始数据可以让我们更灵活地来应对。

但这并不意味着原始数据要易于搜索甚至可以被访问。　我们可以将访问日志存储在文件中，并将其备份到其他服务器。

这里会出现的一个问题就是数据量可能很大。按照一定概率存储数据，我们可以大大减少空间使用量。每个 URL 都关联一个存储概率值。随着网站流行度的提高，storage_probability 会降低。例如，一个流行的文档可能会每 10 次访问才记录一次数据。当我们查看网站的访问次数时，需要根据概率调整值，比如将其乘以 10。这当然会导致微小误差，但也在可接受范围。

日志文件不便频繁使用。我们还希望将预先计算的数据持久化到数据存储中。如果前端的分析栏仅显示随时间变化的访问次数和图表，则可以将其保存在单独的数据库中。

链　　接	日　　期	访问次数
12ab31b92p	2013 年 12 月	242119
12ab31b92p	2014 年 1 月	429918
……	……	……

每次访问 URL 时，我们都可以增加适当的行和列。该数据存储也可以通过 URL 进行分片。

统计数据没有在常规页面上列出且一般很少为人所关注，因此，应该不会出现重负载的情况。我们仍然可以将生成的 HTML 缓存在前端服务器上，这样就不需要不断重新访问最热门的 URL 数据了。

更深入的讨论

❑ 你将如何支持用户账户？

❑ 如何将新的分析（例如，推荐来源）添加到统计信息页面？

❑ 如果统计信息与每个文档一起显示，那么你的设计会如何更改？

10.10　排序与查找

10.1　合并排序的数组。给定两个排序后的数组 A 和 B，其中 A 的末端有足够的缓冲空间容纳 B。编写一个方法，将 B 合并入 A 并排序。

题目解法

已知数组 A 末端有足够的缓冲，不需要再分配额外空间。处理方法很简单，就是逐一比较 A 和 B 中的元素，并按顺序插入数组，直至耗尽 A 和 B 中的所有元素。

这么做的唯一问题是，如果将元素插入数组 A 的前端，就必须将原有的元素往后移动，以腾出空间。更好的做法是将元素插入数组 A 的末端，那里都是空闲的可用空间。

下面的代码就实现了上述做法，从数组 A 和 B 的末端元素开始，将最大的元素放到数组 A 的末端。

```
1    void merge(int[] a, int[] b, int lastA, int lastB) {
2      int indexA = lastA - 1; /* 数组 a 最后元素的索引 */
3      int indexB = lastB - 1; /* 数组 b 最后元素的索引 */
4      int indexMerged = lastB + lastA - 1; /* 合并后数组的最后元素索引 */
5
6      /* 合并 a 和 b，从这两个数组的最后元素开始 */
7      while (indexB >= 0) {
8        /* 数组 a 最后元素 > 数组 b 最后元素 */
9        if (indexA >= 0 && a[indexA] > b[indexB]) {
10         a[indexMerged] = a[indexA]; // 复制元素
11         indexA--;
```

```
12      } else {
13        a[indexMerged] = b[indexB]; // 复制元素
14        indexB--;
15      }
16      indexMerged--; // 更新索引
17    }
18  }
```

注意，处理完 B 的剩余元素后，你不需要复制 A 的剩余元素，因为这些元素已经在那里了。

10.2　变位词组。编写一种方法，对字符串数组进行排序，将所有变位词排在相邻的位置。

题目解法

此题只要求对数组中的字符串进行分组，将变位词排在一起。注意，除此之外，并没有要求这些词按特定顺序排列。

我们需要一种快速简单的方法来确定两个字符串是否互为变位串。究竟是什么界定了两个单词是否互为变位词呢？变位词是指具有相同字符但顺序相反的单词。因此，如果可以把字符放在同一个顺序中，就能很容易地检查出新单词是否相同。

做法之一就是套用一种标准排序算法，比如归并排序或快速排序，并修改比较器（comparator）。这个比较器用来指示两个互为变位词的字符串是一样的。

检查两个词是否互为变位词，最简单的方法是什么呢？我们可以数一数每个字符串中各个字符出现的次数，两者相同则返回 true，或者直接对字符串进行排序，若两个字符串互为变位词，排序后就相同。

比较器的实现代码如下。

```
1   class AnagramComparator implements Comparator<String> {
2     public String sortChars(String s) {
3       char[] content = s.toCharArray();
4       Arrays.sort(content);
5       return new String(content);
6     }
7
8     public int compare(String s1, String s2) {
9       return sortChars(s1).compareTo(sortChars(s2));
10    }
11  }
```

下面，利用这个 compareTo 方法而不是一般的比较器对数组进行排序。

```
12  Arrays.sort(array, new AnagramComparator());
```

这个算法的时间复杂度为 $O(n \log(n))$。

这可能是使用通用排序算法所能取得的最佳情况了，但实际上，并不需要对整个数组进行排序，只需将变位词**分组**放在一起即可。

可以使用散列表做到这一点，这个散列表会将排序后的单词映射到它的一个变位词列表。举例来说，acre 会映射到列表{acre, race, care}。一旦将所有同为变位词的单词分在同一组，就可以将它们放回到数组中。

下面是该算法的实现代码。

```
1   void sort(String[] array) {
2     HashMapList<String, String> mapList = new HashMapList<String, String>();
3
4     /* 将同为变位词的单词分在同一组 */
5     for (String s : array) {
```

10

```
6       String key = sortChars(s);
7       mapList.put(key, s);
8     }
9
10    /* 将散列表转换为数组 */
11    int index = 0;
12    for (String key : mapList.keySet()) {
13      ArrayList<String> list = mapList.get(key);
14      for (String t : list) {
15        array[index] = t;
16        index++;
17      }
18    }
19  }
20
21  String sortChars(String s) {
22    char[] content = s.toCharArray();
23    Arrays.sort(content);
24    return new String(content);
25  }
26
27  /* HashMapList 是一个散列表，把字符串映射到整数列表，详情请查看附录 A */
```

你或许看出来了，上面的算法是从桶排序法修改而来的。

10.3   搜索旋转数组。给定一个排序后的数组，包含 n 个整数，但这个数组已被旋转过很多次了，次数不详。请编写代码找出数组中的某个元素，假设数组元素原先是按升序排列的。

示例：

> 输入：在数组{15, 16, 19, 20, 25, 1, 3, 4, 5, 7, 10, 14}中找出 5
> 输出：8（元素 5 在该数组中的索引）

题目解法

你是不是觉得此题要用到二分查找法？没错。

在经典二分查找法中，我们会将 x 与中间元素进行比较，以确定 x 属于左半部分还是右半部分。此题的复杂之处就在于数组被旋转过了，可能有一个拐点，以下面两个数组为例。

```
Array1: {10, 15, 20,  0,  5}
Array2: {50,  5, 20, 30, 40}
```

这两个数组的中间元素都是 20，但 5 在其中一个数组的左边，在另一个数组的右边。因此，只将 x 与中间元素进行比较是不够的。

不过，如果再仔细观察一下，就会发现数组有一半（左边或右边）必定是按正常顺序（升序）排列的。因此，我们可以看看按正常顺序排列的那一半数组，确定应该搜索左半边还是右半边。

例如，如果要在 Array1 中查找 5，我们可以比较左侧元素（10）和中间元素（20）。由于 10 < 20，左半边一定是按正常顺序排列的。另外，由于 5 不在这两个元素之间，因此接下来应该搜索右半边。

在 Array2 中，可以看到 50 > 20，因此右半边必定是按正常顺序排列的。接着查看中间元素（20）和右侧元素（40），检查 5 是否落在这两个元素之间。显然 5 并不落在两者之间，因此接下来要搜索右半边。

如果左侧元素和中间元素完全相同，比如数组{2, 2, 2, 3, 4, 2}，这种情况就比较复杂了。这里我们可以检查最右边的元素是否不同。若不同，可以只搜索右半边，否则，两边都得搜索。

```
1   int search(int a[], int left, int right, int x) {
2     int mid = (left + right) / 2;
3     if (x == a[mid]) { // 找到元素
4       return mid;
5     }
6     if (right < left) {
7       return -1;
8     }
9
10    /* 左半边或右半边必有一边是按正常顺序排列，找出是哪一半边，
11     * 然后利用按正常顺序排列的半边，确定该搜索哪一边 */
12    if (a[left] < a[mid]) { // 左半边为正常排序
13      if (x >= a[left] && x < a[mid]) {
14        return search(a, left, mid - 1, x); // 搜索左半边
15      } else {
16        return search(a, mid + 1, right, x); // 搜索右半边
17      }
18    } else if (a[mid] < a[left]) { // 右半边为正常排序
19      if (x > a[mid] && x <= a[right]) {
20        return search(a, mid + 1, right, x); // 搜索右半边
21      } else {
22        return search(a, left, mid - 1, x); // 搜索右半边
23      }
24    } else if (a[left] == a[mid]) { // 左半边都是重复元素
25      if (a[mid] != a[right]) { // 若右半边元素不同，则搜索那一边
26        return search(a, mid + 1, right, x); // 搜索右半边
27      } else { // 否则，两边都得搜索
28        int result = search(a, left, mid - 1, x); // 搜索左半边
29        if (result == -1) {
30          return search(a, mid + 1, right, x); // 搜索右半边
31        } else {
32          return result;
33        }
34      }
35    }
36    return -1;
37  }
```

若所有元素都不同，则上述代码执行的时间复杂度为 $O(\log n)$。有很多元素重复的话，算法时间复杂度则为 $O(n)$。因为若有很多重复元素，数组（或子数组）的左半边和右半边往往都得查找。

注意，尽管此题并不是太难理解，但要完美无瑕地实现很难。实现时难免会犯错，不必太自责。由于很容易就犯差一错误和其他不易察觉的错误，因此，务必对代码进行全面彻底的测试。

10.4　排序集合的查找。 给定一个类似数组的长度可变的数据结构 Listy，它有个 elementAt(i)方法，可以在 $O(1)$ 的时间内返回下标为 i 的值，但越界会返回–1。因此，该数据结构只支持正整数。给定一个排好序的正整数 Listy，找到值为 x 的下标。如果 x 多次出现，任选一个返回。

题目解法

此题我们首先应该想到的是二分查找法。可问题是二进制搜索要求知道列表的长度，以便我们可以将它与中点进行比较。这道题中没有给出长度。

我们可以计算一下长度吗？可以。

当 i 太大时，我们知道 elementAt 会返回–1。因此，我们可以尝试越来越大的值，直到超过列表的大小。

但下次要选多大？如果逐一尝试列表，从 1 开始，然后是 2，然后是 3，然后是 4，那么这个算法就是线性时间复杂度。我们可能想要更快的方式。否则，面试官为什么要特别指出这个列表已经被排序？

更好的方式是指数式回退。尝试 1，然后 2，然后 4，然后 8，然后 16，以此类推。这确保了如果列表的长度为 n，我们将最多在 $O(\log n)$ 的时间内找到列表长度。

为什么是 $O(\log n)$？想象一下，指针 q 从 1 开始。在每次迭代中，这个指针 q 加倍，直到 q 大于长度 n。在 q 大于 n 之前，有多少次可以加倍其大小？或者换句话说，k 的值是多少时 $2^k = n$？这个表达式在 $k = \log n$ 时是相等的，因为这正是 log 的含义。因此，它需要 $O(\log n)$ 步来找到长度。

一旦我们找到了长度，只需执行一个大体上常规的二分查找。我说"大体上"是因为需要做一些小小的调整。如果中点为 -1，我们需要将其视为"太大"的值并向左搜索，参考下面代码段的第 16 行。

还有一个小小的调整。回想一下，我们确定长度的方式是调用 elementAt 并将其与 -1 进行比较。如果在此过程中元素大于值 x（x 是我们要搜索的值），我们就会尽早跳到二分查找部分。

```
1   int search(Listy list, int value) {
2     int index = 1;
3     while (list.elementAt(index) != -1 && list.elementAt(index) < value) {
4       index *= 2;
5     }
6     return binarySearch(list, value, index / 2, index);
7   }
8
9   int binarySearch(Listy list, int value, int low, int high) {
10    int mid;
11
12    while (low <= high) {
13      mid = (low + high) / 2;
14      int middle = list.elementAt(mid);
15      if (middle > value || middle == -1) {
16        high = mid - 1;
17      } else if (middle < value) {
18        low = mid + 1;
19      } else {
20        return mid;
21      }
22    }
23    return -1;
24  }
```

事实证明，不知道长度不会影响搜索算法的运行时间。我们在 $O(\log n)$ 的时间内找到长度，然后在 $O(\log n)$ 的时间内进行搜索。就像在常规数组中一样，这里的整体运行时间是 $O(\log n)$。

10.5　稀疏数组搜索。 有个排好序的字符串数组，其中散布着一些空字符串，编写一种方法，找出给定字符串的位置。

示例：

输入：在字符串数组{"at", "", "", "", "ball", "", "", "car", "", "", "dad", "", ""}中查找"ball"

输出：4

题目解法

如果没有那些空字符串，就可以直接使用二分查找法。比较待查找字符串 str 和数组的中间元素，然后继续搜索下去。

针对数组中散布一些空字符串的情形，我们可以对二分查找法稍作修改，所需的修改就是与 mid 进行比较的地方，如果 mid 为空字符串，就将 mid 换到离它最近的非空字符串的位置。

下面以递归方式解决此题，稍加修改，就可以用迭代法实现。本书可下载的代码里提供了迭代实现。

```
1   int search(String[] strings, String str, int first, int last) {
2     if (first > last) return -1;
3     /* 将 mid 移到中间 */
4     int mid = (last + first) / 2;
5
6     /* 若 mid 为空字符串，就找出离它最近的非空字符串 */
7     if (strings[mid].isEmpty()) {
8       int left = mid - 1;
9       int right = mid + 1;
10      while (true) {
11        if (left < first && right > last) {
12          return -1;
13        } else if (right <= last && !strings[right].isEmpty()) {
14          mid = right;
15          break;
16        } else if (left >= first && !strings[left].isEmpty()) {
17          mid = left;
18          break;
19        }
20        right++;
21        left--;
22      }
23    }
24
25    /* 检查字符串，如有必要则继续递归 */
26    if (str.equals(strings[mid])) { // 找到了
27      return mid;
28    } else if (strings[mid].compareTo(str) < 0) { // 搜索右半边
29      return search(strings, str, mid + 1, last);
30    } else { // 搜索左半边
31      return search(strings, str, first, mid - 1);
32    }
33  }
34
35  int search(String[] strings, String str) {
36    if (strings == null || str == null || str == "") {
37      return -1;
38    }
39    return search(strings, str, 0, strings.length - 1);
40  }
```

在最坏情况下，该算法的运行时间是 $O(n)$。事实上，在最坏情况下，这个问题的算法不可能比 $O(n)$ 好。毕竟，除了一个非空字符串之外，该数组其他所有字符串都可以为空。找到这些非空字符串没有捷径。在最坏情况下，我们需要查看数组中的每个元素。

如果要查找空字符串，务必小心对待。我们是该找出空字符串的位置（注意该操作的时间复杂度为 $O(n)$），还是该把这种情形视作错误处理？

很遗憾，这里并没有正确的答案。关于这一点你应该与面试官进行讨论，只需简单地询问一下，就能表明你做事细心，适合做程序员。

10.6　大文件排序。 设想你有个 20 GB 的文件，每行有一个字符串，请阐述一下将如何对这个文件进行排序。

题目解法

当面试官给出 20 GB 大小的限制时，其实意有所指。就此题而言，这表明他们不希望你将数据全部载入内存。

该怎么办呢？做法是只将部分数据载入内存。

我们将把整个文件划分成许多块，每个块大小为 x MB，其中 x 是可用的内存大小。每个块各自进行排序，然后存回文件系统。

各个块一旦完成排序，我们便将这些块逐一合并在一起，最终就能得到全都排好序的文件。这个算法被称为外部排序（external sort）。

10.7　失踪的整数。 给定一个输入文件，包含 40 亿个非负整数，请设计一种算法，生成一个不包含在该文件中的整数，假定你有 1 GB 内存来完成这项任务。

进阶： 如果只有 10 MB 内存可用，该怎么办？假设所有值均不同，且有不超过 10 亿个非负整数。

题目解法

可能总共有 2^{32} 或 40 亿个不同的整数，其中非负整数共 2^{31} 个。假设它是整数而不是长整数，因此，输入文件中会包含一些重复整数。

我们可以使用 1 GB 内存或者 80 亿个比特。这样一来，用这 80 亿个比特，就可以将所有整数映射到可用内存的不同比特位，处理方法如下。

(1) 创建包含 40 亿个比特的位向量（BV，bit vector）。回想一下，位向量其实就是数组，利用整数数组或另一种数据类型将布尔值进行紧凑存储。每个整数可存储 32 位布尔值。

(2) 将 BV 的所有元素初始化为 0。

(3) 扫描文件中的所有数字（num），并调用 `BV.set(num, 1)`。

(4) 接着，再次从索引 0 开始扫描 BV。

(5) 返回第一个值为 0 的索引。

下面的代码实现了上述算法。

```
1   long numberOfInts = ((long) Integer.MAX_VALUE) + 1;
2   byte[] bitfield = new byte [(int) (numberOfInts / 8)];
3   String filename = ...
4
5   void findOpenNumber() throws FileNotFoundException {
6     Scanner in = new Scanner(new FileReader(filename));
7     while (in.hasNextInt()) {
8       int n = in.nextInt ();
9       /*使用 OR 操作符设置一个字节的第 n 位，找出 bitfield 中相应的数字
10       *（例如，10 将对应于字节数组中索引 2 的第 2 位） */
11       bitfield [n / 8] |= 1 << (n % 8);
12     }
13
14     for (int i = 0; i < bitfield.length; i++) {
15       for (int j = 0; j < 8; j++) {
16         /* 取回每个字节的各个比特。当发现某个比特为 0 时，即找到相应的值 */
17         if ((bitfield[i] & (1 << j)) == 0) {
18           System.out.println (i * 8 + j);
19           return;
20         }
```

```
21        }
22     }
23  }
```

进阶：只能使用 10 MB 内存，该怎么办

对数据集进行两次扫描，就可以找出不在文件中的整数。我们可以将全部整数划分成同等大小的区块（稍后会讨论如何决定大小）。这里假设要将整数划分为大小为 1000 的区块。那么，区块 0 代表 0 至 999 的数字，区块 1 代表 1000 至 1999 的数字，以此类推。

因为所有数值各不相同，我们很清楚每个区块应该有多少数字，所以，扫描文件时，数一数 0 至 999 之间有多少个值，1000 至 1999 之间有多少个值，以此类推。

如果在某个区块内只有 999 个值，即可断定该范围内少了某个数字。在第二次扫描时，我们要真正找出该范围内少了哪个数字。可以采用先前位向量的做法，并忽略该范围之外的任意数字。

眼下问题在于，区块多大才合适？下面先定义若干变量。

❑ 将 rangeSize 表示为第一次扫描时每个区块的范围大小。

❑ 将 arraySize 表示为第一次扫描时区块的个数。注意，arraySize = 2^{31} / rangeSize，因为一共有 2^{31} 个非负整数。

我们需要为 rangeSize 选择一个值，以使第一次扫描（数组）与第二次扫描（位向量）所需的内存够用。

第一次扫描：数组

第一次扫描所需的数组可以填入 10 MB 或大约 2^{23} 字节的内存中。数组中每个元素均为整数（int），而每个整数有 4 字节，因此可以使用最多包含约 2^{23} 个元素的数组。综上所述，我们可以导出如下公式。

$$arraySize = \frac{2^{31}}{rangeSize} \leq 2^{21}$$

$$rangeSize \geq \frac{2^{31}}{2^{21}}$$

$$rangeSize \geq 2^{10}$$

第二次扫描：位向量

我们需要有足够的空间存储 rangeSize 个比特。将 2^{23} 个字节放进内存，自然就能存放 2^{26} 个比特。因此，可以推出如下公式。

$$2^{10} \leq rangeSize \leq 2^{26}$$

在这些条件下，我们有足够的空间回旋，但是如果挑选出越靠近中间的值，那么，在任何时候所需的内存就越少。

下面的代码提供了该算法的一种实现。

```
1   int findOpenNumber(String filename) throws FileNotFoundException {
2     int rangeSize = (1 << 20); // 2^20 比特(2^17 字节)
3
4     /* 获取每个块内值的总数 */
5     int[] blocks = getCountPerBlock(filename, rangeSize);
6
7     /* 找到一个缺失值的块 */
8     int blockIndex = findBlockWithMissing(blocks, rangeSize);
9     if (blockIndex < 0) return -1;
```

```
10
11      /* 为在这个范围内的每一条创建位向量 */
12      byte[] bitVector = getBitVectorForRange(filename, blockIndex, rangeSize);
13
14      /* 在位向量中找到 0 的位置 */
15      int offset = findZero(bitVector);
16      if (offset < 0) return -1;
17
18      /* 计算缺失的值 */
19      return blockIndex * rangeSize + offset;
20   }
21
22   /* 获得每个范围条目的总数 */
23   int[] getCountPerBlock(String filename, int rangeSize)
24        throws FileNotFoundException {
25     int arraySize = Integer.MAX_VALUE / rangeSize + 1;
26     int[] blocks = new int[arraySize];
27
28     Scanner in = new Scanner (new FileReader(filename));
29     while (in.hasNextInt()) {
30         int value = in.nextInt();
31         blocks[value / rangeSize]++;
32     }
33     in.close();
34     return blocks;
35   }
36
37   /* 寻找数目更少的块 */
38   int findBlockWithMissing(int[] blocks, int rangeSize) {
39     for (int i = 0; i < blocks.length; i++) {
40       if (blocks[i] < rangeSize){
41         return i;
42       }
43     }
44     return -1;
45   }
46
47   /* 为在特殊范围内的每一条创建位向量 */
48   byte[] getBitVectorForRange(String filename, int blockIndex, int rangeSize)
49        throws FileNotFoundException {
50     int startRange = blockIndex * rangeSize;
51     int endRange = startRange + rangeSize;
52     byte[] bitVector = new byte[rangeSize/Byte.SIZE];
53
54     Scanner in = new Scanner(new FileReader(filename));
55     while (in.hasNextInt()) {
56       int value = in.nextInt();
57       /* 取回每个字节的各个比特。当发现某个比特为 0 时，即找到相对应的值 */
58       if (startRange <= value && value < endRange) {
59         int offset = value - startRange;
60         int mask = (1 << (offset % Byte.SIZE));
61         bitVector[offset / Byte.SIZE] |= mask;
62       }
63     }
64     in.close();
65     return bitVector;
66   }
67
68   /* 查找字节为 0 的位索引 */
69   int findZero(byte b) {
70     for (int i = 0; i < Byte.SIZE; i++) {
```

```
71      int mask = 1 << i;
72      if ((b & mask) == 0) {
73        return i;
74      }
75    }
76    return -1;
77  }
78
79  /* 在位向量中查找0并返回索引 */
80  int findZero(byte[] bitVector) {
81    for (int i = 0; i < bitVector.length; i++) {
82      if (bitVector[i] != ~0) { // 如果不全部等于1
83        int bitIndex = findZero(bitVector[i]);
84        return i * Byte.SIZE + bitIndex;
85      }
86    }
87    return -1;
88  }
```

紧接着，面试官可能还会问你，可用内存更少的话，又该怎么办？在这种情况下，我们会采用第一步骤的做法重复扫描。首先检查每 100 万个元素序列中会找到多少个整数。接着，在第二次扫描时，检查每 1000 个元素的序列中可找到多少个整数。最后，在第三次扫描时，使用位向量找出不在文件中的那个数字。

10.8 寻找重复数。给定一个数组，包含 1 到 N 的整数，N 最大为 32 000，数组可能含有重复的值，且 N 的取值不定。若只有 4 KB 内存可用，该如何打印数组中所有重复的元素。

题目解法

我们有 4 KB 内存可用，也就是最多可寻址 $8 \times 4 \times 2^{10}$ 个比特。注意，32×2^{10} 要比 32 000 大。我们可以创建含有 32 000 个比特的位向量，其中每个比特代表一个整数。

利用这个位向量，就可以迭代访问整个数组，发现数组元素 v 时，就将位 v 设定为 1。碰到重复元素时，就打印出来。

```
1   void checkDuplicates(int[] array) {
2     BitSet bs = new BitSet(32000);
3     for (int i = 0; i < array.length; i++) {
4       int num = array[i];
5       int num0 = num - 1; // bitset 从 0 开始，数字从 1 开始
6       if (bs.get(num0)) {
7         System.out.println(num);
8       } else {
9         bs.set(num0);
10      }
11    }
12  }
13
14  class BitSet {
15    int[] bitset;
16
17    public BitSet(int size) {
18      bitset = new int[(size >> 5) + 1]; // 除以 32
19    }
20
21    boolean get(int pos) {
22      int wordNumber = (pos >> 5); // 除以 32
23      int bitNumber = (pos & 0x1F); // 除以 32 取余数
24      return (bitset[wordNumber] & (1 << bitNumber)) != 0;
```

```
25      }
26
27      void set(int pos) {
28        int wordNumber = (pos >> 5); // 除以 32
29        int bitNumber = (pos & 0x1F); // 除以 32 取余数
30        bitset[wordNumber] |= 1 << bitNumber;
31      }
32    }
```

注意，虽然此题不太难，但重要的是实现代码要写得干净利落。这也是为什么要定义位向量类来保存大型的位向量。要是面试官允许（也可能不会），那就可以使用 Java 内置的 BitSet 类。

10.9　排序矩阵查找。给定 M×N 矩阵，每一行、每一列都按升序排列，请编写代码找出某元素。

题目解法

我们可以通过两种方式来解决这个问题，即一种更为简单的解决方案，它只利用排序后的一部分，另一种更为优化的方式则是利用了排序后的两部分数据。

解法 1：简单解法

针对该解法，我们可以对每一行进行二分查找，以便找到目标元素。该矩阵有 M 行，搜索每一行用时 $O(\log(N))$，因此这个算法的时间复杂度为 $O(M\log(N))$。在你开始构思更好的算法之前，有必要向面试官提一下这个算法。

在设计算法之前，我们先看一个简单的例子。

15	20	40	85
20	35	80	95
30	55	95	105
40	80	100	120

假设要查找元素 55，该如何找出该元素的位置呢？

只要看看一行或一列的起始元素，我们就能开始推断待查元素的位置。若一列的起始元素大于 55，就表示 55 不可能在那一列，因为起始元素是那一列的最小元素。此外，我们也可推断出 55 不可能在那一列的右边，因为每一列的第一个元素从左到右依次增大。因此，若那一列的起始元素大于待查找的元素 x，就能确定我们必须往那一列的左边查找。

该方法同样适用于矩阵的行。若某一行的起始元素大于 x，就应该往上查找。

同样地，我们也可以从列或行的末端得出类似的结论，若某一列或行的末尾元素小于 x，就必须往下（行）或往右（列）查找，这是因为末尾元素必定是最大的元素。

下面我们可以将这些观察到的要点合并成一个解法，观察到的要点如下所示。

❑ 若列的开头大于 x，那么 x 位于该列的左边；
❑ 若列的末端小于 x，那么 x 位于该列的右边；
❑ 若行的开头大于 x，那么 x 位于该行的上方；
❑ 若行的末端小于 x，那么 x 位于该行的下方。

可以从任意位置开始搜索，不过，让我们先从列的起始元素开始。

我们需要从最大的那一列开始，然后向左移动，这意味着第一个要比较的元素是 array[0][c-1]，其中 c 为列的数目。将各个列的开头与 x（这里为 55）进行比较，就会发现 x 必定位于列 0、列 1 或列 2，比较至 array[0][2] 停下来。

这个元素不一定会在完整矩阵的某一列的末端，但会在某个子矩阵的某一列的末端。同样的条件一样适用，array[0][2]的值是 40，比 55 小，由此可知必须往下移动。

现在，我们以下面这个子矩阵为例进行阐述（排除灰色方格）。

15	20	40	85
20	35	80	95
30	55	95	105
40	80	100	120

我们可以重复套用以上条件和流程找出 55。注意，在此只能使用条件 1 和条件 4。

下面是这个排除算法的实现代码。

```
1   boolean findElement(int[][] matrix, int elem) {
2       int row = 0;
3       int col = matrix[0].length - 1;
4       while (row < matrix.length && col >= 0) {
5           if (matrix[row][col] == elem) {
6               return true;
7           } else if (matrix[row][col] > elem) {
8               col--;
9           } else {
10              row++;
11          }
12      }
13      return false;
14  }
```

还有别的做法，我们可以运用另一种看起来更像是二分查找法的解法，其中代码要复杂得多，但也用到了很多相同的技巧。

解法 2：二分查找法

让我们再来看个简单的例子。

15	20	70	85
20	35	80	95
30	55	95	105
40	80	100	120

我们希望能够充分利用矩阵行列已排序的条件，以便更高效地找到元素。因此，试着问问自己，对于某个元素可能位于什么位置，这个矩阵独特的排序属性意味着什么？

我们知道每一行每一列都是已排序的，也就是说元素 $a[i][j]$ 会大于位于行 i、列 0 和列 $j-1$ 之间的元素，并且大于位于列 j、行 0 和行 $i-1$ 之间的元素。如下所示。

```
a[i][0] <= a[i][1] <= ... <= a[i][j-1] <= a[i][j]
a[0][j] <= a[1][j] <= ... <= a[i-1][j] <= a[i][j]
```

下面以图表说明，其中深灰色元素大于所有浅灰色元素。

15	20	70	85
20	35	80	95
30	55	95	105
40	80	100	120

浅灰色元素也有顺序：每一个都大于它左边的元素，并且大于它上方的元素，因此，根据传递性，深灰色元素比色块里的其他元素都要大。

15	20	70	85
20	35	80	95
30	55	95	105
40	80	100	120

这意味着，若在矩阵里任意画个长方形，其右下角的元素一定是最大的。

同样地，左上角的元素一定是最小的。下图的颜色暗示了元素的大小顺序（浅灰色 < 深灰色 < 黑色）。

15	20	70	85
20	35	80	95
30	55	95	105
40	80	120	120

让我们回到原先的问题：假设要查找值 85，若顺着对角线搜索，可找到元素 35 和 95。利用这些信息可知 85 的位置吗？

15	20	70	85
25	35	80	95
30	55	95	105
40	80	120	120

85 不可能位于黑色区域，因为 95 位于该区域的左上角，也是该方形里最小的元素。

85 也不可能位于浅灰色区域，因为 35 位于该方形的右下角，是该方形中最大的元素。

85 必定位于两个白色区域之一。

因此，我们将矩阵分为 4 个区域，以递归方式搜索左下区域和右上区域。这 2 个区域也会被分成子区域并继续搜索。

注意到对角线是已排序的，因此可以利用二分查找法进行高效的搜索。

下面是该算法的实现代码。

```
1   Coordinate findElement(int[][] matrix, Coordinate origin, Coordinate dest, int x){
2     if (!origin.inbounds(matrix) || !dest.inbounds(matrix)) {
3       return null;
4     }
5     if (matrix[origin.row][origin.column] == x) {
6       return origin;
7     } else if (!origin.isBefore(dest)) {
8       return null;
9     }
10
11    /* 将 start 和 end 分别设为对角线的起点和终点。矩阵不一定是正方形，
12     * 因此对角线的终点也可能不等于 dest */
13    Coordinate start = (Coordinate) origin.clone();
14    int diagDist = Math.min(dest.row - origin.row, dest.column - origin.column);
15    Coordinate end = new Coordinate(start.row + diagDist, start.column + diagDist);
16    Coordinate p = new Coordinate(0, 0);
17
18    /* 在对角线上进行二分查找，找出第一个比 x 大的元素 */
```

```
19    while (start.isBefore(end)) {
20      p.setToAverage(start, end);
21      if (x > matrix[p.row][p.column]) {
22        start.row = p.row + 1;
23        start.column = p.column + 1;
24      } else {
25        end.row = p.row - 1;
26        end.column = p.column - 1;
27      }
28    }
29
30    /* 将矩阵分为 4 个区域，搜索左下区域和右上区域 */
31    return partitionAndSearch(matrix, origin, dest, start, x);
32  }
33
34  Coordinate partitionAndSearch(int[][] matrix, Coordinate origin, Coordinate dest,
35                          Coordinate pivot, int x) {
36    Coordinate lowerLeftOrigin = new Coordinate(pivot.row, origin.column);
37    Coordinate lowerLeftDest = new Coordinate(dest.row, pivot.column - 1);
38    Coordinate upperRightOrigin = new Coordinate(origin.row, pivot.column);
39    Coordinate upperRightDest = new Coordinate(pivot.row - 1, dest.column);
40
41    Coordinate lowerLeft = findElement(matrix, lowerLeftOrigin, lowerLeftDest, x);
42    if (lowerLeft == null) {
43      return findElement(matrix, upperRightOrigin, upperRightDest, x);
44    }
45    return lowerLeft;
46  }
47
48  Coordinate findElement(int[][] matrix, int x) {
49    Coordinate origin = new Coordinate(0, 0);
50    Coordinate dest = new Coordinate(matrix.length - 1, matrix[0].length - 1);
51    return findElement(matrix, origin, dest, x);
52  }
53
54  public class Coordinate implements Cloneable {
55    public int row, column;
56    public Coordinate(int r, int c) {
57      row = r;
58      column = c;
59    }
60
61    public boolean inbounds(int[][] matrix) {
62      return row >= 0 && column >= 0 &&
63            row < matrix.length && column < matrix[0].length;
64    }
65
66    public boolean isBefore(Coordinate p) {
67      return row <= p.row && column <= p.column;
68    }
69
70    public Object clone() {
71      return new Coordinate(row, column);
72    }
73
74    public void setToAverage(Coordinate min, Coordinate max) {
75      row = (min.row + max.row) / 2;
76      column = (min.column + max.column) / 2;
77    }
78  }
```

10

如果你读过上面所有代码，心里会想："我可没办法在面试时写出所有这些代码。"没错，的确无法全部写出。但是，面试官在评估你在任何面试题上的表现的同时，也会评估其他求职者在同一面试题上的表现，因此，如果你无法完整写出代码，那么他们同样也不能。碰到这类棘手问题时，你未必会处于不利位置。

将一些代码独立出来写成方法，可以增加你的亮点。例如，将 partitionAndSearch 独立出来写成一个方法，想勾勒代码的轮廓就要简单许多。之后有时间的话，再回头填充 partitionAndSearch 的内容。

10.10　数字流的秩。 假设你正在读取一串整数。每隔一段时间，你希望能找出数字 x 的秩（小于或等于 x 的值的个数）。请实现数据结构和算法来支持这些操作，也就是说，实现 track(int x) 方法，每读入一个数字都会调用该方法；实现 getRankOfNumber(int x) 方法，返回小于或等于 x（x 除外）的值的个数。

示例：

数据流为（按出现的先后顺序）: 5, 1, 4, 4, 5, 9, 7, 13, 3
getRankOfNumber(1) = 0
getRankOfNumber(3) = 1
getRankOfNumber(4) = 3

题目解法

有种相对简单的实现方式是用一个数组存放所有已排好序的元素。当有新元素进来时，我们需要搬移其他元素以腾出空间。这么一来，getRankOfNumber 实现起来就很容易，只需执行二分查找，返回索引。

然而，插入元素（也就是 track(int x) 函数）将会非常低效，我们需要一种数据结构，不仅能在插入新元素时加以更新，还能维持相对排列顺序。二叉搜索树正好可派上用场。

之前是要把元素插入数组，现在则要将元素插入二叉搜索树。track(int x) 方法的时间复杂度为 $O(\log n)$，其中 n 为树的大小（当然，前提为这棵树是平衡的）。

要找出某个数的秩，可以执行中序遍历，并在访问节点时利用计数器记录数量。目标是找到 x 时，计数器变量将会是小于 x 的元素的数量。

在查找 x 期间，只要向左移动，计数器变量就不会变，为什么呢？因为右边跳过的所有值都比 x 大。毕竟最小的元素（秩为 1）是最左边的节点。

可是当向右移动时，我们跳过了左边的一堆元素。这些元素都比 x 小，因此，必须增加计数器的值，这个值等于左子树的元素个数。

我们不会去计算左子树的大小（效率低），而是在加入新元素时，记录相关信息。

接下来，我们将以下面的树为例进一步阐述。在下图中，括号内的数字代表左子树的节点数量（或者，换句话说，该节点的秩与子树的节点数量有关）。

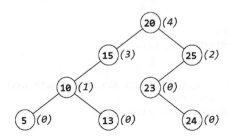

假设我们想知道 24 在上面这棵树中的秩，会先将 24 与根节点 20 比较，发现 24 位于右边。

根节点的左子树有 4 个节点，再加上根节点本身，总共有 5 个节点小于 24，因此我们会将计数器变量 counter 设为 5。

然后，将 24 与节点 25 进行比较，发现 24 必定位于左边。counter 变量的值不会更新，因为我们并未"跳过"任何较小的节点，counter 变量的值仍为 5。

接着，将 24 与节点 23 进行比较，发现 24 必定位于右边。counter 变量会增加 1（变为 6），因为 23 没有左边的节点。

最后，我们找到 24 并返回 counter 的值，即 6。

这个递归算法如下。

```
1   int getRank(Node node, int x) {
2     if x is node.data, return node.leftSize()
3     if x is on left of node, return getRank(node.left, x)
4     if x is on right of node, return node.leftSize() + 1 + getRank(node.right, x)
5   }
```

下面是完整的代码。

```
1   ankNode root = null;
2
3   void track(int number) {
4     if (root == null) {
5       root = new RankNode(number);
6     } else {
7       root.insert(number);
8     }
9   }
10
11  int getRankOfNumber(int number) {
12    return root.getRank(number);
13  }
14
15
16  public class RankNode {
17    public int left_size = 0;
18    public RankNode left, right;
19    public int data = 0;
20    public RankNode(int d) {
21      data = d;
22    }
23
24    public void insert(int d) {
25      if (d <= data) {
26      if (left != null) left.insert(d);
27        else left = new RankNode(d);
28        left_size++;
29      } else {
30        if (right != null) right.insert(d);
31        else right = new RankNode(d);
32      }
33    }
34
35    public int getRank(int d) {
36      if (d == data) {
37        return left_size;
38      } else if (d < data) {
39        if (left == null) return -1;
40        else return left.getRank(d);
41      } else {
```

```
42              int right_rank = right == null ? -1 : right.getRank(d);
43              if (right_rank == -1) return -1;
44              else return left_size + 1 + right_rank;
45          }
46      }
47  }
```

track 方法和 getRankOfNumber 方法在平衡树中的运行时间为 $O(\log n)$，在不平衡树中为 $O(n)$。

注意上面的代码是怎么处理 d 不在树里的情况的。我们会检查返回值是否为–1，当发现为–1 时，将它往上返回。你必须处理诸如此类情况，这至关重要。

10.11 峰与谷。 在一个整数数组中，"峰" 是大于或等于相邻整数的元素，相应地，"谷" 是小于或等于相邻整数的元素。例如，在数组{5, 8, 6, 2, 3, 4, 6}中，{8, 6}是峰，{5, 2} 是谷。现在给定一个整数数组，将该数组按峰与谷的交替顺序排序。

示例：

> 输入: [5, 3, 1, 2, 3]
> 输出: [5, 1, 3, 2, 3]

题目解法

由于这个问题要求我们以一种特殊的方式对数组进行排序，我们可以先尝试自然排序，然后将数组修理成峰和谷交替排列的顺序。

1. 次优解

假设我们有一个未排序的数组，然后将其进行如下排序。

```
0   1   4   7   8   9
```

我们现在有一个升序排列的整数队列。

如何将其重新排列成一个峰和谷交替的序列？让我们挨个看看，尝试一下。

❏ 0 是对的。

❏ 1 的位置错了。我们可以用 4 或 0 替换，这里用 0。

```
1   0   4   7   8   9
```

❏ 4 是对的。

❏ 7 的位置错了。我们可以用 4 或 8 替换，这里用 4。

```
1   0   7   4   8   9
```

❏ 9 的位置错了。让我们用 8 替换。

```
1   0   7   4   9   8
```

注意，数组的这些值没有什么特殊之处。元素的相对顺序至关重要，但是所有排序数组都具有相同的相对顺序。因此，我们可以对任何排序数组采取同样的方法。

在写代码之前，我们应该明确的算法的具体步骤如下。

(1) 按升序排列数组。

(2) 迭代元素，从索引 1（不是 0）开始，每次跳跃两个元素。

(3) 对于每个元素，将其与前面的元素交换。因为每三个元素都以小 ≤ 中 ≤ 大的顺序出现，所以交换这些元素总是将 "中" 作为一个峰值：中 ≤ 小 ≤ 大。

这种方法将确保峰值位于正确的位置，即处在 1、3、5 等这样的位置上。只要奇数元素（峰）大于相邻元素，偶数元素（谷）肯定小于相邻元素。

实现此方法的代码如下。

```
1   void sortValleyPeak(int[] array) {
2     Arrays.sort(array);
3     for (int i = 1; i < array.length; i += 2) {
4       swap(array, i - 1, i);
5     }
6   }
7
8   void swap(int[] array, int left, int right) {
9     int temp = array[left];
10    array[left] = array[right];
11    array[right] = temp;
12  }
```

该算法的运行时间为 $O(n \log n)$。

2. 最优解

为了优化之前的解法，我们需要删除其排序步骤。算法必须在一个未排序的数组上操作。让我们再举一个例子。

```
9   1   0   4   8   7
```

对于每个元素，我们将查看相邻元素。让我们想象一些序列。只使用数字 0、1 和 2。值具体是多少无关紧要。

```
0   1   2
0   2   1        //峰
1   0   2
1   2   0        //峰
2   1   0
2   0   1
```

如果中心元素得是一个峰值，那么上述能满足条件的只有两个序列。我们能修正其他元素的位置让中心点变成峰值吗？

可以的。我们可以用最大相邻元素来替换中心元素，从而来修正序列。

```
0   1   2   -> 0  2  1
0   2   1      //峰
1   0   2   -> 1  2  0
1   2   0      //峰
2   1   0   -> 1  2  0
2   0   1   -> 0  2  1
```

如上所述，如果能确定山峰位于正确位置，那么就能得出山谷处在正确位置。

这里要小心一点儿。可能会出现某次交换会"破坏"我们已经处理过的序列这一情况吗？这是一件值得担心的事情，但不是什么大问题。如果我们用 `left` 替换 `middle`，那么 `left` 现在就是一个山谷。`middle` 比 `left` 小，因此，把更小的元素作为一个山谷。万事大吉，一切都完好无损。

实现此算法的代码如下。

```
1   void sortValleyPeak(int[] array) {
2     for (int i = 1; i < array.length; i += 2) {
3       int biggestIndex = maxIndex(array, i - 1, i, i + 1);
4       if (i != biggestIndex) {
5         swap(array, i, biggestIndex);
6       }
```

10

```
7      }
8   }
9
10  int maxIndex(int[] array, int a, int b, int c) {
11    int len = array.length;
12    int aValue = a >= 0 && a < len ? array[a] : Integer.MIN_VALUE;
13    int bValue = b >= 0 && b < len ? array[b] : Integer.MIN_VALUE;
14    int cValue = c >= 0 && c < len ? array[c] : Integer.MIN_VALUE;
15
16    int max = Math.max(aValue, Math.max(bValue, cValue));
17    if (aValue == max) return a;
18    else if (bValue == max) return b;
19    else return c;
20  }
```

该算法的运行时间为 $O(n)$。

10.11 测试

11.1 找错。找出以下代码中的错误（可能不止一处）。

```
unsigned int i;
for (i = 100; i >= 0; --i)
  printf("%d\n", i);
```

题目解法

这段代码有两处错误。

首先，根据定义，unsigned int 类型的变量一定会大于或等于 0。因此，for 循环的测试条件一直为真，将陷入无限循环。

要打印 100 到 1 之间的所有整数，正确的做法是测试 i > 0。如果真的想打印 0，可以在 for 循环之后加一条 printf 语句。

```
1  unsigned int i;
2  for (i = 100; i > 0; --i)
3    printf("%d\n", i);
```

另一个需要修正的地方是用 %u 代替 %d，因为这里打印的是 unsigned int 型变量。

```
1  unsigned int i;
2  for (i = 100; i > 0; --i)
3    printf("%u\n", i);
```

现在，这段代码会正确地打印 100 到 1 的整数序列（按降序排列）。

11.2 随机崩溃。有个应用程序一运行就崩溃，现在你拿到了源码。在调试器中运行 10 次之后，你发现该应用每次崩溃的位置都不一样。这个应用只有一个线程，并且只调用 C 标准库函数。究竟是什么样的编程错误导致程序崩溃？该如何逐一测试每种错误？

题目解法

具体如何处理这个问题要视待诊断应用程序的类型而定。不过，我们还是可以给出导致随机崩溃的一些常见原因。

(1) **随机变量**。该应用程序可能用到某个随机变量或可变分量，程序每次执行时取值不定。具体的例子包括用户输入、程序生成的随机数或当前时间。

(2) **未初始化变量**。该应用程序可能包含一个未初始化变量，在某些语言中，该变量可能含有任意值。这个变量取不同值可能导致代码每次执行路径有所不同。

(3) 内存泄漏。 该程序可能存在内存溢出。每次运行时引发问题的可疑进程随机不定，这与当时运行的进程数量有关。另外还包括堆溢出或栈内数据被破坏。

(4) 外部依赖。 该程序可能依赖别的应用程序、机器或资源。要是存在多处依赖，程序就有可能在任意位置崩溃。

为了找出问题的原因，我们首先应该尽量了解这个应用程序。谁在运行这个程序？他们用它做什么？这个程序属于哪种应用？

此外，尽管应用程序每次崩溃的位置不尽相同，但还是有办法确定其可能与特定组件或场景有关。例如，有可能只是启动该应用程序而不进行其他操作时，这个程序从不崩溃，它只有在载入文件之后的某个时间点才会崩溃，或者有可能每次崩溃都出现在底层组件如文件 I/O 上。

要解决这个问题，也许可以试试消除法。首先，关闭系统中其他所有应用，仔细追踪资源使用。如果该程序有些部分可以关掉，那就设法关掉。在另一台机器上运行该程序，看看能否重现同一问题。我们可以消除或修改的越多，就越容易定位原因。

此外，我们还可以借助工具检查特定情况。例如，要排查前面第二个原因，我们可以利用运行时工具来检查未初始化变量。

这些问题不仅考查你解决问题的方式，还考查你头脑风暴的能力。你是否会像热锅上的蚂蚁，胡乱给出一些建议？抑或以合乎逻辑的、有条理的方式处理问题？希望是后者。

11.3　测试国际象棋。 有个国际象棋游戏程序使用了 `boolean canMoveTo(int x, int y)` 方法，这个方法是 `Piece` 类的一部分，可以判断某个棋子能否移动到位置 (x, y)。请阐述你会如何测试该方法。

题目解法

这个问题主要涉及两大类测试：极限情况测试（确保有错误输入时程序不会崩溃）和一般情况测试。我们先从第一类测试着手。

测试类型 1：极限情况测试

确保程序会妥善处理错误或异常输入，这意味着要检查以下情况。

❑ 测试 x 和 y 为负数的情况。
❑ 测试 x 大于棋盘宽度的情况。
❑ 测试 y 大于棋盘高度的情况。
❑ 测试一个满是棋子的棋盘。
❑ 测试一个空的或接近空的棋盘。
❑ 测试白子远多于黑子的情况。
❑ 测试黑子远多于白子的情况。

对于上面的错误情况，我们应该询问面试官，是要返回 false 还是抛出异常，然后有针对性地进行测试。

测试类型 2：一般情况测试

一般情况测试的涉及面要广泛得多。理想的做法是测试每一种可能的棋盘布局，但是棋局实在太多了。不过，我们还是可以合理地执行测试，尽量涵盖不同的棋局。

国际象棋一共有 6 种棋子，我们可以测试每一种棋子，在所有可能的方向上，向其他所有棋子移动的情况，大致如下面的代码所示。

```
1    对每一种棋子 a：
2      对其他每一种棋子 b（6 种及空白）
3        对每一个方向 d
4          创建有 a 的棋盘
5          将 b 放在方向 d 上
6          试着移动——检查返回值
```

此题的关键在于能认识到我们不可能测试每一种可能的场景，即使有心也无力办到。因此，好钢要用在刀刃上，我们必须专攻最重要的部分。

11.4　无工具测试。不借助任何测试工具，该如何对网页进行负载测试？

题目解法

负载测试（load test）不仅有助于定位 Web 应用性能的瓶颈，还能确定其最大连接数。同样地，它还能检查应用如何响应各种负载情况。要进行负载测试，必须先确定对性能要求最高的场景，以及满足目标的性能衡量指标。一般来说，有待测量的对象包括：

- ❑ 响应时间；
- ❑ 吞吐量；
- ❑ 资源利用率；
- ❑ 系统所能承受的最大负载。

随后，我们设计各种测试模拟负载，细心测量上面的每一项。

若缺少正规的测试工具，我们可以自行打造。例如，可以创建成千上万的虚拟用户，模拟并发用户。我们会编写多线程的程序，新建成千上万个线程，每个线程扮演一个实际用户，载入待测页面。对于每个用户，可以利用程序来测量响应时间、数据 I/O（输入/输出），等等。

之后，还要分析测试期间收集的数据结果，并与可接受的值进行较。

11.5　测试一支笔。如何测试一支笔？

题目解法

解出此题的关键在于能理解限制条件以及解题时能做到有条不紊。

为了理解有哪些限制条件，你应该抛出一系列诸如"谁、什么、何地、何时、如何以及为什么"（只要是与该问题相关的就行）之类的问题。一个好的测试人员在着手测试之前，会先准确了解自己要测试的是什么。

让我们通过下面的模拟对话来理解上述技巧。

面试官：你会如何测试一支笔？

求职者：我想先了解一下这支笔。谁会使用这支笔？

面试官：可能是小孩。

求职者：嗯，有意思。他们会用这支笔做什么？写字、画画还是干别的？

面试官：画画。

求职者：好的，谢谢。画在哪里呢？纸张、布料还是墙壁上？

面试官：画在布料上。

求职者：那么，这支笔的笔头是什么样的？签字笔还是圆珠笔？要洗得掉的，还是洗不掉的？

面试官：要求洗得掉。

基于以上问题，你可以得出如下结论。

求职者：好的。综上所述，我理解如下：这支笔主要面向 5 至 10 岁的小孩，为签字笔头，有红、绿、蓝、黑四色，用来画画。画在布料上并且要求洗得掉。我的理解对吗？

此时，求职者面对的问题与乍看上去的问题截然不同，这种情况并不少见。事实上，许多面试官会故意抛出一个看似再清楚不过的问题（谁不知道笔是什么呢！），实则在考查你能否明察秋毫，找出问题的关键所在。他们相信用户也会这么做，但用户多半是无意之举。

至此，你已经知道自己要测试的是什么，接下来该提出测试计划了。这里的关键是**结构**。

想想测试对象或问题会涉及哪些方面，并以此为基础展开测试。这个问题可能会涉及以下几个方面。

- ❏ **事实核查**。核实这是一支签字笔以及墨水颜色为要求的四种颜色之一。
- ❏ **预期用途**。绘图。这支笔在布料上画得出来吗？
- ❏ **预期用途**。水洗。画在布料上的墨迹洗得掉吗（哪怕已经过了一段时间）？是用热水、温水还是冷水才能洗掉？
- ❏ **安全性**。这支笔对小孩是否安全（无毒）？
- ❏ **非预期用途**。小孩还会怎么使用这支笔？他们可能在其他物体表面上涂鸦，因此，还需检查他们的行为是否正确。他们还可能踩踏、乱扔这支笔，等等。你需要确认这支笔是否经受得住这些使用条件。

记住，对于任何测试问题，你都必须测试预期和非预期的场景。人们并不一定按照你预想的方式使用产品。

11.6　测试 ATM。在一个分布式银行系统中，该如何测试一台自动柜员机（ATM）？

题目解法

对于这个问题，第一要务是厘清若干假设条件，请提出以下问题。

- ❏ 谁会使用 ATM 机？答案可能是"任何人"，或是"盲人"，或任意其他可能的答案。
- ❏ 他们会用 ATM 机来做什么？答案可能是"取款"、"转账"、"查询余额"，等等。
- ❏ 我们有什么工具来测试呢？我们可以查看代码吗？还是只能访问 ATM 机？

切记：好的测试人员会先确定自己要测试的是什么。

一旦了解系统是什么样的，我们就会想着将问题分解成可测试的子部分，如下所示。

- ❏ 登录；
- ❏ 取款；
- ❏ 存款；
- ❏ 查询余额；
- ❏ 转账。

我们可能要搭配使用手动和自动测试。

手动测试会检查上述步骤的每一个环节，确保涵盖所有错误情况（余额不足、新开账户、不存在的账户，等等）。

自动测试稍微复杂一些。我们会希望自动处理上述所有标准流程，还要找一些较具体的问题，比如竞争条件。理想情况下，我们会设法建立一套有假账户的封闭系统，以确保即使有人从不同地点快速取款和存款，也不会多得不应得的钱或者损失应得的钱。

最重要的是，我们必须优先考虑安全性和可靠性。客户的账户无时无刻都要处于被保护的状态，我们必须确保账目得到正确处理。没有人会希望自己的钱不翼而飞。优秀的测试人员深谙整个系统里哪些事项是最重要的。

10

10.12   C 和 C++

12.1   最后 K 行。用 C++写个方法，打印输入文件的最后 K 行。

题目解法

此题的蛮力解法如下：先数出文件的行数（N），然后打印第 N−K 行到第 N 行。但是，这么做，文件要读两遍，会做无用功。我们需要一种解法，只读一遍文件就能打印最后 K 行。

我们可以使用一个数组，存放从文件读到的所有 K 行和最后的 K 行。因此，这个数组起初包含的是 0 至 K 行，然后是 1 至 K+1 行，接着是 2 至 K+2 行，以此类推。每次读取新的一行，就将数组中最早读入的那一行清掉。

不过，你可能会问，这么做是不是还要移动数组元素，进而做大量的工作？不会，只要做法得当就不会。我们将使用循环式数组，而不必每次都移动数组元素。

使用循环式数组（circular array），每次读取新的一行，都会替换数组中最早读入的元素。我们会以专门的变量记录这个元素，每次加入新元素，该变量就要随之更新。

下面是循环式数组的例子：

步骤 1 *(初始态)*：array = {a, b, c, d, e, f}. p = 0
步骤 2 *(插入 g)*：array = {g, b, c, d, e, f}. p = 1
步骤 3 *(插入 h)*：array = {g, h, c, d, e, f}. p = 2
步骤 4 *(插入 i)*：array = {g, h, i, d, e, f}. p = 3

下面是该算法的实现代码。

```
1    void printLast10Lines(char* fileName) {
2      const int K = 10;
3      ifstream file (fileName);
4      string L[K];
5      int size = 0;
6
7      /* 逐行读取文件，并存入循环式数组 */
8      /* 行尾的 EOF 标志不算作单独一行 */
9      while (file.peek() != EOF) {
10       getline(file, L[size % K]);
11       size++;
12     }
13
14     /* 计算循环式数组的开头和大小 */
15     int start = size > K ? (size % K) : 0;
16     int count = min(K, size);
17
18     /* 根据读取顺序，打印数组元素 */
19     for (int i = 0; i < count; i++) {
20       cout << L[(start + i) % K] << endl;
21     }
22   }
```

这种解法要求读取整个文件，不过，任意时刻都只会在内存里存放 10 行内容。

12.2   反转字符串。用 C 或 C++实现一个名为 reverse(char* str)的函数，它可以反转一个 null 结尾的字符串。

题目解法

这是一道很经典的面试题，你可能会忽略的是：不分配额外空间，直接就地反转字符串，另外，还要注意 null 字符。

下面用 C 语言实现整个算法。

```c
1   void reverse(char *str) {
2     char* end = str;
3     char tmp;
4     if (str) {
5       while (*end) { /* 找出字符串末尾 */
6         ++end;
7       }
8       --end; /* 回退一个字符，最后一个为 null 字符 */
9
10      /* 从字符串首尾开始交换两个字符，
11       * 直至两个指针在中间碰头*/
12      while (str < end) {
13        tmp = *str;
14        *str++ = *end;
15        *end-- = tmp;
16      }
17    }
18  }
```

上述代码只是实现这个解法的诸多方法之一。我们甚至还可以递归实现这段代码，但并不推荐这么做。

12.3　散列表与 STL map。 比较并对比散列表和 STL map。散列表是怎么实现的？如果输入的数据量不大，可以选用哪些数据结构替代散列表？

题目解法

在散列表里，值的存放是通过将键传入散列函数实现的。值并不是以排序后的顺序存放。此外，散列表以键找出索引，进而找到存放值的地方，因此，插入或查找操作均摊后可以在 $O(1)$ 时间内完成（假定该散列表很少发生碰撞冲突）。散列表还必须处理潜在的碰撞冲突，一般通过拉链法（chaining）解决，也即创建一个链表来存放值，这些值的键都映射到同一个索引。

STL map 的做法是根据键，将键值对插入二叉搜索树。不需要处理冲突，因为树是平衡的，插入和查找操作的时间肯定为 $O(\log N)$。

1. 散列表是如何实现的

传统上，散列表都是用元素为链表的数组实现的。想要插入键值对时，先用散列函数将键映射为数组索引，随后，将值插入那个索引位置对应的链表。

注意，在数组的特定索引位置的链表中，元素的键各不相同，这些值的 hashFunction(key) 才是相同的。因此，为了取回某个键对应的值，每个节点都必须存放键和值。

总而言之，散列表会以链表数组的形式实现，链表中每个节点都会存放两块数据：值和原先的键。此外，我们还要注意以下设计准则。

(1) 我们希望使用一个优良的散列函数，确保能将键均匀分散开来。若分散不均匀，就会发生大量碰撞冲突，查找元素的速度也会变慢。

(2) 不论散列函数选得多好，还是会出现碰撞冲突，因此需要一种碰撞处理方法。通常，我们会采用拉链法，也就是通过链表来处理，但这并不是唯一的做法。

(3) 我们可能还希望设法根据容量动态扩大或缩小散列表的大小。例如，当元素数量和散列表大小之比超过一定阈值时，我们可能会希望扩大散列表的大小。这意味着要新建一个散列表，并将旧的散列表条目转移到新的散列表中。因为这种操作过于烦琐，所以我们要谨慎些，切不可频繁操作。

10

2. 如果输入的数据量不大，可以选用哪些数据结构替代散列表

你可以使用 STL map 或二叉树。尽管两者的插入操作都需要 $O(\log(n))$ 的时间，但若是输入数据量够小，这点时间就可以忽略不计。

12.4 虚函数原理。C++虚函数的工作原理是什么？

题目解法

虚函数（virtual function）需要虚函数表（vtable，virtual table）才能实现。如果一个类有函数声明是虚函数，就会生成一个 vtable，存放这个类的虚函数地址。此外，编译器还会在类里加入隐藏的 vptr 变量。若子类没有覆写虚函数，该子类的 vtable 就会存放父类的函数地址。调用这个虚函数时，就会通过 vtable 解析函数的地址。在 C++里，动态绑定（dynamic binding）就是通过 vtable 机制实现的。

因此，将子类对象赋值给基类指针时，vptr 变量就会指向子类的 vtable。这样一来，就能确保继承关系最末端的子类虚函数会被调用到。

请看以下代码。

```
1   class Shape {
2     public:
3     int edge_length;
4     virtual int circumference () {
5       cout << "Circumference of Base Class\n";
6       return 0;
7     }
8   };
9
10  class Triangle: public Shape {
11    public:
12    int circumference () {
13      cout<< "Circumference of Triangle Class\n";
14      return 3 * edge_length;
15    }
16  };
17
18  void main() {
19    Shape * x = new Shape();
20    x->circumference(); // "Circumference of Base Class"
21    Shape *y = new Triangle();
22    y->circumference(); // "Circumference of Triangle Class"
23  }
```

在上述代码中，`circumference` 是 `Shape` 类的虚函数，因此所有继承 `Shape` 类的子类（`Triangle` 等）都为虚函数。在 C++里，非虚函数的调用是在编译期通过静态绑定确定的，虚函数的调用则是在运行期通过动态绑定确定的。

12.5 浅复制与深复制。浅复制和深复制之间有何区别？请阐述两者的不同用法。

题目解法

浅复制会将对象所有成员的值复制到另一个对象里。除了复制所有成员的值，深复制还会进一步复制所有指针对象。

下面是关于浅复制和深复制的例子。

```
1   struct Test {
2     char * ptr;
3   };
4
```

```
5   void shallow_copy(Test & src, Test & dest) {
6     dest.ptr = src.ptr;
7   }
8
9   void deep_copy(Test & src, Test & dest) {
10    dest.ptr = (char*)malloc(strlen(src.ptr) + 1);
11    strcpy(dest.ptr, src.ptr);
12  }
```

注意，shallow_copy 可能会导致大量编程运行错误，尤其是在创建和销毁对象时。使用浅复制时，务必要小心，只有当开发人员真正知道自己在做些什么时方可选用浅复制。多数情况下，使用浅复制是为了传递一块复杂结构的信息，但又不想真的复制一份数据。使用浅复制时，销毁对象务必要小心。

在实际开发中，很少用浅复制。大部分情况下，都会使用深复制，特别是当需要复制的结构很小时。

12.6 volatile 关键字。C 语言的关键字 volatile 有何作用？

题目解法

关键字 volatile 的作用是指示编译器，即使代码不对变量做任何改动，该变量的值仍可能会被外界修改。操作系统、硬件或其他线程都有可能修改该变量。该变量的值有可能遭受意料之外的修改，因此，每一次使用时，编译器都会重新从内存中获取这个值。

volatile（易变）的整数可由下面的语句声明。

```
int volatile x;
volatile int x;
```

要声明指向 volatile 整数的指针，可以执行如下操作。

```
volatile int * x;
int volatile * x;
```

指向非 volatile 数据的 volatile 指针很少见，但也是可行的。

```
int * volatile x;
```

如若声明指向一块 volatile 内存的 volatile 指针变量（指针本身与地址所指的内存都是 volatile），做法如下。

```
int volatile * volatile x;
```

volatile 变量不会被优化掉，这至关重要。设想有下面这个函数。

```
1   int opt = 1;
2   void Fn(void) {
3     start:
4       if (opt == 1) goto start;
5       else break;
6   }
```

乍一看，上面的代码好像会进入无限循环，编译器可能会将这段代码优化成如下代码。

```
1   void Fn(void) {
2     start:
3       int opt = 1;
4       if (true)
5       goto start;
6   }
```

10

这样就变成了无限循环。然后，外部操作可能会将 0 写入变量 opt 的位置，从而终止循环。

为了防止编译器执行这类优化，我们需要设法通知编译器有关系统其他部分可能会修改这个变量的信息。具体做法就是使用 volatile 关键字，如下所示。

```
1   volatile int opt = 1;
2   void Fn(void) {
3     start:
4       if (opt == 1) goto start;
5       else break;
6   }
```

volatile 变量在多线程程序里也可派上用场，对于全局变量，任意线程都可能修改这些共享变量。我们可不希望编译器对这些变量进行优化。

12.7 虚基类。基类的析构函数为何要声明为 virtual？

题目解法

让我们先想想为何会有虚函数，假设有如下代码。

```
1   class Foo {
2    public:
3      void f();
4   };
5
6   class Bar : public Foo {
7    public:
8      void f();
9   }
10
11  Foo * p = new Bar();
12  p->f();
```

调用 p->f() 最后将会调用 Foo::f()，这是因为 p 是指向 Foo 的指针，而 f() 不是虚拟的。为确保 p->f() 会调用继承关系最末端的子类的 f() 实现，我们需要将 f() 声明为虚函数。

现在，回到前面的析构函数。析构函数用于释放内存和资源。Foo 的析构函数若不是虚拟的，那么，即使 p 实际上是 Bar 类型的，还是会调用 Foo 的析构函数。

这就是要将析构函数声明为虚拟的原因所在，也就是说，是为了确保正确调用继承关系最末端的子类的析构函数。

12.8 复制节点。编写一种方法，传入参数为指向 Node 结构的指针，返回传入数据结构的完整副本，其中，Node 数据结构含有两个指向其他 Node 的指针。

题目解法

下面的算法将记录一份映射关系，从原先结构中的节点地址对应到新结构中相应的节点。利用该映射关系，在这个结构的深度优先遍历中，就能判断某个节点是不是复制过了。遍历时通常会标记访问过的节点，标记可以有多种形式，不一定要存放在节点里。

综上所述，可以得出一个简单的递归算法。

```
1   typedef map<Node*, Node*> NodeMap;
2
3   Node * copy_recursive(Node * cur, NodeMap & nodeMap) {
4     if (cur == NULL) {
5       return NULL;
6     }
7
```

```
8     NodeMap::iterator i = nodeMap.find(cur);
9     if (i != nodeMap.end()) {
10       // 已访问过这里，返回复制
11       return i->second;
12    }
13
14    Node * node = new Node;
15    nodeMap[cur] = node; // 在遍历链接之前，建立映射关系
16    node->ptr1 = copy_recursive(cur->ptr1, nodeMap);
17    node->ptr2 = copy_recursive(cur->ptr2, nodeMap);
18    return node;
19  }
20
21  Node * copy_structure(Node * root) {
22    NodeMap nodeMap; // 需要一个空的 map
23    return copy_recursive(root, nodeMap);
24  }
```

12.9 智能指针。编写一个智能指针类。智能指针是一种数据类型，一般用模板实现，模拟指针行为的同时还提供自动垃圾回收机制。它会自动记录 SmartPointer<T*>对象的引用计数，一旦 T 类型对象的引用计数为 0，就会释放该对象。

题目解法

智能指针跟普通指针一样，但它借由自动化内存管理保证了安全性，避免了诸如悬挂指针、内存泄漏和分配失败等问题。智能指针必须为给定对象的所有引用维护单一引用计数。

第一次看到这类问题，可能会觉得太难而不知所措，特别是当你并非 C++专家时。此题有个解决之道，分两步走：(1) 以伪码勾勒出做法；(2) 实现具体代码。

按照这种做法，我们需要一个引用计数变量，每新增一个对象的引用，该变量会加 1，移除一个引用则减 1。实现代码与下面的伪码类似。

```
1   template <class T> class SmartPointer {
2     /* 智能指针类需要指向对象本身及引用计数两者的指针。这些都必须是指针，
3      * 而不是真实的对象或引用计数值，因为智能指针的目的就在于，
4      * 可以跨多个指向某一对象的智能指针，来追踪同一个引用计数 */
5     T * obj;
6     unsigned * ref_count;
7   }
```

这个类还需要若干构造函数和一个析构函数，下面先加上这些函数。

```
1   SmartPointer(T * object) {
2     /* 想要设定 T * obj 的值，并将引用计数设为 1 */
3   }
4
5   SmartPointer(SmartPointer<T>& sptr) {
6     /* 这个构造函数会新建一个指向已有对象的智能指针。我们需要先设定 obj 和 ref_count，
7      * 设为指向 sptr 的 obj 和 ref_count。然后，因为我们新建了一个 obj 的引用，
8      * 所以需要增加 ref_count */
9   }
10
11  ~SmartPointer(SmartPointer<T> sptr) {
12    /* 销毁该对象的引用，减少 ref_count 的值。若 ref_count 为 0，
13     * 则释放为存放整数而申请的内存，并销毁对象 */
14  }
```

还有一种方式也可以创建引用：将一个 SmartPointer 赋值给另一个。处理这种情况需要覆写=操作符，不过这里先略述一二。

10

```
1   onSetEquals(SmartPointer<T> ptr1, SmartPointer<T> ptr2) {
2     /* 若 ptr1 已有值，减小其引用计数。然后，复制指向 obj 和 ref_count 的指针。
3      * 最后，因为创建了新引用，所以需要增加 ref_count 的值 */
4   }
```

即使尚未填入复杂的 C++语法，仅仅把做法大致描绘出来，意义已经很重大了。接下来，要完成所有代码，只需填补好细节即可。

```
1   template <class T> class SmartPointer {
2    public:
3     SmartPointer(T * ptr) {
4       ref = ptr;
5       ref_count = (unsigned*)malloc(sizeof(unsigned));
6       *ref_count = 1;
7     }
8
9     SmartPointer(SmartPointer<T> & sptr) {
10      ref = sptr.ref;
11      ref_count = sptr.ref_count;
12      ++(*ref_count);
13    }
14
15    /* 覆写=运算符，这样才能将一个旧的智能指针赋值给另一指针，
16     * 旧的引用计数减一，新的智能指针的引用计数则加一 */
17    SmartPointer<T> & operator=(SmartPointer<T> & sptr) {
18      if (this == &sptr) return *this;
19
20      /* 若已赋值为某个对象，则移除引用 */
21      if (*ref_count > 0) {
22        remove();
23      }
24
25      ref = sptr.ref;
26      ref_count = sptr.ref_count;
27      ++(*ref_count);
28      return *this;
29    }
30
31    ~SmartPointer() {
32      remove(); // 移除一个对象引用
33    }
34
35    T getValue() {
36      return *ref;
37    }
38
39   protected:
40     void remove() {
41       --(*ref_count);
42       if (*ref_count == 0) {
43         delete ref;
44         free(ref_count);
45         ref = NULL;
46         ref_count = NULL;
47       }
48     }
49
50    T * ref;
51    unsigned * ref_count;
52  };
```

此题的代码复杂难懂，错漏在所难免，面试官也不会强求代码写得完美无缺。

12.10　分配内存。编写支持对齐分配的 malloc 和 free 函数，分配内存时，malloc 函数返回的地址必须能被 2 的 *n* 次方整除。

示例：align_malloc(1000,128)返回的内存地址可被 128 整除，并指向一块 1000 字节大小的内存。aligned_free()会释放 align_malloc 分配的内存。

题目解法

一般来说，使用 malloc，我们控制不了分配的内存会在堆里哪个位置。我们只会得到一个指向内存块的指针，指针的起始地址不定。

要克服这些限制条件，必须申请足够大的内存，要大到能返回可被指定数值整除的内存地址。

假设需要一个 100 字节的内存块，我们希望它的起始地址为 16 的倍数。需要额外分配多少内存才够用呢？我们需要额外分配 15 字节。有了这 15 字节，加上紧随其后的 100 字节，就能得到可被 16 整除的内存地址以及 100 字节的可用空间。

具体做法大致如下。

```
1   void* aligned_malloc(size_t required_bytes, size_t alignment) {
2     int offset = alignment - 1;
3     void* p = (void*) malloc(required_bytes + offset);
4     void* q = (void*) (((size_t)(p) + offset) & ~(alignment - 1));
5     return q;
6   }
```

第 4 行有点难懂，解释如下。假设 alignment 为 16。很显然，在前 16 字节的某个位置，肯定有个内存地址可被 16 整除。通过(p + 15) & 11...10000，我们就可以将 p 移动到想要的地方。并将 p+15 的后四位加上 0000，以确保新的值可被 16 整除（不论是在 p 原来的位置还是在后面的 15 个位置）。

这种解法**近乎**无可挑剔，只是有个大问题：如何释放这块内存？

在上面的代码中，我们额外分配了 15 字节，在释放"真正的"内存时，必须释放这块额外内存。

为了释放整个内存块，我们可以将它的起始地址存放在这块"额外"内存中。在紧邻地址对齐的内存块之前，存放这个地址。当然，这意味着我们现在需要更多的额外内存，以确保有足够的空间存放这个起始地址。

因此，为保证地址对齐和指针的空间，我们需要额外分配 alignment - 1 + sizeof(void*) 字节。

下面是该做法的实现代码。

```
1   void* aligned_malloc(size_t required_bytes, size_t alignment) {
2     void* p1; // 初始内存块
3     void* p2; // 对齐的初始内存块
4     int offset = alignment - 1 + sizeof(void*);
5     if ((p1 = (void*)malloc(required_bytes + offset)) == NULL) {
6       return NULL;
7     }
8     p2 = (void*)(((size_t)(p1) + offset) & ~(alignment - 1));
9     ((void **)p2)[-1] = p1;
10    return p2;
11  }
12
13  void aligned_free(void *p2) {
14    /* 为了保持一致，这里也仿照 aligned_malloc 函数取名 */
```

```
15     void* p1 = ((void**)p2)[-1];
16     free(p1);
17   }
```

让我们看看 9 到 15 行的指针运算。如果我们把 p2 看作 void**（或者 void*的数组），就可以按索引-1 取得 p1。

在 aligned_free 中，我们拿到的 p2 参数与 aligned_malloc 里的 p2 是相同的。像之前一样，我们知道 p1 的值（指向完整内存块的开头）就存在 p2 前面。释放了 p1 内存，也就是释放了整块内存。

12.11   二维数组分配。用 C 编写一个 my2DAlloc 函数，可分配二维数组。将 malloc 函数的调用次数降到最少，并确保可通过 arr[i][j]访问该内存。

题目解法

大家可能都知道，二维数组本质上就是数组的数组。既然可以用指针访问数组，就可以用双重指针来创建二维数组。

基本思路是先创建一个一维指针数组。然后，为每个数组索引，再新建一个一维数组。这样就能得到一个二维数组，可通过数组索引访问。

下面是该做法的实现代码。

```
1   int** my2DAlloc(int rows, int cols) {
2     int** rowptr;
3     int i;
4     rowptr = (int**) malloc(rows * sizeof(int*));
5     for (i = 0; i < rows; i++) {
6       rowptr[i] = (int*) malloc(cols * sizeof(int));
7     }
8      return rowptr;
9   }
```

仔细观察上面的代码，注意我们是怎样让 rowptr 根据索引指向具体位置的。下图显示了内存是怎么分配的。

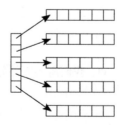

释放这些内存不能直接对 rowptr 调用 free。我们要确保不仅释放掉第一次 malloc 调用分配的内存，还要释放后续每次 malloc 调用分配的内存。

```
1   void my2DDealloc(int** rowptr, int rows) {
2     for (i = 0; i < rows; i++) {
3       free(rowptr[i]);
4     }
5     free(rowptr);
6   }
```

我们还可以分配一大块连续的内存，这样就不必分配很多个内存块（每一行一块，外加一块内存，存放每一行的首地址）。举个例子，对于 5 行 6 列的二维数组，这种做法的效果如下图所示。

看到这样的二维数组似乎有点儿奇怪，注意，它与前一张图并没什么不同。唯一区别是现在是一大块连续的内存，因此，此例中前 5 个元素指向同一块内存的其他位置。

下面是这种做法的具体实现。

```
1   int** my2DAlloc(int rows, int cols) {
2       int i;
3       int header = rows * sizeof(int*);
4       int data = rows * cols * sizeof(int);
5       int** rowptr = (int**)malloc(header + data);
6       if (rowptr == NULL) return NULL;
7
8       int* buf = (int*) (rowptr + rows);
9       for (i = 0; i < rows; i++) {
10          rowptr[i] = buf + i * cols;
11      }
12      return rowptr;
13  }
```

注意，仔细观察第 11 至 13 行代码的具体实现。假设该二维数组有 5 行，每行 6 列，则 array[0] 会指向 array[5]，array[1] 会指向 array[11]，以此类推。

随后，当我们真正调用 array[1][3] 时，计算机会查找 array[1]，这是个指针，指向内存的另一个地方，其实就是指向 array[5] 的指针。将这个元素视为一个数组，然后取出它的第 3 个元素（索引从 0 开始）。

用这种方法构建数组只需调用一次 malloc，另外还有个好处，就是清除数组时也只需调用一次 free，而不必专门写个函数释放其余的内存块。

10.13　Java

13.1　私有构造函数。从继承的角度看，把构造函数声明为私有会有何作用？

题目解法

在 A 类上声明私有构造函数意味着，如果你可以访问私有方法，那么只能访问（私有）构造函数。除了 A 以外，谁能访问 A 的私有方法和构造函数？A 的内部类可以。另外，如果 A 是 Q 的内部类，则 Q 的其他内部类也可以访问。

这对继承有直接的影响，因为子类调用其父的构造函数。A 类可以被继承，但只能被自身的内部类继承。

13.2　异常处理中的返回。在 Java 中，若在 try-catch-finally 的 try 语句块中插入 return 语句，finally 语句块是否还会执行？

题目解法

是的，它会执行。当退出 try 语句块时，finally 语句块将会执行。即使我们试图从 try 语句块（通过 return 语句、continue 语句、break 语句或任意异常）里跳出，finally 语句块仍将得以执行。

注意，有些情况下 finally 语句块将不会执行，比如下列情形。

❑ 如果虚拟机在 try/catch 语句块执行期间退出。

❑ 如果执行 try/catch 语句块的线程被杀死终止了。

10

13.3   final 们。final、finally 和 finalize 之间有何差异?

题目解法

尽管名字相像、发音类似，final、finally 和 finalize 的功能却截然不同。总体上来讲，final 用于控制变量、方法或类是否"可更改"。finally 关键字用在 try/catch 语句块中，以确保一段代码一定会被执行。一旦垃圾收集器确定没有任何引用指向某个对象，就会在销毁该对象之前调用 finalize() 方法。

下面是关于这几个关键字和方法的更多细节。

1. final

上下文不同，final 语句含义有别。

❑ 应用于基本类型（primitive）变量时：该变量的值无法更改。

❑ 应用于引用（reference）变量时：该引用变量不能指向堆上的任何其他对象。

❑ 应用于方法时：该方法不允许重写。

❑ 应用于类时：该类不能派生子类。

2. finally 关键字

在 try 块或 catch 块之后，可以选择加一个 finally 语句块。finally 语句块里的语句一定会被执行（除非 Java 虚拟机在执行 try 语句块期间退出）。finally 语句块常用于编写资源回收和清理的代码，其会在 try 块和 catch 块之后、控制返回原点之前被执行。

请看下面例子的用法。

```
1    public static String lem() {
2      System.out.println("lem");
3      return "return from lem";
4    }
5
6    public static String foo() {
7      int x = 0;
8      int y = 5;
9      try {
10       System.out.println("start try");
11       int b = y / x;
12       System.out.println("end try");
13       return "returned from try";
14     } catch (Exception ex) {
15       System.out.println("catch");
16       return lem() + " | returned from catch";
17     } finally {
18       System.out.println("finally");
19     }
20   }
21
22   public static void bar() {
23     System.out.println("start bar");
24     String v = foo();
25     System.out.println(v);
26     System.out.println("end bar");
27   }
28
29   public static void main(String[] args) {
30     bar();
31   }
```

以上代码会按顺序输出。

```
1  start bar
2  start try
3  catch
4  lem
5  finally
6  return from lem | returned from catch
7  end bar
```

请注意 3 到 5 行的输出，catch 块完全执行了（包括返回语句），然后 finally 块执行，最后是函数实际返回。

3. finalize()

垃圾收集器在销毁该对象之前，会自动调用 finalize()方法。类可以将 Object 类中的 finalize()方法重写，用于自定义垃圾回收过程的行为。

```
1  protected void finalize() throws Throwable {
2    /* 关闭文件，清理资源等 */
3  }
```

13.4　泛型与模板。C++模板和 Java 泛型之间有何不同？

题目解法

许多程序员都认为模板（template）和泛型（generic）这两个概念是一样的，因为两者都让你按照 List<String>的样式编写代码。不过，各种语言是怎么实现该功能的以及为什么这么做却千差万别。

Java 泛型的实现基于"类型消除"这一概念。当源代码被转换成 Java 虚拟机字节码时，这种技术会消除参数化类型。

例如，假设有以下 Java 代码。

```
1  Vector<String>  vector = new Vector<String>();
2  vector.add(new String("hello"));
3  String  str = vector.get(0);
```

编译时，上面的代码会改写为如下代码。

```
1  Vector vector = new Vector();
2  vector.add(new String("hello"));
3  String str = (String) vector.get(0);
```

有了 Java 泛型，对我们编写代码的能力并没有多大提升，只是让代码变得漂亮些。鉴于此，Java 泛型有时也被称为"语法糖"。

这点跟 C++模板截然不同。在 C++中，模板本质上就是一套宏指令集，只是换了个名头，编译器会针对每种类型创建一份模板代码的副本。有项证据可以证明这一点：MyClass<Foo>不会与 MyClass<Bar>共享静态变量。然而，两个 MyClass<Foo>实例则会共享静态变量。

看了下面的代码，会更好理解。

```
1  /*** MyClass.h ***/
2  template<class T> class MyClass {
3   public:
4    static int val;
5    MyClass(int v) { val = v; }
6  };
7
8  /*** MyClass.cpp ***/
```

```
9    template<typename T>
10   int MyClass<T>::bar;
11
12   template class MyClass<Foo>;
13   template class MyClass<Bar>;
14
15   /*** main.cpp ***/
16   MyClass<Foo> * foo1 = new MyClass<Foo>(10);
17   MyClass<Foo> * foo2 = new MyClass<Foo>(15);
18   MyClass<Bar> * bar1 = new MyClass<Bar>(20);
19   MyClass<Bar> * bar2 = new MyClass<Bar>(35);
20
21   int f1 = foo1->val; // 等于 15
22   int f2 = foo2->val; // 等于 15
23   int b1 = bar1->val; // 等于 35
24   int b2 = bar2->val; // 等于 35
```

在 Java 中，MyClass 类的静态变量会由所有 MyClass 实例共享，不论类型参数相同与否。由于架构设计上的差异，Java 泛型和 C++ 模板还有如下很多不同之处。

❑ C++ 模板可以使用 int 等基本数据类型。Java 则不行，必须转而使用 Integer。

❑ 在 Java 中，可以将模板的类型参数限定为某种特定类型。例如，你可能会使用泛型实现 CardDeck，并规定类型参数必须扩展自 CardGame。

❑ 在 C++ 中，类型参数可以实例化，但 Java 不支持。

❑ 在 Java 中，类型参数（即 MyClass<Foo>中的 Foo）不能用于静态方法和变量，因为它们会被 MyClass<Foo>和 MyClass<Bar>所共享。在 C++ 中，这些类都是不同的，因此类型参数可以用于静态方法和静态变量。

❑ 在 Java 中，不管类型参数是什么，MyClass 的所有实例都是同一类型。类型参数会在运行时被抹去。在 C++ 中，参数类型不同，实例类型也不同。

记住，Java 泛型和 C++ 模板虽然在很多方面看起来都一样，但实则大不相同。

13.5 TreeMap、HashMap、LinkedHashMap。解释一下 TreeMap、HashMap、LinkedHashMap 三者的不同之处。举例说明各自最适合的情况。

题目解法

三者都提供了 key->value（键值对）的映射和遍历 key 的迭代器。这些类中最大的区别就是给予的时间保证和 key 的顺序。

❑ HashMap 提供了 $O(1)$ 的查找和插入。如果你要遍历 key 时，要清楚 key 其实是无序的。它是用节点为链表的数组实现的。

❑ TreeMap 提供了 $O(\log N)$ 的查找和插入。但 key 是有序的，如果你想要按顺序遍历 key，那么它刚好满足。这也意味着 key 必须实现了 Comparable 接口。TreeMap 是用红黑树实现的。

❑ LinkedHashMap 提供了 $O(1)$ 的查找和插入。key 是按照插入顺序排序的。它是用双向链表桶实现的。

想象你将一个空的 TreeMap、HashMap 和 LinkedHashMap 传递到下列函数中。

```
1    void insertAndPrint(AbstractMap<Integer, String> map) {
2      int[] array = {1, -1, 0};
3      for (int x : array) {
4        map.put(x, Integer.toString(x));
5      }
```

```
6
7    for (int k : map.keySet()) {
8      System.out.print(k + ", ");
9    }
10  }
```

它们的输出如下所示。

HashMap	LinkedHashMap	TreeMap
任意顺序	{1, -1, 0}	{-1, 0, 1}

重要提示：LinkedHashMap 和 TreeMap 的输出肯定如上所示。对于 HashMap，输出是在我们的测试过程中，但可以是任意排序，其顺序无法**保证**。

在实际应用中，你什么时候需要排序呢？

❑ 假设你正在创建姓名到 Person 对象的映射。可能需要定期按姓名的字母顺序输出人员。一个 TreeMap 便可助你一臂之力。

❑ TreeMap 还提供了一个方法，即给定一个姓名，可以输出接下来的 10 个人。在许多应用中这可能会对实现"更多"功能有所助益。

❑ 只要你需要按插入顺序排序的 key，LinkedHashMap 就能派上用场。在缓存的场景下，当你想删除最旧的条目时，LinkedHashMap 也大有用处。

一般来说，如果没有明确要求，Hashmap 将是不二之选。换言之，如果你需要按插入顺序排序的 key，就用 LinkedHashMap；如果需要按实际和自然顺序排序的 key，就用 TreeMap；在其他情况下，最好用 HashMap，其通常运行较快且操作不太烦琐。

13.6 反射。解释下 Java 中对象反射是什么，有什么用处。

题目解法

对象反射（object reflection）是 Java 的一项特性，提供了获取 Java 类和对象的反射信息的方法，可执行如下操作。

(1) 运行时取得类的方法和字段的相关信息。

(2) 创建某个类的新实例。

(3) 通过取得字段引用直接获取和设置对象字段，不管访问修饰符为何。

下面这段代码为对象反射的示例。

```
1   /* 参数 */
2   Object[] doubleArgs = new Object[] { 4.2, 3.9 };
3
4   /* 取得类 */
5   Class rectangleDefinition = Class.forName("MyProj.Rectangle");
6
7   /* 等同于: Rectangle rectangle = new Rectangle(4.2, 3.9); */
8   Class[] doubleArgsClass = new Class[] {double.class, double.class};
9   Constructor doubleArgsConstructor =
10    rectangleDefinition.getConstructor(doubleArgsClass);
11  Rectangle rectangle = (Rectangle) doubleArgsConstructor.newInstance(doubleArgs);
12
13  /* 等同于: Double area = rectangle.area(); */
14  Method m = rectangleDefinition.getDeclaredMethod("area");
15  Double area = (Double) m.invoke(rectangle);
```

这段代码等同于如下代码。

10

```
1   Rectangle rectangle = new Rectangle(4.2, 3.9);
2   Double area = rectangle.area();
```

对象反射有何用

当然，从上面的例子来看，对象反射似乎没什么用，不过在特定情况下，反射可能大有用处。对象反射之所以有用，主要体现在以下 3 个方面。

(1) 有助于观察或操纵应用程序的运行行为。

(2) 有助于调试或测试程序，因为我们可以直接访问方法、构造函数和成员字段。

(3) 即使事前不知道某个方法，我们也可以通过名字调用该方法。例如，让用户传入类名、构造函数的参数和方法名。然后，我们就可以使用该信息来创建对象，并调用方法。如果没有反射的话，即使可以做到，也需要一系列复杂的 if 语句。

13.7 lambda 表达式。 有一个名为 Country 的类，它有两种方法，一种是 getContinent() 返回该国家所在大洲，另一种是 getPopulation() 返回本国人口。实现一种名为 getPopulation(List<Country> counties,String continent)的方法，返回值类型为 int。它能根据指定的大洲名和国家列表计算出该大洲的人口总数。

题目解法

这个问题实际上可以分成两部分。首先，我们需要生成南美洲国家的列表。其次，我们需要计算他们的总人口。

没有 lambda 表达式，下面的写法已经相当简洁明了。

```
1   int getPopulation(List<Country> countries, String continent) {
2     int sum = 0;
3     for (Country c : countries) {
4       if (c.getContinent().equals(continent)) {
5         sum += c.getPopulation();
6       }
7     }
8     return sum;
9   }
```

为了用 lambda 表达式实现，我们要把它分解成多个部分。

首先，我们使用 filter 方法获取指定大洲的国家列表。

```
1   Stream<Country> northAmerica = countries.stream().filter(
2     country -> { return country.getContinent().equals(continent);}
3   );
```

其次，我们使用 map 方法把国家转换成人口。

```
1   Stream<Integer> populations = northAmerica.map(
2     c -> c.getPopulation()
3   );
```

最后，我们使用 reduce 方法计算人口总和。

```
1   int population = populations.reduce(0, (a, b) -> a + b);
```

综合上述步骤，构建如下函数。

```
1   int getPopulation(List<Country> countries, String continent) {
2     /* 过滤国家 */
3     Stream<Country> sublist = countries.stream().filter(
4       country -> { return country.getContinent().equals(continent);}
5     );
6
```

```
7    /* 转换为人口列表 */
8    Stream<Integer> populations = sublist.map(
9      c -> c.getPopulation()
10   );
11
12   /* 计算列表的和 */
13   int population = populations.reduce(0, (a, b) -> a + b);
14   return population;
15 }
```

另外，由于这个问题的特殊性，我们大可以移除 filter 步骤。执行 reduce 操作时，能想到把不属于正确大洲的国家人口转换成 0 这一思路。因此，求和时实际上也就把不在指定大洲的国家忽略了。

```
1    int getPopulation(List<Country> countries, String continent) {
2      Stream<Integer> populations = countries.stream().map(
3        c -> c.getContinent().equals(continent) ? c.getPopulation() : 0);
4      return populations.reduce(0, (a, b) -> a + b);
5    }
```

lambda 函数是 Java 8 新添的功能，所以如果你不认识此类函数，那可能就是这个原因。不过，现在是时候好好了解该类函数了。

13.8　lambda 随机数。 使用 lambda 表达式写一种名为 getRandomSubset(List<Integer> list) 的方法，返回值类型为 List<Integer>，返回一个任意大小的随机子集，所有子集（包括空子集）选中的概率都一样。

题目解法

先从 0 至 N 中选取子集的数量，然后生成此数量的随机子集，从而解决这个问题。这个方法值得一试。

但会产生如下两个问题。

(1) 我们必须加权这些概率。如果 $N > 1$，那么容量为 $N/2$ 的子集比容量为 N 的子集（其中总是只有一个）更多。

(2) 实际上生成受限大小（特别是 10）的子集比生成任意大小的子集更困难。

与其基于容量生成子集，不如考虑基于元素的情况。其实，该题要求使用 lambda 表达式也表明，我们应该考虑通过元素进行某种迭代或处理。

想象一下，我们正在迭代{1, 2, 3}生成一个子集，1 应该在其中吗？

我们有两种选择：是或否。我们需要根据子集中包含 1 的百分比来衡量"是"与"否"的概率。那么，包含 1 的子集占比多少？

对于任何特定的元素，包含某个元素的子集和不包含该元素的子集数量一样多。考虑下列情况。

```
{}        {1}
{2}       {1, 2}
{3}       {1, 3}
{2, 3}    {1, 2, 3}
```

请注意左边的子集和右边的子集之间的差异在于是否存在 1。左右两边肯定具有相同数量的子集，因为我们只需添加一个元素即可将其从一个转换为另一个。

这意味着我们可以通过遍历列表和抛出一枚硬币（即决定 50 / 50 的概率）来生成一个随机子集，以选择每个元素是否在其中。不用 lambda 表达式，我们可以写出如下所示的代码。

10

```
1   List<Integer> getRandomSubset(List<Integer> list) {
2     List<Integer> subset = new ArrayList<Integer>();
3     Random random = new Random();
4     for (int item : list) {
5       /* 翻转硬币 */
6       if (random.nextBoolean()) {
7         subset.add(item);
8       }
9     }
10    return subset;
11  }
```

要用 lambda 实现这个方法，我们可以执行如下操作。

```
1   List<Integer> getRandomSubset(List<Integer> list) {
2     Random random = new Random();
3     List<Integer> subset = list.stream().filter(
4       k -> { return random.nextBoolean(); /* 翻转硬币 */
5     }).collect(Collectors.toList());
6     return subset;
7   }
```

该实现方法的一大益处是，现在我们可以在其他地方使用 flipCoin 谓词了。

```
1   Random random = new Random();
2   Predicate<Object> flipCoin = o -> {
3     return random.nextBoolean();
4   };
5
6   List<Integer> getRandomSubset(List<Integer> list) {
7     List<Integer> subset = list.stream().filter(flipCoin).
8       collect(Collectors.toList());
9     return subset;
10  }
```

10.14   数据库

问题 14.1 至 14.3 用到了以下数据库模式。

Apartments	
AptID	int
UnitNumber	varchar(10)
BuildingID	int

Buildings	
BuildingID	int
ComplexID	int
BuildingName	varchar(100)
Address	varchar(500)

Requests	
RequestID	int
Status	varchar(100)
AptID	int
Description	varchar(500)

Complexes	
ComplexID	int
ComplexName	varchar(100)

AptTenants	
TenantID	int
AptID	int

Tenants	
TenantID	int
TenantName	varchar(100)

注意，每套公寓可能有多位承租人，而每位承租人可能租住多套公寓。每套公寓隶属于一栋大楼，而每栋大楼属于一个综合体。

14.1   多套公寓。 编写 SQL 查询，列出租住不止一套公寓的承租人。

题目解法

要解决此题，我们可以使用 HAVING 和 GROUP BY 子句，然后将 Tenants 以 INNER JOIN 连接起来。

```
1   SELECT TenantName
2   FROM Tenants
3   INNER JOIN
4     (SELECT TenantID FROM AptTenants GROUP BY TenantID HAVING count(*) > 1) C
5   ON Tenants.TenantID = C.TenantID
```

在面试或现实生活中，每当编写 GROUP BY 子句时，务必确保 SELECT 子句里的任何东西要么是聚集函数，要么就包含在 GROUP BY 子句里。

14.2 "open" 的申请数量。编写 SQL 查询，列出所有建筑物，并取得状态为 "Open" 的申请数量（Requests 表中 Status 为 "Open" 的条目）。

题目解法

此题直接将 Requests 和 Apartments 连接起来，就能列出建筑物 ID，并取得 Open 申请的数量。取得这份列表后，再将它与 Buildings 表进行连接。

```
1   SELECT BuildingName, ISNULL(Count, 0) as 'Count'
2   FROM Buildings
3   LEFT JOIN
4     (SELECT Apartments.BuildingID, count(*) as 'Count'
5      FROM Requests INNER JOIN Apartments
6      ON Requests.AptID = Apartments.AptID
7      WHERE Requests.Status = 'Open'
8      GROUP BY Apartments.BuildingID) ReqCounts
9   ON ReqCounts.BuildingID = Buildings.BuildingID
```

诸如这种有子查询的查询，务必要经过全面测试，手写时尤当如此。最好先测试查询的内层，然后再测试外层部分。

14.3 关闭所有请求。11 号建筑物正在进行大翻修。编写 SQL 查询，关闭这栋建筑物里所有公寓的入住申请。

题目解法

跟 SELECT 查询一样，UPDATE 查询也可以有 WHERE 子句。要实现这个查询，我们会获取 11 号建筑物里所有公寓的 ID，然后从这些公寓取得入住申请列表。

```
1   UPDATE Requests
2   SET Status = 'Closed'
3   WHERE AptID IN (SELECT AptID FROM Apartments WHERE BuildingID = 11)
```

14.4 连接。连接有哪些不同类型？请说明这些类型之间的差异，以及为何在某些情形下，某种连接会比较好。

题目解法

JOIN 用于合并两个表的结果。要执行 JOIN 操作，每个表里至少要有一个字段，可用来配对另一个表里的记录。连接的类型规定了哪些记录会进入合并结果集。

下面以两张表为例：一张表列出常规饮料，另一张表是无卡路里饮料。每张表有两个字段：饮料名称（name）和产品编号（code）。编号字段用来配对记录。

常规饮料：

饮料名称	编　　号
Budweiser	BUDWEISER
Coca-Cola	COCACOLA
Pepsi	PEPSI

10

无卡路里饮料：

饮料名称	编　　号
Diet Coca-Cola	COCACOLA
Fresca	FRESCA
Diet Pepsi	PEPSI
Pepsi Light	PEPSI
Purified Water	Water

欲将 Beverage 与 Calorie-Free Beverages 连接起来，我们可以有多种选择，说明如下。

❑ INNER JOIN：结果集只含有配对成功的数据。在这个例子里，我们会得到 3 条记录：1 条包含 COCACOLA 编号，2 条包含 PEPSI 编号。

❑ OUTER JOIN：OUTER JOIN 一定会包含 INNER JOIN 的结果，不过它也可能包含一些在其他表里没有配对的记录。OUTER JOIN 还可分为以下几种子类型。

　■ LEFT OUTER JOIN 或简称 LEFT JOIN：结果会包含左表的所有记录。如果右表中找不到配对成功的记录，则相应字段的值为 NULL。在这个例子里，我们会得到 4 条记录。除了 INNER JOIN 的结果，还会列出 BUDWEISER，因为它位于左表中。

　■ RIGHT OUTER JOIN 或简称 RIGHT JOIN：这种连接刚好与 LEFT JOIN 相反。它会返回包括右表的所有记录；左表缺失的字段为 NULL。注意，如果有两张表 A 和 B，那么可以认为语句 A LEFT JOIN B 等同于语句 B RIGHT JOIN A。综上所述，我们会得到 5 条记录。除了 INNER JOIN 结果，还会有 FRESCA 和 WATER 2 条记录。

　■ FULL OUTER JOIN：这种连接会合并 LEFT 和 RIGHT JOIN 的结果。不论另一个表里有无配对记录，这两个表的所有记录都会放进结果集中。如果找不到配对记录，则对应的结果字段的值为 NULL。综上所述，我们会得到 6 条记录。

14.5　反规范化。什么是反规范化？请说明其优缺点。

题目解法

反规范化（denormalization）是一种数据库优化技术，在一个或多个表中加入冗余数据。在使用关系型数据库中，反规范化可帮助我们避免烦琐的表连接操作。

相比之下，在传统的规范化数据库中，我们会将数据存放在不同的逻辑表里，试图将冗余数据减到最少，力争做到在数据库中每块数据只有一份副本。

例如，在规范化数据库中，我们可能会有 Courses 表和 Teachers 表。在 Courses 表里，每个条目都会存储课程（Course）的 teacherID，但不存储 teacherName。如欲获取所有课程（Courses）对应的教师（Teacher）姓名，只需对这两个表进行连接。

就某些方面来看，这么做很不错。如有教师更改名字，我们只需更新一个地方的名字即可。不过，这么做的缺点在于，如果表很大，就需要花费过长时间对这些表执行连接操作。

反规范化则可以达成一定的平衡。在反规范化时，我们确保自己可以接受一定的冗余，并在更新数据库时要多做些工作，从而减少连接操作，保证较高的效率。

反规范化的缺点	反规范化的优点
更新和插入操作更烦琐	连接操作较少，因此检索数据更快
反规范化会使更新和插入代码更难写	需要查找的表较少，因此检索查询比较简单（因而也不容易出错）
数据可能不一致。哪一块数据才是"正确"的呢？	
数据存在冗余，需要更大的存储空间	

在注重可扩展性的系统中，比如大型科技公司，几乎一定会兼用规范化和反规范化数据库的各种要素。

14.6 画一个实体关系图。 有个数据库，里面有公司（companies）、人（people）和在职专业人员（professional），请绘制实体关系图。

题目解法

在公司（Companies）上班的人（People）称作专业人员（Professional）。因此，People和 Professional 之间是 ISA（"is a"）关系（或者说 Professional 派生自 People）。

除了从 People 派生的属性，Professional 还有一些附加信息，包括学历（degree）和工作经验（experience）等。

每位 Professional 同一时间只能为一家 Company 工作（也许你可能想验证这一假设），Companies 则可以同时雇佣多位 Professional，因此 Professional 和 Companies 之间是多对一的关系。"Works For"关系可以存放员工的入职时间和薪资等属性。这些属性只有在将Professional 与 Company 相关联时才会定义。

一个 People 可能拥有多个电话号码，所以 Phone 是个多值属性。

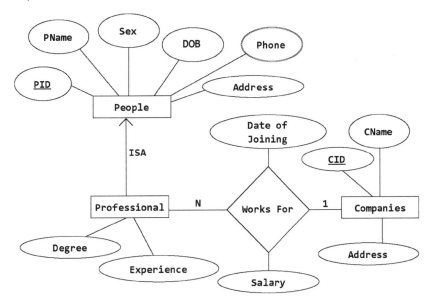

14.7 设计分级数据库。 给定一个存储学生成绩的简单数据库。设计这个数据库的大体框架，并编写 SQL 查询，返回以平均分排序的优等生名单（排名前 10%）。

题目解法

在一个简单的数据库中，最起码会有 3 个对象：Students（学生）、Courses（课程）和

CourseEnrollment（选修课程）。Students 至少会包含学生姓名、学号（ID），还可能包含其他个人信息。Courses 会包含课程名和代号，或许还有课程说明、教授和其他信息。CourseEnrollment 会将 Students 和 Courses 配对起来，还会含有 CourseGrade 字段。

学　　生	
StudentID	int
StudentName	varchar(100)
Address	varchar(500)

课　　程	
CourseID	int
CourseName	varchar(100)
ProfessorID	int

选修课程	
CourseID	int
StudentID	int
Grade	float
Term	int

要是加上教授的资料、学分费用信息和其他数据，这个数据库就会变得相当复杂。

使用微软 SQL Server 里的 TOP ... PERCENT 函数，我们可以先尝试如下（错误的）查询。

```
1    SELECT TOP 10 PERCENT AVG(CourseEnrollment.Grade) AS GPA,
2                                                    CourseEnrollment.StudentID
3    FROM CourseEnrollment
4    GROUP BY CourseEnrollment.StudentID
5    ORDER BY AVG(CourseEnrollment.Grade)
```

以上代码的问题在于，它只会如实返回按 GPA 排序后的前 10%行记录。设想这样一个场景：有 100 名学生，排名前 15 的学生的 GPA 都是 4.0。上面的函数只会返回其中 10 名学生，与我们的要求不符。在得分相同的情况下，我们希望计入得分前 10%的学生，即使优等生名单的人数超过班级总人数的 10%。

为纠正这个问题，我们可以建立类似的查询，不过首先要取得筛选优等生的 GPA 基准。

```
1    DECLARE @GPACutOff float;
2    SET @GPACutOff = (SELECT min(GPA) as 'GPAMin' FROM (
3        SELECT TOP 10 PERCENT AVG(CourseEnrollment.Grade) AS GPA
4        FROM CourseEnrollment
5        GROUP BY CourseEnrollment.StudentID
6        ORDER BY GPA desc) Grades);
```

接着，定义好@GPACutOff 后，要筛选最低拥有该 GPA 的学生就相当容易了。

```
1    SELECT StudentName, GPA
2    FROM (SELECT AVG(CourseEnrollment.Grade) AS GPA, CourseEnrollment.StudentID
3        FROM CourseEnrollment
4        GROUP BY CourseEnrollment.StudentID
5        HAVING AVG(CourseEnrollment.Grade) >= @GPACutOff) Honors
6    INNER JOIN Students ON Honors.StudentID = Student.StudentID
```

作出隐含假设条件时要非常小心。仔细查看上面的数据库描述，你会发现哪些可能是不正确的假设，其中之一是每门课程只能由一位教授来教。而在某些学校，一门课程可能会由多位教授来教。

不过，你还是需要作出一些假设，要不然会把自己搞疯。相比你作了哪些假设，更重要的是认识到自己作出了假设。不论是在实际操作还是面试中，就算假设条件不正确，只要可以识别出来，就能予以妥善处理。

此外，请记住，弹性和复杂度之间需要权衡取舍。若建立的系统支持一门课程可由多位教授来教，的确会增加数据库的弹性，但又徒增其复杂度。倘若要让数据库灵活应对各种可能的情况，最终数据库只会变得复杂不堪。

尽量让你的设计保持合理的弹性，并陈明任何其他的假设或限制条件。这不仅适用于数据库设计，还适用于面向对象设计和常规的编程。

10.15 线程与锁

15.1 进程与线程。进程和线程有何区别？

题目解法

进程和线程彼此关联，但两者有着本质上的区别。

进程可以看作是程序执行时的实例，是一个分配了系统资源（比如 CPU 时间和内存）的独立实体。每个进程都在各自独立的地址空间里执行，一个进程无法访问另一个进程的变量和数据结构。如果一个进程想要访问其他进程的资源，就必须使用进程间通信机制，包括管道、文件、套接字（socket）及其他形式。

线程存在于进程中，共享进程的资源（包括它的堆空间）。同一进程里的多个线程将共享同一个堆空间。这跟进程大不相同，一个进程不能直接访问另一个进程的内存。不过，每个线程仍然会有自己的寄存器和栈，而其他线程可以读写堆内存。

线程是进程的某条执行路径。当某个线程修改进程资源时，其他兄弟线程就会立即看到由此产生的变化。

15.2 上下文切换。如何测量上下文切换时间？

题目解法

此题比较棘手，我们不妨先从一种可能的解法入手。

上下文切换（context switch）是两个进程之间切换（即将等待中的进程转为执行状态，而将正在执行的进程转为等待或终止状态）所耗费的时间。这样的动作会发生在多任务处理系统中，操作系统必须将等待中进程的状态信息载入内存，并保存执行中进程的状态信息。

为了解决此题，我们需要记录两个交换进程执行最后一条和第一条指令的时间戳，而上下文切换时间就是这两个进程的时间戳差值。

举个简单的例子：假设只有两个进程 P_1 和 P_2。

P_1 正在执行，P_2 则在等待执行。在某一时间点，操作系统必须交换 P_1 和 P_2，假设正好发生在 P_1 执行第 N 条指令之际。若 t_{xk} 表示进程 x 执行第 k 条指令的时间戳，单位为微秒，则上下文切换需要 $t_{2,1} - t_{1,n}$ 微秒。

此题棘手的地方在于，如何知道两个进程何时会进行交换呢？当然，我们无法记录进程每条指令的时间戳。

还有一个问题是，进程交换是由操作系统的调度算法负责的，另外还可能有很多内核态线程也会进行上下文切换。其他进程也可能会竞争 CPU，或者内核还要处理中断，用户控制不了这些不相干的上下文切换。举例来说，若内核在 $t_{1,n}$ 时刻决定处理某个中断，那么上下文切换时间就会比预估的更长。

为克服这些障碍，我们必须先构造一个环境：在 P_1 执行之后，任务调度器会立即选中并执行 P_2。具体做法是在 P_1 和 P_2 之间构造一条数据通道，如管道，让这两个进程玩一场数据令牌的桌球游戏。

换言之，我们让 P_1 作为初始发送方，P_2 作为接收方。一开始，P_2 阻塞（睡眠）等待获取数据令牌。P_1 执行时会将令牌通过数据通道递送给 P_2，并立即尝试读取响应令牌。然而，由于 P_2 还没有机会执行，因此 P_1 收不到这个响应令牌，继而被阻塞并释放 CPU。随之而来的就是上下文切换，任务调度器必须选择另一个进程执行。P_2 正好处于随时可执行的状态，因此也就顺理成章地成为任务调度器可选择执行的理想候选者。当 P_2 执行时，P_1 和 P_2 的角色互换了。现在，P_2 成为发送方，而 P_1 成为被阻塞的接收方。当 P_2 将令牌返回给 P_1 时，游戏即告结束。简而言之，这个游戏一个来回由以下步骤组成。

(1) P_2 阻塞，等待 P_1 发送的数据。

(2) P_1 标记开始时间。

(3) P_1 向 P_2 发送令牌。

(4) P_1 试着读取 P_2 发送的响应令牌，引发上下文切换。

(5) P_2 被调度执行，接收 P_1 发送的令牌。

(6) P_2 向 P_1 发送响应令牌。

(7) P_2 试着读取 P_1 发送的响应令牌，引发上下文切换。

(8) P_1 被调度执行，接收 P_2 发送的令牌。

(9) P_1 标记结束时间。

这里的关键在于数据令牌的发送会引发上下文切换。令 T_d 和 T_r 分别为发送和接收数据令牌的时间，并令 T_c 为上下文切换耗费的时间。在第(2)步，P_1 会记录令牌发送的时间戳，在第(9)步则记录了令牌响应的时间戳。这两个事件之间用掉的时间 T 如下所示：$T = 2 \times (T_d + T_c + T_r)$。

这个算式由以下事件组成：P_1 发送一个令牌(3)，CPU 上下文切换(4)，P_2 接收这个令牌(5)。随后，P_2 发送响应令牌(6)，CPU 上下文切换(7)，最后 P_1 收到这个响应令牌(8)。

接着，由 P_1 很容易就能计算 T，即事件 3 和事件 8 之间经过的时间。总之，若想求出 T_c，我们必须先确定 $T_d + T_r$ 的值。

该怎么做呢？我们可以测量 P_1 发送和接收令牌所耗费的时间是多少。不过这不会引发上下文切换，因为发送这个令牌时 P_1 正在 CPU 中执行，而且接收时也不会处于阻塞状态。

将上述游戏重复玩多个来回，以剔除步骤(2)和步骤(9)之间可能因意料之外的内核中断和其他内核线程对 CPU 的竞争而引入的时间变动。我们将选择测得的最短上下文切换时间作为最终答案。

话说回来，最后我们只能说，这只是近似值，而且取决于底层系统。比如，我们作了这样的假设：一旦数据令牌可用，P_2 就会被选中并执行。而实际上，这要取决于任务调度器的具体实现，我们无法做出任何保证。

没关系，就算这样也不要紧。在面试中，能够意识到你的解法或许不够完美，这一点很重要。

15.3 哲学家用餐。在著名的哲学家用餐问题中，一群哲学家围坐在圆桌周围，每两位哲学家之间有一根筷子。每位哲学家需要两根筷子才能用餐，并且一定会先拿起左手边的筷子，然后才会去拿右手边的筷子。如果所有哲学家在同一时间拿起左手边的筷子，就有可能造成死锁。请使用线程和锁，编写代码模拟哲学家用餐问题，避免出现死锁。

题目解法

首先，先不管死锁，让我们写些代码简单模拟哲学家用餐问题。具体实现时，从 Thread 派生 Philosopher，拿起 Chopstick 时会调用 lock.lock()，放下时则调用 lock.unlock()。

```
1   class Chopstick {
2     private Lock lock;
3
4     public Chopstick() {
5       lock = new ReentrantLock();
6     }
7
8     public void pickUp() {
9       void lock.lock();
10    }
11
12    public void putDown() {
13      lock.unlock();
14    }
15  }
16
17  class Philosopher extends Thread {
18    private int bites = 10;
19    private Chopstick left, right;
20
21    public Philosopher(Chopstick left, Chopstick right) {
22      this.left = left;
23      this.right = right;
24    }
25
26    public void eat() {
27      pickUp();
28      chew();
29      putDown();
30    }
31
32    public void pickUp() {
33      left.pickUp();
34      right.pickUp();
35    }
36
37    public void chew() { }
38
39    public void putDown() {
40      right.putDown();
41      left.putDown();
42    }
43
44    public void run() {
45      for (int i = 0; i < bites; i++) {
46        eat();
47      }
48    }
49  }
```

如果所有哲学家都拿起左手边的一根筷子，并都等着拿右手边的另一根筷子，运行上面的代码就可能造成死锁。

解法 1：全部或无

为了防止发生死锁，我们的实现可以采用如下策略：如有哲学家拿不到右手边的筷子，就让他放下已拿到的左手边的筷子。

```
1   public class Chopstick {
2     /* 同前 */
3
4     public boolean pickUp() {
5       return lock.tryLock();
6     }
7   }
8
9   public class Philosopher extends Thread {
10    /* 同前 */
11
12    public void eat() {
13      if (pickUp()) {
14        chew();
15        putDown();
16      }
17    }
18
19    public boolean pickUp() {
20      /* 试着拿起筷子 */
21      if (!left.pickUp()) {
22        return false;
23      }
24      if (!right.pickUp()) {
25        left.putDown();
26        return false;
27      }
28      return true;
29    }
30  }
```

在上面的代码中，要确保拿不到右手边的筷子时就要放下左手边的筷子。如果手上根本没有筷子，就不该调用 putDown()。

一个问题是，如果所有的哲学家都完全同步，他们可以同时拿起左手边筷子，无法拿起右手边筷子，然后把筷子放回左手边，会不断重复这个过程。

解法 2：区分筷子优先级

或者我们可以用数字 0 到 $N-1$ 来标记筷子。每位哲学家首先尝试拿起较低编号的筷子。这基本上意味着每位哲学家都会在选择右手边筷子之前选择左手边筷子（假设这是你标记它的方式），除了最后一位哲学家以相反的方式做这件事。这将打破这个循环。

```
1   public class Philosopher extends Thread {
2     private int bites = 10;
3     private Chopstick lower, higher;
4     private int index;
5     public Philosopher(int i, Chopstick left, Chopstick right) {
6       index = i;
7       if (left.getNumber() < right.getNumber()) {
8         this.lower = left;
9         this.higher = right;
```

```
10          } else {
11            this.lower = right;
12            this.higher = left;
13          }
14        }
15
16        public void eat() {
17          pickUp();
18          chew();
19          putDown();
20        }
21
22        public void pickUp() {
23          lower.pickUp();
24          higher.pickUp();
25        }
26
27        public void chew() { ... }
28
29        public void putDown() {
30          higher.putDown();
31          lower.putDown();
32        }
33
34        public void run() {
35          for (int i = 0; i < bites; i++) {
36            eat();
37          }
38        }
39    }
40
41    public class Chopstick {
42        private Lock lock;
43        private int number;
44
45        public Chopstick(int n) {
46          lock = new ReentrantLock();
47          this.number = n;
48        }
49
50        public void pickUp() {
51          lock.lock();
52        }
53
54        public void putDown() {
55          lock.unlock();
56        }
57
58        public int getNumber() {
59          return number;
60        }
61    }
```

有了这个解决方案，一位哲学家就不能拿着较大编号的筷子而不拿着那个较小编号的筷子。这也就阻止了循环的发生，因为循环意味着更高优先级的筷子会"指向"优先级更低的筷子。

15.4 无死锁的类。 设计一个类，只有在不可能发生死锁的情况下，才会提供锁。

题目解法

防止死锁有几种常见的方法，其中最常用的一种做法是，要求进程事先声明它需要哪些锁。

然后，就可以加以验证提供锁是否会造成死锁，会的话就不提供。

谨记这些限制条件，下面来探讨如何检测死锁。假设多个锁被请求的顺序如下。

```
A = {1, 2, 3, 4}
B = {1, 3, 5}
C = {7, 5, 9, 2}
```

这可能会造成死锁，因为存在以下场景。

```
A 锁住 2，等待 3
B 锁住 3，等待 5
C 锁住 5，等待 2
```

我们可以将上面的场景看作一个图，其中 2 连接到 3，3 连接到 5，5 连接到 2。死锁会由环表示。如果某个进程声明它会在锁住 w 后立即请求锁 v，则图里就会存在一条边(w, v)。以先前的例子来说，在图里会存在下面这些边：(1, 2)、(2, 3)、(3, 4)、(1, 3)、(3, 5)、(7, 5)、(5, 9)、(9, 2)。至于这些边的"所有者"是谁并不重要。

这个类需要一个 declare 方法，线程和进程会以该方法声明它们请求资源的顺序。这个 declare 方法将迭代访问声明顺序，将邻近的每对元素(v, w)加到图里。然后，它会检查是否存在环。如果存在环，它就会原路返回，从图中移除这些边，然后退出。

现在只剩下一部分有待探讨：如何检测有无环？我们可以通过对每个连接起来的部分（也就是图中每个连接在一起的部分）执行深度优先搜索来检测有没有环。有些算法能选择图中所有连接的部分，但那样就会更复杂了。就此题而言，还没必要复杂到这个程度。

我们可以确定，如果出现了环，就表明是某一条新加入的边造成的。这样一来，只要深度优先搜索会探测所有这些边，就等同于做过完整的搜索。

这种特殊的环的检测算法，其伪代码如下所示。

```
1   boolean checkForCycle(locks[] locks) {
2     touchedNodes = hash table(lock -> boolean)
3     initialize touchedNodes to false for each lock in locks
4     for each (lock x in process.locks) {
5       if (touchedNodes[x] == false) {
6         if (hasCycle(x, touchedNodes)) {
7           return true;
8         }
9       }
10    }
11    return false;
12  }
13
14  boolean hasCycle(node x, touchedNodes) {
15    touchedNodes[r] = true;
16    if (x.state == VISITING) {
17      return true;
18    } else if (x.state == FRESH) {
19      ... (see full code below)
20    }
21  }
```

注意，在上面的代码中，可能需要执行几次深度优先搜索，但 touchedNodes 只会初始化一次。我们会不断迭代，直至 touchedNodes 中所有值都变为 false。

下面的代码提供了更多细节。为了简单起见，我们假设所有锁和进程（所有者）都是按顺序排列的。

```
1   class LockFactory {
2     private static LockFactory instance;
3
4     private int numberOfLocks = 5; /* 默认 */
5     private LockNode[] locks;
6
7     /* 从一个进程或所有者映射到该所有者宣称它会要求锁的顺序 */
8     private HashMap<Integer, LinkedList<LockNode>> lockOrder;
9
10    private LockFactory(int count) { ... }
11    public static LockFactory getInstance() { return instance; }
12
13    public static synchronized LockFactory initialize(int count) {
14      if (instance == null) instance = new LockFactory(count);
15      return instance;
16    }
17
18    public boolean hasCycle(HashMap<Integer, Boolean> touchedNodes,
19                            int[] resourcesInOrder) {
20      /* 检查有无环 */
21      for (int resource : resourcesInOrder) {
22        if (touchedNodes.get(resource) == false) {
23          LockNode n = locks[resource];
24          if (n.hasCycle(touchedNodes)) {
25            return true;
26          }
27        }
28      }
29      return false;
30    }
31
32    /* 为了避免死锁，强制每个进程都要事先宣告它们要求锁的顺序。
33     * 验证这个顺序不会形成死锁（在有向图里出现环）*/
34    public boolean declare(int ownerId, int[] resourcesInOrder) {
35      HashMap<Integer, Boolean> touchedNodes = new HashMap<Integer, Boolean>();
36
37      /* 将节点加入图中 */
38      int index = 1;
39      touchedNodes.put(resourcesInOrder[0], false);
40      for (index = 1; index < resourcesInOrder.length; index++) {
41        LockNode prev = locks[resourcesInOrder[index - 1]];
42        LockNode curr = locks[resourcesInOrder[index]];
43        prev.joinTo(curr);
44        touchedNodes.put(resourcesInOrder[index], false);
45      }
46
47      /* 如果出现了环，销毁这份资源列表，并返回 */
48      if (hasCycle(touchedNodes, resourcesInOrder)) {
49        for (int j = 1; j < resourcesInOrder.length; j++) {
50          LockNode p = locks[resourcesInOrder[j - 1]];
51          LockNode c = locks[resourcesInOrder[j]];
52          p.remove(c);
53        }
54        return false;
55      }
56
57      /* 为检测到环，保存宣告的顺序，以便验证该进程确实按照它宣称的顺序要求锁 */
58      LinkedList<LockNode> list = new LinkedList<LockNode>();
59      for (int i = 0; i < resourcesInOrder.length; i++) {
60        LockNode resource = locks[resourcesInOrder[i]];
61        list.add(resource);
```

```
62        }
63        lockOrder.put(ownerId, list);
64
65        return true;
66    }
67
68    /* 取得锁，首先验证该进程确实按照它宣告的顺序要求锁 */
69    public Lock getLock(int ownerId, int resourceID) {
70        LinkedList<LockNode> list = lockOrder.get(ownerId);
71        if (list == null) return null;
72
73        LockNode head = list.getFirst();
74        if (head.getId() == resourceID) {
75            list.removeFirst();
76            return head.getLock();
77        }
78        return null;
79    }
80 }
81
82 public class LockNode {
83    public enum VisitState { FRESH, VISITING, VISITED };
84
85    private ArrayList<LockNode> children;
86    private int lockId;
87    private Lock lock;
88    private int maxLocks;
89
90    public LockNode(int id, int max) { ... }
91
92    /* 连接"this"节点与"node"节点，检查以确保这么做不会形成环 */
93    public void joinTo(LockNode node) { children.add(node); }
94    public void remove(LockNode node) { children.remove(node); }
95
96    /* 以深度优先搜索检查是否存在环 */
97    public boolean hasCycle(HashMap<Integer, Boolean> touchedNodes) {
98        VisitState[] visited = new VisitState[maxLocks];
99        for (int i = 0; i < maxLocks; i++) {
100           visited[i] = VisitState.FRESH;
101       }
102       return hasCycle(visited, touchedNodes);
103    }
104
105    private boolean hasCycle(VisitState[] visited,
106                             HashMap<Integer, Boolean> touchedNodes) {
107       if (touchedNodes.containsKey(lockId)) {
108           touchedNodes.put(lockId, true);
109       }
110
111       if (visited[lockId] == VisitState.VISITING) {
112           /* 还在访问时却回到了这个节点，表明有环*/
113           return true;
114       } else if (visited[lockId] == VisitState.FRESH) {
115           visited[lockId] = VisitState.VISITING;
116           for (LockNode n : children) {
117               if (n.hasCycle(visited, touchedNodes)) {
118                   return true;
119               }
120           }
121           visited[lockId] = VisitState.VISITED;
122       }
```

```
123      return false;
124    }
125
126    public Lock getLock() {
127      if (lock == null) lock = new ReentrantLock();
128      return lock;
129    }
130
131    public int getId() { return lockId; }
132  }
```

如同以往，当你看到这段既复杂又冗长的代码时，就会明白面试官一般不会要求你写出全部代码。更有可能的情况是，面试官会要求你勾勒出伪代码，并实现其中一个方法。

15.5　顺序调用。 给定以下代码：

```
public class Foo {
  public Foo() { ... }
  public void first() { ... }
  public void second() { ... }
  public void third() { ... }
}
```

同一个 Foo 实例会被传入 3 个不同的线程。threadA 会调用 first，threadB 会调用 second，threadC 会调用 third。设计一种机制，确保 first 会在 second 之前调用，second 会在 third 之前调用。

题目解法

一般方法是检查在执行 second() 之前 first() 是否已完成，在调用 third() 之前 second() 是否已完成。我们必须小心处理线程安全，因此，简单的布尔标志达不到要求。

那么，试一试用锁来编写如下代码。

```
1   public clopass FooBad {
2     public int pauseTime = 1000;
3     public ReentrantLock lock1, lock2;
4
5     public FooBad() {
6       try {
7         lock1 = new ReentrantLock();
8         lock2 = new ReentrantLock();
9
10        lock1.lock();
11        lock2.lock();
12      } catch (...) { ... }
13    }
14
15    public void first() {
16      try {
17        ...
18        lock1.unlock(); // 标记 first() 已完成
19      } catch (...) { ... }
20    }
21
22    public void second() {
23      try {
24        lock1.lock(); // 等待，直到 first() 完成
25        lock1.unlock();
26        ...
```

```
27
28      lock2.unlock(); // 标记 second()已完成
29    } catch (...) { ... }
30  }
31
32  public void third() {
33    try {
34      lock2.lock(); // 等待，直到 second()完成
35      lock2.unlock();
36      ...
37    } catch (...) { ... }
38  }
39 }
```

这段代码实际上并不能满足题目要求，关键在于**锁的所有权**这个概念。真正请求锁的是一个线程（在 FooBad 构造函数中），释放锁的却是另一个线程。这么做是不允许的，这段代码会抛出异常。在 Java 中，锁的所有者和拿到锁的线程必须是同一个。

换种做法，我们可以用信号量重现这一行为，整个逻辑方法完全相同。

```
1  public class Foo {
2    public Semaphore sem1, sem2;
3
4    public Foo() {
5      try {
6        sem1 = new Semaphore(1);
7        sem2 = new Semaphore(1);
8
9        sem1.acquire();
10       sem2.acquire();
11     } catch (...) { ... }
12   }
13
14   public void first() {
15     try {
16       ...
17       sem1.release();
18     } catch (...) { ... }
19   }
20
21   public void second() {
22     try {
23       sem1.acquire();
24       sem1.release();
25       ...
26       sem2.release();
27     } catch (...) { ... }
28   }
29
30   public void third() {
31     try {
32       sem2.acquire();
33       sem2.release();
34       ...
35     } catch (...) { ... }
36   }
37 }
```

15.6 同步方法。给定一个类，内含同步方法 A 和普通方法 B。在同一个程序实例中，有两个线程，能否同时执行 A？两者能否同时执行 A 和 B？

题目解法

在方法前加上关键字 synchronized，即可保证两个线程无法同时执行某个对象的同步方法。

因此，第一个子问题的答案要视具体情况而定。如果两个线程拥有该对象的同一实例，那么，答案就是否定的，它们不能同时执行方法 A。不过，要是这两个线程拥有该对象的不同实例，就能同时执行方法 A。

在概念上，你可以从"锁"的角度来考虑答案。同步方法会对所属对象特定实例的所有同步方法上锁，从而阻止任何其他线程执行那个实例的同步方法。

第二个子问题问的是，thread2 在执行非同步方法 B 时，thread1 能否执行同步方法 A。既然 B 不是同步方法，在 thread2 执行方法 B 时，也就无从阻止 thread1 执行方法。不管 thread1 和 thread2 是否拥有该对象的同一实例，这一点都成立。

说到底，此题强调的关键概念是，那个对象的每个实例只能执行一个同步方法。其他线程可以执行该实例的非同步方法，或者它们可以执行该对象不同实例的任意方法。

15.7 FizzBuzz。在经典面试题 FizzBuzz 中，要求你从 1 到 *n* 打印数字。并且，当数字能被 3 整除时，打印 Fizz，能被 5 整除时，打印 Buzz。倘若同时能被 3 和 5 整除，就打印 FizzBuzz。但与以往不同的是，这里要求你用 4 个线程，实现一个多线程版本的 FizzBuzz，其中，一个用来检测是否被 3 整除和打印 Fizz，另一个用来检测是否被 5 整除和打印 Buzz。第三个线程检测能否被 3 和 5 整除和打印 FizzBuzz。第四个线程负责遍历数字。

题目解法

让我们从实现一个单线程版本的 FizzBuzz 开始。

1. 单线程

虽然这个问题（在单线程版本中）不应该很难，但很多候选者都会把它复杂化。他们寻找"美丽"的东西，重用被 3 整除和被 5 整除的情况（FizzBuzz）似乎与情况（Fizz 和 Buzz）相似的事实。

实际上，考虑到可读性和效率，最好采用直接的方法。

```
1    void fizzbuzz(int n) {
2      for (int i = 1; i <= n; i++) {
3        if (i % 3 == 0 && i % 5 == 0) {
4          System.out.println("FizzBuzz");
5        } else if (i % 3 == 0) {
6          System.out.println("Fizz");
7        } else if (i % 5 == 0) {
8          System.out.println("Buzz");
9        } else {
10         System.out.println(i);
11       }
12     }
13   }
```

这里要重点关注语句的顺序。如果你在检查能被 3 和 5 整除之前检查是否能被 3 整数，则不会输出正确结果。

2. 多线程

要做到多线程，我们需要一个如下这样的结构。

FizzBuzz 线程	Fizz 线程
如果 i 能被 3 和 5 整除， 输出 FizzBuzz。 i 自增 1， 重复以上过程，直到 $i > n$	如果 i 仅能被 3 整除， 输出 Fizz。 i 自增 1， 重复此过程，直到 $i > n$

Buzz 线程	计数线程
如果 i 仅能被 5 整除， 输出 FizzBuzz。 i 自增 1， 重复以上过程，直到 $i > n$	如果 i 能被 3 或 5 整除， 输出 i。 i 自增 1， 重复此过程，直到 $i > n$

代码看起来会是这样。

```
1   while (true) {
2     if (current > max) {
3       return;
4     }
5     if (/* 整除性测试 */) {
6       System.out.println(/* 输出某些东西 */);
7       current++;
8     }
9   }
```

我们需要在循环中添加一些同步。否则，当前值可能会在第 2 至 4 行和第 5 至 8 行之间发生变化，我们可能无意中超出了循环的预期范围。此外，自增不是线程安全的。

实际实现这个概念时，有很多可能的方式。一种可能的方式是有 4 个完全独立的线程类，它们共享对当前变量的引用（可以用对象包装）。

每个线程的循环大致相似。区别在于它们检查整除性的目标值不同以及打印值不同。

	FizzBuzz	Fizz	Buzz	Number
当前值模 3 等于 0	true	true	false	false
当前值模 5 等于 0	true	false	true	false
输出	FizzBuzz	Fizz	Buzz	当前值

大部分情况下，可以通过输入“目标”参数和打印值来处理。 Number 线程的输出需要被覆盖，因为它不是一个简单的固定字符串。

我们可以实现一个 FizzBuzzThread 类，其能处理绝大部分情况。NumberThread 类可以扩展 FizzBuzzThread 并覆盖输出方法。

```
1   Thread[] threads = {new FizzBuzzThread(true, true, n, "FizzBuzz"),
2                       new FizzBuzzThread(true, false, n, "Fizz"),
3                       new FizzBuzzThread(false, true, n, "Buzz"),
4                       new NumberThread(false, false, n)};
5   for (Thread thread : threads) {
6     thread.start();
7   }
8
9   public class FizzBuzzThread extends Thread {
10    private static Object lock = new Object();
11    protected static int current = 1;
12    private int max;
13    private boolean div3, div5;
14    private String toPrint;
15
```

```
16    public FizzBuzzThread(boolean div3, boolean div5, int max, String toPrint) {
17      this.div3 = div3;
18      this.div5 = div5;
19      this.max = max;
20      this.toPrint = toPrint;
21    }
22
23    public void print() {
24      System.out.println(toPrint);
25    }
26
27    public void run() {
28      while (true) {
29        synchronized (lock) {
30          if (current > max) {
31            return;
32          }
33
34          if ((current % 3 == 0) == div3 &&
35              (current % 5 == 0) == div5) {
36            print();
37            current++;
38          }
39        }
40      }
41    }
42  }
43
44  public class NumberThread extends FizzBuzzThread {
45    public NumberThread(boolean div3, boolean div5, int max) {
46      super(div3, div5, max, null);
47    }
48
49    public void print() {
50      System.out.println(current);
51    }
52  }
```

注意，我们需要在 if 语句之前进行 current 和 max 的比较，以确保只有当 current 小于或等于 max 时才会打印该值。

另外，如果我们使用支持函数式的语言（Java 8 和许多其他语言），那么可以传入验证方法和打印方法作为参数。

```
1   int n = 100;
2   Thread[] threads = {
3     new FBThread(i -> i % 3 == 0 && i % 5 == 0, i -> "FizzBuzz", n),
4     new FBThread(i -> i % 3 == 0 && i % 5 != 0, i -> "Fizz", n),
5     new FBThread(i -> i % 3 != 0 && i % 5 == 0, i -> "Buzz", n),
6     new FBThread(i -> i % 3 != 0 && i % 5 != 0, i -> Integer.toString(i), n)};
7   for (Thread thread : threads) {
8     thread.start();
9   }
10
11  public class FBThread extends Thread {
12    private static Object lock = new Object();
13    protected static int current = 1;
14    private int max;
15    private Predicate<Integer> validate;
16    private Function<Integer, String> printer;
17    int x = 1;
18
```

10

```
19    public FBThread(Predicate<Integer> validate,
20                     Function<Integer, String> printer, int max) {
21      this.validate = validate;
22      this.printer = printer;
23      this.max = max;
24    }
25
26    public void run() {
27      while (true) {
28        synchronized (lock) {
29          if (current > max) {
30            return;
31          }
32          if (validate.test(current)) {
33            System.out.println(printer.apply(current));
34            current++;
35          }
36        }
37      }
38    }
39  }
```

当然，还有许多其他的实现方式。

10.16 中等难题

16.1 交换数字。编写一个函数，不用临时变量，直接交换两个数。

题目解法

这是个经典面试题，题目也相当简单。我们将用 a_0 表示 a 的初始值，b_0 表示 b 的初始值，用 diff 表示 a_0 - b_0 的值。

让我们将 a > b 的情形绘制在数轴上。

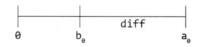

首先，将 a 设为 diff，即上面数轴的右边那一段。然后，b 加上 diff（并将结果保存在 b 中），就可得到 a_0。至此，我们得到 b = a_0 和 a = diff。最后，只需将 b 设为 a_0 - diff，也就是 b - a。

下面是具体的实现代码。

```
1  // 以 a = 9, b = 4 为例
2  a = a - b; // a = 9 - 4 = 5
3  b = a + b; // b = 5 + 4 = 9
4  a = b - a; // a = 9 - 5
```

我们还可以用位操作实现类似的解法，这种解法的优点在于它适用的数据类型更多，不仅限于整数。

```
5  // 以 a = 101 (in binary)和 b = 110 为例
6  a = a^b; // a = 101^110 = 011
7  b = a^b; // b = 011^110 = 101
8  a = a^b; // a = 011^101 = 110
```

这段代码使用了异或操作，要了解个中细节，最简单的方法就是看看单个比特位的情况，一探究竟。如能正确交换两个比特位，整个操作就能正确无误地进行。

让我们使用 x 和 y 两个比特位，逐行解析交换过程。

(1) x = x ^ y

该行本质上是在检查 x 与 y 是否相等。当且仅当 x != y 时，该行的结果为 1。

(2) y = x ^ y

或者：y = {x 与 y 相同则取 0，x 与 y 不同则取 1} ^ {y 的原始值}

请注意，将一个比特位与 1 进行异或操作会翻转该比特位的值，而将一个比特位与 0 进行异或操作不会对其值进行改变。

因此，如果当 x != y 时，我们进行 y = 1 ^ {y 原值}操作，y 的值将会被翻转，即得到 x 的原始值。

否则，如果当 x == y 时，我们进行 y = 0 ^ {y 原值}操作，y 的值不会发生改变。

无论哪种情况，y 的值都会与 x 的原始值相等。

(3) x = x ^ y

或者：x = {x 与 y 相同则取 0，x 与 y 不同则取 1} ^ {x 的原始值}

此时，y 的值即为 x 的原始值。该行代码其实和上面一行的代码相同，只是变量名不同而已。

当 x 与 y 的值不同时，我们进行 x = 1 ^ {x 原值}操作，x 的值将会被翻转。

当 x 与 y 的值相同时，我们进行 x = 0 ^ {x 原值}操作，x 的值不会发生改变。

上面描述的操作适用于每一个比特位。因为该方法能够正确地交换两个比特位，所以它也能够正确地交换整个数字。

16.2　单词频率。 设计一个方法，找出任意指定单词在一本书中的出现频率。如果我们多次使用此方法，应该怎么办？

题目解法

让我们从简单的用例开始。

解法 1：单次查询

在这种情况下，我们会直接逐字逐句地扫描整本书，数一数某个单词出现的次数，用时 $O(n)$。可以确定这是最短用时，因为不管怎么样，我们必须查看过书中的每个单词。

```
1    int getFrequency(String[] book, String word) {
2      word = word.trim().toLowerCase();
3      int count = 0;
4      for (String w : book) {
5        if (w.trim().toLowerCase().equals(word)) {
6          count++;
7        }
8      }
9      return count;
10   }
```

我们同时将字符串转化为了小写字符，并对其两端的空白字符进行了移除。你可以与面试官讨论是否有必要（是否应该）进行如上操作。

解法 2：重复查询

如果是要重复执行查询操作，那么，或许值得我们多花些时间，多分配内存，对全书进行预处理。我们可以构造一个散列表，将单词映射到该单词的出现频率，这么一来，任意单词的频率都能在 $O(1)$ 时间内找到。具体实现代码如下。

```
1   HashMap<String, Integer> setupDictionary(String[] book) {
2     HashMap<String, Integer> table =
3       new HashMap<String, Integer>();
4     for (String word : book) {
5       word = word.toLowerCase();
6       if (word.trim() != "") {
7         if (!table.containsKey(word)) {
8           table.put(word, 0);
9         }
10        table.put(word, table.get(word) + 1);
11      }
12    }
13    return table;
14  }
15
16  int getFrequency(HashMap<String, Integer> table, String word) {
17    if (table == null || word == null) return -1;
18    word = word.toLowerCase();
19    if (table.containsKey(word)) {
20      return table.get(word);
21    }
22    return 0;
23  }
```

注意，相对而言，这类问题还是比较容易的。因此，面试官会更看重你的心思有多缜密，有没有检查错误条件？

16.3   交点。给定两条线段（表示为起点和终点），如果它们有交点，请计算其交点。

题目解法

我们首先需要思考两条线段相交意味着什么。

两条无限长度的直线相交，只需有不同的斜率（slope）即可。如果有相同的斜率，那么必定代表同一条直线，即 y 轴截距（intersect）相等，如下所示。

```
slope 1 != slope 2
OR
slope 1 == slope 2 AND intersect 1 == intersect 2
```

而如果两条线段相交，在上面的条件满足的情况下，交点还必须在两条线段的范围之内。

```
直线相交条件
AND
交点的 x 和 y 坐标位于线段 1 的范围内
AND
交点的 x 和 y 坐标位于线段 2 的范围内
```

如果两条线段位于同一条无线长度的直线上呢？如果是这种情况，则两条线段必须有一部分重合。如果我们按照 x 坐标的位置对两条线段进行排序（起点位于终点之前，点 1 位于点 2 之前），那么两条线只在下面的情况下相交。

```
假设：
    start1.x < start2.x && start1.x < end1.x && start2.x < end2.x
两条线相交的条件为：
    start2 位于 start1 和 end1 之间
```

现在，我们可以开始动手实现该程序了。

```
1   Point intersection(Point start1, Point end1, Point start2, Point end2) {
2     /* 以 x 的值重新排列这些点以便起点位于终点之前。这将使得后面的逻辑更简单 */
3     if (start1.x > end1.x) swap(start1, end1);
```

```
4      if (start2.x > end2.x) swap(start2, end2);
5      if (start1.x > start2.x) {
6        swap(start1, start2);
7        swap(end1, end2);
8      }
9
10     /* 计算直线（包括斜率和 y 轴交点）*/
11     Line line1 = new Line(start1, end1);
12     Line line2 = new Line(start2, end2);
13
14     /* 如果两线平行，那么它们只在 start2 位于线 1 且具有相同 y 轴截距时相交 */
15     if (line1.slope == line2.slope) {
16       if (line1.yintercept == line2.yintercept &&
17           isBetween(start1, start2, end1)) {
18         return start2;
19       }
20       return null;
21     }
22
23     /* 获取交点坐标 */
24     double x = (line2.yintercept - line1.yintercept) / (line1.slope - line2.slope);
25     double y = x * line1.slope + line1.yintercept;
26     Point intersection = new Point(x, y);
27
28     /* 检查是否在线段范围内 */
29     if (isBetween(start1, intersection, end1) &&
30         isBetween(start2, intersection, end2)) {
31       return intersection;
32     }
33     return null;
34   }
35
36   /* 检查 middle 是否在 start 和 end 点之间 */
37   boolean isBetween(double start, double middle, double end) {
38     if (start > end) {
39       return end <= middle && middle <= start;
40     } else {
41       return start <= middle && middle <= end;
42     }
43   }
44
45   /* 检查 middle 是否在 start 和 end 点之间 */
46   boolean isBetween(Point start, Point middle, Point end) {
47     return isBetween(start.x, middle.x, end.x) &&
48            isBetween(start.y, middle.y, end.y);
49   }
50
51   /* 交换点 one 和 two 的坐标 */
52   void swap(Point one, Point two) {
53     double x = one.x;
54     double y = one.y;
55     one.setLocation(two.x, two.y);
56     two.setLocation(x, y);
57   }
58
59   public class Line {
60     public double slope, yintercept;
61
62     public Line(Point start, Point end) {
63       double deltaY = end.y - start.y;
64       double deltaX = end.x - start.x;
```

10

```
65        slope = deltaY / deltaX; // 当 deltaX = 0 时应为无穷大（不应抛出异常）
66        yintercept = end.y - slope * end.x;
67      }
68
69   public class Point {
70     public double x, y;
71     public Point(double x, double y) {
72       this.x = x;
73       this.y = y;
74     }
75
76     public void setLocation(double x, double y) {
77       this.x = x;
78       this.y = y;
79     }
80   }
```

为了使代码短小精悍（这使得代码阅读起来简单了不少），我们将 Point 类和 Line 类的内部元素的可见性设为 public。你可以和面试官讨论这样做的优势和劣势。

16.4 井字游戏。设计一个算法，判断玩家是否赢了井字游戏。

题目解法

乍一看，可能会觉得此题很简单，不就是直接检查井字棋盘，这会有多难呢？细一想，此题还是有点复杂的，而且没有唯一的"完美"答案。你的喜好不同，最佳解法也会不一样。

解决此题，有几个重要的设计决策需要考虑。

(1) hasWon 只会调用一次还是很多次（比如，放在网站上的井字游戏）？如果答案是后者，我们可能会增加一些预处理，以优化 hasWon 的运行时间。

(2) 我们知道最后一步吗？

(3) 井字游戏通常是 3×3 棋盘。我们只是针对 3×3 大小的棋盘进行设计，还是要实现一个 $N \times N$ 的解法？

(4) 对于程序大小、执行速度和代码清晰度，一般如何区分它们的优先级呢？记住：最高效的代码不一定是最好的。代码是否易于理解且易维护也很重要。

解法 1：如果 hasWon 会被多次调用

总共只有 3^9，大约 20 000 种井字游戏棋盘（假设为 3×3 的棋盘）。因此，用一个 int 就能表示，其中每个数位代表棋盘中的一格（0 为空、1 为红、2 为蓝）。我们会事先设定好一个散列表或数组，将所有可能的棋盘作为键，值则代表谁赢了。这么一来，hasWon 函数就很简单了。

```
1   Piece hasWon(int board) {
2     return winnerHashtable[board];
3   }
```

要将一个棋盘（以字符数组表示）转成一个 int，可以运用"3 进位"表示法，每个棋盘可表示为 $3^0 v_0 + 3^1 v_1 + 3^2 v_2 + \cdots + 3^8 v_8$，若格子为空则 v_i 为 0，格子为蓝色则 v_i 为 1，格子为红色则 v_i 为 2。

```
1   enum Piece { Empty, Red, Blue };
2
3   int convertBoardToInt(Piece[][] board) {
4     int sum = 0;
5     for (int i = 0; i < board.length; i++) {
6       for (int j = 0; j < board[i].length; j++) {
7         /* 每个枚举类型的值都有整型数值与之对应，我们可以直接使用 */
```

```
8        int value = board[i][j].ordinal();
9        sum = sum * 3 + value;
10     }
11   }
12   return sum;
13 }
```

至此，要判断谁是赢家，只需查询散列表即可。

当然，如果每次判断谁赢了都要将棋盘转成这种格式，那么跟其他解法相比，其实并没有节省多少时间。但是，如果一开始就以这种格式存储棋盘，那么查询操作将会非常高效。

解法 2：如果我们知道最后一步

如果我们知道最后一步（并且至此为止都在不断地检查是否有人胜出），那么只需要检查与最后一步所走的位置相重叠的行、列和对角线即可。

```
1  Piece hasWon(Piece[][] board, int row, int column) {
2    if (board.length != board[0].length) return Piece.Empty;
3
4    Piece piece = board[row][column];
5
6    if (piece == Piece.Empty) return Piece.Empty;
7
8    if (hasWonRow(board, row) || hasWonColumn(board, column)) {
9      return piece;
10   }
11
12   if (row == column && hasWonDiagonal(board, 1)) {
13     return piece;
14   }
15
16   if (row == (board.length - column - 1) && hasWonDiagonal(board, -1)) {
17     return piece;
18   }
19
20   return Piece.Empty;
21 }
22
23 boolean hasWonRow(Piece[][] board, int row) {
24   for (int c = 1; c < board[row].length; c++) {
25     if (board[row][c] != board[row][0]) {
26       return false;
27     }
28   }
29   return true;
30 }
31
32 boolean hasWonColumn(Piece[][] board, int column) {
33   for (int r = 1; r < board.length; r++) {
34     if (board[r][column] != board[0][column]) {
35       return false;
36     }
37   }
38   return true;
39 }
40
41 boolean hasWonDiagonal(Piece[][] board, int direction) {
42   int row = 0;
43   int column = direction == 1 ? 0 : board.length - 1;
44   Piece first = board[0][column];
```

```
45    for (int i = 0; i < board.length; i++) {
46      if (board[row][column] != first) {
47        return false;
48      }
49      row += 1;
50      column += direction;
51    }
52    return true;
53  }
```

实际上有一种方法可以清理上述代码中一些重复的部分。我们在后面的函数中会看到该方法。

解法 3：专为 3 × 3 棋盘设计

如果只想为 3×3 棋盘设计一种解法，代码就会比较简短且简单。复杂的地方只剩下如何写得清晰而有条理，并且不要写出太多重复代码。

下面的代码对每一行、每一列和每条对角线都进行了检查，以便确认是否有人胜出。

```
1   Piece hasWon(Piece[][] board) {
2     for (int i = 0; i < board.length; i++) {
3       /* 检查行 */
4       if (hasWinner(board[i][0], board[i][1], board[i][2])) {
5         return board[i][0];
6       }
7
8       /* 检查列 */
9       if (hasWinner(board[0][i], board[1][i], board[2][i])) {
10        return board[0][i];
11      }
12    }
13
14    /* 检查对角线 */
15    if (hasWinner(board[0][0], board[1][1], board[2][2])) {
16      return board[0][0];
17    }
18
19    if (hasWinner(board[0][2], board[1][1], board[2][0])) {
20      return board[0][2];
21    }
22
23    return Piece.Empty;
24  }
25
26  boolean hasWinner(Piece p1, Piece p2, Piece p3) {
27    if (p1 == Piece.Empty) {
28      return false;
29    }
30    return p1 == p2 && p2 == p3;
31  }
```

该算法可行，这是因为理解起来相对容易。问题是，代码中的值是以硬编码的方式实现的，很容易会不小心写错索引的值。

另外，该算法也不易于被扩展到 $N \times N$ 的棋盘上。

解法 4：面向 $N \times N$ 棋盘进行设计

有很多种方法在 $N \times N$ 的棋盘上实现该算法。

● 嵌套 for 循环法

最明显的方法是通过几层嵌套的 for 循环实现该算法。

```
1   Piece hasWon(Piece[][] board) {
2     int size = board.length;
3     if (board[0].length != size) return Piece.Empty;
4     Piece first;
5
6     /* 检查行 */
7     for (int i = 0; i < size; i++) {
8       first = board[i][0];
9       if (first == Piece.Empty) continue;
10      for (int j = 1; j < size; j++) {
11        if (board[i][j] != first) {
12          break;
13        } else if (j == size - 1) { // 最后一个元素
14          return first;
15        }
16      }
17    }
18
19    /* 检查列 */
20    for (int i = 0; i < size; i++) {
21      first = board[0][i];
22      if (first == Piece.Empty) continue;
23      for (int j = 1; j < size; j++) {
24        if (board[j][i] != first) {
25        break;
26        } else if (j == size - 1) { // 最后一个元素
27        return first;
28        }
29      }
30  }
31
32    /* 检查对角线 */
33    first = board[0][0];
34    if (first != Piece.Empty) {
35      for (int i = 1; i < size; i++) {
36        if (board[i][i] != first) {
37          break;
38        } else if (i == size - 1) { // 最后一个元素
39          return first;
40        }
41      }
42    }
43
44    first = board[0][size - 1];
45    if (first != Piece.Empty) {
46      for (int i = 1; i < size; i++) {
47        if (board[i][size - i - 1] != first) {
48          break;
49        } else if (i == size - 1) { // 最后一个元素
50          return first;
51        }
52      }
53    }
54
55    return Piece.Empty;
56  }
```

退一步讲，该代码实现得非常粗糙。我们基本上每次都在做相同的事情，应该能够找到重用代码的方式。

● 增加（increment）和减少（decrement）函数法

一种进行代码重用的较好方式是：将值传入一个函数中，该函数可以对行和列进行增加或减少。这样一来，hasWon 函数只需要起始位置以及行和列的增量即可。

```
1   class Check {
2     public int row, column;
3     private int rowIncrement, columnIncrement;
4     public Check(int row, int column, int rowI, int colI) {
5       this.row = row;
6       this.column = column;
7       this.rowIncrement = rowI;
8       this.columnIncrement = colI;
9     }
10
11    public void increment() {
12      row += rowIncrement;
13      column += columnIncrement;
14    }
15
16    public boolean inBounds(int size) {
17      return row >= 0 && column >= 0 && row < size && column < size;
18    }
19  }
20
21  Piece hasWon(Piece[][] board) {
22    if (board.length != board[0].length) return Piece.Empty;
23    int size = board.length;
24
25    /* 创建一个链表 */
26    ArrayList<Check> instructions = new ArrayList<Check>();
27    for (int i = 0; i < board.length; i++) {
28      instructions.add(new Check(0, i, 1, 0));
29      instructions.add(new Check(i, 0, 0, 1));
30    }
31    instructions.add(new Check(0, 0, 1, 1));
32    instructions.add(new Check(0, size - 1, 1, -1));
33
34    /* 检查每个元素 */
35    for (Check instr : instructions) {
36      Piece winner = hasWon(board, instr);
37      if (winner != Piece.Empty) {
38        return winner;
39      }
40    }
41    return Piece.Empty;
42  }
43
44  Piece hasWon(Piece[][] board, Check instr) {
45    Piece first = board[instr.row][instr.column];
46    while (instr.inBounds(board.length)) {
47      if (board[instr.row][instr.column] != first) {
48        return Piece.Empty;
49      }
50      instr.increment();
51    }
52    return first;
53  }
```

Check 函数本质上承担了迭代器的任务。

● 迭代器法

当然，另外一种方式是创建一个真正的迭代器。

```
1   Piece hasWon(Piece[][] board) {
2     if (board.length != board[0].length) return Piece.Empty;
3     int size = board.length;
4
5     ArrayList<PositionIterator> instructions = new ArrayList<PositionIterator>();
6     for (int i = 0; i < board.length; i++) {
7       instructions.add(new PositionIterator(new Position(0, i), 1, 0, size));
8       instructions.add(new PositionIterator(new Position(i, 0), 0, 1, size));
9     }
10    instructions.add(new PositionIterator(new Position(0, 0), 1, 1, size));
11    instructions.add(new PositionIterator(new Position(0, size - 1), 1, -1, size));
12
13    for (PositionIterator iterator : instructions) {
14      Piece winner = hasWon(board, iterator);
15      if (winner != Piece.Empty) {
16        return winner;
17      }
18    }
19    return Piece.Empty;
20  }
21
22  Piece hasWon(Piece[][] board, PositionIterator iterator) {
23    Position firstPosition = iterator.next();
24    Piece first = board[firstPosition.row][firstPosition.column];
25    while (iterator.hasNext()) {
26      Position position = iterator.next();
27      if (board[position.row][position.column] != first) {
28        return Piece.Empty;
29      }
30    }
31    return first;
32  }
33
34  class PositionIterator implements Iterator<Position> {
35    private int rowIncrement, colIncrement, size;
36    private Position current;
37
38    public PositionIterator(Position p, int rowIncrement,
39                            int colIncrement, int size) {
40      this.rowIncrement = rowIncrement;
41      this.colIncrement = colIncrement;
42      this.size = size;
43      current = new Position(p.row - rowIncrement, p.column - colIncrement);
44    }
45
46    @Override
47    public boolean hasNext() {
48      return current.row + rowIncrement < size &&
49             current.column + colIncrement < size;
50    }
51
52    @Override
53    public Position next() {
54      current = new Position(current.row + rowIncrement,
55                             current.column + colIncrement);
56      return current;
57    }
58  }
```

10

```
59
60   public class Position {
61     public int row, column;
62     public Position(int row, int column) {
63       this.row = row;
64       this.column = column;
65     }
66   }
```

写出上述所有方法对于此题来说似乎有些大材小用，但是有必要和面试官讨论一下这些选项。该题目的重点在于考查你对于代码整洁性和可维护性的理解。

16.5　阶乘尾数。 设计一个算法，算出 n 阶乘有多少个尾随零。

题目解法

简单的做法是先算出阶乘，然后不断地除以 10，数一数有几个尾随零（trailing zero）。但这种做法的问题是，使用 int 很快就会越界。为了避开这个限制，我们可以从数学上来分析这个问题。

下面以阶乘 19!为例进行说明。

$19! = 1 \times 2 \times 3 \times 4 \times 5 \times 6 \times 7 \times 8 \times 9 \times 10 \times 11 \times 12 \times 13 \times 14 \times 15 \times 16 \times 17 \times 18 \times 19$

10 倍数就会形成尾随零，而 10 倍数又可分解为一组组 5 倍数和 2 倍数。

例如，在 19!中，下列几项会形成尾随零。

$19! = 2 \times \cdots \times 5 \times \cdots \times 10 \times \cdots \times 15 \times 16 \times \cdots$

因此，为了算出尾随零的数量，我们只需计算有几对 5 和 2 倍数。不过，2 倍数始终要比 5 倍数多，最后只要数出 5 倍数就可以了。

这里有个陷阱，就是 15 只能算一个 5 倍数（因此会形成一个尾随零），而 25 算两个 5 倍数（ $25 = 5 \times 5$ ）。

编写代码时，相关代码有两种写法。

第一种写法是迭代访问所有 2 到 n 的数字，计算每个数字中有几个 5。

```
1    /* 如果该数字是 5 的幂，返回其幂次。
2     * 例如：5 返回 1，25 返回 2 */
3    int factorsOf5(int i) {
4      int count = 0;
5      while (i % 5 == 0) {
6        count++;
7        i /= 5;
8      }
9      return count;
10   }
11
12   int countFactZeros(int num) {
13     int count = 0;
14     for (int i = 2; i <= num; i++) {
15       count += factorsOf5(i);
16     }
17     return count;
18   }
```

这么写还不赖，不过，我们还可以做得更高效一些：直接数一数 5 的因数。采用这种做法，我们会先数一数 1 到 n 之间有几个 5 的倍数（数量为 $n/5$ ），然后数一数 25 的倍数有几个（ $n/25$ ），接着是 125，以此类推。

要算出 n 中有几个 m 的倍数，直接将 n 除以 m 即可。

```
1   int countFactZeros(int num) {
2     int count = 0;
3     if (num < 0) {
4       return -1;
5     }
6     for (int i = 5; num / i > 0; i *= 5) {
7       count += num / i;
8     }
9     return count;
10  }
```

此题有点像脑筋急转弯, 不过, 还是可以通过逻辑思考来解决 (如上所示)。只要思考一下到底有哪些条件会形成尾随零, 就能得到解法。你必须从一开始就透彻地理解相关规则才能正确地实现出来。

16.6　最小差。给定两个整数数组, 计算具有最小差 (非负) 的一对数值 (每个数组中取一个值), 并返回该对数值的差。

示例:

输入: {1, 3, 15, 11, 2}, {23, 127, 235, 19, 8}

输出: 3, 即数值对(11, 8)

题目解法

让我们从蛮力法开始讨论。

1. 蛮力法

最简单的蛮力法是对所有的数值对进行迭代, 计算差值并与当前的最小差值进行比较。

```
1   int findSmallestDifference(int[] array1, int[] array2) {
2     if (array1.length == 0 || array2.length == 0) return -1;
3
4     int min = Integer.MAX_VALUE;
5     for (int i = 0; i < array1.length; i++) {
6       for (int j = 0; j < array2.length; j++) {
7         if (Math.abs(array1[i] - array2[j]) < min) {
8           min = Math.abs(array1[i] - array2[j]);
9         }
10      }
11    }
12    return min;
13  }
```

此处还可稍作优化, 即我们可以在找到差值为 0 的数对时立即返回。这是因为 0 是可能的最小差值。但是, 根据输入的不同, 这样做反而有可能会使算法更慢。

只有当输入的数值对列表的靠前位置存在一对差值为 0 的数值时, 该优化才会使算法更快。为了增加该优化, 我们必须每次迭代时都执行额外的代码。这里需要权衡利弊: 对于一些输入这样做会更快, 对于另外一些输入这样做则会更慢。鉴于该优化会使代码阅读起来更加困难, 或许我们最好不要进行这类优化。

无论是否有此 "优化", 该算法花费的时间都为 $O(AB)$。

2. 最优方法

一种较好的方法是对数组进行排序。一旦数组有序, 我们就可以通过对数组进行迭代找出最小差值。

例如我们有下面两个数组。

10

```
A: {1, 2, 11, 15}
B: {4, 12, 19, 23, 127, 235}
```

可以尝试以下方法。

(1) 假设有一个指针 a 指向 A 的起始处，另一个指针 b 指向 B 的起始处。此时 a 与 b 的差值为 3，将该值存储于变量 min 中。

(2) 我们如何才能（有可能）使得差值变小呢？b 指向的值此时大于 a 指向的值，所以移动 b 只会使得差值增加。因此，我们可以移动 a。

(3) 现在 a 指向 2，而 b 指向 4（没有移动），差值为 2。因此，我们应该更新 min 的值。由于 a 指向的值更小，所以再次移动 a。

(4) 现在 a 指向 11 而 b 指向 4。移动 b。

(5) 现在 a 指向 11 而 b 指向 12。将 min 的值更新为 1。移动 b。

以此类推。

```
1    int findSmallestDifference(int[] array1, int[] array2) {
2      Arrays.sort(array1);
3      Arrays.sort(array2);
4      int a = 0;
5      int b = 0;
6      int difference = Integer.MAX_VALUE;
7      while (a < array1.length && b < array2.length) {
8        if (Math.abs(array1[a] - array2[b]) < difference) {
9          difference = Math.abs(array1[a] - array2[b]);
10       }
11
12       /* 移动较小值 */
13       if (array1[a] < array2[b]) {
14         a++;
15       } else {
16         b++;
17       }
18     }
19     return difference;
20   }
```

该算法排序花费的时间为 $O(A \log A + B \log B)$，寻找最小差值花费的时间为 $O(A + B)$。因此，算法整体运行时间为 $O(A \log A + B \log B)$。

16.7 最大数值。编写一个方法，找出两个数字中最大的那一个。不得使用 if-else 或其他比较运算符。

题目解法

max 函数的常见实现方法是检查 $a - b$ 的正负号。但这里不能使用比较运算符检查正负情况，不过我们可以使用乘法。

假定 k 代表 $a - b$ 的正负号，如果 $a - b \geqslant 0$，则 k 为 1，否则 k 为 0。令 q 为 k 的反数。

那么，我们可以实现如下代码。

```
1    /* 将 1 翻转为 0, 0 翻转为 1  */
2    int flip(int bit) {
3      return 1^bit;
4    }
5
6    /* 如果是正数, 就返回 1; 如果是负数, 则返回 0 */
7    int sign(int a) {
```

```
8      return flip((a >> 31) & 0x1);
9  }
10
11 int getMaxNaive(int a, int b) {
12   int k = sign(a - b);
13   int q = flip(k);
14   return a * k + b * q;
15 }
```

这段代码看似可行，实则不济。要是 $a - b$ 溢出，这段代码就行不通。例如，假设 a 为 INT_MAX - 2，b 为 –15。此时，$a - b$ 将大于 INT_MAX 并且会溢出，最终变为负值。

运用同样的方法，我们可以实现此题的解法，目标是当 $a > b$ 时维持 k 为 1 的条件。为此，我们需要使用更为复杂的逻辑方法。

$a - b$ 什么时候会溢出呢？它只会在 a 为正且 b 为负时溢出，或者反过来也有可能。专门检测溢出条件可能比较困难，不过，我们可以检测 a 和 b 何时会有不同的正负号。注意，如果 a 和 b 的正负号不同，就让 k 等于 sign(a)。

具体逻辑方法如下。

```
1  if a and b have different signs:
2      // 如果 a > 0，则 b < 0，且 k = 1
3      // 如果 a < 0，则 b > 0，且 k = 0
4      // 所以，无论如何，k = sign(a)
5      let k = sign(a)
6  else
7      let k = sign(a - b) // 不可能出现溢出
```

上述逻辑方法的实现代码如下，其中使用了乘法而不是 if 语句。

```
1  int getMax(int a, int b) {
2      int c = a - b;
3
4      int sa = sign(a); // 如果 a ⩾ 0 则返回 1，否则返回 0
5      int sb = sign(b); // 如果 b ⩾ 0 则返回 1，否则返回 0
6      int sc = sign(c); // 取决于 a-b 是否溢出
7
8      /*目标：定义 k，如果 a > b 则为 1，如果 a < b 则为 0。如果 a = b，k 为何值并不重要 */
9
10     // 如果 a 和 b 有不同的符号，则 k = sign(a)
11     int use_sign_of_a = sa ^ sb;
12
13     // 如果 a 和 b 有 x 相同的符号，则 k = sign(a-b)
14     int use_sign_of_c = flip(sa ^ sb);
15
16     int k = use_sign_of_a * sa + use_sign_of_c * sc;
17     int q = flip(k); // k 的相反值
18
19     return a * k + b * q;
20 }
```

注意，为清晰起见，我们将代码拆分成多个方法和变量。很显然，这不是最紧凑或最有效的写法，但这么写代码要清晰许多。

16.8　整数的英语表示。给定一个整数，打印该整数的英文描述（例如"One Thousand, Two Hundred Thirty Four"）。

题目解法

解出此题并不太难，反倒有些乏味。关键在于组织好解题的过程并确保有完善的测试用例。

10

举个例子，在转换 19 323 984 时，我们可以考虑分段处理，每三位转换一次，并在适当的地方插入 thousand（千）和 million（百万），如下所示。

```
convert(19,323,984) =  convert(19) + "million" + convert(323) + "thousand" +
                       convert(984)
```

下面是该算法的实现代码。

```
1    String[] smalls = {"Zero", "One", "Two", "Three", "Four", "Five", "Six", "Seven",
2      "Eight", "Nine", "Ten", "Eleven", "Twelve", "Thirteen", "Fourteen", "Fifteen",
3      "Sixteen", "Seventeen", "Eighteen", "Nineteen"};
4    String[] tens = {"", "", "Twenty", "Thirty", "Forty", "Fifty", "Sixty", "Seventy",
5      "Eighty", "Ninety"};
6    String[] bigs = {"", "Thousand", "Million", "Billion"};
7    String hundred = "Hundred";
8    String negative = "Negative";
9
10   String convert(int num) {
11     if (num == 0) {
12       return smalls[0];
13     } else if (num < 0) {
14       return negative + " " + convert(-1 * num);
15     }
16
17     LinkedList<String> parts = new LinkedList<String>();
18     int chunkCount = 0;
19
20     while (num > 0) {
21       if (num % 1000 != 0) {
22         String chunk = convertChunk(num % 1000) + " " + bigs[chunkCount];
23         parts.addFirst(chunk);
24       }
25       num /= 1000; // 移动该批次
26       chunkCount++;
27     }
28
29     return listToString(parts);
30   }
31
32   String convertChunk(int number) {
33     LinkedList<String> parts = new LinkedList<String>();
34
35     /* 转换百位 */
36     if (number >= 100) {
37       parts.addLast(smalls[number / 100]);
38       parts.addLast(hundred);
39       number %= 100;
40     }
41
42     /* 转换十位 */
43     if (number >= 10 && number <= 19) {
44       parts.addLast(smalls[number]);
45     } else if (number >= 20) {
46       parts.addLast(tens[number / 10]);
47       number %= 10;
48     }
49
50     /* 转换个位 */
51     if (number >= 1 && number <= 9) {
52       parts.addLast(smalls[number]);
53     }
```

```
54
55      return listToString(parts);
56    }
57    /* 将字符串链表转换为字符数, 使用空格作为分隔符 */
58    String listToString(LinkedList<String> parts) {
59      StringBuilder sb = new StringBuilder();
60      while (parts.size() > 1) {
61        sb.append(parts.pop());
62        sb.append(" ");
63      }
64      sb.append(parts.pop());
65      return sb.toString();
66    }
```

处理这类问题的关键在于, 因为有很多特殊情况, 所以要确保考虑到所有特殊情况。

16.9 运算。请实现整数数字的乘法、减法和除法运算, 运算结果均为整数数字, 程序中只允许使用加法运算符。

题目解法

我们唯一可以使用的运算符是加法。在这样的问题中行之有效的方法是, 深入思考每种运算究竟需要进行何种操作, 或者应该如何以其他运算(加法运算或其他已经可以通过加法表示的运算)替代该运算。

1. 减法

如何通过加法表示减法? 这个问题非常简单。$a - b$ 与 $a + (-1) \times b$ 是相同的运算。但是, 由于我们不能使用 ×(乘法)运算, 因此必须自己实现取负(negate)函数。

```
1     /* 将正号翻转为负号或将负号翻转为正号 */
2     int negate(int a) {
3       int neg = 0;
4       int newSign = a < 0 ? 1 : -1;
5       while (a != 0) {
6         neg += newSign;
7         a += newSign;
8       }
9       return neg;
10    }
11
12    /* 将 b 变为相反数并将两数相加以达到相减的结果 */
13    int minus(int a, int b) {
14      return a + negate(b);
15    }
```

对数值 K 进行取负操作的实现方法是, 将 K 个 -1 相加。请注意, 该算法将花费 $O(K)$ 的时间。

如果此处注重优化, 我们可以使 a 更快地接近 0(为了便于解释, 我们假设 a 是一个正数)。为此, 我们可以将 a 首先减 1, 之后减 2, 之后减 4, 之后减 8, 以此类推。我们可以将此值称为 value。我们希望精确地将 a 减为 0, 因此, 当将 a 减去下一个 delta 后会改变 a 的符号时, 我们将 a 重置为 1 并重复该过程。

例如:

```
a: 29 28 26 22 14 13 11 7 6 4 0
delta: -1 -2 -4 -8 -1 -2 -4 -1 -2 -4
```

下面的代码实现了该算法。

```
1   int negate(int a) {
2     int neg = 0;
3     int newSign = a < 0 ? 1 : -1;
4     int delta = newSign;
5     while (a != 0) {
6       boolean differentSigns = (a + delta > 0) != (a > 0);
7       if (a + delta != 0 && differentSigns) { // 如果delta过大，则重置
8         delta = newSign;
9       }
10      neg += delta;
11      a += delta;
12      delta += delta; // 将delta增大一倍
13    }
14    return neg;
15  }
```

分析该算法的运行时间需要进行一些运算。

请注意，将 a 减去一半需花费 $O(\log a)$ 的时间。为什么呢？对于每一轮 "将 a 减半" 的操作，a 的绝对值与 delta 相加的和总是相等的。delta 和 a 的值最终将相遇于 $a/2$。由于 delta 的值每次都增加一倍，因此需要 $O(\log a)$ 次之后才可以达到 $a/2$。

我们需要进行 $O(\log a)$ 轮计算。

(1) 将 a 减为 $a/2$ 花费的时间为 $O(\log a)$。

(2) 将 $a/2$ 减为 $a/4$ 花费的时间为 $O(\log a/2)$。

(3) 将 $a/4$ 减为 $a/8$ 花费的时间为 $O(\log a/4)$。

以此类推，共进行 $O(\log a)$ 轮计算。

因此运行时间总计为 $O(\log a + \log(a/2) + \log(a/4) + \cdots)$，其中表达式中共有 $O(\log a)$ 项。

请回忆一下指数运算的两条定理，如下所示。

❏ log(xy) = log x + log y

❏ log(x/y) = log x - log y

如果我们将这两条定理应用于上述表达式，可以得到如下表达式。

(1) O(log a + log(a/2) + log(a/4) + ...)

(2) O(log a + (log a - log 2) + (log a - log 4) + (log a - log 8) + ...

(3) O((log a)*(log a) - (log 2 + log 4 + log 8 + ... + log a)) // 共O(log a)项

(4) O((log a)*(log a) - (1 + 2 + 3 + ... + log a)) // 计算对数值

(5) O((log a)*(log a) - (log a)(1 + log a)/2) // 使用1至K的求和公式

(6) O((log a)^2) // 从第5步中消除第2项

因此，运行时间为 $O((\log a)^2)$。

这里的数学运算远远超出了大多数人在面试中可以完成（应该完成）的内容。你可以对其进行简化，需要进行 $O(\log a)$ 轮计算，最长的一轮计算需要完成 $O(\log a)$ 的计算。因此，取负运算的时间复杂度上限为 $O((\log a)^2)$。在此处，时间复杂度的上限刚好等同于时间复杂度本身。

还有其他一些更快的解法。比如，每一轮运算中我们不需要将 delta 重置为 1，而是将其设置为上一个 delta 值。这样做的结果是，增加 delta 的值时，我们每次将其乘以 2；减小 delta 的值时，我们每次将其除以 2。该方法的时间复杂度为 $O(\log a)$。但是，该解法的实现需要栈、除法或者移位操作，其中的任何一个操作可能都不符合题目要求。不过，你也可以和面试官讨论一下该实现方法。

2. 乘法

加法和乘法的关联是十分显而易见的。若将 a 乘以 b，我们只需将 a 与其自身相加 b 次。

```
1    /* 将a乘以b，即将a与自身相加b次 */
2    int multiply(int a, int b) {
3      if (a < b) {
4        return multiply(b, a); // 如果b < a，则算法更快
5      }
6      int sum = 0;
7      for (int i = abs(b); i > 0; i = minus(i, 1)) {
8        sum += a;
9      }
10     if (b < 0) {
11       sum = negate(sum);
12     }
13     return sum;
14   }
15
16   /* 返回绝对值 */
17   int abs(int a) {
18     if (a < 0) {
19       return negate(a);
20     } else {
21       return a;
22     }
23   }
```

上述代码中我们需要注意的一点是要正确处理负数的情况。如果 b 是负数，则需要将结果的符号进行翻转。因此，代码中实际上完成了如下操作。

```
multiply(a, b) <-- abs(b) * a * (-1 if b < 0)
```

我们可以实现一个简单的求绝对值（abs）函数以便完成全部代码。

3. 除法

在三种运算中，除法当然是最难的。好处是我们现在可以使用 multiply、subtract 和 negate 方法来实现除法（divide）。

我们现在尝试计算 x，使得 $x = a / b$。或者换一种说法，我们希望找到 x，使得 $a = bx$。现在，我们已经把这个问题转换为了一个可以用已知运算（乘法）表示的问题。

我们可以这样实现该问题：将 b 乘以逐渐增大的值，直到达到 a 的值为止。这方法非常低效，特别是 multiply 方法的实现中包含了大量的加法运算。

另一种方法是，通过观察方程 $a = xb$，我们会发现通过不断地将 b 与其自身相加可以得到 a 的值。需要重复的次数即为 x。

当然，a 或许不能被 b 整除，这无关紧要。实现整数除法本来就会截断运算结果。

下面的代码实现了这个算法。

```
1    int divide(int a, int b) throws java.lang.ArithmeticException {
2      if (b == 0) {
3        throw new java.lang.ArithmeticException("ERROR");
4      }
5      int absa = abs(a);
6      int absb = abs(b);
7
8      int product = 0;
9      int x = 0;
10     while (product + absb <= absa) { /* 不要超过a */
```

```
11      product += absb;
12      x++;
13    }
14
15    if ((a < 0 && b < 0) || (a > 0 && b > 0)) {
16      return x;
17    } else {
18      return negate(x);
19    }
20  }
```

解决这个问题时要注意以下几点。

❑ 一个既有逻辑性又实用的方法是：回头审视乘法和除法的严格定义。请记住这一方法。
  所有（好的）面试问题都可以用具有逻辑性的、有条理的方法来处理。

❑ 面试官寻求的正是这种具有逻辑性的、不断深入的方法。

❑ 这是一个很好的问题，它可以用来展示你编写整洁代码的能力，特别是可以展示重用代
  码方面的能力。例如，如果你正在编写这个解决方案且事先没有将 negate 写在单独的
  方法中，那么一旦你发现会多次调用它，就应该把它移入其自身的方法中。

❑ 编程中作假设时需谨慎。不要假设数字都是正数或者 a 一定大于 b。

16.10   生存人数。给定一个列有出生年份和死亡年份的名单，实现一个方法以计算生存人
数最多的年份。你可以假设所有人都出生于 1900 年至 2000 年（含 1900 和 2000）之间。如果
一个人在某一年的任意时期都处于生存状态，那么他们应该被纳入那一年的统计中。例如，生
于 1908 年、死于 1909 年的人应当被列入 1908 年和 1909 年的计数。

题目解法

我们首先要做的是描述该解法的轮廓。面试问题没有具体说明输入的格式。在真正的面试
中，可以询问面试官输入数据的结构是什么样的或者明确地陈述你的（合理的）假设。

这里，我们需要作出自己的假设。我们将假设有一个简单的 Person 对象构成的数组。

```
1  public class Person {
2    public int birth;
3    public int death;
4    public Person(int birthYear, int deathYear) {
5      birth = birthYear;
6      death = deathYear;
7    }
8  }
```

我们也可以在 Person 的定义中加入 getBirthYear() 和 getDeathYear() 两个方法。有些
人会认为这样做可以带来更加良好的编程风格，但是为了使代码短小精悍且描述清晰，此处将
类的变量设置为了公共可见的变量。

重要之处在于我们确实使用了 Person 对象。相比于保存一个出生年份的整数数组以及一
个死亡年份的整数数组（隐式地假设 births[i] 和 deaths[i] 指代的是同一人），使用 Person
对象提供了更好的编程风格。你并不会有很多机会来展示编程风格，因此，要善加利用已有机会。

了解了上述内容后，让我们从蛮力法开始讨论。

1. 蛮力法

蛮力法直接来源于题目的文字描述。我们需要找到生存人数最多的年份。因此，要对每一
年进行迭代，并检查当年有多少人生存。

```
1   int maxAliveYear(Person[] people, int min, int max) {
2     int maxAlive = 0;
3     int maxAliveYear = min;
4
5     for (int year = min; year <= max; year++) {
6       int alive = 0;
7       for (Person person : people) {
8         if (person.birth <= year && year <= person.death) {
9           alive++;
10        }
11      }
12      if (alive > maxAlive) {
13        maxAlive = alive;
14        maxAliveYear = year;
15      }
16    }
17
18    return maxAliveYear;
19  }
```

请注意，我们已经传入了最小年份 1900 和最大年份 2000 这两个值，因此，不应该再将其直接写入代码中。

该算法的运行时间为 $O(RP)$，其中 R 为年份的范围（此例中为 100），P 为总人数。

2. 稍有改善的蛮力法

一种稍有改善的解法是，可以创建一个数组来记录每一年出生的人数，之后，只需对人员列表进行迭代，对于每一个人，相应增加上述数组中对应年份的值。

```
1   int maxAliveYear(Person[] people, int min, int max) {
2     int[] years = createYearMap(people, min, max);
3     int best = getMaxIndex(years);
4     return best + min;
5   }
6
7   /* 将每个人的年份加到映射中 */
8   int[] createYearMap(Person[] people, int min, int max) {
9     int[] years = new int[max - min + 1];
10    for (Person person : people) {
11      incrementRange(years, person.birth - min, person.death - min);
12    }
13    return years;
14  }
15
16  /* 将 left 和 right 间的值增加 1  */
17  void incrementRange(int[] values, int left, int right) {
18    for (int i = left; i <= right; i++) {
19      values[i]++;
20    }
21  }
22
23  /* 获取数组中最大元素的索引 */
24  int getMaxIndex(int[] values) {
25    int max = 0;
26    for (int i = 1; i < values.length; i++) {
27      if (values[i] > values[max]) {
28        max = i;
29      }
30    }
31    return max;
32  }
```

10

对于第 9 行中数组的大小请谨慎处理。如果 1900 年至 2000 年的年份是包括两端的，那么总计为 101 年而不是 100 年。这也就是为什么数组的大小为 max - min + 1。

让我们将该算法分解为几个部分来分析运行时间。

❑ 我们首先创建了一个大小为 R 的数组，其中 R 为最大至最小的年份。

❑ 然后，对于 P 位人员，我们对该人存活的年份 Y 进行迭代。

❑ 接下来，再次对大小为 R 的数组进行迭代。

该算法的运行时间总计为 $O(PY + R)$。最坏的情况下，Y 的值即为 R，因此我们并没有取得比前述算法更优的算法。

3. 更优化的解法

来看一个例子（实际上，对于几乎所有的问题，使用例子都至关重要。理想情况下，你应该已经完成了这个过程）。下面的每一列都是相互对应的，相同位置的元素对应为同一个人。为了紧凑一些，我们只列出了年份中最后两位数字。

```
birth: 12 20 10 01 10 23 13 90 83 75
death: 15 90 98 72 98 82 98 98 99 94
```

值得注意的是，这些年份是否匹配并不重要。每一次出生都会增加一个人，每一次死亡都会删除一个人。

因为实际上并不需要匹配出生和死亡，所以可以对两列数据进行排序。排序后的年份或许可以帮助我们解决问题。

```
birth: 01 10 10 12 13 20 23 75 83 90
death: 15 72 82 90 94 98 98 98 98 99
```

可以尝试遍历这些年份。

❑ 第 0 年时，没有人存活。

❑ 第 1 年时，有一次出生。

❑ 第 2 年至第 9 年时，没有任何事情发生。

❑ 遍历至第 10 年，此时我们发现两次出生。至此，共有三人存活。

❑ 第 15 年时，有一人死亡。至此，剩下两人存活。

❑ 以此类推。

如果遍历这样的两个数组，就可以记录每个时间点存活的人数。

```
1    int maxAliveYear(Person[] people, int min, int max) {
2      int[] births = getSortedYears(people, true);
3      int[] deaths = getSortedYears(people, false);
4
5      int birthIndex = 0;
6      int deathIndex = 0;
7      int currentlyAlive = 0;
8      int maxAlive = 0;
9      int maxAliveYear = min;
10
11     /* 遍历数组 */
12     while (birthIndex < births.length) {
13       if (births[birthIndex] <= deaths[deathIndex]) {
14         currentlyAlive++; // 包括出生
15         if (currentlyAlive > maxAlive) {
16           maxAlive = currentlyAlive;
17           maxAliveYear = births[birthIndex];
18         }
```

```
19        birthIndex++; // 移动出生索引
20      } else if (births[birthIndex] > deaths[deathIndex]) {
21        currentlyAlive--; // 包括死亡
22        deathIndex++; // 移动死亡索引
23      }
24    }
25
26    return maxAliveYear;
27  }
28
29  /* (基于 copyBirthYear 的值) 复制出生和死亡年份并排序 */
30  int[] getSortedYears(Person[] people, boolean copyBirthYear) {
31    int[] years = new int[people.length];
32    for (int i = 0; i < people.length; i++) {
33      years[i] = copyBirthYear ? people[i].birth : people[i].death;
34    }
35    Arrays.sort(years);
36    return years;
37  }
```

在这里有一些非常容易出错的地方。

在第 13 行，我们需要仔细考虑是应该使用小于号（<）还是小于等于号（<=），还需要关注到在同一年发现了一次出生和一次死亡这一情况（出生和死亡是否来自同一个人并不重要）。

当我们发现同一年中有出生和死亡的情况时，希望在记录死亡之前记录出生，这样我们可以将当年计算为存活年份。这也就是为什么会在第 13 行使用<=号。

还需要注意的是，在哪里进行 maxAlive 和 maxAliveYear 值的更新。更新需要在 currentAlive++ 之后进行，这样结果才会包含更新后的值。但是更新需要在 birthIndex++ 之前进行，否则无法得到正确的年份。

该解法将花费 $O(P \log P)$ 的时间，其中 P 是人员的数量。

4.（或许）更优化的解法

可以进一步进行优化吗？为此，我们需要去掉排序的部分，即回到了处理未排序数组的问题中。

```
birth: 12 20 10 01 10 23 13 90 83 75
death: 15 90 98 72 98 82 98 98 99 94
```

如前所述，我们所用的逻辑方法是，每一次出生都会增加一个人，每一次死亡都会删除一个人。因此，让我们以此逻辑方法来表示上述数据。

```
01: +1      10: +1      10: +1      12: +1      13: +1
15: -1      20: +1      23: +1      72: -1      75: +1
82: -1      83: +1      90: +1      90: -1      94: -1
98: -1      98: -1      98: -1      98: -1      99: -1
```

我们可以创建一个年份数组，其中 array\[year\]的值表示当年人口如何变化。为了创建该数组，需要遍历人员列表，当有人出生时加 1，当有人死亡时减 1。

一旦得到该数组，就可以对年份进行遍历并随着遍历的进行记录当前人口（每次都增加 array\[year\]的值）。

该逻辑方法相当不错，但我们还需三思。该方法是否真的可行？

我们应该考虑的一个边界情况是某人在出生的同一年死亡。增减操作将相互抵消并得出当前年份的人口变化为 0。根据题目的措辞，这个人本应该被算作当年处于生存状态。

事实上，此算法中该 bug 的影响要广泛得多。该问题适用于所有人员。1908 年死亡的人直到 1909 年才应该从人口总数中移除。

一种简单的修正方法是，我们不对 array\[deathYear\]减 1，而是对 array\[deathYear + 1\]进行减 1 操作。

```
1    int maxAliveYear(Person[] people, int min, int max) {
2      /* 构造人口差值的数组 */
3      int[] populationDeltas = getPopulationDeltas(people, min, max);
4      int maxAliveYear = getMaxAliveYear(populationDeltas);
5      return maxAliveYear + min;
6    }
7
8    /* 将出生和死亡年份加入到差值数组中 */
9    int[] getPopulationDeltas(Person[] people, int min, int max) {
10     int[] populationDeltas = new int[max - min + 2];
11     for (Person person : people) {
12       int birth = person.birth - min;
13       populationDeltas[birth]++;
14
15       int death = person.death - min;
16       populationDeltas[death + 1]--;
17     }
18     return populationDeltas;
19   }
20
21   /* 计算动态和并返回最大值的索引 */
22   int getMaxAliveYear(int[] deltas) {
23     int maxAliveYear = 0;
24     int maxAlive = 0;
25     int currentlyAlive = 0;
26     for (int year = 0; year < deltas.length; year++) {
27       currentlyAlive += deltas[year];
28       if (currentlyAlive > maxAlive) {
29         maxAliveYear = year;
30         maxAlive = currentlyAlive;
31       }
32     }
33
34     return maxAliveYear;
35   }
```

该解法将花费 $O(R+P)$ 的时间，其中 R 是年份的范围，P 是人员的数量。尽管对于很多预期中的输入数据来说，$O(R+P)$ 或许会快于 $O(P \log P)$ 的时间复杂度，但是你无法直接对两个时间复杂度进行比较并由此得出其中一个要略胜一筹。

16.11　跳水板。 你正在使用一堆木板建造跳水板。有两种类型的木板，其中一种长度较短（长度记为 shorter），一种长度较长（长度记为 longer）。你必须正好使用 K 块木板。编写一个方法，生成跳水板所有可能的长度。

题目解法

该题其中一种解法是仔细分析建造跳水板时的决策过程。该过程将会引导我们使用递归算法。

1. 递归解法

使用递归解法时，我们可以想象自己正在建造一个跳水板。我们需要进行 K 次决策，每次决策时需要决定下一步使用哪块木板。当我们使用了 K 块木板之后，即完成了跳水板的建造，随即可以将其加入到列表中。（假设从未建造过相同长度的跳水板。）

基于此，我们可以编写递归代码。请注意，我们不需要记录木板的顺序，只需了解当前跳水板的长度和剩余可用的木板数量。

```
1   HashSet<Integer> allLengths(int k, int shorter, int longer) {
2     HashSet<Integer> lengths = new HashSet<Integer>();
3     getAllLengths(k, 0, shorter, longer, lengths);
4     return lengths;
5   }
6
7   void getAllLengths(int k, int total, int shorter, int longer,
8                      HashSet<Integer> lengths) {
9     if (k == 0) {
10      lengths.add(total);
11      return;
12    }
13    getAllLengths(k - 1, total + shorter, shorter, longer, lengths);
14    getAllLengths(k - 1, total + longer, shorter, longer, lengths);
15  }
```

我们将所有的长度都加入到了散列集合中。这样，就可以自动防止增加重复长度的木板了。

该算法会花费 $O(2^k)$ 的时间，这是因为每次递归调用时，都有两个不同的选择，而我们总共完成 K 次递归。

2. 记忆化解法

和许多递归算法（特别是具有指数型时间复杂度的递归算法）一样，我们可以通过记忆化的方式优化该算法（该优化即动态编程的形式之一）。

请注意，很多递归调用本质上是相同的。例如，"先选择木板 1 再选择木板 2"完全等同于"先选择木板 2 再选择木板 1"。

因此，如果我们之前已经见到过(total, plank count)这样的组合（plank count 为使用的木板数量），则不需要再进行递归调用。我们可以使用以(total, plank count)为键的散列集合来实现该方法。

> 很多求职者都会在此处出错。他们并没有在(total, plank count)再次出现时停止递归调用，而是在 total 再次出现时停止了递归调用。这并不正确。两块长度为 1 的木板与一块长度为 2 的木板并不相等，这是因为剩余可用的木板数量并不一样。在记忆化算法中，选择以什么值为键时需十分谨慎。

该解法的代码与前述解法的代码大同小异。

```
1   HashSet<Integer> allLengths(int k, int shorter, int longer) {
2     HashSet<Integer> lengths = new HashSet<Integer>();
3     HashSet<String> visited = new HashSet<String>();
4     getAllLengths(k, 0, shorter, longer, lengths, visited);
5     return lengths;
6   }
7
8   void getAllLengths(int k, int total, int shorter, int longer,
9                      HashSet<Integer> lengths, HashSet<String> visited) {
10    if (k == 0) {
11      lengths.add(total);
12      return;
13    }
14    String key = k + " " + total;
15    if (visited.contains(key)) {
16      return;
17    }
```

```
18    getAllLengths(k - 1, total + shorter, shorter, longer, lengths, visited);
19    getAllLengths(k - 1, total + longer, shorter, longer, lengths, visited);
20    visited.add(key);
21  }
```

为简便起见，我们将键设置为由 total 和使用的木板数量组成的字符串。一些人或许会认为最好使用一个数据结构存储键值。这样做当然会有一定的益处，但是也有不便之处。你需要和面试官讨论一下此处应如何权衡。

该算法的运行时间需要费些功夫才能求出。

一种方法是，我们可以将该算法想象为填充一个两轴分别为和（SUM）与已使用木板数量（PLANK COUNT）的表格，其中和的最大可能值为 K*LONGER，而已使用木板数量的最大可能值为 K。因此，运行时间不会慢于 $O(K^2 \times \text{LONGER})$。

当然，这其中的很多和事实上永远不会出现。我们可以获得多少个不重复的和呢？请注意，具有相同数量的每种木板的路径总会得到相同的和。对于一种木板，由于最多只能使用 K 块，因此我们只能获得 $K+1$ 种不同的和。因此，表格的大小实际上为 $(K+1)^2$，运行时间为 $O(K^2)$。

3. 最优解法

如果再读一遍上一段内容，你或许会注意到一件有趣的事：我们最多只能获得 K 种不同的和。这不正是该题目的关键所在吗（即找出所有可能的和）？

事实上，我们不需要遍历所有木板的使用方案，只需遍历所有不重复的、由 K 块木板组成的集合即可（我们使用了集合，不需要元素有序）。如果木板的种类只有两种的话，选择 K 块木板只有 K 种方法：{0 块木板 A，K 块木板 B}，{1 块木板 A，$K{-}1$ 块木板 B}，{2 块木板 A，$K{-}2$ 块木板 B}，以此类推。

一个简单的 for 循环语句即可解决此题。在每个"木板使用序列"中，我们只需计算和即可。

```
1  HashSet<Integer> allLengths(int k, int shorter, int longer) {
2    HashSet<Integer> lengths = new HashSet<Integer>();
3    for (int nShorter = 0; nShorter <= k; nShorter++) {
4      int nLonger = k - nShorter;
5      int length = nShorter * shorter + nLonger * longer;
6      lengths.add(length);
7    }
8    return lengths;
9  }
```

此处使用了 HashSet 以便该解法与前述解法保持一致。事实上并非必须如此，这是因为此解法中我们不会遇到重复的元素，只需使用 ArrayList 即可。然而，如果使用 ArrayList，则需要注意处理两种木板长度相同这个边界情况。在此情况下，我们只需返回一个长度为 1 的 ArrayList 即可。

16.12 XML 编码。 XML 极为冗长，你找到一种编码方式，可将每个标签对应为预先定义好的整数值，该编码方式的语法如下：

```
Element    --> Tag Attributes END Children END
Attribute  --> Tag Value
END        --> 0
Tag        --> 映射至某个预定义的整数值
Value      --> 字符串值
```

例如，下列 XML 会被转换压缩成下面的字符串（假定对应关系为 family -> 1、person -> 2、firstName -> 3、lastName -> 4、state -> 5）。

```
<family lastName="McDowell" state="CA">
  <person firstName="Gayle">Some Message</person>
</family>
```

变为:

`1 4 McDowell 5 CA 0 2 3 Gayle 0 Some Message 0 0`

编写代码，打印 XML 元素编码后的版本（传入 Element 和 Attribute 对象）。

题目解法

由题目可知，元素会以 Element 和 Attribute 作为参数传入，因此具体实现代码相当简单，可以运用类似于树状结构的做法实现。

我们会不断对 XML 结构的各个部分调用 encode()，XML 元素的类型不同，处理方式会稍有不同。

```
1   void encode(Element root, StringBuilder sb) {
2     encode(root.getNameCode(), sb);
3     for (Attribute a : root.attributes) {
4       encode(a, sb);
5     }
6     encode("0", sb);
7     if (root.value != null && root.value != "") {
8       encode(root.value, sb);
9     } else {
10      for (Element e : root.children) {
11        encode(e, sb);
12      }
13    }
14    encode("0", sb);
15  }
16
17  void encode(String v, StringBuilder sb) {
18    sb.append(v);
19    sb.append(" ");
20  }
21
22  void encode(Attribute attr, StringBuilder sb) {
23    encode(attr.getTagCode(), sb);
24    encode(attr.value, sb);
25  }
26
27  String encodeToString(Element root) {
28    StringBuilder sb = new StringBuilder();
29    encode(root, sb);
30    return sb.toString();
31  }
```

请留意第 17 行代码，有个负责处理字符串的简单 encode 方法。这个方法似乎有些画蛇添足，无非就是插入字符串并附加一个空格。不过，使用这个方法有个好处，可以确保每个元素之间都有空格。否则，很可能就会忘记附加空白符从而打乱编码。

16.13　平分正方形。 给定两个正方形及一个二维平面。请找出将这两个正方形分割成两半的一条直线。假设正方形顶边和底边与 x 轴平行。

题目解法

开始之前，我们需要思考一个问题：究竟题目中所说的"直线"是指什么？直线是由斜率

和 y 轴截距定义的，还是由直线上的两点？或者所谓"直线"是指一条线段，且其起点和终点都在正方形的边上？

我们将假设该题是指上述第三种情况（因为这种情况下题目会更有趣一些）：直线的两端都位于正方形的边上。在面试中，你应该与面试官讨论一下题目为何种情况。

这条将两个正方形平分的直线必定通过两个正方形的中心。我们很容易就可以得知该直线的斜率应为 slope = $(y_1 - y_2) / (x_1 - x_2)$。通过两个正方形的中心计算得出直线的斜率之后，我们可以使用相同的公式来计算线段的起点和终点。

下面的代码中，我们假设原点$(0, 0)$位于左上角。

```
1   public class Square {
2     ...
3     public Point middle() {
4       return new Point((this.left + this.right) / 2.0,
5                        (this.top + this.bottom) / 2.0);
6     }
7
8     /* 返回连接 mid1 和 mid2 线段与 1 号正方形的交点，
9      * 也就是说，从 mid1 到 mid2 画一条直线，延长至与正方形边界相交 */
10    public Point extend(Point mid1, Point mid2, double size) {
11      /* 计算连接 mid1 和 mid2 直线的方向 */
12      double xdir = mid1.x < mid2.x ? -1 : 1;
13      double ydir = mid1.y < mid2.y ? -1 : 1;
14
15      /* 如果 mid1 和 mid2 的 x 值相同，那么会出现除数为 0 的异常，
16       * 因此对此种情况特殊计算 */
17      if (mid1.x == mid2.x) {
18        return new Point(mid1.x, mid1.y + ydir * size / 2.0);
19      }
20
21      double slope = (mid1.y - mid2.y) / (mid1.x - mid2.x);
22      double x1 = 0;
23      double y1 = 0;
24
25      /* 使用公式(y₁-y₂)/(x₁-x₂)计算斜率。注意，如果斜率较大（> 1），
26       * 那么直线将与 y 轴的中点相距 size/2 个单位。如果斜率较小（< 1），
27       * 那么直线将与 x 轴的中点相距 size/2 个单位 */
28      if (Math.abs(slope) == 1) {
29        x1 = mid1.x + xdir * size / 2.0;
30        y1 = mid1.y + ydir * size / 2.0;
31      } else if (Math.abs(slope) < 1) { // 较小斜率
32        x1 = mid1.x + xdir * size / 2.0;
33        y1 = slope * (x1 - mid1.x) + mid1.y;
34      } else { // 较大斜率
35        y1 = mid1.y + ydir * size / 2.0;
36        x1 = (y1 - mid1.y) / slope + mid1.x;
37      }
38      return new Point(x1, y1);
39    }
40
41    public Line cut(Square other) {
42      /* 计算那条线将与正方形的边相交 */
43      Point p1 = extend(this.middle(), other.middle(), this.size);
44      Point p2 = extend(this.middle(), other.middle(), -1 * this.size);
45      Point p3 = extend(other.middle(), this.middle(), other.size);
46      Point p4 = extend(other.middle(), this.middle(), -1 * other.size);
47
48      /* 对于上述的点，找到线段的起止点。start 为最左点（如果相同则为较靠上方的点），
```

```
49        * end 为最右点（如果相同则为较靠下方的点）*/
50       Point start = p1;
51       Point end = p1;
52       Point[] points = {p2, p3, p4};
53       for (int i = 0; i < points.length; i++) {
54         if (points[i].x < start.x ||
55            (points[i].x == start.x && points[i].y < start.y)) {
56           start = points[i];
57         } else if (points[i].x > end.x ||
58                   (points[i].x == end.x && points[i].y > end.y)) {
59           end = points[i];
60         }
61       }
62
63       return new Line(start, end);
64     }
```

该题的主要目的在于考查你编写代码时是否足够细心。该题目很容易就遗漏特殊情况（比如，两个正方形的中点相同）。你应该在解题之前就列出所有特殊情况的清单以便后面可以正确处理所有情况。解出该题需要进行仔细和充分的测试。

16.14 最佳直线。 给定一个二维平面及平面上的若干点。请找出一条直线，其通过的点的数目最多。

题目解法

刚看到此题时会觉得解法非常简单。某种程度上确实如此。

对于每两个点，我们只需要在平面上画一条通过这两点的无限长度的直线（换句话说，并非线段）。我们可以使用一个散列表来记录哪条直线出现的次数最多。该解法花费的时间为 $O(N^2)$，这是因为一共需要画 N^2 条直线。

我们可以使用斜率和 y 轴截距来表示一条直线（而不是通过直线上的两点进行表示），以便检查从（$x1, y1$）至（$x2, y2$）的直线是否和从（$x3, y3$）至（$x4, y4$）的直线为同一条直线。

为了找到出现次数最多的直线，我们需要对所有的直线进行迭代，使用散列表记录每条直线出现的次数。该算法非常简单。

但是，有一处稍有些复杂。在我们的定义中，如果两条直线有相同的斜率和 y 轴截距，则两条直线相等。我们在进一步的操作中，会根据这两个值（特别是斜率）对所有的直线计算散列值。问题就在于浮点数并不总能被精确地表示为二进制数。我们可以通过检查两个浮点数的差值是否小于 epsilon 变量来解决这个问题。

对于散列表会有什么问题？这表示具有两个"相等"斜率的直线，通过散列函数得到的值或许并不一样。要解决散列表中的问题，我们需要将斜率向下近似为下一个能够表示的精度，并使用 flooredSlop 作为散列表的键。之后，我们需要将所有**可能相等**的直线取出进行对比，即我们需要从散列表中将 flooredSlop、flooredSlop - epsilon 和 flooredSlop + epsilon 这三个键所对应的值全部取出，这样做才可以保证我们取出了所有可能相等的直线。

```
1   /* 找到穿过最多点的直线 */
2   Line findBestLine(GraphPoint[] points) {
3     HashMapList<Double, Line> linesBySlope = getListOfLines(points);
4     return getBestLine(linesBySlope);
5   }
6
7   /* 将一对点作为一条直线加入到链表中 */
8   HashMapList<Double, Line> getListOfLines(GraphPoint[] points) {
```

```
9     HashMapList<Double, Line> linesBySlope = new HashMapList<Double, Line>();
10    for (int i = 0; i < points.length; i++) {
11      for (int j = i + 1; j < points.length; j++) {
12        Line line = new Line(points[i], points[j]);
13        double key = Line.floorToNearestEpsilon(line.slope);
14        linesBySlope.put(key, line);
15      }
16    }
17    return linesBySlope;
18  }
19
20  /* 返回具有最多相近直线的直线 */
21  Line getBestLine(HashMapList<Double, Line> linesBySlope) {
22    Line bestLine = null;
23    int bestCount = 0;
24
25    Set<Double> slopes = linesBySlope.keySet();
26
27    for (double slope : slopes) {
28      ArrayList<Line> lines = linesBySlope.get(slope);
29      for (Line line : lines) {
30        /* 对与当前直线相近的直线进行计数 */
31        int count = countEquivalentLines(linesBySlope, line);
32
33        /* 如果比当前直线更好，则进行替换 */
34        if (count > bestCount) {
35          bestLine = line;
36          bestCount = count;
37          bestLine.Print();
38          System.out.println(bestCount);
39        }
40      }
41    }
42    return bestLine;
43  }
44
45  /* 检查相近直线构成的散列表。请注意我们需要检查斜率为当前斜率正负 epsilon 的直线，
46   * 这是我们对于相近直线的定义 */
47  int countEquivalentLines(HashMapList<Double, Line> linesBySlope, Line line) {
48    double key = Line.floorToNearestEpsilon(line.slope);
49    int count = countEquivalentLines(linesBySlope.get(key), line);
50    count += countEquivalentLines(linesBySlope.get(key - Line.epsilon), line);
51    count += countEquivalentLines(linesBySlope.get(key + Line.epsilon), line);
52    return count;
53  }
54
55  /* 计算数组中相近直线的数目（斜率和 y 轴交点相差一个 epsilon 之内）*/
56  int countEquivalentLines(ArrayList<Line> lines, Line line) {
57    if (lines == null) return 0;
58
59    int count = 0;
60    for (Line parallelLine : lines) {
61      if (parallelLine.isEquivalent(line)) {
62        count++;
63      }
64    }
65    return count;
66  }
67
68  public class Line {
69    public static double epsilon = .0001;
```

```
70    public double slope, intercept;
71    private boolean infinite_slope = false;
72
73    public Line(GraphPoint p, GraphPoint q) {
74      if (Math.abs(p.x - q.x) > epsilon) { // 如果 x 不同
75        slope = (p.y - q.y) / (p.x - q.x); // 计算斜率
76        intercept = p.y - slope * p.x; // 通过 y=mx+b 计算 y 轴截距
77      } else {
78        infinite_slope = true;
79        intercept = p.x; // 因为斜率为无穷大，所以计算 x 轴截距
80      }
81    }
82
83    public static double floorToNearestEpsilon(double d) {
84      int r = (int) (d / epsilon);
85      return ((double) r) * epsilon;
86    }
87
88    public boolean isEquivalent(double a, double b) {
89      return (Math.abs(a - b) < epsilon);
90    }
91
92    public boolean isEquivalent(Object o) {
93      Line l = (Line) o;
94      if (isEquivalent(l.slope, slope) && isEquivalent(l.intercept, intercept) &&
95         (infinite_slope == l.infinite_slope)) {
96        return true;
97      }
98      return false;
99    }
100 }
101
102 /* HashMapList 是从 String 到 ArrayList 的散列表。实现细节详见附录 A */
```

在计算直线斜率时要仔细一些。直线有可能是垂直的，即直线不存在 y 轴截距而斜率为无穷大。我们可以使用一个单独的变量（infinite_slope）保存该信息。在判断两条直线相等的方法中，我们需要加入该条件。

16.15 珠玑妙算。 珠玑妙算游戏（the game of master mind）的玩法如下。

计算机有 4 个槽，每个槽放一个球，颜色可能是红色（R）、黄色（Y）、绿色（G）或蓝色（B）。例如，计算机可能有 RGGB 4 种（槽 1 为红色，槽 2、3 为绿色，槽 4 为蓝色）。

作为用户，你试图猜出颜色组合。打个比方，你可能会猜 YRGB。

要是猜对某个槽的颜色，则算一次"猜中"；要是只猜对颜色但槽位猜错了，则算一次"伪猜中"。注意，"猜中"不能算入"伪猜中"。

举个例子，实际颜色组合为 RGBY，而你猜的是 GGRR，则算一次猜中，一次伪猜中。

给定一个猜测和一种颜色组合，编写一个方法，返回猜中和伪猜中的次数。

题目解法

此题简单明了，但写代码时很容易犯小错误。代码写好后，你应该对照各种测试用例，进行全面彻底的检查。

编写代码时，我们首先会构造一个频率数组，存放每个字符在 solution 中出现的次数，但不包括某个槽被"猜中"的次数。然后，迭代 guess 算出伪猜中的次数。

下面是这个算法的实现代码。

```
1   class Result {
2     public int hits = 0;
3     public int pseudoHits = 0;
4
5     public String toString() {
6       return "(" + hits + ", " + pseudoHits + ")";
7     }
8   }
9
10  int code(char c) {
11    switch (c) {
12    case 'B':
13      return 0;
14    case 'G':
15      return 1;
16    case 'R':
17      return 2;
18    case 'Y':
19      return 3;
20    default:
21      return -1;
22    }
23  }
24
25  int MAX_COLORS = 4;
26
27  Result estimate(String guess, String solution) {
28    if (guess.length() != solution.length()) return null;
29
30    Result res = new Result();
31    int[] frequencies = new int[MAX_COLORS];
32
33    /* 计算猜中次数并构造频率表 */
34    for (int i = 0; i < guess.length(); i++) {
35      if (guess.charAt(i) == solution.charAt(i)) {
36        res.hits++;
37      } else {
38        /* 如果没有猜中，则只对频率加一（频率表用于表示伪猜中的次数）。
39         * 如果猜中，那么该位置应该已被使用 */
40        int code = code(solution.charAt(i));
41        frequencies[code]++;
42      }
43    }
44
45    /* 计算伪猜中 */
46    for (int i = 0; i < guess.length(); i++) {
47      int code = code(guess.charAt(i));
48      if (code >= 0 && frequencies[code] > 0 &&
49          guess.charAt(i) != solution.charAt(i)) {
50        res.pseudoHits++;
51        frequencies[code]--;
52      }
53    }
54    return res;
55  }
```

注意，问题所需的算法越简单，写出清晰、正确的代码就越显重要。在上面的例子中，我们提取代码专门写了个 code(char c)方法，并创建了一个 Result 类来保存结果，而非只是打印显示。

16.16　部分排序。给定一个整数数组，编写一个函数，找出索引 m 和 n，只要将 m 和 n 之间的元素排好序，整个数组就是有序的。注意：n-m 尽量最小，也就是说，找出符合条件的最短序列。

示例：

　　输入：1, 2, 4, 7, 10, 11, 7, 12, 6, 7, 16, 18, 19

　　输出：(3, 9)

题目解法

开始解题之前，让我们先确认一下答案会是什么样的。如果要找的是两个索引，这表明数组中间有一段待排序，其中数组开头和末尾部分是排好序的。

现在，我们借用下面的例子来解决此题。

1, 2, 4, 7, 10, 11, 8, 12, 5, 6, 16, 18, 19

首先映入脑海的想法可能是，直接找出位于开头的最长递增子序列，以及位于末尾的最长递增子序列。

左边：1, 2, 4, 7, 10, 11
中间：8, 12
右边：5, 6, 16, 18, 19

很容易就能找出这些子序列，只需从数组最左边和最右边开始，向中间查找递增子序列。一旦发现有元素大小顺序不对，那就是找到了递增/递减子序列的两头。

但是，为了解决这个问题，还需要对数组中间部分进行排序，只要将中间部分排好序，数组所有元素便是有序的。具体来说，就是以下判断条件必须为真。

```
/* 左边 (left) 所有元素都要小于中间 (middle) 的所有元素 */
min(middle) > end(left)

/* 中间 (middle) 所有元素都要小于右边 (right) 的所有元素 */
max(middle) < start(right)
```

或者换句话说，对于所有元素：

```
left < middle < right
```

实际上，上例的这个条件绝不可能成立。根据定义，中间部分的元素是无序的。而在上面的例子中，left.end > middle.start 且 middle.end > right.start 一定成立。这样一来，只排序中间部分并不能让整个数组有序。

不过，我们还可以缩减左边和右边的子序列，直到先前的条件成立为止。我们需要使左边的元素小于所有中间和右边的元素，同时使右边的元素大于所有左边和右边的元素。

令 min 等于 min(middle 和 right 中的元素)，max 等于 max(middle 和 left 中的元素)。请注意，由于右边和左边的元素已经有序，因此我们只需要分别取其起点和终点即可。

对左边部分，我们先从这个子序列的末尾开始（值为 11，索引为 5），并向左移动。min 的值此时为 5。一旦找到元素索引 i 使得 array[i] < min，我们便得知：只需排序中间部分，就能让数组的那部分有序。

然后，对右边部分进行类似操作，此时 max 等于 12。我们先从右边子序列的起始元素（值为 5）开始，并向右移动，将中间部分的最大值 12 依次与 6、16 比较。找到 16 时，就能确定在 16 的右边已经没有元素比 12 小了（因为右边是递增子序列）。至此，对数组中间部分进行排序，以使整个数组都是有序的。

10

下面是这个算法的实现代码。

```java
void findUnsortedSequence(int[] array) {
    // 找到左边的子序列
    int end_left = findEndOfLeftSubsequence(array);
    if (end_left >= array.length - 1) return; // 已排序

    // 找到右边的子序列
    int start_right = findStartOfRightSubsequence(array);

    // 获取最大值和最小值
    int max_index = end_left; // 左边最大值
    int min_index = start_right; // 右边最小值
    for (int i = end_left + 1; i < start_right; i++) {
        if (array[i] < array[min_index]) min_index = i;
        if (array[i] > array[max_index]) max_index = i;
    }

    // 向左移动直至小于 array[min_index]
    int left_index = shrinkLeft(array, min_index, end_left);

    // 向右移动直至大于 array[max_index]
    int right_index = shrinkRight(array, max_index, start_right);

    System.out.println(left_index + " " + right_index);
}

int findEndOfLeftSubsequence(int[] array) {
    for (int i = 1; i < array.length; i++) {
        if (array[i] < array[i - 1]) return i - 1;
    }
    return array.length - 1;
}

int findStartOfRightSubsequence(int[] array) {
    for (int i = array.length - 2; i >= 0; i--) {
        if (array[i] > array[i + 1]) return i + 1;
    }
    return 0;
}

int shrinkLeft(int[] array, int min_index, int start) {
    int comp = array[min_index];
    for (int i = start - 1; i >= 0; i--) {
        if (array[i] <= comp) return i + 1;
    }
    return 0;
}

int shrinkRight(int[] array, int max_index, int start) {
    int comp = array[max_index];
    for (int i = start; i < array.length; i++) {
        if (array[i] >= comp) return i - 1;
    }
    return array.length - 1;
}
```

注意，在上面的解法中，我们还创建了不少方法。虽然也可以把所有代码一股脑儿塞进一个方法，但这样一来，代码理解、维护和测试起来就要难得多。在面试中写代码时，你应该优先考虑这几点。

16.17　连续数列。给定一个整数数组（有正数有负数），找出总和最大的连续数列，并返回总和。

示例：

> 输入: 2, -8, 3, -2, 4, -10
> 输出: 5（即{3, -2, 4}）

题目解法

此题难度不小，但又极为常见。接下来，我们会通过下面的例子来解题。

2　3　-8　-1　2　4　-2　3

如果把上面的数组看作是正数数列和负数数列交替出现，我们会发现，答案绝不会只包含某负数子数列或正数子数列的一部分。何以见得？只包含某负数子数列的一部分，将使得总和过小，我们应该排除整个负数数列才对。同样地，只包含正数子数列的一部分也会显得很怪，因为若包含整个子数列，总和就能变得更大。

为了构思出算法，我们可以把数组看作一个正负数交错出现的列。每个数字代表正数子数列的总和或负数子数列的总和。对于上面的数组，简化后如下所示。

5　-9　6　-2　3

我们无法立即从中窥得一个好算法，不过，它确实可以帮助我们更好地理解手头正在处理的问题。

考虑上面的数组。把{5，-9}视作子数列说得通吗？不，这两个数字的总和为–4，所以最好两个数字都不要或者考虑只包含子数列{5}，只有一个元素。

什么情况下需要在子数列中包含负数呢？只有当它能将两个正子数列拼接在一起，并且两者加起来大于这个负数的时候。

我们可以逐步找出答案，先从数组的第一个元素开始。

首先看到 5，这是到目前为止最大的总和。我们将 maxsum 设为 5，并将 sum 设为 5。接着，考虑–9，将它与 sum 相加会得到负值。将子数列从 5 延伸到–9 并没有意义（只会将子数列缩减为–4），因此我们会重置 sum 的值。

现在看到 6，这个子数列比 5 大，因此更新 maxsum 和 sum。

接着来看–2，与 6 相加，sum 设为 4。由于总和仍会变大（与其他部分连接时，会有更长的数列），我们有可能想把{6，-2}纳入最长子数列，因此更新 sum，但不更新 maxsum。

最后看到 3，3 加上 sum(4)结果为 7，更新 maxsum，最后得到最长子数列为{6，-2，3}。

推而广之，对于完全展开的数组而言，处理逻辑方法是一样的。下面是该算法的实现代码。

```
1    int getMaxSum(int[] a) {
2      int maxsum = 0;
3      int sum = 0;
4      for (int i = 0; i < a.length; i++) {
5        sum += a[i];
6        if (maxsum < sum) {
7          maxsum = sum;
8        } else if (sum < 0) {
9          sum = 0;
10       }
11     }
12     return maxsum;
13   }
```

如果整个数组都是负数，怎么样才是正确的行为？看看这个简单的数组：{-3, -10, -5}，以下答案每个都说得通。

(1) -3（假设子数列不能为空）。

(2) 0（子数列长度为零）。

(3) MINIMUM_INT（视为错误情况）。

我们会选择第二个（maxsum = 0），但其实并没有所谓的"正确"答案。这一点可以跟面试官好好讨论一番，这样也能展示出你注重细节。

16.18 模式匹配。 你有两个字符串，即 pattern 和 value。pattern 字符串由字母 a 和 b 组成，用于描述字符串中的模式。例如，字符串 catcatgocatgo 匹配模式 aabab（其中 cat 是 a，go 是 b）。该字符串也匹配像 a、ab 和 b 这样的模式。编写一个方法判断 value 字符串是否匹配 pattern 字符串。

题目解法

和其他题目一样，我们可以先从简单的蛮力法开始讨论。

1. 蛮力法

一种蛮力法是尝试所有 a 和 b 可能的值并检查它们是否与字符串匹配。

为了完成该解法，我们可以对 a 的所有子串和 b 的所有子串进行迭代。对于长度为 n 的字符串，总共有 $O(n^2)$ 个子串，因此该过程将会花费 $O(n^4)$ 的时间。但是在这之后，对于 a 和 b 的每一个值，我们需要构造一个长度与其一致的字符串并检查构造的字符串是否与该值相等。该构造、比较的步骤将会花费 $O(n)$ 的时间，因此该算法的总体运行时间为 $O(n^5)$。

```
1   for each possible substring a
2     for each possible substring b
3       candidate = buildFromPattern(pattern, a, b)
4       if candidate equals value
5         return true
```

好复杂呀！

一种优化的方式是检查模式串是否以 a 作为起始字符，如果是的话，字符串 a 则必须以 value 的起始为最初的字符（否则，字符串 b 必须以 value 的起始为最初的字符）。这样一来，对于 a 就不存在 $O(n^2)$ 个可能的值了，只有 $O(n)$ 种可能性。

接下来，算法需要检查模式是以 a 为起始还是 b 为起始。如果模式串以 b 为起始，我们可以对其进行翻转以便字符串以 a 作为起始（将字符串中的所有 a 替换为 b，所有 b 替换为 a）。然后，对 a 的所有可能子串（所有子串必须起始于索引 0）和 b 的所有可能子串（所有子串必须起始于 a 结束后的某个字符）进行迭代。和前面一样，我们需要将该模式的字符串与原字符串进行比较。

至此，该算法花费的时间为 $O(n^4)$。

还可以稍作（非必须的）优化。如果字符串起始于 b 而不是起始于 a，我们其实并不需要进行翻转操作。buildFromPattern 方法可以处理这种情况。可以把模式串中的第一个字符认定为"主"字符，而把其他的字符作为备用字符。buildFromPattern 方法可以根据 a 是主字符还是备用字符来构建合适的字符串。

```
1   boolean doesMatch(String pattern, String value) {
2     if (pattern.length() == 0) return value.length() == 0;
3
4     int size = value.length();
```

```
5    for (int mainSize = 0; mainSize < size; mainSize++) {
6      String main = value.substring(0, mainSize);
7      for (int altStart = mainSize; altStart <= size; altStart++) {
8        for (int altEnd = altStart; altEnd <= size; altEnd++) {
9          String alt = value.substring(altStart, altEnd);
10         String cand = buildFromPattern(pattern, main, alt);
11         if (cand.equals(value)) {
12           return true;
13         }
14       }
15     }
16   }
17   return false;
18 }
19
20 String buildFromPattern(String pattern, String main, String alt) {
21   StringBuffer sb = new StringBuffer();
22   char first = pattern.charAt(0);
23   for (char c : pattern.toCharArray()) {
24     if (c == first) {
25       sb.append(main);
26     } else {
27       sb.append(alt);
28     }
29   }
30   return sb.toString();
31 }
```

我们应该寻找一个更加优化的算法。

2. 优化解法

从头至尾审视一下现在的算法。搜索所有主字符串的值很快（需要花费 $O(n)$ 的时间），但是搜索备用字符串很慢，该过程需要花费 $O(n^2)$ 的时间。我们应该研究一下如何进行优化。

假设有一个模式串 aabab，我们使用该模式串与值串 catcatgocatgo 进行比较。一旦选择 cat 作为进行测试的值，字符串 a 则需要占用 9 个字符（3 个长度各为 3 的字符串 a）。因此，字符串 b 必须占用剩余的 4 个字符，其中每个字符串 b 的长度为 2。进一步分析可以得出，我们其实还可以准确地知道每个字符串出现的位置。如果字符串 a 是 cat，模式串是 aabab，那么字符串 b 一定是 go。

换句话说，一旦选定了 a，我们也就相应的选定了 b。并不需要对 b 进行迭代。通过获取模式串 pattern 的一些基本数据（a 的数量，b 的数量，a 和 b 的个数），对字符串 a 的可能值（或者 main 字符串所对应的可能值）进行迭代足矣。

```
1  boolean doesMatch(String pattern, String value) {
2    if (pattern.length() == 0) return value.length() == 0;
3
4    char mainChar = pattern.charAt(0);
5    char altChar = mainChar == 'a' ? 'b' : 'a';
6    int size = value.length();
7
8    int countOfMain = countOf(pattern, mainChar);
9    int countOfAlt = pattern.length() - countOfMain;
10   int firstAlt = pattern.indexOf(altChar);
11   int maxMainSize = size / countOfMain;
12
13   for (int mainSize = 0; mainSize <= maxMainSize; mainSize++) {
14     int remainingLength = size - mainSize * countOfMain;
15     String first = value.substring(0, mainSize);
```

```
16        if (countOfAlt == 0 || remainingLength % countOfAlt == 0) {
17          int altIndex = firstAlt * mainSize;
18          int altSize = countOfAlt == 0 ? 0 : remainingLength / countOfAlt;
19          String second = countOfAlt == 0 ? "" :
20                          value.substring(altIndex, altSize + altIndex);
21
22          String cand = buildFromPattern(pattern, first, second);
23          if (cand.equals(value)) {
24            return true;
25          }
26        }
27      }
28      return false;
29    }
30
31    int countOf(String pattern, char c) {
32      int count = 0;
33      for (int i = 0; i < pattern.length(); i++) {
34        if (pattern.charAt(i) == c) {
35          count++;
36        }
37      }
38      return count;
39    }
40
41    String buildFromPattern(...) { /* 同前 */ }
```

该算法花费的时间为 $O(n^2)$，这是因为我们对 main 字符串的 $O(n)$ 种可能性进行了迭代，而每次构建和比较字符串花费的时间为 $O(n)$。

请注意我们还减少了可能的 main 字符串的数量。如果 main 字符串有 3 个，那么其长度不可能超过 1/3 的 value 字符串长度。

3. 优化解法（另一种方法）

如果你不喜欢只为了对字符串进行比较就要构建新串（并随即销毁）的做法，可以删去这部分操作。

取而代之的是，我们可以像以前一样对 a 和 b 的值进行迭代。然而，（在给定 a 和 b 的值的情况下）为了比较一个字符串是否与模式串相匹配，我们对 value 字符串进行遍历，将 a 和 b 中的第一个字符串与 value 的子串进行比较。

```
1    boolean doesMatch(String pattern, String value) {
2      if (pattern.length() == 0) return value.length() == 0;
3
4      char mainChar = pattern.charAt(0);
5      char altChar = mainChar == 'a' ? 'b' : 'a';
6      int size = value.length();
7
8      int countOfMain = countOf(pattern, mainChar);
9      int countOfAlt = pattern.length() - countOfMain;
10     int firstAlt = pattern.indexOf(altChar);
11     int maxMainSize = size / countOfMain;
12
13     for (int mainSize = 0; mainSize <= maxMainSize; mainSize++) {
14       int remainingLength = size - mainSize * countOfMain;
15       if (countOfAlt == 0 || remainingLength % countOfAlt == 0) {
16         int altIndex = firstAlt * mainSize;
17         int altSize = countOfAlt == 0 ? 0 : remainingLength / countOfAlt;
18         if (matches(pattern, value, mainSize, altSize, altIndex)) {
19           return true;
```

```
20          }
21        }
22      }
23      return false;
24  }
25
26  /* 对 pattern 和 value 进行迭代。对于 pattern 中的每一个字符，检查其是 main 字符串
27   * 还是 alternate 字符串。之后检查 value 中的下一组字符是否与原始 main 或者 alternate
28   * 字符串中的字符相匹配 */
29  boolean matches(String pattern, String value, int mainSize, int altSize,
30                  int firstAlt) {
31    int stringIndex = mainSize;
32    for (int i = 1; i < pattern.length(); i++) {
33      int size = pattern.charAt(i) == pattern.charAt(0) ? mainSize : altSize;
34      int offset = pattern.charAt(i) == pattern.charAt(0) ? 0 : firstAlt;
35      if (!isEqual(value, offset, stringIndex, size)) {
36        return false;
37      }
38      stringIndex += size;
39    }
40    return true;
41  }
42
43  /* 检查两个子字符串从给定位移至给定长度处是否相等 */
44  boolean isEqual(String s1, int offset1, int offset2, int size) {
45    for (int i = 0; i < size; i++) {
46      if (s1.charAt(offset1 + i) != s1.charAt(offset2 + i)) {
47        return false;
48      }
49    }
50    return true;
51  }
```

该算法花费 $O(n^2)$ 的时间，但是该算法会在匹配失败时尽早结束（大多数情况下都会匹配失败）。而上个解法必须完成构建字符串的所有步骤之后才能得知匹配是否成功。

16.19　水域大小。 你有一个用于表示一片土地的整数矩阵，该矩阵中每个点的值代表对应地点的海拔高度。若值为 0 则表示水域。由垂直、水平或对角连接的水域为池塘。池塘的大小是指相连接的水域的个数。编写一个方法来计算矩阵中所有池塘的大小。

示例：

输入：

```
0 2 1 0
0 1 0 1
1 1 0 1
0 1 0 1
```

输出：2，4，1（任意顺序）

题目解法

首先，我们可以尝试遍历该数组。很容易找到水域：单元格为 0 即为水域。

给定一个水域，我们如何计算其周围水域的总量？如果该水域周围没有相连的且数值为 0 的单元格，那么该池塘的尺寸为 1。如果该水域周围有相连的且数值为 0 的单元格，则需要将相连水域、相连水域的项链水域加入到池塘尺寸中。当然，需要谨慎地进行该过程，不要对水域进行重复的计数。可以通过广度优先搜索或者深度优先搜索的变形完成该过程。每当访问过一个单元格时，我们将其永久地标记为"已访问"。

10

对于每个单元格，需要检查其 8 个相连接的单元格。可以通过编写代码检查上、下、左、右和 4 个对角方向的单元格，也可以使用循环来更简单地实现该功能。

```
1   ArrayList<Integer> computePondSizes(int[][] land) {
2     ArrayList<Integer> pondSizes = new ArrayList<Integer>();
3     for (int r = 0; r < land.length; r++) {
4       for (int c = 0; c < land[r].length; c++) {
5         if (land[r][c] == 0) { // 可选。此处总会返回
6           int size = computeSize(land, r, c);
7           pondSizes.add(size);
8         }
9       }
10    }
11    return pondSizes;
12  }
13
14  int computeSize(int[][] land, int row, int col) {
15    /* 如果超出边界或者已经访问过 */
16    if (row < 0 || col < 0 || row >= land.length || col >= land[row].length ||
17        land[row][col] != 0) { // 访问过或者非水域
18      return 0;
19    }
20    int size = 1;
21    land[row][col] = -1; // 标记访问过
22    for (int dr = -1; dr <= 1; dr++) {
23      for (int dc = -1; dc <= 1; dc++) {
24        size += computeSize(land, row + dr, col + dc);
25      }
26    }
27    return size;
28  }
```

在本题中，我们通过将一个单元格设置为–1 来表示该单元格已被访问过。这样通过一行（land\[row\]\[col\] != 0）代码就能检查出某单元格是否被访问过以及是否为干燥陆地这两种情况。无论是这两种情况中的哪一种，该单元格的值都不是 0。

你或许还会注意到，并非对 8 个单元格进行了迭代，而是对 9 个单元格进行了迭代。循环中同时包括了当前单元格。我们可以加入一行代码，使得 dr == 0 以及 dc == 0 时不进行递归调用。但是这样做并不能节省很多时间。仅仅是为了避免 1 个递归调用，我们需要对 8 个单元格画蛇添足地执行该 if 语句。而由于访问的单元格已经被标记为"已访问"，该递归调用实际上会立即返回。

如果你不想改变输入的矩阵，可以创建另外一个 visited 矩阵记录已访问的单元格。

```
1   ArrayList<Integer> computePondSizes(int[][] land) {
2     boolean[][] visited = new boolean[land.length][land[0].length];
3     ArrayList<Integer> pondSizes = new ArrayList<Integer>();
4     for (int r = 0; r < land.length; r++) {
5       for (int c = 0; c < land[r].length; c++) {
6         int size = computeSize(land, visited, r, c);
7         if (size > 0) {
8           pondSizes.add(size);
9         }
10      }
11    }
12    return pondSizes;
13  }
14
15  int computeSize(int[][] land, boolean[][] visited, int row, int col) {
```

```
16    /* 如果超出边界或者已经访问过 */
17    if (row < 0 || col < 0 || row >= land.length || col >= land[row].length ||
18      visited[row][col] || land[row][col] != 0) {
19    return 0;
20    }
21    int size = 1;
22    visited[row][col] = true;
23    for (int dr = -1; dr <= 1; dr++) {
24      for (int dc = -1; dc <= 1; dc++) {
25        size += computeSize(land, visited, row + dr, col + dc);
26      }
27    }
28    return size;
29  }
```

两种实现方法花费的时间都为 $O(WH)$，其中 W 是矩阵的宽度，H 是矩阵的高度。

请注意，很多人经常使用 $O(N)$ 或者 $O(N^2)$ 的表述方式，仿佛 N 存在着一种固有的定义。其实并非这样。假设有一个方形矩阵。你可以将运行时间表述为 $O(N)$ 或者 $O(N^2)$。两种方法都是对的，只是 N 的含义有所不同。当 N 表示方形矩阵的边长时，运行时间为 $O(N^2)$。当 N 表示方形矩阵的单元格数量时，运行时间为 $O(N)$。对于 N 的定义务请谨慎。实际上，如果题目中 N 的定义有可能出现歧义，完全不使用 N 或许是上乘之选。

有些人或许会将运行时间错误地计算为 $O(N^4)$。他们认为 computeSize 运行时间为 $O(N^2)$，而该方法会被调用 $O(N^2)$ 次（显然，他们也假设矩阵的大小为 $N \times N$）。尽管这两条理由都是正确的，但是你不能将它们简单地相乘。这是因为当单次调用 computeSize 的时间复杂度上升时，该方法的调用次数会出现下降。

例如，假设我们第一次调用 computeSize 方法。该调用或许会花费 $O(N^2)$ 的时间，但是我们在此之后再也不会调用该方法。

另一种分析时间复杂度的方法是通过计算每个单元格在一次调用中被触及的次数。每个单元格会被 computePondSizes 函数触及一次。另外，每个单元格可能会被它的每个相邻单元格触及一次。每个单元格被触及的次数仍然为常数。因此，对于 $N \times N$ 的矩阵来说，总体的运行时间仍为 $O(N^2)$，或者一般而言表示为 $O(WH)$。

16.20 T9 键盘。 在老式手机上，用户通过数字键盘输入，手机将提供与这些数字相匹配的单词列表。每个数字映射到 0 至 4 个字母。给定一个数字序列，实现一个算法来返回匹配单词的列表。你会得到一张含有有效单词的列表（存储你想要的任何数据结构）。映射如下图所示。

1	2 abc	3 def
4 ghi	5 jkl	6 mno
7 pqrs	8 tuv	9 wxyz
	0	

示例：

输入：8733

输出：tree, used

10

题目解法

可以通过几种不同的方法解答此题。让我们从蛮力法开始。

1. 蛮力法

想象一下，如果通过笔算，你会如何解答此题？你或许会尝试每一位数字对应字符的所有可能组合。

这也正是我们使用算法解答该题的思路。对于第一位数字，首先遍历所有它对应的字符。对于每一个字符，我们将其添加到 prefix 变量的尾部并进行递归，不断地将 prefix 传递到下一层递归调用中。当没有剩余的字符时，如果 prefix（prefix 此时即为整个单词）是一个合法的单词，就将其打印出来。

我们假设传入的单词列表以散列集合（HashSet）存储。散列集合与散列表类似，但是它并不提供由键到值的映射，而是提供了判断集合中是否包含某个单词的功能（该操作的运行时间为 $O(1)$）。

```
1   ArrayList<String> getValidT9Words(String number, HashSet<String> wordList) {
2     ArrayList<String> results = new ArrayList<String>();
3     getValidWords(number, 0, "", wordList, results);
4     return results;
5   }
6
7   void getValidWords(String number, int index, String prefix,
8                      HashSet<String> wordSet, ArrayList<String> results) {
9     /* 如果是完整单词则打印 */
10    if (index == number.length() && wordSet.contains(prefix)) {
11      results.add(prefix);
12      return;
13    }
14
15    /* 获取匹配该位数字的字符 */
16    char digit = number.charAt(index);
17    char[] letters = getT9Chars(digit);
18
19    /* 遍历其余选项 */
20    if (letters != null) {
21      for (char letter : letters) {
22        getValidWords(number, index + 1, prefix + letter, wordSet, results);
23      }
24    }
25  }
26
27  /* 返回映射到此数字的所有字符 */
28  char[] getT9Chars(char digit) {
29    if (!Character.isDigit(digit)) {
30      return null;
31    }
32    int dig = Character.getNumericValue(digit) - Character.getNumericValue('0');
33    return t9Letters[dig];
34  }
35
36  /* 数字到字符的映射 */
37  char[][] t9Letters = {null, null, {'a', 'b', 'c'}, {'d', 'e', 'f'},
38    {'g', 'h', 'i'}, {'j', 'k', 'l'}, {'m', 'n', 'o'}, {'p', 'q', 'r', 's'},
39    {'t', 'u', 'v'}, {'w', 'x', 'y', 'z'}
40  };
```

该算法花费的时间为 $O(4^N)$，其中 N 是字符串的长度。这是因为，对于每一次 getValidWords 调用，我们都递归地将其分为 4 个分支，而该递归直到重复 N 次后才停止。

对于较长的字符串，该算法极其缓慢。

2. 优化解法

再来回顾一下笔算时如何解题。假如有一个例子是 33835676368（对应的单词为 development）。如果你进行笔算，我打赌你一定不会以 fftf（3383）作为起始，这是因为没有任何合法单词会以这 4 个字符开始。

理想情况下，我们希望该算法也可以进行类似的优化，不要尝试那些明显会失败的递归路径。特别是如果字典中的单词都不以 prefix 为前缀，则无须继续递归下去。

单词查找树（详见 9.4.4 节）是可以达到该目的的数据结构。只要我们构造的字符串不是合法的前缀，就退出递归。

```
1   ArrayList<String> getValidT9Words(String number, Trie trie) {
2     ArrayList<String> results = new ArrayList<String>();
3     getValidWords(number, 0, "", trie.getRoot(), results);
4     return results;
5   }
6
7   void getValidWords(String number, int index, String prefix, TrieNode trieNode,
8                      ArrayList<String> results) {
9     /* 如果是完整单词则打印 */
10    if (index == number.length()) {
11      if (trieNode.terminates()) { // 完整单词
12        results.add(prefix);
13      }
14      return;
15    }
16
17    /* 获取匹配该位数字的字符 */
18    char digit = number.charAt(index);
19    char[] letters = getT9Chars(digit);
20
21    /* 遍历其余选项 */
22    if (letters != null) {
23      for (char letter : letters) {
24        TrieNode child = trieNode.getChild(letter);
25        /* 如果有单词以 prefix + letter 为开始则继续递归 */
26        if (child != null) {
27          getValidWords(number, index + 1, prefix + letter, child, results);
28        }
29      }
30    }
31  }
```

很难描述该算法的时间复杂度，这取决于你如何组织语言。但是，在实践中，这种"提前返回"的策略会使得程序运行得快很多。

3. 最优算法

无论你是否相信，我们确实可以使得该算法更快一些。需要做一些预处理操作，这并不是很难，反正最终都需要构造单词查找树。

该题要求列出 T9 键盘中一串数字可能代表的所有单词。与其动态地生成结果（遍历大量的潜在字符串，而其中许多字符串并不是该题的解），不如预先进行计算。

该算法由如下两个步骤构成。

- 预处理

(1) 构造一个散列表，将一串数字映射到一组字符串上。

(2) 遍历字典中的每个单词，并将这些单词转换为其 T9 形式的表达式（比如，APPLE -> 27753）。将每个结果都存于步骤(1)中的散列表中。例如，8733 会映射为{used, tree}。

- 单词查找

在散列表中查找给定数字并返回一组字符串。

只需如上步骤即可轻松解答此题！

```
1   /* 查询单词 */
2   ArrayList<String> getValidT9Words(String numbers,
3                                     HashMapList<String, String> dictionary) {
4     return dictionary.get(numbers);
5   }
6
7   /* 预计算 */
8
9   /* 创建一个散列表, 从一个数字映射到其代表的所有单词 */
10  HashMapList<String, String> initializeDictionary(String[] words) {
11    /* 创建一个散列表, 从一个字符映射到数值 */
12    HashMap<Character, Character> letterToNumberMap = createLetterToNumberMap();
13
14    /* 创建单词到数字的映射 */
15    HashMapList<String, String> wordsToNumbers = new HashMapList<String, String>();
16    for (String word : words) {
17      String numbers = convertToT9(word, letterToNumberMap);
18      wordsToNumbers.put(numbers, word);
19    }
20    return wordsToNumbers;
21  }
22
23  /* 将数字到字母的映射转化为字母到数字的映射 */
24  HashMap<Character, Character> createLetterToNumberMap() {
25    HashMap<Character, Character> letterToNumberMap =
26      new HashMap<Character, Character>();
27    for (int i = 0; i < t9Letters.length; i++) {
28      char[] letters = t9Letters[i];
29      if (letters != null) {
30        for (char letter : letters) {
31          char c = Character.forDigit(i, 10);
32          letterToNumberMap.put(letter, c);
33        }
34      }
35    }
36    return letterToNumberMap;
37  }
38
39  /* 将字符串转化为 T9 表示法 */
40  String convertToT9(String word, HashMap<Character, Character> letterToNumberMap) {
41    StringBuilder sb = new StringBuilder();
42    for (char c : word.toCharArray()) {
43      if (letterToNumberMap.containsKey(c)) {
44        char digit = letterToNumberMap.get(c);
45        sb.append(digit);
46      }
47    }
48    return sb.toString();
49  }
50
51  char[][] t9Letters = /* 同前 */
52
53  /* HashMapList 是从 String 到 ArrayList 的散列表。实现细节详见附录 A */
```

获得映射到一个数字的单词列表需要花费 $O(N)$ 的时间，其中 N 为数字的位数。在散列表查找值时花费的时间为 $O(N)$（我们需要将数字转换为散列表）。如果你可以确定单词的长度一定小于某个特定的值，那么也可以将运行时间描述为 $O(1)$。

请注意，你可能很容易就认为：“哦，线性时间复杂度也不是很快。”但是，快与慢取决于线性复杂度是相对于什么因素。相对于单词长度的线性复杂度是极其快速的，相对于字典大小的线性复杂度则没有那么快。

16.21 交换和。给定两个整数数组，请交换一对数值（每个数组中取一个数值），使得两个数组所有元素的和相等。

示例：

输入：{4, 1, 2, 1, 1, 2}和{3, 6, 3, 3}

输出：{1, 3}

题目解法

首先应该弄清该题目究竟在考查什么问题。

我们有两个数组以及这两个数组所有元素的和。尽管一开始给定的条件中或许没有数组元素的和，我们可以先假设有此信息。毕竟，计算数组所有元素的和只需要花费 $O(N)$ 的时间，而给出的算法肯定无法比 $O(N)$ 还快。因此，计算数组元素的和不会影响总体的运行时间。

当我们从数组 A 向数组 B 移动一个元素 a 时（正数），数组 A 的和（sumA）将会减少 a，而数组 B 的和（sumB）会增加 a。

我们需要找到两个值 a 和 b，由此得出如下式子。

sumA - a + b = sumB - b + a

经过简单的计算可以得出如下结果。

2a - 2b = sumA - sumB
a - b = (sumA - sumB) / 2

因此，实际上需要寻找两个差值为 (sumA - sumB)/2 的元素。

请注意，因为该差值必须是一个整数数字（毕竟，你要交换两个整数元素不可能有非整数差值），因此我们可以确定两个数组和的差值必须是偶数，否则无法找到一对数值进行交换。

1. 蛮力法

蛮力法相当简单，只需要对两个数组进行迭代并检查每对数值即可。

既可以简单地对两个数组新的和进行比较，也可以通过寻找具有上述目标差值的数对来完成该解法。

一种简单方法的实现代码如下所示。

```
1   int[] findSwapValues(int[] array1, int[] array2) {
2     int sum1 = sum(array1);
3     int sum2 = sum(array2);
4
5     for (int one : array1) {
6       for (int two : array2) {
7         int newSum1 = sum1 - one + two;
8         int newSum2 = sum2 - two + one;
9         if (newSum1 == newSum2) {
10          int[] values = {one, two};
11          return values;
12        }
```

```
13        }
14      }
15
16      return null;
17  }
```

寻找目标差值法的实现代码如下所示。

```
1   int[] findSwapValues(int[] array1, int[] array2) {
2       Integer target = getTarget(array1, array2);
3       if (target == null) return null;
4
5       for (int one : array1) {
6         for (int two : array2) {
7           if (one - two == target) {
8             int[] values = {one, two};
9             return values;
10          }
11        }
12      }
13
14      return null;
15  }
16
17  Integer getTarget(int[] array1, int[] array2) {
18      int sum1 = sum(array1);
19      int sum2 = sum(array2);
20
21      if ((sum1 - sum2) % 2 != 0) return null;
22      return (sum1 - sum2) / 2;
23  }
```

此处使用了 `Integer` 类（封装后的数据类）作为 `getTarget` 方法的返回类型，这便于区分出错用例。

该算法花费的时间为 $O(AB)$。

2. 优化算法

该算法可以简化为在数组中查找差值为给定值的一对数。带着这样的想法，让我们来重新审视一下蛮力法都包含哪些步骤。

在蛮力法中，首先对数组 A 进行循环。然后，对于数组 A 中的每一个元素，在数组 B 中寻找一个与其差值为目标值的元素。如果数组 A 中的元素是 5，目标差值为 3，那么我们要查找的元素则为 2。2 是满足目标的唯一值。

这也就是说，并不需要编写 `one - two == target` 这样的代码，而是要使用 `two == one - target` 这样的语句。如何才能快速在数组 B 中找到等于 `one - target` 的值呢？

可以使用散列表来快速完成该过程。只需要将数组 B 中的所有元素加入到散列表中即可。然后，对数组 A 进行迭代并在数组 B 中查找合适的元素。

```
1   int[] findSwapValues(int[] array1, int[] array2) {
2       Integer target = getTarget(array1, array2);
3       if (target == null) return null;
4       return findDifference(array1, array2, target);
5   }
6
7   /* 查找一对有特定差值的数 */
8   int[] findDifference(int[] array1, int[] array2, int target) {
9       HashSet<Integer> contents2 = getContents(array2);
```

```
10    for (int one : array1) {
11      int two = one - target;
12      if (contents2.contains(two)) {
13        int[] values = {one, two};
14        return values;
15      }
16    }
17
18    return null;
19  }
20
21  /* 将数组内容加入到散列表中 */
22  HashSet<Integer> getContents(int[] array) {
23    HashSet<Integer> set = new HashSet<Integer>();
24    for (int a : array) {
25      set.add(a);
26    }
27    return set;
28  }
```

该算法花费的时间为 $O(A + B)$。因为至少需要访问两个数组中的所有元素，该时间复杂度是最佳可能运行时间（best conceivable runtime, BCR）。

3. 另一种方法

如果数组是有序的，我们可以通过对其进行迭代以找到合适的一对数值。这种方法会占用较少的空间。

```
1   int[] findSwapValues(int[] array1, int[] array2) {
2     Integer target = getTarget(array1, array2);
3     if (target == null) return null;
4     return findDifference(array1, array2, target);
5   }
6
7   int[] findDifference(int[] array1, int[] array2, int target) {
8     int a = 0;
9     int b = 0;
10
11    while (a < array1.length && b < array2.length) {
12      int difference = array1[a] - array2[b];
13      /* 将 difference 与 target 比较。如果 difference 太小，
14       * 则将 a 移至较大的数；如果 difference 太大，
15       * 则将 b 移至较大的数。如果相等则返回此对数 */
16      if (difference == target) {
17        int[] values = {array1[a], array2[b]};
18        return values;
19      } else if (difference < target) {
20        a++;
21      } else {
22        b++;
23      }
24    }
25
26    return null;
27  }
```

该算法花费的时间为 $O(A + B)$，但是两个数组必须是有序数组。如果两个数组并非有序数组，我们仍然可以使用该方法，只是首先需要对其进行排序。在这样的情况下，程序的总体运行时间为 $O(A \log A + B \log B)$。

16.22　兰顿蚂蚁。一只蚂蚁坐在由白色和黑色方格构成的无限网格上。开始时，网格全白，蚂蚁面向右侧。每行走一步，蚂蚁执行以下操作。

(1) 如果在白色方格上，则翻转方格的颜色，向右（顺时针）转 90 度，并向前移动一个单位。

(2) 如果在黑色方格上，则翻转方格的颜色，向左（逆时针方向）转 90 度，并向前移动一个单位。

编写程序来模拟蚂蚁执行的前 K 个动作，并打印最终的网格。请注意，题目没有提供表示网格的数据结构，你需要自行设计。你编写的方法接受的唯一输入是 K，你应该打印最终的网格，不需要返回任何值。方法签名类似于 void printKMoves(int K)。

题目解法

乍一看，该题解法似乎非常简单，即构造网格，记录蚂蚁的位置和方向，反转单元格的颜色，转向，移动即可。有趣之处在于如何处理网格的无限性。

解法 1：固定数组

理论上，由于只进行前 K 步移动，其实可以得到网格的最大尺寸。在任意方向上，蚂蚁并不能超过 K 步的距离。构造一个宽为 $2K$ 且高为 $2K$ 的网格（将蚂蚁置于网格中央），即可满足题目的要求。

该方法存在的问题在于网格不能进行拓展。如果你移动了 K 步之后想要再移动 K 步，该方法就不可行了。

另外，该方法会占用大量的空间。在一个方向上，最大的高度很有可能达到 K 步的距离，但是蚂蚁有可能只在一个小的环状路线中转圈。你或许并不需要浪费那么多的空间。

解法 2：可变大小数组

另外一种思路是使用可变大小数组，如 Java 的 ArrayList 类。使用这类数据结构允许按需增加数组的尺寸，而且平均插入时间仍然保持为 $O(1)$。

问题在于该网格需要向两个方向增长，但是 ArrayList 类只提供一维数组的功能。另外，我们需要向"反方向"增加元素，而 ArrayList 类无法提供这样的功能。

然而可以使用类似的方法创建尺寸可变的网格。每当蚂蚁到达网格的边界时，我们将该方向的网格大小增加一倍。

向相反方向拓展的情况，该怎么处理呢？尽管理论上我们可以将反方向称为"负"方向，但是并不能通过负值索引来访问数组中的元素。

解决该问题的其中一种方法是，我们可以创建一些"伪索引"。假设蚂蚁位于坐标 $(-3, -10)$ 处，可以记录一个位移量以便将坐标转化为数组的索引。

其实，我们并不一定要这么做。蚂蚁的位置不需要为外界所知，也不需要始终保持一致（当然，除非面试官要求你这么做）。当蚂蚁进入到负值坐标区域后，只需要将数组的大小增加一倍，并将所有的单元格信息和蚂蚁移入正值坐标区域。本质上，我们对所有的索引值都进行了重新设定。

无论如何都要创建一个新的矩阵，因此，重新设定索引值并不会影响以 O 表示的时间复杂度。

```
1   public class Grid {
2     private boolean[][] grid;
3     private Ant ant = new Ant();
4
5     public Grid() {
6       grid = new boolean[1][1];
7     }
```

```
8
9     /* 将旧的值复制到新的数组中，对其行和列进行移位*/
10    private void copyWithShift(boolean[][] oldGrid, boolean[][] newGrid,
11                               int shiftRow, int shiftColumn) {
12      for (int r = 0; r < oldGrid.length; r++) {
13        for (int c = 0; c < oldGrid[0].length; c++) {
14          newGrid[r + shiftRow][c + shiftColumn] = oldGrid[r][c];
15        }
16      }
17    }
18
19    /* 确保给定的位置满足数组的大小。如果需要，则对方阵的大小进行翻倍。
20     * 复制旧的值并调整蚂蚁的位置 */
21    private void ensureFit(Position position) {
22      int shiftRow = 0;
23      int shiftColumn = 0;
24
25      /* 计算行的总数 */
26      int numRows = grid.length;
27      if (position.row < 0) {
28        shiftRow = numRows;
29        numRows *= 2;
30      } else if (position.row >= numRows) {
31        numRows *= 2;
32      }
33
34      /* 计算列的总数 */
35      int numColumns = grid[0].length;
36      if (position.column < 0) {
37        shiftColumn = numColumns;
38        numColumns *= 2;
39      } else if (position.column >= numColumns) {
40        numColumns *= 2;
41      }
42
43      /* 如果需要则扩展数组。同时移动蚂蚁的位置 */
44      if (numRows != grid.length || numColumns != grid[0].length) {
45        boolean[][] newGrid = new boolean[numRows][numColumns];
46        copyWithShift(grid, newGrid, shiftRow, shiftColumn);
47        ant.adjustPosition(shiftRow, shiftColumn);
48        grid = newGrid;
49      }
50    }
51
52    /* 变换单元格的颜色 */
53    private void flip(Position position) {
54      int row = position.row;
55      int column = position.column;
56      grid[row][column] = grid[row][column] ? false : true;
57    }
58
59    /* 移动蚂蚁 */
60    public void move() {
61      ant.turn(grid[ant.position.row][ant.position.column]);
62      flip(ant.position);
63      ant.move();
64      ensureFit(ant.position); // 扩展
65    }
66
67    /* 打印 */
68    public String toString() {
```

```
69      StringBuilder sb = new StringBuilder();
70      for (int r = 0; r < grid.length; r++) {
71        for (int c = 0; c < grid[0].length; c++) {
72          if (r == ant.position.row && c == ant.position.column) {
73            sb.append(ant.orientation);
74          } else if (grid[r][c]) {
75            sb.append("X");
76          } else {
77            sb.append("_");
78          }
79        }
80        sb.append("\n");
81      }
82      sb.append("Ant: " + ant.orientation + ". \n");
83      return sb.toString();
84    }
85  }
```

我们将与蚂蚁相关的所有代码放置在了一个单独的类中。这样做的一个好处在于，如果因为某些原因需要在题目中使用多只蚂蚁，该代码易于扩展以支持该功能。

```
1   public class Ant {
2     public Position position = new Position(0, 0);
3     public Orientation orientation = Orientation.right;
4
5     public void turn(boolean clockwise) {
6       orientation = orientation.getTurn(clockwise);
7     }
8
9     public void move() {
10      if (orientation == Orientation.left) {
11        position.column--;
12      } else if (orientation == Orientation.right) {
13        position.column++;
14      } else if (orientation == Orientation.up) {
15        position.row--;
16      } else if (orientation == Orientation.down) {
17        position.row++;
18      }
19    }
20
21    public void adjustPosition(int shiftRow, int shiftColumn) {
22      position.row += shiftRow;
23      position.column += shiftColumn;
24    }
25  }
```

我们同样定义了一个 Orientation 枚举类，它本身也包含一些实用的功能。

```
1   public enum Orientation {
2     left, up, right, down;
3
4     public Orientation getTurn(boolean clockwise) {
5       if (this == left) {
6         return clockwise ? up : down;
7       } else if (this == up) {
8         return clockwise ? right : left;
9       } else if (this == right) {
10        return clockwise ? down : up;
11      } else { // 向下
12        return clockwise ? left : right;
13      }
```

```
14      }
15
16      @Override
17      public String toString() {
18        if (this == left) {
19          return "\u2190";
20        } else if (this == up) {
21          return "\u2191";
22        } else if (this == right) {
23          return "\u2192";
24        } else { // 向下
25          return "\u2193";
26        }
27      }
28    }
```

我们还创建了一个简单的 Position 类，易于分开记录行和列的信息。

```
1     public class Position {
2       public int row;
3       public int column;
4
5       public Position(int row, int column) {
6         this.row = row;
7         this.column = column;
8       }
9     }
```

该方法可行，但是实际上要给出的解法没必要这么复杂。

解法 3：散列集合

尽管使用矩阵来表示网格似乎是显而易见的做法，但是不使用该表示方法实际上更简单。我们其实只需要一组白色方格及蚂蚁的位置与方向即可。

可以使用散列集合来存储白色方格。如果某个位置处于集合中，则表示该处方格为白色。否则，该处方格为黑色。

唯一棘手的问题是该如何打印网格。应该从哪里开始？又该在何处结束？

我们需要打印网格，因此，需要记录网格左上角和右下角的位置。每当移动蚂蚁时，都需要将蚂蚁的位置与左上角和右下角的位置进行对比，按需更新它们的值。

```
1     public class Board {
2       private HashSet<Position> whites = new HashSet<Position>();
3       private Ant ant = new Ant();
4       private Position topLeftCorner = new Position(0, 0);
5       private Position bottomRightCorner = new Position(0, 0);
6
7       public Board() { }
8
9       /* 移动蚂蚁 */
10      public void move() {
11        ant.turn(isWhite(ant.position)); // 转向
12        flip(ant.position); // 翻转颜色
13        ant.move(); // 移动
14        ensureFit(ant.position);
15      }
16
17      /* 反转单元格颜色 */
18      private void flip(Position position) {
19        if (whites.contains(position)) {
20          whites.remove(position);
```

```
21          } else {
22            whites.add(position.clone());
23          }
24        }
25
26        /* 跟踪左上角和右下角的位置并拓展表格 */
27        private void ensureFit(Position position) {
28          int row = position.row;
29          int column = position.column;
30
31          topLeftCorner.row = Math.min(topLeftCorner.row, row);
32          topLeftCorner.column = Math.min(topLeftCorner.column, column);
33
34          bottomRightCorner.row = Math.max(bottomRightCorner.row, row);
35          bottomRightCorner.column = Math.max(bottomRightCorner.column, column);
36        }
37
38        /* 检查单元格是否为白色 */
39        public boolean isWhite(Position p) {
40          return whites.contains(p);
41        }
42
43        /* 检查单元格是否为白色 */
44        public boolean isWhite(int row, int column) {
45          return whites.contains(new Position(row, column));
46        }
47
48        /* 打印 */
49        public String toString() {
50          StringBuilder sb = new StringBuilder();
51          int rowMin = topLeftCorner.row;
52          int rowMax = bottomRightCorner.row;
53          int colMin = topLeftCorner.column;
54          int colMax = bottomRightCorner.column;
55          for (int r = rowMin; r <= rowMax; r++) {
56            for (int c = colMin; c <= colMax; c++) {
57              if (r == ant.position.row && c == ant.position.column) {
58                sb.append(ant.orientation);
59              } else if (isWhite(r, c)) {
60                sb.append("X");
61              } else {
62                sb.append("_");
63              }
64            }
65            sb.append("\n");
66          }
67          sb.append("Ant: " + ant.orientation + ". \n");
68          return sb.toString();
69        }
```

Ant 类与 Orientation 类的实现与上述方法一致。

为了支持散列集合的功能，Position 类的实现稍作修改。位置将成为散列集合的键，因此，我们需要实现 hashCode() 方法。

```
1    public class Position {
2      public int row;
3      public int column;
4
5      public Position(int row, int column) {
6        this.row = row;
7        this.column = column;
```

```
8        }
9
10       @Override
11       public boolean equals(Object o) {
12         if (o instanceof Position) {
13           Position p = (Position) o;
14           return p.row == row && p.column == column;
15         }
16         return false;
17       }
18
19       @Override
20       public int hashCode() {
21         /* 散列函数有很多选择，此为一种 */
22         return (row * 31) ^ column;
23       }
24
25       public Position clone() {
26         return new Position(row, column);
27       }
28     }
```

该实现方法的优势在于，如果访问一个特定的单元格，行和列的标号将始终保持不变。

16.23　Rand5 与 Rand7。给定 rand5()，实现一个方法 rand7()，即给定一个生成 0 到 4（含 0 和 4）随机数的方法，编写一个生成 0 到 6（含 0 和 6）随机数的方法。

题目解法

这个函数要正确实现，则返回 0 到 6 之间的值，每个值的概率必须为 1/7。

1. 第一次尝试（调用次数固定）

第一次尝试时，我们可能会想产生出 0 到 9 之间的值，然后再除以 7 取余数。代码大致如下。

```
1    int rand7() {
2      int v = rand5() + rand5();
3      return v % 7;
4    }
```

可惜的是，上面的代码无法以相同的概率产生所有值。分析一下每次调用 rand5() 返回的结果与 rand7() 函数返回值的对应关系，就能确认这一点。

第一次调用	第二次调用	结　果		第一次调用	第二次调用	结　果
0	0	0		2	3	5
0	1	1		2	4	6
0	2	2		3	0	3
0	3	3		3	1	4
0	4	4		3	2	5
1	0	1		3	3	6
1	1	2		3	4	0
1	2	3		4	0	4
1	3	4		4	1	5
1	4	5		4	2	6
2	0	2		4	3	0
2	1	3		4	4	1
2	2	4				

10

因为每一行会调用两次 rand5()，每次调用返回不同值的概率为 1/5，所以，每一行出现的概率为 1/25。数一数每个数字出现的次数，就会发现这个 rand7() 函数以 5/25 的概率返回 4，而返回 0 的概率为 3/25，也就是说，这个函数与题目要求不符，返回各种结果的概率并非 1/7。

现在设想一下，若要修改上面的函数加上一条 if 语句，并修改常数乘数或再插入一个 rand5() 调用，同样会产生一张类似的表格，而每一行组合出现的概率将是 $1/5^k$，其中 k 为那一行调用 rand5() 的次数。不同行调用 rand5() 的次数可能不同。

最终，rand7() 函数返回结果的概率，比如 6，为所有结果为 6 的行的概率总和，也就是：

$$P(rand7() = 6) = 1/5^i + 1/5^j + ... + 1/5^m$$

为了保证函数正确实现，这个概率必须等于 1/7。但这又不可能，因为 5 和 7 互质，5 倒数的指数级数不可能得到 1/7。

难道此题无解吗？并非如此。严格地说，这意味着，rand5() 调用组合的结果若能得到 rand7() 的某个特定值，只要能列出来，该函数就不会返回均匀分布的结果。

我们还是有办法解出此题的，只不过必须使用 while 循环，另外请注意，我们无法确定返回一个结果要经过几次循环。

2. 第二次尝试（调用次数不定）

只要能使用 while 循环，工作就会变得简单许多。我们只需生出一个范围的数值，且每个数值出现的概率相同（且这个范围至少要有 7 个元素）。如果能做到这一点，就可以舍弃后面大于 7 的倍数的部分，然后将余下元素除以 7 取余数。由此将得到范围 0 到 6 的值，且每个值出现的概率相等。

下面的代码会通过 5 * rand5() + rand5() 产生范围 0 到 24。然后，舍弃 21 和 24 之间的数值，否则 rand7() 返回 0 到 3 的值就会偏多，最后除以 7 取余数，得到范围 0 到 6 的数值，每个值出现的概率相同。

注意，这种做法需要舍弃一些值，因此不确定返回一个值要调用几次 rand5()，这就是所谓的调用次数不定。

```
1   int rand7() {
2     while (true) {
3       int num = 5 * rand5() + rand5();
4       if (num < 21) {
5         return num % 7;
6       }
7     }
8   }
```

注意，执行 5 * rand5() + rand5() 正好只提供了一种方式来取得范围 0 到 24 之间的每个数值，这就确保了每个值出现的概率相同。

可以换个做法执行 2 * rand5() + rand5() 吗？不行，因为这些值不是均匀分布的。例如，取得 6 有两种方式（6 = 2×1 + 4 和 6 = 2×2 + 2），而取得 0（0 = 2×0 + 0）只有一种方式，在范围里的值出现概率不等。

还有一种做法就是使用 2 * rand5()，这样也能得到均匀分布的值，但要复杂得多。代码如下所示。

```
1   int rand7() {
2     while (true) {
3       int r1 = 2 * rand5(); /* 0 与 9 中间的偶数 */
4       int r2 = rand5(); /* 稍后用于产生 0 或 1  */
5       if (r2 != 4) { /* r2 包括多余的偶数；抛弃多余的偶数 */
```

```
6           int rand1 = r2 % 2; /* 产生 0 或 1 */
7           int num = r1 + rand1; /* 位于 0 至 9 之间 */
8           if (num < 7) {
9             return num;
10          }
11        }
12      }
13    }
```

事实上，我们可以使用的范围是无限的。关键在于确保该范围足够大，且范围内所有值出现的概率相同。

16.24   数对和。设计一个算法，找出数组中两数之和为指定值的所有整数对。

题目解法

此题有两种解法，至于哪一种"比较好"，取决于你在时间效率、空间效率和代码复杂度之间如何取舍。

首先从定义入手。如果要找一对总和为 z 的数，那么 x 的补数为 $z-x$（即与 x 相加得 z 的数）。举个例子，如果要找一对总和为 12 的数，那么，-5 的补数为 17。

1. 蛮力法

一种蛮力解法是对所有数对进行迭代，如果发现数对的和与目标和相等，则打印该数对。

```
1    ArrayList<Pair> printPairSums(int[] array, int sum) {
2      ArrayList<Pair> result = new ArrayList<Pair>();
3      for (int i = 0 ; i < array.length; i++) {
4        for (int j = i + 1; j < array.length; j++) {
5          if (array[i] + array[j] == sum) {
6            result.add(new Pair(array[i], array[j]));
7          }
8        }
9      }
10     return result;
11   }
```

如果数组中存在重复元素（比如{5, 6, 5}），该算法可能会将同一个数对和打印两次。你应该与面试官讨论一下这种情况。

2. 优化解法

可以通过散列表对前面的算法进行优化，散列表用于保存一个键及其所对应的"没有配对"数值的个数。我们从头至尾对数组进行扫描。对于每一个元素 x，需要检查数组中位于该元素位置之前的所有元素中，有多少没有配对的 x 的补数。如果数量至少为 1，则存在一个没有配对的 x 的补数，我们将这一对数字加入到结果中，并将散列表中 x 的补数对应的值减一，以便表示该元素已经进行了配对；如果数量为 0，则将散列表中 x 的值加一，以便表示该数字尚未配对。

```
1    ArrayList<Pair> printPairSums(int[] array, int sum) {
2      ArrayList<Pair> result = new ArrayList<Pair>();
3      HashMap<Integer, Integer> unpairedCount = new HashMap<Integer, Integer>();
4      for (int x : array) {
5        int complement = sum - x;
6        if (unpairedCount.getOrDefault(complement, 0) > 0) {
7          result.add(new Pair(x, complement));
8          adjustCounterBy(unpairedCount, complement, -1); // 减少 complement 变量的值
9        } else {
10         adjustCounterBy(unpairedCount, x, 1); // 增加计数
11       }
```

```
12    }
13    return result;
14  }
15
16  void adjustCounterBy(HashMap<Integer, Integer> counter, int key, int delta) {
17    counter.put(key, counter.getOrDefault(key, 0) + delta);
18  }
```

该算法会打印重复的结果，但是不会重复使用一个元素。该算法花费的时间为 $O(N)$，占用的空间也为 $O(N)$。

3. 另一种解法

另一种方法是：对数组进行排序，并在一次扫描中找到所有数对。假设有如下数组：

`{-2, -1, 0, 3, 5, 6, 7, 9, 13, 14}`

令 first 指向数组开头，last 指向数组结尾。要找出 first 的补数，就将 last 往回移动，直至找到补数。如果 first + last < sum，则数组中不存在 first 的补数，因此可以向前移动 first，等到 first 比 last 大时停止操作。

为什么这么做就能找出 first 的所有补数？因为这个数组是排好序的，而且我们是从最小的数字开始逐一尝试的。当 first 与 last 的总和小于 sum 时，可以确定就算继续尝试更小的数（像 last 那样往回移动）也找不到补数。

为什么这么做可以找出 last 的所有补数？因为所有数值对必定由 first 和 last 组成。找出 first 的所有补数，就等于找出了 last 的所有补数。

```
1   void printPairSums(int[] array, int sum) {
2     Arrays.sort(array);
3     int first = 0;
4     int last = array.length - 1;
5     while (first < last) {
6       int s = array[first] + array[last];
7       if (s == sum) {
8         System.out.println(array[first] + " " + array[last]);
9         first++;
10        last--;
11      } else {
12        if (s < sum) first++;
13       else last--;
14      }
15    }
16  }
```

该算法花费 $O(N \log N)$ 的时间进行排序，花费 $O(N)$ 的时间查找数对。

请注意，由于假定数组是无序的，如果以 O 表示时间复杂度，还有一种算法和该算法速度一样快。我们可以使用二分查找法查找每个元素的补数。若使用此方法，算法一共分为两步，每一步花费的时间都为 $O(N \log N)$。

16.25 LRU 缓存。设计和构建一个"最近最少使用"缓存，该缓存会删除最近最少使用的项目。缓存应该从键映射到值（允许插入和检索特定键对应的值），并在初始化时指定最大容量。当缓存被填满时，它应该删除最近最少使用的项目。

题目解法

首先应该定义该题目的范围。我们的目标究竟是什么？

❑ **插入一个键值对。**我们需要插入一个类似于(键, 值)的对。

- **通过键获取值**。我们需要能够使用键从缓存中获取值。
- **查找最近最少使用的元素**。我们需要知道最近最少使用的元素（并且有可能需要所有元素的使用顺序）。
- **更新最近使用的元素**。如果通过键从缓存中获取了某个值，需要更新使用顺序，使得该元素为最近使用的元素。
- **移除元素**。缓存需要设置最大容量，如果元素数目超过了最大容量，缓存应该移除最近最少使用的元素。

上面提到的(键, 值)对意味着我们可以使用散列表，使得通过键获取值的操作更为简单。

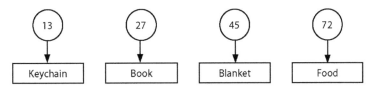

可惜，使用散列表，并不能快速移除最近使用的元素。我们可以在每一个元素上标记一个时间戳，并通过对散列表中所有元素的迭代，移除具有最小时间戳的元素。但是，该方法运行十分缓慢（插入操作花费的时间为 $O(N)$ ）。

取而代之的一种方法是，我们可以使用链表这种数据结构，其中链表的元素按照最近使用顺序进行排序。这样做便于标记最近使用的元素（即将元素插入到链表头部）或移除最近最少使用的元素（即从链表尾部删除元素）。

可惜，该方法无法快速使用键获取对应的值。我们可以对链表进行迭代，并通过键查找对应的元素，可是这样做会非常缓慢（获取元素花费的时间为 $O(N)$ ）。

上面的每一种方法都很好地解决了一半问题（两个方法解决了不同的两个部分），但是都没有完全解答该题目。

我们是否可以使用两种方法的精髓之处呢？当然可以。我们可以同时使用两种方法。

对于上面例子中描述的链表，我们现在使用双向链表进行存储。这样一来就便于从链表中间移除元素了。而对于前面提到的散列表，我们现在使用链表中的节点（而不是直接使用键值对中的值）作为散列表的值。

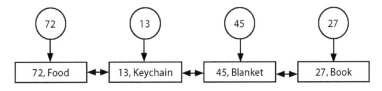

至此，该算法如下所示。

- **插入一个键值对**。创建一个由键值对组成的链表。对于插入的键值对，将其加入到链表的头部，同时将键->链表节点的映射加入到散列表中。
- **通过键获取值**。在散列表中查找给定的键，并返回其对应的值。同时，更新最近使用的元素（具体方法见下面代码）。
- **查找最近最少使用的元素**。最近最少使用的元素位于链表的尾部。
- **更新最近使用的元素**。将对应的节点移动到链表的头部。此时无须更新散列表。

❑ **移除元素**。移除链表尾部的元素。从被移除的节点中获取键，并将该键对应的映射从散列表中移除。

下面的代码实现了本题中使用的类和算法。

```
1   public class Cache {
2     private int maxCacheSize;
3     private HashMap<Integer, LinkedListNode> map =
4       new HashMap<Integer, LinkedListNode>();
5     private LinkedListNode listHead = null;
6     public LinkedListNode listTail = null;
7
8     public Cache(int maxSize) {
9       maxCacheSize = maxSize;
10    }
11
12    /* 获得键对应的值并标记最近使用过 */
13    public String getValue(int key) {
14      LinkedListNode item = map.get(key);
15      if (item == null) return null;
16
17      /* 移动到链表前端并标记最近使用过 */
18      if (item != listHead) {
19        removeFromLinkedList(item);
20        insertAtFrontOfLinkedList(item);
21      }
22      return item.value;
23    }
24
25    /* 从链表中移除节点 */
26    private void removeFromLinkedList(LinkedListNode node) {
27      if (node == null) return;
28
29      if (node.prev != null) node.prev.next = node.next;
30      if (node.next != null) node.next.prev = node.prev;
31      if (node == listTail) listTail = node.prev;
32      if (node == listHead) listHead = node.next;
33    }
34
35    /* 插入到链表前端 */
36    private void insertAtFrontOfLinkedList(LinkedListNode node) {
37      if (listHead == null) {
38        listHead = node;
39        listTail = node;
40      } else {
41        listHead.prev = node;
42        node.next = listHead;
43        listHead = node;
44      }
45    }
46
47    /* 将键值对从缓存中移除，即从链表和散列表中移除 */
48    public boolean removeKey(int key) {
49      LinkedListNode node = map.get(key);
50      removeFromLinkedList(node);
51      map.remove(key);
52      return true;
53    }
54
55    /* 将键值对插入到缓存中。如果需要则删除旧的值。
56     * 将键值对插入到链表和散列表中 */
```

```
57      public void setKeyValue(int key, String value) {
58        /* 如果已经存在则删除 */
59        removeKey(key);
60
61        /* 如果超过限制，则删除最久没有使用的 */
62        if (map.size() >= maxCacheSize && listTail != null) {
63          removeKey(listTail.key);
64        }
65
66        /* 插入新节点 */
67        LinkedListNode node = new LinkedListNode(key, value);
68        insertAtFrontOfLinkedList(node);
69          map.put(key, node);
70      }
71
72      private static class LinkedListNode {
73        private LinkedListNode next, prev;
74        public int key;
75        public String value;
76        public LinkedListNode(int k, String v) {
77          key = k;
78          value = v;
79        }
80      }
81  }
```

请注意，我们选择将 LinkedListNode 类作为 Cache 类的内部类。这是因为其他类都不需要访问该类，且该类应该只存在于 Cache 类的定义范围之内。

16.26　计算器。 给定一个包含正整数、加（+）、减（−）、乘（×）、除（/）的算数表达式（括号除外），计算其结果。

示例：

　　输入：2 * 3 + 5/6 * 3 + 15
　　输出：23.5

题目解法

我们应该认识到的第一个显而易见的事实是，从左向右依次计算每个运算符是不可行的。乘法和除法是"更高优先级"的运算，因此它们必须在加法之前发生。

例如，如果你得到一个简单的表达式：$3 + 6 \times 2$，则必须首先执行乘法，然后再执行加法。如果你只是从左到右地处理这个方程，那么最终会得到不正确的结果 18，而不是正确的结果 15。我相信你一定知道这些道理，但是确实有必要事先强调一下。

解法 1

我们仍然可以从左到右处理该方程，只需要在处理时更加智能化一些。乘法和除法需要组合在一起，以便每当我们发现这些运算时，立即对其周围的变量进行计算。

例如，假设我们有如下的表达式：

2 - 6 - 7 * 8/2 + 5

你可以立即计算 $2-6$ 并将其存储到结果变量中。但是，当发现 $7 \times$（某表达式）时，知道需要先完全处理该表达式，再将计算结果加入到结果变量中。

可以通过从左到右依次读取表达式并维护两个变量的方法做到这一点。

10

❑ 第一个变量是 processing，它维护当前各项的结果（运算符与值）。在加法和减法的情况下，只需保存当前的各项即可。在乘法和除法的情况下，则需要保存完整的表达式序列（直到发现下一个加法或减法）。

❑ 第二个变量是 result。如果下一项是加法或减法（或者没有下一项），则 processing 会被加入到 result 中。

在上面的例子中，我们将执行以下操作。

(1) 读取+2。将其加入到 processing 变量中。将 processing 变量加入到 result 变量中。清空 processing 变量。

```
processing = {+, 2} --> null
result = 0          --> 2
```

(2) 读取−6。将其加入到 processing 变量中。将 processing 变量加入到 result 变量中。清空 processing 变量。

```
processing = {-, 6} --> null
result = 2          --> -4
```

(3) 读取−7。将其加入到 processing 变量中。发现下一个运算符为 ×。继续处理。

```
processing = {-, 7}
result = -4
```

(4) 读取 ×8。将其加入到 processing 变量中。发现下一个运算符为/。继续处理。

```
processing = {-, 56}
result = -4
```

(5) 读取/2。将其加入到 processing 变量中。发现下一个运算符为+，该运算符会终止当前的乘法与除法表达式。将 processing 变量加入到 result 变量中。清空 processing 变量。

```
processing = {-, 28} --> null
result = -4           --> -32
```

(6) 读取+5。将其加入到 processing 变量中。将 processing 变量加入到 result 变量中。清空 processing 变量。

```
processing = {+, 5} --> null
result = -32         --> -27
```

下面的代码实现了该算法：

```
1   /* 计算四则运算的结果，即从左至右读取内容并计算结果。
2    * 当发现乘除法时，我们应使用一个临时变量 */
3   double compute(String sequence) {
4     ArrayList<Term> terms = Term.parseTermSequence(sequence);
5     if (terms == null) return Integer.MIN_VALUE;
6
7     double result = 0;
8     Term processing = null;
9     for (int i = 0; i < terms.size(); i++) {
10      Term current = terms.get(i);
11      Term next = i + 1 < terms.size() ? terms.get(i + 1) : null;
12
13      /* 将当前项应用于 processing */
14      processing = collapseTerm(processing, current);
15
16      /* 如果下一项是加减法，则此组计算已完成。
17       * 我们应将 processing 结果添加到 result 中 */
```

```
18      if (next == null || next.getOperator() == Operator.ADD
19        || next.getOperator() == Operator.SUBTRACT) {
20        result = applyOp(result, processing.getOperator(), processing.getNumber());
21        processing = null;
22      }
23    }
24
25    return result;
26  }
27
28  /* 使用第二项的运算符和每一项的数字合并项 */
29  Term collapseTerm(Term primary, Term secondary) {
30    if (primary == null) return secondary;
31    if (secondary == null) return primary;
32
33    double value = applyOp(primary.getNumber(), secondary.getOperator(),
34                  secondary.getNumber());
35    primary.setNumber(value);
36    return primary;
37  }
38
39  double applyOp(double left, Operator op, double right) {
40    if (op == Operator.ADD) return left + right;
41    else if (op == Operator.SUBTRACT) return left - right;
42    else if (op == Operator.MULTIPLY) return left * right;
43    else if (op == Operator.DIVIDE) return left / right;
44    else return right;
45  }
46
47  public class Term {
48    public enum Operator {
49      ADD, SUBTRACT, MULTIPLY, DIVIDE, BLANK
50    }
51
52    private double value;
53    private Operator operator = Operator.BLANK;
54
55    public Term(double v, Operator op) {
56      value = v;
57      operator = op;
58    }
59
60    public double getNumber() { return value; }
61    public Operator getOperator() { return operator; }
62    public void setNumber(double v) { value = v; }
63
64    /* 将四则运算解析为一组项(Term)。例如，3-5*6 被解析为
65     * [{BLANK,3}, {SUBTRACT, 5}, {MULTIPLY, 6}]。
66     * 如果发现非法格式则返回 null */
67    public static ArrayList<Term> parseTermSequence(String sequence) {
68      /* 代码详见下载附件 */
69    }
70  }
```

该算法花费的时间为 $O(N)$，其中 N 为原始字符串的长度。

解法 2

我们也可以通过两个栈的方法解决该问题：一个数字栈与一个运算符栈。

2 - 6 - 7 * 8 / 2 + 5

处理方式如下。

❑ 每当发现一个数字，就将其加入到 numberStack 栈中。

❑ 只要运算符的优先级高于当前运算符栈顶部元素的优先级，就将其加入到 operatorStack 栈中。如果表达式 priority(currentOperator) <= priority(operatorStack.top()) 成立，我们则按以下方法"折叠"栈顶元素。

  ■ 折叠操作：将 numberStack 栈顶的两个元素取出，同时将 operatorStack 栈顶元素取出，并将计算结果加入到 numberStack 栈中。

  ■ 优先级：加法与减法具有相同的优先级，同时它们的优先级要小于乘法与除法（乘法与除法优先级相同）。

不断重复该折叠操作直至上述的表达式不再成立。届时，将 currentOperator 加入到 operatorStack 栈中。

❑ 最后，对栈执行折叠操作。

来看一个例子：2 - 6 - 7 * 8 / 2 + 5。

	action	numberStack	operatorStack
2	numberStack.push(2)	2	[empty]
-	operatorStack.push(-)	2	-
6	numberStack.push(6)	6, 2	-
-	collapseStacks [2 - 6] operatorStack.push(-)	-4 -4	[empty] -
7	numberStack.push(7)	7, -4	-
*	operatorStack.push(*)	7, -4	*, -
8	numberStack.push(8)	8, 7, -4	*, -
/	collapseStack [7 * 8] numberStack.push(/)	56, -4 56, -4	- /, -
2	numberStack.push(2)	2, 56, -4	/, -
+	collapseStack [56 / 2] collapseStack [-4 - 28] operatorStack.push(+)	28, -4 -32 -32	- [empty] +
5	numberStack.push(5)	5, -32	+
	collapseStack [-32 + 5]	-27	[empty]
	return -27		

下面的代码实现了该算法。

```
1   public enum Operator {
2     ADD, SUBTRACT, MULTIPLY, DIVIDE, BLANK
3   }
4
5   double compute(String sequence) {
6     Stack<Double> numberStack = new Stack<Double>();
7     Stack<Operator> operatorStack = new Stack<Operator>();
8
9     for (int i = 0; i < sequence.length(); i++) {
10      try {
11        /* 获取数字并压栈 */
12        int value = parseNextNumber(sequence, i);
13        numberStack.push((double) value);
14
15        /* 下一运算符 */
```

```
16          i += Integer.toString(value).length();
17          if (i >= sequence.length()) {
18            break;
19          }
20
21          /* 获取运算符，按需进行合并，压栈 */
22          Operator op = parseNextOperator(sequence, i);
23          collapseTop(op, numberStack, operatorStack);
24          operatorStack.push(op);
25        } catch (NumberFormatException ex) {
26          return Integer.MIN_VALUE;
27        }
28      }
29
30      /* 最后一次合并项 */
31      collapseTop(Operator.BLANK, numberStack, operatorStack);
32      if (numberStack.size() == 1 && operatorStack.size() == 0) {
33        return numberStack.pop();
34      }
35      return 0;
36  }
37
38  /* 不断合并顶部项直至 priority(futureTop) > priority(top)。
39   * 合并项即将两个数字和一个运算符出栈，并将结果压入到数栈*/
40  void collapseTop(Operator futureTop, Stack<Double> numberStack,
41                   Stack<Operator> operatorStack) {
42    while (operatorStack.size() >= 1 && numberStack.size() >= 2) {
43      if (priorityOfOperator(futureTop) <=
44           priorityOfOperator(operatorStack.peek())) {
45        double second = numberStack.pop();
46        double first = numberStack.pop();
47        Operator op = operatorStack.pop();
48        double collapsed = applyOp(first, op, second);
49        numberStack.push(collapsed);
50      } else {
51        break;
52      }
53    }
54  }
55
56  /*返回运算符的优先级，即加法 == 减法 < 乘法 == 除法 */
57  int priorityOfOperator(Operator op) {
58    switch (op) {
59        case ADD: return 1;
60        case SUBTRACT: return 1;
61        case MULTIPLY: return 2;
62        case DIVIDE: return 2;
63        case BLANK: return 0;
64    }
65    return 0;
66  }
67
68  /* 对运算符进行计算: left [op] right */
69  double applyOp(double left, Operator op, double right) {
70    if (op == Operator.ADD) return left + right;
71    else if (op == Operator.SUBTRACT) return left - right;
72    else if (op == Operator.MULTIPLY) return left * right;
73    else if (op == Operator.DIVIDE) return left / right;
74    else return right;
75  }
76
```

10

```
77    /* 返回指定位移处的数字 */
78    int parseNextNumber(String seq, int offset) {
79      StringBuilder sb = new StringBuilder();
80      while (offset < seq.length() && Character.isDigit(seq.charAt(offset))) {
81        sb.append(seq.charAt(offset));
82        offset++;
83      }
84      return Integer.parseInt(sb.toString());
85    }
86
87    /* 返回指定位移处的运算符 */
88    Operator parseNextOperator(String sequence, int offset) {
89      if (offset < sequence.length()) {
90        char op = sequence.charAt(offset);
91        switch(op) {
92          case '+': return Operator.ADD;
93          case '-': return Operator.SUBTRACT;
94          case '*': return Operator.MULTIPLY;
95          case '/': return Operator.DIVIDE;
96        }
97      }
98      return Operator.BLANK;
99    }
```

该算法花费的时间为 $O(N)$，其中 N 为原始字符串的长度。

这个解决方案涉及很多恼人的字符串解析代码。请记住，在面试中编写出所有这些代码细节并没有那么重要。事实上，面试官甚至可能会让你假设表达式在传入时已经被提前解析为某种数据结构。

从一开始就请注意使代码模块化，并将代码中单调乏味或不太有趣的部分"外包"到其他函数中。你应该专心完成算法的核心计算功能，而其余的细节可以等有时间再来实现。

10.17　高难度题

17.1　不用加号的加法。设计一个函数把两个数字相加。不得使用 + 或者其他算术运算符。

题目解法

遇到这类问题，第一反应是我们需要跟比特位打交道，八九不离十。何出此言？原因很简单，连加号（+）都不能用了，还有其他选择吗？再说了，计算机在计算时就是跟比特位打交道的。

接下来，我们应该着眼于深刻理解加法是怎么运作的。我们可以过一遍加法问题，看看自己能否悟出新东西，如某种模式，然后试试能否用代码来实现。

闲话少说，下面就来探讨一个加法问题，并以十进制运算，这样更容易理解。

要做 759 + 674 加法运算，通常会将每个数字的个位数（digit[0]）相加、进位，然后将每个数字的十位数（digit[1]）相加、进位，以此类推。二进制加法也可以采取同样的做法：各位数相加，必要时进位。

有没有办法让程序简单一些呢？当然有！设想一下，把"相加"和"进位"等步骤分开，也就是说，像下面这么做。

(1) 将 759 和 674 相加，但"忘了"进位，得到 323。

(2) 将 759 和 674 相加，但只进位，不会将各位数加在一起，得到 1110。

(3) 将前面两步操作的结果加起来，递归执行步骤(1)和步骤(2)描述的过程：1110 + 323 = 1433。

那么，对于二进制，该怎么做？

(1) 若将两个二进制数加在一起，但忘记进位，只要 a 和 b 的 i 位相同（皆为 0 或皆为 1），总和的 i 位就为 0。这本质上就是异或操作（XOR）。

(2) 若将两个数字加在一起，但只进位，只要 a 和 b 的 $i-1$ 位皆为 1，总和的 i 位就为 1。这实质上就是位与（AND）加上移位操作。

(3) 接着，递归执行步骤(1)和步骤(2)，直至没有进位为止。

下面是该算法的实现代码。

```
1   int add(int a, int b) {
2     if (b == 0) return a;
3     int sum = a ^ b; // 两数相加，不进位
4     int carry = (a & b) << 1; // 进位，但不对两数相加
5     return add(sum, carry); // 以 sum 和 carry 为参数进行递归
6   }
```

你也可以通过递推方式实现该算法。

```
1   int add(int a, int b) {
2     while (b != 0) {
3       int sum = a ^ b; // 两数相加，不进位
4       int carry = (a & b) << 1; // 进位，但不对两数相加
5       a = sum;
6       b = carry;
7     }
8     return a;
9   }
```

要求我们实现基本算术运算（比如加法和减法）的问题比较常见。解决这些问题的关键在于深入挖掘这些运算通常是怎么实现的，这样就可根据给定问题的限制条件重新实现相关运算。

17.2 洗牌。 设计一个用来洗牌的函数。要求做到完美洗牌，也就是说，这副牌 52! 种排列组合出现的概率相同。假设给定一个完美的随机数发生器。

题目解法

这是一个非常有名的面试题，也是众所周知的算法。如果你恰巧对该算法一无所知，那么请继续读下去吧。

让我们想象一下 n 元数组，假设它如下所示。

[1] [2] [3] [4] [5]

使用简单构造法，我们可以问自己这样一个问题：假设有一个处理 $n-1$ 张牌的方法 shuffle(...)，我们可以用这个来洗 n 张牌吗？

当然可以。事实上，这很简单。我们先洗前 $n-1$ 张牌，然后取第 n 张牌，再将它与数组中的一张牌随机交换。就是这样操作。

这个算法递归实现方法如下。

```
1   /* lower 和 higher（含）之间的随机数 */
2   int rand(int lower, int higher) {
3     return lower + (int)(Math.random() * (higher - lower + 1));
4   }
5
6   int[] shuffleArrayRecursively(int[] cards, int i) {
7     if (i == 0) return cards;
8
9     shuffleArrayRecursively(cards, i - 1); // 打乱先前部分的次数
```

```
10      int k = rand(0, i); // 随机挑选索引进行交换
11
12      /* 交换元素 k 和 i */
13      int temp = cards[k];
14      cards[k] = cards[i];
15      cards[i] = temp;
16
17      /* 返回元素次序被打乱的数组 */
18      return cards;
19  }
```

这个算法若用迭代法实现，该怎么做呢？让我们思考一下。所要做的是，在数组中进行迭代，对于每个元素 i，将 array[i] 与 0 和 i 之间的一个随机元素进行交换。

迭代实现方法实际上是一种非常干净的算法，如下所示。

```
1   void shuffleArrayIteratively(int[] cards) {
2     for (int i = 0; i < cards.length; i++) {
3       int k = rand(0, i);
4       int temp = cards[k];
5       cards[k] = cards[i];
6       cards[i] = temp;
7     }
8   }
```

通常，我们看到这个算法是通过迭代法实现的。

17.3 随机集合。编写一个方法，从大小为 n 的数组中随机选出 m 个整数。要求每个元素被选中的概率相同。

题目解法

就像上一个问题一样，我们可以使用简单构造法来递归地解决该问题。

假设我们有一个算法可以从大小为 $n-1$ 的数组中随机抽取 m 个元素，那么如何使用这个算法从一个大小为 n 的数组中随机抽取 m 个元素呢？

我们可以先从前 $n-1$ 个元素中随机抽取一个大小为 m 的集合。然后，只需要确定是否应该将 array[n] 插入到子集中（该过程需要从子集中抽取一个随机元素）。一种简单的方法就是从 0 到 n 中随机选取数字 k，如果 $k<m$，那么将 array[n] 插入到 subset[k] 中。对于将 array[n] 以一定的概率插入子集中，或者适当从子集中删除一个随机元素，这样做都是可取的。

该递归算法的伪代码如下所示。

```
1   int[] pickMRecursively(int[] original, int m, int i) {
2     if (i + 1 == m) { // 终止条件
3       /* 返回 original 数组的前 m 个元素 */
4     } else if (i + 1 > m) {
5       int[] subset = pickMRecursively(original, m, i - 1);
6       int k = random value between 0 and i, inclusive
7       if (k < m) {
8         subset[k] = original[i];
9       }
10      return subset;
11    }
12    return null;
13  }
```

用迭代法写代码会更简洁。对于此方法，我们初始化一个 subset 数组作为 original 的前 m 个元素。然后从元素 m 开始遍历数组，每当 $k<m$ 时，就将 array[i] 随机插入到 subset 的位置 k。

```
1   int[] pickMIteratively(int[] original, int m) {
2     int[] subset = new int[m];
3
4     /* 用 original 数组的前 m 个元素填入 subset */
5     for (int i = 0; i < m ; i++) {
6       subset[i] = original[i];
7     }
8
9     /* 访问 original 数组的剩余元素 */
10    for (int i = m; i < original.length; i++) {
11      int k = rand(0, i); // 取得 0 到 i (含) 之间的随机数
12      if (k < m) {
13        subset[k] = original[i];
14      }
15    }
16
17    return subset;
18  }
```

这两种解法无疑都与对数组进行洗牌操作的算法大同小异。

17.4　消失的数字。 数组 A 包含从 0 到 n 的所有整数，但其中缺了一个。在这个问题中，只用一次操作无法取得数组 A 里某个整数的完整内容。此外，数组 A 的元素皆以二进制表示，唯一可用的访问操作是"从 A[i] 中取出第 j 位数据"，该操作的时间复杂度为常量。请编写代码找出那个缺失的整数。你有办法在 $O(n)$ 时间内完成吗？

题目解法

你可能见过一个类似的问题：给定一个从 0 到 n 的数字列表，其中只有一个数字被删除，请找到缺失的数字。解决这个问题，可以简单地将数字列表中所有数字相加，并将其与 0 到 n 的和（即 $n(n+1)/2$）进行比较，差值即为缺失的数字。

此题中，我们可以通过基于它的二进制表示计算每个数字的值，并最终计算所有数字之和。

这个解法的时间复杂度是 $n \times \text{length}(n)$，其中 length 是 n 比特位的数目。请注意 $\text{length}(n) = \log_2(n)$。所以，运行时间实际上为 $O(n \log(n))$。这并不是很好的解法。

那么我们还能如何应对呢？

我们实际上可以使用类似的方法，但更直接地利用位的值。

画一个二进制数的列表（其中-----表示被删除的值）。

```
00000      00100      01000      01100
00001      00101      01001      01101
00010      00110      01010
-----      00111      01011
```

去掉上面的数字会造成最低有效位 1 和 0 的不平衡，这一位我们称之为 LSB_1。在从 0 到 n 的一组数字中，如果 n 是奇数，我们期望 0 和 1 的数目是相同的；如果 n 是偶数，我们则期望 0 比 1 多一个，即如下所示。

```
if n % 2 == 1 then count(0s) = count(1s)
if n % 2 == 0 then count(0s) = 1 + count(1s)
```

注意，这意味着 count(0s) 总是大于或等于 count(1s)。

从列表中移除一个值 v 时，通过查看其他所有数字的最低有效位，我们马上就会知道 v 是偶数还是奇数。

	n % 2 == 0 count(0s) = 1 + count(1s)	n % 2 == 1 count(0s) = count(1s)
v % 2 == 0 $LSB_1(v)$ = 0	a 0 is removed. count(0s) = count(1s)	a 0 is removed. count(0s) < count(1s)
v % 2 == 1 $LSB_1(v)$ = 1	a 1 is removed. count(0s) > count(1s)	a 1 is removed. count(0s) > count(1s)

所以，如果 count(0s) <= count(1s)，那么 v 就是偶数。如果 count(0s) > count(1s)，v 则是奇数。

至此，我们可以移除所有的偶数，重点关注奇数，抑或移除所有的奇数，而重点关注偶数。

好的，但是怎么算出 v 中的下一位呢？如果 v 包含在（现在更小的）列表中，那么我们由此会得出如下结论（其中 $count_2$ 表示第二最低有效位中 0 或 1 的数目）。

$$count_2(0s) = count_2(1s) \quad OR \quad count_2(0s) = 1 + count_2(1s)$$

和前面的例子一样，我们可以推导出 v 的第二最低有效位（LSB_2）的值。

	$count_2(0s)$ = 1 + $count_2(1s)$	$count_2(0s)$ = $count_2(1s)$
$LSB_2(v)$ == 0	a 0 is removed. $count_2(0s)$ = $count_2(1s)$	a 0 is removed. $count_2(0s)$ < $count_2(1s)$
$LSB_2(v)$ == 1	a 1 is removed. $count_2(0s)$ > $count_2(1s)$	a 1 is removed. $count_2(0s)$ > $count_2(1s)$

同样，我们可以得出如下结论。

❑ 如果 $count_2(0s)$ <= $count_2(1s)$，那么 $LSB_2(v)$ = 0。

❑ 如果 $count_2(0s)$ > $count_2(1s)$，那么 $LSB_2(v)$ = 1。

可以对每位重复此过程。在每次迭代中，对第 i 位上 0 和 1 的数量进行计数，以检查 $LSB_i(v)$ 的值是 0 还是 1。然后，当 $LSB_i(x)$! = $LSB_i(v)$ 时，丢弃该数字，也就是说，如果 v 是偶数，我们就丢弃奇数，以此类推。

在这个过程结束的时候，能计算出所有的位。在后续的迭代中，依次查看 n、n/2、n/4 位，以此类推。这将导致 O(N) 的时间复杂度。

我们也可以更直观地观察该过程，这样做或许会有所助益。在第一次迭代中，我们从以下所有的数字开始。

```
00000      00100      01000      01100
00001      00101      01001      01101
00010      00110      01010
-----      00111      01011
```

由于 $count_1(0s)$ > $count_1(1s)$，因此我们知道 $LSB_1(v)$ = 1。现在，丢弃所有满足条件 $LSB_1(x)$! = $LSB_1(v)$ 的 x。

```
00000      00100      01000      01100
00001      00101      01001      01101
00010      00110      01010
-----      00111      01011
```

至此，$count_2(0s)$ > $count_2(1s)$，所以可知 $LSB_2(v)$ = 1。现在，丢弃所有满足条件 LSB2(x) ! = $LSB_2(v)$ 的 x。

```
00000      00100      01000      01100
00001      00101      01001      01101
00010      00110      01010
-----      00111      01011
```

这一次，$count_3(0s)$ <= $count_3(1s)$，我们知道 $LSB_3(v)$ = 0。现在，丢弃所有满足条件 $LSB_3(x)$! = $LSB_3(v)$的 x。

~~00000~~	~~00100~~	~~01000~~	~~01100~~
~~00001~~	~~00101~~	~~01001~~	~~01101~~
~~00010~~	~~00110~~	~~01010~~	
-----	~~00111~~	01011	

只剩一个数字了。在这种情况下，$count_4(0s)$ <= $count_4(1s)$，所以 $LSB_4(v)$ = 0。

当丢弃满足条件 $LSB_4(x)$! = 0 的所有数字时，我们将得到一个空列表。一旦列表为空，那么 $count_i(0s)$ <= $count_i(1s)$，即 $LSB_i(v)$ = 0。换句话说，一旦得到一个空的列表，就可以用 0 来填充 v 的剩余位。

对于上面的例子，这个过程将会得出计算结果 v = 00011。

下面的代码实现了该算法。通过将数组按位的值进行分割，我们已经实现了丢弃数字的过程。

```
1   int findMissing(ArrayList<BitInteger> array) {
2     /* 从最低有效低位开始一直向上计算 */
3     return findMissing(array, 0);
4   }
5
6   int findMissing(ArrayList<BitInteger> input, int column) {
7     if (column >= BitInteger.INTEGER_SIZE) { // 完成
8       return 0;
9     }
10    ArrayList<BitInteger> oneBits = new ArrayList<BitInteger>(input.size()/2);
11    ArrayList<BitInteger> zeroBits = new ArrayList<BitInteger>(input.size()/2);
12
13    for (BitInteger t : input) {
14      if (t.fetch(column) == 0) {
15        zeroBits.add(t);
16      } else {
17        oneBits.add(t);
18      }
19    }
20    if (zeroBits.size() <= oneBits.size()) {
21      int v = findMissing(zeroBits, column + 1);
22      return (v << 1) | 0;
23    } else {
24      int v = findMissing(oneBits, column + 1);
25      return (v << 1) | 1;
26    }
27  }
```

在第 24 行和第 27 行，我们递归地计算了 v 的其他位。然后根据是否满足 $count_1(0s)$ <= $count_1(1s)$，插入 0 或 1。

17.5　字母与数字。 给定一个放有字符和数字的数组，找到最长的子数组，且包含的字符和数字的个数相同。

题目解法

在前言中，我们讨论了创建一个极好且通用样例的重要性。这绝对是真的。不过，理解一道题中最关键之处同样十分重要。

在该题目中，我们只需要相同数量的字母和数字。所有的字母都是相同的，所有的数字都是相同的。因此，我们可以使用一个由单一字母和单一数字构成的例子，比如 A 和 B，0 和 1，或者 Thing1 和 Thing2。

说到这里，让我们先看一个例子。

[A, B, A, A, A, B, B, B, A, B, A, A, B, B, A, A, A, A, A, A]

需要寻找最长的子数组（subarray），使其满足 count(A, subarray) = count(B, subarray)。

1. 蛮力法

可以从最明显的解决方案着手。只需遍历所有子数组，计算 A 和 B（或字母和数字）的数量，找出最长的一个即可。

我们可以对此稍作优化。从最长的子数组开始，只要找到符合条件的子数组，就返回它。

```
1   /* 返回具有相同数目0和1的最大子数组。从最长子数组逐个检查。
2    * 发现子数组具有相同数目的0和1则返回 */
3   char[] findLongestSubarray(char[] array) {
4     for (int len = array.length; len > 1; len--) {
5       for (int i = 0; i <= array.length - len; i++) {
6         if (hasEqualLettersNumbers(array, i, i + len - 1)) {
7           return extractSubarray(array, i, i + len - 1);
8         }
9       }
10    }
11    return null;
12  }
13
14  /* 检查子数组是否具有相同数量的字母和数字 */
15  boolean hasEqualLettersNumbers(char[] array, int start, int end) {
16    int counter = 0;
17    for (int i = start; i <= end; i++) {
18      if (Character.isLetter(array[i])) {
19        counter++;
20      } else if (Character.isDigit(array[i])) {
21        counter--;
22      }
23    }
24    return counter == 0;
25  }
26
27  /* 返回 start 和 end 之间的子数组 */
28  char[] extractSubarray(char[] array, int start, int end) {
29    char[] subarray = new char[end - start + 1];
30    for (int i = start; i <= end; i++) {
31      subarray[i - start] = array[i];
32    }
33    return subarray;
34  }
```

尽管做了优化，这个算法时间复杂度仍然是 $O(N^2)$，其中 N 是数组的长度。

2. 最优解

我们要做的是找到一个子数组，使其中字母的数目等于数字的数目。如果仅从数组起始处计算字母和数字的数量会如何？

	a	a	a	a	1	1	a	1	1	a	a	1	a	a	1	a	a	a	a	a
#a	1	2	3	4	4	4	5	5	5	6	7	7	8	9	9	10	11	12	13	14
#1	0	0	0	0	1	2	2	3	4	4	4	5	5	5	6	6	6	6	6	6

当然，当字母的数量等于数字的数量时，我们可以说从索引 0 到当前索引是一个"相等"的子数组。

该方法只会告诉我们从索引 0 开始的"相等"的子数组。如何找出所有"相等"的子数组?

想象这样一幅图景,假设我们在 a1aaa1 这样的数组后面插入一个相等的子数组(如 a11a1a)。这将如何影响字符的数量?

```
     a 1 a a a 1 | a 1 1 a 1 a
#a   1 1 2 3 4 4 | 5 5 5 6 6 7
#1   0 1 1 1 1 2 | 2 3 4 4 5 5
```

研究一下在子数组开始处和结束处的数目(分别为$(4, 2)$和$(7, 5)$),你可能会注意到,虽然值并不相同,但差是相同的,即 $4 - 2 = 7 - 5$。这有一定的道理。由于两处分别增加了相同数量的字母和数字,因此应该保持同样的差。

注意,当差相同时,子数组起始于初始匹配索引之后的一位,并结束于最终匹配索引。这解释了下面的第 9 行代码。

更新前面的数组,加入差值。

```
     a a a a 1 1 a 1 1 a a 1 a a 1 a  a  a  a  a
#a   1 2 3 4 4 4 5 5 5 6 7 7 8 9 9 10 11 12 13 14
#1   0 0 0 0 1 2 2 3 4 4 4 5 5 5 6 6  6  6  6  6
-    1 2 3 4 3 2 3 2 1 2 3 2 3 4 3 4  5  6  7  8
```

每当返回相同的差值时,即找到了一个"相等"的子数组。要找到最大的子数组,只需要找到两个相距最远的且具有相同差值的索引。

为此,我们使用散列表来存储第一次得到的某一差值的索引。然后,每当得到相同的差值,就查看该子数组(从该索引第一个出现到当前索引)是否大于当前的最大值。果真如此的话,就更新最大值。

```
1   char[] findLongestSubarray(char[] array) {
2     /* 计算数字和字母的数量差值 */
3     int[] deltas = computeDeltaArray(array);
4
5     /* 寻找具有最大范围的且具有制定差值的项目 */
6     int[] match = findLongestMatch(deltas);
7
8     /* 返回子数组。请注意,该数组从具备此差值的元素之后一个索引位置开始 */
9     return extract(array, match[0] + 1, match[1]);
10  }
11
12  /* 计算从数组开始至每一位索引处的字母数字数量差值 */
13  int[] computeDeltaArray(char[] array) {
14    int[] deltas = new int[array.length];
15    int delta = 0;
16    for (int i = 0; i < array.length; i++) {
17      if (Character.isLetter(array[i])) {
18        delta++;
19      } else if (Character.isDigit(array[i])) {
20      delta--;
21      }
22      deltas[i] = delta;
23    }
24    return deltas;
25  }
26
27  /* 寻找具有最大范围的且具有制定差值的项目 */
28  int[] findLongestMatch(int[] deltas) {
29    HashMap<Integer, Integer> map = new HashMap<Integer, Integer>();
30    map.put(0, -1);
```

```
31    int[] max = new int[2];
32    for (int i = 0; i < deltas.length; i++) {
33      if (!map.containsKey(deltas[i])) {
34        map.put(deltas[i], i);
35      } else {
36        int match = map.get(deltas[i]);
37        int distance = i - match;
38        int longest = max[1] - max[0];
39        if (distance > longest) {
40          max[1] = i;
41          max[0] = match;
42        }
43      }
44    }
45    return max;
46  }
47
48  char[] extract(char[] array, int start, int end) { /* 相同 */ }
```

该解法需要 $O(N)$ 的时间，其中 N 是数组的大小。

17.6 2 出现的次数。 编写一个方法，计算从 0 到 n（含 n）中数字 2 出现的次数。

示例：

  输入：25

  输出：9(2, 12, 20, 21, 22, 23, 24, 25)（注意 22 应该算作两次）

题目解法

面对此题，我们想到的第一种解法应该是蛮力法。记住，面试官希望看到你是怎么解题的。可以一开始先给出蛮力解法。

```
1    /* 数一数 0 到 n 中数字 2 出现的次数 */
2    int numberOf2sInRange(int n) {
3      int count = 0;
4      for (int i = 2; i <= n; i++) { // 不妨直接从 2 开始
5        count += numberOf2s(i);
6      }
7      return count;
8    }
9
10   /* 数出某个数字中有几个 2 */
11   int numberOf2s(int n) {
12     int count = 0;
13     while (n > 0) {
14       if (n % 10 == 2) {
15         count++;
16       }
17       n = n / 10;
18     }
19     return count;
20   }
```

有个地方应该注意，就是最好将 numberOf2s 独立写成一个方法。这样可能会让代码更为清晰，也能表明你写代码时能做到干净整齐。

改进后的解法

之前的解法是从一个范围内的数字来看，现在从数字的每个位来观察问题。假设有下面一个数字序列。

```
 0   1   2   3   4   5   6   7   8   9
10  11  12  13  14  15  16  17  18  19
20  21  22  23  24  25  26  27  28  29
...
110 111 112 113 114 115 116 117 118 119
```

由观察可知，每 10 个数字中，最后一位为 2 的情况大概会出现一次，因为 2 在连续 10 个数中都会出现一次。实际上，任意位为 2 的概率大概是 1/10。

之所以说"大概"，是因为存在边界条件（这极为常见）。例如，在 1 到 100 之间，十位数为 2 的概率正好为 1/10。然而，在 1 到 37 之间，十位数为 2 的概率就会大于 1/10。

下面逐一分析 digit < 2、digit = 2 和 digit > 2 这三种情况，就能算出准确的比率。

- 情况 1：digit < 2

以 $x = 61\,523$ 和 $d = 3$ 为例，可以看出 $x[d] = 1$（也即 x 的第 d 位数为 1）。第 3 位数为 2 的范围是 2000～2999、12 000～12 999、22 000～22 999、32 000～32 999、42 000～42 999 和 52 000～52 999，还没到范围 62 000～62 999，因此第 3 位数总共有 6000 个 2。这个数量等于范围 1 到 60 000 里第 3 位数为 2 的数量。

换句话说，可以将原来的数往下降至最近的 10^{d+1}，然后再除以 10，就可以算出第 d 位数为 2 的数量。

```
if x[d] < 2: count2sInRangeAtDigit(x, d) =
    let y = round down to nearest 10^(d+1)
    return y / 10
```

- 情况 2：digit > 2

现在，我们再来看看 x 的第 d 位数大于 2（$x[d] > 2$）的情况。基本上，我们可以运用与之前相同的逻辑方法，确认范围 0～63 525 里第 3 位数为 2 的数量与范围 0～70 000 是相同的。因此，之前是往下降，现在是往上升。

```
if x[d] > 2: count2sInRangeAtDigit(x, d) =
    let y = round up to nearest 10^(d+1)
    return y / 10
```

- 情况 3：digit = 2

最后这种情况可能是最棘手的，不过仍可套用之前的逻辑方法。以 $x = 62523$ 和 $d = 3$ 为例，由之前的逻辑方法可得到相同的范围（也即范围 2000～2999，12 000～12 999，…，52 000～52 999）。在最后余下的 62 000～62 523 这个局部范围里，第 3 位数为 2 的数量有多少？其实，再明显不过了。只有 524 个（62 000，62 001，…，62 523）。

```
if x[d] = 2: count2sInRangeAtDigit(x, d) =
    let y = round down to nearest 10^(d+1)
    let z = right side of x (i.e., x % 10^d)
    return y / 10 + z + 1
```

现在，只需迭代访问数字中的每个位数。相关代码实现起来相当简单。

```
1   int count2sInRangeAtDigit(int number, int d) {
2       int powerOf10 = (int) Math.pow(10, d);
3       int nextPowerOf10 = powerOf10 * 10;
4       int right = number % powerOf10;
5
6       int roundDown = number - number % nextPowerOf10;
7       int roundUp = roundDown + nextPowerOf10;
8
```

10

```
9      int digit = (number / powerOf10) % 10;
10     if (digit < 2) { // 判断数位的值
11       return roundDown / 10;
12     } else if (digit == 2) {
13       return roundDown / 10 + right + 1;
14     } else {
15       return roundUp / 10;
16     }
17   }
18
19   int count2sInRange(int number) {
20     int count = 0;
21     int len = String.valueOf(number).length();
22     for (int digit = 0; digit < len; digit++) {
23       count += count2sInRangeAtDigit(number, digit);
24     }
25     return count;
26   }
```

解决此题时要全面仔细地测试，务必列全一系列的测试用例，然后逐一测试验证。

17.7　婴儿名字。每年，政府都会公布一万个最常见的婴儿名字和它们出现的频率，也就是同名婴儿的数量。有些名字有多种拼法，例如，John 和 Jon 本质上是相同的名字，但被当成了两个名字公布出来。给定两个列表，一个是名字及对应的频率，另一个是本质相同的名字对。设计一个算法打印出每个真实名字的实际频率。注意，如果 John 和 Jon 是相同的，并且 Jon 和 Johnny 相同，则 John 与 Johnny 也相同，即它们有传递和对称性。在结果列表中，任选一个名字做为真实名字就可以。

示例：

输入：

Names: John(15)、Jon(12)、Chris(13)、Kris(4)、Christopher(19)

Synonyms: (Jon, John)、(John, Johnny)、(Chris, Kris)、(Chris, Christopher)

输出：John(27)、Kris(36)

题目解法

让我们先找到一个好例子。该例子需要包含一些同义名字和一些无同义名字。此外，其同义名字列表要具有多样性，有些名字可以列在左边，有些名字则列在右边。例如，创建一个包含 John、Jonathan、Jon 和 Johnny 的分组时，不要总是把 Johnny 列在左边。

下面这个列表应该能满足题目要求。

名　　字	计　　数
John	10
Jon	3
Davis	2
Kari	3
Johnny	11
Carlton	8
Carleton	2
Jonathan	9
Carrie	5

名　　字	等　同　于
Jonathan	John
Jon	Johnny
Johnny	John
Kari	Carrie
Carleton	Carlton

最后的名字列表应该是：John (33)，Kari (8)，Davis(2)，Carleton (10)。

解法 1

假设以散列表的形式列出一个婴儿名字列表（如果不是，也很容易创建一个散列表）。

可以从同义名字列表开始读取名字对。读取名字对(Jonathan, John)的时候，可以把 Jonathan 和 John 这对名字合并在一起。但是，需要记住看到过的那对名字，因为将来可能会发现 Jonathan 也等同于其他名字。

我们可以使用一个散列表（L1），使其从一个名字映射到它所对应的"真实"名字。还需要知道，对于给定的"真实"名字，所有的名字都等同于该名字。该信息将存储在散列表 L2 中。注意，L2 的作用是反向查找 L1。

```
READ (Jonathan, John)
    L1.ADD Jonathan -> John
    L2.ADD John -> Jonathan
READ (Jon, Johnny)
    L1.ADD Jon -> Johnny
    L2.ADD Johnny -> Jon
READ (Johnny, John)
    L1.ADD Johnny -> John
    L1.UPDATE Jon -> John
    L2.UPDATE John -> Jonathan, Johnny, Jon
```

比如说，如果我们后来发现 John 等同于 Jonny，则需要在 L1 和 L2 中查找并合并所有与之相同的名字。

该方法可行，但要跟踪这两个列表则过于复杂。

另外一种办法是，可以把这些名字看作"等同物类"。当我们找到名字对(Jonathan, John)时，可以将它们放入相同的集合（或等价类）中。每个名字都映射到它的等同物类，而集合中的所有项目都映射到相同的集合实例上。

如果需要合并两个集合，那么将一个集合复制到另一个集合中，并更新散列表使其指向新的集合。

```
READ (Jonathan, John)
    CREATE Set1 = Jonathan, John
    L1.ADD Jonathan -> Set1
    L1.ADD John -> Set1
READ (Jon, Johnny)
    CREATE Set2 = Jon, Johnny
    L1.ADD Jon -> Set2
    L1.ADD Johnny -> Set2
READ (Johnny, John)
    COPY Set2 into Set1.
        Set1 = Jonathan, John, Jon, Johnny
    L1.UPDATE Jon -> Set1
    L1.UPDATE Johnny -> Set1
```

在上面的最后一步中，我们遍历了 Set2 中的所有项，并更新每一项的引用，使其指向 Set1。当这样做的时候，我们一直跟踪名字的总频率。

```
1   HashMap<String, Integer> trulyMostPopular(HashMap<String, Integer> names,
2                                       String[][] synonyms) {
3       /* 解析链表并初始化相同的类别 */
4       HashMap<String, NameSet> groups = constructGroups(names);
5
6       /* 合并相同类别 */
7       mergeClasses(groups, synonyms);
8
9       /* 转换为散列表 */
```

```
10     return convertToMap(groups);
11   }
12
13   /* 此部分是算法的核心。检查每组值，合并相同的类别并将第二个类别映射到第一个集合上 */
14   void mergeClasses(HashMap<String, NameSet> groups, String[][] synonyms) {
15     for (String[] entry : synonyms) {
16       String name1 = entry[0];
17       String name2 = entry[1];
18       NameSet set1 = groups.get(name1);
19       NameSet set2 = groups.get(name2);
20       if (set1 != set2) {
21         /* 将较小的集合合并至较大的集合 */
22         NameSet smaller = set2.size() < set1.size() ? set2 : set1;
23         NameSet bigger = set2.size() < set1.size() ? set1 : set2;
24
25         /* 合并链表 */
26         Set<String> otherNames = smaller.getNames();
27         int frequency = smaller.getFrequency();
28         bigger.copyNamesWithFrequency(otherNames, frequency);
29
30         /* 更新映射 */
31         for (String name : otherNames) {
32           groups.put(name, bigger);
33         }
34       }
35     }
36   }
37
38   /* 遍历(姓名，频率)组合，并初始化一个从姓名到 NameSets 的映射 */
39   HashMap<String, NameSet> constructGroups(HashMap<String, Integer> names) {
40     HashMap<String, NameSet> groups = new HashMap<String, NameSet>();
41     for (Entry<String, Integer> entry : names.entrySet()) {
42       String name = entry.getKey();
43       int frequency = entry.getValue();
44       NameSet group = new NameSet(name, frequency);
45       groups.put(name, group);
46     }
47     return groups;
48   }
49
50   HashMap<String, Integer> convertToMap(HashMap<String, NameSet> groups) {
51     HashMap<String, Integer> list = new HashMap<String, Integer>();
52     for (NameSet group : groups.values()) {
53       list.put(group.getRootName(), group.getFrequency());
54     }
55     return list;
56   }
57
58   public class NameSet {
59     private Set<String> names = new HashSet<String>();
60     private int frequency = 0;
61     private String rootName;
62
63     public NameSet(String name, int freq) {
64       names.add(name);
65       frequency = freq;
66       rootName = name;
67     }
68
69     public void copyNamesWithFrequency(Set<String> more, int freq) {
70       names.addAll(more);
```

```
71        frequency += freq;
72      }
73
74      public Set<String> getNames() { return names; }
75      public String getRootName() { return rootName; }
76      public int getFrequency() { return frequency; }
77      public int size() { return names.size(); }
78  }
```

这个算法的时间复杂度分析起来有点棘手。一种思考方式是考虑其最坏的情况究竟是什么。

对于这个算法，最坏的情况是所有的名字都相同，我们必须不断地合并所有集合。同样，对于最坏的情况，应尽量以最糟糕的方式进行合并，即重复合并成对的集合。每次合并都需要将一个集合中的元素复制到现有集合中，并更新这些项指向的对象。当集合变大时，该操作会越来越慢。

如果你注意一下归并排序的并行过程（你必须将单元素数组合并为 2 个元素的数组，然后将 2 个元素的数组合并为 4 个元素的数组，直到最后有一个完整的数组），可能会发现其时间复杂度是 $O(N \log N)$，的确如此。

如果你没有注意到该并行过程，那么还有另一种思考方法。

假设我们有名字(a, b, c, d, ..., z)。在最坏情况下，首先将相同的项目合并，即(a, b)、(c, d)、(e, f)、...、(y, z)。然后将它们合并成(a, b, c, d)、(e, f, g, h)、...、(w, x, y, z)。继续合并，直到只剩下一个类为止。

在合并集合的过程中，每一步"扫描"操作，一半的项目被移动到一个新的集合中。因此每一步"扫描"操作花费的时间为 $O(N)$（需要合并的集合会越来越少，但每一个集合大小都会变大）。

我们需要完成多少次"扫描"操作？在每一次扫描中，我们获得集合的数量是之前的一半。因此，需要完成 $O(\log N)$ 次"扫描"。

由于需要完成 $O(\log N)$ 次扫描，每次扫描操作需要 $O(N)$ 的工作量，因此总运行时间是 $O(N \log N)$。该解法很好，但是让我们看看能不能更快一些。

解法 2：优化解法

为了优化以上解法，我们要想一想该解法究竟为何运行缓慢。根本问题在于指针的合并和更新。

如果不对指针执行合并和更新操作，会怎么样呢？如果仅仅标记了两个名称之间存在等同关系，但实际上并没有对这些信息做任何操作，会怎么样？

在这种情况下，我们其实构建了一个图。

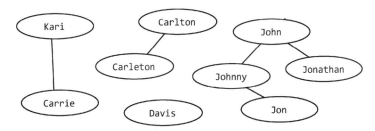

现在该怎么办？从视觉上看，这似乎很容易。每个连通部分都是一组等同物的名称。我们只需要根据连通部分将名字分组，将同一组名字的频率相加，然后从每组中返回任意一个选择的名字即可。

　　在实践中，我们应该如何操作？可以选择一个名称，并对一个连通部分进行深度优先（或广度优先）搜索，以得出所有名字频率的和。必须确保每个连通部分只访问一次。这很容易实现，只需将一个节点在被发现后标记为 visited，并且只搜索 visited 为 false 的节点。

```
1   HashMap<String, Integer> trulyMostPopular(HashMap<String, Integer> names,
2                                             String[][] synonyms) {
3     /* 创建数据 */
4     Graph graph = constructGraph(names);
5     connectEdges(graph, synonyms);
6
7     /* 寻找连通部分 */
8     HashMap<String, Integer> rootNames = getTrueFrequencies(graph);
9     return rootNames;
10  }
11
12  /* 将所有姓名以节点的形式加入到图中 */
13  Graph constructGraph(HashMap<String, Integer> names) {
14    Graph graph = new Graph();
15    for (Entry<String, Integer> entry : names.entrySet()) {
16      String name = entry.getKey();
17      int frequency = entry.getValue();
18      graph.createNode(name, frequency);
19    }
20    return graph;
21  }
22
23  /* 连接相似拼写法 */
24  void connectEdges(Graph graph, String[][] synonyms) {
25    for (String[] entry : synonyms) {
26      String name1 = entry[0];
27      String name2 = entry[1];
28      graph.addEdge(name1, name2);
29    }
30  }
31
32  /* 对每一个连通部分进行深度优先搜索。如果一个节点被访问过，则其已经被计算过 */
33  HashMap<String, Integer> getTrueFrequencies(Graph graph) {
34    HashMap<String, Integer> rootNames = new HashMap<String, Integer>();
35    for (GraphNode node : graph.getNodes()) {
36      if (!node.isVisited()) { // 已访问这个连通部分
37        int frequency = getComponentFrequency(node);
38        String name = node.getName();
39        rootNames.put(name, frequency);
40      }
41    }
42    return rootNames;
43  }
44
45  /* 通过深度优先搜索计算总频率并标记已访问 */
46  int getComponentFrequency(GraphNode node) {
47    if (node.isVisited()) return 0; // 已访问
48
49    node.setIsVisited(true);
50    int sum = node.getFrequency();
51    for (GraphNode child : node.getNeighbors()) {
52      sum += getComponentFrequency(child);
53    }
54    return sum;
55  }
56
57  /* GraphNode 和 Graph 的代码无须多做解释，也可以在下载的解答中找到具体代码 */
```

为了分析效率,我们可以分别探讨该算法每个部分的效率。

❑ 读取数据与数据的大小是线性相关的,所以需要 $O(B+P)$ 的时间,其中 B 是婴儿名字的数量,P 是同义名字的对数。这是因为我们只对每个输入数据完成常数项数量的计算。

❑ 为了计算频率,每条边在所有的图形搜索中都被"经过"一次,并且每一个节点都被"经过"一次,以确定其是否被访问过。这部分的时间复杂度是 $O(B+P)$。

因此,算法运行的总时间是 $O(B+P)$。我们至少要在 $B+P$ 的数据中读取,因此,不能得到比这更优的算法了。

17.8 马戏团人塔。有个马戏团正在设计叠罗汉的表演节目,一个人要站在另一人的肩膀上。出于实际和美观的考虑,在上面的人要比下面的人矮一点且轻一点。已知马戏团每个人的身高和体重,请编写代码计算叠罗汉最多能叠几个人。

示例:

输入:(ht, wt): (65, 100) (70, 150) (56, 90) (75, 190) (60, 95) (68, 110)

输出:从上往下数,叠罗汉最多能叠 6 层:(56, 90) (60,95) (65,100) (68,110) (70,150) (75,190)

题目解法

当我们把所有关于这个问题上的"细枝末节"都排除后,对这个问题理解如下。

给定一组项目对,找出最长的序列,使其第一和第二项都保持非递减顺序。

我们可能首先尝试以某一项对所有元素进行排序。这实际上有所助益,但并不能直接找到答案。

对元素以高度排序,会得到一个所有元素应该出现的相对顺序。不过,仍然需要找到以重量排序的最长递增子序列。

解法 1:递归法

一种方法是尝试所有的可能性。以高度进行排序后,遍历数组。对于每一个元素,我们将分为两个选择:将这个元素添加到子序列(如果情况有效),或不添加。

```
1   ArrayList<HtWt> longestIncreasingSeq(ArrayList<HtWt> items) {
2     Collections.sort(items);
3     return bestSeqAtIndex(items, new ArrayList<HtWt>(), 0);
4   }
5
6   ArrayList<HtWt> bestSeqAtIndex(ArrayList<HtWt> array, ArrayList<HtWt> sequence,
7                                  int index) {
8     if (index >= array.size()) return sequence;
9
10    HtWt value = array.get(index);
11
12    ArrayList<HtWt> bestWith = null;
13    if (canAppend(sequence, value)) {
14      ArrayList<HtWt> sequenceWith = (ArrayList<HtWt>) sequence.clone();
15      sequenceWith.add(value);
16      bestWith = bestSeqAtIndex(array, sequenceWith, index + 1);
17    }
18
19    ArrayList<HtWt> bestWithout = bestSeqAtIndex(array, sequence, index + 1);
20    return max(bestWith, bestWithout);
21  }
22
23  boolean canAppend(ArrayList<HtWt> solution, HtWt value) {
```

```
24      if (solution == null) return false;
25      if (solution.size() == 0) return true;
26
27      HtWt last = solution.get(solution.size() - 1);
28      return last.isBefore(value);
29    }
30
31   ArrayList<HtWt> max(ArrayList<HtWt> seq1, ArrayList<HtWt> seq2) {
32      if (seq1 == null) {
33        return seq2;
34      } else if (seq2 == null) {
35        return seq1;
36      }
37      return seq1.size() > seq2.size() ? seq1 : seq2;
38    }
39
40   public class HtWt implements Comparable<HtWt> {
41      private int height;
42      private int weight;
43      public HtWt(int h, int w) { height = h; weight = w; }
44
45      public int compareTo(HtWt second) {
46        if (this.height != second.height) {
47          return ((Integer)this.height).compareTo(second.height);
48        } else {
49          return ((Integer)this.weight).compareTo(second.weight);
50        }
51      }
52
53      /* 如果该实例需要被置于 other 之前，那么返回 true。请注意，this.isBefore(other)和
54       * other.isBefore(this) 同时返回 false 是有可能的。这与 compareTo 方法不同，
55       * 在 compareTo 方法中，如果 a < b，则一定 b > a */
56      public boolean isBefore(HtWt other) {
57        if (height < other.height && weight < other.weight) {
58          return true;
59        } else {
60          return false;
61        }
62      }
63   }
```

这个算法将花费 $O(2^n)$ 的时间。我们可以使用保存记录的方法（即缓存最好的序列）来优化该算法。

还有一种更整洁的方法。

解法 2：迭代法

假设我们已经分别找到从 A[0] 到 A[3] 所有元素结尾的最长子序列，可以用这些信息来找到终止于 A[4] 的最长子序列吗？

```
数组: 13, 14, 10, 11, 12
Longest(以 A[0]结尾): 13
Longest (以 A[1]结尾): 13, 14
Longest (以 A[2]结尾): 10
Longest (以 A[3]结尾): 10, 11
Longest (以 A[4]结尾): 10, 11, 12
```

可以的。只需要将 A[4] 附加到可能的最长子序列上。

该算法实现起来相当简单。

```
1   ArrayList<HtWt> longestIncreasingSeq(ArrayList<HtWt> array) {
2     Collections.sort(array);
3
4     ArrayList<ArrayList<HtWt>> solutions = new ArrayList<ArrayList<HtWt>>();
5     ArrayList<HtWt> bestSequence = null;
6
7     /* 计算在每个元素截止的最长序列。跟踪记录总体上的最长序列 */
8     for (int i = 0; i < array.size(); i++) {
9       ArrayList<HtWt> longestAtIndex = bestSeqAtIndex(array, solutions, i);
10      solutions.add(i, longestAtIndex);
11      bestSequence = max(bestSequence, longestAtIndex);
12    }
13
14    return bestSequence;
15  }
16
17  /* 计算在每个元素截止的最长序列 */
18  ArrayList<HtWt> bestSeqAtIndex(ArrayList<HtWt> array,
19      ArrayList<ArrayList<HtWt>> solutions, int index) {
20    HtWt value = array.get(index);
21
22    ArrayList<HtWt> bestSequence = new ArrayList<HtWt>();
23
24    /* 寻找我们可以连接该元素的最长序列 */
25    for (int i = 0; i < index; i++) {
26      ArrayList<HtWt> solution = solutions.get(i);
27      if (canAppend(solution, value)) {
28        bestSequence = max(solution, bestSequence);
29      }
30    }
31
32    /* 在尾部增添该元素 */
33    ArrayList<HtWt> best = (ArrayList<HtWt>) bestSequence.clone();
34    best.add(value);
35
36    return best;
37  }
```

该算法在 $O(n^2)$ 的时间复杂度内运行。确实存在一个 $O(n \log(n))$ 的算法，但它要复杂得多，而且即使有所助益，你也不太可能在一场面试中推导出来。但是，如果你乐于探索该解法，不妨在网上搜索一下，即可找到关于此解法的多种解释。

17.9　第 k 个数。 有些数的素因子只有 3，5，7，请设计一个算法找出第 k 个数。注意，不是必须有这些素因子，而是必须不包含其他的素因子。例如，前几个数按顺序应该是 1，3，5，7，9，15，21。

题目解法

先明确此题题干，即满足 $3^a \times 5^b \times 7^c$ 这一形式的第 k 小的值。先试试蛮力法。

1. 蛮力法

我们知道这个 k 的最大值可以是 $3^k \times 5^k \times 7^k$。因此，一个笨方法是，将 a、b 和 c 赋值为 0 和 k 之间的所有可能元素，并计算出 $3^a \times 5^b \times 7^c$ 的值。我们可以把所有的结果全部放入一个列表，对列表进行排序，然后选择第 k 小的值。

```
1   int getKthMagicNumber(int k) {
2     ArrayList<Integer> possibilities = allPossibleKFactors(k);
3     Collections.sort(possibilities);
```

```
4      return possibilities.get(k);
5    }
6
7    ArrayList<Integer> allPossibleKFactors(int k) {
8      ArrayList<Integer> values = new ArrayList<Integer>();
9      for (int a = 0; a <= k; a++) { // 3 的循环
10       int powA = (int) Math.pow(3, a);
11       for (int b = 0; b <= k; b++) { // 5 的循环
12         int powB = (int) Math.pow(5, b);
13         for (int c = 0; c <= k; c++) { // 7 的循环
14           int powC = (int) Math.pow(7, c);
15           int value = powA * powB * powC;
16
17           /* 检查溢出 */
18           if (value < 0 || powA == Integer.MAX_VALUE ||
19             powB == Integer.MAX_VALUE ||
20             powC == Integer.MAX_VALUE) {
21             value = Integer.MAX_VALUE;
22           }
23           values.add(value);
24         }
25       }
26     }
27     return values;
28   }
```

这个方法的时间复杂度是多少？我们嵌套了 for 循环，每个循环都进行 k 次迭代。allPossibleKFactors 的运行时间是 $O(k^3)$。然后，将 k^3 个结果排序需要 $O(k^3 \log (k^3))$ 的时间（相当于 $O(k^3 \log k)$）。最终得出的时间复杂度为 $O(k^3 \log k)$。

你可以对此做一些优化，并能较好地解决整数溢出这一问题，但老实说，这个算法相当慢。与其这样，不如将精力放在重新设计一个算法上。

2. 改进解法

让我们想象一下所得结果是什么，如下所示。

1	-	$3^0 * 5^0 * 7^0$
3	3	$3^1 * 5^0 * 7^0$
5	5	$3^0 * 5^1 * 7^0$
7	7	$3^0 * 5^0 * 7^1$
9	3*3	$3^2 * 5^0 * 7^0$
15	3*5	$3^1 * 5^1 * 7^0$
21	3*7	$3^1 * 5^0 * 7^1$
25	5*5	$3^0 * 5^2 * 7^0$
27	3*9	$3^3 * 5^0 * 7^0$
35	5*7	$3^0 * 5^1 * 7^1$
45	5*9	$3^2 * 5^1 * 7^0$
49	7*7	$3^0 * 5^0 * 7^2$
63	3*21	$3^2 * 5^0 * 7^1$

问题在于列表中的下一个值是什么？下一个值将是下列三者之一：

❑ 3 × (数字列表中的某值)；

❑ 5 × (数字列表中的某值)；

❑ 7 × (数字列表中的某值)。

如果你没能立即看出其中缘由，可以这样想：无论下一个值是多少（我们称之为 nv），我们将其除以 3。这个数字出现过了吗？只要 nv 的因数有 3，那么答案就是肯定的。除以 5 和除以 7 是一样的。

因此，我们知道 A_k 可以表示为(3、5 或 7)×({$A_1, \cdots, A_{k-1}$}中的某值)。我们还知道，根据定义，A_k 是列表中的下一个数字。因此，A_k 将是最小的"新"数字（{$A_1, \cdots, A_{k-1}$}中已经存在的数字），它可以通过将列表中的每个值乘以 3、5 或 7 来生成。

怎么才能找到 A_k？实际上，可以把列表中的每个数乘以 3、5 和 7，然后找到最小的还没有被添加到列表中的元素。这个解法的时间复杂度是 $O(k^2)$。该解法不错，不过我认为还可以做得更好。

与试图从列表中"取出"一个存在元素（通过将它们全部乘以 3、5 和 7）来计算 A_k 不同的是，我们可以考虑通过列表中存在的值"压入"三个后续值，也就是说，每个数字 A_i 最终将会以下列形式出现在列表中。

❑ $3 \times A_i$

❑ $5 \times A_i$

❑ $7 \times A_i$

我们可以利用这一思路提前进行规划。每当在列表中添加一个数字 A_i 时，就会在某个临时列表中存入 $3A_i$、$5A_i$ 和 $7A_i$。为了生成 A_{i+1}，我们通过这个临时列表查找最小值。

该代码大致如下所示。

```
1   int removeMin(Queue<Integer> q) {
2     int min = q.peek();
3     for (Integer v : q) {
4       if (min > v) {
5         min = v;
6       }
7     }
8     while (q.contains(min)) {
9       q.remove(min);
10    }
11    return min;
12  }
13
14  void addProducts(Queue<Integer> q, int v) {
15    q.add(v * 3);
16    q.add(v * 5);
17    q.add(v * 7);
18  }
19
20  int getKthMagicNumber(int k) {
21    if (k < 0) return 0;
22
23    int val = 1;
24    Queue<Integer> q = new LinkedList<Integer>();
25    addProducts(q, 1);
26    for (int i = 0; i < k; i++) {
27      val = removeMin(q);
28      addProducts(q, val);
29    }
30    return val;
31  }
```

这个算法肯定比第一个算法要好得多，但仍然不够完美。

3. 最优解法

为了生成一个新的元素 A_i，我们需要搜索一个链表，其中每个元素是下列三者之一：

□ $3 \times$ (列表中前面的某值)；
□ $5 \times$ (列表中前面的某值)；
□ $7 \times$ (列表中前面的某值)。

可以优化哪些不必要的操作?

想象一下如下列表。

$q_6 = \{7A_1, 5A_2, 7A_2, 7A_3, 3A_4, 5A_4, 7A_4, 5A_5, 7A_5\}$

当搜索这个列表时，检查 $7A_1$ 是否小于 min，然后再检查 $7A_5$ 是否小于 min。这似乎有点不知变通，不是吗？已知 $A_1 < A_5$，所以只需检查 $7A_1$。

如果从一开始就把列表和常数因子分开，那么只需要检查 3、5、7 的乘积中的第一个即可。所有后续元素都将大于第一个乘积，也就是说，上面的列表应如下所示。

$Q_{36} = \{3A_4\}$
$Q_{56} = \{5A_2, 5A_4, 5A_5\}$
$Q_{76} = \{7A_1, 7A_2, 7A_3, 7A_4, 7A_5\}$

为了得到最小值，我们只需要看每个队列最前面的元素，如下所示。

```
y = min(Q3.head(),Q5.head(),Q7.head())
```

一旦计算 y，需要将 $3y$ 插入到 $Q3$, $5y$ 插入到 $Q5$, $7y$ 插入到 $Q7$。但是，只有当这些元素不在另一个列表中时，才可进行插入操作。

为什么像 $3y$ 这样的数字会有可能已经存在于等待队列中？这是因为，如果 y 来自于 $Q7$，那么意味着 $y = 7x$，其中 x 是较小的数字。如果 $7x$ 是最小值，那么我们一定已经在队列中遇到过 $3x$。看到 $3x$ 时，做了些什么呢？我们将 $7 \times 3x$ 插入到了 $Q7$ 当中。注意，$7 \times 3x = 3 \times 7x = 3y$。

换句话说，如果从 $Q7$ 中提取一个元素，那么该元素应形如 $7 \times$ suffix，此时，我们已经处理了 $3 \times$ suffix 和 $5 \times$ suffix 这两个元素。在处理 $3 \times$ suffix 时，已经将 $7 \times 3 \times$ suffix 插入到 $Q7$ 中。在处理 $5 \times$ suffix 时，已经在 $Q7$ 中插入了 $7 \times 5 \times$ suffix。我们唯一还没有看到的值是 $7 \times 7 \times$ suffix，因此，只需在 $Q7$ 中插入 $7 \times 7 \times$ suffix 即可。

下面举个例子进一步阐明这一点。

```
initialize:
        Q3 = 3
        Q5 = 5
        Q7 = 7
remove min = 3. insert 3*3 in Q3, 5*3 into Q5, 7*3 into Q7.
        Q3 = 3*3
        Q5 = 5, 5*3
        Q7 = 7, 7*3
remove min = 5. 3*5 is a dup, since we already did 5*3. insert 5*5 into Q5, 7*5 into Q7.
        Q3 = 3*3
        Q5 = 5*3, 5*5
        Q7 = 7, 7*3, 7*5.
remove min = 7. 3*7 and 5*7 are dups, since we already did 7*3 and 7*5. insert 7*7 into Q7.
        Q3 = 3*3
        Q5 = 5*3, 5*5
        Q7 = 7*3, 7*5, 7*7
remove min = 3*3 = 9. insert 3*3*3 in Q3, 3*3*5 into Q5, 3*3*7 into Q7.
        Q3 = 3*3*3
        Q5 = 5*3, 5*5, 5*3*3
        Q7 = 7*3, 7*5, 7*7, 7*3*3
```

remove min = 5*3 = 15. 3*(5*3) is a dup, since we already did 5*(3*3). insert
5*5*3 in Q5, 7*5*3 into Q7.
```
        Q3 = 3*3*3
        Q5 = 5*5, 5*3*3, 5*5*3
        Q7 = 7*3, 7*5, 7*7, 7*3*3, 7*5*3
```
remove min = 7*3 = 21. 3*(7*3) and 5*(7*3) are dups, since we already did 7*(3*3)
and 7*(5*3). insert 7*7*3 into Q7.
```
        Q3 = 3*3*3
        Q5 = 5*5, 5*3*3, 5*5*3
        Q7 = 7*5, 7*7, 7*3*3, 7*5*3, 7*7*3
```

该问题的伪代码如下所示。

(1) 初始化 array 和 $Q3$、$Q5$、$Q7$ 队列。

(2) 将 1 插入 array。

(3) 分别将 1×3、1×5 和 1×7 插入到 $Q3$、$Q5$ 和 $Q7$ 中。

(4) 将 x 赋值为 $Q3$、$Q5$、$Q7$ 中的最小元素。将 x 附加到 magic 后。

(5) 如果 x 出现于：

$Q3$：将 $x \times 3$、$x \times 5$ 和 $x \times 7$ 加入到 $Q3$、$Q5$、$Q7$ 尾部。从 $Q3$ 中删除 x。

$Q5$：将 $x \times 5$ 和 $x \times 7$ 加入到 $Q5$、$Q7$ 尾部。从 $Q5$ 中删除 x。

$Q7$：只将 $x \times 7$ 加入到 $Q7$ 尾部。从 $Q7$ 中删除 x。

(6) 重复步骤(4)和步骤(5)，直到找到 k 个元素。

下面的代码实现了这个算法。

```
1    int getKthMagicNumber(int k) {
2      if (k < 0) {
3        return 0;
4      }
5      int val = 0;
6      Queue<Integer> queue3 = new LinkedList<Integer>();
7      Queue<Integer> queue5 = new LinkedList<Integer>();
8      Queue<Integer> queue7 = new LinkedList<Integer>();
9      queue3.add(1);
10
11     /* 从第 0 到 k 次循环 */
12     for (int i = 0; i <= k; i++) {
13       int v3 = queue3.size() > 0 ? queue3.peek() : Integer.MAX_VALUE;
14       int v5 = queue5.size() > 0 ? queue5.peek() : Integer.MAX_VALUE;
15       int v7 = queue7.size() > 0 ? queue7.peek() : Integer.MAX_VALUE;
16       val = Math.min(v3, Math.min(v5, v7));
17       if (val == v3) { // 加入到 3、5、7 的队列中
18         queue3.remove();
19         queue3.add(3 * val);
20         queue5.add(5 * val);
21       } else if (val == v5) { // 加入到 5、7 的队列中
22         queue5.remove();
23         queue5.add(5 * val);
24       } else if (val == v7) { // 加入到 7 的队列中
25         queue7.remove();
26       }
27       queue7.add(7 * val); // 永远都需要加入到 7 的队列中
28     }
29     return val;
30   }
```

看到这个题目，要竭尽全力来解出此题，尽管该题真得很难。你可以先试试蛮力法（该解法富有挑战性，但不是很复杂），然后尝试优化该解法或者试着找到数字的模式。

当你束手无策时，面试官很可能会助你一臂之力。无论你做什么，都不要轻言放弃。大声

说出你的想法，讲出疑惑之处，并阐述思考过程。面试官很可能会站出来给你一些提示。

记住，并没有人会期望你在该问题上表现得完美无缺，只会将你的表现与其他候选人作对比从而进行评估。对于一个棘手的问题，每个人都会表现得磕磕绊绊。

17.10　主要元素。如果数组中多一半的数都是同一个，则称之为主要元素。给定一个正数数组，找到它的主要元素。若没有，返回–1。要求时间复杂度为 $O(N)$，空间复杂度为 $O(1)$。

示例：

```
输入：1 2 5 9 5 9 5 5 5
输出：5
```

题目解法

先看一个例子。

```
3 1 7 1 3 7 3 7 1 7 7
```

可以注意到的一点是，如果主要元素（在本例中为 7）在数组开始时出现的频率较低，那么在数组结束时，该元素必须出现得更频繁。观察到这一点很不错。

这个面试问题明确要求我们要在 $O(N)$ 的时间内和 $O(1)$ 的空间内给出解法。尽管如此，放宽其中一个要求有时候可以帮助我们找到解法。让我们试着放宽时间要求，但要保持 $O(1)$ 的空间要求。

解法 1：（慢）

一种简单的方法是迭代数组并检查每个元素是否为主要元素。这需要 $O(N^2)$ 的时间和 $O(1)$ 的空间。

```
1   int findMajorityElement(int[] array) {
2     for (int x : array) {
3       if (validate(array, x)) {
4         return x;
5       }
6     }
7     return -1;
8   }
9
10  boolean validate(int[] array, int majority) {
11    int count = 0;
12    for (int n : array) {
13      if (n == majority) {
14        count++;
15      }
16    }
17
18    return count > array.length / 2;
19  }
```

该算法并不符合问题的时间要求，但这只是一开始的一种粗略解法。我们可以考虑优化该算法。

解法 2：（最优）

以一个特定的用例为例，让我们想想这个算法都做了什么。有什么可以删去的吗？

3	1	7	1	1	7	7	3	7	7	7
0	1	2	3	4	5	6	7	8	9	10

　　在第一次验证步骤中，我们选择 3 并将其作为主要元素进行验证。几个元素之后，我们仍然只发现了一个 3 和几个非 3 元素。需要继续检查 3 吗？

　　一方面，需要继续检查。如果数组中有一串 3，3 依然成为主要元素。

　　另一方面，其实并非如此。如果 3 确实还有很多，那么我们将在随后的验证步骤中遇到这些 3。只要非 3（countNo）元素数目至少与 3（countYes）元素数目一样多，即可终止本次 validate(3) 步骤，也就是说，当 countNo >= countYes 时，即终止 Validate 操作。

　　此逻辑方法对于第一个元素来说行之有效，但是下一个元素呢？我们可以将第二个元素视为新数组的起始元素。

　　这会是什么样子？

```
validate(3) on [3, 1, 7, 1, 1, 7, 7, 3, 7, 7, 7]
    sees 3 -> countYes = 1, countNo = 0
    sees 1 -> countYes = 1, countNo = 1
    TERMINATE. 3 is not majority thus far.
validate(1) on [1, 7, 1, 1, 7, 7, 3, 7, 7, 7]
    sees 1 -> countYes = 0, countNo = 0
    sees 7 -> countYes = 1, countNo = 1
    TERMINATE. 1 is not majority thus far.
validate(7) on [7, 1, 1, 7, 7, 3, 7, 7, 7]
    sees 7 -> countYes = 1, countNo = 0
    sees 1 -> countYes = 1, countNo = 1
    TERMINATE. 7 is not majority thus far.
validate(1) on [1, 1, 7, 7, 3, 7, 7, 7]
    sees 1 -> countYes = 1, countNo = 0
    sees 1 -> countYes = 2, countNo = 0
    sees 7 -> countYes = 2, countNo = 1
    sees 7 -> countYes = 2, countNo = 1
    TERMINATE. 1 is not majority thus far.
validate(1) on [1, 7, 7, 3, 7, 7, 7]
    sees 1 -> countYes = 1, countNo = 0
    sees 7 -> countYes = 1, countNo = 1
    TERMINATE. 1 is not majority thus far.
validate(7) on [7, 7, 3, 7, 7, 7]
    sees 7 -> countYes = 1, countNo = 0
    sees 7 -> countYes = 2, countNo = 0
    sees 3 -> countYes = 2, countNo = 1
    sees 7 -> countYes = 3, countNo = 1
    sees 7 -> countYes = 4, countNo = 1
    sees 7 -> countYes = 5, countNo = 1
```

　　至此，我们可以确定 7 是主要元素吗？并不一定。我们已经删除了 7 之前和之后的所有元素。但也可能该数组不存在主要元素。只需简单地从数组起始处调用 validate(7)，就可以确认 7 是否为主要元素。执行该 validate 操作将花费 $O(N)$ 的时间，这也是最理想的运行复杂度。因此，最终执行 validate 步骤并不会影响总的运行时间。

　　该解法已经非常不错了，但是看看能不能让它更快一些。我们应该注意到一些元素被反复地"检查"。能删去这些操作吗？

　　请注意第一个 validate(3)。因为 3 不是主要元素，该步骤在子数组[3, 1]之后失败。但是由于 validate 失败，即一个元素不是主要元素，这也意味着在子数组中没有其他元素是主要元素。根据之前的逻辑方法，不需要调用 validate(1)。我们知道，1 出现的次数没有超过一半。如果它是主要元素，就会在以后出现。

　　让我们再试一试，看看效果如何。

```
validate(3) on [3, 1, 7, 1, 1, 7, 7, 3, 7, 7, 7]
    sees 3 -> countYes = 1, countNo = 0
    sees 1 -> countYes = 1, countNo = 1
    TERMINATE. 3 is not majority thus far.
skip 1
validate(7) on [7, 1, 1, 7, 7, 3, 7, 7, 7]
    sees 7 -> countYes = 1, countNo = 0
    sees 1 -> countYes = 1, countNo = 1
    TERMINATE. 7 is not majority thus far.
skip 1
validate(1) on [1, 7, 7, 3, 7, 7, 7]
    sees 1 -> countYes = 1, countNo = 0
    sees 7 -> countYes = 1, countNo = 1
    TERMINATE. 1 is not majority thus far.
skip 7
validate(7) on [7, 3, 7, 7, 7]
    sees 7 -> countYes = 1, countNo = 0
    sees 3 -> countYes = 1, countNo = 1
    TERMINATE. 7 is not majority thus far.
skip 3
validate(7) on [7, 7, 7]
    sees 7 -> countYes = 1, countNo = 0
    sees 7 -> countYes = 2, countNo = 0
    sees 7 -> countYes = 3, countNo = 0
```

太棒了！得到正确答案了。但只是因为走运吗？

我们应该停下来想一想这个算法都由哪些步骤构成。

(1) 从[3]开始，展开子数组，直到 3 不再是主要元素。在[3, 1]处，我们失败了。失败时，子数组中没有主要元素。

(2) 然后移动到[7]，展开子数组，一直到[7, 1]。再次终止，没有任何元素可以成为子数组中的主要元素。

(3) 移动到[1]并展开子数组到[1, 7]。再次终止。没有任何元素可以成为主要元素。

(4) 移动到[7]并展开子数组到[7, 3]。再次终止。没有任何元素可以成为主要元素。

(5) 移动到[7]并展开子数组至数组的末尾处，即[7, 7, 7]。我们已经找到了主要元素（现在必须验证这一点）。

每次终止 validate 步骤时，子数组都没有主要元素。这意味着至少 7 和非 7 的数量一致。虽然我们本质上是将这个子数组从原始数组中删除，但是主要元素仍然会在剩下的部分中找到，并且仍然会是主要元素。因此，在某一时刻，我们终将发现主要元素。

至此，可以分两步运行该算法：一步是找到可能的主要元素，另一步是验证主要元素。与其使用两个变量来计数（countYes 和 countNo），不如使用一个进行递增和递减的单一 count 变量。

```
1   int findMajorityElement(int[] array) {
2     int candidate = getCandidate(array);
3     return validate(array, candidate) ? candidate : -1;
4   }
5
6   int getCandidate(int[] array) {
7     int majority = 0;
8     int count = 0;
9     for (int n : array) {
10      if (count == 0) { // 前面的集合中没有主要元素
11        majority = n;
12      }
13      if (n == majority) {
14        count++;
```

```
15        } else {
16          count--;
17        }
18      }
19      return majority;
20    }
21
22    boolean validate(int[] array, int majority) {
23      int count = 0;
24      for (int n : array) {
25        if (n == majority) {
26          count++;
27        }
28      }
29
30      return count > array.length / 2;
31    }
```

该算法花费 $O(N)$ 的时间且占用 $O(1)$ 的空间。

17.11　单词距离。有个内含单词的超大文本文件，给定任意两个单词，找出在这个文件中这两个单词的最短距离（相隔单词数）。如果寻找过程在这个文件中会重复多次，而每次寻找的单词不同，你能对此优化吗？

题目解法

在此题中，我们假设单词 word1 和 word2 谁在前谁在后无关紧要，当然最好与面试官确认能否作此假设。

要解决此题，我们只需遍历一次这个文件。在遍历期间，我们会记下最后看见 word1 和 word2 的地方，并把它们的位置存入 location1 和 location2 中。如果当前的位置比已知最优位置更好，则更新已知最优位置。

下面是该算法的实现代码。

```
1    LocationPair findClosest(String[] words, String word1, String word2) {
2      LocationPair best = new LocationPair(-1, -1);
3      LocationPair current = new LocationPair(-1, -1);
4      for (int i = 0; i < words.length; i++) {
5        String word = words[i];
6        if (word.equals(word1)) {
7          current.location1 = i;
8          best.updateWithMin(current);
9        } else if (word.equals(word2)) {
10         current.location2 = i;
11         best.updateWithMin(current); // 如果更短，则更新值
12       }
13     }
14     return best;
15   }
16
17   public class LocationPair {
18     public int location1, location2;
19     public LocationPair(int first, int second) {
20       setLocations(first, second);
21     }
22
23     public void setLocations(int first, int second) {
24       this.location1 = first;
25       this.location2 = second;
26     }
```

```
27
28    public void setLocations(LocationPair loc) {
29      setLocations(loc.location1, loc.location2);
30    }
31
32    public int distance() {
33      return Math.abs(location1 - location2);
34    }
35
36    public boolean isValid() {
37      return location1 >= 0 && location2 >= 0;
38    }
39
40    public void updateWithMin(LocationPair loc) {
41      if (!isValid() || loc.distance() < distance()) {
42        setLocations(loc);
43      }
44    }
45  }
```

如果上述代码要被重复调用（查询其他单词对的最短距离），则可以构造一个散列表，记录每个单词及其出现的位置。我们只需读取一次单词列表。在那之后可以使用相似的算法，但是只需要对位置进行迭代即可。

以下面的列表为例。

```
listA: {1, 2, 9, 15, 25}
listB: {4, 10, 19}
```

假设指针 pA 和 pB 指向每个列表的头部。我们的目标是让 pA 和 pB 指向尽可能接近的值。第一对可能的值是(1, 4)。

我们能找到的下一对值是什么？如果移动 pB，那么距离一定会变大。如果移动 pA，可能会得到更好的一对值。让我们移动 pA。

第二对可能的值是(2, 4)。这比前一对值要好，所以把它记录成最优值。

我们再次移动 pA，得到(9, 4)。这比之前的值要差。

因为 pA 的值大于 pB 的值，我们现在开始移动 pB。得到(9, 10)。

接下来会得到(15, 10)，然后是(15, 19)，再然后是(25, 19)。

可以实现如下所示的算法。

```
1   LocationPair findClosest(String word1, String word2,
2                            HashMapList<String, Integer> locations) {
3     ArrayList<Integer> locations1 = locations.get(word1);
4     ArrayList<Integer> locations2 = locations.get(word2);
5     return findMinDistancePair(locations1, locations2);
6   }
7
8   LocationPair findMinDistancePair(ArrayList<Integer> array1,
9                                    ArrayList<Integer> array2) {
10    if (array1 == null || array2 == null || array1.size() == 0 ||
11        array2.size() == 0) {
12      return null;
13    }
14
15    int index1 = 0;
16    int index2 = 0;
17    LocationPair best = new LocationPair(array1.get(0), array2.get(0));
18    LocationPair current = new LocationPair(array1.get(0), array2.get(0));
19
```

```
20    while (index1 < array1.size() && index2 < array2.size()) {
21      current.setLocations(array1.get(index1), array2.get(index2));
22      best.updateWithMin(current); // 如果更短，则更新值
23      if (current.location1 < current.location2) {
24        index1++;
25      } else {
26        index2++;
27      }
28    }
29
30    return best;
31  }
32
33  /* 预计算 */
34  HashMapList<String, Integer> getWordLocations(String[] words) {
35    HashMapList<String, Integer> locations = new HashMapList<String, Integer>();
36    for (int i = 0; i < words.length; i++) {
37      locations.put(words[i], i);
38    }
39    return locations;
40  }
41
42  /* HashMapList<String, Integer> 是从 String 到
43   * ArrayList<Integer>的散列表。实现细节详见附录 A */
```

该算法的预处理步骤花费 $O(N)$ 的时间，其中 N 为字符串中单词的数目。

找到最接近的位置将会花费 $O(A + B)$ 时间，其中 A 是第一个单词出现的次数，B 是第二个单词出现的次数。

17.12 BiNode。 有个名为 BiNode 的简单数据结构，包含指向另外两个节点的指针。

```
public class BiNode {
    public BiNode node1, node2;
    public int data;
}
```

BiNode 可用来表示二叉树（其中 node1 为左子节点，node2 为右子节点）或双向链表（其中 node1 为前趋节点，node2 为后继节点）。实现一个方法，把用 BiNode 实现的二叉搜索树转换为双向链表，要求值的顺序保持不变，转换操作应是原址的，也就是在原始的二叉搜索树上直接修改。

题目解法

这个看似复杂的问题可以用递归法来实现。你需要对递归法了若指掌才能解出该题。

画一个简单的二叉搜索树。

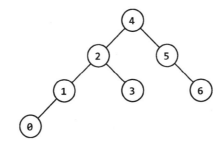

下面的 convert 方法将其转换为了双向链表。

0 <-> 1 <-> 2 <-> 3 <-> 4 <-> 5<-> 6

让我们从根节点（节点 4）开始用递归法解决该问题。

已知树的左右两部分形成了各自的"子链表"（也就是说，它们在链表中以连续的形式出现）。因此，如果我们递归地将左右子树转换为双向链表，那么可以从这些结果构建为最终的链表吗？

当然可以！只需要合并不同的部分即可。

伪代码如下所示。

```
1   BiNode convert(BiNode node) {
2     BiNode left = convert(node.left);
3     BiNode right = convert(node.right);
4     mergeLists(left, node, right);
5     return left; // left 的头部
6   }
```

为了实现该解法的细节，我们需要得到每个链表的头部和尾部。可以用几种不同的方法实现。

解法 1：额外数据结构

第一个较容易的方法是创建一个新的数据结构，我们将其称为 NodePair。该数据结构只包含一个链表的头和尾。convert 方法可以返回 NodePair 类型的值。

下面的代码实现了这种方法。

```
1    private class NodePair {
2      BiNode head, tail;
3
4      public NodePair(BiNode head, BiNode tail) {
5        this.head = head;
6        this.tail = tail;
7      }
8    }
9
10   public NodePair convert(BiNode root) {
11     if (root == null) return null;
12
13     NodePair part1 = convert(root.node1);
14     NodePair part2 = convert(root.node2);
15
16     if (part1 != null) {
17       concat(part1.tail, root);
18     }
19
20     if (part2 != null) {
21       concat(root, part2.head);
22     }
23
24     return new NodePair(part1 == null ? root : part1.head,
25                         part2 == null ? root : part2.tail);
26   }
27
28   public static void concat(BiNode x, BiNode y) {
29     x.node2 = y;
30     y.node1 = x;
31   }
```

上面的代码仍然可以在原址转换 BiNode 数据结构。我们只是使用 NodePair 作为返回值的数据结构，也可以选择使用一个双元素的 BiNode 数组来实现同一目的，但是后者实现起来会有点混乱不堪，而写代码要尽量整洁，在面试中更是如此。

如果能在不借助这些额外数据结构的情况下解题，那就再好不过了。其实可以做到。

解法 2：获取尾部节点

和使用 NodePair 来返回链表的头和尾不同的是，我们可以只返回头部。在此之后，可以使用头部找到链表的尾部。

```
1   BiNode convert(BiNode root) {
2     if (root == null) return null;
3
4     BiNode part1 = convert(root.node1);
5     BiNode part2 = convert(root.node2);
6
7     if (part1 != null) {
8       concat(getTail(part1), root);
9     }
10
11    if (part2 != null) {
12      concat(root, part2);
13    }
14
15    return part1 == null ? root : part1;
16  }
17
18  public static BiNode getTail(BiNode node) {
19    if (node == null) return null;
20    while (node.node2 != null) {
21      node = node.node2;
22    }
23    return node;
24  }
```

除了调用 getTail 之外，该代码几乎与第一个解法相同。然而，该解法不太高效。深度为 d 的叶节点将被 getTail 方法调用 d 次（每个位于叶节点上方的节点都会调用一次）。这样一来，总体时间复杂度会变为 $O(N^2)$，其中 N 是树中节点的数目。

解法 3：构建循环链表

基于解法 2，我们可以构建第三个也是最后一个解法。

这种方法需要将链表的头部和尾部用 BiNode 类型返回。我们可以将每个列表作为一个循环链表的头部返回。为了得到它的链表尾部，只需调用 head.node1。

```
1   BiNode convertToCircular(BiNode root) {
2     if (root == null) return null;
3
4     BiNode part1 = convertToCircular(root.node1);
5     BiNode part3 = convertToCircular(root.node2);
6
7     if (part1 == null && part3 == null) {
8       root.node1 = root;
9       root.node2 = root;
10      return root;
11    }
12    BiNode tail3 = (part3 == null) ? null : part3.node1;
13
14    /* 将 left 与 root 合并 */
15    if (part1 == null) {
16      concat(part3.node1, root);
17    } else {
18      concat(part1.node1, root);
19    }
20
```

```
21    /* 将 right 与 root 合并 */
22    if (part3 == null) {
23      concat(root, part1);
24    } else {
25      concat(root, part3);
26    }
27
28    /* 将 left 与 right 合并 */
29    if (part1 != null && part3 != null) {
30      concat(tail3, part1);
31    }
32
33    return part1 == null ? root : part1;
34  }
35
36  /* 将列表转化为环形链表, 再切断环形连接 */
37  BiNode convert(BiNode root) {
38    BiNode head = convertToCircular(root);
39    head.node1.node2 = null;
40    head.node1 = null;
41    return head;
42  }
```

注意, 我们已经将代码的主要部分转移到 convertToCircular 方法中。convert 方法调用此方法来获得循环链表的头部, 然后断开循环连接。

该方法花费 $O(N)$ 的时间, 因为每个节点平均下来只被触及 1 次, 或者更准确地说, 是 $O(1)$ 次。

17.13   恢复空格。哦, 不! 你不小心把一个长篇文章中的空格、标点都删掉了, 并且大写也弄成了小写。像句子 "I reset the computer. It still didn't boot!" 已经变成了 "iresetthecomputeritstilldidntboot"。在处理标点符号和大小写之前, 你得先把它断成词语。当然了, 你有一本厚厚的词典, 用一个 string 的集合表示。不过, 有些词没在词典里。假设文章用 string 表示, 设计一个算法, 把文章断开, 要求未识别的字符最少。

示例:

输入: jesslookedjustliketimherbrother

输出: <u>jess</u> looked just like <u>tim</u> her brother (7 个未识别的字符)

题目解法

一些面试官喜欢直奔主题, 抛出具体的问题。但也有一些人喜欢给你很多不必要的上下文, 比如这个问题。在这种情况下, 抓住问题的题干至关重要。

在该题目中, 核心问题实际上是要找到一种方法来将字符串分解成单个单词, 这种方法在解析过程中要尽量少用 "省略" 字符。

注意, 我们并不试图 "理解" 字符串。我们可以把 "thisisawesome" 这个字符串解析为 "this is a we some", 也可以将其解析为 "this is awesome"。

1. 蛮力法

解决这个问题的关键在于找到一种方法来定义解法 (即解析字符串) 的子问题, 其中一种方法是对字符串进行递归操作。

我们首先要做出的选择就是在哪里插入空格。是在第一个字符之后吗? 还是第二个字符或者第三个字符之后?

让我们以 thisismikesfavoritefood 这个字符串为例。在哪里插入第一个空格呢?

❏ 在 t 之后插入 1 个空格，会得到 1 个无效的字符。

❏ 在 th 之后插入 1 个空格，会得到 2 个无效字符。

❏ 在 thi 之后插入 1 个空格，会得到 3 个无效字符。

❏ 在 this 之后插入 1 个空格，会得到 1 个完整的词。此时没有无效字符。

❏ 在 thisi 之后插入 1 个空格，会得到 5 个无效字符。

❏ ……以此类推。

在选择第一个插入空格的位置后，可以递归地选择第二个插入空格的位置，然后是第三个插入空格的位置，以此类推，直到处理完这个字符串为止。

在所有这些选项的返回值中，我们选择其中最好的一个（无效字符最少）。

函数应该返回什么？我们既需要在递归路径中使用无效字符的数量，也需要实际的解析结果。因此，只需要使用一个自定义的 ParseResult 类返回这两个结果。

```
1   String bestSplit(HashSet<String> dictionary, String sentence) {
2     ParseResult r = split(dictionary, sentence, 0);
3     return r == null ? null : r.parsed;
4   }
5
6   ParseResult split(HashSet<String> dictionary, String sentence, int start) {
7     if (start >= sentence.length()) {
8       return new ParseResult(0, "");
9     }
10
11    int bestInvalid = Integer.MAX_VALUE;
12    String bestParsing = null;
13    String partial = "";
14    int index = start;
15    while (index < sentence.length()) {
16      char c = sentence.charAt(index);
17      partial += c;
18      int invalid = dictionary.contains(partial) ? 0 : partial.length();
19      if (invalid < bestInvalid) { // 短路
20        /* 递归，在此字符后加入一个空格。如果此处比当前最好情况更好，则用此处代替当前最好情况 */
21        ParseResult result = split(dictionary, sentence, index + 1);
22        if (invalid + result.invalid < bestInvalid) {
23          bestInvalid = invalid + result.invalid;
24          bestParsing = partial + " " + result.parsed;
25          if (bestInvalid == 0) break; // 短路
26        }
27      }
28
29      index++;
30    }
31    return new ParseResult(bestInvalid, bestParsing);
32  }
33
34  public class ParseResult {
35    public int invalid = Integer.MAX_VALUE;
36    public String parsed = " ";
37    public ParseResult(int inv, String p) {
38      invalid = inv;
39      parsed = p;
40    }
41  }
```

我们在该解法中实现了两处"短路"操作。

□ 第 21 行：如果当前无效字符的数量超过了已知最佳的无效字符数，即知道这条递归路
径不是理想路径，那么继续该路径没有意义。

□ 第 29 行：如果发现一个路径没有无效字符，即知道没有更好的方案了。不妨使用这条
路径。

这个解法的时间复杂度是什么？在实践中很难真正地描述该时间复杂度，因为它取决于所
使用的语言（如英语）。

一种算出该时间复杂度的方法是，想象一种奇怪的语言，使用该语言基本上所有的递归路
径都会被计算。在这种情况下，我们在每个字符上都做出两种选择。如果有 n 个字符，时间复
杂度则为 $O(2^n)$。

2. 优化解法

当有一个指数级时间复杂度的递归算法时，我们通常通过记忆技术（即缓存结果）来优化
该算法。为此，我们需要找到共同的子问题。

递归路径在哪里会重叠？也就是说，共同的子问题出现在哪里？

让我们再来想象一下这个字符串 thisismikesfavoritefood。再次假设所有词都是有效词汇。

在本例中，我们尝试在 t 之后插入第一个空格，并尝试在 th（以及许多其他选项）之后插
入第一个空格。想想下一个选项是什么。

```
split(thisismikesfavoritefood) ->
      t + split(hisismikesfavoritefood)
   OR th + split(isismikesfavoritefood)
   OR ...

split(hisismikesfavoritefood) ->
      h + split(isismikesfavoritefood)
   OR ...

...
```

在 t 和 h 之后加上一个空格与在 th 之后插入一个空格会有相同的递归路径。当有相同的
结果时，计算 split(isismikesfavoritefood)两次是毫无意义的。

我们应该缓存结果。可以通过使用散列表进行缓存，该散列表应从当前子字符串映射到
ParseResult 对象。

实际上，不需要让当前的子字符串成为散列表的键。字符串中的 start 索引足够表示一个子字
符串。毕竟，如果我们要使用子字符串，可以调用 sentence.substring(start, sentence.length)。
因此，散列表将从一个起始索引映射到从该索引到字符串结束所产生的最佳解析结果。

同时，因为起始索引是散列表的键，所以根本不需要一个真正的散列表。我们使用一个由
ParseResult 对象组成的数组即可。该数组同样可以起到从索引映射到对象的作用。

代码与之前的函数基本相同，但该解法代码中使用了 memo 表（缓存）。第一次调用该函数
时，首先查询该表；返回时，设置该表的值。

```
1   String bestSplit(HashSet<String> dictionary, String sentence) {
2     ParseResult[] memo = new ParseResult[sentence.length()];
3     ParseResult r = split(dictionary, sentence, 0, memo);
4     return r == null ? null : r.parsed;
5   }
6
7   ParseResult split(HashSet<String> dictionary, String sentence, int start,
8                     ParseResult[] memo) {
9     if (start >= sentence.length()) {
```

```
10    return new ParseResult(0, "");
11  } if (memo[start] != null) {
12    return memo[start];
13  }
14
15  int bestInvalid = Integer.MAX_VALUE;
16  String bestParsing = null;
17  String partial = "";
18  int index = start;
19  while (index < sentence.length()) {
20    char c = sentence.charAt(index);
21    partial += c;
22    int invalid = dictionary.contains(partial) ? 0 : partial.length();
23    if (invalid < bestInvalid) { // 短路
24      /* 递归，在此字符后加入一个空格。如果此处比当前最好情况更好，则用此处代替当前最好情况 */
25      ParseResult result = split(dictionary, sentence, index + 1, memo);
26      if (invalid + result.invalid < bestInvalid) {
27        bestInvalid = invalid + result.invalid;
28        bestParsing = partial + " " + result.parsed;
29        if (bestInvalid == 0) break; // 短路
30      }
31    }
32
33    index++;
34  }
35  memo[start] = new ParseResult(bestInvalid, bestParsing);
36  return memo[start];
37 }
```

理解该解法的时间复杂度比之前的解法更加棘手。再想象一个非常奇特的例子。在这个例子中，所有的单词看起来都是一个有效的单词。

可行的一种方法是，认识到 split(i) 只会对每个 i 的值进行一次计算。假设我们已经通过 split(n - 1) 调用了 split(i+1)，当调用 split(i) 时会发生什么？

```
split(i) -> calls:
    split(i + 1)
    split(i + 2)
    split(i + 3)
    split(i + 4)
    ...
    split(n - 1)
```

每个递归调用都已经计算过了，所以它们会立即返回。做 $n-i$ 次时间复杂度为 $O(1)$ 的调用将总共花费 $O(n-i)$ 的时间。这意味着，split(i) 将最多花费 $O(i)$ 的时间。

我们现在可以将同一逻辑方法应用于 split(i - 1)、split(i - 2) 等调用中去。如果我们调用一次 split(n - 1)，调用两次 split(n - 2)，调用三次 split(n - 3)，……调用 n 次 split(0)，那么总共会有多少次调用？这其实是从 1 到 n 所有数的和，即 $O(n^2)$。

因此，这个函数的时间复杂度是 $O(n^2)$。

17.14　最小 k 个数。 设计一个算法，找出数组中最小的 k 个数。

题目解法

此题有多种解法，下面将介绍其中三种：排序、小顶堆和选择排序（selection rank）。

一些算法需要修改数组。你应该和面试官讨论这个问题。但是请注意，即使不可以修改原始数组，你也可以克隆数组并修改克隆的结果。这不会影响任何算法的整体大 O 时间。

解法 1：排序

按升序排序所有元素，然后取出前 k 个数。

```
1  int[] smallestK(int[] array, int k) {
2    if (k <= 0 || k > array.length) {
3      throw new IllegalArgumentException();
4    }
5
6    /* 数组排序 */
7    Arrays.sort(array);
8
9    /* 复制前 k 个元素 */
10   int[] smallest = new int[k];
11   for (int i = 0; i < k; i++) {
12     smallest[i] = array[i];
13   }
14   return smallest;
15 }
```

该算法的时间复杂度为 $O(n \log(n))$。

解法 2：大顶堆

我们可以使用大顶堆来解题。首先，为前 k 个数字创建一个大顶堆（最大元素位于堆顶）。然后，遍历整个数列，将每个元素插入大顶堆，并删除最大的元素（即根元素）。

遍历结束后，我们将得到一个堆，刚好包含最小的 k 个数字。这个算法的时间复杂度为 $O(n \log(m))$，其中 m 为待查找数值的数量。

```
1  int[] smallestK(int[] array, int k) {
2    if (k <= 0 || k > array.length) {
3      throw new IllegalArgumentException();
4    }
5
6    PriorityQueue<Integer> heap = getKMaxHeap(array, k);
7    return heapToIntArray(heap);
8  }
9
10 /* 创建最小 k 个元素的大顶堆 */
11 PriorityQueue<Integer> getKMaxHeap(int[] array, int k) {
12   PriorityQueue<Integer> heap =
13     new PriorityQueue<Integer>(k, new MaxHeapComparator());
14   for (int a : array) {
15     if (heap.size() < k) { // 如果仍有空间
16       heap.add(a);
17     } else if (a < heap.peek()) { // 如果无空间且顶部较小
18       heap.poll(); // 删除最大值
19       heap.add(a); // 加入新元素
20     }
21   }
22   return heap;
23 }
24
25 /* 将堆转化为数组 */
26 int[] heapToIntArray(PriorityQueue<Integer> heap) {
27   int[] array = new int[heap.size()];
28   while (!heap.isEmpty()) {
29     array[heap.size() - 1] = heap.poll();
30   }
31   return array;
32 }
```

```
33
34  class MaxHeapComparator implements Comparator<Integer> {
35      public int compare(Integer x, Integer y) {
36          return y - x;
37      }
38  }
```

Java 使用 PriorityQueue 类提供类似于堆的功能。默认情况下，它是一个最小堆，即最小的元素在顶部。要切换到最大堆使最大的元素成为顶部元素，我们可以传入一个不同的比较器（comparator）。

解法 3：选择排序算法（如果元素各不相同）

在计算机科学中，选择排序算法众所周知，该算法可以在线性时间内找到数组中第 i 个最小（或最大）的元素。

如果这些元素各不相同，则可在预期的 $O(n)$ 时间内找到第 i 个最小的元素。该算法的基本流程如下。

(1) 在数组中随机挑选一个元素，将它用作 pivot（基准）。以 pivot 为基准划分所有元素，记录 pivot 左边的元素个数。

(2) 如果左边刚好有 i 个元素，则直接返回左边最大的元素。

(3) 如果左边元素个数大于 i，则继续在数组左边部分重复执行该算法。

(4) 如果左边元素个数小于 i，则在数组右边部分重复执行该算法，但只查找排 i - leftSize 的那个元素。

一旦找到了第 i 个最小的元素，就能得知所有小于此值的元素将会在该元素的左边（因为你已经对数组进行了相应的分割）。现在只需返回前 i 个元素。

下面是该算法的实现代码。

```
1   int[] smallestK(int[] array, int k) {
2     if (k <= 0 || k > array.length) {
3       throw new IllegalArgumentException();
4     }
5
6     int threshold = rank(array, k - 1);
7     int[] smallest = new int[k];
8     int count = 0;
9     for (int a : array) {
10      if (a <= threshold) {
11        smallest[count] = a;
12        count++;
13      }
14    }
15    return smallest;
16  }
17
18  /* 通过 rank 获取元素 */
19  int rank(int[] array, int rank) {
20    return rank(array, 0, array.length - 1, rank);
21  }
22
23  /* 通过 rank 获取 left 与 right 间的元素 */
24  int rank(int[] array, int left, int right, int rank) {
25    int pivot = array[randomIntInRange(left, right)];
26    int leftEnd = partition(array, left, right, pivot);
27    int leftSize = leftEnd - left + 1;
28    if (rank == leftSize - 1) {
```

10

```
29        return max(array, left, leftEnd);
30      } else if (rank < leftSize) {
31        return rank(array, left, leftEnd, rank);
32      } else {
33        return rank(array, leftEnd + 1, right, rank - leftSize);
34      }
35    }
36
37    /* 以 pivot 为中点分组，所有小于等于 pivot 的元素均出现在大于 pivot 的元素之前 */
38    int partition(int[] array, int left, int right, int pivot) {
39      while (left <= right) {
40        if (array[left] > pivot) {
41          /* left 大于 pivot，将其交换至右侧 */
42          swap(array, left, right);
43          right--;
44        } else if (array[right] <= pivot) {
45          /* right 小于 pivot，将其交换至左侧 */
46          swap(array, left, right);
47          left++;
48        } else {
49          /* left 和 right 位置正确。扩展范围 */
50          left++;
51          right--;
52        }
53      }
54      return left - 1;
55    }
56
57    /* 获取指定范围内的随机整数 */
58    int randomIntInRange(int min, int max) {
59      Random rand = new Random();
60      return rand.nextInt(max + 1 - min) + min;
61    }
62
63    /* 交换 i 和 j 位置的值 */
64    void swap(int[] array, int i, int j) {
65      int t = array[i];
66      array[i] = array[j];
67      array[j] = t;
68    }
69
70    /* 获取 left 和 right 之间的最大值 */
71    int max(int[] array, int left, int right) {
72      int max = Integer.MIN_VALUE;
73      for (int i = left; i <= right; i++) {
74        max = Math.max(array[i], max);
75      }
76      return max;
77    }
```

如果这些元素有重复值（一般不大可能），就需要对这个算法略作调整，以适应这一变化。

解法 4：选择排序算法（如果元素不是唯一的）

需要对 partition 函数进行较大更改。我们将数组以基准元素进行分割，现在将该数组划分为三个部分：小于 pivot、等于 pivot 和大于 pivot。

还需要对 rank 函数稍作调整。现在通过比较左边部分和中间部分的大小来排序。

```
1    class PartitionResult {
2      int leftSize, middleSize;
3      public PartitionResult(int left, int middle) {
```

```
4       this.leftSize = left;
5       this.middleSize = middle;
6   }
7 }
8
9 int[] smallestK(int[] array, int k) {
10    if (k <= 0 || k > array.length) {
11      throw new IllegalArgumentException();
12    }
13
14    /* 获取排序为 k-1 的项目 */
15    int threshold = rank(array, k - 1);
16
17    /* 复制小于阈值的项目 */
18    int[] smallest = new int[k];
19    int count = 0;
20    for (int a : array) {
21      if (a < threshold) {
22        smallest[count] = a;
23        count++;
24      }
25    }
26
27    /* 如果仍有空间，则一定有和阈值相等的项目。复制它们 */
28    while (count < k) {
29      smallest[count] = threshold;
30      count++;
31    }
32
33    return smallest;
34 }
35
36 /* 查找排序为 k 的值 */
37 int rank(int[] array, int k) {
38    if (k >= array.length) {
39      throw new IllegalArgumentException();
40    }
41    return rank(array, k, 0, array.length - 1);
42 }
43
44 /* 在 start 和 end 之间的子数组中查找排序为 k 的值 */
45 int rank(int[] array, int k, int start, int end) {
46    /* 以任意值为中点进行分组 */
47    int pivot = array[randomIntInRange(start, end)];
48    PartitionResult partition = partition(array, start, end, pivot);
49    int leftSize = partition.leftSize;
50    int middleSize = partition.middleSize;
51
52    /* 搜索一部分宿主 */
53    if (k < leftSize) { // 排序 k 的值在左半边
54      return rank(array, k, start, start + leftSize - 1);
55    } else if (k < leftSize + middleSize) { // 排序 k 的值在中间
56      return pivot; // 中间的值都为 pivot
57    } else { // 排序 k 的值在右半边
58      return rank(array, k - leftSize - middleSize, start + leftSize + middleSize,
59              end);
60    }
61 }
62
63 /* 按照小于 pivot、等于 pivot、大于 pivot 的顺序对数组进行分组 */
64 PartitionResult partition(int[] array, int start, int end, int pivot) {
```

10

```
65      int left = start; /* 左半边的右侧边界 */
66      int right = end; /* 右半边的左侧边界 */
67      int middle = start; /* 中部的右边界 */
68      while (middle <= right) {
69        if (array[middle] < pivot) {
70          /* middle 处的元素小于 pivot。left 也小于等于 pivot。对其进行交换。
71           * middle 和 left 应该加一 */
72          swap(array, middle, left);
73          middle++;
74          left++;
75        } else if (array[middle] > pivot) {
76          /* middle 处的元素大于 pivot。right 可能为任意值。对其进行交换。
77           * 因此，新的 right 处的值必定大于 pivot。向右移动一位 */
78          swap(array, middle, right);
79          right--;
80        } else if (array[middle] == pivot) {
81          /* middle 处的值与 pivot 相同。移动一位 */
82          middle++;
83        }
84      }
85
86      /* 返回 left 和 middle 的大小 */
87      return new PartitionResult(left - start, right - left + 1);
88    }
```

请注意对 smallestK 所作的更改。我们不能只是将所有小于或等于 threshold 的元素复制到数组中。因为有重复元素，所以可能有远远多于 k 个元素小于或等于 threshold。我们也不能只说"好的，只复制 k 个元素"。可能在不经意间就用"相等元素"填满了数组，而没有给较小的元素留出足够的空间。

该题解法相当简单：先复制较小的元素，然后在数组尾部填充相等的元素。

17.15   最长单词。 给定一组单词，编写一个程序，找出其中的最长单词，且该单词由这组单词中的其他单词组合而成。

示例：

> 输入：cat, banana, dog, nana, walk, walker, dogwalker
>
> 输出：dogwalker

题目解法

此题看似复杂，让我们先来简化一番。如果只是想知道由列表中的其他两个单词组成的最长单词，该怎么处理？

我们可以通过遍历整个列表，从最长单词到最短单词，将每个单词分割成所有可能的两半，然后检查左右两半是否在列表中。

上述做法的伪码大致如下。

```
1   String getLongestWord(String[] list) {
2     String[] array = list.SortByLength();
3     /* 创建 map 以便查找 */
4     HashMap<String, Boolean> map = new HashMap<String, Boolean>;
5
6     for (String str : array) {
7       map.put(str, true);
8     }
9
10    for (String s : array) {
11      // 切分成所有可能的两半
```

```
12      for (int i = 1; i < s.length(); i++) {
13        String left = s.substring(0, i);
14        String right = s.substring(i);
15        // 检查左右两半是否在数组中
16        if (map[left] == true && map[right] == true) {
17          return s;
18        }
19      }
20    }
21    return str;
22  }
```

若知道最长单词由另外两个单词组合而成时，以上方法非常行之有效。但是，若单词可以由任意数量的其他单词组成，又该怎么办呢？

在这种情况下，我们可以采用非常相似的做法，只修改一处：之前会检查右半部分是否在数组中，现在改为递归检查右半部分可否由数组其他元素构建出来。

下面是该算法的实现代码。

```
1   String printLongestWord(String arr[]) {
2     HashMap<String, Boolean> map = new HashMap<String, Boolean>();
3     for (String str : arr) {
4       map.put(str, true);
5     }
6     Arrays.sort(arr, new LengthComparator()); // 按长度排序
7     for (String s : arr) {
8       if (canBuildWord(s, true, map)) {
9         System.out.println(s);
10        return s;
11      }
12    }
13    return "";
14  }
15
16  boolean canBuildWord(String str, boolean isOriginalWord,
17                       HashMap<String, Boolean> map) {
18    if (map.containsKey(str) && !isOriginalWord) {
19      return map.get(str);
20    }
21    for (int i = 1; i < str.length(); i++) {
22      String left = str.substring(0, i);
23      String right = str.substring(i);
24      if (map.containsKey(left) && map.get(left) == true &&
25          canBuildWord(right, false, map)) {
26        return true;
27      }
28    }
29    map.put(str, false);
30    return false;
31  }
```

注意，可对该解法稍作优化。我们使用动态规划方法缓存了多次调用之间的结果。这样一来，如需反复检查有无办法构造 testingtester，只需计算一次即可。

布尔标志 isOriginalWord 用于完成上述优化。调用 canBuildWord 方法时，会传入原始单词和每个子串，对于该算法，第一步会先检查缓存里有无之前计算好的结果。但是，这里也有个问题：对于原始单词，map 会将这些单词初始化为 true，但我们又不想返回 true（因为单词不能只由它本身组成）。因此，对于原始单词，我们会利用 isOriginalWord 标志直接跳过这项检查。

17.16　按摩师。一个有名的按摩师会收到源源不断的预约请求，每个预约都可以选择接或不接。在每次预约服务之间要有 15 分钟的休息时间，因此她不能接受时间相邻的预约。给定一个预约请求序列（都是 15 分钟的倍数，没有重叠，也无法移动），替按摩师找到最优的预约集合（总预约时间最长），返回总的分钟数。

示例：

> 输入：{30, 15, 60, 75, 45, 15, 15, 45}
> 输出：180 minutes ({30, 60, 45, 45})

题目解法

让我们先看一个例子。通过直观地作图来更好地理解这个问题。图中每个数字表示预约的分钟数。

$r_0 = 75$	$r_1 = 105$	$r_2 = 120$	$r_3 = 75$	$r_4 = 90$	$r_5 = 135$

或者我们也可以将所有的值（包括休息时间）除以 15 分钟，这样就可以得到数组{5, 7, 8, 5, 6, 9}。两种表示方法相同，但现在休息时间是 1 分钟。

这个问题的最佳预约方法总计有 330 分钟，由{$r_0 = 75$，$r_2 = 120$，$r_5 = 135$}组成。注意，我们有意选择了一个例子，在这个例子中，最佳的预约顺序不是通过严格的交替序列形成的。

我们还应该认识到，首先选择最长预约（"贪婪"策略）未必是最佳选择。例如，像{45, 60, 45, 15}这样的序列在最优集合中不会包含 60。

解法 1：递归法

我们第一个想到是递归法。当列出预约清单时，实际上有多种选择。是否选择这个预约？如果选择预约 i，则必须跳过预约 $i+1$，因为不能选择连续的预约。预约 $i+2$ 是一种可能的但不一定是最好的选择。

```
1    int maxMinutes(int[] massages) {
2      return maxMinutes(massages, 0);
3    }
4
5    int maxMinutes(int[] massages, int index) {
6      if (index >= massages.length) { // 超出边界
7        return 0;
8      }
9
10     /* 有此预约最佳情况 */
11     int bestWith = massages[index] + maxMinutes(massages, index + 2);
12
13     /* 无此预约最佳情况 */
14     int bestWithout = maxMinutes(massages, index + 1);
15
16     /* 从该 index 开始返回子数组的最佳值 */
17     return Math.max(bestWith, bestWithout);
18   }
```

因为在每个元素中做了两种选择，而我们重复了 n 次（其中 n 为按摩次数），所以这个解法的运行时间是 $O(2^n)$。

由于递归调用使用了栈，因此空间复杂度是 $O(n)$。

我们也可以通过一个长度为 5 的数组来描述递归调用树。每个节点中的数字表示调用 maxMinutes 时的索引值。例如，你会发现，maxMinutes(massages, 0)调用 maxMinutes(massages, 1) 和 maxMinutes(massages, 2)。

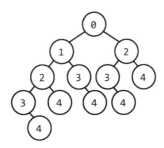

和许多递归问题一样，我们应该评估一下是否有可能记忆重复的子问题。事实上确实可以。

解法 2：递归法 + 记忆法

我们将在相同输入的情况下重复调用 maxMinutes。例如，当决定是否要选择预约 0 时，将以索引 2 为输入调用 maxMinutes。当决定是否要选择预约 1 时，也将以索引 2 为输入调用 maxMinutes。我们需要记忆该结果。

该 memo 表只是一个从 index 到最大分钟的映射。因此，一个简单的数组就足够了。

```
1   int maxMinutes(int[] massages) {
2     int[] memo = new int[massages.length];
3     return maxMinutes(massages, 0, memo);
4   }
5
6   int maxMinutes(int[] massages, int index, int[] memo) {
7     if (index >= massages.length) {
8       return 0;
9     }
10
11    if (memo[index] == 0) {
12      int bestWith = massages[index] + maxMinutes(massages, index + 2, memo);
13      int bestWithout = maxMinutes(massages, index + 1, memo);
14      memo[index] = Math.max(bestWith, bestWithout);
15    }
16
17    return memo[index];
18  }
```

为了确定运行时间，我们将像以前一样绘制相同的递归调用树，但是将会把立即返回的调用涂成灰色，并将不会发生的调用完全删除。

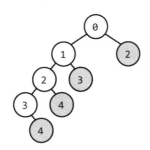

如果画一棵更大的树，会看到类似的图案。这棵树看起来基本是线性的，只有左边有一个分支。这表明该解法的时间复杂度为 $O(n)$，空间复杂度也为 $O(n)$。空间使用来自于递归调用栈以及 memo 表。

解法 3：迭代法

可以做得更好吗？我们当然无法在时间复杂度上有所提高，因为必须读取每一个预约信息。

然而，我们也许能够提高空间复杂度。这意味着需要以非递归方式解决问题。

让我们再看一下第一个例子。

| $r_0 = 30$ | $r_1 = 15$ | $r_2 = 60$ | $r_3 = 75$ | $r_4 = 45$ | $r_5 = 15$ | $r_6 = 15$ | $r_7 = 45$ |

正如我们在问题描述中所指出的，不接受相邻的预约。

不过，还可以观察到另一件事：我们不应该**跳过**连续三次预约，也就是说，如果想选择 r_0 和 r_3，那么可以跳过 r_1 和 r_2。但是不会跳过 r_1、r_2 和 r_3，因为这并不是最佳方案。我们可以通过选择中间元素来改进预约的集合。

这意味着，如果取 r_0，那么肯定会跳过 r_1，选择 r_2 和 r_3 中的一个。这极大地限制了我们来计算可能的情况，为使用迭代法解题创造了可能。

回想一下之前是怎么用递归法加上记忆法解题的，尝试反推其中的逻辑方法，换句话说，试着用迭代法解答此题。

一种有效的方法是对数组从后向前进行计算。在每个元素处，计算子数组的解题方法。

❑ best(7)：{$r_7 = 45$}的最佳方案是什么？如果选择 r_7，总计得到 45 分钟。所以 best(7) = 45。

❑ best(6)：{$r_6 = 15$, ...}的最佳方案是什么？依然是 45 分钟。所以 best(6) = 45。

❑ best(5)：{$r_5 = 15$, ...}的最佳方案是什么？有如下两种选择。

　■ 选择 $r_5 = 15$ 并将其与 best(7) = 45 合并。

　■ 选择 best(6) = 45。

　前者总计 60 分钟，所以 best(5) = 60。

❑ best(4)：{$r_4 = 45$, ...}的最佳方案是什么？有如下两种选择。

　■ 选择 $r_4 = 45$ 并将其与 best(6) = 45 合并。

　■ 选择 best(5) = 60。

　前者总计 90 分钟，所以 best(4) = 90。

❑ best(3)：{$r_3 = 75$, ...}的最佳方案是什么？有如下两种选择。

　■ 选择 $r_3 = 75$ 并将其与 best(5) = 60 合并。

　■ 选择 best(4) = 90。

　前者总计 135 分钟，所以 best(3) = 135。

❑ best(2)：{$r_2 = 60$, ...}的最佳方案是什么？有如下两种选择。

　■ 选择 $r_2 = 60$ 并将其与 best(4) = 90 合并。

　■ 选择 best(3) = 135。

　前者总计 150 分钟，所以 best(2) = 150。

❑ best(1)：{$r_1 = 15$, ...}的最佳方案是什么？有如下两种选择。

　■ 选择 $r_1 = 15$ 并将其与 best(3) = 135 合并。

　■ 选择 best(2) = 150。

　前后两者结果一样，所以 best(1) = 150。

❑ best(0)：{$r_0 = 30$, ...}的最佳方案是什么？有如下两种选择。

　■ 选择 $r_0 = 30$ 并将其与 best(2) = 150 合并。

　■ 选择 best(1) = 150。

　前者总计 180 分钟，所以 best(0) = 180。

因此，我们返回 180 分钟。

下面的代码实现了这个算法。

```
1    int maxMinutes(int[] massages) {
2      /* 分配额外的两个元素的空间，这样我们就无须在 7~8 行的代码中检查边界 */
3      int[] memo = new int[massages.length + 2];
4      memo[massages.length] = 0;
5      memo[massages.length + 1] = 0;
6      for (int i = massages.length - 1; i >= 0; i--) {
7        int bestWith = massages[i] + memo[i + 2];
8        int bestWithout = memo[i + 1];
9        memo[i] = Math.max(bestWith, bestWithout);
10     }
11     return memo[0];
12   }
```

这个解法的运行时间是 $O(n)$，空间复杂度也是 $O(n)$。

该解法在某些方面很好，因为采用了迭代法，但该解法实际上并没有"胜出"。递归解法和此解法具有相同的时间和空间复杂度。

解法 4：优化时间和空间的迭代

在回顾最后一个解法的时候，可知我们只短暂使用了 memo 表中的值。一旦超过某索引若干个元素之后，就不再使用该索引了。

事实上，对于任何给定的索引 i，我们只需要知道 i + 1 和 i + 2 的最佳值。因此，可以删除 memo 表，只使用两个整数。

```
1    int maxMinutes(int[] massages) {
2      int oneAway = 0;
3      int twoAway = 0;
4      for (int i = massages.length - 1; i >= 0; i--) {
5        int bestWith = massages[i] + twoAway;
6        int bestWithout = oneAway;
7        int current = Math.max(bestWith, bestWithout);
8        twoAway = oneAway;
9        oneAway = current;
10     }
11     return oneAway;
12   }
```

该解法给出了可能情况下最优的时间和空间复杂度，分别为 $O(n)$ 和 $O(1)$。

为什么要从后向前计算？在许多问题中，通过数组从后向前计算是一种常见技巧。

然而，如果我们愿意，也可以从前向后计算。对一些人来说，这样做思考起来更容易，对其他人来说则更困难一些。在从前向后的解法中，我们应该问自己"以 a[i] 结尾的最佳集合是什么"，而不是问"从 a[i] 开始的最佳集合是什么"。

17.17 多次搜索。给定一个字符串 b 和一个包含较短字符串的数组 T，设计一个方法，根据 T 中的每一个较短字符串，对 b 进行搜索。

题目解法

让我们先从一个例子入手。

```
T = {"is", "ppi", "hi", "sis", "i", "ssippi"}
b = "mississippi"
```

注意，在以上示例中，要确保有一些字符串（比如"is"）在 b 中出现多次。

解法 1

这种简单解法一目了然。只需在较大字符串中搜索较小字符串。

```
1   HashMapList<String, Integer> searchAll(String big, String[] smalls) {
2     HashMapList<String, Integer> lookup =
3       new HashMapList<String, Integer>();
4     for (String small : smalls) {
5       ArrayList<Integer> locations = search(big, small);
6       lookup.put(small, locations);
7     }
8     return lookup;
9   }
10
11  /* 在较大字符串中找到所有较小字符串的位置 */
12  ArrayList<Integer> search(String big, String small) {
13    ArrayList<Integer> locations = new ArrayList<Integer>();
14    for (int i = 0; i < big.length() - small.length() + 1; i++) {
15      if (isSubstringAtLocation(big, small, i)) {
16        locations.add(i);
17      }
18    }
19    return locations;
20  }
21
22  /* 查看 small 字符串是否出现在 big 字符串 offset 位置处 */
23  boolean isSubstringAtLocation(String big, String small, int offset) {
24    for (int i = 0; i < small.length(); i++) {
25      if (big.charAt(offset + i) != small.charAt(i)) {
26        return false;
27      }
28    }
29    return true;
30  }
31
32  /* HashMapList 是从 String 映射到 ArrayList 的散列表。实现细节请见附录 A */
```

还可以使用 substring 和 equals 函数，而不用编写 isSubstringAtLocation。因为该方法不需要创建一堆子字符串，所以会稍快一些（虽然用大 O 表示速度是一样的）。

该方法需要 $O(kbt)$ 的时间，k 是 T 中最长的字符串的长度，b 是较大字符串的长度，t 是字符串 T 中较小字符串的数量。

解法 2

为了优化这个问题，我们应该考虑如何一次性处理 T 中的所有元素或以某种方式对计算进行重用。

一种方法是使用较大字符串中的每个后缀创建一个类似于 Trie 的数据结构。对于字符串 bibs，其后缀的列表是：bibs, ibs, bs, s。

该字符串对应的树如下。

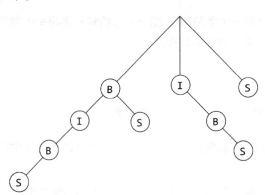

然后，你要做的就是在后缀树中搜索 T 中的每一个字符串。注意，如果 B 是一个单词，那么你会得到两个位置。

```
1   HashMapList<String, Integer> searchAll(String big, String[] smalls) {
2     HashMapList<String, Integer> lookup = new HashMapList<String, Integer>();
3     Trie tree = createTrieFromString(big);
4     for (String s : smalls) {
5       /* 获取每次出现的结束位置 */
6       ArrayList<Integer> locations = tree.search(s);
7
8       /* 调整至开始位置 */
9       subtractValue(locations, s.length());
10
11      /* 插入 */
12      lookup.put(s, locations);
13    }
14    return lookup;
15  }
16
17  Trie createTrieFromString(String s) {
18    Trie trie = new Trie();
19    for (int i = 0; i < s.length(); i++) {
20      String suffix = s.substring(i);
21      trie.insertString(suffix, i);
22    }
23    return trie;
24  }
25
26  void subtractValue(ArrayList<Integer> locations, int delta) {
27    if (locations == null) return;
28    for (int i = 0; i < locations.size(); i++) {
29      locations.set(i, locations.get(i) - delta);
30    }
31  }
32
33  public class Trie {
34    private TrieNode root = new TrieNode();
35
36    public Trie(String s) { insertString(s, 0); }
37    public Trie() {}
38
39    public ArrayList<Integer> search(String s) {
40      return root.search(s);
41    }
42
43    public void insertString(String str, int location) {
44      root.insertString(str, location);
45    }
46
47    public TrieNode getRoot() {
48      return root;
49    }
50  }
51
52  public class TrieNode {
53    private HashMap<Character, TrieNode> children;
54    private ArrayList<Integer> indexes;
55
56    public TrieNode() {
57      children = new HashMap<Character, TrieNode>();
```

```
58        indexes = new ArrayList<Integer>();
59      }
60
61      public void insertString(String s, int index) {
62        if (s == null) return;
63        indexes.add(index);
64        if (s.length() > 0) {
65          char value = s.charAt(0);
66          TrieNode child = null;
67          if (children.containsKey(value)) {
68            child = children.get(value);
69          } else {
70            child = new TrieNode();
71            children.put(value, child);
72          }
73          String remainder = s.substring(1);
74          child.insertString(remainder, index + 1);
75        } else {
76          children.put('\0', null); // 终止字符
77        }
78      }
79
80      public ArrayList<Integer> search(String s) {
81        if (s == null || s.length() == 0) {
82          return indexes;
83        } else {
84          char first = s.charAt(0);
85          if (children.containsKey(first)) {
86            String remainder = s.substring(1);
87            return children.get(first).search(remainder);
88          }
89        }
90        return null;
91      }
92
93      public boolean terminates() {
94        return children.containsKey('\0');
95      }
96
97      public TrieNode getChild(char c) {
98        return children.get(c);
99      }
100 }
101
102 /* HashMapList 是从 String 映射到 ArrayList 的散列表。实现细节请见附录 A */
```

该算法需要 $O(b^2)$ 的时间来创建树和 $O(kt)$ 的时间来搜索位置。

提示：k 是 T 中最长的字符串的长度，b 是较大字符串的长度，t 是字符串 T 中较小字符串的数量。

该算法总运行时间是 $O(b^2 + kt)$。

如果对预期输入所知甚少，则无法直接将 $O(b^2 + kt)$ 与前一个解法的运行时间 $O(bkt)$ 进行比较。如果 b 很大，$O(bkt)$ 则更优。但是如果有多个较小字符串，那么 $O(b^2 + kt)$ 可能会更好。

解法 3

另外，我们可以将所有较小的字符串添加到一个 trie 中。例如，字符串{{i, is, pp, ms}看起来就像下面的 trie。附加在节点上的星号（*）表示该节点是一个单词的结束。

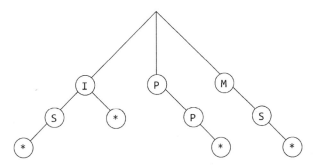

现在，如果想在 mississippi 中找到所有的单词，就从每个单词开始对该树进行搜索。

❑ m：首先要从 mississippi 的第一个字母 m 开始对 trie 进行查找。搜索到 mi，终止搜索。

❑ i：之后，到 mississippi 的第二个字母 i，发现 i 是一个完整的单词，就把它添加到列表中。一直继续搜索 i 会到达 is。这个字符串也是一个完整的单词，把它添加到列表中。这个节点没有更多的子节点，转到 mississippi 的下一个字符。

❑ s：现在到达字母 s。节点 s 没有第一层的节点，转入下一个字符。

❑ s：另一个 s 节点，继续下一个字符。

❑ i：发现另一个 i，找到 trie 的 i 节点。发现 i 是一个完整的单词，就把它添加到列表中。一直继续搜索 i 会到达 is。这个字符串也是一个完整的单词，就把它添加到列表中。这个节点没有更多的子节点，转到 mississippi 的下一个字符。

❑ s：到达字母 s。节点 s 没有第一层的节点，转入下一个字符。

❑ s：另一个 s 节点，继续下一个字符。

❑ i：找到 i 节点。发现 i 是一个完整的单词，就把它添加到列表中。mississippi 的下一个字符是 p，没有节点 p，在这里停止。

❑ p：发现字母 p，树中没有 p 节点。

❑ p：另一个字母 p。

❑ i：找到 i 节点。发现 i 是一个完整的单词，就把它添加到列表中。在 mississippi 中没有更多的字符了，即完成了该算法。

每次找到一个完整的"较小"单词，就把该单词添加到列表中紧挨着较大字符串（mississippi）的位置。

下面的代码实现了这个算法。

```
1   HashMapList<String, Integer> searchAll(String big, String[] smalls) {
2     HashMapList<String, Integer> lookup = new HashMapList<String, Integer>();
3     int maxLen = big.length();
4     TrieNode root = createTreeFromStrings(smalls, maxLen).getRoot();
5
6     for (int i = 0; i < big.length(); i++) {
7       ArrayList<String> strings = findStringsAtLoc(root, big, i);
8       insertIntoHashMap(strings, lookup, i);
9     }
10
11    return lookup;
12  }
13
14  /* 将每个字符串插入到 trie 中（每个字符串长度均不超过 maxLen）*/
15  Trie createTreeFromStrings(String[] smalls, int maxLen) {
16    Trie tree = new Trie("");
17    for (String s : smalls) {
```

```
18      if (s.length() <= maxLen) {
19        tree.insertString(s, 0);
20      }
21    }
22    return tree;
23  }
24
25  /* 以较大字符串中 start 位置为起始位置，在 trie 中查找字符串 */
26  ArrayList<String> findStringsAtLoc(TrieNode root, String big, int start) {
27    ArrayList<String> strings = new ArrayList<String>();
28    int index = start;
29    while (index < big.length()) {
30      root = root.getChild(big.charAt(index));
31      if (root == null) break;
32      if (root.terminates()) { // 完整字符串，加入到链表中
33        strings.add(big.substring(start, index + 1));
34      }
35      index++;
36    }
37    return strings;
38  }
39
40  /* HashMapList 是从 String 映射到 ArrayList 的散列表。实现细节请见附录 A */
```

该算法花费 $O(kt)$ 的时间来创建 trie 和 $O(bk)$ 的时间来搜索所有字符串。

> 提示：k 是 T 中最长的字符串的长度，b 是较大字符串的长度，t 是字符串 T 中较小字符串的数量。

解答该题目总用时为 $O(kt + bk)$。

解法 1 的时间复杂度是 $O(kbt)$。我们知道 $O(kt + bk)$ 一定会比 $O(kbt)$ 快。

解法 2 的时间复杂度是 $O(b2 + kt)$。因为 b 总是大于 k（如果不是，即知这个很长的字符串 k 不能在 b 中找到），所以我们知道解法 3 也比解法 2 快。

17.18 最短超串。假设你有两个数组，一个长一个短，短的元素均不相同。找到长数组中包含短数组所有的元素的最短子数组，其出现顺序无关紧要。

示例：

输入：{1, 5, 9} | {7, 5, 9, 0, 2, 1, 3, <u>5, 7, 9, 1</u>, 1, 5, 8, 8, 9, 7}

输出：[7, 10] (the underlined portion above)

题目解法

照例，可以先试试蛮力法。试着把它想象成你在对该题进行手动计算。你会怎么做？

让我们用问题中的例子来推导这个问题。将较小的数组称为 smallArray 并把较大的数组称为 bigArray。

1. 蛮力法

一种虽慢但简单的方法是对 bigArray 进行迭代，并对其进行小规模的重复遍历。

在 bigArray 的每个索引位置上，向前扫描，查找 smallArray 中每个元素的下一个出现位置。下一个出现位置的最大值将告诉我们从该索引开始的最短子数组［我们称之为"终结位置"（closure），也就是说，终结位置是从该索引开始的"终止"一个完整子数组的元素。例如，索引 3 的终结位置（在示例中值为 0）为索引 9］。

通过查找数组中每个索引的终结位置，我们可以找到最短的子数组。

```
1   Range shortestSupersequence(int[] bigArray, int[] smallArray) {
2     int bestStart = -1;
3     int bestEnd = -1;
4     for (int i = 0; i < bigArray.length; i++) {
5       int end = findClosure(bigArray, smallArray, i);
6       if (end == -1) break;
7       if (bestStart == -1 || end - i < bestEnd - bestStart) {
8         bestStart = i;
9         bestEnd = end;
10      }
11    }
12    return new Range(bestStart, bestEnd);
13  }
14
15  /* 给定一个索引位置，寻找终结位置（即若以该位置为子数组的终结位置，
16   * 该子数组将包含所有 smallArray 的元素）。这将成为 smallArray 每个
17   * 元素所对应的下一个位置中的最大值 */
18  int findClosure(int[] bigArray, int[] smallArray, int index) {
19    int max = -1;
20    for (int i = 0; i < smallArray.length; i++) {
21      int next = findNextInstance(bigArray, smallArray[i], index);
22      if (next == -1) {
23        return -1;
24      }
25      max = Math.max(next, max);
26    }
27    return max;
28  }
29
30  /* 获取从 index 位置开始的下一个出现位置 */
31  int findNextInstance(int[] array, int element, int index) {
32    for (int i = index; i < array.length; i++) {
33      if (array[i] == element) {
34        return i;
35      }
36    }
37    return -1;
38  }
39
40  public class Range {
41    private int start;
42    private int end;
43    public Range(int s, int e) {
44      start = s;
45      end = e;
46    }
47
48    public int length() { return end - start + 1; }
49    public int getStart() { return start; }
50    public int getEnd() { return end; }
51
52    public boolean shorterThan(Range other) {
53      return length() < other.length();
54    }
55  }
```

这个算法可能会花费 $O(SB^2)$ 的时间，其中 B 是 bigString 的长度，S 是 smallString 的长度。这是因为对于 B 个字符中的每一个字符，我们都有可能完成 $O(SB)$ 的计算：对字符串的其余部分进行 S 次扫描，其中有可能存在 B 个字符。

2. 优化解法

考虑一下如何优化上述算法。该算法运行缓慢的核心原因在于重复性的搜索。能否找到一种更快的方法，使得在给定一个索引的情况下，可以找出下一个特定字符出现的位置？

先看一个例子。设想有下面的数组，是否有一种方法可以快速地从每个索引位置找到下一个 5？

7, 5, 9, 0, 2, 1, 3, 5, 7, 9, 1, 1, 5, 8, 8, 9, 7

是的。因为要重复地完成该计算，所以可以在一次（由后向前的）扫描中预先计算出这些信息。由前向后遍历数组，跟踪上一次（最近）出现 5 的位置。

value	7	5	9	0	2	1	3	5	7	9	1	1	5	8	8	9	7
index	0	1	2	3	4	5	6	7	8	9	10	11	12	13	14	15	16
next 5	1	1	7	7	7	7	7	7	12	12	12	12	12	x	x	x	x

对{1, 5, 9}中的每一个元素执行此操作，只需由后向前扫描 3 次。

有些人想把以上方法合并成 1 次由后向前的扫描来处理所有 3 个值。这种方法似乎更快，但其实并非如此。在 1 次由后向前的扫描中，每次迭代要进行 3 次比较。N 次对列表进行扫描，每次扫描进行 3 次比较，该方法最终花费的时间不会优于 $3N$ 次对列表进行扫描而每次扫描进行 1 次比较这一方法。同时，只进行 1 次比较的扫描方法可以保持代码的整洁性。

value	7	5	9	0	2	1	3	5	7	9	1	1	5	8	8	9	7
index	0	1	2	3	4	5	6	7	8	9	10	11	12	13	14	15	16
next 1	5	5	5	5	5	5	10	10	10	10	10	11	x	x	x	x	x
next 5	1	1	7	7	7	7	7	7	12	12	12	12	12	x	x	x	x
next 9	2	2	2	9	9	9	9	9	9	9	15	15	15	15	15	15	x

`findNextInstance` 函数现在可以使用此表来查找下一个出现位置，而无须进行搜索计算。

但是，实际上可以让该方法更简单一些。使用上面的表，我们可以快速计算每个索引的终结位置。终结位置只是一列中的最大值。如果一列中存在一个值 x，同时不存在终结位置，则说明后续字符中再无该字符出现。

索引和终结位置之间的差即为从该索引开始的最小子数组。

value	7	5	9	0	2	1	3	5	7	9	1	1	5	8	8	9	7
index	0	1	2	3	4	5	6	7	8	9	10	11	12	13	14	15	16
next 1	5	5	5	5	5	5	10	10	10	10	10	11	x	x	x	x	x
next 5	1	1	7	7	7	7	7	7	12	12	12	12	12	x	x	x	x
next 9	2	2	2	9	9	9	9	9	9	9	15	15	15	15	15	15	x
closure	5	5	7	9	9	9	10	10	12	12	15	15	x	x	x	x	x
diff.	5	4	5	6	5	4	4	3	4	3	5	4	x	x	x	x	x

现在，我们要做的就是求出这张表中的最小距离。

```
1   Range shortestSupersequence(int[] big, int[] small) {
2     int[][] nextElements = getNextElementsMulti(big, small);
3     int[] closures = getClosures(nextElements);
4     return getShortestClosure(closures);
5   }
6
7   /* 构造下一次出现位置的表格 */
8   int[][] getNextElementsMulti(int[] big, int[] small) {
```

```
9      int[][] nextElements = new int[small.length][big.length];
10     for (int i = 0; i < small.length; i++) {
11       nextElements[i] = getNextElement(big, small[i]);
12     }
13     return nextElements;
14   }
15
16   /* 向反方向遍历，获取一个包含从每个索引位置开始的"下一个出现位置"构成的链表 */
17   int[] getNextElement(int[] bigArray, int value) {
18     int next = -1;
19     int[] nexts = new int[bigArray.length];
20     for (int i = bigArray.length - 1; i >= 0; i--) {
21       if (bigArray[i] == value) {
22         next = i;
23       }
24       nexts[i] = next;
25     }
26     return nexts;
27   }
28
29   /* 获取每个索引位置的终结位置 */
30   int[] getClosures(int[][] nextElements) {
31     int[] maxNextElement = new int[nextElements[0].length];
32     for (int i = 0; i < nextElements[0].length; i++) {
33       maxNextElement[i] = getClosureForIndex(nextElements, i);
34     }
35     return maxNextElement;
36   }
37
38   /* 给定索引和表格，获取该表格的终结位置（该列的最小值） */
39   int getClosureForIndex(int[][] nextElements, int index) {
40     int max = -1;
41     for (int i = 0; i < nextElements.length; i++) {
42       if (nextElements[i][index] == -1) {
43         return -1;
44       }
45       max = Math.max(max, nextElements[i][index]);
46     }
47     return max;
48   }
49
50   /* 获取最短终结位置 */
51   Range getShortestClosure(int[] closures) {
52     int bestStart = -1;
53     int bestEnd = -1;
54     for (int i = 0; i < closures.length; i++) {
55       if (closures[i] == -1) {
56         break;
57       }
58       int current = closures[i] - i;
59       if (bestStart == -1 || current < bestEnd - bestStart) {
60         bestStart = i;
61         bestEnd = closures[i];
62       }
63     }
64     return new Range(bestStart, bestEnd);
65   }
```

这个算法可能会花费 $O(SB)$ 的时间，其中 B 是 bigString 的长度，S 是 smallString 的长度。原因在于，我们通过对数组进行 S 次扫描来构建下一字符出现位置的表格，而每次扫描都

需要 $O(B)$ 的时间。

该算法占用 $O(SB)$ 的空间。

3. 更优解法

尽管以上解法算得上上乘之选，但仍然可以通过减少空间使用量进行优化。记住在上述算法中创建的表格。

value	7	5	9	0	2	1	3	5	7	9	1	1	5	8	8	9	7
index	0	1	2	3	4	5	6	7	8	9	10	11	12	13	14	15	16
next 1	5	5	5	5	5	5	10	10	10	10	10	11	x	x	x	x	x
next 5	1	1	7	7	7	7	7	7	12	12	12	12	12	x	x	x	x
next 9	2	2	2	9	9	9	9	9	9	9	15	15	15	15	15	15	x
closure	5	5	7	9	9	9	10	10	12	12	15	15	x	x	x	x	x

实际上，我们需要的是终结位置一行，它是所有其他行的最小值。不需要在运行整个算法时始终都保存其他所有信息。

一种取而代之的方法是，当我们进行每一次扫描时，只需更新终结位置一行的最小值。剩下的算法基本上和前述算法大同小异。

```
1    Range shortestSupersequence(int[] big, int[] small) {
2      int[] closures = getClosures(big, small);
3      return getShortestClosure(closures);
4    }
5
6    /* 获取每个索引位置的终结位置 */
7    int[] getClosures(int[] big, int[] small) {
8      int[] closure = new int[big.length];
9      for (int i = 0; i < small.length; i++) {
10       sweepForClosure(big, closure, small[i]);
11     }
12     return closure;
13   }
14
15   /* 向反方向遍历，如果下一个终结位置大于当前终结位置则更新终结位置链表 */
16   void sweepForClosure(int[] big, int[] closures, int value) {
17     int next = -1;
18     for (int i = big.length - 1; i >= 0; i--) {
19       if (big[i] == value) {
20         next = i;
21       }
22       if ((next == -1 || closures[i] < next) &&
23           (closures[i] != -1)) {
24         closures[i] = next;
25       }
26     }
27   }
28
29   /* 获取最短终结位置 */
30   Range getShortestClosure(int[] closures) {
31     Range shortest = new Range(0, closures[0]);
32     for (int i = 1; i < closures.length; i++) {
33       if (closures[i] == -1) {
34         break;
35       }
36       Range range = new Range(i, closures[i]);
37       if (!shortest.shorterThan(range)) {
38         shortest = range;
```

```
39        }
40    }
41    return shortest;
42 }
```

该算法仍然以 $O(SB)$ 的时间运行，但是现在只需要 $O(B)$ 的额外内存。

4. 另一种更优解法

还有另一种截然不同的解法。假设我们有一个列表，包含每个元素在 smallArray 中出现的位置。

value	7	5	9	9	2	1	3	5	7	9	1	1	5	8	8	9	7
index	0	1	2	3	4	5	6	7	8	9	10	11	12	13	14	15	16

```
1 -> {5, 10, 11}
5 -> {1, 7, 12}
9 -> {2, 3, 9, 15}
```

第一个有效子序列（包含 1、5 和 9）是什么？可以查看每个列表的头部来获知此信息。头部的最小值是子序列范围的开始，头部的最大值是子序列范围的结束。在这种情况下，第一个子序列的范围是[1, 5]。这是目前我们得到的"最佳"子序列。

怎样才能找到下一个子序列呢？下一个子序列不包括索引 1，所以将其从列表中移除。

```
1 -> {5, 10, 11}
5 -> {7, 12}
9 -> {2, 3, 9, 15}
```

下一个子序列是[2, 7]。这比之前的"最佳"子序列更差，所以可以将其忽略。

那么，下一个子序列是什么？我们可以从前面的（2）中取出最小值，然后找出答案。

```
1 -> {5, 10, 11}
5 -> {7, 12}
9 -> {3, 9, 15}
```

下一个子序列是[3, 7]，与当前的最佳子序列不相上下。

我们可以沿着这条路径重复这个过程，继续计算下去。最后将遍历从给定点开始的所有"最小"子序列。

(1) 当前子序列范围是[头部最小值, 头部最大值]。与最佳子序列进行比较，并在必要时进行更新。

(2) 删除头部最小值。

(3) 重复此过程。

该算法的时间复杂度是 $O(SB)$。这是因为对于 B 个元素中的每一个元素，我们都将其与 S 个其他列表的头部进行比较，以找出最小值。

该算法还算不错，但是让我们看看能否更快地计算出最小值。

在这些最小值计算中重复进行的操作是：提取一些元素，找到并移除最小值，加入一个元素，然后再找到最小值。

可以通过使用小顶堆使该过程运行更快。首先，把每个列表头部放在一个小堆里，删除最小值，查找包含该最小值的列表并添加新的头部。重复此过程。

要获取最小元素的来源列表，我们需要使用一个 HeapNode 类来存储 locationWithinList（索引）和 listId。这样，当移除最小值时，可以跳转回正确的列表并将其新的头部添加到堆中。

```
1    Range shortestSupersequence(int[] array, int[] elements) {
```

```
2      ArrayList<Queue<Integer>> locations = getLocationsForElements(array, elements);
3      if (locations == null) return null;
4      return getShortestClosure(locations);
5    }
6
7    /* 获取一组队列（链表），用于对每个 smallArray 中元素出现在 bigArray 索引位置进行排序 */
8    ArrayList<Queue<Integer>> getLocationsForElements(int[] big, int[] small) {
9      /* 以值和索引位置初始化散列表 */
10     HashMap<Integer, Queue<Integer>> itemLocations =
11       new HashMap<Integer, Queue<Integer>>();
12     for (int s : small) {
13       Queue<Integer> queue = new LinkedList<Integer>();
14       itemLocations.put(s, queue);
15     }
16
17     /* 遍历 bigArray，将该项的位置加入到散列表中 */
18     for (int i = 0; i < big.length; i++) {
19       Queue<Integer> queue = itemLocations.get(big[i]);
20       if (queue != null) {
21         queue.add(i);
22       }
23     }
24
25     ArrayList<Queue<Integer>> allLocations = new ArrayList<Queue<Integer>>();
26     allLocations.addAll(itemLocations.values());
27     return allLocations;
28   }
29
30   Range getShortestClosure(ArrayList<Queue<Integer>> lists) {
31     PriorityQueue<HeapNode> minHeap = new PriorityQueue<HeapNode>();
32     int max = Integer.MIN_VALUE;
33
34     /* 插入每个链表中的最小值 */
35     for (int i = 0; i < lists.size(); i++) {
36       int head = lists.get(i).remove();
37       minHeap.add(new HeapNode(head, i));
38       max = Math.max(max, head);
39     }
40
41     int min = minHeap.peek().locationWithinList;
42     int bestRangeMin = min;
43     int bestRangeMax = max;
44
45     while (true) {
46       /* 删除最小节点 */
47       HeapNode n = minHeap.poll();
48       Queue<Integer> list = lists.get(n.listId);
49
50       /* 比较当前范围与最佳范围 */
51       min = n.locationWithinList;
52       if (max - min < bestRangeMax - bestRangeMin) {
53         bestRangeMax = max;
54         bestRangeMin = min;
55       }
56
57       /* 如果没有更多元素，则没有更多的子序列。我们可以就此跳出 */
58       if (list.size() == 0) {
59         break;
60       }
61
62       /* 将链表的新头节点加入到堆中 */
63       n.locationWithinList = list.remove();
```

```
64      minHeap.add(n);
65      max = Math.max(max, n.locationWithinList);
66    }
67
68    return new Range(bestRangeMin, bestRangeMax);
69  }
```

我们在 getShortestClosure 中遍历了 B 个元素，每次传入 for 循环时都将花费 $O(\log S)$ 的时间（从堆中插入/删除的时间）。因此，在最坏情况下，该算法将花费 $O(B \log S)$ 的时间。

17.19 消失的两个数字。给定一个数组，包含从 1 到 N 所有的整数，但其中缺了一个。你能在 $O(N)$ 时间内只用 $O(1)$ 的空间找到它吗？如果是缺了两个数字呢？

题目解法

先着手解决第 1 部分问题：在 $O(N)$ 时间内只用 $O(1)$ 的空间找到缺失的数字。

第 1 部分问题：找到一个缺失的数字

先来解决限制条件这个问题。不能存储所有的值，这将占用 $O(N)$ 的空间，但是，我们仍需要有一个所有值的"记录"，以便识别缺失的数字。

这表明我们需要用这些值进行某种计算。这种计算需要具备哪些特征？

- **唯一性**。如果这个计算在两个数组（符合问题的描述）中给出了相同的结果，那么这些数组必须相同（缺失的数字相同），也就是说，计算的结果必须与特定的数组和丢失的数字一一对应。
- **可逆性**。我们需要从计算结果找到丢失数字的方法。
- **常数时间**。计算可能很慢，但对于数组中的每个元素，计算的必须是常数项时间复杂度。
- **常数空间**。计算需要额外的内存，但必须只占用 $O(1)$ 的内存。

达到"唯一性"这一要求是最有意思的，也是最具挑战性的。在一组数字上可以进行什么计算，以便可以发现缺失的数字？

实际上有多种可能性。

我们可以用素数来计算。例如，对于数组中的每个值 x，我们将 result 乘以第 x 个素数。然后会得到一些独一无二的值（因为两个不同的素数不能有相同的乘积）。

该方法是可逆的吗？是的。我们可以把结果除以每个素数：2、3、5、7 等。当得到第 i 个素数的非整数时，即可得知 i 是数组中缺失的数字。

但该方法运行只需要常数时间和常数空间吗？只有存在在 $O(1)$ 时间和 $O(1)$ 空间中可以得到第 i 个素数的方法时，我们才能达到该目的。我们无法做到这一点。

那么还能做其他什么样的计算？我们甚至不需要计算这些素数。为什么不把所有的数直接相乘？

- **唯一吗**？是的。想象一下 $1 \times 2 \times 3 \times \cdots \times n$。现在，把其中一个数字划掉。如果划掉的是其他数字，将会得到一个不同的结果。
- **使用常数时间和常数空间吗**？是的。
- **可逆吗**？让我们思考一下。如果将该乘积和没有去掉任何数字的乘积相比，能找到丢失的号码吗？当然可以。只要把 full_product 除以 actual_product，就可以得知 actual_product 中缺少了哪个数字。

只有一个问题：这个乘积真的会非常非常大。如果 n 是 20，该乘积将近似于 2 000 000 000 000 000 000。

我们仍然可以这样进行计算, 但是需要使用 BigInteger 类。

```
1   int missingOne(int[] array) {
2     BigInteger fullProduct = productToN(array.length + 1);
3
4     BigInteger actualProduct = new BigInteger("1");
5     for (int i = 0; i < array.length; i++) {
6       BigInteger value = new BigInteger(array[i] + "");
7       actualProduct = actualProduct.multiply(value);
8     }
9
10    BigInteger missingNumber = fullProduct.divide(actualProduct);
11    return Integer.parseInt(missingNumber.toString());
12  }
13
14  BigInteger productToN(int n) {
15    BigInteger fullProduct = new BigInteger("1");
16    for (int i = 2; i <= n; i++) {
17      fullProduct = fullProduct.multiply(new BigInteger(i + ""));
18    }
19    return fullProduct;
20  }
```

不过, 没有必要这么做。我们可以使用和代替乘积, 也将是独一无二的。

使用加法还有另一个好处: 计算 1 和 n 之间的数字之和已经有一个确定的表达式, 即 $n(n+1)/2$。

> 大多数求职者可能不记得 1 和 n 之间的数字和的表达式, 这没关系。但是, 面试官可能会要求你去推导该表达式。下面教你如何思考该问题。你可以把 $0 + 1 + 2 + 3 + \cdots + n$ 的序列中的较小值和较大值进行配对。然后会得到 $(0, n) + (1, n-1) + (2, n-3)$ 这样的序列。每一对的和都是 n, 总共有 $(n+1)/2$ 对。但是, 如果 n 是偶数, $(n+1)/2$ 不是整数怎么办? 在这种情况下, 将较小值和较大值组合成 $n/2$ 对, 并使每对的和为 $n+1$。无论哪种方法, 计算结果都是 $n(n+1)/2$。

切换到求和的算法将会大大延迟溢出问题, 但并不会完全避免该问题。你应该和面试官讨论一下这个问题, 看看他希望你如何处理。只要提一下该问题, 对很多面试官来说就足够了。

第 2 部分问题: 找到两个丢失的数字

解决该问题要困难得多。当有两个缺失的数字时, 让我们看看使用之前的方法会得出什么结果。

❑ 和: 使用该方法将给出丢失的两个值的和。

❑ 积: 使用该方法将给出丢失的两个值的积。

可惜, 知道和是不够的。例如, 如果和是 10, 那么它可以对应于 $(1, 9)$、$(2, 8)$ 和其他很多数对。对于积来说也是如此。

我们又遇到了和第 1 部分问题相同的挑战。需要找到一种计算, 使得计算结果在所有可能的缺失数字对中是唯一的。

也许真有这样一种计算方法 (素数的方法是可行的, 但其不能在常数项时间内完成), 但是面试官可能并不想让你了解这类数学知识。

我们还能做什么? 回到能完成的计算。我们可以得到 $x+y$, 也可以得到 $x \times y$, 每个结果都有很多可能性。但是同时使用这两种方法可以将结果缩小到特定的数字。

```
x + y = sum      -> y = sum - x
x * y = product -> x(sum - x) = product
                   x*sum - x² = product
                   x*sum - x² - product = 0
                   -x² + x*sum - product = 0
```

现在，我们可以用二次公式来求解 x，一旦得到 x，就可以计算 y 了。

还可以使用很多其他运算。实际上，其他几乎所有的计算（除了"线性"计算）都会给出 x 和 y 的值。

在本节中，让我们使用一种不同的计算方法。和使用 $1 \times 2 \times \cdots \times n$ 进行计算不同的是，这次我们可以用平方和：$1^2 + 2^2 + \cdots + n^2$。代码至少会在较小的 n 值上正确运行，因此，BigInteger 类的使用变得不那么重要。可以与面试官讨论一下是否有必要使用 BigInteger 类。

```
x + y = s        -> y = s - x
x² + y² = t      -> x² + (s-x)² = t
                   2x² - 2sx + s²-t = 0
```

回忆一下二次公式：

```
x = [-b +- sqrt(b² - 4ac)] / 2a
```

其中：

```
a = 2
b = -2s
c = s²-t
```

实现起来现在是小菜一碟。

```
1   int[] missingTwo(int[] array) {
2     int max_value = array.length + 2;
3     int rem_square = squareSumToN(max_value, 2);
4     int rem_one = max_value * (max_value + 1) / 2;
5
6     for (int i = 0; i < array.length; i++) {
7       rem_square -= array[i] * array[i];
8       rem_one -= array[i];
9     }
10
11    return solveEquation(rem_one, rem_square);
12  }
13
14  int squareSumToN(int n, int power) {
15    int sum = 0;
16    for (int i = 1; i <= n; i++) {
17      sum += (int) Math.pow(i, power);
18    }
19    return sum;
20  }
21
22  int[] solveEquation(int r1, int r2) {
23    /* ax^2 + bx + c
24     * -->
25     * x = [-b +- sqrt(b^2 - 4ac)] / 2a
26     * 此情况下, 必须是+或者- */
27    int a = 2;
28    int b = -2 * r1;
29    int c = r1 * r1 - r2;
30
31    double part1 = -1 * b;
32    double part2 = Math.sqrt(b*b - 4 * a * c);
```

```
33      double part3 = 2 * a;
34
35      int solutionX = (int) ((part1 + part2) / part3);
36      int solutionY = r1 - solutionX;
37
38      int[] solution = {solutionX, solutionY};
39      return solution;
40  }
```

你可能会注意到，二次公式通常会给出两个解（参见+和 − 两部分），但是在以上代码中，我们只使用（＋）给出的结果，从来没有验证过（−）的答案。这是为什么呢？

存在"另一个解"并不意味着两个解一个是正确的答案，另一个是"错误"的。这仅仅意味着正好有两个 x 的值满足以下等式，即 $2x^2 - 2sx + (s^2 - t) = 0$。

真的是这样。确实有两个解。另一个解究竟是什么？另一个解就是 y！

如果你不能立即明白其中的道理，请记住 x 和 y 是可以互换的。如果我们先解出了 y 而不是 x，那么会得到一个相同的方程：$2y^2 - 2sy + (s^2 - t) = 0$。当然，$y$ 可以满足 x 的方程，x 也可以满足 y 的方程。它们的方程是完全一样的。正是因为 x 和 y 都是方程 $2(某值)^2 - 2s(某值) + (s^2 - t) = 0$ 的解，所以另一个满足这个等式的值一定是 y。

仍然没有为上面的分析所说服？好的，我们可以做一些数学计算。假设我们取 x 的另一个解，即$[-b - sqrt(b^2 - 4ac)] / 2a$。那么 y 是多少？

```
x + y = r₁
    y = r₁ - x
      = r₁ - [-b - sqrt(b² - 4ac)]/2a
      = [2a*r₁ + b + sqrt(b² - 4ac)]/2a
```

将 a 和 b 的值代入等式中的一部分，但保持另一部分不变。

```
      = [2(2)*r₁ + (-2r₁) + sqrt(b² - 4ac)]/2a
      = [2r₁ + sqrt(b² - 4ac)]/2a
```

回想一下 $b = -2r_1$。现在，我们结束这个方程的结算。

```
      =[-b + sqrt(b² - 4ac)] / 2a
```

因此，如果使用 x =（第一部分＋第二部分）/ 第三部分，则可以导出 y 的值是(第一部分 − 第二部分) / 第三部分。

将哪一个解称为 x 哪一个解称为 y 无关紧要，可以随意进行指定，最后的结果将会是一样的。

17.20   连续中值。随机产生数字并传递给一个方法。你能否完成这个方法，在每次产生新值时，寻找当前所有值的中间值并保存。

题目解法

一种解法是使用两个优先级堆（priority heap），即一个大顶堆，存放小于中位数的值，以及一个小顶堆，存放大于中位数的值。这会将所有元素大致分为两半，中间的两个元素位于两个堆的堆顶。这样一来，要找出中间值就是小事一桩。

不过，"大致分为两半"又是什么意思呢？"大致"的意思是，如果有奇数个值，其中一个堆就会多一个值。经观察可知，以下两点为真。

❑ 如果 maxHeap.size() > minHeap.size()，则 maxHeap.top()为中间值。

❑ 如果 maxHeap.size() == minHeap.size()，则 maxHeap.top()和 minHeap.top()的平均值为中间值。

当要重新平衡这两个堆时，我们会确保 maxHeap 一定会多一个元素。

这个算法的解法如下所示。有新的值生成时，如果这个值小于等于中间值，就放入 maxHeap 中，否则放入 minHeap 中。两个堆的元素个数相等或者 maxHeap 可能多一个元素。这个限制条件很容易得到保证，不满足的话，只要从一个堆搬移一个元素到另一个堆即可。通过查看 maxHeap 或两个堆的堆顶元素，就能以常数时间获取中间值，而更新操作的用时为 $O(\log(n))$。

```
1   Comparator<Integer> maxHeapComparator, minHeapComparator;
2   PriorityQueue<Integer> maxHeap, minHeap;
3
4   void addNewNumber(int randomNumber) {
5     /* addNewNumber 满足 maxHeap.size() >= minHeap.size() */
6     if (maxHeap.size() == minHeap.size()) {
7       if ((minHeap.peek() != null) &&
8         randomNumber > minHeap.peek()) {
9         maxHeap.offer(minHeap.poll());
10        minHeap.offer(randomNumber);
11      } else {
12        maxHeap.offer(randomNumber);
13      }
14    } else {
15      if(randomNumber < maxHeap.peek()) {
16        minHeap.offer(maxHeap.poll());
17        maxHeap.offer(randomNumber);
18      }
19      else {
20        minHeap.offer(randomNumber);
21      }
22    }
23  }
24
25  double getMedian() {
26    /* maxHeap 至少和 minHeap 一样大。如果 maxHeap 是空的，则 minHeap 也为空 */
27    if (maxHeap.isEmpty()) {
28      return 0;
29    }
30    if (maxHeap.size() == minHeap.size()) {
31      return ((double)minHeap.peek()+(double)maxHeap.peek()) / 2;
32    } else {
33      /* 如果 maxHeap 和 minHeap 大小不一样，则 maxHeap 必定多一个元素。
34       * 返回 maxHeap 的顶部元素 */
35      return maxHeap.peek();
36    }
37  }
```

17.21　直方图的水量。给定一个直方图（也称柱状图），假设有人从上面源源不断地倒水，最后直方图能存多少水量？直方图的宽度为 1。

示例（黑色部分是直方图，灰色部分是水）：

输入：{0, 0, 4, 0, 0, 6, 0, 0, 3, 0, 5, 0, 1, 0, 0, 0}

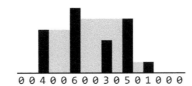

输出：26

10

题目解法

这道题目较难，因此，让我们使用一个简单的例子来更好地解题。

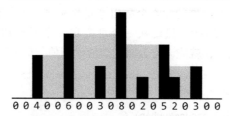

我们要仔细研究这个例子以便从中获益。灰色区域的面积究竟是由什么决定的？

解法 1

让我们观察最高的长方形。它的高度为 8。该长方形有什么作用？它的确是最高的，但实际上并不重要，如果是个酒吧，即使高度是 100 其实也无关紧要。这并不会影响柱状图的容积。

最高的长方形在其左右两侧形成了一道屏障。但是积水量实际上由左右两侧的另一侧最高的长方形控制。

- 最高长方形直接相邻的左侧积水。左侧下一个最高的长方形高度为 6。我们可以将其全部区域注水，但是计算面积时需要减去最高的长方形与第二高的长方形之间的所有长方形占用的面积。因此可以得到直接相邻的左侧积水面积为 $(6-0)+(6-0)+(6-3)+(6-0)=21$。
- 最高长方形直接相邻的右侧积水。右侧下一个最高的长方形高度为 5。因此可以计算出积水面积为 $(5-0)+(5-2)+(5-0)=13$。

至此，我们只得到了部分积水的面积。

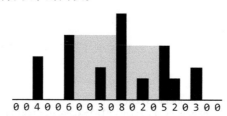

其余的该如何计算呢？

事实上现在有两个子图，分别位于左右两侧，只需重复以上操作即可计算出积水面积。解题过程与上面大同小异，如下所示。

(1) 找到最高的长方形。事实上，至此已得知最高的长方形。左侧子图中最高的长方形是其右侧边界（6），右侧子图中最高的长方形是其左侧边界（5）。

(2) 在每个子图中找到第二高的长方形。

(3) 计算最高的长方形和第二高的长方形中的积水面积。

(4) 以该图的边界进行递归。

下面的代码实现了该算法。

```
1   int computeHistogramVolume(int[] histogram) {
2       int start = 0;
3       int end = histogram.length - 1;
4
5       int max = findIndexOfMax(histogram, start, end);
6       int leftVolume = subgraphVolume(histogram, start, max, true);
7       int rightVolume = subgraphVolume(histogram, max, end, false);
8
```

```
9     return leftVolume + rightVolume;
10 }
11
12 /* 计算直方图的子图面积。max 应为 start 或 end。找到第二高的位置，
13  * 计算最高与第二高的长方形之间的面积。之后计算子图的面积 */
14 int subgraphVolume(int[] histogram, int start, int end, boolean isLeft) {
15   if (start >= end) return 0;
16   int sum = 0;
17   if (isLeft) {
18     int max = findIndexOfMax(histogram, start, end - 1);
19     sum += borderedVolume(histogram, max, end);
20     sum += subgraphVolume(histogram, start, max, isLeft);
21   } else {
22     int max = findIndexOfMax(histogram, start + 1, end);
23     sum += borderedVolume(histogram, start, max);
24     sum += subgraphVolume(histogram, max, end, isLeft);
25   }
26
27   return sum;
28 }
29
30 /* 计算 start 和 end 之间最高的长方形 */
31 int findIndexOfMax(int[] histogram, int start, int end) {
32   int indexOfMax = start;
33   for (int i = start + 1; i <= end; i++) {
34     if (histogram[i] > histogram[indexOfMax]) {
35       indexOfMax = i;
36     }
37   }
38   return indexOfMax;
39 }
40
41 /* 计算 start 和 end 之间的面积。假设最高的长方形位于 start 处，第二高的长方形位于 end 处 */
42 int borderedVolume(int[] histogram, int start, int end) {
43   if (start >= end) return 0;
44
45   int min = Math.min(histogram[start], histogram[end]);
46   int sum = 0;
47   for (int i = start + 1; i < end; i++) {
48     sum += min - histogram[i];
49   }
50   return sum;
51 }
```

因为需要反复扫描直方图以寻找最高的长方形，该算法在最坏情况下花费 $O(N^2)$ 的时间，其中 N 是直方图中长方形的数目。

解法 2（优化解法）

为了优化先前的算法，我们来思考一下上述算法效率低下的确切原因：对 `findIndexOfMax` 的不断调用。这表明应该重点对其进行优化。

应该注意到的一点是，我们不会将任意范围传递给 `findIndexOfMax` 函数。该函数实际上总是寻找从一个点到一个边界（右边界或左边界）的最大值。可以更快地确定从给定点到每个边界的最大高度是多少吗？

答案是可以。我们可以在 $O(N)$ 的时间内预先计算这些信息。

通过对直方图的两次扫描（一次从右向左移动，另一次从左向右移动），可以构造一个表格，该表格可以反映从任意索引 i 开始，其右侧最高长方形的索引位置和左侧最高长方形的索引位置。

索引：0 1 2 3 4 5 6 7 8 9
高度：3 1 4 0 0 6 0 3 0 2
左侧最高长方形的索引位置：0 0 2 2 2 5 5 5 5 5
右侧最高长方形的索引位置：5 5 5 5 5 5 7 7 9 9

算法的其余部分与上述算法本质上相同。

我们选择使用 HistogramData 对象来存储该额外信息，但是同样也可以使用一个二维数组。

```
1   int computeHistogramVolume(int[] histogram) {
2       int start = 0;
3       int end = histogram.length - 1;
4
5       HistogramData[] data = createHistogramData(histogram);
6
7       int max = data[0].getRightMaxIndex(); // 获取总体最大值
8       int leftVolume = subgraphVolume(data, start, max, true);
9       int rightVolume = subgraphVolume(data, max, end, false);
10
11      return leftVolume + rightVolume;
12  }
13
14  HistogramData[] createHistogramData(int[] histo) {
15      HistogramData[] histogram = new HistogramData[histo.length];
16      for (int i = 0; i < histo.length; i++) {
17          histogram[i] = new HistogramData(histo[i]);
18      }
19
20      /* 设置左侧 max 的值 */
21      int maxIndex = 0;
22      for (int i = 0; i < histo.length; i++) {
23          if (histo[maxIndex] < histo[i]) {
24              maxIndex = i;
25          }
26          histogram[i].setLeftMaxIndex(maxIndex);
27      }
28
29      /* 设置右侧 max 的值 */
30      maxIndex = histogram.length - 1;
31      for (int i = histogram.length - 1; i >= 0; i--) {
32          if (histo[maxIndex] < histo[i]) {
33              maxIndex = i;
34          }
35          histogram[i].setRightMaxIndex(maxIndex);
36      }
37
38      return histogram;
39  }
40
41  /* 计算直方图的子图面积。max 应为 start 或 end。找到第二高的位置，
42   * 计算最高与第二高的长方形之间的面积。之后计算子图的面积 */
43  int subgraphVolume(HistogramData[] histogram, int start, int end,
44                     boolean isLeft) {
45      if (start >= end) return 0;
46      int sum = 0;
47      if (isLeft) {
48          int max = histogram[end - 1].getLeftMaxIndex();
```

```
49      sum += borderedVolume(histogram, max, end);
50      sum += subgraphVolume(histogram, start, max, isLeft);
51    } else {
52      int max = histogram[start + 1].getRightMaxIndex();
53      sum += borderedVolume(histogram, start, max);
54      sum += subgraphVolume(histogram, max, end, isLeft);
55    }
56
57    return sum;
58  }
59
60  /* 计算 start 和 end 之间的面积。假设最高的长方形位于 start 处，第二高的长方形位于 end 处 */
61  int borderedVolume(HistogramData[] data, int start, int end) {
62    if (start >= end) return 0;
63
64    int min = Math.min(data[start].getHeight(), data[end].getHeight());
65    int sum = 0;
66    for (int i = start + 1; i < end; i++) {
67      sum += min - data[i].getHeight();
68    }
69    return sum;
70  }
71
72  public class HistogramData {
73    private int height;
74    private int leftMaxIndex = -1;
75    private int rightMaxIndex = -1;
76
77    public HistogramData(int v) { height = v; }
78    public int getHeight() { return height; }
79    public int getLeftMaxIndex() { return leftMaxIndex; }
80    public void setLeftMaxIndex(int idx) { leftMaxIndex = idx; };
81    public int getRightMaxIndex() { return rightMaxIndex; }
82    public void setRightMaxIndex(int idx) { rightMaxIndex = idx; };
83  }
```

该算法花费 $O(N)$ 的时间。需要查看所有长方形，因此无法找到更优化的算法。

解法 3（优化且简化的解法）

虽然无法使解法在大 O 表示下运行更快，但是可以大大简化该算法。根据刚刚了解的潜在算法，再来看一个例子。

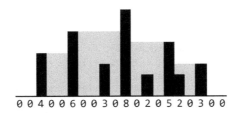

0 0 4 0 0 6 0 0 3 0 8 0 2 0 5 2 0 3 0 0

正如我们所看到的，积水量取决于最高的长方形至左侧和右侧特定区域的面积（具体来说，左边两个最高的长方形中较矮的一个，以及右边最高的长方形）。例如，积水位于高度为 6 的长方形和高度为 8 的长方形之间的区域，积水高度为 6。高度为 6 的长方形是第二高的，因此决定了积水的高度。

积水的总体积是每个长方形上方水的体积。我们能否有效地计算出每个长方形上方有多少水？

10

可以的。在解法 2 中，我们能够预先计算出每个索引左侧和右侧最高长方形的高度。该两项数值中的最小值将表示长方形的"水位"。水位和该长方形高度的差值则是水的体积。

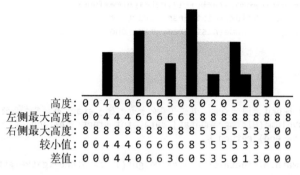

至此，该算法通过以下简单的几步即可完成。

(1) 从左向右扫描，跟踪已知的最大高度并设定左侧最大高度（LEFT MAX）的值。

(2) 从右向左扫描，跟踪已知的最大高度并设定右侧最大高度（RIGHT MAX）的值。

(3) 扫描直方图，计算每个索引位置左侧最大高度和右侧最大高度中的较小值（MIN）。

(4) 扫描直方图，计算长方形和上述步骤中最小值的差值。对差值求和。

在实际的实现过程中，我们不需要保存太多的数据。步骤(2)、步骤(3)和步骤(4)可以合并为同一次扫描。首先，在一次扫描中计算左侧最大高度。然后反向扫描，随着扫描跟踪右侧最大高度。在每个元素处，计算左右最大值的较小值，然后计算"较小值"和索引位置长方形高度之间的差值。将该差值计入总和中。

```
1   /* 遍历所有长方形计算其上部面积，其中水的面积 = 高度 - min（左侧最高长方形，右侧最高长方形）
2    * [如果此值为正数]。第一次遍历时计算左侧最高长方形，第二次遍历时计算右侧最高长方形、
3    * 长方形的最小值和差值 */
4   int computeHistogramVolume(int[] histo) {
5     /* 计算左侧最大长方形 */
6     int[] leftMaxes = new int[histo.length];
7     int leftMax = histo[0];
8     for (int i = 0; i < histo.length; i++) {
9       leftMax = Math.max(leftMax, histo[i]);
10      leftMaxes[i] = leftMax;
11    }
12
13    int sum = 0;
14
15    /* 计算右侧最大长方形 */
16    int rightMax = histo[histo.length - 1];
17    for (int i = histo.length - 1; i >= 0; i--) {
18      rightMax = Math.max(rightMax, histo[i]);
19      int secondTallest = Math.min(rightMax, leftMaxes[i]);
20
21      /* 如果左侧或者右侧有更高的长方形，则有积水。计算面积并计入总和中 */
22      if (secondTallest > histo[i]) {
23        sum += secondTallest - histo[i];
24      }
25    }
26
27    return sum;
28  }
```

是的，这真的就是全部代码。它仍然花费 O(N) 的时间，但是读、写该段代码都要简单得多。

17.22 单词转换。给定字典中的两个词，长度相等。写一个方法，把一个词转换成另一个词，但是一次只能改变一个字符。每一步得到的新词都必须能在字典中找到。

示例：

输入：DAMP，LIKE

输出：DAMP -> LAMP ->LIMP -> LIME ->LIKE

题目解法

先试试一种简单解法，然后再来探索更优解法。

1. 蛮力法

解决这个问题的一种方法是，用各种可能的方法来转换单词，当然，每个步骤都要检查当前单词是否为有效单词，然后看看是否能达到最终的单词。

举个例子，将 bold 这个词转换成如下字符串。

❑ aold，bold，...，zold

❑ bald，bbld，...，bzld

❑ boad，bobd，...，bozd

❑ bola，bolb，...，bolz

如果字符串不是一个有效的单词，或者我们已经访问过这个单词，那么将终止搜索（不执行此路径）。

该解法本质上是深度优先搜索：如果两个单词之间编辑距离为 1，那么两个单词之间则存在一条"边"。这意味着该算法并不会找到最短路径，而只会找到一条可达路径。

如果想找到最短路径，则需要使用广度优先搜索。

```
1   LinkedList<String> transform(String start, String stop, String[] words) {
2     HashSet<String> dict = setupDictionary(words);
3     HashSet<String> visited = new HashSet<String>();
4     return transform(visited, start, stop, dict);
5   }
6
7   HashSet<String> setupDictionary(String[] words) {
8     HashSet<String> hash = new HashSet<String>();
9     for (String word : words) {
10      hash.add(word.toLowerCase());
11    }
12    return hash;
13  }
14
15  LinkedList<String> transform(HashSet<String> visited, String startWord,
16                        String stopWord, Set<String> dictionary) {
17    if (startWord.equals(stopWord)) {
18      LinkedList<String> path = new LinkedList<String>();
19      path.add(startWord);
20      return path;
21    } else if (visited.contains(startWord) || !dictionary.contains(startWord)) {
22      return null;
23    }
24
25    visited.add(startWord);
26    ArrayList<String> words = wordsOneAway(startWord);
27
28    for (String word : words) {
29      LinkedList<String> path = transform(visited, word, stopWord, dictionary);
```

```
30        if (path != null) {
31          path.addFirst(startWord);
32          return path;
33        }
34      }
35
36      return null;
37    }
38
39    ArrayList<String> wordsOneAway(String word) {
40      ArrayList<String> words = new ArrayList<String>();
41      for (int i = 0; i < word.length(); i++) {
42        for (char c = 'a'; c <= 'z'; c++) {
43          String w = word.substring(0, i) + c + word.substring(i + 1);
44          words.add(w);
45        }
46      }
47      return words;
48    }
```

这个算法主要的低效之处在于试图搜索所有编辑距离为 1 的字符串。现在搜索所有编辑距离为 1 的字符串，然后去掉其中无效的字符串。

理想情况下，我们只考虑那些有效的字符串。

2. 优化解法

只搜索有效的单词，我们显然需要一个方法，以便从一个单词找到所有与其相关的有效单词列表。

是什么使两个单词"相关"（编辑距离为 1）？如果两个单词除了一个字符以外，其余字符都是相同的，那么它们的编辑距离为 1。例如，ball 和 bill 编辑距离为 1，因为它们都是 b_ll 的形式。所以，一种方法是将所有看起来像 b_ll 的单词分为一组。

对于整个字典中的所有单词，我们可以创建一个映射，使其从一个"通配符单词"（如 b_ll）映射到所有符合该模式的单词列表。例如，对于一个如{all, ill, ail, ape, ale}这样的较小字典，其映射可能如下所示。

```
_il -> ail
_le -> ale
_ll -> all, ill
_pe -> ape
a_e -> ape, ale
a_l -> all, ail
i_l -> ill
ai_ -> ail
al_ -> all, ale
ap_ -> ape
il_ -> ill
```

现在，当我们想要知道与 ale 编辑距离为 1 的单词时，只需在散列表中查找_le、a_e 和 al_的值。

本质上，这个算法是一样的。

```
1    LinkedList<String> transform(String start, String stop, String[] words) {
2      HashMapList<String, String> wildcardToWordList = createWildcardToWordMap(words);
3      HashSet<String> visited = new HashSet<String>();
4      return transform(visited, start, stop, wildcardToWordList);
5    }
6
```

```
7   /* 从 startWord 到 stopWord 进行深度优先搜索，每次搜索编辑距离为 1 的单词 */
8   LinkedList<String> transform(HashSet<String> visited, String start, String stop,
9                               HashMapList<String, String> wildcardToWordList) {
10    if (start.equals(stop)) {
11      LinkedList<String> path = new LinkedList<String>();
12      path.add(start);
13      return path;
14    } else if (visited.contains(start)) {
15      return null;
16    }
17
18    visited.add(start);
19    ArrayList<String> words = getValidLinkedWords(start, wildcardToWordList);
20
21    for (String word : words) {
22      LinkedList<String> path = transform(visited, word, stop, wildcardToWordList);
23      if (path != null) {
24        path.addFirst(start);
25        return path;
26      }
27    }
28
29    return null;
30  }
31
32  /* 将字典中的单词加入到映射中，使得通配符映射至单词 */
33  HashMapList<String, String> createWildcardToWordMap(String[] words) {
34    HashMapList<String, String> wildcardToWords = new HashMapList<String, String>();
35    for (String word : words) {
36      ArrayList<String> linked = getWildcardRoots(word);
37      for (String linkedWord : linked) {
38        wildcardToWords.put(linkedWord, word);
39      }
40    }
41    return wildcardToWords;
42  }
43
44  /* 获取单词对应的一组通配符 */
45  ArrayList<String> getWildcardRoots(String w) {
46    ArrayList<String> words = new ArrayList<String>();
47    for (int i = 0; i < w.length(); i++) {
48      String word = w.substring(0, i) + "_" + w.substring(i + 1);
49      words.add(word);
50    }
51    return words;
52  }
53
54  /* 返回编辑距离为 1 的单词 */
55  ArrayList<String> getValidLinkedWords(String word,
56      HashMapList<String, String> wildcardToWords) {
57    ArrayList<String> wildcards = getWildcardRoots(word);
58    ArrayList<String> linkedWords = new ArrayList<String>();
59    for (String wildcard : wildcards) {
60      ArrayList<String> words = wildcardToWords.get(wildcard);
61      for (String linkedWord : words) {
62        if (!linkedWord.equals(word)) {
63          linkedWords.add(linkedWord);
64        }
65      }
66    }
```

10

```
67    return linkedWords;
68  }
69
70  /* HashMapList<String, Integer> 是从 String 到 ArrayList 的散列表。实现细节详见附录 A */
```

该算法是可行的，但可以让它运行更快一些。

一种优化方式是将其从深度优先搜索改为广度优先搜索。如果只有 0 条或 1 条路径，那算法的速度就是相等的。但是，如果有多条路径，那么广度优先搜索则可能会运行得更快一些。

广度优先搜索找到两个节点之间的最短路径，深度优先搜索则会找到任意路径。这意味着深度优先搜索可能需要一个极为冗长、曲折的过程才可以找到两个点的连接，而实际上它们可能非常接近。

3. 最优解

如前所述，可以使用广度优先搜索来优化该算法。这是我们能做到的最快速度吗？并不是。

假设两个节点之间的路径长度为 4。通过广度优先搜索，我们将访问大约 15^4 个节点才能找到该路径。

广度优先搜索速度极快。

相反，如果我们同时从原点和目标节点搜索，会怎么样？在这种情况下，广度优先搜索将会在每一边完成两层搜索之后相遇。

- 从原点出发经历的节点数目：15^2。
- 从目标节点出发经历的节点数目：15^2。
- 总节点数目：$15^2 + 15^2$。

这比传统的广度优先搜索要好得多。

我们需要跟踪在每个节点上进行搜索的路径。

为了实现这个方法，我们使用了一个额外的类 BFSData。BFSData 使代码更加清晰，并允许我们为两个同时进行的广度优先搜索创建一个相似的框架。否则，我们需要不断地分开传递多个变量。

```
1   LinkedList<String> transform(String startWord, String stopWord, String[] words) {
2     HashMapList<String, String> wildcardToWordList = getWildcardToWordList(words);
3
4     BFSData sourceData = new BFSData(startWord);
5     BFSData destData = new BFSData(stopWord);
6
7     while (!sourceData.isFinished() && !destData.isFinished()) {
8       /* 从 source 开始搜索 */
9       String collision = searchLevel(wildcardToWordList, sourceData, destData);
10      if (collision != null) {
11        return mergePaths(sourceData, destData, collision);
12      }
13
14      /* 从 destination 开始搜索 */
15      collision = searchLevel(wildcardToWordList, destData, sourceData);
16      if (collision != null) {
17        return mergePaths(sourceData, destData, collision);
18      }
19    }
20
21    return null;
22  }
23
24  /* 搜索一层。如果有冲突则返回 */
```

```
25   String searchLevel(HashMapList<String, String> wildcardToWordList,
26                     BFSData primary, BFSData secondary) {
27     /* 每次我们只搜索一层。对每一层的节点进行计数并只搜索这么多节点。我们会不断加入新节点 */
28     int count = primary.toVisit.size();
29     for (int i = 0; i < count; i++) {
30       /* 获取第一个节点 */
31       PathNode pathNode = primary.toVisit.poll();
32       String word = pathNode.getWord();
33
34       /* 检查是否访问过 */
35       if (secondary.visited.containsKey(word)) {
36         return pathNode.getWord();
37       }
38
39       /* 将朋友加入到队列中 */
40       ArrayList<String> words = getValidLinkedWords(word, wildcardToWordList);
41       for (String w : words) {
42         if (!primary.visited.containsKey(w)) {
43           PathNode next = new PathNode(w, pathNode);
44           primary.visited.put(w, next);
45           primary.toVisit.add(next);
46         }
47       }
48     }
49     return null;
50   }
51
52   LinkedList<String> mergePaths(BFSData bfs1, BFSData bfs2, String connection) {
53     PathNode end1 = bfs1.visited.get(connection); // end1 -> 起点
54     PathNode end2 = bfs2.visited.get(connection); // end2 -> 目的地
55     LinkedList<String> pathOne = end1.collapse(false); // 向前
56     LinkedList<String> pathTwo = end2.collapse(true); // 向后
57     pathTwo.removeFirst(); // 删除链接
58     pathOne.addAll(pathTwo); // 加入第二条路径
59     return pathOne;
60   }
61
62   /* getWildcardRoots、getWildcardToWordList 和 getValidLinkedWords 方法
63    * 与前述解决方案相同 */
64
65   public class BFSData {
66     public Queue<PathNode> toVisit = new LinkedList<PathNode>();
67     public HashMap<String, PathNode> visited = new HashMap<String, PathNode>();
68
69     public BFSData(String root) {
70       PathNode sourcePath = new PathNode(root, null);
71       toVisit.add(sourcePath);
72       visited.put(root, sourcePath);
73     }
74
75     public boolean isFinished() {
76       return toVisit.isEmpty();
77     }
78   }
79
80   public class PathNode {
81     private String word = null;
82     private PathNode previousNode = null;
83     public PathNode(String word, PathNode previous) {
84       this.word = word;
85       previousNode = previous;
```

```
86      }
87
88      public String getWord() {
89        return word;
90      }
91
92      /* 遍历路径，并返回节点链表 */
93      public LinkedList<String> collapse(boolean startsWithRoot) {
94        LinkedList<String> path = new LinkedList<String>();
95        PathNode node = this;
96        while (node != null) {
97          if (startsWithRoot) {
98            path.addLast(node.word);
99          } else {
100           path.addFirst(node.word);
101         }
102         node = node.previousNode;
103       }
104       return path;
105     }
106  }
107
108  /* HashMapList<String, Integer> 是从 String 到 ArrayList<Integer>的散列表。
109   * 实现细节详见附录 A */
```

这个算法的时间复杂度有些难以描述，因为这取决于编程语言本身，以及起始单词和目标单词。一种描述方式是：如果每个单词都有 E 个编辑距离为 1 的单词，而起始单词和目标单词的距离为 D，则时间复杂度是 $O(E^{D/2})$。这是每个广度优先搜索速度所需要完成的工作。

当然，对于面试来说，该解法要实现很多代码，这完全不可能。更现实地说，你需要省略诸多细节。或许只需要写 transform 和 searchLevel 的框架，并省略其余的部分。

17.23　最大黑方阵。给定一个方阵，其中每个单元（像素）非黑即白。设计一个算法，找出 4 条边皆为黑色像素的最大子方阵。

题目解法

和许多问题一样，此题也有难易两种解法，下面将逐一讲解。

1. "简单" 解法：$O(N^4)$

我们知道最大子方阵的长度可能为 N，而且 $N \times N$ 的方阵只有一个，很容易就能检查这个方阵，符合要求则返回。

如果找不到 $N \times N$ 的方阵，可以尝试第二大的子方阵：$(N-1) \times (N-1)$。我们会迭代所有该尺寸的方阵，一旦找到符合要求的子方阵，立即返回。如果还未找到，则继续尝试 $N-2$、$N-3$，等等。由于我们是从大到小逐级搜索方阵，因此第一个找到的必定是最大的方阵。

实现代码具体如下。

```
1   Subsquare findSquare(int[][] matrix) {
2     for (int i = matrix.length; i >= 1; i--) {
3       Subsquare square = findSquareWithSize(matrix, i);
4       if (square != null) return square;
5     }
6     return null;
7   }
8
9   Subsquare findSquareWithSize(int[][] matrix, int squareSize) {
10    /* 在长度为 N 的边中，有 (N - sz + 1) 个长度为 sz 的方阵 */
```

```
11        int count = matrix.length - squareSize + 1;
12
13        /* 对所有边长为 squareSize 的方阵进行迭代 */
14        for (int row = 0; row < count; row++) {
15          for (int col = 0; col < count; col++) {
16            if (isSquare(matrix, row, col, squareSize)) {
17              return new Subsquare(row, col, squareSize);
18            }
19          }
20        }
21        return null;
22      }
23
24      boolean isSquare(int[][] matrix, int row, int col, int size) {
25        // 检查上下边界
26        for (int j = 0; j < size; j++){
27          if (matrix[row][col+j] == 1) {
28            return false;
29          }
30          if (matrix[row+size-1][col+j] == 1){
31            return false;
32          }
33        }
34
35        // 检查左右边界
36        for (int i = 1; i < size - 1; i++){
37          if (matrix[row+i][col] == 1){
38            return false;
39          }
40          if (matrix[row+i][col+size-1] == 1) {
41            return false;
42          }
43        }
44        return true;
45      }
```

2. 预处理解法：$O(N^3)$

上面的"简单"解法之所以执行速度慢，很大一部分原因在于，每次检查一个可能符合要求的方阵，都要执行 $O(N)$ 的工作。通过预先做些处理，就可以把 isSquare 的时间复杂度降为 $O(1)$，而整个算法的时间复杂度降至 $O(N^3)$。

仔细分析 isSquare 的具体用处，就会发现它只需知道特定单元下方及右边的 squareSize 项是否为零。我们可以预先以直接、迭代的方式算好这些数据。

我们从右到左、自下而上迭代访问每个单元，并执行如下计算。

```
if A[r][c] is white, zeros right and zeros below are 0
else A[r][c].zerosRight = A[r][c + 1].zerosRight + 1
    A[r][c].zerosBelow = A[r + 1][c].zerosBelow + 1
```

下面这个例子给出了一个矩阵的相关值。

(0s right, 0s below)				原始矩阵		
0,0	1,3	0,0		W	B	W
2,2	1,2	0,0		B	B	W
2,1	1,1	0,0		B	B	W

10

现在，使用 isSquare 方法不必再迭代 $O(N)$ 个元素，只需检查角落的 zerosRight 和 zerosBelow 即可。

下面是该算法的实现代码。注意，除了 findSquare 调用了 processSquare 以及之后操作了新的数据类型之外，findSquare 和 findSquareWithSize 基本相同。

```
1   public class SquareCell {
2     public int zerosRight = 0;
3     public int zerosBelow = 0;
4     /* 声明、getter 和 setter */
5   }
6
7   Subsquare findSquare(int[][] matrix) {
8     SquareCell[][] processed = processSquare(matrix);
9     for (int i = matrix.length; i >= 1; i--) {
10      Subsquare square = findSquareWithSize(processed, i);
11      if (square != null) return square;
12    }
13    return null;
14  }
15
16  Subsquare findSquareWithSize(SquareCell[][] processed, int size) {
17    /* 与第一个算法相同 */
18  }
19
20  boolean isSquare(SquareCell[][] matrix, int row, int col, int sz) {
21    SquareCell topLeft = matrix[row][col];
22    SquareCell topRight = matrix[row][col + sz - 1];
23    SquareCell bottomLeft = matrix[row + sz - 1][col];
24
25    /* 分别检查上、下、左、右边 */
26    if (topLeft.zerosRight < sz || topLeft.zerosBelow < sz ||
27        topRight.zerosBelow < sz || bottomLeft.zerosRight < sz) {
28      return false;
29    }
30    return true;
31  }
32
33  SquareCell[][] processSquare(int[][] matrix) {
34    SquareCell[][] processed =
35      new SquareCell[matrix.length][matrix.length];
36
37    for (int r = matrix.length - 1; r >= 0; r--) {
38      for (int c = matrix.length - 1; c >= 0; c--) {
39        int rightZeros = 0;
40        int belowZeros = 0;
41        // 只有是黑色单元格时才需要处理
42        if (matrix[r][c] == 0) {
43          rightZeros++;
44          belowZeros++;
45          // 下一列在同一行上
46          if (c + 1 < matrix.length) {
47            SquareCell previous = processed[r][c + 1];
48            rightZeros += previous.zerosRight;
49          }
50          if (r + 1 < matrix.length) {
51            SquareCell previous = processsed[r + 1][c];
52            belowZeros += previous.zerosBelow;
53          }
54        }
```

```
55        processed[r][c] = new SquareCell(rightZeros, belowZeros);
56      }
57    }
58    return processed;
59  }
```

17.24 最大子矩阵。 给定一个正整数和负整数组成的 $N \times N$ 矩阵，编写代码找出元素总和最大的子矩阵。

题目解法

此题有很多种解法，我们先从蛮力法开始，并在此基础上进行优化。

1. 蛮力法：$O(N^6)$

跟许多"求最大值"问题一样，此题也有个简单的蛮力解法。这种解法就是直接迭代所有可能的子矩阵，计算元素总和，找出最大值。

要迭代所有可能的子矩阵（且不重复），只需迭代所有的有序行配对，然后迭代所有的有序列配对。

由于要迭代 $O(N^4)$ 个子矩阵，计算每个子矩阵的元素总和用时 $O(N^2)$，因此，这个解法的时间复杂度为 $O(N^6)$。

```
1   SubMatrix getMaxMatrix(int[][] matrix) {
2     int rowCount = matrix.length;
3     int columnCount = matrix[0].length;
4     SubMatrix best = null;
5     for (int row1 = 0; row1 < rowCount; row1++) {
6       for (int row2 = row1; row2 < rowCount; row2++) {
7         for (int col1 = 0; col1 < columnCount; col1++) {
8           for (int col2 = col1; col2 < columnCount; col2++) {
9             int sum = sum(matrix, row1, col1, row2, col2);
10            if (best == null || best.getSum() < sum) {
11              best = new SubMatrix(row1, col1, row2, col2, sum);
12            }
13          }
14        }
15      }
16    }
17    return best;
18  }
19
20  int sum(int[][] matrix, int row1, int col1, int row2, int col2) {
21    int sum = 0;
22    for (int r = row1; r <= row2; r++) {
23      for (int c = col1; c <= col2; c++) {
24        sum += matrix[r][c];
25      }
26    }
27    return sum;
28  }
29
30  public class SubMatrix {
31    private int row1, row2, col1, col2, sum;
32    public SubMatrix(int r1, int c1, int r2, int c2, int sm) {
33      row1 = r1;
34      col1 = c1;
35      row2 = r2;
36      col2 = c2;
37      sum = sm;
```

```
38        }
39
40        public int getSum() {
41            return sum;
42        }
43    }
```

因为求和的代码相对独立，所以最好可以将其放在自己的函数中。

2. 动态规划法：$O(N^4)$

注意到前面的解法被拖慢了 $O(N^2)$，只怪矩阵元素总和的计算太慢。有办法减少元素总和计算的用时吗？当然有。事实上，computeSum 的用时可以降至 $O(1)$。

想一想下列矩形。

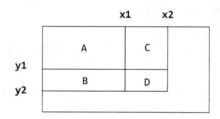

假设我们知道下列值。

```
ValD = area(point(0, 0) -> point(x2, y2))
ValC = area(point(0, 0) -> point(x2, y1))
ValB = area(point(0, 0) -> point(x1, y2))
ValA = area(point(0, 0) -> point(x1, y1))
```

每个 Val* 都从原点开始，在子矩形的右下角结束。

利用这些值，可得到以下等式：

```
area(D) = ValD - area(A union C) - area(A union B) + area(A)
```

或者，换一种写法：

```
area(D) = ValD - ValB - ValC + ValA
```

利用类似的逻辑方法，就可以有效地为矩阵里的所有点算出这些值：

```
Val(x, y) = Val(x - 1, y) + Val(x, y - 1) - Val(x - 1, y - 1) + M[x][y]
```

我们可以预先算好这些值，然后就能迅速地找到元素总和最大的子矩阵。

下面是该算法的实现代码。

```
1     SubMatrix getMaxMatrix(int[][] matrix) {
2         SubMatrix best = null;
3         int rowCount = matrix.length;
4         int columnCount = matrix[0].length;
5         int[][] sumThrough = precomputeSums(matrix);
6
7         for (int row1 = 0; row1 < rowCount; row1++) {
8             for (int row2 = row1; row2 < rowCount; row2++) {
9                 for (int col1 = 0; col1 < columnCount; col1++) {
10                    for (int col2 = col1; col2 < columnCount; col2++) {
11                        int sum = sum(sumThrough, row1, col1, row2, col2);
12                        if (best == null || best.getSum() < sum) {
13                            best = new SubMatrix(row1, col1, row2, col2, sum);
14                        }
15                    }
16                }
```

```
17        }
18      }
19    return best;
20  }
21
22  int[][] precomputeSums(int[][] matrix) {
23    int[][] sumThrough = new int[matrix.length][matrix[0].length];
24    for (int r = 0; r < matrix.length; r++) {
25      for (int c = 0; c < matrix[0].length; c++) {
26        int left = c > 0 ? sumThrough[r][c - 1] : 0;
27        int top = r > 0 ? sumThrough[r - 1][c] : 0;
28        int overlap = r > 0 && c > 0 ? sumThrough[r-1][c-1] : 0;
29        sumThrough[r][c] = left + top - overlap + matrix[r][c];
30      }
31    }
32    return sumThrough;
33  }
34
35  int sum(int[][] sumThrough, int r1, int c1, int r2, int c2) {
36    int topAndLeft = r1 > 0 && c1 > 0 ? sumThrough[r1-1][c1-1] : 0;
37    int left = c1 > 0 ? sumThrough[r2][c1 - 1] : 0;
38    int top = r1 > 0 ? sumThrough[r1 - 1][c2] : 0;
39    int full = sumThrough[r2][c2];
40    return full - left - top + topAndLeft;
41  }
```

由于该算法要访问每一对行、每一对列，因此它将花费 $O(N^4)$ 的时间。

3. 优化后的解法：$O(N^3)$

信不信由你，但确实有个更优的解法。如果矩阵为 R 行 C 列，我们可以在 $O(R^2C)$ 的时间内解出此题。

回想一下找出最大总和的子数组问题：给定一个整数数组，找出元素总和最大的子数组。我们有办法在 $O(N)$ 时间内找到（元素总和）最大的子数组，该解法也可用来求解此题。

每个子矩阵都可以表示为一组连续的行和一组连续的列。如果要迭代所有连续行的组合，那么，对每一种组合找出一组可给出元素总和最大的列，就可以了。如下所示。

```
1  maxSum = 0
2  foreach rowStart in rows
3    foreach rowEnd in rows
4      /* 以 rowStart 为上边、rowEnd 为下边的子矩阵有很多。
5       * 寻找以 colStart 和 colEnd 为边的矩阵，使其和最大 */
6      maxSum = max(runningMaxSum, maxSum)
7  return maxSum
```

现在，问题转变为如何高效地找出"最好"的 colStart 和 colEnd？此题变得越来越有意思了。

假设有如下子矩阵：

rowStart

9	-8	1	3	-2
-3	7	6	-2	4
6	-4	-4	8	-7
12	-5	3	9	-5

rowEnd

给定一个 rowStart 和 rowEnd, 我们想要找到相应的 colStart 和 colEnd, 使得 rowStart 为上边、rowEnd 为下边的子矩阵元素总和最大。为此, 可以把每一列加起来, 然后应用此题开头解释过的 maxSubArray 函数。

在前面的例子中, 总和最大的子数组是第 1 列到第 4 列。这就意味着最大子矩阵为(rowStart, first column)到(rowEnd, fourth column)。

至此, 可写出大致如下的伪码。

```
1   maxSum = 0
2   foreach rowStart in rows
3     foreach rowEnd in rows
4       foreach col in columns
5         partialSum[col] = sum of matrix[rowStart, col] through matrix[rowEnd, col]
6       runningMaxSum = maxSubArray(partialSum)
7       maxSum = max(runningMaxSum, maxSum)
8   return maxSum
```

第 5、6 行计算总和需用时 $R \times C$(要循环访问 rowStart 至 rowEnd), 因此共用时为 $O(R^3C)$。不过, 大功尚未告成。

在第 5、6 行, 从头将 a[0]...a[i]加起来, 即使在外层 for 循环的前一次迭代时已计算过 a[0]...a[i-1]的总和。完全可以删去这部分重复的计算。

```
1   maxSum = 0
2   foreach rowStart in rows
3     clear array partialSum
4     foreach rowEnd in rows
5       foreach col in columns
6         partialSum[col] += matrix[rowEnd, col]
7       runningMaxSum = maxSubArray(partialSum)
8     maxSum = max(runningMaxSum, maxSum)
9   return maxSum
```

最终, 完整的代码大致如下所示。

```
1   SubMatrix getMaxMatrix(int[][] matrix) {
2     int rowCount = matrix.length;
3     int colCount = matrix[0].length;
4     SubMatrix best = null;
5
6     for (int rowStart = 0; rowStart < rowCount; rowStart++) {
7       int[] partialSum = new int[colCount];
8
9       for (int rowEnd = rowStart; rowEnd < rowCount; rowEnd++) {
10        /* 对 rowEnd 行的值相加 */
11        for (int i = 0; i < colCount; i++) {
12          partialSum[i] += matrix[rowEnd][i];
13        }
14
15        Range bestRange = maxSubArray(partialSum, colCount);
16        if (best == null || best.getSum() < bestRange.sum) {
17          best = new SubMatrix(rowStart, bestRange.start, rowEnd,
18                               bestRange.end, bestRange.sum);
19        }
20      }
21    }
22    return best;
23  }
24
25  Range maxSubArray(int[] array, int N) {
```

```
26      Range best = null;
27      int start = 0;
28      int sum = 0;
29
30      for (int i = 0; i < N; i++) {
31        sum += array[i];
32        if (best == null || sum > best.sum) {
33          best = new Range(start, i, sum);
34        }
35
36        /* 如果 running_sum 小于 0，则无须重复。重置 */
37        if (sum < 0) {
38          start = i + 1;
39          sum = 0;
40        }
41      }
42      return best;
43    }
44
45    public class Range {
46      public int start, end, sum;
47      public Range(int start, int end, int sum) {
48        this.start = start;
49        this.end = end;
50        this.sum = sum;
51      }
52    }
```

此题非常复杂，若没有面试官的大量提示和鼎力帮助，在面试中很难完全解出整个问题。

17.25 单词矩阵。给定一份几百万个单词的清单，设计一个算法，创建由字母组成的最大矩形，其中每一行组成一个单词（自左向右），每一列也组成一个单词（自上而下）。不要求这些单词在清单里连续出现，但要求所有行等长，所有列等高。

题目解法

很多与字典有关的问题，通过预先做些处理就可以解出来。对于此题，哪一部分可以做预处理呢？

如果要创建一个单词矩形，就必须满足以下要求：每一行等长，每一列等高。因此，我们可以将这个字典的单词按长短进行分组，姑且把这个分组叫作 D，其中 D[i] 包含长度为 i 的单词串。

接下来，观察要找的最大矩形。可能形成的绝对最大的矩形有多大呢？它会是 length(largest word)^2。

```
1    int maxRectangle = longestWord * longestWord;
2    for z = maxRectangle to 1 {
3      for each pair of numbers (i, j) where i*j = z {
4        /* 试着用单词构建矩形，成功则返回 */
5      }
6    }
```

从最大可能的矩形迭代至最小的矩形，可以保证第一个找到的符合要求的矩形就是题目要求的最大矩形。

现在，轮到困难的部分：makeRectangle(int l, int h)。这个方法试图构建长 l 高 h 的单词矩形。

一种做法是迭代所有长 h 的有序单词集合，然后检查每一列字母是否形成有效单词。这么

10

做也行得通，但是效率相当低下。

假设我们正试着构造 6×5 的矩形，前几行单词如下所示。

```
there
queen
pizza
.....
```

至此可知，第一列开头几个字母为 tqp。我们知道或者说应该知道，字典里没有以 tqp 开头的单词。既然明摆着最终创建不出有效的矩形，为何还要自寻烦恼，继续构造下去呢？

这就引出一个更优的解法。我们可以构建一棵单词查找树（trie），从而轻易查出某个子串是否为字典里单词的前缀。再一行一行自上而下构造矩形时，检查每一列字母是否均为有效前缀。如果不是，则立即失败并中止，不再继续构造这个矩形。

下面是该算法的实现代码，长且复杂，我们会逐步解说。

一开始会做些预处理，将单词按长度分组。我们会创建一个单词查找树（每一个 trie 包含某长度的单词）数组，但直到真正需要时，才会构建单词查找树。

```
1   WordGroup[] groupList = WordGroup.createWordGroups(list);
2   int maxWordLength = groupList.length;
3   Trie trieList[] = new Trie[maxWordLength];
```

maxRectangle 方法是代码的"主体"，从可能的最大矩形（maxWordLength^2）开始，然后试着构建该大小的矩形。若构建失败，该方法会将最大面积减一，并尝试新的、较小的尺寸。由此，第一个成功构建的矩形必定是最大的。

```
1   Rectangle maxRectangle() {
2     int maxSize = maxWordLength * maxWordLength;
3     for (int z = maxSize; z > 0; z--) { // 从最大面积开始
4       for (int i = 1; i <= maxWordLength; i ++ ) {
5         if (z % i == 0) {
6           int j = z / i;
7           if (j <= maxWordLength) {
8             /* 构造长度 i、高度 j 的矩形。注意 i * j = z */
9             Rectangle rectangle = makeRectangle(i, j);
10            if (rectangle != null) return rectangle;
11          }
12        }
13      }
14    }
15    return null;
16  }
```

maxRectangle 又调用了 makeRectangle 方法，用于构造指定长度和高度的矩形。

```
1   Rectangle makeRectangle(int length, int height) {
2     if (groupList[length-1] == null || groupList[height-1] == null) {
3       return null;
4     }
5
6     /* 若不存在，就构建该单词长度的 trie */
7     if (trieList[height - 1] == null) {
8       LinkedList<String> words = groupList[height - 1].getWords();
9       trieList[height - 1] = new Trie(words);
10    }
11
12    return makePartialRectangle(length, height, new Rectangle(length));
13  }
```

makePartialRectangle 方法真正负责构建矩形，参数为预期的最终长度和高度以及部分成形的矩形。如果矩形的高度已达到最后想要的高度，就直接查看每一列能否构成有效且完整的单词，然后返回。

否则，检查每一列字母能否构成有效前缀。如若不能，就立即中止，因为这个部分成形的矩形最后不可能构建出有效的矩形。

不过，如果到目前为止一切顺利，所有列都是有效的单词前缀，那么，就继续搜索相应长度的单词，追加至当前矩形的后面，然后进入递归试着以{追加中新单词的矩形}为基础构建矩形。

```
1   Rectangle makePartialRectangle(int l, int h, Rectangle rectangle) {
2     if (rectangle.height == h) { // 检查矩形是否已完成
3       if (rectangle.isComplete(l, h, groupList[h - 1])) {
4         return rectangle;
5       }
6       return null;
7     }
8
9     /* 将所有列与 trie 比较，检查是否有效 */
10    if (!rectangle.isPartialOK(l, trieList[h - 1])) {
11      return null;
12    }
13
14    /* 迭代访问该长度的所有单词，并加入当前的部分矩形，然后试着递归构建出矩形 */
15    for (int i = 0; i < groupList[l-1].length(); i++) {
16      /* 当前矩形加上新单词构建新矩形 */
17      Rectangle orgPlus = rectangle.append(groupList[l-1].getWord(i));
18
19      /* 试着以这个新的、部分矩形构建新矩形 */
20      Rectangle rect = makePartialRectangle(l, h, orgPlus);
21      if (rect != null) {
22        return rect;
23      }
24    }
25    return null;
26  }
```

Rectangle 类代表一个部分或完整的单词矩形，可以调用 isPartialOk 方法来检查矩形到目前为止是否有效（即每一列都是有效的单词前缀）。isComplete 方法的功能类似，不过只检查每一列是否为完整的单词。

```
1   public class Rectangle {
2     public int height, length;
3     public char[][] matrix;
4
5     /* 构造一个"空"的矩形，长度是固定的，但高度会随着单词的加入而变化 */
6     public Rectangle(int l) {
7       height = 0;
8       length = l;
9     }
10
11    /* 根据指定长度和高度的字符数组构造矩形，使用指定的字母矩阵
12     * 表示（假定参数指定的长度和高度与数组参数的大小相符）*/
13    public Rectangle(int length, int height, char[][] letters) {
14      this.height = letters.length;
15      this.length = letters[0].length;
16      matrix = letters;
17    }
```

```
18
19    public char getLetter (int i, int j) { return matrix[i][j]; }
20    public String getColumn(int i) { ... }
21
22    /* 检查所有列是否都为有效。所有列已知为有效的，因为它们是直接从字典里取出的 */
23    public boolean isComplete(int 1, int h, WordGroup groupList) {
24      if (height == h) {
25        /* 检查每一列是否为字典里的单词 */
26        for (int i = 0; i < 1; i++) {
27          String col = getColumn(i);
28          if (!groupList.containsWord(col)) {
29            return false;
30          }
31        }
32        return true;
33      }
34      return false;
35    }
36
37    public boolean isPartialOK(int 1, Trie trie) {
38      if (height == 0) return true;
39      for (int i = 0; i < 1; i++ ) {
40        String col = getColumn(i);
41        if (!trie.contains(col)) {
42          return false;
43        }
44      }
45      return true;
46    }
47
48    /* 在当前矩形上追加 s 来新建 Rectangle */
49    public Rectangle append(String s) { ... }
50  }
```

WordGroup 类是个简单的容器，包含某长度的所有单词。为方便查找，我们会将单词存储在散列表和 ArrayList 中。

WordGroup 中的列表由静态方法 createWordGroups 创建。

```
1   public class WordGroup {
2     private HashMap<String, Boolean> lookup = new HashMap<String, Boolean>();
3     private ArrayList<String> group = new ArrayList<String>();
4     public boolean containsWord(String s) { return lookup.containsKey(s); }
5     public int length() { return group.size(); }
6     public String getWord(int i) { return group.get(i); }
7     public ArrayList<String> getWords() { return group; }
8
9     public void addWord (String s) {
10      group.add(s);
11      lookup.put(s, true);
12    }
13
14    public static WordGroup[] createWordGroups(String[] list) {
15      WordGroup[] groupList;
16      int maxWordLength = 0;
17      /* 找出最长单词的长度 */
18      for (int i = 0; i < list.length; i++) {
19        if (list[i].length() > maxWordLength) {
20          maxWordLength = list[i].length();
21        }
22      }
```

```
23
24        /* 将字典里的单词按长度分组，相同长度的分为一组。
25         * groupList[i]会包含一串单词，每个单词的长度为 length (i+1)t */
26        groupList = new WordGroup[maxWordLength];
27        for (int i = 0; i < list.length; i++) {
28          /* 此处使用了 wordLength - 1 而非 wordLength。这是因为
29           * 该数值被用作了索引，并不存在长度为 0 的单词 */
30          int wordLength = list[i].length() - 1;
31          if (groupList[wordLength] == null) {
32            groupList[wordLength] = new WordGroup();
33          }
34          groupList[wordLength].addWord(list[i]);
35        }
36        return groupList;
37      }
38    }
```

此题完整代码（包括 Trie 和 TrieNode 的代码），可在本书所附的源码包里找出。注意，面对复杂如是的问题，你很可能只需要写出伪码即可。毕竟，要在这么短的时间内写出全部代码几乎是不可能的。

17.26 稀疏相似度。两个（具有不同单词的）文档的交集（intersection）中元素的个数除以并集（union）中元素的个数，就是这两个文档的相似度。例如，{1，5，3}和{1，7，2，3}的相似度是 0.4，其中，交集的元素有 2 个，并集的元素有 5 个。

给定一系列的长篇文档，每个文档元素各不相同，并与一个 ID 相关联。它们的相似度非常"稀疏"，也就是说任选 2 个文档，相似度都很接近 0。请设计一个算法返回每对文档的 ID 及其相似度。

只需输出相似度大于 0 的组合。请忽略空文档。为简单起见，可以假定每个文档由一个含有不同整数的数组表示。

示例：

输入：

```
13: {14, 15, 100, 9, 3}
16: {32, 1, 9, 3, 5}
19: {15, 29, 2, 6, 8, 7}
24: {7, 10}
```

输出：

```
ID1, ID2 : SIMILARITY
13, 19   : 0.1
13, 16   : 0.25
19, 24   : 0.14285714285714285
```

题目解法

这听起来是个相当棘手的问题，所以让我们先试试蛮力算法。如果没有别的办法，那么它将帮助我们解决这个问题。

请记住，每个文档都是一组不同的"单词"，每个"单词"都是一个整数。

1. 蛮力法

使用蛮力算法，只需将所有数组与其他数组进行比较。在每次比较中，我们计算两个数组的交集大小和并集大小。

注意，我们只需在相似度大于 0 时打印这一对文档。两个数组的并集永远不能为 0（除非

10

两个数组为空，在这种情况下，我们将不会打印它们）。因此，实际上只有在交集大于 0 时，才需要打印相似度。

如何计算交集和并集的大小？

intersection 表示共有元素的数量。因此，我们可以迭代第一个数组（A）并检查每个元素是否在第二个数组（B）中。如果是，则将 intersection 加一。

要计算这个并集，我们需要确保不会重复计算两个文档的共有元素。这样做的一种方法是对 A 中存在、B 中不存在的所有元素的个数进行统计，然后将 B 中所有元素的个数与之相加，由于重复元素只在 B 中进行统计，因此这样可以避免重复计数。

抑或，我们可以这样想。如果进行了重复计数，那就意味着在交集中的元素（同时存在于 A 和 B 中的元素）被计算了两次。因此，只需删除这些重复的元素即可。

```
union(A, B) = A + B - intersection(A, B)
```

换句话说，只需计算交集即可。从交集可以很快得出并集和相似度。

该算法只需比较两个数组（文档），其时间复杂度为 $O(AB)$。

但是，我们需要比较 D 个文档中的每一对文档。假设每个文档最多包括 W 个单词，那么运行时间将为 $O(D^2W^2)$。

2. 略有改进的蛮力法

一个快速的改进策略是，优化两个数组相似度的计算。具体来说，就是优化交集计算。

我们需要知道两个数组中共有元素的个数。可以把 A 的所有元素都放入散列表中。然后遍历 B，每当在 A 中找到一个元素的时候，就递增 intersection 的值。

该方法需要 $O(A + B)$ 的时间。如果每个数组的大小都为 W，完成 D 个数组需要 $O(D^2W)$ 的时间。

在实现这一点之前，先考虑一下所需的类。

我们需要返回一个文档对列表和它们的相似度。我们将使用一个 DocPair 类来完成这个任务。确切的返回类型将是一个散列表，该散列表为从 DocPair 到一个表示相似度的 double 型数据的映射。

```
1   public class DocPair {
2     public int doc1, doc2;
3
4     public DocPair(int d1, int d2) {
5       doc1 = d1;
6       doc2 = d2;
7     }
8
9     @Override
10    public boolean equals(Object o) {
11      if (o instanceof DocPair) {
12        DocPair p = (DocPair) o;
13        return p.doc1 == doc1 && p.doc2 == doc2;
14      }
15      return false;
16    }
17
18    @Override
19    public int hashCode() { return (doc1 * 31) ^ doc2; }
20  }
```

有一个表示文档的类也大有用处。

```
1   public class Document {
2     private ArrayList<Integer> words;
3     private int docId;
4
5     public Document(int id, ArrayList<Integer> w) {
6       docId = id;
7       words = w;
8     }
9
10    public ArrayList<Integer> getWords() { return words; }
11    public int getId() { return docId; }
12    public int size() { return words == null ? 0 : words.size(); }
13  }
```

严格地说，我们不需要这些代码。然而，可读性非常重要，阅读 ArrayList<Document> 比阅读 ArrayList<ArrayList<Integer>> 要容易得多。

这样做不仅能显示出良好的编码风格，还能让你在面试时更加轻松。你最好少写些代码。除非有额外的时间或面试官要求这样做，否则可能不需要定义整个 Document 类。

```
1   HashMap<DocPair, Double> computeSimilarities(ArrayList<Document> documents) {
2     HashMap<DocPair, Double> similarities = new HashMap<DocPair, Double>();
3     for (int i = 0; i < documents.size(); i++) {
4       for (int j = i + 1; j < documents.size(); j++) {
5         Document doc1 = documents.get(i);
6         Document doc2 = documents.get(j);
7         double sim = computeSimilarity(doc1, doc2);
8         if (sim > 0) {
9           DocPair pair = new DocPair(doc1.getId(), doc2.getId());
10          similarities.put(pair, sim);
11        }
12      }
13    }
14    return similarities;
15  }
16
17  double computeSimilarity(Document doc1, Document doc2) {
18    int intersection = 0;
19    HashSet<Integer> set1 = new HashSet<Integer>();
20    set1.addAll(doc1.getWords());
21
22    for (int word : doc2.getWords()) {
23      if (set1.contains(word)) {
24        intersection++;
25      }
26    }
27
28    double union = doc1.size() + doc2.size() - intersection;
29    return intersection / union;
30  }
```

注意观察第 28 行。为什么要将 union 定义为 double 类呢？它显然应该是一个整数。

这样做是为了避免整数除法产生的 bug。如果不这样做，除法运算就会“向下取整”为一个整数。这意味着相似度几乎总是会返回 0。

3. 略有改进的蛮力法（另一种方法）

如果文档是有序的，则可以按照排序顺序遍历来计算两个文档之间的交集，这就像对两个数组进行归并排序一样。

该方法需要花费 $O(A + B)$ 的时间。这样的时间复杂度与我们当前的算法是相同的，但是使用的空间更小。在 D 个包含 W 个单词的文档上使用该方法，需要使用 $O(D^2W)$ 的时间。

因为不知道数组是否有序，所以可以先对它们进行排序。这将花费 $O(D \times W \log W)$ 的时间。整个运行时间为 $O(D \times W \log W + D^2W)$。

我们不能想当然地认为第二部分的时间复杂度远大于第一部分，因为这并不一定。这取决于 D 和 $\log W$ 的相对大小，因此需要在时间复杂度的表达式中保留这两项。

4.（一定程度上的）优化解法

构造一个更大的示例可以帮助我们真正理解这个问题。

```
13: {14, 15, 100, 9, 3}
16: {32, 1, 9, 3, 5}
19: {15, 29, 2, 6, 8, 7}
24: {7, 10, 3}
```

首先，我们可以尝试各种方法，以便更快地消除潜在的比较。例如，是否可以计算每个数组中的最小值和最大值？如果这样做，就可以知道非重叠的数组不需要进行比较。

问题是，这并不能真正解决时间复杂度这一问题。到目前为止，最快的运行时间是 $O(D^2W)$。在此优化之后，我们仍然会比较所有 $O(D^2)$ 个文件对，不过 $O(W)$ 这一部分有时或许会变为 $O(1)$。当 D 变大时，这个 $O(D^2)$ 将会是一个大问题。

因此，让我们把重点放在减少 $O(D^2)$ 这个因素上。这就是该解法遇到的"瓶颈"。具体地说，这意味着给定一个文档 docA，我们希望找到所有具有一定相似度的文档，并且希望在不"访问"每个文档的情况下这样做。

什么会使文件与 docA 相似？也就是说，什么特征使得文档的相似度（similarity）大于 0？

假设 docA 是 {14, 15, 100, 9, 3}。对于一个具有相似度大于 0 的文档，它需要包含 14、15、100、9 或 3。如何快速地得到一个文档列表，使得其中的每个文档都包含这些元素之一？

一个较慢的方法（而且，实际上是唯一的方法）是读取每个文档中的每一个单词，以查找包含 14、15、100、9 或 3 的文档。该方法将花费 $O(DW)$ 的时间。这并不是一个好方法。

但是，请注意，我们正在不断重复该过程。可以在下一次调用时重用上一次的工作。

如果我们构建一个散列表，使其从一个单词映射到包含该单词的所有文档，则可以很快得知与 docA 有交集的文档。

```
1 -> 16
2 -> 19
3 -> 13, 16, 24
5 -> 16
6 -> 19
7 -> 19, 24
8 -> 19
9 -> 13, 16
...
```

当我们想要知道与 docA 有交集的所有文档时，只需在这个散列表中查找 docA 的每个项。然后会得到一个文档的列表，其中每个文档都与 docA 有交集。现在，我们要做的就是比较 docA 和这些文档。

如果有 P 对相似度大于 0 的文档，并且每个文档都有 W 个单词，那么这将花费 $O(PW)$ 的时间（加上 $O(DW)$ 的时间来创建和读取该散列表）。因为我们认为 P 比 D^2 小得多，所以该算法比前述算法要好得多。

5.（更好的）优化解法

让我们想一想之前的算法。还能优化该算法吗?

如果考虑时间复杂度——$O(PW + DW)$——可能无法摆脱 $O(DW)$ 这个因素。我们必须至少接触每一个单词一次,而且总共有 $O(DW)$ 个单词。因此,如果要进行优化,则可能在 $O(PW)$ 项上进行。

要消除 $O(PW)$ 一项中的 P 很困难,这是因为,至少需要打印所有的 P 对文档(这需要 $O(P)$ 的时间)。那么,最好关注 W 部分。对于每一对相似的文档,我们可否只做少于 $O(W)$ 的计算?

解决这个问题的一种方法是分析散列表给出的信息。想一想以下文档列表。

```
12: {1, 5, 9}
13: {5, 3, 1, 8}
14: {4, 3, 2}
15: {1, 5, 9, 8}
17: {1, 6}
```

如果在这个文档的散列表中查找 12 号文档中的元素,可以得到以下文档。

```
1 -> {12, 13, 15, 17}
5 -> {12, 13, 15}
9 -> {12, 15}
```

这说明 13 号文档、15 号文档和 17 号文档与 12 号文档相似。在当前的算法中,我们现在需要将 12 号文档与 13 号文档、15 号文档和 17 号文档进行比较,以便查看它们与 12 号文档共同元素的数量(即交集的大小)。我们可以根据文档大小和交集大小计算并集,该过程与前述方法相同。

但是,请注意,13 号文档在散列表中出现了两次,15 号文档出现了三次,17 号文档出现了一次。我们丢弃了这些信息。可以使用这些信息吗? 一些文档出现了多次,另一些文档却只出现了一次,这说明了什么?

13 号文档出现了两次,因为它和 12 号文档有两个共同元素(1 和 5)。17 号文档出现了一次,因为它和 12 号文档只有一个共同元素(1)。15 号文档出现了三次,因为它和 12 号文档有三个共同元素(1、5 和 9)。事实上,这些信息可以直接告诉我们交集的大小。

我们可以遍历每个文档,查找散列表中的项,然后计算每个文档在每个条目列表中出现的次数。下面是一种更直观的方法。

(1) 如前所述,为文档列表构建一个散列表。

(2) 创建一个新的散列表,使其从一对文档映射到一个整数(该整数表示交集的大小)。

(3) 读取第一个散列表,遍历每个文档列表。

(4) 对于每个文档列表,遍历该列表中的每一对文档,并对该对文档的交集大小加一。

将该解法的时间复杂度与上一解法的时间复杂度进行对比有些棘手。一种可以用于分析的方法是,我们需要意识到在上一解法中对于每一对相似的文档都要完成 $O(W)$ 的计算。这是因为,一旦发现两个文档是相似的,就会访问每个文档中的所有单词。在这个算法中,我们只需访问一对文档中共有的单词。在最坏情况下,时间复杂度仍然是一样的,但是对于其他许多输入样例,这个算法会更快。

```
1   HashMap<DocPair, Double>
2   computeSimilarities(HashMap<Integer, Document> documents) {
3     HashMapList<Integer, Integer> wordToDocs = groupWords(documents);
4     HashMap<DocPair, Double> similarities = computeIntersections(wordToDocs);
5     adjustToSimilarities(documents, similarities);
6     return similarities;
```

```
 7    }
 8
 9    /* 创建从单词到所在位置的散列表 */
10    HashMapList<Integer, Integer> groupWords(HashMap<Integer, Document> documents) {
11      HashMapList<Integer, Integer> wordToDocs = new HashMapList<Integer, Integer>();
12
13      for (Document doc : documents.values()) {
14        ArrayList<Integer> words = doc.getWords();
15        for (int word : words) {
16          wordToDocs.put(word, doc.getId());
17        }
18      }
19
20      return wordToDocs;
21    }
22
23    /* 计算文档的交集。先对每对文档进行遍历，再对文档内容进行遍历，增加每页的交集大小 */
24    HashMap<DocPair, Double> computeIntersections(
25          HashMapList<Integer, Integer> wordToDocs {
26      HashMap<DocPair, Double> similarities = new HashMap<DocPair, Double>();
27      Set<Integer> words = wordToDocs.keySet();
28      for (int word : words) {
29        ArrayList<Integer> docs = wordToDocs.get(word);
30        Collections.sort(docs);
31        for (int i = 0; i < docs.size(); i++) {
32          for (int j = i + 1; j < docs.size(); j++) {
33            increment(similarities, docs.get(i), docs.get(j));
34          }
35        }
36      }
37
38      return similarities;
39    }
40
41    /* 增加每对文档的交集大小 */
42    void increment(HashMap<DocPair, Double> similarities, int doc1, int doc2) {
43      DocPair pair = new DocPair(doc1, doc2);
44      if (!similarities.containsKey(pair)) {
45        similarities.put(pair, 1.0);
46      } else {
47        similarities.put(pair, similarities.get(pair) + 1);
48      }
49    }
50
51    /* 调整交集内容使其相似 */
52    void adjustToSimilarities(HashMap<Integer, Document> documents,
53                              HashMap<DocPair, Double> similarities) {
54      for (Entry<DocPair, Double> entry : similarities.entrySet()) {
55        DocPair pair = entry.getKey();
56        Double intersection = entry.getValue();
57        Document doc1 = documents.get(pair.doc1);
58        Document doc2 = documents.get(pair.doc2);
59        double union = (double) doc1.size() + doc2.size() - intersection;
60        entry.setValue(intersection / union);
61      }
62    }
63
64    /* HashMapList<Integer, Integer> 是从 Integer 到 ArrayList<Integer>的散列表。
65     * 实现细节详见附录 A */
```

对于一组具有稀疏相似度的文档，这将比原始的简单算法快得多，后者需要直接比较所有文档对。

6.（另一种）优化解法

有些求职者可能会想出另一种算法。这种算法虽然有些慢，但仍然很不错。

回想一下之前的算法，可以通过排序来计算两个文档之间的相似度。我们可以将此方法扩展到多个文档。

假设我们将所有单词加上原始文档的标记，然后对它们进行排序。在此之前的文件列表如下所示。

1_{12}, 1_{13}, 1_{15}, 1_{16}, 2_{14}, 3_{13}, 3_{14}, 4_{14}, 5_{12}, 5_{13}, 5_{15}, 6_{16}, 8_{13}, 8_{15}, 9_{12}, 9_{15}

现在我们有了和前述算法基本上一样的方法。遍历这个元素列表。对于包含相同元素的每一个序列，我们增加对应的两个文档交集的计数。

我们将使用一个 Element 类将文档和单词组合在一起。当对列表进行排序时，将首先以单词进行排序，在单词相等时，以文档的 ID 进行排序。

```java
1   class Element implements Comparable<Element> {
2     public int word, document;
3     public Element(int w, int d) {
4       word = w;
5       document = d;
6     }
7
8     /* 排序时，使用此函数比较单词 */
9     public int compareTo(Element e) {
10      if (word == e.word) {
11        return document - e.document;
12      }
13      return word - e.word;
14    }
15  }
16
17  HashMap<DocPair, Double> computeSimilarities(
18      HashMap<Integer, Document> documents) {
19    ArrayList<Element> elements = sortWords(documents);
20    HashMap<DocPair, Double> similarities = computeIntersections(elements);
21    adjustToSimilarities(documents, similarities);
22    return similarities;
23  }
24
25  /* 将所有单词加入到一个链表中，先以单词排序，再以文档排序 */
26  ArrayList<Element> sortWords(HashMap<Integer, Document> docs) {
27    ArrayList<Element> elements = new ArrayList<Element>();
28    for (Document doc : docs.values()) {
29      ArrayList<Integer> words = doc.getWords();
30      for (int word : words) {
31        elements.add(new Element(word, doc.getId()));
32      }
33    }
34    Collections.sort(elements);
35    return elements;
36  }
37
38  /* 增加每对文档的交集大小 */
39  void increment(HashMap<DocPair, Double> similarities, int doc1, int doc2) {
40    DocPair pair = new DocPair(doc1, doc2);
41    if (!similarities.containsKey(pair)) {
42      similarities.put(pair, 1.0);
43    } else {
```

```
44        similarities.put(pair, similarities.get(pair) + 1);
45      }
46    }
47
48    /* 调整交集内容使其相似 */
49    HashMap<DocPair, Double> computeIntersections(ArrayList<Element> elements) {
50      HashMap<DocPair, Double> similarities = new HashMap<DocPair, Double>();
51
52      for (int i = 0; i < elements.size(); i++) {
53        Element left = elements.get(i);
54        for (int j = i + 1; j < elements.size(); j++) {
55          Element right = elements.get(j);
56          if (left.word != right.word) {
57            break;
58          }
59          increment(similarities, left.document, right.document);
60        }
61      }
62      return similarities;
63    }
64
65    /* 调整交集内容使其相似 *
66    void adjustToSimilarities(HashMap<Integer, Document> documents,
67                              HashMap<DocPair, Double> similarities) {
68      for (Entry<DocPair, Double> entry : similarities.entrySet()) {
69        DocPair pair = entry.getKey();
70        Double intersection = entry.getValue();
71        Document doc1 = documents.get(pair.doc1);
72        Document doc2 = documents.get(pair.doc2);
73        double union = (double) doc1.size() + doc2.size() - intersection;
74        entry.setValue(intersection / union);
75      }
76    }
```

这个算法的第一步比前述算法要慢，这是因为它必须对列表进行排序而不是仅仅将元素添加到列表中。该算法的第二步与前述算法基本上是相同的。

这两种算法的运行速度都要比原始的简单算法快得多。

第 11 章

进阶话题

本章涉及的话题大多数情况下都超出了面试的范围，但是偶尔也会在面试中出现。即使你不熟悉这些话题，也是面试官意料之中的事情。如果你愿意的话，可以随时深入学习这些内容。而如果你时间紧迫，可以不必着急学习本章内容。

撰写本书时，对于内容的选择，我斟酌良久。红黑树？Dijkstra 算法？拓扑排序？

一方面，有很多读者希望本书能涉及这些内容。一些人坚持认为该类问题"一定"（这些人对"一定"的理解有所不同）会出现在面试中。至少，有一部分人明确表达了希望包含上述内容的愿望。况且，多学一些总没坏处，对吧？

另一方面，我很清楚鲜有人会问及此类问题。当然，这些题目确实出现过。每个面试官都是独立的，他们有可能对于"面试的公平性"和"相关知识"的概念有着自己的理解。但是面试中极少会出现上述内容。即使出现了上述内容而你不具备相关的知识，也不太可能因此导致面试失败。

需要承认的是，我做面试官时也确实使用过类似的题目，而从本质上来说，解出这类题目就是使用上述算法。在极少数情况下，求职者也确实知道该算法，但习得此知识并没有让他们从中受益（当然也没有让他们因此受损）。我希望评估的是求职者解决未知问题的能力，因此，会将求职者是否提前知道该算法的情况纳入考虑。

我希望给读者一个对于面试的合理预期，而不希望使读者过于惊慌以致过度复习。我也无意使本书更加"深奥"，虽然这样做或许可以增加本书的销量，但是这将以读者的时间、精力为代价。这样做既不公平，也不合理。

另外，我也不想给面试官（那些正在阅读本书的面试官）一个错误的印象——他们可以甚至应该在面试中涉及这些进阶话题。面试官切记：如果问这些问题，那你就是在测试算法的背景知识。倘若这样做，则会在面试中淘汰掉很多聪明过人的求职者。

然而，有许多界限不是很清晰的"重要"话题。这些问题并不会经常被问到，但面试中时有提及。

最终，我决定把决定权交给你。毕竟，在面试中准备充分与否，这点你比我更清楚。如果你想准备得更充分，请阅读本章；如果你仅仅是喜欢学习数据结构和算法，请阅读本章；如果你想了解解决问题的新方法，请阅读本章。

但是如果你时间紧迫，则可以不必将本章内容列为优先级。

11.1 实用数学

以下是一些可能在解答某些问题中有用的数学题。网上有更多的正式验算过程可供你查阅，但这里将重点为你介绍隐藏在这些数学知识背后的思路。你可以把这些看作非正式的验算过程。

11.1.1 整数 1 至 N 的和

$1 + 2 + \cdots + n$ 是多少？让我们通过将较小的值和较大的值进行配对来计算。

如果 n 是偶数，则将 1 和 n、2 和 $n-1$ 等项进行配对。将会得到 $n/2$ 对和，每对和的值为 $n+1$。

如果 n 是奇数，则将 0 和 n、1 和 $n-1$ 等项进行配对。将会得到 $(n+1)/2$ 对和，每对和的值为 n。

n是偶数			
数对	**a**	**b**	**a + b**
1	1	n	n + 1
2	2	n - 1	n + 1
3	3	n - 2	n + 1
4	4	n - 3	n + 1
...	...	...	...
n/2	n/2	n/2 + 1	n + 1
总计：			n/2 × (n+1)

n是奇数			
数对	**a**	**b**	**a + b**
1	0	n	n
2	1	n - 1	n
3	2	n - 2	n
4	3	n - 3	n
...	...	...	...
(n + 1)/2	(n - 1)/2	(n + 1)/2	n
总计：			(n + 1)/2 × n

无论哪种情况，和都为 $n(n+1)/2$。

该推理过程会导致很多嵌套的循环。以下面的代码为例：

```
1   for (int i = 0; i < n; i++) {
2     for (int j = i + 1; j < n; j++) {
3       System.out.println(i + j);
4     }
5   }
```

在外层 for 循环的第一次迭代中，内层 for 循环会迭代 $n-1$ 次。在外层 for 循环的第二次迭代中，内层 for 循环将迭代 $n-2$ 次。接下来，内层 for 循环会分别迭代 $n-3$ 次和 $n-4$ 次，等等。内层 for 循环总次数为 $n(n-1)/2$。因此，该代码用时为 $O(n^2)$。

11.1.2 2 的幂的和

请考虑下面的序列：$2^0 + 2^1 + 2^2 + \cdots + 2^n$。结果是什么？

思考该问题的一种直观的办法是观察这些值的二进制表示方式。

	幂	二进制表示	十进制表示
	2^0	00001	1
	2^1	00010	2
	2^2	00100	4
	2^3	01000	8
	2^4	10000	16
和：	$2^5 - 1$	11111	32 - 1 = 31

因此，若以二进制表示，$2^0 + 2^1 + 2^2 + \cdots + 2^n$ 的值为 $(n+1)$ 个 1，即此值为 $2^{n+1} - 1$。

结论：由 2 的幂组成的序列之和大约等于序列中的下一个值。

11.1.3 对数的底

假设有一个以 $\log_2$ 表示的数（以 2 为底的对数），如何将其转换为 $\log_{10}$？也就是说，$\log_b k$ 和 $\log_x k$ 有什么关系？

让我们进行一些数学计算。假设 $c = \log_b k$，$y = \log_x k$。

```
logₐk = c --> bᶜ = =k            // log 的定义
logₓ(bᶜ) = logₓk                 // 等式两边取 log
c logₓb = logₓk                  // 对数的规则。此处可消去以 e 为底的指数
c = logₐk = logₓk/logₓb          // 代入 c 并将上面等式相除
```

因此，假设想将 $\log_2 p$ 转化为 $\log_{10} p$，只需：

$$\log_{10} p = \frac{\log_2 p}{\log_2 10}$$

结论：以不同数字为底的对数只相差一个常数因子。出于这个原因，大多数情况下忽略了大 O 表示法中的对数的底数。底数并不重要，因为会删除常量。

11.1.4 排列

总共有多少种排列 n 个不重复字符的方法？排列第一个字符有 n 种选项，第二个字符位置有 $n-1$ 种选项（一个字符已经被使用了），第三个字符有 $n-2$ 种选项，以此类推。因此，字符串排列方式的总数是 $n!$。

$$n! = \underline{n} \times \underline{n-1} \times \underline{n-2} \times \underline{n-3} \times \cdots \times \underline{1}$$

如果从 n 个唯一字符中构成一个长度为 k 的字符串（所有字符均唯一），该如何计算？你可以遵循类似的逻辑，但是需要提前停止对于字符的选择与相乘。

$$\frac{n!}{(n-k)!} = \underline{n} \times \underline{n-1} \times \underline{n-2} \times \underline{n-3} \times \cdots \times \underline{n-k+1}$$

11.1.5 组合

假设你有一组 n 个不同的字符，有多少种方法可以将 k 个字符选入新的集合（顺序无关紧要）？也就是说，n 个不同元素中有多少个大小为 k 的子集？这就是"从 n 中选 k 个数"的意思，通常写为$\binom{n}{k}$。

想象一下，首先写出所有长度为 k 的子串，然后取出重复项，从而得到所有集合的列表。

根据上一节，可以得到 $n!/(n-k)!$ 个长度为 k 的子串。

由于每个大小为 k 的子集可以被重新排列为 $k!$ 种独特的字符串，每个子集都在该子串列表中重复 k 次，因此结果需要除以 $k!$ 从而去除这些重复项。

$$\binom{n}{k} = \frac{1}{k!} \times \frac{n!}{(n-k)!} = \frac{n!}{k!(n-k)!}$$

11.1.6 归纳证明

归纳法是一种证明某事实为真的方式，其与递归关系密切。归纳法采取以下形式。

任务：证明语句 $P(k)$ 对于所有的 $k \geq b$ 都成立。

❑ 基础情况：证明 $P(b)$ 语句成立，该步骤只需带入数字即可。

❑ 假设：假设 $P(n)$ 语句成立。

❑ 归纳步骤：证明如果 $P(n)$ 语句成立，那么 $P(n+1)$ 语句也一定成立。

这就像多米诺骨牌一样，如果第一个多米诺骨牌倒下，它总会碰到下一个多米诺骨牌，最终所有的多米诺骨牌都将倒下。

让我们使用该方法来证明包含 n 个元素的集合共有 2^n 个子集。

❑ 定义：令 S = {a_1, a_2, a_3, ..., a_n} 是包含 n 个元素的集合。

❑ 基础情况：证明{}共有 2^0 个子集。该情况成立，这是因为{}的唯一子集是{}。

❑ 假设{a_1, a_2, a_3, ..., a_n}有 2^n 个子集。

❑ 证明{a_1, a_2, a_3, ..., a_{n+1}}存在 2^{n+1} 个子集。

考虑{a_1, a_2, a_3, ..., a_{n+1}}的子集。恰好一半子集将包含 a_{n+1}，另一半则不包含该项。不包含 a_{n+1} 的子集只是{a_1, a_2, a_3, ..., a_n}的子集，假设其共有 2^n 个元素。因为有 x 的子集与没有 x 的子集的数量相同，所以有 2^n 个子集包含 a_{n+1}。因此，共有 $2^n + 2^n$ 个子集，即 2^{n+1}。

许多递归算法可以通过归纳法证明其正确性。

11.2　拓扑排序

有向图的拓扑排序是对节点列表进行排序的一种方式。拓扑排序之后，如果 (a, b) 是图中的一条边，则 a 应出现在列表中的 b 之前。如果一个图有环图或者为无向图，则无法对其进行拓扑排序。

该算法用途广泛。例如，假设有一个用于表示装配线上零件的图，图的边(handle, door)表示你需要在门（door）之前组装手柄（handle）。拓扑排序可以为该装配线提供合理的组装顺序。

可以用下面的方法构造一个拓扑排序。

(1) 找出没有入边的所有节点，并将这些节点添加到拓扑排序中。

❑ 可以放心地添加这些节点，因为它们之前不需要完成任何节点。不妨把所有这样的节点都找出来。

❑ 如果图中没有环路，那么这样的节点必然存在。毕竟，如果选择任意一个节点，则可以任意向后移动节点。要么终将停止在某一节点处（在这种情况下，即发现了一个没有入边的节点），要么会返回至前面的一个节点（在这种情况下，图中即有一个环路）。

(2) 完成上述操作后，从图中删除上一步骤中每个节点的出边。

❑ 这些节点已经被添加到拓扑排序中，所以它们实际上不再相关。不再能打破这些边定义的顺序了。

(3) 重复上述步骤，添加没有入边的节点，并删除其出边。当所有的节点都被加入到拓扑排序中后，即完成了该算法。

更正式地说，该算法是这样的。

(1) 创建一个队列 order，其最终将存储有效的拓扑排序。目前该队列为空。

(2) 创建一个队列 processNext。这个队列将存储下一个要处理的节点。

(3)计算每个节点的入边的数量并设置类变量 node.inbound 的值。节点通常只存储它们的出边。但是，可以通过遍历节点 n 来计算入边的数量，并对其每条出边(n, x)将 x.inbound 的值加一。

(4) 再次遍历节点，并将其中 x.inbound == 0 的所有节点添加到 processNext 中。

(5) 当 processNext 不为空时，执行以下操作。

❑ 从 processNext 中删除第一个节点 n。

❑ 对于每条边(n, x)，将 x.inbound 的值减一。如果 x.inbound == 0，则将 x 加入到 processNext 尾部。

❑ 将 n 加入到 order 尾部。

(6) 如果 order 包含所有节点，则该算法已成功。否则，拓扑排序因为发现环路而失败。

该算法确实偶尔会出现在面试问题中。你的面试官可能不会让你不假思索即得出答案。然而，即使你以前从未见过该算法，让你在面试中推导出该算法也是合理的。

11.3 Dijkstra 算法

在一些图表中，可能需要对边赋予权重。如果图表代表城市，则每个边可以代表道路，其权重可以代表运行时间。在这种情况下，我们可能会像你的 GPS 地图系统一样提出这样的问题：从当前位置到另一个点 p 的最短路径是什么？这里就需要用到 Dijkstra 算法。

Dijkstra 算法是一种在加权有向图（可能包含环路）中查找两点之间最短路径的方法。所有的边都必须具有正值。

在此，试着去推导 Dijkstra 算法，而不仅仅只是阐述它的内容。以前文描述的图表为例，可以通过计算所有可能路径花费的实际时间来计算 s 点至 t 点最短的路径。哦，我们需要一台机器克隆自己。

(1) 从 s 点开始。

(2) 对于 s 的每条出边，需要克隆自己并开始遍历。如果边(s, x)的权重为 5，实际上需要 5 分钟才能到达。

(3) 每次到达一个节点，检查是否有人曾经到达过此节点。如果有，则停止。由于别人先于我们从 s 点到达此节点，因此自然没有其他路径快。如果没有，则对自己进行克隆，并朝所有可能的方向前进。

(4) 第一个到达 t 点的克隆体赢得胜利。

该方法是可行的，但是在真正的算法中，我们当然不希望真的使用一个计时器来查找最短路径。

假设每个克隆体都可以立即从一个节点跳跃到其相邻节点（不管边的权重是多少），但是克隆体会保存一个 time_so_far 变量，该变量用于记录以"真实"的速度行走将会花费多长时间。另外，一次只能移动一个人，而且总是移动具有最小的 time_so_far 值的那个。这就是 Dijkstra 算法的工作原理。

Dijkstra 算法用于查找从起始节点到图上**每个**节点的最小加权路径。

思考下图。

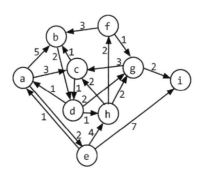

假设试图查找从 *a* 到 *i* 的最短路径，我们将使用 Dijkstra 算法来找到从 *a* 至所有其他节点的最短路径，显然可以从中得知从 *a* 到 *i* 的最短路径。

首先初始化几个变量。

❑ path_weight[node]：从每个节点到最短路径权重的映射，除了 path_weight[a] 被初始化为 0 以外，所有的值被初始化为无穷大。

❑ previous[node]：从每个节点到（当前）最短路径中上一个节点的映射。

❑ remaining：由图表中所有节点组成的优先队列，其中每个节点的优先级由 path_weight 确定。

❑ 一旦初始化了这些值，就可以开始调整 path_weight 的值了。

（最小）**优先队列**是一个抽象数据类型（至少在这种情况下是这样），它支持插入一个对象和键，删除具有最小键的对象，减小键的值。你可以将其想象为一个典型的队列，不同之处在于，它不是删除存在最久的项目，而是删除最低或最高优先级的项目。优先队列是一个抽象数据类型，这是因为它的定义来源于其行为（或其操作），而它背后的实现方法可能有所不同。你可以使用数组、最小（最大）堆或者许多其他数据结构来实现优先队列。

对 remaining 中的节点进行迭代（直到 remaining 为空），对每个节点做以下操作。

(1) 选择 remaining 中 path_weight 值最小的节点，将该节点称为节点 n。

(2) 对于每个相邻节点，比较 path_weight[x]（该值为从节点 a 到节点 x 的当前最短路径的权重）与 path_weight[n] + edge_weight[(n, x)] 的值，也就是说，可以得到一条当前路径以外的具有更低权重的从 a 至 x 的路径吗？如果可以，更新 path_weight 和 previous 的值。

(3) 从 remaining 中删除 n。

当 remaining 为空时，path_weight 即存储了从 a 到每个节点的当前最短路径的权重。可以通过追踪 previous 的值来重建该路径。

不妨在以上图表中使用该方法。

(1) n 的第一个值是 a。观察它的相邻节点（b、c 和 e），更新 path_weight 的值（到 5、3 和 2）和 previous 的值（到 a）。然后，从 remaining 中删除 a。

(2) 之后，找到下一个最小的节点，即 e。之前将 path_weight[e] 更新为 2。它的相邻节点是 h 和 i，所以更新这两个节点的 path_weight（到 6 和 9）和 previous 的值。请注意 6 是 path_weight[e]（即 2）与边(e, h)的权重（即 4）之和。

(3) 下一个最小的节点是 c，它的 path_weight 值为 3。它的相邻节点是 b 和 d。path_weight[d] 的值是无穷大，所以将其更新为 4（path_weight[c] + weight(edge c, d)），path_weight[b] 的值先前已经设置为 5，但是由于 path_weight[c] + weight(edge c, b)（即 3 + 1 = 4）小于 5，因此需要将 path_weight[b] 更新为 4，并且将 previous 更新为 c。这表示将改进从 a 到 b 的路径，使其通过 c 节点。

继续重复此过程直到 remaining 为空。下图显示了每一步中对 path_weight（左侧单元格）和 previous（右侧单元格）的改变。最上面一行显示了当前 n（从 remaining 中删除的节点）的值。当一行从 remaining 删除之后，就将整行划去。

	INITIAL		n=a		n=e		n=c		n=b		n=d		n=h		n=g		n=f		FINAL	
	wt	pr	wt	pr	wt	pr	wt	pr	wt	pr	wt	pr	wt	pr	wt	pr	wt	pr	wt	pr
a	0	-	已删除																0	-
b	∞	-	5	a			4	c	已删除										4	c
c	∞	-	3	a			已删除												3	a
d	∞	-					4	c			已删除								4	c
e	∞	-	2	a	已删除														2	a
f	∞	-											7	h			已删除		7	h
g	∞	-									6	d			已删除				6	d
h	∞	-			6	e					5	d	已删除						5	d
i	∞	-	∞	-	9	e									8	g			8	g

一旦完成，可以按照这个图表往回查找，从 i 开始查看实际的路径，在上述的例子中，最小权重路径权重为 8，路径为 a -> c -> d -> g -> i。

优先队列和运行时间

如前所述，该算法使用了优先队列，但是该数据结构可以用不同的方式实现。

本算法的运行时间在很大程度上取决于优先队列的实现。假设你有 v 个顶点和 e 个节点。

- ❑ 如果使用数组实现优先队列，那么最多可以调用 `remove_min` 方法 v 次。每次操作将花费 $O(v)$ 的时间，所以在 `remove_min` 调用上会花费 $O(V^2)$ 的时间。另外，对于每条边，最多可更新一次 `path_weight` 和 `previous` 的值，因此 $O(e)$ 的时间内就可以完成更新操作。请注意，e 必须小于等于 v^2，因为边的数量不可能超过顶点对的数量。因此，总体运行时间是 $O(V^2)$。

- ❑ 如果使用最小堆实现优先队列，则 `remove_min` 方法的每次调用将花费 $O(\log v)$ 的时间（与插入和更新键一样）。我们将为每个顶点执行一次 `remove_min` 方法，这样将花费 $O(v \log v)$ 的时间（v 个顶点，每个顶点花费 $O(\log v)$ 的时间）。另外，对于每一条边，会调用一次更新键或插入键操作，因此这将花费 $O(e \log v)$ 的时间。总计运行时间为 $O((v + e)\log v)$。

哪一种方法更好？其实，这要看情况。如果图有很多条边，那么 v^2 将接近于 e。在这种情况下，使用数组实现可能会更好，因为 $O(v^2)$ 要好于 $O((v + v^2)\log v)$。但是，如果图比较稀疏，则 e 比 v^2 小得多。在这种情况下，最小堆实现可能会更好一些。

11.4　散列表冲突解决方案

基本上任何散列表都可能发生冲突。有很多方法可以处理该问题。

11.4.1　使用链表连接数据

使用这种方法（最常见），散列表的数组会被映射为一个链表。只需不断向该链表添加项即可。只要冲突的数量非常小，该方法就非常有效。

在最坏的情况下，查找操作的时间复杂度为 $O(n)$，其中 n 是散列表中元素的数量。最坏情况只有在出现非常奇怪的数据，使用非常差的散列函数或两者兼而有之的情况下才会发生。

11

11.4.2　使用二叉搜索树连接数据

除了在链表中存储冲突元素，还可以将冲突元素存储在二叉搜索树中。这会使最坏情况下的运行时间达到 $O(\log n)$。

实际上，除非出现非常不均匀的分布，否则很少采用这种方法。

11.4.3　使用线性探测进行开放寻址

在这种方法中，当冲突发生时（已经在指定的索引处存储了一个元素），只是移动到数组中的下一个索引，直到找到空位。或者，有些时候，还会使用一些其他的固定位移，如索引 + 5。

如果冲突次数很少，那么这就是一个非常快速和节省空间的解决方案。

一个明显的缺点是，散列表受到数组大小的限制。上述连接数据的方案则不受此限制。

这里还有一个问题。假设一个具有大小为 100 的底层数组的散列表，其中索引 20 到 29 已被填充（而其他元素为空），下一个插入到索引 30 的概率是多少？由于映射到 20 到 30 之间任何索引的元素都将最终被插入至索引 30 的位置，因此其概率为 10%。这将导致**聚集**的问题。

11.4.4　平方探测和双重散列

探测之间的距离不需要是线性的。例如，可以按照平方的方式增加探测距离。或者可以使用另一个散列函数来确定探测距离。

11.5　Rabin-Karp 子串查找

在较大的字符串 B 中搜索子串 S 的蛮力法需要 $O(s(b - s))$ 的运行时间，其中 s 是 S 的长度，b 是 B 的长度。在该算法中，搜索 B 中前 $b - s + 1$ 个字符，并对其中每一个字符检查从它开始的 s 个字符是否与 S 匹配。

Rabin-Karp 算法巧妙地对蛮力法进行了优化：如果两个字符串相同，那么它们必然具有相同的散列值（反过来则不是这样，两个不同的字符串可能会有相同的散列值）。

因此，如果有效地为 B 中的每个长度为 s 的字符序列预先计算散列值，则可以在 $O(b)$ 的时间内找到 S 的位置。然后，只需要验证那些位置确实与 S 匹配。

例如，假设散列函数只是对每个字符进行简单的求和（其中，空格 = 0，$a = 1$，$b = 2$，以此类推）。如果 S 是 ear，而 B 是 doe are hearing me，那么只需要找出总和为 24（e + a + r）的序列。该情况在三处发生。对于每一处位置，需要检查字符串是否确实为 ear。

字符：	d	o	e		a	r	e		h	e	a	r	i	n	g		m	e
代码：	4	15	5	0	1	18	5	0	8	5	1	18	9	14	7	0	13	5
接下来三个元素的和：	24	20	6	19	24	23	13	13	14	24	28	41	30	21	20	18		

如果通过计算 hash('doe')、hash('oe ')、hash('e a')等步骤来求和，那么仍然需要 $O(s(b - s))$ 的时间。

取而代之的是，可以通过 hash('oe ') = hash('doe') - code('d') + code(' ')来计算散列值。计算所有散列值需要 $O(b)$ 的时间。

你可能会认为，在最坏情况下许多散列值都会相同，所以该方法仍将花费 $O(s(b-s))$ 的时间。对于这个散列函数确实是这样的。

在实践中，会使用更好的**滚动散列函数**（rolling hash function），比如 Rabin 指纹函数（Rabin fingerprint）。该函数本质上把类似于 doe 这样的字符串作为 128（或者以字母表中字符数量为进制）进制数处理。

```
hash('doe')= code('d') * 128² + code('o') * 128¹ + code('e') * 128⁰
```

对于该散列函数，可以删除 d，移动 o 与 e，最后加入空格。

```
hash('oe ')=(hash('doe') - code('d') * 128²) * 128 + code('')
```

如此计算会大大减少错误匹配的次数。虽然最坏情况下的时间复杂度仍为 $O(sb)$，但是使用像该函数一样的好的散列函数可以使期望时间复杂度变为 $O(s + b)$。

在面试中会屡次用到该算法，因此，习得在线性时间内可以进行子串查找的知识，对你的面试将大有裨益。

11.6　AVL 树

AVL 树是实现树平衡算法的两种常用方法之一。我们只在这里讨论插入操作，如果你感兴趣，也可以单独查找删除操作的内容。

11.6.1　性质

AVL 树在每个节点中存储以此节点为根的所有子树的高度。这样一来，对于任意节点，都可以检查其在高度上是否平衡，即左子树的高度和右子树的高度相差不超过 1。这样做可以防止树过于失衡。

```
balance(n) = n.left.height - n.right.height
              -1 <= balance(n) <= 1
```

11.6.2　插入操作

当插入节点时，某些节点的平衡度可能会变为–2 或 2。因此，当"展开"递归栈时，需要检查、修复每个节点处的平衡度。可以通过一系列的旋转操作来完成这一任务。

旋转操作可以是左旋或者右旋。右旋是与左旋相反的操作。

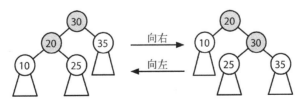

根据树的平衡度以及不平衡发生的位置，可以用不同的方式进行修正。

● 情况 1：平衡度为 2

在这种情况下，左子树的高度比右子树的高度多 2。如果左子树较大，则左子树多出的节点必定悬挂在左侧（如左左型所示）或悬挂在右侧（如左右型所示）。如果给定的树看起来像是左右型结构，则可以对其进行下图所示的旋转操作，并将其转换为左左型结构，从而最终转换为平衡结构。如果给定的树看起来已经为左左型结构，那么只需将其转化为平衡结构即可。

11

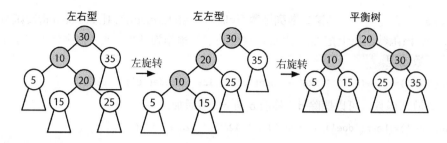

● 情况 2：平衡度为−2

这种情况是前一种情况的镜像。给定的树看起来为右左型或右右型。执行下面的旋转操作可以将其转换为平衡结构。

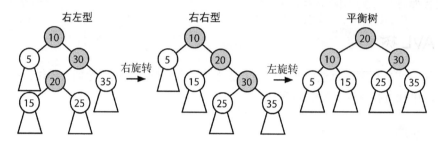

在这两种情况下，"平衡"就意味着树的 balance 值位于−1 和 1 之间。这并不意味着 balance 值为 0。

对树进行向上递归，同时修复树中任意的不平衡节点。如果找到某一子树的平衡度为 0，即完成了树的平衡操作。树中一部分的不平衡不会导致另一棵更高的子树产生−2 或 2 的平衡度。如果以非递归方式实现该算法，则可以在此时跳出循环。

11.7 红黑树

红黑树（一种自平衡二叉搜索树）不能保证非常严格的平衡，但是其平衡性仍然足以确保以 $O(\log N)$ 的时间复杂度进行插入、删除和检索操作。它们需要较少的内存，并且可以更快地进行再平衡（这意味着可以更快地进行插入和移除操作），所以它们常在树需要被频繁修改的情况下使用。

红黑树的实现方法是，对节点交替标记红色或黑色（以特定规则进行，如下所述），并要求从某一节点到叶节点的所有路径都具有相同数量的黑色节点。这样的方法可以得到一棵合理的平衡树。

下面的树是红黑树（红色节点用灰色表示）。

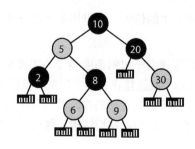

11.7.1 性质

(1) 每个节点要么是红色节点，要么是黑色节点。

(2) 根节点是黑色节点。

(3) 叶节点为空节点，也称为黑色节点。

(4) 每个红色节点必须有两个黑色子节点，也就是说，一个红色节点不可能有红色子节点（虽然黑色节点可以有黑色子节点）。

(5) 每一条从某一节点至其叶节点的路径必须包含相同数量的黑色子节点。

11.7.2 为什么这样的树是平衡的

性质(4)意味着在一条路径中两个红色节点不能相邻（例如，父节点和子节点）。因此，一条路径中，红色的节点数量不会超过一半。

考虑从某节点（比如根节点）到叶节点的两条路径。两条路径必须具有相同数量的黑色节点（性质(5)，共计 b 个黑色节点）。假设它们的红色节点数量尽可能不同：一个路径包含最小数量的红色节点，另一个路径包含最大数量的红色节点。

- 路径 1（最少红色节点路径）：红色节点的最小数量为零。因此，路径 1 共有 b 个节点。
- 路径 2（最多红色节点路径）：红色节点的最大数量为 b，这是因为红色节点必须有黑色子节点，而黑色节点的数量为 b。因此，路径 2 共有 $2b$ 个节点。

因此，即使在最极端的情况下，两条路径的长度相差也不会超过一倍。这足以确保在 $O(\log N)$ 的时间复杂度内完成查找操作和插入操作。

如果可以保持这些性质，则可以得到一棵（足够）平衡的树——无论如何都足以确保在 $O(\log N)$ 的时间内完成查找操作和插入操作。接下来的问题是如何有效地维护这些性质。我们只在这里讨论插入操作，但你可以自行检索删除操作的相关资料。

11.7.3 插入操作

在一棵红黑树中插入一个新节点。以典型的二叉搜索树插入操作为例。

- 新的节点被插入到一个叶节点中，这意味着它们将替换一个黑色节点。
- 新的节点总是红色的，并赋予两个黑色的叶节点（空节点）。

一旦完成了这个任务，我们就需要修复所有违反红黑树性质的地方。有以下两种可能的违规之处。

- 红色违规：红色节点有一个红色的子节点（或者根节点是红色的）。
- 黑色违规：一条路径比另一条路径有更多的黑色节点。

插入的节点是红色的。没有改变任何路径（到达叶节点的路径）上的黑色节点的数量，所以不会产生黑色违规，但是可能产生红色违规。

在根节点是红色的特殊情况下，总是可以将它变成黑色来满足第二条性质，这不会违反其他的限制。

否则，如果存在红色违规，那么这意味着在另一个红色节点下出现了一个红色节点。大事不妙！

把当前节点称为 N。P 是 N 的父节点。G 是 N 的祖父节点，U 是 N 的叔伯节点，即 P 的兄弟节点。已知部分如下。

- N 是红色的，P 是红色的，这是因为产生了红色违规。

❏ G 一定是黑色的，这是因为之前并没有产生红色违规。

未知部分如下。

❏ U 可能是红色或黑色的。

❏ U 可能是左子节点或右子节点。

❏ N 可能是左子节点或右子节点。

通过简单的组合，总共需要考虑 8 种情况。幸运的是，其中一些情况是相同的。

情况 1：U 是红色的

U 是左子节点还是右子节点或者 P 是左子节点还是右子节点无关紧要。可以将 8 种情况中的 4 种合并为一种情况来讨论。

如果 U 是红色的，那么可以切换 P、U 和 G 的颜色。将 G 从黑色切换为红色。将 P 和 U 从红色切换为黑色。在此过程中并没有改变任何路径上的黑色节点数量。

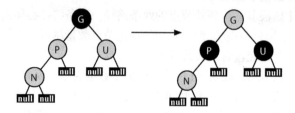

但是，通过将 G 变为红色，可能使其与父节点产生了红色违规。如果发生这样的情况，则需要递归地使用同样的一整套逻辑来处理红色冲突，即将 G 变为新的 N。

请注意在一般的递归情况下，N、P 和 U 也可能在黑色空节点（上图中显示为叶节点）的位置存在子树。在情况 1 中，这些子树仍然连接至同一父节点，这是因为树的结构并没有改变。

情况 2：U 是黑色的

需要考虑 N 和 U 的组合（左子节点或是右子节点）。在每种情况下，确保修正红色违规（红色节点位于红色节点之上）的同时不会出现下列情况。

❏ 扰乱二叉搜索树的排序。

❏ 引入黑色违规（在一条路径上比另一条路径上存在更多的黑色节点）。

可以达到上述目的即可。在下面的每一种情况下，红色违规都是通过旋转被修正，而这些旋转操作都保持了节点的顺序。

此外，下面的旋转都保持每条未受影响的路径部分中黑色节点的确切数量。被旋转的部分要么是空的叶节点，要么是内部没有改变的子树。

● 情况 A：N 和 P 都是左子节点

通过旋转 N、P 和 G 并通过下图所示的着色来修正红色违规。如果观察树的中序遍历，可以发现旋转保持了节点的顺序（a <= N <= b <= P <= c <= G <= U）。在每条通往任意子树 a、b、c 和 U（它们可能都是空节点）的路径中，该树都保持了相同、等量的黑色节点。

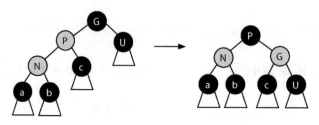

● 情况 B：P 是左子节点，N 是右子节点

在情况 B 中的旋转修正了红色违规并保持了中序遍历的属性：a <= P <= b <= N <= c <= G <= U。同样地，黑色节点的计数在每条延伸至叶节点的路径中保持不变。

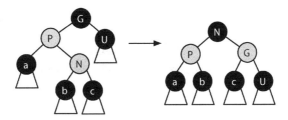

● 情况 C：N 和 P 都是右子节点

这是情况 A 的镜像。

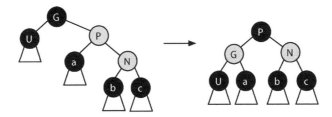

● 情况 D：N 是左子节点，P 是右子节点

这是情况 B 的镜像。

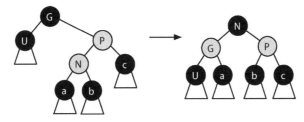

在情况 2 的每一个子情况中，N、P 和 G 的按值排序的中间元素都被旋转操作为 G 原先子树的根节点，同时该元素与 G 元素交换了颜色。

这也就是说，不要试图只记住这些情况，而应该研究它们如何工作。每种情况如何确保没有红色违规、没有黑色违规同时没有违反二叉搜索树性质？

11.8　MapReduce

MapReduce 在系统设计中广泛应用于处理大量的数据。顾名思义，一个 MapReduce 程序需要你编写一个映射（Map）步骤和一个归纳（Reduce）步骤，而其余部分交由系统处理。

(1) 系统在不同的机器上分割数据。

(2) 每台机器开始运行用户提供的 Map 程序。

(3) Map 程序获取一些数据并产生一个对。

(4) 由系统提供的 Shuffle 进程将重新组织数据，使得与某一给定的键相关联的所有对都会被发送到同一台机器。这些数据将被 Reduce 程序处理。

(5) 由用户提供的 Reduce 程序将接受一个键和一组与其相关联的值，并以某种方式对它们进

11

行"归纳"并产生一个新的键和值。这个结果可能会被反馈到 Reduce 程序中以进一步进行归纳。

　　使用 MapReduce 的典型例子（基本上可以算作是 MapReduce 的 Hello World 版本）是用来计算一组文档中单词出现的频率。

　　当然，你可以把它写成一个单一的函数——读入所有的数据，通过散列表计算出每个单词出现的次数，然后输出结果。

　　MapReduce 允许你对文档进行并行处理。Map 函数读入一个文档，并且只会记录每个单词及其出现次数（出现次数总为 1）。Reduce 函数读入键（即单词）和与其相关联的值（即出现次数）。它生成出现次数的和。该值可能会最终成为另一个 Reduce 函数的输入值（如图所示，该 Reduce 被使用于同一键上）。

```
1   void map(String name, String document):
2     for each word w in document:
3       emit(w, 1)
4
5   void reduce(String word, Iterator partialCounts):
6     int sum = 0
7     for each count in partialCounts:
8       sum += count
9     emit(word, sum)
```

下图显示了这个例子的工作过程。

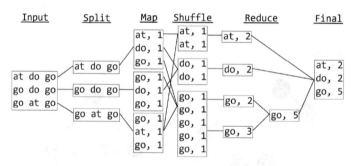

　　这里有另一个例子：有一组数据，以{City, Temperature, Date}（城市，温度，日期）的形式保存。需要计算的是每年每个城市的平均温度。例如，给定的数据为{(2012, Philadelphia, 58.2)、(2011, Philadelphia, 56.6)、(2012, Seattle, 45.1)}。

□ Map：Map 步骤输出为键值对，其中键为 City_Year，值为(Temperature, 1)。"1"表示这是一个数据点的平均温度。这对 Reduce 步骤来说很重要。

□ Reduce：Reduce 步骤将会输入一个与特定城市和年份相对应的温度列表。该步骤必须使用这些输入来计算平均温度。不能只是简单地将温度加起来，然后除以总数量。

　　要理解这一点，假设我们有一个特定城市和年份的 5 个数据：25、100、75、85、50。Reduce 步骤可能一次只能得到这些数据中的一部分。如果计算{75, 85}的平均值，会得到 80。这可能最终会成为另一个 Reduce 步骤的输入，该步骤会加入数据 50。如果只是简单地计算 80 和 50 的平均值，则是错误的。这是因为 80 有更多的权重。

　　因此，取而代之的是：Reduce 步骤应该接受{(80, 2)，(50, 1)}，然后计算**加权**平均温度。所以，该步骤应该计算 $80 \times 2 + 50 \times 1$ 的和，然后除以$(2 + 1)$并得到平均温度为 70。最后的输出结果为(70, 3)。

　　另一个 Reduce 步骤可能会归纳{(25, 1), (100, 1)}得到(62.5, 2)。如果将其与(70, 3)进行归纳，可以得到最终答案为(67, 5)。换句话说，今年这个城市的平均气温是 67 度。

我们也可以用其他的方式做到这一点。可以把城市作为键，将(Year, Temperature, Count)作为值。Reduce 步骤基本上可以完成同样的工作，但是必须按照年份进行分组。

在很多情况下，一种实用的方法是首先考虑 Reduce 步骤应该做什么，然后设计 Map 步骤。Reduce 需要哪些数据来完成其工作？

11.9 补充学习内容

至此，你已经掌握了这些进阶话题。你还想学习更多内容？好的。这里有一些话题可供参考。

- □ **贝尔曼–福特算法（Bellman-Ford algorithm）**：在同时具有正值和负值边的加权有向图中，查找起始于单个节点的最短路径。
- □ **弗洛伊德算法（Floyd-Warshall algorithm）**：在同时具有正值或负值边（但不包括负值权重的环路）的加权图中，查找起始多条最短路径。
- □ **最小生成树（minimum spanning tree）**：在加权连通无向图中，生成树是指连接所有顶点的树。最小生成树是具有最小权重的生成树。有多种算法可以计算最小生成树。
- □ **B 树（B-tree）**：在磁盘或其他存储设备上，常使用自平衡搜索树（不是二叉搜索树）。它类似于红黑树，但使用较少的输入输出操作。
- □ **A***：查找源节点和目标节点（或多个目标节点之一）之间成本最低的路径。该算法拓展了 Dijkstra 算法，并通过使用启发式搜索获得了更好的性能。
- □ **区间树（interval tree）**：区间树是平衡二叉搜索树的扩展形式，但该数据结构存储的是区间（低->高的数值范围）而不是简单的值。酒店可以使用该数据结构来存储所有预订，然后有效地检测出在某一特定的时间都有哪些人入住该酒店。
- □ **图的着色（graph coloring）**：对图中的节点进行着色，使得图中没有两个相邻的顶点具有相同的颜色。有许多算法可以用来确定一个图是否可以使用 K 种颜色进行着色。
- □ **P、NP 和 NP 完备（NP-complete）**：P、NP 和 NP 完备用于指代问题的类别。P 问题是指可以被迅速解决的问题（"快速"意味着多项式时间）。NP 问题是指那些给定解决方案后可以被快速验证的问题。NP 完备问题是 NP 问题的一个子集，该类问题之间可以相互递推（换句话说，如果你找到一个问题的解决方案，那么你可以在多项式时间内通过该解决方案来解决集合中的其他问题）。

  P＝NP 是否成立仍然是一个未知的且非常著名的问题，但是一般认为该问题的答案是否定的。
- □ **组合和概率**：从这部分你可以学到很多东西，比如随机变量、期望值和排列的计算方法。
- □ **二分图（bipartite graph）**：二分图是图的一种，在该图中，你可以将其节点划分为两个集合，使得图中的每条边都分布于两个集合之间（换句话说，在同一集合中的两个节点之间，没有任何边）。有一个算法可以用于检查一个图是否是二分图。请注意，二分图等同于可以仅使用两种颜色进行着色的图。
- □ **正则表达式（regular expression）**：你应该知道正则表达式的存在，并且粗略地了解它们的用途。你还可以了解正则表达式匹配算法如何工作。正则表达式背后的一些基本语法也可能会非常实用。

当然还有更多的数据结构和算法。如果你有兴趣更深入地探讨这些话题，建议阅读一下《算法导论》或《算法设计手册》。

11

代 码 库

本书中的代码实现形成了一些特定的模式。我们一般都会尝试将解决方案的完整代码列出，但是在某些情况下，这样做有点画蛇添足。

本附录列出了一部分最有用的代码片段。

完整的可编译解决方案可以从 CrackingTheCodingInterview.com 下载。

A.1 HashMapList<T, E>

HashMapList 类本质上是 HashMap<T, ArrayList<E>>的一种简写。它允许我们将 T 类型的元素映射到 ArrayList，该 ArrayList 的元素类型为 E。

例如，我们或许需要一个从整数到字符串链表的映射。本来需要写以下代码：

```
1   HashMap<Integer, ArrayList<String>> maplist =
2     new HashMap<Integer, ArrayList<String>>();
3   for (String s : strings) {
4     int key = computeValue(s);
5     if (!maplist.containsKey(key)) {
6       maplist.put(key, new ArrayList<String>());
7     }
8     maplist.get(key).add(s);
9   }
```

现在可以这样写：

```
1   HashMapList<Integer, String> maplist = new HashMapList<Integer, String>();
2   for (String s : strings) {
3     int key = computeValue(s);
4     maplist.put(key, s);
5   }
```

虽然变化并不大，但是这使代码更简单了。

```
1   public class HashMapList<T, E> {
2     private HashMap<T, ArrayList<E>> map = new HashMap<T, ArrayList<E>>();
3
4     /* 在 key 处以链表形式插入项目 */
5     public void put(T key, E item) {
6       if (!map.containsKey(key)) {
7         map.put(key, new ArrayList<E>());
8       }
9       map.get(key).add(item);
10    }
11
12    /* 在 key 处插入一组项目 */
13    public void put(T key, ArrayList<E> items) {
14      map.put(key, items);
15    }
```

```
16
17    /* 获取 key 处的链表 */
18    public ArrayList<E> get(T key) {
19      return map.get(key);
20    }
21
22    /* 检查是否包含 key */
23    public boolean containsKey(T key) {
24      return map.containsKey(key);
25    }
26
27    /* 检查 key 处的链表是否为空 */
28    public boolean containsKeyValue(T key, E value) {
29      ArrayList<E> list = get(key);
30      if (list == null) return false;
31      return list.contains(value);
32    }
33
34    /* 获取一组键 */
35    public Set<T> keySet() {
36      return map.keySet();
37    }
38
39    @Override
40    public String toString() {
41      return map.toString();
42    }
43  }
```

A.2　TreeNode（二叉搜索树）

尽管完全可以使用内嵌的二叉树类型（最好能这样做），但是这并不一定总是可行的。在很多题目中，需要访问树的成员节点或者内部元素（或者需要对它们进行修改）。在此情况下，则无法使用内嵌的代码库。

TreeNode 类支持多种功能，其中的许多功能并不是每个题目或者解决方案都会用到。例如，TreeNode 类会保存父节点，但是并不会经常使用该元素（或者父节点在面试中被禁止使用）。

为了简便见，我们实现了一棵存储整数数据的树。

```
1   public class TreeNode {
2     public int data;
3     public TreeNode left, right, parent;
4     private int size = 0;
5
6     public TreeNode(int d) {
7       data = d;
8       size = 1;
9     }
10
11    public void insertInOrder(int d) {
12      if (d <= data) {
13        if (left == null) {
14          setLeftChild(new TreeNode(d));
15        } else {
16          left.insertInOrder(d);
17        }
18      } else {
19        if (right == null) {
```

```
20          setRightChild(new TreeNode(d));
21        } else {
22          right.insertInOrder(d);
23        }
24      }
25      size++;
26    }
27
28    public int size() {
29      return size;
30    }
31
32    public TreeNode find(int d) {
33      if (d == data) {
34        return this;
35      } else if (d <= data) {
36        return left != null ? left.find(d) : null;
37      } else if (d > data) {
38        return right != null ? right.find(d) : null;
39      }
40      return null;
41    }
42
43    public void setLeftChild(TreeNode left) {
44      this.left = left;
45      if (left != null) {
46        left.parent = this;
47      }
48    }
49
50    public void setRightChild(TreeNode right) {
51      this.right = right;
52      if (right != null) {
53        right.parent = this;
54      }
55    }
56
57  }
```

该树是一棵二叉搜索树。但是，你可以将其用于别的目的，只需要使用 setLeftChild 或 setRightChild 方法，或者使用 left 和 right 子树变量即可。正是由于这个原因，我们在代码中将这些方法和变量设定为 public。对于很多问题，都需要这个级别的访问权限。

A.3 LinkedListNode（链表）

与 TreeNode 类相似的是，我们通常需要访问链表的内部变量，而内嵌的链表类型并不支持该类操作。因此，在很多问题中，我们实现并使用了自己的链表类。

```
1   public class LinkedListNode {
2     public LinkedListNode next, prev, last;
3     public int data;
4     public LinkedListNode(int d, LinkedListNode n, LinkedListNode p){
5       data = d;
6       setNext(n);
7       setPrevious(p);
8     }
9
10    public LinkedListNode(int d) {
11      data = d;
```

```
12      }
13
14      public LinkedListNode() { }
15
16      public void setNext(LinkedListNode n) {
17        next = n;
18        if (this == last) {
19          last = n;
20        }
21        if (n != null && n.prev != this) {
22          n.setPrevious(this);
23        }
24      }
25
26      public void setPrevious(LinkedListNode p) {
27        prev = p;
28        if (p != null && p.next != this) {
29          p.setNext(this);
30        }
31      }
32
33      public LinkedListNode clone() {
34        LinkedListNode next2 = null;
35        if (next != null) {
36          next2 = next.clone();
37        }
38        LinkedListNode head2 = new LinkedListNode(data, next2, null);
39        return head2;
40      }
41    }
```

　　和树一样，由于通常需要访问成员方法和成员变量，因此将它们设定为公共方法和公共变量。这样做会让用户"破坏"链表，但是事实上，我们需要这类功能来实现目标。

A.4　Trie 和 TrieNode

　　Trie 树数据结构在一些题目中会被用到，以便于查询某个单词是否为字典（或有效单词清单）中任意单词的前缀。当采用递归方式构建单词时，这种方法通常非常实用，因为可以在当前单词不再有效时尽快返回。

```
1     public class Trie {
2       // 字典树的根
3       private TrieNode root;
4
5       /* 以一组字符串为参数，构造包含这些字符串的字典树 */
6       public Trie(ArrayList<String> list) {
7         root = new TrieNode();
8         for (String word : list) {
9           root.addWord(word);
10        }
11      }
12
13
14      /* 以一组字符串为参数，构造包含这些字符串的字典树 */
15      public Trie(String[] list) {
16        root = new TrieNode();
17        for (String word : list) {
18          root.addWord(word);
```

```
19        }
20    }
21
22    /* 检查字典树是否包含以参数 prefix 为前缀的字符串 */
23    public boolean contains(String prefix, boolean exact) {
24      TrieNode lastNode = root;
25      int i = 0;
26      for (i = 0; i < prefix.length(); i++) {
27        lastNode = lastNode.getChild(prefix.charAt(i));
28        if (lastNode == null) {
29          return false;
30        }
31      }
32      return !exact || lastNode.terminates();
33    }
34
35    public boolean contains(String prefix) {
36      return contains(prefix, false);
37    }
38
39    public TrieNode getRoot() {
40      return root;
41    }
42  }
```

Trie 类使用 TrieNode 类。TrieNode 的实现如下。

```
1    public class TrieNode {
2      /* 字典树中该节点的子节点 */
3      private HashMap<Character, TrieNode> children;
4      private boolean terminates = false;
5
6      /* 该节点存储的字符 */
7      private char character;
8
9      /* 构造空的字典树节点，并将其子节点初始化为空的散列表，仅用于构建字典树的根节点 */
10     public TrieNode() {
11       children = new HashMap<Character, TrieNode>();
12     }
13
14     /* 构造字典树节点并以参数 character 为节点的值。将子节点初始化为空的散列表 */
15     public TrieNode(char character) {
16       this();
17       this.character = character;
18     }
19
20     /* 返回该节点存储的字符 */
21     public char getChar() {
22       return character;
23     }
24
25     /* 将该单词加入到字典树中，并递归地创建子节点 */
26     public void addWord(String word) {
27       if (word == null || word.isEmpty()) {
28         return;
29       }
30
31       char firstChar = word.charAt(0);
32
33       TrieNode child = getChild(firstChar);
34       if (child == null) {
```

```
35        child = new TrieNode(firstChar);
36        children.put(firstChar, child);
37      }
38
39      if (word.length() > 1) {
40        child.addWord(word.substring(1));
41      } else {
42        child.setTerminates(true);
43      }
44    }
45
46    /* 查找包含该参数的子节点，如果不存在这样的子节点则返回 null */
47    public TrieNode getChild(char c) {
48      return children.get(c);
49    }
50
51    /* 该节点是否表示一个完整单词已结束 */
52    public boolean terminates() {
53      return terminates;
54    }
55
56    /* 设置该节点是否表示一个完整单词已结束 */
57    public void setTerminates(boolean t) {
58      terminates = t;
59    }
60  }
```

提　示

　　面试官通常不会扔给你一个问题，并希望你能解决它。相反，当你陷入困境时，他们通常会引导你，特别是在难度较大的问题上。在一本书中不可能完全模拟面试经历，但这些提示可以让你更接近真实面试。

　　尽可能独立地解决问题。但是当你束手无策时可以寻求帮助。注意，在解题过程中磕磕绊绊是正常的。

　　这里的提示已经随机打乱，以便所有问题的提示都不相邻。这样，当你阅读第一个提示时，不会偶然看到第二个提示。

数据结构提示

#1.　　1.2　　描述两个字符串是否互为字符重排的含义。现在，看看你提供的定义，你能否根据这个定义检查字符串？

#2.　　3.1　　栈只是一个数据结构，其中最近添加的元素首先被删除。你能用一个数组来模拟单个栈吗？请记住，有很多可能的解法且每个解法都有其利弊。

#3.　　2.4　　这个问题有很多解法，其中大部分都有最优的运行时间。有些代码比其他代码更短，更干净。你可以想出不同的解法吗？

#4.　　4.10　　如果 T2 是 T1 的子树，它的中序遍历将如何与 T1 的比较？它的前序和后序遍历如何？

#5.　　2.6　　回文数在向前写和向后写时是相同的。如果你颠倒链表会怎样？

#6.　　4.12　　尝试简化问题。如果路径必须从根开始会如何？

#7.　　2.5　　当然，你可以将链表转换为整数，计算总和，然后将其转换回新的链表。如果你在面试中这样做，面试官可能会接受答案，然后看看你在不能将其转换为数字然后返回的情况下，还能否做到这一点。

#8.　　2.2　　如果你知道链表大小，会怎么样？找到最后第 k 个元素和找到第 x 个元素有何区别？

#9.　　2.1　　你有没有试过一个散列表？你应该可以通过一次链表遍历做到这一点。

#10.　　4.8　　如果每个节点都有一个到其父节点的链接，我们可以利用 9.2 节问题 2.7 的方法。然而，面试官可能不会让我们作出这样的假设。

#11.　　4.10　　中序遍历无法告诉我们更多。毕竟，每个具有相同值的二叉搜索树（不管结构如何）将具有相同的中序遍历。这也就是中序遍历的含义：内容是有序的（如果它在二叉搜索树这种特定情况下不起作用，那么对于一般二叉树来说它肯定不起作用）。然而，前序遍历更具指示性。

#12. 3.1 我们可以通过将数组的前三分之一分配到第一个栈、第二个三分之一分配到第二个栈、最后的第三个三分之一分配到第三个栈，来模拟数组中的三个栈。然而，实际上某个栈可能比其他的大得多。能更灵活地分配吗？

#13. 2.6 用栈试试。

#14. 4.12 不要忘记路径可能会重叠。例如，如果你正在寻找总和 6，那么路径 1 -> 3 -> 2 和 1 -> 3 -> 2 -> 4 -> 6 -> 2 都是有效的。

#15. 3.5 排序数组的一种方法是遍历数组，并将每个元素按排序顺序插入到一个新数组中。你可以用一个栈实现吗？

#16. 4.8 第一个共同的祖先是最深的节点，这样 p 和 q 都是后代。想想你要如何识别这个节点。

#17. 1.8 如果你在找到 0 时清除了行和列，则可能会清理整个矩阵。在对矩阵进行任何更改之前，首先尝试找到所有的 0。

#18. 4.10 你可能得出结论，如果 T2.preorderTraversal() 是 T1.preorderTraversal() 的子字符串，则 T2 是 T1 的子树。这几乎是事实，除非树可能有重复的值。假设 T1 和 T2 具有所有重复值，但结构不同。即使 T2 不是 T1 的子树，前序遍历看起来也是一样的。你如何处理这样的情况？

#19. 4.2 最小的二叉树在每个节点左侧的节点数与右侧相同。现在我们把注意力放到根节点上，你要如何保证位于根的左侧和右侧的节点数量大致相同呢？

#20. 2.7 你可以在 $O(A + B)$ 的时间和额外的 $O(1)$ 空间中做到这一点，也就是说，你不需要一个散列表（尽管你可以用一个散列表来完成）。

#21. 4.4 考虑平衡树的定义。你可以检查单个节点的条件吗？你可以检查每个节点吗？

#22. 3.6 可以考虑为狗和猫保留一个链表，然后遍历它找到第一只狗（或猫）。这样做的影响是什么？

#23. 1.5 从容易的事情开始。你能分别检查一下每一个条件吗？

#24. 2.4 考虑元素不必保持相同的相对顺序。我们只需要确保小于基准点的元素必须位于比基准点大的元素之前。这有助于你想出更多的解法吗？

#25. 2.2 如果你不知道链表的大小，你能计算它吗？这将如何影响运行时间？

#26. 4.7 构建表示依赖关系的有向图。每个节点都是一个项目，如果 B 依赖于 A（A 必须在 B 之前构建），则从 A 到 B 存在一个边。你也可以用其他对你而言更便捷的方式构建。

#27. 3.2 注意最小的元素不会经常变化。它只在添加更小的元素或最小的元素被弹出时才发生变化。

#28. 4.8 你如何弄清 p 是否为节点 n 的后代？

#29. 2.6 假设你有链表的长度。你可以实现这个递归吗？

#30. 2.5 尝试递归。假设你有两个链表，A = 1 -> 5 -> 9（代表 951）和 B = 2 -> 3 -> 6 -> 7（代表 7632），以及一个操作链表其余部分的函数（5 -> 9 和 3 -> 6 -> 7）。你能用这个来创建求和方法吗？sum(1 -> 5 -> 9, 2 -> 3 -> 6 -> 7) 和 sum(5 -> 9, 3 -> 6 -> 7) 之间有何关系？

#31. 4.10 尽管问题似乎源于重复的值，但不止如此。问题是，前序遍历是相同的，只是

因为我们跳过了空节点（因为它们是空的）。考虑在访问到空节点时往前序遍历的字符串中插入一个占位符。把空节点记录为一个"真正的"节点，你就可以区分出不同的结构了。

#32.	3.5	假设二级栈已排序。你能按顺序插入元素吗？你可能需要一些额外的存储空间。你可以使用什么额外的存储？
#33.	4.4	如果你开发了一个蛮力解法，请注意它的运行时间。如果你是用于计算每个节点的子树的高度，那么该算法会很低效。
#34.	1.9	如果一个字符串是另一个字符串的旋转，那么它就是在某个特定点上的旋转。例如，字符串 waterbottle 在 3 处的旋转意味着在第三个字符处切割 waterbottle，并在左半部分（wat）之前放置右半部分（erbottle）。
#35.	4.5	如果使用前序遍历来遍历树，元素的顺序是正确的，这是否表明树实际上是有序的？有重复元素会发生什么？如果允许重复元素，它们必须位于特定的一边（通常是左边）。
#36.	4.8	从根节点开始。你能确定根是第一个共同祖先吗？如果不是，你能分辨出第一个共同祖先在根节点的哪一边吗？
#37.	4.10	或者用递归法处理这个问题。给定一个特殊节点 T1，可以检查它的子树是否匹配 T2 吗？
#38.	3.1	如果你想考虑灵活划分，可以移动栈。你能保证使用所有可用的容量吗？
#39.	4.9	每个数组中的第一个值是多少？
#40.	2.1	没有额外的空间，你需要 $O(N^2)$ 的时间。尝试使用两个指针，其中第二个指针在第一个指针之前搜索。
#41.	2.2	尝试用递归法实现。如果你能找到 $(k-1)$ 到最后一个元素，可以找到第 k 个元素吗？
#42.	4.11	在这个问题中务必要小心，以确保每个节点的可能性相同，并且你的解法不会降低标准二叉搜索树算法的速度（如插入、查找和删除）。另外，请记住，即使你假设它是一个平衡的二叉搜索树，也不意味着树是满的、完整的、完美的。
#43.	3.5	保持二级栈的排序顺序，最大的元素在顶部。使用主栈进行额外的存储。
#44.	1.1	用散列表试试。
#45.	2.7	举例子能帮到你。画一个相交的链表和两个不相交的等价链表（值）的图片。
#46.	4.8	尝试递归方法。检查 p 和 q 是否为左子树和右子树的后代。如果它们是不同的树的后代，那么当前节点是第一个共同的祖先。如果它们是同一子树的后代，则该子树保存第一个共同祖先。现在，你该如何有效地实现它呢？
#47.	4.7	看看这个图。是否可以首先构建可识别的节点？
#48.	4.9	根是每个数组中必须包含的第一个值。相对于右子树中的值，左子树中的值顺序如何？左子树值是否需要在右子树之前插入？
#49.	4.4	如果你可以修改二叉树节点类，允许节点存储子树的高度，会如何？
#50.	2.8	这个问题实际上可以分为两个部分。首先，检测链表是否有循环。第二，找出循环开始的位置。
#51.	1.7	尝试逐层思考。你能旋转某个特定图层吗？

#52.	4.12	如果每条路径必须从根开始，就从根开始遍历所有可能的路径。可以在遍历的同时追踪和，每次找到一个路径满足我们的目标和，就增加 totalpaths 的值。现在，如何将它扩展到可以在任何地方开始呢？记住：只需要一个蛮力算法即可完成。你可以稍后再优化。
#53.	1.3	从尾到头开始修改字符串通常最容易。
#54.	4.11	这是你创建的二叉搜索树类，因此你可以在树结构或节点上维护任何信息（假如它没有其他的负面影响，比如插入速度变慢很多）。事实上，面试问题可能会说明这是你自己的类。你可能需要存储一些额外信息来达到这样的效率。
#55.	2.7	首先要确定是否有交叉点。
#56.	3.6	让我们假设用不同的列表存储猫和狗。怎样才能找到所有物种中最老的动物呢？要有创意。
#57.	4.5	作为一个二叉搜索树，并不是说每个节点都满足 left.value <= current.value < right 就够了。左边的每个节点必须小于当前节点，该节点还必须小于右边的所有节点。
#58.	3.1	试着把数组看作是循环的，这样数组的结尾就"环绕"到了数组的开始部分。
#59.	3.2	如果保持追踪每个栈节点的额外数据会怎么样？什么样的数据可能更容易解决这个问题呢？
#60.	4.7	如果你确定一个节点没有任何指进来的边，那么它肯定可以被构建。找到这个节点（可能是多个）并将其添加到构建的顺序中。那么，这对向外的边意味着什么呢？
#61.	2.6	在递归方法中（我们有链表的长度），中点是基线条件，即 isPermutation(middle) 是 true。节点 x 是紧挨着 middle 的左侧的一个节点：该如何检查 x -> middle -> y 是否形成回文？现在假设检查通过。前一个节点 a 又该如何检查？如果 x -> middle -> y 是回文，怎么检查 a -> x -> middle -> y -> b 是回文？
#62.	4.11	作为一种朴素的"蛮力"算法，你能使用树遍历算法来实现这个算法吗？它的运行时间是多少？
#63.	3.6	想想现实生活中你是怎么做的。你有一个按时间排序的狗列表和一个按时间排序的猫列表。你需要什么数据才能找到最老的动物？你将如何维护这些数据？
#64.	3.3	你需要追踪每个子栈的大小。当一个栈已满时，你可能需要创建一个新栈。
#65.	2.7	注意，两个相交链表的最后节点始终相同。一旦它们相交，之后的所有节点将相等。
#66.	4.9	左子树值与右子树值之间本质上可以是任何关系。可以在右子树之前插入左子树值，也可以反转（右子树的值在左边）或采用任意其他顺序。
#67.	2.2	你可能会发现返回多个值大有用处。有些语言不直接支持这一点，但基本上使用任何语言都有解决方法。这些解决方法有哪些？
#68.	4.12	为了将其扩展到从任何地方开始的路径，我们可以对所有节点重复此过程。
#69.	2.8	要确定是否有一个循环，请尝试 9.2.3 节介绍的"快行指针"方法。让一个指针比另一个指针快。
#70.	4.8	在更简单的算法中，我们有一个方法表明 x 是 n 的后代，另一个方法是递归查

找第一个共同的祖先。这样是在子树中反复搜索相同的元素。我们应该将其合并成一个 firstCommonAncestor 方法。那么什么样的返回值会给我们需要的信息？

#71. 　2.5　确保你考虑到了链表的长度不同的情况。

#72. 　2.3　列出清单 1 -> 5 -> 9 -> 12。删除 9 会使它看起来像 1 -> 5 -> 12。你只能访问 9 节点。你能让它看起来像正确的答案吗？

#73. 　4.2　你可以通过找到"理想"的下一个要添加的元素和多次调用 insertValue 来实现。这样效率会有点儿低，因为你必须反复遍历树。尝试用递归代替。你能把这个问题分解为子问题吗？

#74. 　1.8　你能只用额外的 $O(N)$ 空间而不是 $O(N^2)$ 吗？在为 0 的单元格列表中你真正需要的是什么信息？

#75. 　4.11　或者，你可以选择一个随机的深度来遍历，然后随机遍历，当你达到该深度时停止。不过，请考虑一下，这样能行吗？

#76. 　2.7　你可以通过遍历到每个链表的末尾并比较它们的尾节点来确定两个链表是否相交。

#77. 　4.12　如果你已经设计了以上描述的算法，那么在平衡树中你会有一个 $O(N\log N)$ 的算法。这是因为共 N 个节点，在最坏情况下，每个节点的深度是 $O(\log N)$。节点上方的每个节点都会访问一次。因此，N 个节点将被访问 $O(\log N)$ 的时间。有一种优化算法，其运行时间为 $O(N)$。

#78. 　3.2　考虑让每个节点知道它"子栈"的最小值（包括它下面的所有元素，以及它本身）。

#79. 　4.6　想想中序遍历是如何工作的，并尝试对其进行"逆向工程"。

#80. 　4.8　firstCommonAncestor 函数可以返回第一个共同的祖先（如果 p 和 q 都包含在树里），如果 p 在树上而 q 不在，返回 p；如果 q 在树上而 p 不在，返回 q；否则，返回空。

#81. 　3.3　在一个特定的子栈中弹出一个元素意味着一些栈没有满。这是个问题吗？没有正确的答案，但你应该考虑如何处理这个问题。

#82. 　4.9　把这个分解成子问题。使用递归法。如果你有左右子树的所有可能的序列，那么如何为整个树创建所有可能的序列呢？

#83. 　2.8　你可以使用两个指针，一个指针移动速度是另一个指针的两倍。如果有环，两个指针会碰撞。它们将同时降落在同一地点。它们在哪里相遇？为什么呢？

#84. 　1.2　有一种解法需要 $O(N\log N)$ 的时间。另一种解法需要使用一些空间，但需要运行时间为 $O(N)$。

#85. 　4.7　一旦决定构建一个节点，它的出边可以被删除。完成此操作后，你是否可以找到其他空闲且清晰的节点来构建？

#86. 　4.5　如果左边的每个节点必须小于或等于当前节点，那么这就等于左边最大的节点必须小于或等于当前节点。

#87. 　4.12　在当前的蛮力算法中重复了什么工作？

#88. 　1.9　本质上，我们是在寻找是否有一种方式可以把第一个字符串分成两部分，即 x 和 y，如此一来，第一个字符串就是 xy，第二个字符串就是 yx。例如，x = wat，y = erbottle。

那么，第一个字符串 xy = waterbottle，第二个字符串 yx = erbottlewat。

#89. 4.11 选择一个随机的深度对我们没有多大帮助。首先，在较低深度比更高深度有更多的节点。其次，即使重新平衡了这些概率，也可能走到一个"死胡同"，我们原想在深度为 5 处选择一个节点，却在深度为 3 处命中一个叶子。尽管重新平衡概率是一件有趣的事。

#90. 2.8 如果你还没有确定两个指针的起始位置，请尝试使用链表 1 -> 2 -> 3 -> 4 -> 5 -> 6 -> 7 -> 8 -> 9 -> ?，其中 ? 链接到另一个节点。试着让 ? 成为第一个节点（即 9 指向 1，使得整个链表是一个循环）。然后让 ? 成为节点 2，然后成为节点 3，然后成为节点 4。这一模式是什么？你能解释一下为什么会这样吗？

#91. 4.6 这只是逻辑方法中的一步：一个特定节点的后继节点是右子树的最左节点。如果没有右子树呢？

#92. 1.6 先做容易的事。压缩字符串，然后再比较长度。

#93. 2.7 现在，你需要查找链表在何处相交。假设链表长度相同。你可以怎么做？

#94. 4.12 从根开始考虑每个路径（有 n 个这样的路径）作为一个数组。该蛮力算法具体运作如下：拿着每个数组来寻找所有具有特定和的连续子序列。我们这样做是计算了所有子数组以及它们的和。把目光聚焦在这个小问题上可能会大有裨益。给定一个数组，你如何寻找具有特定和的所有连续子序列？同样，想想蛮力算法中的重复工作。

#95. 2.5 你的算法在形如 9 -> 7 -> 8 和 6 -> 8 -> 5 的链表上工作吗？仔细检查一下。

#96. 4.8 小心！你的算法处理只有一个节点的情况吗？会发生什么事？你可能要微调返回值。

#97. 1.5 "插入字符"选项和"删除字符"选项之间是何关系？这些需要分开检查吗？

#98. 3.4 队列和栈的主要区别是元素的顺序。队列删除最旧的项，栈删除最新的项。如果你只访问最新的项，那么如何从栈中删除最旧的项？

#99. 4.11 许多人提出的一种简单做法是从 1 到 3 之间选择一个随机数。如果是 1，返回当前节点；如果是 2，分支左；如果是 3，分支右。该解法不起作用。为什么呢？你能调整一下使其运作吗？

#100. 1.7 旋转一个特定的层只意味着在 4 个数组中交换值。如果要求你在 2 个数组中交换值，你能做到吗？你能把它扩展到 4 个数组吗？

#101. 2.6 回到前面的提示。记住：返回多个值的方法有很多。你可以用一个新类来实现。

#102. 1.8 你可能需要一些数据存储来维护一个需要清零的行与列的列表。通过使用矩阵本身来存储数据，你是否可以把额外的空间占用减小到 $O(1)$？

#103. 4.12 我们正在寻找和为 targetSum 的子数组。注意，可以在常数时间得到 $runningSum_i$ 的值，这是从元素 0 到元素 i 的和。一个从 i 到 j 的子数组和为 targetSum，则 $runningSum_{i-1} + targetSum$ 必须等于 $runningSum_j$（试着画一个数组或一条数字线）。随着往下走，可以追踪 runningSum，那么如何能快速查找 i 对应的使前面等式成立的值？

#104. 1.9 想想前面的提示。再想想当你将 erbottlewat 与它本身连接会发生什么。你得到了 erbottlewaterbottlewat。

#105. 4.4　你不需要修改二叉树类来存储子树的高度。递归函数是否可以计算每个子树的高度，同时检查节点是否平衡？尝试让函数返回多个值。

#106. 1.4　你不必且也不应该生成所有的排列。这将极为低效。

#107. 4.3　尝试修改图形搜索算法，从根开始追踪深度。

#108. 4.12　尝试使用一个散列表，从 runningSum 的值映射到使用 runningSum 元素的个数。

#109. 2.5　对于后续问题：问题是，当链表的长度不一样时，一个链表的首部可能代表 1000 的位置，而另一个链表代表 10 的位置。如果你把它们做的一样长呢？有没有方法修改链表来做到这一点，而不改变它所代表的值？

#110. 1.6　注意不要把字符串重复连接在一起。这会非常低效。

#111. 2.7　如果两个链表长度相同，则可以在每个链表中向前遍历，直到找到一个公共的元素。现在，面对长度不同的链表，你该怎样调整？

#112. 4.11　之前的解法（在 1 到 3 之间选择一个随机数）不起作用是因为节点的概率不相等。例如，根会以 1/3 的概率返回，即使树中有 50 个以上的节点。显然，并非所有节点都具有 1/3 的概率，因此这些节点将具有不相同的概率。我们可以通过选择一个 1 和 size_of_tree 之间的随机数解决这一问题。这只解决了根节点的问题。剩下的节点呢？

#113. 4.5　相比于根据 leftTree.max 和 rightTree.min 来验证当前节点的值，我们可以翻转逻辑吗？验证左子树的节点以确保其小于 current.value。

#114. 3.4　我们可以通过不断地删除最新的项（将这些项插入临时栈中）来删除栈中最老的项，直到得到一个元素为止。然后，在检索到最新项后，将所有元素返回。与此有关的问题是，每次在一行中做几个弹出操作（pop）将需要 $O(n)$ 的时间。我们可以优化在一行中连续弹出这一场景吗？

#115. 4.12　一旦你完成了这样的算法，找出了和为给定值的所有连续子数组，试着将它应用到一棵树上。请记住，在遍历和修改散列表时，你可能需要在遍历回来时将散列表的"损坏"逆转。

#116. 4.2　想象一下，我们有一个 createMinimalTree 方法可以返回给定数组的最小树（但由于一些奇怪的原因不在树的根上操作）。你能用这个操作树的根节点吗？你能写出函数的基线条件吗？非常好！那基本上是整个函数了。

#117. 1.1　位向量有用吗？

#118. 1.3　你可能需要知道空格的数量。你能数一下吗？

#119. 4.11　之前解法存在的问题是一个节点的一侧可能有比另一侧更多的节点。因此，我们需要根据每个边上的节点数来加权左右概率。具体该怎么做呢？我们如何知道节点的数目？

#120. 2.7　尝试使用两个链表长度之间的差异。

#121. 1.4　作为回文排列的字符串有什么特征？

#122. 1.2　散列表有用吗？

#123. 4.3　从层号映射到该层节点的散列表或数组也许有些用处。

#124. 4.4　其实，你只需要一个 checkHeight 函数即可，它既可以计算高度，也可以平衡检查。可以使用整数返回值表示两者。

#125.　4.7　作为一种完全不同的方法：考虑从任意节点开始进行深度优先搜索。深度优先
　　　　　　搜索和合法的编译顺序之间有何关系？

#126.　2.2　你能通过递归做到吗？想象一下，如果有两个指针指向相邻节点，它们通过链
　　　　　　表以相同的速度移动。当一个到达链表的结尾时，另一个在哪里？

#127.　4.1　有两个众所周知的算法可以做到这一点。其利弊是什么？

#128.　4.5　把 checkBST 函数当作一个递归函数，保证每个节点在允许范围内(最小, 最大)。
　　　　　　首先，这个范围是无限的。当我们遍历左边，最小的是负无穷大，最大的是
　　　　　　root.value。你能实现这个递归函数，并且随着遍历而适当调整这些范围吗？

#129.　2.7　如果你通过长度差异向较长的链表中移动指针，则可以在链表相同时应用类似
　　　　　　的方法。

#130.　1.5　你能一次完成三次检查吗？

#131.　1.2　两个重排的字符串应该具有相同的字符，但顺序不同。你可以让它们的顺序
　　　　　　一样吗？

#132.　1.1　你能用 $O(N \log N)$ 的时间复杂度解决它吗？这样的解法会是什么样呢？

#133.　4.7　选择任意节点并对其进行深度优先搜索。一旦到达一个路径的末端，我们就
　　　　　　知道这个节点可能是最后一个节点，因为没有节点依赖它。这对前面的节点意
　　　　　　味着什么？

#134.　1.4　你试过散列表吗？你应该能把它降到 $O(N)$ 的时间。

#135.　4.3　你应该能够提出一个既包括深度优先搜索又包含广度优先搜索的算法。

#136.　1.4　使用位向量可以减少空间使用吗？

概念和算法提示

#137.　5.1　把这个分成几个部分。先将精力放在清除适当的位上。

#138.　8.9　尝试简单构建法。

#139.　6.9　给定一个特定的柜子 x，在哪轮将被切换状态（开或关）？

#140.　11.5　面试官说的笔是什么意思？可能有很多不同类型的笔。列出你可能想问的问题。

#141.　7.11　这并不像听起来那么复杂。首先列出系统中关键对象的列表，然后想想它们如
　　　　　　何交互。

#142.　9.6　首先，先作一些假设。什么是你不需要构建的？

#143.　5.2　为了解决这个问题，试着想想如何用它来处理整数。

#144.　8.6　尝试简单构建法。

#145.　5.7　交换每一对意味着把偶数位移到左边，奇数位移到右边。你能把这个问题分成
　　　　　　几个部分吗？

#146.　6.10　解法 1：从一个简单的方法开始。你能把这些瓶子分成组吗？记住，一旦试纸
　　　　　　呈阳性，就不能再使用它，但只要它呈阴性，就可以重新使用。

#147.　5.4　下一步：从每个蛮力解法开始。

#148.　8.14　我们能试试所有的可能性吗？这看起来像什么？

#149.　6.5　把玩水壶，来回倒水，看看你能否测量 3 夸脱或 5 夸脱以外的东西。这是一个
　　　　　　开始。

#150. 8.7   方法 1：假设你有 abc 的所有排列。你怎么用它来得到 abcd 的所有排列？

#151. 5.5   反向工程，从最外层到最内层。

#152. 8.1   自上而下地处理这个问题。小孩的最后一跳是什么？

#153. 7.1   请注意，"扑克牌"是非常广泛的。你可能要考虑一下这个问题的合理范围。

#154. 6.7   注意每个家庭都有一个女孩。

#155. 8.13   排列箱子会有什么帮助吗？

#156. 6.8   这实际上是一个算法问题，你应该这样做。给出一个蛮力算法，计算最坏情况
              下扔鸡蛋的次数，然后尝试优化。

#157. 6.4   在什么情况下其不会碰撞？

#158. 9.6   假设电子商务系统的其余部分已经处理完毕，只需要处理销售排名的分析部分。
              购买发生时我们可以以某种方式得到通知。

#159. 5.3   先试试蛮力解法。你能尝试一切可能性吗？

#160. 6.7   考虑将每个家庭写成 Bs 和 Gs 的序列。

#161. 8.8   你可以通过在打印之前检查是否有重复内容（或将它们添加到列表中）来处理
              此问题。你可以用散列表来做到这一点。在什么情况下，这样是可以的？在什
              么情况下，这可能不是一个很好的解法？

#162. 9.7   这个应用程序是重在写入还是重在读取？

#163. 6.10   解法 1：有一种相对简单的方案，在最坏的情况下要花费 28 天的时间。不过，
              还有更好的方法。

#164. 11.5   考虑儿童笔的情况。这是什么意思？有什么不同的用例？

#165. 9.8   解决问题的范围。作为这个系统的一部分，你将要处理什么？

#166. 8.5   考虑将 8 乘以 9 看作是计算宽度为 8、高度为 9 的矩阵中的单元数。

#167. 5.2   像 0.893 这样的数字（以 10 为底），每个数字代表什么？那么以 2 为底的 0.10 010
              中的每个数字代表什么？

#168. 8.14   我们可以把每种可能性都看作是每个可以放置括号的地方。这意味着围绕每个
              操作符，使表达式在运算符上被分割。基线条件是什么？

#169. 5.1   要清除这些位，创建一个看起来像是一系列 1，然后是 0，然后是 1 的"位掩码"。

#170. 8.3   先试试蛮力算法。

#171. 6.7   虽然数学很难，但你可以试着使用数学方法。估算一下比如 6 个孩子的家庭可
              能会较为容易。这不会给你一个很好的数学证明方法，但可能会向你指出获得
              答案的正确方向。

#172. 6.9   在何种情况下柜子会在这个过程结束时被打开？

#173. 5.2   一个数字如 0.893（以 10 为底）表示 $8 \times 10^{-1} + 9 \times 10^{-2} + 3 \times 10^{-3}$。将此系统转
              换为以 2 为底。

#174. 8.9   假设我们有编写两对括号的所有有效方法。怎么用这个来得到编写三对括号的
              所有有效方法？

#175. 5.4   下一个：想象一个二进制数，在整个数中分布一串 1 和 0。假设你把一个 1 翻
              转成 0，把一个 0 翻转成 1。在什么情况下数会更大？在什么情况下数会更小？

#176. 9.6 想想你对数据的新鲜度和准确性持有什么样的期望度。数据是否总是需要百分之百最新的？有些产品的准确性比其他产品更重要吗？

#177. 10.2 你如何检查两个单词是否互为变位词？想一想如何定义"变位词"。用你自己的话来解释一下。

#178. 8.1 如果知道跳到第 100 级台阶之前的每一级台阶的跳法数量，可以计算第 100 级台阶的跳法数量吗？

#179. 7.8 白子和黑子应该是同一类吗？这有什么优点和缺点呢？

#180. 9.7 注意到有很多数据进来，但是人们可能并不会频繁地阅读数据。

#181. 6.2 分别计算赢得第一场比赛和赢得第二场比赛的概率，然后对其进行比较。

#182. 10.2 两个单词互为变位词是指含有相同的字符，但顺序不同。怎么才能把字符排好序呢？

#183. 6.10 解法 2：为什么在测试和结果之间有这样大的时间延迟？这也是该问题没有只被当作"最小测试次数"提出来的原因。时间延迟是有原因的。

#184. 9.8 你认为流量分布的均匀性如何？所有的文件都有大致相同的流量吗？或者可能有一些非常受欢迎的文件？

#185. 8.7 方法 1：abc 的排列组合表示 abc 的所有组合方式。现在，我们要创建 abcd 的所有组合方式。选择 abcd 的特定组合，如 bdca。这个 bdca 字符串也代表 abc 的一种排列方式：删除 d，你会得到 bca。那么给定字符串 bca，你是否可以创建包含 d 的所有"相关"排列组合？

#186. 6.1 你只能使用天平一次。这意味着必须使用所有或几乎所有的药瓶。还必须使用不同的处理方法，否则你无法将它们区分开来。

#187. 8.9 我们可以通过向两对括号的列表中添加第三对括号来生成三对括号的组合。我们要在其前面、周围、后面添加第三对括号。即()<SOLUTION>、(<SOLUTION>)、<SOLUTION>()。这样有效吗？

#188. 6.7 逻辑可能比数学容易。想象一下，我们把每次出生都写进了一个巨大的字符串，它由字符 B 和 G 组成。注意家庭的分组对于这个问题是无关紧要的。字符串的下一个字符是 B 还是 G 的概率是多少？

#189. 9.6 购买行为会非常频繁。你可能希望限制数据库写入。

#190. 8.8 如果你还没有解决 8.7 的问题，就先解决那个。

#191. 6.10 解法 2：考虑同时运行多个测试。

#192. 7.6 解决拼图游戏的一个常见方法是将边缘和非边缘部分分开。你将如何以面向对象的方式来表示这一点？

#193. 10.9 先试试一种简单解法。但希望不要太简单。你应该能够借助矩阵是有序的这一实际情况。

#194. 8.13 我们可以按任一维度对箱子从大到小进行排序。这样我们会有箱子某一维度的局部顺序，在数组中后面的箱子必须出现在数组中前面的箱子之前。

#195. 6.4 只有三只蚂蚁都向同一个方向爬行，它们才不致相撞。三只蚂蚁都按顺时针爬行的概率是多少？

#196. 10.11 假设数组按升序排序。有什么办法可以把它调整为交替的高峰和低谷？

#197.   8.14   基本情况是我们有一个值，1 或 0。

#198.   7.3   首先确定问题的范围，并列出你所作的假设。作出合理的假设通常是可以的，但你需要使之明确。

#199.   9.7   这个系统会是重在写入：大量的数据被导入，但很少被读取。

#200.   8.7   方法 1：给定一个字符串，比如 bca，可以通过将 d 插入到每个可能的位置：dbca、bdca、bcda、bcad，来创建 abcd（其中 abc 顺序一定）的所有排列组合。给定 abc 的所有排列，你可以创建所有 abcd 的排列吗？

#201.   6.7   请注意生物学并没有改变，只有家庭停止生孩子的条件有所改变。每一次怀孕生男孩和生女孩的可能性均为 50%。

#202.   5.5   如果 A & B == 0，这意味着什么？

#203.   8.5   如果你想计算 8×9 矩阵中的单元格数，可以先计算 4×9 矩阵中的单元格数，然后加倍。

#204.   8.3   蛮力算法的运行时间可能为 $O(N)$。如果试图击败那个运行时间，你认为会得到什么运行时间。什么样的算法具有该运行时间？

#205.   6.10   解法 2：试着通过数字来猜出瓶子。如何检测到有毒的瓶子中的第一位数字？第二位数字呢？第三位数字呢？

#206.   9.8   你将如何处理生成的 URL？

#207.   10.6   想想归并排序和快速排序。哪一个能更好地实现该算法？

#208.   9.6   你也想限制 join 操作，因为它们可能过于烦琐。

#209.   8.9   前面提示给出的解法存在的问题在于可能有重复的值。我们可以通过使用散列表来消除这种情况。

#210.   11.6   作假设要小心。谁是用户？他们在哪里使用这个？这看起来可能显而易见，但真正的答案可能大不相同。

#211.   10.9   可以在每一行进行二进制搜索。这需要多长时间？怎样才能做得更好？

#212.   9.7   考虑如何获取银行数据（拉或推？），系统将支持哪些功能，等等。

#213.   7.7   一如既往，确定问题范围。"好友关系"是双向的吗？存在状态信息吗？你支持群聊吗？

#214.   8.13   试着把它分解成子问题。

#215.   5.1   在开始或结束时很容易创建一个 0 的位掩码。但是，有一堆 0 时，你如何在中间创建一个零位掩码？简单的做法是，为左侧创建一个位掩码，然后为右侧创建一个位掩码。然后你可以合并两边。

#216.   7.11   文件和目录之间有何关系？

#217.   8.1   可以通过步数 99、98、97 的数量，来计算 100 步的数量。这对应孩子最后迈 1 步、2 步或 3 步。我们把它们加起来还是相乘？也就是说，它是 $f(100) = f(99) + f(98) + f(97)$ 或者 $f(100) = f(99) \times f(98) \times f(97)$ 吗？

#218.   6.6   这是一个逻辑问题，而不是一个巧妙的单词问题。使用逻辑/数学/算法来解决该问题。

#219.   10.11   尝试遍历排序的数组。你可以交换元素直到将数组调整好吗？

#220.   11.5   你是否考虑过预期用途（书写等）和意外使用这两种情况？那安全如何保证？

你不会想要一支对孩子来说有危险的笔。

#221.	6.10	解法 2：小心边界情况。如果瓶子编号中的第三个数字与第一个或第二个数字相匹配呢？
#222.	8.8	试着获得每个字符的计数。例如，abcaac 有 3 个 a、2 个 c 和 1 个 b。
#223.	9.6	不要忘记一个产品可以在多个类别中列出。
#224.	8.6	你可以很容易地把最小的圆盘从一根柱子移到另一根柱子。把最小的两个圆盘从一根柱子移到另一根柱子也是小菜一碟。你能移动最小的三个圆盘吗？
#225.	11.6	在实际面试中，你还需要问有哪些可用的测试工具。
#226.	5.3	把 0 翻转到 1 可以合并两个 1 的序列，但只有在这两个序列仅被一个 0 分隔时才可以。
#227.	8.5	想想你如何处理奇数。
#228.	7.8	什么类应该持有分数？
#229.	10.9	如果你正在考虑某个特定列，是否有办法快速消除该列（至少在某些情况下）？
#230.	6.10	解法 2：你可以运行另外一天的测试，以不同的方式检查数字 3。但是，再提醒一次，在这里要小心边界情况。
#231.	10.11	请注意，如果确保山峰位置正确，那么山谷也会在正确位置。因此，对数组 x 的迭代可以跳过每一个其他元素。
#232.	9.8	如果随机生成 URL，是否需要担心冲突（两个文档具有相同 URL）？如果是这样，你怎么处理呢？
#233.	6.8	作为第一种方法，你可以尝试类似二分查找的方法。从第 50 次或第 75 次，然后到第 88 次，等等。问题是，如果鸡蛋 1 从 50 层下落，那么你需要从第 1 层开始往下扔鸡蛋 2，逐层往上走。最糟糕的情况下，这可能需要 50 次（第 50 次扔，第 1 次和第 2 次扔，直到第 49 次扔）。你能改进这一情况吗？
#234.	8.5	如果不同的递归调用有重复的工作，你可以缓存它吗？
#235.	10.7	向量有用吗？
#236.	9.6	缓存数据或排队任务适合哪里？
#237.	8.1	当"我们这样做然后那样做"时，将这些值相乘。当"我们这样做或者那样做"时，将这些值相加。
#238.	7.6	想想你在找到一块拼图时如何记录它的位置。是否应该按行和位置存储？
#239.	6.2	要计算玩法 2 获胜的概率，首先要计算第 1、2 次投中，第 3 次未投中的概率。
#240.	8.3	你能以 $O(\log N)$ 的时间复杂度来解决这个问题吗？
#241.	6.10	解法 3：将每条试纸测试后有毒与无毒当作二进制指标。
#242.	5.4	下一步：如果你将 1 翻转成 0，0 翻转成 1，假设 0 -> 1 位更大，那么它就会变大。你如何使用这个来创建下一个最大的数字（具有相同数量的 1）？
#243.	8.9	或者，可以考虑通过移动字符串并在每个步骤添加左侧和右侧的括号来完成此操作。这会消除重复吗？如何知道能否添加左侧或右侧的括号？
#244.	9.6	根据你作出的假设，你甚至可以在没有数据库的情况下完成任务。这意味着什么？这是个好主意吗？
#245.	7.7	考虑可能有用的主要系统组件或技术，这是一个很好的问题。

#246. 8.5   如果你在做 9×7（都是奇数），那么你可以换成 4×7 和 5×7。

#247. 9.7   尽量减少不必要的数据库查询。如果你不需要永久存储数据库中的数据，那根本就不需要数据库。

#248. 5.7   你能创建一个代表偶数位的数字吗？那么你可以将偶数位移过一位吗？

#249. 6.10   解法 3：如果每条试纸都是二进制指标，我们能否将整数键映射到一组 10 个的二进制指标，以使每个键具有唯一的配置（映射）？

#250. 8.6   考虑将最小的圆盘从柱 $X = 0$ 移动到柱 $Y = 2$，使用柱 $Z = 1$ 作为临时保留点，作为 $f(1, X = 0, Y = 2, Z = 1)$ 的解题方案。移动最小的两个圆盘来表示 $f(2, X = 0, Y = 2, Z = 1)$。给定你 $f(1, X = 0, Y = 2, Z = 1)$ 和 $f(2, X = 0, Y = 2, Z = 1)$ 的题目解法，你能解出 $f(3, X = 0, Y = 2, Z = 1)$ 吗？

#251. 10.9   由于每列都进行了排序，因此如果该值小于此列中的最小值，则可知该值不能位于此列中。除此以外还能告诉你什么？

#252. 6.1   如果你把每个瓶子中的一粒药丸放在天平上，会怎样？如果你从每个瓶子中取两粒药丸放在天平上，又会如何？

#253. 10.11   你是否一定要对数组进行排序？你可以用一个未排序的数组来做到这一点吗？

#254. 10.7   要想用更少的内存，你能试着处理多次吗？

#255. 8.8   要得到 3 个 a、2 个 c 和 1 个 b 的全排列，你首先需要选择一个起始字符：a、b 或 c。如果是 a，那么你需要 2 个 a、2 个 c 和 1 个 b 的全排列。

#256. 10.5   尝试修改二分查找来处理这个问题。

#257. 11.1   这段代码有两个错误。

#258. 7.4   停车场有多个等级吗？它支持什么样的"特性"？它需要付费吗？什么类型的车辆？

#259. 9.5   你可能需要作出一些假设（部分原因在于这里没有面试官）。没关系。明确这些假设。

#260. 8.13   想想你必须做出的第一个决定。第一个决定是哪个箱子在底部。

#261. 5.5   如果 A & B == 0，那就意味着 A 和 B 在相同位置没有 1。把这个应用到问题的等式中。

#262. 8.1   这个方法的运行时间是多少？仔细想想。你能优化它吗？

#263. 10.2   你能利用标准排序算法吗？

#264. 6.9   注意：如果一个整数 x 能被 a 整除，并且 $b = x / a$，那么 x 也可以被 b 整除。这是否意味着所有的数都有偶数个因子？

#265. 8.9   在每一步添加一个左或右括号将消除重复。每个子字符串在每一步都是各不相同的。因此，总字符串将是独一无二的。

#266. 10.9   如果值 x 小于列的开头，那么它也不能在右边的任何列中。

#267. 8.7   方法 1：你可以通过计算 abc 的所有排列，然后在每个可能的位置插入 d，从而创建 abcd 的所有排列。

#268. 11.6   我们想要测试哪些不同的功能和用途？

#269. 5.2   你将如何获得 0.893 中的第一个数字？如果乘以 10，那么你会改变值得到 8.93。如果乘以 2，结果会是什么？

#270. 9.2 为了找到两个节点之间的连接，最好是运用广度优先搜索还是深度优先搜索？为什么？

#271. 7.7 你如何得知用户是否离线？

#272. 8.6 请注意，哪根柱子是源、目的地或暂存点并不重要。你可以通过 $f(2, X=0, Y=2, Z=1)$ 来计算 $f(2, X=0, Y=1, Z=2)$（将两个盘子从柱 0 移动到柱 1，以柱 2 作为暂存点），然后将盘子 3 从柱 0 移动到柱 2，计算 $f(2, X=1, Y=2, Z=0)$（将两个盘子从柱 1 移动到柱 2，以柱 0 作为暂存点）。这个过程是怎样重复的？

#273. 8.4 如何从子集{a，b}中构建{a，b，c}的所有子集？

#274. 9.5 想一想如何为一台机器设计这个。你想要一个散列表吗？是如何工作的？

#275. 7.1 如果有的话，你会如何处理 A？

#276. 9.7 工作应尽量异步完成。

#277. 10.11 假设你有{0，1，2}三个元素的序列，以任意顺序排列。写出这些元素所有可能的排列，以及如何把它们变成 1 是波峰的形式。

#278. 8.7 方法 2：如果你拥有两个字符所有排列的子串，可以生成三个字符全排列的子串吗？

#279. 10.9 考虑行中的上一个提示。

#280. 8.5 或者，如果你在计算 9×7，可以计算 4×7，加倍，然后再加 7。

#281. 10.7 尝试过一遍数据，把数降到一个数值范围，然后通过第二次遍历来查找一个特定的值。

#282. 6.6 假设只有一个蓝眼睛的人。那个人会看到什么？他们什么时候离开？

#283. 7.6 哪个是最容易匹配的第一块？你可以从这里开始吗？一旦你拼完了这个，下一个最简单的是哪个？

#284. 6.2 如果两个事件是互斥的（它们不能同时发生），你可以将它们的概率加在一起。你能找到一组互斥的事件，代表三次投篮中的两次吗？

#285. 9.2 广度优先搜索可能更好。深度优先搜索可能会在很长的路径上结束，即使最短路径实际上很短。是否可稍作改进使广度优先搜索变得更快？

#286. 8.3 二分查找有 $O(\log n)$ 的运行时间。你能在这个问题中应用二分查找吗？

#287. 7.12 为了处理冲突，散列表应该是一个以链表为节点的数组。

#288. 10.9 如果我们试图使用一个数组来记录它，会发生什么？这有什么优点和缺点呢？

#289. 10.8 你能用位向量吗？

#290. 8.4 任何属于{a，b}的子集都是{a，b，c}的子集。哪个集合是{a，b，c}的子集却不是{a，b}的子集。

#291. 10.9 可以使用前面的提示在行和列上向上、向下、向左和向右移动吗？

#292. 10.11 重新访问你刚才写出的{0，1，2}序列。想象一下有元素在最左边的元素之前。你能确保交换元素的方式不会使数组的前一部分失效吗？

#293. 9.5 你能把一个散列表和一个链表结合，来获得两全其美的结果吗？

#294. 6.8 实际上，第一次扔要稍低一些。例如，你可以在第 10 层扔，然后是第 20 层，再然后是第 30 层，以此类推。最坏的情况是 19 次（第 10 层，第 20 层……第 100 层，第 91 层，第 92 层……第 99 层）。你能做得比这更好吗？不要随意猜测不同

的解题方案，而是要深入思考。最坏的情况如何定义？每个鸡蛋被扔的次数是怎样被影响的？

#295. 8.9   我们可以通过计算左、右括号数保证这个字符串是有效的。添加一个左括号，直到括号的总数成对，这样字符串总是有效的。只要 count(left parens) <= count(right parens)，就可以添加一个右括号。

#296. 6.4   你可以认为这是概率(3 只蚂蚁走顺时针方向)+ 概率(3 只蚂蚁走逆时针方向)。或者，你可以把它看作：第一只蚂蚁选择了一个方向。其他蚂蚁选择同一方向的概率是多少？

#297. 5.2   想想那些不能用二进制精确表示的值会发生什么。

#298. 10.3   你能为此改进二分查找吗？

#299. 11.1   unsigned int 会发生什么？

#300. 8.11   试着把它分解成子问题。如果你在做改变，第一选择是什么？

#301. 10.10 使用数组存在的问题是插入一个数字会比较慢。我们还能使用其他的数据结构吗？

#302. 5.5   如果(n & (n - 1)) == 0，那么这意味着 n 和 n - 1 在同一个位置永远不会同时为 1。为什么会这样？

#303. 10.9   另一种方法是，如果你沿着单元格画一个矩形一直延伸到底部，那么矩阵右坐标所在的单元格将大于这个矩形中所有的单元格。

#304. 9.2   有没有从起点和目的地进行搜索的方法？基于什么原因或者在什么情况下，这会更快？

#305. 8.14   如果你的代码看起来很长，有很多的 if (基于每个可能的操作符、"目标"布尔结果和左/右侧)，考虑不同部分之间的关系。尽量简化代码。它不需要大量复杂的 if 语句。例如，考虑<LEFT>OR<RIGHT>与<LEFT>AND<RIGHT>的表达式。两者可能都需要知道<LEFT>计算结果为 true 的数量。看看你可以重用哪些代码。

#306. 6.9   数字 3 有偶数个因数（1 和 3）。数字 12 有偶数个因数（1, 2, 3, 4, 6, 12）。什么数字不行？对于柜门，这告诉了你什么？

#307. 7.12   仔细考虑链表节点需要包含哪些信息。

#308. 8.12   我们知道每一行都有一个皇后。你能试试所有的可能性吗？

#309. 8.7   方法 2：生成一个 abcd 的全排列，需要选择一个初始字符。它可以是 a、b、c 或 d。然后你可以排列其余的字符。如何使用这种方法生成完整字符串的所有排列？

#310. 10.3   该算法的运行时间是什么？如果数组有重复，会发生什么？

#311. 9.5   你怎么把它扩大到一个更大的系统？

#312. 5.4   下一步：你能翻转 0 到 1，创建下一个最大的数字吗？

#313. 11.4   想一想设计负载测试是为了测试什么。造成网页负载的因素有哪些？有哪些标准可用于判断一个网页在高负载下运作良好？

#314. 5.3   每个序列都可以通过与邻近的序列合并或者直接翻转紧挨着的 0 来增加其长度。你只需要找到最好的选择。

#315. 10.8   考虑自己实现一个位向量类。这是一个很好的练习，也是这个问题的一个重要组成部分。

#316.	10.11	你应该可以设计一个 $O(n)$ 的算法。
#317.	10.9	每个单元格的数会小于其下方和右侧的所有数，会大于其上方和左侧的所有数。如果我们想在第一轮排除最多元素，应该将 x 与哪个元素进行比较？
#318.	8.6	如果你在递归方面遇到困难，请尝试更多地相信递归过程。一旦弄清如何将前 2 个盘子从柱 0 移至柱 2，就可以相信你完成了这项工作。当需要移动 3 个盘子时，请相信你可以将 2 个盘子从一根柱子移动到另一根柱子。现在，你已经移动了 2 个盘子。那么要如何处理第三个盘子呢？
#319.	6.1	想象一下只有 3 个瓶子，其中一瓶中有更重的药丸。假设你从每个瓶子中分别取出不同数量的药丸放在天平上（例如，从药瓶#1 中取出 5 粒药丸，从药瓶#2 中取出 2 粒药丸，从药瓶#3 中取出 9 粒药丸），天平会怎样？
#320.	10.4	想想二分查找是如何工作的。只实现二分查找会有什么问题？
#321.	9.2	讨论如何在现实世界里实现这些算法和该系统。你可以做出什么样的优化？
#322.	8.13	一旦我们选择了底部的箱子，就需要选择第二个箱子，然后是第三个。
#323.	6.2	三投两中的概率为：（第 1、2 次投中，第 3 次未投中）的概率 +（第 1、3 次投中，第 2 次未投中）的概率 +（第 1 次未投中，第 2、3 次投中）的概率 +（3 次全投中）的概率。
#324.	8.11	如果你正在进行换零操作，不妨从决定需要多少个币值为 25 分的硬币开始。
#325.	11.2	考虑一下程序以及程序以外的问题（系统的其余部分）。
#326.	9.4	预估一下这需要多少空间。
#327.	8.14	着眼于你的递归上。有重复调用吗？可以将结果存起来吗？
#328.	5.7	二进制的 `1010` 等价于十进制的 10，也相当于十六进制的 `0xA`。那么二进制的 `101010...` 在十六进制中是什么？也就是说，你要如何表示 1 在奇数位上的 1 和 0 交替序列？如果反过来呢（1 在偶数位）？
#329.	11.3	想想极限情况和更一般的情况。
#330.	10.9	如果将 x 与矩阵中的中心元素进行比较，我们可以排除大约四分之一的元素。
#331.	8.2	为了让机器人到最后一个格子，必须找出到倒数第二个格子的路径。为了到倒数第二个格子，必须找出到倒数第三个格子的路径。
#332.	10.1	尝试从数组的末端向前端移动。
#333.	6.8	如果我们以固定间隔扔鸡蛋 1（例如，每 10 层），这样最坏的情况是：鸡蛋 1 的最坏情况 + 鸡蛋 2 的最坏情况。上述解法的问题在于，即使鸡蛋 1 做更多的工作，鸡蛋 2 的工作也不会更少。理想情况下，我们想平衡一下。由于鸡蛋 1 做了更多的工作（从更多次扔下中幸存），因此鸡蛋 2 需要做的工作应该更少。这意味着什么？
#334.	9.3	想想怎样会出现无限循环。
#335.	8.7	方法 2：要生成 abcd 的所有排列组合，请选择每个字符（a、b、c、d）作为首字符。排列剩余的字符并追加首字符。如何排列剩余的字符？使用遵循相同逻辑的递归过程。
#336.	5.6	你要怎样计算两个数字之间有多少位不同？
#337.	10.4	二分查找需要比较元素与中点。获取中点需要知道长度。我们不知道长度，能

找到它吗？

#338.	8.4	包含 c 的子集是{a，b，c}，而非{a，b}。你能使用子集{a，b}构建这些子集吗？
#339.	5.4	下一步：把 0 翻转为 1 将创建一个更大的数字。索引越靠右，数字越大。如果有一个 1001 这样的数字，那么我们就想翻转最右边的 0（创建 1011）。但是如果有一个 1010 这样的数字，我们就不应该翻转最右边的 1。
#340.	8.3	给定一个特定的索引和值，你能确定魔术索引是在它之前还是之后吗？
#341.	6.6	现在假设有两个蓝眼睛的人。他们会看到什么？他们会知道什么？他们什么时候离开？从先前的提示想一下你的答案。假设他们知道前面提示的答案。
#342.	10.2	你真的需要真正的排序吗？或者仅需重新组织列表就够了？
#343.	8.11	一旦你决定用两个 25 分兑换 98 分，就需要弄清楚用 5 分、10 分和 1 分兑换 48 分有多少种方式。
#344.	7.5	考虑一个在线图书阅读器系统必须支持的所有不同的功能。你不需要做任何事，但应该考虑明确你的假设。
#345.	11.4	你能自己做吗？那会是什么样子？
#346.	5.5	n 的样子和 n–1 的样子有什么关系？进行二进制减法。
#347.	9.4	你需要多次扫描吗？需要多台机器吗？
#348.	10.4	可以通过指数式回退找到长度。首先尝试索引 2，然后是 4、8、16 等。这个算法的运行时间是多少？
#349.	11.6	我们可以自动化什么？
#350.	8.12	每行都必须有个皇后。从最后一行开始。有 8 个不同的列你可以放皇后。你能挨个试试吗？
#351.	7.10	数字单元格、空白单元格和炸弹单元格应该是单独的类吗？
#352.	5.3	尝试用线性时间、单次扫描和 $O(1)$ 空间完成它。
#353.	9.3	你如何检测相同页面？这意味着什么？
#354.	8.4	通过把 c 加到所有{a，b}的子集里，你可以构建剩余的子集。
#355.	5.7	尝试用掩码 0xaaaaaaaa 和 0x55555555 提取偶数位和奇数位。然后尝试移动偶数位和奇数位来创建正确的数字。
#356.	8.7	方法 2：你可以通过让递归函数返回字符串列表来实现该方法，然后在它上面追加首字符。或者，你可以将前缀下推到递归调用中。
#357.	6.8	一开始尝试以较大的间隔扔鸡蛋 1，然后逐渐缩小间隔。我们的想法是尽可能保持扔鸡蛋 1 和扔鸡蛋 2 次数之和不变。每多扔一次鸡蛋 1，鸡蛋 2 就少扔一次。正确的间隔是多少？
#358.	5.4	下一步：我们应该翻转最右边但非拖尾的 0。数字 1010 会变成 1110。完成后，我们需要把 1 翻转成 0 让数字尽可能小，但要大于原始数字（1010）。该怎么办？如何缩小数字？
#359.	8.1	尝试用制表法的方式优化效率低下的递归过程。
#360.	8.2	首先明确是否有路径，以便稍微简化这个问题。然后，修改你的算法跟踪路径。
#361.	7.10	放置炸弹的算法是什么？

#362. 11.1　查看一下 printf 的参数。

#363. 7.2　在编程之前，列一份你需要的对象清单，并过一遍常用算法。想象一下代码。你要的东西都全了吗？

#364. 8.10　把这个看成一个图。

#365. 9.3　如果两个页面相同，如何进行定义？是 URL 吗？是内容吗？这两种都有缺陷。为什么？

#366. 5.8　先试试简单解法。你能设置一个特定的"像素"吗？

#367. 6.3　想象一块多米诺骨牌放在棋盘上。它盖住了多少个黑色方格？多少个白色方格？

#368. 8.13　实现一个基本的递归算法之后，你要考虑是否可以优化它。其中有重复的子问题吗？

#369. 5.6　想想异或表示什么。如果你把 a 异或 b，那么结果中哪里是 1？哪里是 0？

#370. 6.6　由此推导下去。如果有 3 个蓝眼睛的人呢？如果有 4 个蓝眼睛的人呢？

#371. 8.12　把它拆分成更小的子问题。第 8 行的皇后必定在第 1、2、3、4、5、6、7 或 8 列。当一个皇后在第 8 行第 3 列，你能输出所有可能的八皇后位置吗？然后你需要做的就是检查将一个皇后放在第 7 行的所有情况。

#372. 5.5　当做二进制减法时，你把最右边的 0 翻转成 1，当访问到 1（也要翻转）时停止。左边的一切（0 和 1）都会保持原样。

#373. 8.4　你也可以将每个子集映射成二进制数。第 i 位可以表示元素是否在集合中的"布尔"标志。

#374. 6.8　假设 X 是第一次扔鸡蛋 1 的层数。如果鸡蛋 1 破碎，则意味着鸡蛋 2 会被扔 $X-1$ 次。我们希望尽可能地保持鸡蛋 1 和鸡蛋 2 扔下的次数总和一致。如果鸡蛋 1 在第二次扔下时破碎，那么鸡蛋 2 需要被扔 $X-2$ 次。如果鸡蛋 1 在第三次扔下时破碎，那么鸡蛋 2 需要被扔 $X-3$ 次。这样扔鸡蛋 1 和鸡蛋 2 的次数之和恒定。X 是多少？

#375. 5.4　下一步：我们可以通过将所有的 1 移动到翻转位的右侧，并尽可能地向右移动来缩小数字（在这个过程中去掉一个 1）。

#376. 10.10　二叉搜索树效果好吗？

#377. 7.10　要在网格上随机放置炸弹：想想洗牌算法。你能应用相似的技术吗？

#378. 8.13　或者，我们可以考虑重复的选择：第一个箱子要放上去吗？第二个箱子要放上去吗？如此反复。

#379. 6.5　如果你装满 5 夸脱的水壶，再用它装满 3 夸脱的水壶，那么 5 夸脱的水壶里就剩下 2 夸脱了。你可以把这 2 夸脱放在那里，也可以把小水壶里的水倒干净，然后倒入这 2 夸脱。

#380. 8.11　分析你的算法。有重复性的工作吗？你能优化它吗？

#381. 5.8　当你画一条长线时，你会得到即将变成 1 的序列的全部字节。你可以一次性设置它吗？

#382. 8.10　你可以使用深度优先搜索（或广度优先搜索）。"正确"颜色的每个相邻像素都是一个连接边。

#383. 5.5　想象 n 和 n-1。要从 n 中减去 1，你需要将最右边的 1 翻转为 0，并将其右边的

所有 0 都翻转为 1。如果满足 n & (n-1) == 0，那么第一个 1 的左边没有 1。这对 n 意味着什么？

#384.　5.8　那这条线的起点和终点呢？你需要单独设置这些像素，还是可以同时设置所有像素？

#385.　9.1　把它想象成一个现实应用。你需要考虑哪些不同的因素？

#386.　7.10　如何计算一个网格周围的炸弹数量？你会遍历所有网格吗？

#387.　6.1　你应该能得到一个会告诉你哪一个是重瓶子的基于重量的方程。

#388.　8.2　再考虑一下你算法的效率。你能优化它吗？

#389.　7.9　rotate()方法的运行时间应该能够达到 $O(1)$。

#390.　5.4　获取前一个：一旦你解决了"获取后一个"，请尝试翻转"获取前一个"的逻辑。

#391.　5.8　当 $x1$ 和 $x2$ 在同一个字节中时，你的代码能否处理这种情况。

#392.　10.10　考虑一个二叉搜索树，其中每个节点存储一些额外的数据。

#393.　11.6　你考虑过安全性和可靠性吗？

#394.　8.11　试试制表法。

#395.　6.8　最坏情况我扔了 14 次。你的最坏情况呢？

#396.　9.1　这里没有正确答案。讨论几种不同的技术实现。

#397.　6.3　棋盘上有多少个黑色方格？多少个白色方格？

#398.　5.5　我们知道如果 n & (n-1) == 0，那么 n 必须只有一个 1。什么样的数字只有一个 1？

#399.　7.10　当点击空白单元格时，展开相邻单元格的算法是什么？

#400.　6.5　一旦你找到一个解决这个问题的方法，就可以从更具普遍意义的角度去考虑它。如果给你一个大小为 X 的水壶和另一个大小为 Y 的水壶，你能用它们来测量出 Z 吗？

#401.　11.3　有可能测试所有东西吗？你会如何确认测试的优先级？

基础知识提示

#402.　12.9　先关注概念，然后再担心具体的实现。应该怎么看待智能指针？

#403.　15.2　上下文切换是指在两个进程之间切换所花费的时间。当你将一个进程引入执行并置换现有进程时，就会发生这种情况。

#404.　13.1　想想谁能访问私有方法。

#405.　15.1　它们在内存方面有什么不同？

#406.　12.11　回想一下，二维数组本质上就是数组的数组。

#407.　15.2　理想情况下，我们希望记录一个进程"停止"时的时间戳和另一个进程"启动"时的时间戳。但如何知道两个进程何时会进行交换呢？

#408.　14.1　GROUP BY 子句可能有用。

#409.　13.2　何时会执行 finally 代码块？有没有不执行的情况？

#410.　12.2　我们能做到原址吗？

#411.　14.2　将方法分成两部分可能会有所帮助。第一步是获取每个建筑物 ID 和状态为"Open"的申请数量。然后，我们可以得到建筑物的名称。

#412.	13.3	考虑到其中一些可能具有不同的含义，具体取决于它们的应用位置。
#413.	12.10	通常，malloc 只会给我们一个任意的内存块。如果不能重写这个行为，我们可以用它来做我们需要的吗？
#414.	15.7	首先实现单线程 FizzBuzz 问题。
#415.	15.2	尝试设置两个进程，让它们来回地传递少量数据。这将促使系统停止一个进程并载入另一个进程。
#416.	13.4	它们的目的可能有些相似，但实现有什么不同呢？
#417.	15.5	怎样确保 first() 在调用 second() 之前已终止？
#418.	12.11	一种方法是为每个数组调用 malloc。我们在这里怎样释放内存？
#419.	15.3	当一个"循环"按谁等待谁的顺序出现时，就会发生死锁。我们如何打破或阻止这种循环？
#420.	13.5	考虑底层数据结构。
#421.	12.7	想想为什么我们使用虚函数。
#422.	15.4	如果每个线程都必须预先声明它可能需要的进程，我们是否可以提前检测到可能的死锁？
#423.	12.3	每种数据背后的基础数据结构是什么？这有什么影响？
#424.	13.5	HashMap 使用链表数组。TreeMap 使用红黑树。LinkedHashMap 使用双向链表桶。这意味着什么？
#425.	13.4	考虑基本数据类型的使用。在如何使用这些类型方面，它们还有什么不同之处？
#426.	12.11	我们可以将它分配为一个连续的内存块吗？
#427.	12.8	此数据结构可以描绘为二叉树，但不一定。如果结构中有循环怎么办？
#428.	14.7	你可能需要学生列表，即他们的课程列表以及另一个表示学生和课程之间关系的表。请注意，这是一种多对多关系。
#429.	15.6	关键字 synchronized 确保两个线程不能同时在同一个实例上执行同步方法。
#430.	13.5	想想它们在遍历 key 的顺序方面可能有何不同。为什么你想要其中之一而不是其他呢？
#431.	14.3	首先尝试获取所有相关公寓的 ID 列表（仅仅是 ID）。
#432.	12.10	想象一下，我们有一组连续的整数（3，4，5…）。这个集合需要多大才能确保其中一个数字可以被 16 整除？
#433.	15.5	为什么使用布尔标志是一个坏主意？
#434.	15.4	把请求的顺序想象成一个图。在图里死锁是什么样子？
#435.	13.6	对象反射允许访问对象中方法和字段的信息。为什么它有用？
#436.	14.6	要特别注意哪些关系是一对一，一对多，多对多。
#437.	15.3	一个点子是，如果哲学家拿不到另一根筷子，那一开始就不要让他拿到左手边的筷子。
#438.	12.9	考虑追踪引用的数量，这能告诉我们什么？
#439.	15.7	不要在单线程问题上做任何花哨的事情。只是得到简单易读的东西。
#440.	12.10	我们如何释放内存？
#441.	15.2	如果你的解决方案不完美也没关系。完美可能并不存在。权衡你的方法的利弊。

#442. 14.7　选择前 10% 时，仔细考虑如何处理关系。

#443. 13.8　一个简单的方法是选择一个随机的子集大小 z，然后遍历，每个元素放进集合的可能性为 z/list_size。为什么这样行不通？

#444. 14.5　反规范化意味着向表中添加冗余数据。它通常用于非常大的系统中。为什么这样有用呢？

#445. 12.5　浅复制只复制初始数据结构。深复制不仅复制初始数据结构，还复制一切基础数据。既然如此，为什么还要使用浅复制呢？

#446. 15.5　信号量有用武之地吗？

#447. 15.7　概述线程的结构，而不必担心同步任何事情。

#448. 13.7　优先考虑一下在没有 lambda 表达式的情况下如何实现它。

#449. 12.1　如果已经有文件中的行数，我们要怎么做？

#450. 13.8　选择包含 n 个元素集合的所有子集列表。对于任何给定的 x，一半的子集包含 x，一半则不包含。

#451. 14.4　描述 INNER JOIN 和 OUTER JOIN。OUTER JOIN 可以分为几种子类型：LEFT OUTER JOIN、RIGHT OUTER JOIN 和 FULL OUTER JOIN。

#452. 12.2　小心 null 字符。

#453. 12.9　我们想覆写的所有不同的方法/操作符是什么？

#454. 13.5　常见操作的运行时间是多少？

#455. 14.5　想想在大型系统里 join 操作的成本。

#456. 12.6　关键字 volatile 表示一个变量可能从程序之外被改变，比如被另一个进程改变。这样为什么是必要的？

#457. 13.8　不要预先选择子集的长度。你不需要那样做。相反，考虑一下对于每个元素，是否选择将元素放入集合中。

#458. 15.7　等完成每个线程的结构以后，你就可以考虑需要同步什么了。

#459. 12.1　假设我们没有文件中的行数。有没有一种方法可以在不预先计算行数的情况下做到这件事。

#460. 12.7　如果析构函数不是虚拟的，会发生什么？

#461. 13.7　将其分为两部分：过滤国家，然后计算和。

#462. 12.8　考虑使用散列表。

#463. 12.4　在这里你应该讨论虚函数表。

#464. 13.7　你能不做 filter 操作吗？

附加面试问题提示

#465. 16.12　考虑递归或类似于树状结构的做法。

#466. 17.1　手动（慢慢地）完成二进制加法，尝试真正理解发生了什么。

#467. 16.13　画一个正方形和一些把它切成两半的线。这些线位于哪里？

#468. 17.24　从蛮力解法开始。

#469. 17.14　实际上有几种方法。动脑筋想一想。从简单的方法开始也没问题。

#470. 16.20　想想递归。

#471. 16.3 所有的线都会相交吗？什么决定两条线是否相交？

#472. 16.7 如果 $a > b$，则 k 为 1，否则为 0。如果给定 k，你能返回最大值吗（没有比较或 if-else 逻辑）？

#473. 16.22 棘手的是处理无限网格。你有什么选择？

#474. 17.15 试着简化这个问题：如果你只需要知道由列表中其他两个单词组成的最长单词会如何？

#475. 16.10 方案 1：你能计算出每年有多少人活着吗？

#476. 17.25 首先根据单词长度对字典进行分组，因为你知道每一列的长度必须相同，每一行的长度也必须相同。

#477. 17.7 讨论一下简单方法：当它们是同义词时将名称合并到一起。你如何确定传递关系？A == B，A == C，C == D 表示 A == D == B == C。

#478. 16.13 任何把正方形切成两半的直线都穿过正方形的中心。那你怎么才能找到一条把两个正方形切成两半的线呢？

#479. 17.17 从蛮力解法开始。运行时间是多少？

#480. 16.22 选项 1：你真的需要一个无线的网络吗？再次审题。你知道网格的最大尺寸吗？

#481. 16.16 在开始和结束时知道最长的排序序列会有帮助吗？

#482. 17.2 尝试递归地解决这个问题。

#483. 17.26 解法 1：从一个简单的算法开始，将每个文档依次与其他文档进行比较。你如何尽快计算两个文档的相似度？

#484. 17.5 是哪个字母或数字并不重要。你可以把该问题简化为只包含 A 和 B 的数组。然后寻找具有相同数量的 A 和 B 的最长子数组。

#485. 17.11 如果只运行一次算法，请首先考虑寻找最近距离的算法。你应该能够在 $O(N)$ 时间内完成这项工作，其中 N 是文档中的字数。

#486. 16.20 你能递归地尝试所有的可能性吗？

#487. 17.9 明确这个问题的要求。要求满足 $3^a \times 5^b \times 7^c$ 这一形式的第 k 小的值。

#488. 16.2 想想这个问题的最佳运行时间是多少。如果你的解法匹配最理想的运行时间，那么你可能无法做的更好了。

#489. 16.10 方案 1：用散列表或数组试试，将出生年份映射到该年还有多少人活着。

#490. 16.14 有时，蛮力解法是相当好的办法。你能试试所有可能的直线吗？

#491. 16.1 尝试在数轴上画出 a 和 b 两个数字。

#492. 17.7 该问题的核心是将名字分组成不同的拼写。基于此，计算出频率就相对容易了。

#493. 17.3 如果你实在解不出来，那么先解决 17.2 吧。

#494. 17.16 此题有递归和遍历两种解法，但从递归开始可能更容易一些。

#495. 17.13 试试递归方法。

#496. 16.3 无限长的线几乎总会相交，除非它们相互平行。平行线也仍然有可能"相交"——如果它们是同一条线。这对线段来说意味着什么？

#497. 17.26 解法 1：要计算两个文档的相似性，可以尝试用某种方式重新组织数据。排序？使用其他的数据结构？

#498. 17.15 如果只想知道由列表中其他两个单词组成的最长单词，那么可以遍历全部单词，

从最长到最短，检查每个单词是否可以由其他两个单词组成。为了检查，我们可以将字符串从所有可能的位置分开。

#499. 17.25　你能找到一个特定长宽的单词矩阵吗？如果尝试了所有的选项会怎样？

#500. 17.11　调整你的算法，使它成为可以重复调用的算法的一次执行。它哪里慢？你能优化它吗？

#501. 16.8　试着从三位作为一段的角度思考。

#502. 17.19　从第一部分开始：如果只缺少一个数字，那么找到它。

#503. 17.16　递归解法：每个预约都有两个选择（接受预约或拒绝预约）。作为一种蛮力方法，你可以在所有可能性的地方递归。但是请注意，如果接收了预约请求 i，那么你的递归算法应该跳过预约请求 $i+1$。

#504. 16.23　需要特别注意的是，你的解法实际上概率地返回 0 到 6 之间的每个数。

#505. 17.22　从一个蛮力的递归解法开始。只需要创建所有一次编辑的单词，检查它们是否在字典中，然后尝试该编辑路径。

#506. 16.10　解法 2：如果对年份排序会如何？你会根据什么排序？

#507. 17.9　蛮力解法得到的形如 $3^a \times 5^b \times 7^c$ 的第 k 小的值是什么样的？

#508. 17.12　尝试递归解法。

#509. 17.26　解法 1：你应该能够得到一个 $O(A+B)$ 的算法来计算两个文档的相似性。

#510. 17.24　蛮力解法要求连续计算每个矩阵的和。能优化它吗？

#511. 17.7　你要尝试的一件事是维护每个名称到其"真正"拼写的映射。你还需要从真正的拼写映射到所有同义词。有时，你可能要合并两组不同的名称。运行一下这个算法，看看你能否让它工作。然后看看是否能简化/优化它。

#512. 16.7　如果当 $a>b$ 时，k 等于 1，那么当 k 等于 0 时则相反，然后你可以返回 a*k + b*(非 k)。但你如何创建 k？

#513. 16.10　解法 2：你真的有必要匹配出生年份和死亡年份吗？当一个特定的人死了，会有什么关系，或者你只是需要一份死亡年份的清单？

#514. 17.5　从蛮力解法开始。

#515. 17.16　递归解法：你可以通过制表法优化这种方法。这种方法的运行时间是多少？

#516. 16.3　我们怎样才能找到两条线的交点。如果两条线相交，那么交点必须与它们的"无限"延伸处于同一点。这两条线之间是交点吗？

#517. 17.26　解法 1：交集和并集之间是什么关系？你能用一个计算出另一个吗？

#518. 17.20　回想一下，中位数是指比一半数字更大、一半数字更小的数字。

#519. 16.14　你不能真的试遍世界上所有可能的无限长的线。但你知道一条"最好"的线必须至少相交两点。你能连接每对点吗？你可以检查每一条线是否是最优的吗？

#520. 16.26　我们可以从左到右处理表达式吗？为什么会失败？

#521. 17.10　从蛮力解法开始。你能检查一下每个值是否为主要元素吗？

#522. 16.10　解法 2：观察到人是"可替代的"，不管谁出生，何时死亡。你需要的只是一份出生年份和死亡年份的列表。这可能会使你对人员列表的排序变得更加容易。

#523. 16.25　首先明确问题。你到底想要什么功能？

#524. 17.24　你能做任何形式的预计算来使计算子矩阵和的运行时间为 $O(1)$ 吗？

#525.	17.16	递归解法：记忆法的时间复杂度为 $O(N)$，空间复杂度也为 $O(N)$。
#526.	16.3	仔细考虑如何处理线段具有相同斜率和与 y 轴相交的情况。
#527.	16.13	要将两个正方形切成两半，这条线必须穿过这两个正方形的中心。
#528.	16.14	你应该能得到 $O(N^2)$ 的解法。
#529.	17.14	考虑以某种方式重新组织数据或者使用其他数据结构。
#530.	16.17	把数字想象成正负交替的数字序列。注意，我们永远不会只包含一个正序列的一部分或者一个负序列的一部分。
#531.	16.10	解法 2：尝试创建一份排序的出生列表和一份排序的死亡列表。通过遍历两个列表，你能追踪任意时间活着的人的数量吗？
#532.	16.22	选项 2：想想 ArrayList 的工作原理。它能派上用场吗？
#533.	17.26	解法 1：要理解两个集合的交集和并集的关系，考虑用 Venn 图（一个圆与另一个圆重叠的图）。
#534.	17.22	一旦你有了一个蛮力解法，就可以尝试找到一个更快的方法以得到所有一次编辑的有效单词。当绝大多数字符串都不是有效的字典单词时，你不会想创建所有一次编辑的字符串。
#535.	16.2	可以使用散列表来优化重复的情况吗？
#536.	17.7	使用上述方法的一种简单方式是将每个名称映射到一个备选拼写列表。当一个组中的一个名称设置为等于另一个组中的名称时会发生什么？
#537.	17.11	你可以构建一个查找表，把每个单词映射到它出现位置的列表。然后怎样找到最近的两个位置呢？
#538.	17.24	如果你预先计算从左上角开始并扩展到全部单元格的子矩阵的和会怎样？计算它需要多长时间？计算完以后，你能在 $O(1)$ 时间内得到任意子矩阵的和吗？
#539.	16.22	选项 2：使用 ArrayList 是不可能的，因为那样太烦琐了。也许构建自己的列表会更容易，但要专门针对矩阵。
#540.	16.10	每个出生增加一个人，每个死亡移除一个人。尝试编写一份人员列表（出生年份和死亡年份）示例，然后将其重新格式化为每年的列表，出生时加 1，死亡时减 1。
#541.	17.16	迭代法：对递归法进一步研究。你可以迭代地实现类似的策略吗？
#542.	17.15	将前面的想法扩展到多个单词的情况。我们能不能把每个单词都拆分为所有可能的形式？
#543.	17.1	你可以把二进制加法看成是对数字的每一位进行迭代、两位进行加和，并在必要时进位。你也可以对操作进行分组。如果首先对每位相加（不进位）会怎样？之后，你可以再处理进位。
#544.	16.21	在这里用一些例子做些数学计算。这一对数值有什么需求？你发现它们的值有什么特点？
#545.	17.20	注意，必须存储见过的所有元素。即使是前 100 个元素中最小的元素也可以成为中间值。你不能抛弃较大或较小的元素。
#546.	17.26	解法 2：人们很容易想到一些小的优化——例如，在每个数组中跟踪最小和最大元素。然后，在特定情况下，你可以快速计算出两个数组是否不重叠。这样

做（以及其他类似的优化）的问题是，仍然需要将所有文档与其他文档进行比较。它没有利用相似度是"稀疏"的这一事实。考虑到我们有很多文档，真的不需要将所有文档与其他文档进行比较（即使比较运算速度很快）。所有这类解复杂度都是 $O(D^2)$，其中 D 是文档的编号。我们不应该将所有的文档与其他文档进行比较。

#547.　16.24　从蛮力解法开始。运行复杂度是什么？解决这个问题的最佳时间是什么？

#548.　16.10　解法 3：如果你创建了一个年份数组并保存每个年份的人口变化会如何？你能找到人口最多的那一年吗？

#549.　17.9　在寻找 $3^a \times 5^b \times 7^c$ 的第 k 个最小值时，我们知道 a、b、c 将小于等于 k。你能生成所有可能的数字吗？

#550.　16.17　注意，如果你有一个和是负数的数列，那么其一定不是一个数列的开始或结束（如果它们连接了另外两个数列，那么就可以以一个数列的形式出现）。

#551.　17.14　你能把这些数字排序吗？

#552.　16.16　我们可以把这个数组分成 3 个子数组：LEFT、MIDDLE 和 RIGHT。LEFT 和 RIGHT 都是有序的。MIDDLE 的元素顺序是任意的。我们需要展开 MIDDLE，直到可以对这些元素排序并使整个数组有序。

#553.　17.16　迭代法：从数组的末尾开始，然后向后计算可能是最简单的。

#554.　17.26　解法 2：如果我们不能将所有文档与其他文档进行比较，那么就需要进一步比较其元素。考虑一个简单的解决方案，看看是否可以将其扩展到多个文档。

#555.　17.22　为了快速得到编辑距离为 1 的有效单词，试着将字典中的单词以一种有效的方式进行分组。注意，b_ll 形式的所有单词（如 bill、ball、bell 和 bull）的编辑距离为 1。然而，这些并不是仅有的编辑距离为 1 的单词。

#556.　16.21　当你把一个值 a 从数组 A 移动到数组 B 时，A 的和减少了 a，B 的和增加了 a。当你交换两个值时会发生什么？交换两个值并得到相同的和需要什么？

#557.　17.11　如果你有一个每个单词出现次数的列表，那么你实际上需要在两个数组中寻找一对值（每个数组中选一个值），使它们之间的差异最小。这应该是一个与初始算法很相似的算法。

#558.　16.22　方法 2：一种方法是当蚂蚁到达边缘时，将数组的大小加倍。但是，你将如何处理蚂蚁到达负坐标的问题呢？数组不能有负的索引。

#559.　16.13　给定一条直线（斜率和 y 轴截距），你能找到它与另一条直线的交点吗？

#560.　17.26　解法 2：思考这个问题的一种方法是，我们需要能够非常快速地找到与特定文档有某一相似值的所有文档的列表（同样地，我们不应该"查看所有文档并快速消除不具备某相似值的文档"。那样的话时间复杂度至少是 $O(D^2)$）。

#561.　17.16　迭代法：注意，你永远不会连续跳过 3 个预约。为什么不会？因为你总是可以接受中间的预约。

#562.　16.14　你试过使用散列表吗？

#563.　16.21　如果你交换两个值，即 a 和 b，那么 A 的和变成 sumA - a + b，而 B 的和变成 sumB - b + a。这两个和需要相等。

#564. 17.24 如果你能预先计算从左上角到每个单元格的和，那么便可以在 $O(1)$ 时间内用它来计算任意子矩阵的和。画一个特定的子矩阵。这个子矩阵上面的数组（C）、左边的数组（B），以及上边和左边的数组（A）的和均分别预先计算完成。你如何计算 D 的和？

#565. 17.10 考虑蛮力解法。我们选择一个元素，然后通过计算匹配和非匹配元素的数量来验证它是否是主要元素。假设对于第一个元素，前几次检查显示 7 个不匹配的元素和 3 个匹配的元素。有必要继续检查这个元素吗？

#566. 16.17 从数组的开头开始。当这个子数列增长时，它仍然是最佳子数列。然而，一旦变成负数，它就没有意义了。

#567. 17.16 迭代法：如果你选择 i，那么将永远不会选择 i + 1，但是总会选择 i + 2 或 i + 3。

#568. 17.26 解法 2：根据前面的提示，我们可以思考是什么构成了与特定文档（类似于{13, 16, 21, 3}文档）有指定相似度的文档。这个列表有哪些属性？我们如何收集所有的那样的文档？

#569. 16.22 选项 2：注意，问题中没有规定坐标的标签必须保持不变。你能把蚂蚁和所有的单元格信息移动到正坐标吗？换句话说，如果当你需要让数组 n 向负方向增长时，你重新标记了所有的指标使它们仍然是正的，会发生什么？

#570. 16.21 你在寻找 a 和 b 的值，其中 sumA - a + b = sumB - b + a。用数学方法算出这对 a 和 b 的值意味着什么。

#571. 16.9 从减法开始，逐步解决。一旦完成了一个函数，你可以用它来实现其他函数。

#572. 17.6 从蛮力解法开始。

#573. 16.23 从蛮力解法开始。在最坏的情况下，需要调用多少次 rand5() ？

#574. 17.20 另一种思考方法是：你能维护元素的下半部分和上半部分吗？

#575. 16.10 解法 3：注意这个问题中的细节。你的算法/代码是否考虑一个在出生的同一年去世的人？这个人应该被计算为人口总数中的一人。

#576. 17.26 解法 2：与{13, 16, 21, 3}相似的文档列表包括所有包含 3、16、21 和 3 的文档。如何才能有效地找到这个列表？记住，我们将对许多文档做此计算，所以一些预处理是必要的。

#577. 17.16 迭代法：使用一个例子并从后往前计算。你可以很容易地找到子数组{r_n}、{r_{n-1}, r_n}和{r_{n-2}, ..., r_n}的最优解。如何使用这些结果快速找到{r_{n-3}, ..., r_n}的最优解？

#578. 17.2 假设你有一个方法 shuffle，它可以处理最多 $n-1$ 个元素。你能用这个方法来实现一个新的 shuffle 方法使其处理最多 n 个元素吗？

#579. 17.22 创建从通配符形式（如 b_ll）到该通配符所匹配的所有单词的映射。然后，

当你想要查找与 bill 相隔编辑距离为 1 的所有单词时，可以在映射中查找 _ill、b_ll、bi_l 和 bil_。

#580. 17.24　D 的和将是 sum(A&B&C&D) - sum(A&B) - sum(A&C) + sum(A)。

#581. 17.17　你能用 trie 吗？

#582. 16.21　如果计算一下，那我们要找一对这样的值，即 a - b = (sumA - sumB) / 2。然后，问题归结为寻找具有特定差的一对值。

#583. 17.26　解法 2：尝试构建一个散列表，使其从每个单词映射到包含此单词的文档。这将允许我们轻松地找到所有与{13, 16, 21, 3}有特定相似值的文档。

#584. 16.5　0 如何变成 $n!$？这是什么意思？

#585. 17.7　如果每个名称都映射到其替代拼写的列表，那么在将 X 和 Y 设置为同义词时，你可能需要更新许多列表。如果 X 是{A, B, C}的同义词，而 Y 是{D, E, F}的同义词，那么你需要将{Y, D, E, F}添加到 A 的同义词列表、B 的同义词列表、C 的同义词列表和 X 的同义词列表中。{Y, D, E, F}同理。有更快的方法么？

#586. 17.16　迭代法：如果你预约某一时间段，那就不能预约紧邻的下一时间段，但可以预约之后的任何时间。因此，$optimal(r_i, ..., r_n) = max(r_i + optimal(r_{i+2}, ..., r_n), optimal(r_{i+1}, ..., r_n))$。你可以通过从后往前迭代来解决这个问题。

#587. 16.8　你考虑过负数吗？你的解决方案是否适用于 100 030 000 这样的值？

#588. 17.15　当你得到非常低效的递归算法时，试着查找重复发生的子问题。

#589. 17.19　第 1 部分：如果你必须在 $O(1)$ 的空间复杂度和 $O(N)$ 的时间复杂度下找到丢失的数字，那么只能在数组中执行常数次遍历，并且只能存储少许变量。

#590. 17.9　查看 $3^a \times 5^b \times 7^c$ 对应的所有值的列表，可以观察到列表中的每个值都是 3 ×（列表中前面的某值）、5 ×（列表中前面的某值）或 7 ×（列表中前面的某值）。

#591. 16.21　一种蛮力解法是遍历所有的数值对，以找到一个具有正确差值的数值对。这可能看起来为：对 A 进行外循环，对 B 进行内循环。对于每个值，计算差值并与目标差值进行比较。能说得更具体些吗？给定 A 中的值和目标差，可以知道要找的 B 中的元素的确切值吗？

#592. 17.14　使用堆或某种树怎么样？

#593. 16.17　如果跟踪计算中的和，那就应该在子数列为负时立即重置它。我们永远不会在另一个子数列的开头或结尾添加一个和为负数的数列。

#594. 17.24　通过预计算，你应该能够得到 $O(N^4)$ 的时间复杂度。可以更快些吗？

#595. 17.3　试试递归解法。假设你有一种算法能从 $n-1$ 个元素中得到一个大小为 m 的子集。你能开发出一种算法从 n 个元素中得到大小为 m 的子集吗？

#596. 16.24　我们可以用散列表使它更快吗？

#597. 17.22　你之前的算法可能类似于深度优先搜索。你能使它更快吗？

#598. 16.22　选项 3：另一件需要考虑的事情是，你是否真的需要一个网格来实现它。在这个问题中你真正需要什么信息？

#599. 16.9　减法：取负函数（将正整数转换为负数）有用吗？你可以使用加法操作符来实现吗？

#600. 17.1　只关注上面的一个步骤。如果你"忘记"进位，那么加法操作会是什么样子？

#601. 16.21 蛮力解法其实是在 B 中寻找一个等于 a - target 的值。你如何能更快地找到这个元素？什么方法可以帮助我们快速找到数组中是否存在某个元素？

#602. 17.26 解法 2：一旦有了一种方法可以容易地找到与特定文档有某一相似值的所有文档，你就可以通过一个简单的算法进行计算。你能让算法更快一些吗？具体来说，可以直接从散列表计算相似度吗？

#603. 17.10 主要元素一开始看起来并不一定像主要元素。例如，有可能主要元素出现在数组的第一个元素中，然后在接下来的 8 个元素中都不再出现。但是，在这些情况下，主要元素将在数组的后面出现（实际上，在数组的后面会出现很多次）。当某个元素看起来"不太像"主要元素时，继续检查它并不一定很重要。

#604. 17.7 相反，X、A、B 和 C 应该映射到同一个集合{X, A, B, C}。Y、D、E 和 F 应该映射到同一个集合{Y, D, E, F}。当我们将 X 和 Y 设置为同义词时，可以将其中一个集合复制到另一个集合中（例如，将{Y, D, E, F}添加到{X, A, B, C}中）。散列表还需进行其他更改吗？

#605. 16.21 可以用散列表，也可以尝试排序。两者都能帮助我们更快地定位元素。

#606. 17.16 迭代解法：如果你仔细考虑真正需要的数据，应该能够在 $O(n)$ 时间复杂度和 $O(1)$ 额外空间复杂度内解出它。

#607. 17.12 这样想：如果你有 convertLeft 和 convertRight 方法（它们可以把左右子树转换成双链表），你能使用它们把整个树转换成双链表吗？

#608. 17.19 第 1 部分：如果将数组中的所有值相加会怎么样？然后你能算出缺失的数字吗？

#609. 17.4 你需要多长时间才能算出缺失数字的最小有效位？

#610. 17.26 解法 2：假设你正在通过查找一个从单词映射到文档的散列表来查找与{1, 4, 6}相似的文档。执行此查找时，同一文档 ID 会出现多次。这说明了什么？

#611. 17.6 不要计算每一个数中有多少个 2，要一位数一位数地想，也就是说，首先计算（对于每个数字）第 1 位中有多少个 2，然后计算（对于每个数字）第 2 位中有多少个 2，再计算（对于每个数字）第 3 位中有多少个 2，以此类推。

#612. 16.9 乘法：用加法很容易实现乘法运算，但是如何处理负数呢？

#613. 16.17 你可以在 $O(N)$ 时间复杂度和 $O(1)$ 空间复杂度内解决此问题。

#614. 17.24 假设这只是一个数组。如何计算有最大和的子数组呢？详见 16.17。

#615. 16.22 选项 3：你实际上需要的是来查看一个单元格是白色的还是黑色的某种方式（当然还有蚂蚁的位置）。你能把所有的白色方格存在一个链表中吗？

#616. 17.17 一种解决方案是将较大字符串的每个后缀都插入 trie。例如，如果单词是 dogs，那么后缀应该是 dogs、ogs、gs 和 s。这将如何帮助你解决该问题？其运行时间是多少？

#617. 17.22 广度优先的搜索通常比深度优先的搜索要快。在最坏的情况下未必如此，但在很多情况下都是这样。为什么？你能找到更快的方法吗？

#618. 17.5 如果你从一开始就计算 A 的个数和 B 的个数会怎样（试着构建数组构成的表并保存到目前为止 A 和 B 的数量）？

#619. 17.10 还要注意，主要元素对于某些子数组也必须是主要元素，而且子数组不能拥有多个主要元素。

#620.　17.24　假设我只是想让你找出从第 *r1* 行开始到第 *r2* 行结束的最大子矩阵，怎么才能最有效地做到这一点（参见前面的提示）？如果我现在让你找出从 *r1* 到(*r2*+2)的最大子数组，你能有效地做到吗？

#621.　17.9　由于每个数字都是列表中先前值的 3 倍、5 倍或 7 倍，因此我们可以检查所有可能的值，然后选择下一个还没有看到的值。这将导致许多重复的工作。如何才能避免这种情况呢？

#622.　17.13　你能把所有的可能性都试一试吗？那会是什么样子？

#623.　16.26　乘法和除法是优先级较高的运算。在 3*4 + 5*9/2 + 3 这样的表达式中，乘法和除法部分需要组合在一起。

#624.　17.14　如果你选了一个任意的元素，那么需要多长时间才能算出它的元素的排序（比它大或比它小的元素的个数）？

#625.　17.19　第 2 部分：我们现在正在寻找两个缺失的数字，可以称其为 *a* 和 *b*。第 1 部分中的计算方法将告诉我们 *a* 和 *b* 的和，但它实际上不会告诉我们 *a* 和 *b*。还需要做什么计算？

#626.　16.22　选项 3：你可以考虑维护一个所有白色方格的散列集合。不过，你怎么才能打印出整个网格呢？

#627.　17.1　仅相加步骤就可以做如下转化：1 + 1 -> 0, 1 + 0 -> 1, 0 + 1 -> 1, 0 + 0 -> 0。没有+号要怎么做？

#628.　17.21　直方图中最高的长方形起什么作用？

#629.　16.25　什么数据结构对查找最有用？维护元素顺序最有用的数据结构是什么？

#630.　16.18　从蛮力解法开始。你能试一下 a 和 b 的所有可能性吗？

#631.　16.6　如果你对数组排序呢？

#632.　17.11　能用两个指针遍历两个数组吗？你应该能在 $O(A+B)$ 时间内完成，其中 *A* 和 *B* 是两个数组的大小。

#633.　17.2　你可以递归地建立这个算法，把第 *n* 个元素换成它之前的任何一个元素。迭代解法会是什么样子？

#634.　16.21　如果 A 的和是 11，B 的和是 8 呢？能有一对数刚好有目标差吗？检查你的解决方案是否恰当地处理了这种情况。

#635.　17.26　解法 3：有另一种解决方案。考虑从所有的文档中提取所有的单词，将它们放入一个巨大的列表中，并对这个列表进行排序。假设你仍然知道每个单词来自哪个文档。如何跟踪相似的文档？

#636.　16.23　制作一个表格用于表示 rand5()的每个可能的调用序列如何映射为 rand7()的结果。如果你使用(rand2() + rand2()) % 3 实现 rand3()，那么表格将如下所示。分析这个表格。它能告诉你什么？

第一次调用	第二次调用	结　果
0	0	0
0	1	1
1	0	1
1	1	2

#637. 17.8 这个问题要求我们找出可以构建的最长的序列对，使其每个序列都在不断增长。如果你只需要一个元素不断增长呢？

#638. 16.15 首先尝试创建一个具有每个元素发生频率的数组。

#639. 17.21 想象一下最高的长方形、左边第二高的长方形和右边第二高的长方形。水会填满它们之间的区域。你能计算出其面积吗？其余的面积怎么办？

#640. 17.6 是否有一种更快的方法来计算某一特定位在一个数值范围内有多少个 2？注意，任何位的大约 1/10 应该是 2，但这只是大概比例。如何将其表述得更准确些？

#641. 17.1 可以使用 XOR 执行加法步骤。

#642. 16.18 观察其中一个子字符串，a 或 b 都可以，必须从字符串的开头开始。这减少了可能性的种类。

#643. 16.24 如果数组有序呢？

#644. 17.18 从蛮力解法开始。

#645. 17.12 一旦你对递归算法有了一个基本的概念，就可能会陷入这种情况：有时你的递归算法需要返回链表的头部，有时它需要返回链表的尾部。解决这个问题有多种方法，想想不同的方法。

#646. 17.14 如果你选择一个任意的元素，平均来说，就会得到一个在第 50 百分位数附近的元素（一半的元素比它大，一半的元素比它小）。如果反复这样做呢？

#647. 16.9 除法：如果你想计算 $x = a / b$，请记住 $a = bx$。你能找出 x 的最近值吗？记住这是整数除法，x 应该是一个整数。

#648. 17.19 第 2 部分：有很多不同的计算方法可以试一试。例如，可以把所有的数都相乘，但这只会得到 a 和 b 的乘积。

#649. 17.10 试试这个：给定一个元素，开始检查它是否是一个子数组的开始，同时对于这个子数组，该元素是它的主要元素。一旦它变得"不太可能"（出现的次数少于一半），就开始检查下一个元素（子数组之后的元素）。

#650. 17.21 为了计算出整体上最高的长方形和左侧最高的长方形之间的面积，你只需遍历直方图并减去这两个长方形之间的任何长方形的面积。你可以在右侧做同样的事情。如何处理剩下的图表？

#651. 17.18 一种蛮力解决方案是对于每个起始位置不断向前移动，直到你找到一个包含所有目标字符的子序列为止。

#652. 16.18 不要忘记处理 pattern 中的第一个字符是 b 的可能性。

#653. 16.20 在现实世界中，我们应该知道一些前缀/子字符串是行不通的。例如，考虑数字 33835676368。虽然 3383 确实对应于 fftf，但是没有以 fftf 开头的单词。有没有什么办法对于这样的情况做特殊处理？

#654. 17.7 另一种方法是把它看作一幅图。应该怎么做？

#655. 17.13 你可以用两种方法中的一种来考虑递归算法：(1)对于每个字符，我应该在这里放一个空格吗？(2)下一个空格应该放在哪里？两种方案都可以递归地解决。

#656. 17.8 如果你只需要序列对中的一个元素为递增序列，那么只对该序列排序就好了。你的最长序列实际上是所有序列对（而不是重复的序列，因为最长序列是需要严格递增的）。对于最初的问题，这说明了什么？

#657.   17.21   你可以通过重复这个过程来处理图的其余部分：找到最高的长方形和第二高的长方形，然后减去它们之间的长方形的面积。

#658.   17.4   要找到缺失的数字中的最小有效位，你其实知道有多少个 0 和 1。例如，如果你看到最小有效位有 3 个 0 和 3 个 1，那么缺失的数字的最小值必定是 1。想想看：在任何 0 和 1 的序列中，你会得到 0，然后是 1，然后又是 0，然后又是 1，以此类推。

#659.   17.9   不要检查列表中的所有值来寻找下一个值（通过将每个值乘以 3、5、7），而是这样考虑：当你将一个值 x 插入列表时，可以"构造" $3x$、$5x$ 和 $7x$ 以供以后使用。

#660.   17.14   回想一下前面的提示，特别是与快速排序相关的提示。

#661.   17.21   怎样才能更快地找到两边的下一个最高的长方形？

#662.   16.18   谨慎地选择分析时间复杂度的方式。如果遍历 $O(n^2)$ 个子字符串，每个子字符串都进行 $O(n)$ 次的字符串比较，那么总体运行时间为 $O(n^3)$。

#663.   17.1   现在关注进位。在什么情况下两个值会进位？如何使用进位？

#664.   16.26   把它想成当你遇到乘法或除法时，跳至一个单独的"进程"来计算该结果。

#665.   17.8   如果你根据高度对值进行排序，那么这将告诉你最后序列对的排序。最长序列必定符合这个相对顺序（但不一定包含所有的序列对）。现在只需要找到权重尺度上的最长递增子序列，并保持这些项的相对顺序不变。这本质上与下面的问题相同：对于一个整数数组找到最长的序列（不重新排序）。

#666.   16.16   考虑 3 个子数组：LEFT、MIDDLE 和 RIGHT。只关注这个问题：是否可以排序 MIDDLE 以使整个数组有序？如何进行验证？

#667.   16.23   再次查看这个表，注意行数为 5^k，其中 k 是对 rand5() 的最大调用次数。为了使 0 到 6 之间的每个值具有相等的概率，必须将行数的 1/7 映射到 0，1/7 映射到 1，以此类推。这有可能吗？

#668.   17.18   另一种对蛮力方法的考虑是，我们取每个起始索引，在目标字符串中寻找每个元素的下一个出现位置。所有这些出现位置的最大值标志着子序列的尾部（该子序列包含所有目标字符）。这个算法的时间复杂度是多少？怎样才能使它更快？

#669.   16.6   考虑如何合并两个有序数组。

#670.   17.5   当表中 A 和 B 的个数相等时，整个子数组（从索引 0 开始）的 A 和 B 的个数相等。如何使用该表来查找不以索引 0 开始的、符合条件的子数组？

#671.   17.19   第 2 部分：把数字加在一起会得到 $a+b$ 的结果。把数字相乘会得到 $a \times b$ 的结果。怎样才能得到 a 和 b 的确切值？

#672.   16.24   如果我们对数组进行排序，那么就可以对数字进行重复的二进制搜索。如果数组是有序的呢？我们能否在 $O(N)$ 时间和 $O(1)$ 空间中求解这个问题？

#673.   16.19   如果给你一个指代水的单元格的行和列，你如何找到所有相邻的水域？

#674.   17.7   可以把将 X, Y 记为同义词看作是在 X 节点和 Y 节点之间添加一条边。那么如何计算一组同义词有哪些呢？

#675.   17.21   你能通过预计算来得出每边下一个最高的长方形是哪个么？

#676.   17.13   递归算法是否会反复遇到相同的子问题？你能用一个散列表进行优化吗？

#677. 17.14　如果当你选择一个元素时,你交换周围的元素(就像在快速排序中所做的那样),使它所有下方的元素都位于上方的元素之前,那会怎么样? 如果你重复做这个,能找到最小的一百万个数吗?

#678. 16.6　假设你把两个数组排序,然后遍历它们。如果第一个数组中的指针指向 3,第二个数组中的指针指向 9,那么移动第二个指针会对这一对数字的差产生什么影响?

#679. 17.12　要处理递归算法是返回链表的头节点还是尾节点,可以尝试传递一个参数作为标志。但这不会很好。问题是,当调用 convert(current.left)时,你希望得到 left 链表的尾节点。这样就可以将链表的末尾与 current 连接。但是,如果 current 是其他节点的右子树,那么 convert(current)需要返回链表的头节点(其实是 current.left 的头节点)。实际上,链表的头节点和尾节点你都需要。

#680. 17.18　考虑一下前面解释的蛮力解法。瓶颈在于我们反复查询某个特定字符的下一个出现位置。有办法优化该过程么? 你应该能在 $O(1)$时间内完成。

#681. 17.8　尝试用递归方法来评估所有的可能性。

#682. 17.4　一旦确定最小有效位是 0(或 1),就可以排除所有不以 0 作为最小有效位的数。这个问题和前面的有什么不同?

#683. 17.23　从蛮力解法开始。你能先试试最大的正方形吗?

#684. 16.18　假设你确定了一个模式中 "a" 部分的值。b 有多少种可能性?

#685. 17.9　当你将 x 添加到前 k 个值的列表中时,可以将 $3x$、$5x$ 和 $7x$ 添加到新的列表中。如何使其尽可能地优化? 保留多个队列如何? 总是需要插入 $3x$、$5x$ 和 $7x$ 吗? 或者,有时你只需要插入 $7x$? 你需要避免相同的数字出现两次。

#686. 16.19　尝试递归计算含水单元格的数目。

#687. 16.8　考虑把一个数字分成由 3 位数组成的序列。

#688. 17.19　第 2 部分:我们可以两者都计算。如果知道 $a + b = 87$,$a \times b = 962$,那么就解出 a 和 b:$a = 13$ 且 $b = 74$。但这也将导致必须对非常大的数相乘。所有数的乘积可以大于 10^{157}。还有更简单的计算方法吗?

#689. 16.11　考虑制作一个跳水板。你的选择是什么?

#690. 17.18　你能从每个索引中预先计算一个特定字符的出现位置吗? 尝试使用一个多维数组。

#691. 17.1　进位在 $1 + 1$ 时发生。如何将进位应用到数值中?

#692. 17.21　作为另一种解决方案,请从每个长方形的角度来考虑。每个长方形上面都有水。每个长方形上面会有多少水?

#693. 16.25　散列表和双向链表都很有用。你能把这两者结合起来吗?

#694. 17.23　最大的正方形是 $N \times N$。所以你先试一下该正方形,如果可行,那么你便知道已经找到了最佳正方形。否则,可以尝试下一个最小的正方形。

#695. 17.19　第 2 部分:几乎任何我们能想到的 "方程" 都可以用在这里(只要它和线性和不等价)。只要保持这个和很小就可以。

#696. 16.23　把 5^k 除以 7 是不可能的。这是否意味着你不能使用 rand5()实现 rand7()?

#697. 16.26 你还可以维护两个栈，一个用于操作符，另一个用于数字。每次看到一个数字，就把它压入栈。那么操作符呢？什么时候从栈中取出操作符并将它们与数字进行计算？

#698. 17.8 另一种思考这个问题的方法是：如果有结束于 A[0] 到 A[n-1] 每个元素的最长序列，你能用它来找出结束于元素 A[n] 的最长序列吗？

#699. 16.11 考虑递归解法。

#700. 17.12 许多人在这一点上左右为难，不知道该怎么办。有时他们需要链表的头部，有时他们需要链表的尾部。给定的节点通常不知道它在 convert 调用中应返回什么。有时候，最简单的解决方案就是：总是同时返回这两个值。有什么方法可以做到这一点？

#701. 17.19 第 2 部分：试着求所有值的平方的和。

#702. 16.20 trie 可以帮助我们。如果将整个单词列表存储在 trie 中会怎样？

#703. 17.7 每个连通子图表示一组同义词。要找到每个组，可以重复广度优先（或深度优先）搜索。

#704. 17.23 描述蛮力解法的时间复杂度。

#705. 16.19 你如何确保不会再次访问相同的单元格？考虑一下图上的广度优先搜索或深度优先搜索是如何工作的。

#706. 16.7 当 $a > b$ 时，$a - b > 0$。你能得到 $a - b$ 的符号位吗？

#707. 16.16 为了能够对 MIDDLE 进行排序并对整个数组进行排序，需要 MAX(LEFT) <= MIN(MIDDLE, RIGHT) 和 MAX(LEFT, MIDDLE) <= MIN(RIGHT)。

#708. 17.20 如果使用堆呢？或是两个堆？

#709. 16.4 如果多次调用 hasWon，你的解决方案可能会发生什么变化？

#710. 16.5 $n!$ 中的每个 0 表示 n 能被 10 整除一次。这是什么意思？

#711. 17.1 可以用 AND 运算来计算进位。如何使用它？

#712. 17.5 假设在这个表中，索引 i 满足 count(A, 0->i) = 3 和 count(B, 0->i) = 7。这意味着 B 比 A 多 4 个。如果你发现后面的某点 j 具有相同的差值（count(B, 0->j) - count(a, 0->j)），那么这表示子数组中有相同数量的 A 和 B。

#713. 17.23 你能通过预处理来优化这个解决方案吗？

#714. 16.11 一旦有了递归算法，就考虑一下时间复杂度。能快点吗？如何进行？

#715. 16.1 定义 diff 为 a 和 b 之间的差。你能以某种方式使用 diff 吗？那么你能去掉这个临时变量吗？

#716. 17.19 第 2 部分：你可能需要二次公式。如果你不记得也没什么大不了的，大多数人都不会记得。知道二次公式的存在即可。

#717. 16.18 由于 a 的值决定 b 的值（反之亦然），并且 a 或 b 必须出现于值的起始处，所以你应该只有 $O(n)$ 种可能来分解模式串。

#718. 17.12 可以通过多种方式返回链表的头部和尾部。可以返回一个双元素数组，可以定义一个新的数据结构来保存头节点和尾节点，还可以重用 BiNode 数据结构。如果你使用的语言（如 Python）支持返回多个值，你就可以使用此功能。可以将这个问题作为一个循环链表来解决，即头节点的前一个指针指向尾部，然后

在外部的函数中拆开循环链表。试试这些解决方案。你最喜欢哪个？为什么？

#719. 16.23 可以用 rand5() 来实现 rand7()，只是你不能有效地确定其执行次数（即你知道在一定数量的调用之后它肯定会终止）。考虑到这一点，写下一个可行的解决方案。

#720. 17.23 你应该能在 $O(N^3)$ 时间内完成，其中 N 是正方形一边的长度。

#721. 16.11 考虑使用缓存来优化时间复杂度。仔细想想你到底需要缓存什么。时间复杂度是什么？时间复杂度与表的最大尺寸密切相关。

#722. 16.19 你应该有一个算法，其在 $N \times N$ 矩阵上的时间复杂度是 $O(N^2)$。如果你的算法并非如此，请考虑是否错误地计算了时间复杂度，或者是否你的算法不是最优的。

#723. 17.1 你可能需要不止一次地执行加法/进位操作。将进位加到和中可能会产生新的进位值。

#724. 17.18 在得到了预计算的解法之后，考虑一下如何降低空间复杂度。你应该能够将其降低到 $O(SB)$ 的时间和 $O(B)$ 的空间（其中 B 是较大数组的大小，S 是较小数组的大小）。

#725. 16.20 我们可能会多次运行这个算法。如果做更多的预处理，这里有办法优化吗？

#726. 16.18 你应该能够有一个 $O(n^2)$ 的算法。

#727. 16.7 你考虑过如何处理 $a - b$ 中的整数溢出吗？

#728. 16.5 $n!$ 中每一个因子 10 都意味着 $n!$ 能被 5 和 2 整除。

#729. 16.15 为了在实现中简单明了，你可能需要使用其他方法和类。

#730. 17.18 另一种考虑方法是：假设你有一个每个元素所在索引的列表。你能找到包含所有元素的第一个子序列吗？你能找到第二个吗？

#731. 16.4 如果你正在为 $N \times N$ 的大小进行计算，你的解决方案可能会发生什么变化？

#732. 16.5 你能计算出 5 和 2 的因数的个数吗？需要两者都计算吗？

#733. 17.21 每个长方形的顶部都有水，水的高度应与左侧最高长方形和右侧最高长方形的较小值相匹配，也就是说，water_on_top[i] = min(tallest_ bar(0->i), tallest_bar(i, n))。

#734. 16.16 你能把中间部分展开直到满足前面的条件吗？

#735. 17.23 当你检查一个特定的正方形是否有效时（所有边框为黑色），需要检查在一个坐标的上面（或下面）和这个坐标的左边（或右边）有多少个黑色像素。你能预先计算出给定单元格上面和左边的黑色像素的数量吗？

#736. 16.1 你也可以尝试使用 XOR。

#737. 17.22 如果同时从起始单词和目标单词开始进行广度优先搜索，结果会怎样？

#738. 17.13 在现实生活中，我们知道有些路径不会构成一个词。例如，没有以 hellothisism 开头的单词。能在明知行不通的情况下提前终止吗？

#739. 16.11 有一个替代的、聪明的（而且非常快速的）解决方案。实际上你可以在线性时间内不用递归求解。如何进行？

#740. 17.18 考虑使用堆。

#741. 17.21 你应该能在 $O(N)$ 时间和 $O(N)$ 空间中解出该题。

#742.   17.17   或者，可以将每个较小的字符串插入到 trie 中。你将如何解决这个问题？时间
复杂度是什么？

#743.   16.20   通过预处理，实际上可以将查找时间降低到 $O(1)$。

#744.   16.5   你是否考虑过 25 实际上记录了两次因数 5？

#745.   16.16   你应该能在 $O(N)$ 时间内解出来。

#746.   16.11   这样想：你选择 K 块木板，其有两种不同的类型。对于第一种木板选择 10 个、
第二种木板选择 4 个的所有方案，它们的和都是相同的。你能遍历所有可能的
选择吗？

#747.   17.25   当矩形看起来无效时，可以使用 trie 提前终止吗？

#748.   17.13   如果想提前终止，可以试一试 trie。

TURING

图灵教育

站在巨人的肩上
Standing on the Shoulders of Giants